北京中轴线变迁研究

郭超 著

学苑出版社

图书在版编目（CIP）数据

北京中轴线变迁研究／郭超著．－北京：学苑出
版社，2012.2
ISBN 978-7-5077-3966-4

Ⅰ．①北… Ⅱ．①郭… Ⅲ．①城市规划－研究－北京
市 Ⅳ．① TU984.21

中国版本图书馆 CIP 数据核字 (2012) 第 015561 号

出 版 人：孟 白
责任编辑：洪文雄
封面设计：徐徐书装
出版发行：学苑出版社
社　　　址：北京市丰台区南方庄 2 号院 1 号楼
邮政编码：100079
网　　　址：www.book001.com
电子信箱：xueyuan@public.bta.net.cn
销售电话：010-67675512　67678944　67601101（邮购）
经　　　销：新华书店
印 刷 厂：保定市彩虹艺雅印刷有限公司
开本尺寸：889×1194　　1/16
印　　　张：29
字　　　数：678 千字
版　　　次：2012 年 2 月北京第 1 版
印　　　次：2012 年 2 月第 1 次印刷
定　　　价：80.00 元

目　录

1

序

　　所谓"中轴线"，是对称均衡的基准。宇宙万物都遵循一个对称均衡的原则——从根本的物质与反物质到地球上的男人与女人，总之可以归纳为阴与阳的对称。所以中轴可以说是宇宙原则的基准。中国人对于中轴具有独到而深刻的见解，自古就认识到天有轴、地有轴、人有轴。天轴，是宇宙运转的所谓"天枢"；地轴是贯穿大地南北的轴线，今天我们都知道是贯穿地球南、北极的自转中轴；人的中轴，不只是外在躯体对称生长的五官、四肢的基准线，更在于其生命运转的任、督二脉的经络中轴通道。中国人在三千多年前所揭示的"天人合一"原理，钱学森做出了科学的诠释：人体是向宇宙开放的巨系统。也就是说，人是大自然的产物，是大自然的组成部分。人体在其生命状态下，无时不在通过呼吸、饮食与排泄而与大自然进行着物质交换——天、地的能量与人相沟通，进一步是通过人为与自然相融合的精神与物质统一功能场效应而作用于人体的。究其根本，天、地、人之间也是有中轴相通的。

　　中国古代，根据"天人合一"的原理进行都城规划时，是将最高统治者——天子（天的儿子）与天相通的思想，按照中轴线的方式体现出来。就建筑学而言，中轴对称的规划作为体现严肃、庄重的布局方式，不是中国建筑体系所独有的。源于西亚、北非的古亚述、巴比伦、埃及直至欧洲的西方建筑体系、阿拉伯建筑体系、印第安建筑体系等，也都具有中轴线的规划原则。但是，赋予中轴线以深刻的哲理内涵，同时贯穿整座城市的中轴对称均衡，却是中国所特有的成就。

　　本书作者郭超先生因"文革"中断学业，"文革"结束后，以百折不挠的毅力，但求学术之真理，放弃博士学位研读机会，在"社会大学"遍访群贤，求学、成家，令人钦佩。他积多年之调查、钻研而完成此项"北京中轴线变迁研究"，是这一命题难得的研究成果。他对现有关于北京中轴线及其变迁的论点进行了辨析和质疑，并在探索中轴线缘起的基础上，对元朝的上都、大都、中都以及明朝的中都、南京、北京进行了比较研究，从而对北京城，特别是它的中轴线变迁，提出了自己的看法，确实有其超越前人的独到之处。他对明北京城沿袭元大都城规划尺度的研究，有比较深入的分析。他敏锐地抓住了解决问题的切入点——元、明两朝规划的考证；结合文献与实地踏查，得出明北京宫城就是沿袭元大都宫城的可信结论。他关于元、明宫城位置的考证之所以取得突破性成就，首先在于方法论的改进。他不是简单地以文献对照实地考察的所谓"二重证据法"，仅就文献证据而言，他是就同一问题尽量使用多种文献和相关材料，进行多方面的校核论证，所以他的论证全面而深入，具有科学的说服力。

　　在急功近利，乃至学术剽窃、作假，世风日下的今日，我们看到具有严肃认真、科学求是精神的此书，尤感欣慰。我祝贺此书的出版。

杨鸿勋

于北京昌运宫

中轴寻梦

（代前言）

1967 年的春天，当我第一次游览景山公园，登上主峰万春亭俯瞰金碧辉煌的故宫时，知道了北京城有一条中轴线，中轴线上有座人工堆筑的土山，感觉十分神奇。光阴荏苒，40 多年过去了。景山公园——这座昔日封建王朝的皇宫御苑，不仅带给我过儿时的好奇，而且还召唤着已过不惑之年的我去探寻中轴之梦。

中国，古称"华夏"，文化源远流长、博大精深。中国的历史文化遗产数不胜数，有的已被认知，有的则还未被认知。历史规划保存基本完好的丽江古城和平遥古城已被世人所认知，成为人类文化遗产；传统民居四合院也日益受到世人的关注和保护。然而，府、县古城以及四合院，只能算是中国文化这棵参天大树的树枝和树叶，而树根和树干则是彰显中国文化"天人合一"理念和古都魂魄所在的古都中轴线规划。因此，北京中轴线历史规划的保护、研究、宣传、展示，应该是今后向世界传播中国文化所开展的必不可少的项目之一。

中轴线文化可谓与华夏文化共生、共荣，是华夏文化的最高表现形式之一。考古发现的众多华夏古都，都有中轴线规划。几千年来，随着朝代的更替，古都的迁移，在华夏大地上，先后出现了数十个古都，北京则是最后一个古都，因此北京古都城和中轴线的历史规划就有了"活化石"的意义。令世人遗憾的是，有着 500 多年历史的明北京外城城墙和有着六七百年国都历史的明北京内城城墙（含元大都大城东、西城墙），分别在 20 世纪 50 年代和 60 年代给拆除了。万幸的是跨越北京历史时空的独特标志——古都中轴线规划还算基本保存了下来。

对北京古都城池最先进行实地研究的是瑞典学者和日本学者，而中国学者则多根据史料文献进行研究，虽然在 20 世纪五六十年代进行了一些实地的考古勘查活动，但对北京古都城池变迁的情况仍是不甚清楚，所得出的一些观点和结论，大多是不能与史料互证的推测和推论，对北京古都中轴线的规划也没有进行过实证性的研究。20 世纪 50 年代开始，特别是 80 年代以后，北京出现了大规模的城市改造，使古城墙和一些古建筑、古遗址、古河道、古桥梁、古民居等古都规划不复存在。幸亏有史料和一些学者的研究著述，还可为后人了解北京古都的历史原貌提供借鉴和参考。然而，对北京古都的魂魄所在——中轴线，其规划变迁，中外学者未能进行实证研究，不能不说是北京古都研究中的一个遗憾。

　　以往学术界在研究古代历史和古城规划时多运用王国维的"二重证据法"，即史料文献记载与考古资料互证的方法。然而，随着20世纪后半叶"日新月异"的城市改造和进入21世纪以来"方兴未艾"的房地产业的"向老城进军"，许多古代规划和古代建筑未经充分的考古勘查和研究，就完全消失在人们的视野里。比如，北京城的古代规划就有：蓟城的城墙和蓟丘，辽南京和金中都的宫城宫殿基座以及皇城、大城的城墙与城门等等，因大规模的城市改造，使得学术界无从对上述历史遗址遗迹进行"二重证据法"的研究。全国其他古城也有类似情况。因此，必须要找到一种新的研究方法，能够历史地、全方位地、排除主观猜测地、不受城市改造和建设制约地去研究古代城池变迁与城市规划变迁。

　　十多年来，我尝试着把传统文化理论、史料文献记载、考古资料数据、历史地理信息以及各历史时期的规划尺度演变情况，结合一些实地勘查的结果，进行综合性的研究（笔者称之为"六重证据法"）。这些材料，相互验证，比较合理地解决了目前关于古都规划和中轴线研究中存在的一些问题。

　　笔者运用这"六重证据"多角度证明的方法，历史地、全方位地对中轴线的起源、北京城池变迁和北京中轴线规划变迁以及隋唐辽宋金元明诸代规划尺度演变所反映的时代规划属性等问题进行了实证研究，特别是对北京中轴线宫城与御苑实地的勘查和对元三都（元上都、元大都、元中都）、明三都（明中都、明南京、明北京）宫城与皇城的比较研究，以及对若干元明两代古建筑和规划"活化石"进行规划尺度上的实证研究，依据充分的客观因素提出并论证了一些新的观点，对学术界比较全面地了解北京城池历史变迁和中轴线历史规划变迁等问题提供了一种新的视角和认识。我想"六重证据法"从某种意义上说，是对颇受时空限制的"二重证据法"的一种补充。

　　我摸索和运用"六重证据法"，并据此论证了一些新观点，是我20多年来一直秉承的不唯书、不唯上、只唯实、只唯理的治学态度所使然。"我爱我师，我更爱真理。"我的上述研究，是在前辈学者辛勤耕耘的沃野里继续耕耘，虽然研究方法不同，有些学术观点与前辈学者迥异，但出发点是为了弄清一个学术问题，实乃一管之见、一家之言，旨在抛砖引玉、繁荣学术，这有助于百家争鸣，有助于让广大关心北京的中外读者了解北京的历史变迁。

　　我在对北京城池变迁和中轴线变迁的研究中，发现有两种学术研究现象应该引起学术界的关注。一种是"盲人摸象"式的研究现象，即只从自身的角度出发观察、分析和论证问题并得出结论，这属于技术层面的问题；另一种是所谓的"唯物"的、实乃缺乏辩证唯物论的机械唯物论的研究现象，即静止地、唯一地依靠考古资料去求得结论的方法论问题，属于哲学层面的问题。这两种学术研究现象，对中国文明的起源与发展、对北京城的起源与变迁的研究是片面的、甚至是有害的，特别是一些结论往往是推测性的，甚至是牵强附会的，有的只是一种可能性，是不能简单拿来作为结论的，那是经不起历史检验的。我之所以提出中轴线已有上万年的历史，是因为古代文明受生产力的影响有一个漫长的产生和发展的过程。著名天文考古学家冯时先生也持同一观点。两千多年前，先哲老子在《道德经》中，精辟地阐释了人类认知自然的能力和局限——"道，可；道，非；常道。名，可；名，非；常名。"（宇宙，人类是可以认知的，但又无法认知穷尽，这就是永恒的宇宙。认知与命名宇宙中的物质，人类是可以做到的，但又无法穷尽，这就是永恒的认知与命名。）人类对宇宙、对自然而言，是极其渺小的；人类的认知能力是有局限的。客观存在是不受人类认知的局限所制约的——人类认知它，它是存在的；人类未认知它，它也是存在的。

人类文明的发展，有一个从蒙昧期、半蒙昧期到开化期、全息期的全过程。从某种意义上说，"机械唯物论"就是处在半蒙昧期的状态，即"无悟"的半静止状态。其典型的代表观点，就是中国文字起源于考古发现的商代的甲骨文，殊不知甲骨文经历了一个漫长的产生、发展、演变并走向成熟的过程。没有考古发现比商代更早的文字，不等于中国文字产生于商代。以此类推：没有考古发现炎黄的遗迹，不等于炎黄是虚构的；没有考古发现蓟城城址，不等于蓟城不曾存在过。仅从考古发现的距今约6700年的河南濮阳西水坡仰韶文化墓葬和距今约6500年的湖南澧县城头山古城遗址的文化成熟度可知：中华先民对"天"的认知，即文明的起源，要比这两个考古发现的年代早得多。从某种意义上说，"通天"是人类的本性，中华先民"通天"和"天人感应"的重要手段就是中轴线。

保存至今的北京古都中轴线规划，虽然不甚完整，但它是中国历史上众多古都保留至今的相对最为完整的中轴线规划，堪称"活化石"。在世界范围看，它也是独一无二的。因此，北京中轴线具有无与伦比的历史价值、文化价值和艺术价值，是名副其实的人类文化遗产。所以保护它、研究它、宣传它、展示它，不仅有着重大的现实意义，而且还有着深远的历史意义。

要保护好北京中轴线的历史规划，离不开对它的学术研究，而学术研究的目的又在于文化的传承与传播，而中轴线文化的传承与传播，就离不开对它的宣传与展示。所以我在研究北京中轴线文化内涵和历史变迁的同时，又有"北京中轴线模型展览"和开发相关专利产品等创意，旨在让中国文化走向世界，让世界都知道北京中轴线，进而为推动北京旅游业的发展，为北京中轴线历史规划的保护、研究、宣传、展示和申请列入世界遗产等工作贡献出绵薄之力。

谨以此书

献给为保护和研究北京古都做出杰出贡献的建筑学大师梁思成先生诞辰110周年！

献给为保护和研究北京古都做出杰出贡献的历史地理学家侯仁之先生诞辰100周年！

绪 论 "六重证据法"：
研究历史地理与古都规划的一种新方法

中华民族有着悠久的历史和灿烂的文化，在数千年的文化积累中，经历了无数次的建设、破坏、再建设、再破坏，又建设的过程。因此，要研究中华文明的起源和发展脉络，就不得不对跨越时空的历史地理和古都（古城）规划[1]进行全方位的研究。

记载历史、研究历史，是中国文化得以延续的重要原因之一。中国的史书，可谓浩若烟海，尽管经历了多次的"焚书"，但保留至今的史料文献，是任何人一生都无法读尽的。占有史料文献，是人们从事学术研究的基本条件。一个从事学术研究的人，读书的多与少，与他的学术水平的高与低没有必然的联系。如果没有掌握一种科学的研究方法，其结果只能是事倍功半。比如：让几个学者研究同一个历史问题，史料文献也相同，结果却是学术水平高低立现。再比如：20世纪初，现代考古学引入中国学术界，国学大师王国维提出用新的研究方法——"二重证据法"，即考古发现与史料文献互证的研究方法研究历史问题，这就比单一运用史料文献研究历史问题更有说服力。因此，"二重证据法"为学术界所采用，成为20世纪中国学术界一种全新的、科学的历史研究方法。

然而，在历史地理和古都（古城）规划研究中，"二重证据法"有明显的局限性——一是史料的遗失和考古发掘的无从开展或无法开展的客观因素使然，二是人们对史料的曲解和对考古发现的牵强附会的主观因素使然。于是往往出现：考古资料数据与史料文献记载不能互证、学者对史料任意取舍、仅牵强附会的凭考古资料数据而擅自更改史料记载的历史内容等现象。比如：对北京古都城池变迁的研究，或因史料记载不详，或因大规模的城市改造而忽视了对古城垣的考古勘查，使得北京古城城池变迁研究处于"瓶颈"状态：既进不去、又出不来——故而无法了解关于古蓟城到金中都城池变迁的确切历史面貌。其他古都（古城）城池变迁研究，也有类似的情况。

笔者认为，欲改变北京古城城池变迁研究处于"瓶颈"状态的有效办法，就是要从研究方法上找原因，即必须突破"二重证据法"固有思维对研究的束缚，创立一种新的研究方法。笔者尝试着运用"六重证据法"，在对北京城池和古都规划变迁的研究中，几乎解决了遇到的所有问题，如：蓟城、唐幽州、辽南京、金中都城池的空间位置及变迁问题；又如：隋临朔宫的空间位置问题；再如元大都宫城、宫城夹垣、皇城的空间位置问题等。

"六重证据法"，即指运用传统文化理论、史料文献、历史地理信息、考古资料数据、规划尺

1　笔者注：本书中所用"规划"一词，是指古都（古城）建成区的范围和布局。

度[1]数据演变以及实地勘查结果等六个方面的证据材料来综合研究并相互验证的一种综合性的研究方法。依据"六重证据法",可以在历史地理和古都、古城规划的研究中,相对准确地"还原"城池、宫殿、街道等不同朝代所规划的"时空",避免主观、片面和错误地推测与推断,确保所得出的观点、结论经得起历史的检验。

中国传统文化理论的内容博大精深,易经、河洛、阴阳、五行、堪舆、营国等思想,以及有关祭祀等传统礼仪规制对国都、城镇、村落等的规划建设有着重要的影响。例如:天南地北、东日西月,以及九五飞龙在天、五五大衍之数的易经理论影响了国都天坛、地坛、日坛、月坛的规划布局和古都中轴线规划中的九五之数、五五之数的尺度规制;河洛理论影响了国都规划中的象天布局和三五之数的尺度规制。阴阳学说对城市规划的影响是中轴线的规划;堪舆学说对城市规划的影响是依山傍水、地势高低适宜;五行学说对皇宫规划的影响是南朱雀、北玄武、左青龙、右白虎;营国思想对国都规划的影响是方九里,旁三门,九经九纬,面朝后市,左祖右社。等等。

中国古代文献资料中,关于古都、古城规划建设的记载十分丰富。对这些文献记载,也需要甄别,一般而言,越是接近规划建设时间和空间的记载越为可信。例一:关于元中都的记载,大多数清代文献和地方志均将位于张家口东北部的"白城子"记载为畜牧市场[2],仅有明代大学士金幼孜的《北征录》记载了他随永乐皇帝朱棣北征蒙元残部,大军到"白城子"时,永乐皇帝说该城是"前元中都"。[3]"白城子"已为考古发掘所证明正是元中都。例二:关于元大都宫城夹垣周长的记载,《明太祖实录》(蓝阁本)和清代的《日下旧闻考》所引《明太祖实录》均记载"元皇城周一千二百六丈",而转抄的《明太祖实录》(江苏国学图书馆藏本)和清初《春明梦余录》则分别记载为"一千二百二十六丈"和"一千二十六丈"。笔者经过实地勘查和实证研究证明:只有"一千二百六丈"与元皇城周长"九里三十步"完全吻合。

有关地形、地貌、地势、地名、地图、河流、渡口、街道、寺庙等历史地理信息,我们更需要尽可能地放置在具体的时间和空间中去分析和鉴别。比如:永定河河道在北京地区的变迁,就直接影响了当地的居住环境,进而影响城市的规划建设。20世纪考古发掘的一些数据资料,为我们的推断提供了一些更为直观的证据。

例一:20世纪50年代,考古工作者在今会城门村东经白云观、西便门、宣武门、和平门东西一线发现151座战国至西汉时期的陶井。其中属于战国时期的有36座,西汉时期的有115座。在今宣武门到和平门一线分布尤为密集,部分地区在6平方米内就发现陶井4座。这些陶井遗址证明这里曾经是人口稠密的街市。笔者推断:西便门至宣武门、和平门东西一线,很可能就是战国至秦汉时期蓟城的北市。

例二:水文考古工作者在正阳门以西、和平门供电局以东发现有约六百米宽的古河道遗址,

---

1 笔者注:本书中所用"尺度"一词,是指中国古代对于长度计量的度量衡制度,即"尺寸之量度"。

2 成书于乾隆年间的《口北三厅志》记载此地为白城子。作者黄河润先生根据辽、金史书记载,又称这座古城为辽代的北羊城,是耶律阿保机时代建的催场,也就是牲畜交易市场。

3 金幼孜是明朝的一名重臣。他在《北征录》中记载了明朝永乐八年(1410年)他随同明成祖朱棣北征蒙古鲁台时,成祖言行、行军情况以及沿途见闻等事。其中有记载:三月"初七日早,发兴和。行数里,过封王陀,今名凤凰山。山西南有故城名沙城,……上又曰:适所过沙城,即元之中都,此处最宜牧马。"

认定为是东汉中后期改道以前的古永定河河道。结合考古发现的和平门以西至西便门东西一线的一百多座古陶井，正阳门至虎坊桥一线的若干条呈东北—西南向的斜街，正阳门及其东西侧城墙基底深部是由若干层圆松木[1]所垫构，以及正阳门东南方向有古河道遗址等资料信息，以及学术界关于东汉中后期古永定河改道以前流经今积水潭—什刹海—北海—中南海—正阳门西、正阳门南—金鱼池—龙潭湖—十里河一线的推断。

笔者据此推断：正阳门处为古永定河之渡口，在渡口西南方向，就是蓟城；在渡口正西不远处，就是蓟城之东城墙北门和北市——即和平门至宣武门、西便门东西一线的街市，故而在这条街市的南北两侧，恰分布有一百多座战国至西汉时期的古陶井；在渡口西南不远处，就是蓟城之东城墙南门——即位于虎坊桥以西的广安门内大街东端，故而在正阳门至虎坊桥一线出现了若干条呈东北—西南向的斜街——即历史上遗留下来的由蓟城东城墙南门至古永定河渡口的道路；在渡口的南、北、东、西、西南方向，分别有道路通往渡口，以便商旅往来，故而在渡口以北和以南的南北走向的道路就是北京中轴线的前身。

考古发现的资料和数据，反映了历史遗物、遗址和遗迹的一些基本情况，为研究历史和历史地理提供了可与史料互补的客观证据。对考古资料数据的研究，主要是研究其年代、性质、文化内涵等因素所反映的历史价值、文化价值和艺术价值。确定历史遗物、遗址和遗迹的历史年代的依据主要有四：一是历史遗物上的文字记载，如青铜器物上的古文字，如古墓葬里的墓志铭；二是碳十四测定，如河南濮阳西水坡仰韶文化墓葬碳十四测定约为6700年，如湖南澧县城头山古城遗址碳十四测定约为6500年，如辽宁红山文化祭坛碳十四测定约为5000年；三是与史料有关记载相对照，如考古发现的一些青铜器物与古代铜器图谱记载的形状、尺寸、图案相吻合，如考古发现的一些古城的空间位置与史料记载的空间位置相吻合；四是规划尺度的验证，如考古发现的历史遗址（如古城和古建筑）、遗迹空间都有一定的长度，因此对其年代的判定，往往需要借助和参考古代规划尺度的演变情况。否则，单独依靠考古资料数据，往往不能与史料记载相符，或修改史料记载或牵强附会做出错误的推测。如有的考古人员认为元大都宫城厚载门在景山寿皇殿南[2]、宫城南城墙在故宫太和殿东西一线、元大都宫城南北约1000米[3]、元大都皇城南垣在午门东西一线（与《析津志》记载的元大都皇城南垣在缎匹库南墙外，即端门东西一线的空间位置不能吻合）等观点，与史料记载相悖，乃是置史料明确记载和古代规划尺度于不顾的牵强附会的推测。

在对历史地理和古都、古城、古建筑及其遗址、遗迹的研究中，还应该运用一个客观依据去判定其规划出自于什么历史年代，那就是规划尺度的标准。中国历史上，各朝代关于尺度的规定不尽相同，同样的规划尺度的文献记载，在不同朝代的实际长度是不一样的。[4]比如：隋里制一里=300步，元里制一里=300步，而明里制一里=360步；隋官尺（小制）一尺≈0.2355米，元官

---

1 张先得先生在《明清北京城垣和城门》一书中，记载："南垣自崇文门至宣武门之间，在地基下深达5米的流沙层中，横、顺排列十五层长6~8米的圆松木，每层60~70根，根与根之间，层与层之间，均用铁扒钉钉固，成为整体，以此为基础起筑夹杂碎砖瓦之黄土夯层。"

2 笔者注：在其东、西两侧却没有发现城墙基址。

3 笔者注：与《辍耕录》记载的元大都宫城南北"六百十五步"，约合967米不能吻合，相差30米多。

4 笔者注：已有研究成果，如吴承洛《中国度量衡史》以及笔者关于元代和明代规划尺度的考订文章。

尺一尺≈0.3145米，明官尺一尺≈0.31638米；隋小制一步为六尺≈1.413米，虽然元明两代都是五尺为一步，但一元步≈1.5725米，一明步≈1.5819米；明尺、明步、明里分别大于元尺、元步、元里和隋尺、隋步、隋里，也不同于今天的尺和里。因而通过文献记载的尺、步、里等长度数据结合对实地空间的勘查，才能了解实地空间规划的长度属于哪个时期的规划尺度，即运用烙有时代印记的规划尺度去验证该空间规划的历史时期——即以规划尺度验证规划时间。

例一：北京中轴线北端点至故宫北城墙的长度恰为1009.5隋丈，故宫南城墙至景山北墙的长度恰为679.5隋丈，景山主峰北距中轴线北端点恰为900隋丈、南距故宫北城墙恰为109.5隋丈……北京中轴线各部分长度的一系列数据（参见本书有关章节的详细论证）显示：北京中轴线故宫以北的空间始规划于隋代，即临朔宫中轴线规划。例二：元大都大城城墙周长约28600米，恰为《辍耕录》记载的"六十里二百四十步"。例三：明北京大城（外城修筑后称内城）是在明永乐朝迁都北京时，南扩北平府城2700余丈，即将原来位于长安街以南的南城墙南移至正阳门、崇文门、宣武门东西一线而成的，加上东、西城墙的南延部分和正阳门瓮城，其长度约8548米，恰为2700余丈。

实地空间勘查，是对实地空间的长度与历史上的规划尺度和其他历史建筑相对空间位置进行比较的一种实证研究。实地空间勘查在历史地理研究中是不可或缺的，它包括两个内容：一是将所勘查的实地空间的长度、宽度与历史上不同时期的规划尺度做一一对比，看其符合哪个时期的规划尺度。如在对北京故宫和景山实地空间的长度、宽度的勘查中，笔者发现其整体规划最符合隋代的规划尺度，次符合元代的规划尺度，明代的规划尺度最不明显。二是将所勘查的实地空间位置与史料文献记载的其他古代建筑的空间位置进行比较，以探讨其规划尺度的演变情况，这样可以避免出现与史料记载不符的牵强附会的推测。如元明两代史料明确记载的元大都宫城空间位置与今北京故宫的空间位置相同——《马可波罗行记》记载元大都宫城前殿大明殿与位于太液池西岸的隆福宫前殿东西并列，又记载在皇宫以北一箭之地有一人工堆筑的山丘，名"青山"（即景山）；《辍耕录》记载瀛洲（即今北海南门外的团城）在大内西北，万寿山（即今北海琼华岛）在大内西北太液池之阳；《析津志》记载缎匹库南墙外即皇城南垣[1]，又记载元世祖忽必烈的"籍田"之所在松林之东北、柳巷御道之南，东有水碾所，西有大室[2]；而有关考古人员却牵强附会地推测元大都宫城在明北京宫城以北400多米的位置。只要我们运用规划尺度和相对建筑的空间位置比较的方法去与史料记载互证，就能发现，有关考古人员推测出的若干观点均无法成立。

笔者在北京古城城池变迁研究中发现：凡单独从某一个角度看问题，或单独依靠某一学科的资料所做出的推测、推论、观点或结论，总会发现这样或则那样的不足；而依靠"六重证据法"的综合研究所得出的观点和结论，既符合历史文献记载，又符合传统文化理论；既能为某个历史朝代的规划尺度所验证，又与历史地理信息和实地空间相吻合，也能为考古资料所旁证。

比如：关于元大都的研究，以前学术界仅参考史料文献与考古资料"互证"而得出的观点认

1　笔者注：缎匹库在故宫东南方位，即在重华宫南、其南端在端门东西一线。
2　笔者注：今景山公园东北部，即元世祖的籍田之所。在此处发现了元代水碾、石权、粮仓；而位于籍田之西侧有"大室"。可能就是有关考古人员误以为的"元宫城厚载门遗址"，就在"大室"以南，很可能是一座过街塔的遗址。

为：①元代里制[1]是每元里 = 240 步，1 元步 ≈ 1.55 米，1 元里 ≈ 372 米；②元大都宫城的位置在明北京宫城以北约四百多米。笔者通过"六重证据法"的研究，发现关于元代里制和元大都宫城位置的这两个观点都是难以成立的。现简单剖析如后：

一、关于元代里制的问题

有学者认为每元里 = 240 步。其观点从何而来呢？笔者发现该观点仅仅是对陶宗仪《辍耕录》关于元大都"宫城周回九里三十步，东西四百八十步，南北六百十五步"的误解所致，即以（480 步 +615 步）×2 = 2190 步 = 九里三十步，而得出的结论，却不与《辍耕录》关于元大都"城方六十里二百四十步"和《故宫遗录》关于元大都皇城"周回可二十里"的记载进行验证，既未参考《辍耕录》关于宫城夹垣和《明太祖实录》关于"元皇城周一千二百六丈"的相关记载，也未对上述记载的元大都宫城及其夹垣的实地空间进行勘查，更未对元代里制和元代步长进行实证性的研究，仅凭"宫城周回九里三十步，东西四百八十步，南北六百十五步"一条文献记载，就得出每元里 = 240 步的结论，其结果值得商榷。

这一问题，实际是涉及元代里制的问题，笔者在对元大都四重城和中轴线规划的研究中，依据考古勘测的元大都、元中都"三重城垣"（大城、皇城、宫城）所得到的具体数据，通过数十个实证依据，参考明代里制和尺度，以及有关历史文献的记载，对元代里制和尺度进行实证研究，[2] 论证了元代里制的 1 里 = 300 步，而 ≠ 240 步；元官尺 1 尺 ≈ 0.3145 米，而 ≠ 0.31 米；1 元步 ≈ 1.5725 米，而 ≠ 1.55 米，从而解决了在元大都研究中所遇到的有关元代里制的记载数据和宫城位置存疑等问题。以下仅举几例以说明之。

实证依据一 元大都大城的周长。考古工作者曾于 20 世纪 60 年代中期对元大都城墙进行过实地勘测，所得周长数据约为 28600 米。[3] 与《辍耕录》记载的大都"城方六十里二百四十步"相吻合。

对《辍耕录》如此明确的记载，有人却简单地将大城周长"六十里二百四十步"拆分为"城方六十里，（里）二百四十步"两个意思：一是说大城的周长，二是说元代里制的里长，并在"二百四十步"前加了一个衍文"里"字。试想：元代人写的记载元大都大城周长的数据，还有必要对生活在元代的人们注解每元里是多少步吗？就如同我们今天建设一个园区，规划周长为3.5公里一样，还有必要再向人们重申每公里是多少米吗？再者，古代都城的营建，其周长多为里数 + 步数，如：隋唐西京长安大城周长分别为隋大制 69 里 125 步[4] 和唐大制 65 里 280 步[5]。又如：隋

---

1 笔者注：里制，是以尺度、尺数和步数构成的计里程长短的标准单位（陈梦家《亩制与里制》，见《中国古代度量衡论文集》，第 228 页）。中国自夏代始，1 里为 300 步；隋唐两代改为大、小制并用，大制 1 里为 360 步；辽、金、元三代仍沿用古制，即小制 1 里为 300 步；宋、明、清三代用大制。

2 参见本书第六章《关于元代里制、里长、尺长、步长的实证研究》。

3 《元大都的勘查和发掘》一文（载于《考古》1972 年 1 期）公布的元大都大城城墙周长约为 28600 米，此数据为城墙中线的周长。

4 此数据为笔者据考古勘测的隋唐长安大城周长，结合隋大制每尺约为 0.2944 米、每步约为 1.4719 米折算的数据。

5 此数据为笔者据考古勘测的隋唐长安大城周长，结合唐大制每尺约为 0.31 米、每步约为 1.55 米折算的数据。

唐东都洛阳大城周长分别为隋大制 69 里 210 步[1]和唐大制 66 里 28 步[2]。

考古勘查的元大都大城周长约为 28600 米,如果按 240 步为一元里,每步为 1.55 米计算的话,60 元里为 22320 米,与 28600 米相差了约 6280 米。可知:每元里 ≠ 240 步。对这个明显的"硬伤"——两者相差约 6280 米的问题,却被学术界长时间的回避和搁置,鲜见质疑和证明。

笔者通过实证研究,论证了《辍耕录》记载的大都"城方六十里二百四十步"是大城城墙中线的实际周长,[3]即 18240 步 = 60.8 元里;论证了元代里制中每元里 = 300 步,而 ≠ 240 步。

实证依据二　元大都皇城的周长。《故宫遗录》记载元大都皇城"周回可二十里",与笔者发现并论证的元皇城城垣周长约 20.35 元里(合 6105 元步,与宫城南北 615 步的规划一样,均符合《河洛》的"三五之数")基本吻合。有关考古人员认为:元皇城南垣,约在今故宫午门东西一线;北垣,约在今北河胡同以南东西一线;东垣,约在今南、北河沿大街西侧南北一线;西垣,约在今西黄城根街南北一线。据此观点,元皇城南北长约 2015 米,按其观点 1.55 米为一元步计算,约为 1300 步;按其观点 1 元里为 240 步计算,约合 5.42 元里;东西长约 2421 米,按 1.55 米为一元步计算,约合 1562 步,按 1 元里为 240 步计算,约合 6.52 元里,周长约为 5724 步,约合 23.85 元里。这个结论与《故宫遗录》记载元大都皇城"周回可二十里"不能吻合。

笔者经过实证研究,论证了元大都皇城南垣,就在今端门东西一线;西垣,约在西安门南北一线,即今西皇城根街南北一线;东垣,在东安里门南北一线,即在今南、北河沿大街西侧南北一线;北垣,在通惠河东西流向的河道南岸东西一线,即在今地安门东南的北河胡同以南东西一线。元皇城南北长度约为 1519.5 元步,合 5.065 元里,约 2389 米;[4]元皇城东西长度约为 1539.5 元步,合 5.132 元里,约 2421 米。[5]元大都皇城城垣的总长度与《故宫遗录》记载的皇城"周回可二十里"几乎完全吻合。尤其是皇城南城垣,北距宫城崇天门的空间距离,与《故宫遗录》记载的:"棂星门内约二十步有金水河,上架石桥三虹,曰周桥……度桥可二百步至崇天门"[6]的空间距离完全吻合,也可与《析津志》关于"缎匹库南墙外即皇城南垣"[7]的记载互相印证。从元大都皇城的四垣空间和棂星门至崇天门的空间距离的实证研究得知:1 元里 = 300 步,而 ≠ 240 步。

实证依据三　元大都宫城夹垣的周长。《辍耕录》和《故宫遗录》均记载在元大都宫城之外,还有一道夹垣,称"大内夹垣"。那么,元大都宫城夹垣的"四至"在哪里呢?元大都宫城夹垣的周长是多少呢?《辍耕录》记载:"宫城周回九里三十步",《故宫遗录》记载:"宫城周六里许",《明太祖实录》记载:"元皇城周一千二百六丈"。笔者认为,元末、明初的这三条记载,表面看

1　唐《两京新记》载:东都城"周回六十九里二百十步。"转引自李健超《增订〈唐两京城坊考〉》,三秦出版社,2006 年 8 月版。

2　此数据为笔者据史料记载的隋唐洛阳大城周长,结合唐大制每尺约为 0.31 米、每步约为 1.55 米折算的数据。

3　笔者注:考古勘查的元大都南城墙的东西直线长度约 6680 米,实际长度因避开大庆寿寺双塔而使城墙中段向南弯曲了约 52 元步,故南城墙的实际长度约为 6762 米。

4　笔者注:元大都皇城由南北三组空间规划所组成:皇城北垣南距宫城北城墙约为 670 元步(由 446.5 隋丈演变而来),宫城南北 615 元步(由 410 隋丈演变而来),宫城崇天门南侧至皇城棂星门南侧约为 235 元步(为元代新规划)。

5　笔者注:元大都皇城西垣是在隋临朔宫和金太宁宫之西垣向西外扩了约 1 元里而形成的,元大都皇城西扩部分的南部因避开大庆寿寺而与皇城南垣形成了一个内凹角。

6　笔者注:今端门以北约 20 元步东西一线应为元皇城金水河及周桥的空间所在,周桥以北距宫城崇天门(今故宫午门)约 200 元步。

7　笔者注:从明清北京城图上看,缎匹库南墙外与端门在同一东西线上。

上去让人有"风马牛不相及"的感觉，然而实质上这三个不同的数据却透露出一个相同的信息：元大都宫城周长约六明里许，元大都宫城夹垣周长为九元里三十元步。即《辍耕录》记载的"宫城周回九里三十步"和《明太祖实录》记载的"元皇城周一千二百六丈"，实乃元大都宫城夹垣的周长——"九里三十步"。朱启钤先生也认为《辍耕录》记载的元"宫城周回九里三十步"是指元大都宫城夹垣的周长。[1]

史料载：元大都宫城没有护城河，但有夹垣——"卫城"。笔者进一步考查"元大都宫城夹垣"的实地得知：元大都宫城之北夹垣，在北上门东西一线；东、西夹垣，分别在东上门（今南、北池子大街西侧）、西上门（今南、北长街东侧）南北一线；南夹垣，在阙左门、阙右门以南东西一线（后为明太庙和社稷坛之北垣）。元大都宫城之东、西夹垣各长约2.53元里（约759.5元步，为"九五之数"，约1192米）；南、北夹垣各长约2.02元里（约605.5元步，为"大衍之数"，约952米）。元大都宫城夹垣周长为（759.5元步+605.5元步）×2＝2730元步（合9.1元里），即"宫城周回九里三十步"。[2]

那么，元大都宫城夹垣周回"九里三十步"与"元皇城周一千二百六丈"是否相等呢？笔者在《关于明代里长、尺长、步长的实证研究》[3]一文中，论证了明太祖元年大将军徐达命部将丈量"元皇城"周长和"南城"（即金中都大城）周长等空间所用的尺度既不是明官尺，也不是明营造尺，具体为何尺有待考证，但该尺1尺≈0.35593米[4]，"一千二百六丈"≈4292.52米，与元"九里三十步"的长度约为4292.93米几乎完全吻合。即4292.93米≈1206.1明丈，故称"一千二百六丈"。从元大都宫城夹垣周长的实证研究得知：1元里＝300步，而≠240步。

实证依据四 元大都宫城的周长。《辍耕录》记载元大都宫城"东西四百八十步，南北六百十五步"，《故宫遗录》记载："宫城周六里许"，《明史·地理志》记载："宫城周六里一十六步"。根据《辍耕录》的相关记载，我们推知：元大都宫城周长约为2189元步（约3442.2米），按元里制每里为300步，约折合7.3元里；按明里制每里为360步，约折合2176明步，即"宫城周六里一十六步"。笔者在本书第六章和第九章中，分别考订、论证了：1元步≈1.5725米，1明步≈1.5819米。笔者又在本书第十二章中，论证并得出了北京宫城规划虽历经隋、金、元、明、清五代约1300多年，但宫城的空间位置基本没有变化的观点。

《明英宗实录》记载："正统元年六月丁酉，修阙左、右门和长安左、右门，以年深瓴瓦损坏故也。"明英宗正统元年（1436年）距明太宗永乐十八年（1420年）改建北京宫城仅仅16年，但阙左门、阙右门却因"年深瓴瓦损坏故也"而修茸。从此次修茸阙左门、阙右门的情况可知：明北京宫城就

1　朱启钤、阚铎：《元大都宫苑图考》（载《中国营造学社汇刊》第一卷第二期，1930年12月）认为《辍耕录》记载的"宫城周回九里三十步"，即指"宫城夹垣"的周长。笔者勘查了实地，认为《辍耕录》记载的"宫城周回九里三十步"，就是指"宫城夹垣"的周长，与朱启钤、阚铎二位先生的观点一致。

2　笔者注：元大都宫城夹垣是将隋临朔宫宫城夹垣向四外移动而成——东、西夹垣各外移了约10元步，北夹垣外移了约1.75元步，南夹垣外移了约0.75元步（为加厚墙垣所致）。元大都宫城南夹垣内距宫城南城墙约为89.5元步，北夹垣内距宫城北城墙约为55元步，东、西夹垣内距宫城东、西城墙各约为63元步。

3　此文刊于《南京史志》2010年第一期。

4　笔者注：清代裁衣尺尺长约为0.3555米，可能是沿用明代的裁衣尺，故徐达命部将丈量"元皇城"周长等空间所用的尺度到底是明代的什么尺，还有待考证。

是在元大都宫城基址上改建的，明北京宫城空间是元大都宫城空间的"再版"可谓确凿无疑。

结合阙左门、阙右门系元大都宫城南夹垣之门，明永乐朝迁都北京沿用之的史实，再联系元大都宫城夹垣周长约为4292.93米，也证明了元大都宫城夹垣的实地空间与明北京宫城外围"上门"一线的实地空间完全相同，而在元大都宫城夹垣以内的元宫城的实地空间也应与明北京宫城的实地空间完全相同。由元大都宫城和明北京宫城的空间位置完全相同得知：1元里 = 300步，而 ≠ 240步。

二、关于元大都宫城的空间位置问题

有学者依据在今景山公园寿皇殿以南，考古勘查发现的古建筑基址和在今故宫太和殿东西一线发现的古墙基基址，推测为所谓的"元宫城厚载门基址"和"元宫城南城墙基址"，并进而推断："元宫城南北空间长约1000米"、"元宫城位于明宫城以北四百多米"或"明宫城较元宫城南移了约四百多米"。又根据在景山北麓和景山北垣外考古勘查发现的一条宽约28米的南北道路，推测是"元大都中轴线道路基址"；还根据在景山山顶往下钻探约20米，发现有建筑渣土，遂推测："景山下面压着元宫城内廷宫殿延春阁"……

上述关于元大都宫城位置的诸观点是对这些考古遗址错置时空的推测而得出的，尽管多年来这些观点曾遭到多方的质疑，但诸多质疑均因没有通过实证研究，故未能驳倒所谓依据考古数据（实乃靠推测）而得出的观点。笔者依据"六重证据法"研究北京中轴线和宫城的规划变迁，发现上述诸观点均难以成立。

首先，所谓的"元宫城南北空间长约1000米"的观点，与《辍耕录》记载的"宫城南北六百十五步"相差了约20多步，合30多米。难道《辍耕录》记载有误？"宫城南北六百十五步"完全是按照传统文化理论进行规划的，也符合今故宫的南北空间长度，更与宫城空间规划的历史变迁相吻合。笔者在《元大都宫城空间位置考》一文中，从隋元明三代里制的实证研究、元明建筑风格对比、宫苑诸建筑空间位置比较、元大都中轴线与皇城规划、中轴线宫苑空间规划的历史沿革、考古资料数据等六个方面，通过五十六个论据，详细论证了元大都宫城的空间位置与明北京宫城的空间位置完全相同。进而得知，所谓的"元宫城南北空间长约1000米"的观点是难以成立的。

其次，在今景山公园寿皇殿以南，考古勘查发现的被推测为所谓的"元宫城厚载门基址"的古建筑基址，其南北进深约为16米（合50元营造尺）[1]，为元代的便殿规制，与《辍耕录》记载的元大都宫城厚载门城楼南北"进深四十五尺"不能吻合，即城楼南北进深要小于城台台面的南北进深，而城台台面的南北进深要小于城台台基的南北进深，加上城台台面"收分"的因素，故城台台基的南北进深一般要比城台台面（不含女墙）的进深多出约20尺，而城台台面的南北进深一般要比城楼（含城楼基座）的南北进深多出约20—30尺。从《辍耕录》记载的元大都宫城厚载门城楼南北"进深四十五尺"看，厚载门城台台面（不含女墙）的南北进深应该在65—75尺（约20.8—24米），厚载门城台台基的南北进深应该在85—90尺（约27.2—28.8米）。今故宫神武门

---

1 笔者注：元1营造尺 ≈ 0.32米，

城台台基的南北进深约为 28 米多（约合 89.5 元营造尺）。

还因为，在所谓的"元宫城厚载门基址"的东西两侧，始终没有发现有城墙的基址。因此，认为景山公园寿皇殿以南的古建筑基址是所谓"元宫城厚载门基址"的观点是难以成立的。

再次，在今故宫太和殿东西一线发现的被推测为所谓的"元宫城南城墙基址"的古墙基基址，实乃因中国传统文化而形成的宫城外朝之"日"字型周庑的"中"庑墙基址。

第四，所谓"元宫城位于明宫城以北约四百多米"或"明宫城较元宫城南移了约四百多米"的观点，与史料记载的元宫城与宫苑诸建筑的相对空间位置均不能相符：①"元宫城东、西华门应该位于景山前街东、西两端"的观点没有找到任何考古依据。②认为明永乐朝迁都北京将大城南城墙南移是因为宫城南移所致，殊不知宫城的空间根本没有任何改变，实乃因"三朝五门"规划所致。笔者认为，学术研究决不能因主观认识的偏颇而任意取舍史料，更不能轻率地否定史料记载和"活化石"客观依据的存在。

如，考古勘查证明：元大都丽正门基址约在宫城崇天门（今故宫午门）以南约 725 米至约 749 米处，北距宫城崇天门约 461.5—476.5 元步，又北距皇城棂星门约 226.5—241.5 元步，与《辍耕录》"大内南临丽正门"、《马可波罗行记》"第一道墙距第二道墙约一里"、《析津志》"缎匹库南墙外即皇城南垣"、《故宫遗录》"丽正门内，千步廊可七百步，至棂星门，门内约二十步有金水河，上架白石桥三虹，曰周桥……度桥可二百步至崇天门"等元代和明初的史料所记载的距离完全吻合。

有人竟不顾甚至怀疑、抛弃这些客观而明确的史料记载，宁愿相信对史料的曲解和对考古数据的牵强附会而做出的推测："元宫城崇天门约在今故宫太和殿处"，"皇城棂星门约在今故宫午门处"，"丽正门至棂星门之间有一条南北长约七百步的千步廊御道"。殊不知元大都千步廊的规划与金中都千步廊和明北京千步廊的规划一样，都是由左、右两列的东西向廊房和北向廊房所组成。"可七百步"，即总共、大约七百步。笔者在本书第八章《元大都中轴线规划》中，详细论证了元大都千步廊东、西向和北向各自的长度和间数，以及总长度和总间数。

此外，笔者还通过金、元、明三代史料记载的众多古建筑与宫城的相对空间位置，论证了元大都宫城与明北京宫城的空间位置同一，而不是两者南北相距约 400 多米。

第五，将在景山北麓和景山北垣外考古勘查发现的一条宽约 28 米的南北道路，推测为所谓的"元大都中轴线道路基址"的观点，同样难以成立。《析津志》记载了大都的街制：大街阔 24 步（约 37.74 米），小街阔 12 步（约合 18.87 米）。大都中轴线的宽度，按传统规制应该是所有道路中最为宽阔的，即 30 元步阔[1]。而约 28 米，尚不足 18 元步阔，怎么可能是元大都中轴线御道的宽度呢？结合水文考古工作者对"玉河"[2]进行的勘测结果是：河道宽度约 28 米，约合隋制 12 隋丈或 20 隋步。笔者在本书《隋临朔宫空间位置考辨》、《北京中轴线规划的千年变迁》等章节中详细论证了隋临朔宫及其中轴线的规划，认为在景山北麓和北垣外考古勘查发现的约 28 米宽的道路基址，应为隋临朔宫中轴线御道基址，而非元大都中轴线御道基址。

---

1 笔者注：今钟楼前街的宽度约 47 米，为元大都钟楼前街 30 元步之规划遗存。
2 笔者注：初为隋大运河"永济渠"之北端，后为"金太宁宫宫左流泉"，元代疏浚后改称"通惠河"，即今南、北河沿大街。

第六，所谓"景山下面压着元宫城内廷宫殿延春阁"的观点，更是难以成立。从所谓的"元宫城厚载门基址"到景山主峰的南北直线距离约150米，尚不足100元步，与史料记载的元大都宫城中轴线上只有外朝和内廷两组规划，外朝南北长度约占宫城南北长度的3/5（约580米）强，内廷南北长度约占宫城南北长度的2/5（约380米）弱的比例不能相符。再者，《析津志》关于元世祖忽必烈"籍田"之所的位置的记载："松林之东北，柳巷御道之南，[1] 有熟地八顷，[2] 内有田，上自小殿三所，每岁，上亲率近侍躬耕半箭许，若籍田例……东有水碾一所，日可十五石碾之。西大室在焉。"描述的正是景山的东北部。2006年2月27日，景山公园在修缮位于景山东北部的东花房的施工中，发现一个元代的大石权，以青石雕刻而成，刻有"三百斤"字样。2006年11月12日，在同一施工中，又发现了一个小石权，刻有"五十斤"字样。景山公园东北部现存的元代水碾碾盘，厚度为160毫米（合0.5元营造尺），外圈直径为640毫米（合2元营造尺），中孔直径为280毫米（合0.875元营造尺），水碾碾盘的尺度均为元代尺度特征，可以证明景山公园东北部就是元世祖忽必烈的"籍田"之所。"西大室在焉"，有可能就是考古人员勘查发现的所谓的"元宫城厚载门遗址"，实为史料记载的元大内御苑北部中轴线上的建筑，即"籍田"之所西部的"大室"遗址。因不是什么所谓的"元宫城厚载门遗址"，所以在"遗址"的东西一线，一直没有发现有"宫城城墙"的遗址。

第七，只根据在景山山顶往下钻探约20米，发现有建筑渣土，就推测"景山下面压着元宫城内廷宫殿延春阁"，实难令人信服：一是该次钻探没有探到有什么宫殿基座和基址，怎么就能推测是延春阁呢？二是没有任何明代史料记载景山下面"镇压"着元大都宫城内廷之延春阁。三是元代史料记载景山在元初已经存在，如：《马可波罗行记》载："皇宫北方一箭之地有一山丘，人工所筑，高百步……"、《辍耕录》载："厚载北为御苑，外周垣红门十有五，内苑红门五，御苑红门四，此两垣之内也……"、《析津志》载："松林之东北，柳巷御道之南，有熟地八顷，内有田，上自小殿三所，每岁，上亲率近侍躬耕半箭许，若籍田例……东有水碾一所，日可十五石碾之。西大室在焉。"四是在景山东北部发现的元世祖"籍田"之所东部的水碾轮、石权、粮仓等元代实物，否定了"景山下面压着元代延春阁"的推测。五是"六重证据法"论证了景山主峰是隋临朔宫中轴线始规划的"原始坐标点"和元大都中轴线的"中心点"。

考古人员在景山公园寿皇殿以南东西一线上没有发现任何城墙遗址、遗迹，所以元大都宫城的北城墙不可能是在景山公园寿皇殿以南东西一线上，而应该是在景山以南"一箭之地"的今故宫北城墙东西一线上，即元大都宫城的空间位置与明北京宫城的位置完全相同，也可以说明朝永乐皇帝迁都北京时所营建的宫城，百分之百是在元大都宫城的空间基址上改建的。

通过对元代里制和元大都宫城空间位置的研究的实例说明，"六重证据法"在历史地理和古都、古城规划研究中，突破了"二重证据法"的局限，为历史地理研究者提供了一种更加有用的方法。

1　笔者注：元代为皇帝的"籍田"之所，明初为明军的"练兵"场所，故有"禁苑尘飞辇路移"的诗句。
2　笔者注：应为"半顷"，即"五十亩"，即120元步×100元步≈12000平方元步，即188.7米×157.25米≈29673平方米。景山松林东北、中轴线以东的空间面积，恰约"五十元亩"，即"半顷"。"八顷"面积过大，可能是"半顷"读音的误记。

历史地理篇

第一章　中轴线概说

第一节　中轴线的起源与演进

考古发现，旧石器与新石器交替时代（约距今 12000 年前）直至新石器时代晚期（约距今8000—5000 年前）的农作物种植，陶器、玉器的制作和墓葬、祭坛的建造等，均表明古人有关方位的时空观念已经相当成熟，而且已经具有中轴线思想。

1. 中、美考古学家在江西万年县仙人洞遗址和吊桶环遗址发现了距今约 12000 年前的古栽培稻植硅石标本和原始陶器。[1] 我们知道：远古人类文明的演进是极其缓慢的，中国的远古先民对东西南北空间方位的认知要早于生产技术的掌握。

2. 根据考古发现，最迟距今约 8000—7000 年前，我国的"稻作"和"谷作"生产技术已经在长江中下游和黄河中下游两地区形成。[2] 水稻和谷类农作物的栽培无疑要充分借助水和阳光的照射。在古人掌握"稻作"和"谷作"生产技术之前，已经有了方位空间的观念。恰在这一时期，在长江中下游和黄河中下游，已产生了河姆渡文化和仰韶文化。

3. 20 世纪 80 年代前后，分别在浙江余姚县河姆渡遗址和内蒙古敖汉旗小山遗址出土了新石器时代的绘有猪图案和猪、鸟、鹿图案的陶器，以象天宫之北斗、朱雀、玄武，表明南北中轴线的观念已经成熟。经碳十四测定，距今约 7000—6700 年。[3]

4. 1987 年考古发现的河南濮阳市西水坡仰韶文化 45 号墓葬（图 1—1—01），墓主人居中，头南向，东有贝塑苍龙，西有贝塑白虎，再东、西各有一具人骨对称放置，墓主人脚下放置有用人胫骨与贝塑组成的一带柄的三角形图案，整个墓室成一幅二象北斗星象图。据天文考古学家星图考证和碳十四测定，距今约 6600 年。[4]

5. 1991—1999 年考古发现的大溪文化早期的湖南澧县城头山古城遗址（图 1—1—02），城墙呈圆环形，外有护城河，东西南北各有一个城门，城中央为一祭祀遗址，有中轴线贯穿其南北，经碳十四测定，距今约 6500 多年。[5]

6. 仰韶文化的彩陶、河姆渡文化至良渚文化的古玉等器物上的图案，都表明当时华夏先民的空间方位观念已经非常成熟。

7. 20 世纪 80 年代初考古发现的辽宁建平县牛河梁红山文化晚期的"积石冢"群遗迹，即大

1　参见江西省历史博物馆展板。

2　参见考古工作者在河北磁山出土的至今约 7300 年前的粟谷粮仓和在湖南城头山古城遗址出土的至今约 6500 年前的稻米粮仓。规模较大的粮仓，可以证明：在此之前，粮食作物的生产技术已被该地区的先民所掌握。

3　参见冯时：《中国天文考古学》，中国社会科学出版社，2007 年。

4　参见冯时：《中国天文考古学》，中国社会科学出版社，2007 年。

5　参见曲英杰《古代城市》（20 世纪中国文物考古发现与研究丛书），文物出版社，2003 年。

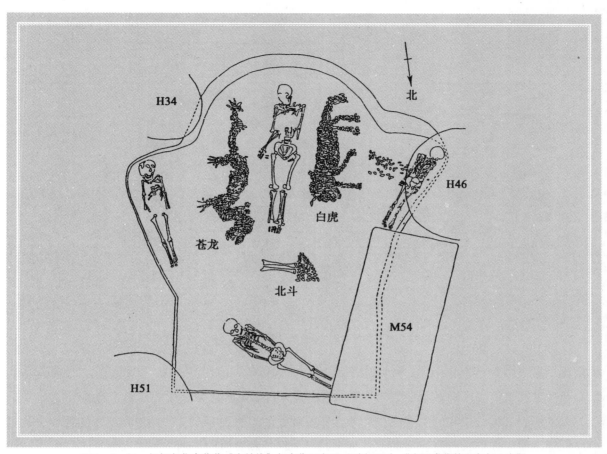

图1—1—01，仰韶文化古墓葬"中轴线"与方位示意图（引自冯时：《中国古代的天文与人文》）

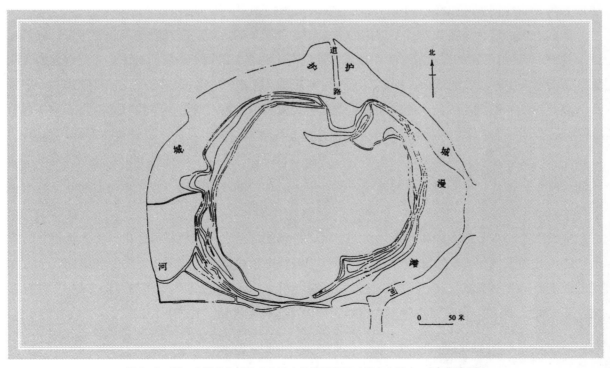

图1—1—02，大溪文化城头山古城中轴线示意图（引自曲英杰：《古代城市》）

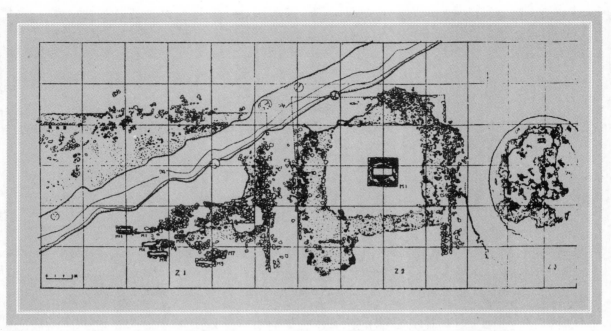

图 1—1—03，红山文化祭祀坛场中轴线示意图（引自冯时：《中国古代的天文与人文》）

型祭祀坛场（图 1—1—03），经碳十四测定，距今约 5000 年。其中轴线、三环圆坛、三重方坛之形制与后世几乎没有区别。而三环圆坛更是被天文考古学家确认为象征天宫的"盖天图"。[1]

以上所表现的方位和时空观念中均蕴含着中轴线的思想内容。一些城邑和聚落的遗址中我们可以发现，便于人们参与祭祀活动，在最早的祭祀坛场和城邑的规划中，古人就把"祭坛"一般规划设置在场地或城邑的中央，并且有道路连接两边的门，从而形成中轴线。因此，中轴线体现了原始先民的精神信仰和祭祀功能，寄托着古人对天的崇拜和信仰。

我们有理由认为：古人对"宇宙"的探索和对"天"的认识，以及时空观念的产生，应该在距今约 8000 年前已熟练掌握粮食生产技术之前的一个相当长的时期内，而对产生时空观念的"测影"进而对"中轴线"的认识，则应在距今约 1 万年以前就产生了。

夏代后期的都城——河南偃师二里头遗址考古发现，宫城二号宫殿与四号宫殿，一前一后方向一致，左右对称。偃师商城的考古发掘也发现商代早期前、中、后三座宫殿建筑在一条线上，且多座宫殿都是左右对称的格局，表明每座宫殿左右对称，在同一中轴线上布局的实例可以上溯到商代早期。据此可以知道，在都城规划设计中，这种中轴线的布局思想在夏代后期就已经出现了。

随着生产力水平的提高和"王"权的出现，中轴线逐渐由祭祀功能演化出"奉天承运"的统治功能，并为王城和王权所独占。至迟在周代，国都中轴线形成了"三朝五门"和御路。考古发现的河南偃师商都亳城，业已形成内城外郭规制（图 1—1—04），即内有王城（即宫城），外有郭城（即大城），宫城（王宫）中轴线由宫城正门向南延伸至大城（外郭）南门。[2]

1　参见冯时《中国天文考古学》，中国社会科学出版社，2007 年。

2　参见曲英杰《古代城市》（20 世纪中国文物考古发现与研究丛书），文物出版社，2003 年。

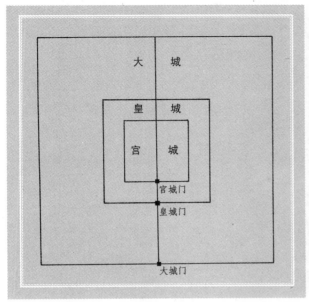
图1—1—04，中国古都中轴线示意图（作者绘）

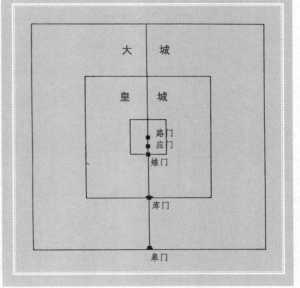
图1—1—05，中国古都中轴线"三朝五门"示意图（作者绘）

　　商文化是夏文化的延续和发展，夏文化又是三皇五帝时期"中华城邦共同体"[1]文化的延续和发展。我们可以认为：偃师商都亳城的中轴线，具有承前启后的历史意义，即继承和发展了前代中轴线的规制，又开启了后代中轴线规制的发展变化。最晚到明代，中轴线"三朝五门"的规制已经发展到顶峰——"五重城"的"三朝五门"。（图1—1—05）

第二节　　中轴线的定义、起点、中心点与黄金分割点

　　中轴线，是一座城市或一个景区，以主要建筑和空间为依托，表现精神文化"中心"的子午轴线，而非单纯表现空间的"中间"子午轴线，也非"通衢"性质的子午轴线。因此，中轴线不一定是在一座城市或一个景区的中央或中间区域，它有几种原因可以偏左或偏右。最典型的偏于城市一侧的中轴线有：辽南京（燕京）中轴线在大城西部（图1—1—06），金中都（燕京）中轴线在大城偏西部（图1—1—07），明南京中轴线在大城偏东部（图1—1—08）……偏于景区一侧的中轴线有：北京天坛中轴线在景区偏东部（图1—1—09），北京颐和园中轴线在景区偏西部（图1—1—10）……

　　中轴线，寄托着人对天的崇拜和信仰。国都中轴线更是帝王承接"天意"和"天命"的"本初子午线"。因此，国都中轴线有"敬天法祖"的宗教与祭祀功能，有"前朝后市"的政治与经济功能，有"天人合一"的伦理与文化功能，有"天子""替天行道"的统治与秩序功能……故历朝历代在国都中轴线上都规划建有"天门"，如：唐、宋、明有承天门，金有应天门，元有崇天门，清有天安门……

1　就此观点，笔者另有专文论述。

15

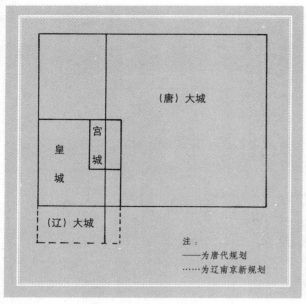
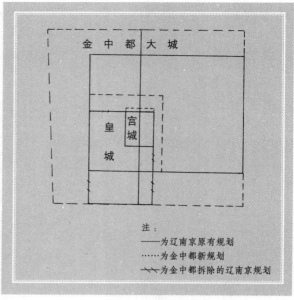

图1—1—06，辽燕京大城与中轴线平面示意图（作者绘）　　1—1—07，金中都大城与中轴线平面示意图（作者绘）

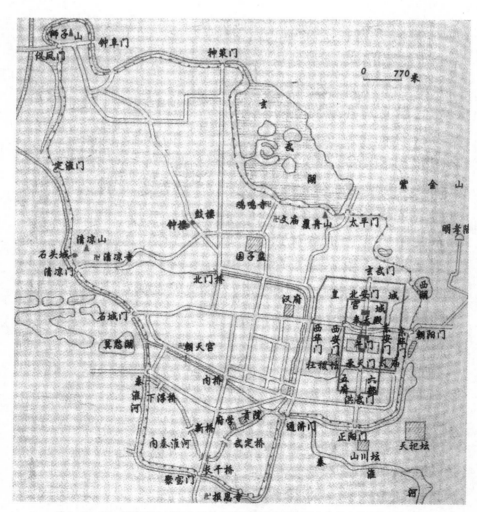

图1—1—08，明南京大城与中轴线空间平面示意图（引自张轸：《话说古都群》）

16

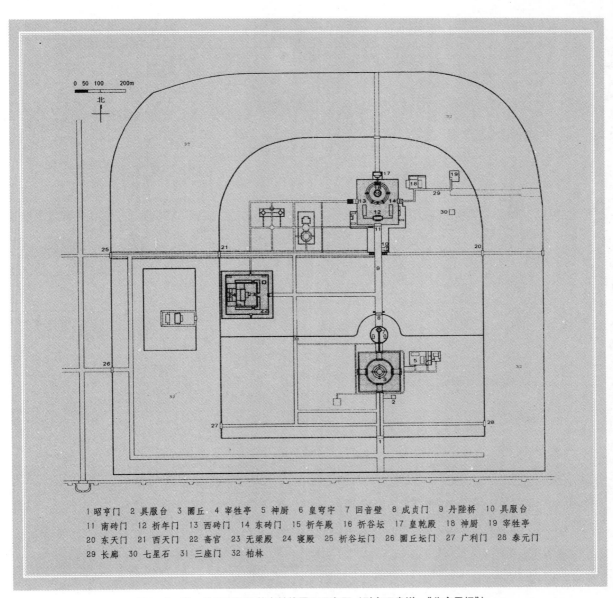

1昭亨门　2具服台　3圜丘　4宰牲亭　5神厨　6皇穹宇　7回音壁　8成贞门　9丹陛桥　10具服台
11南砖门　12祈年门　13西砖门　14东砖门　15祈年殿　16祈谷坛　17皇乾殿　18神厨　19宰牲亭
20东天门　21西天门　22斋宫　23无梁殿　24寝殿　25祈谷坛门　26圜丘坛门　27广利门　28泰元门
29长廊　30七星石　31三座门　32柏林

图1—1—09，北京天坛及其中轴线平面示意图（引自王贵祥：《北京天坛》）

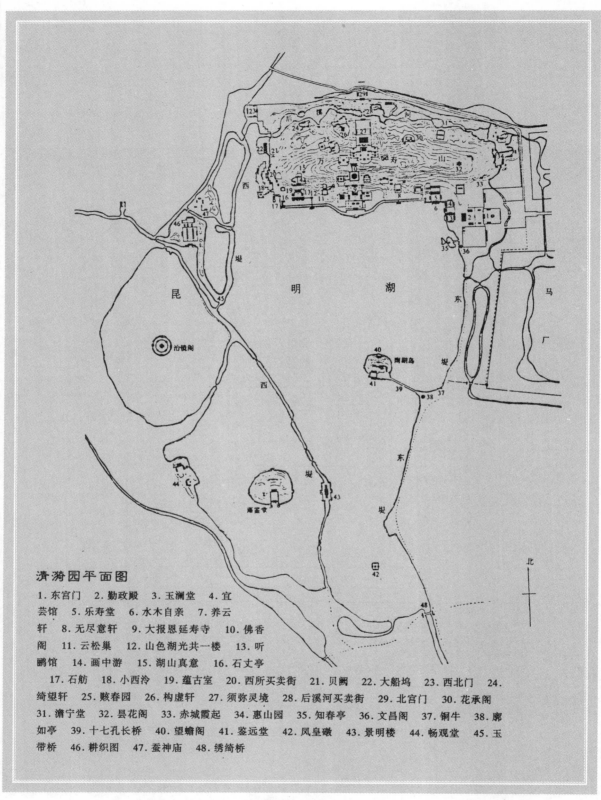

清漪园平面图

1.东宫门 2.勤政殿 3.玉澜堂 4.宜
芸馆 5.乐寿堂 6.水木自亲 7.养云
轩 8.无尽意轩 9.大报恩延寿寺 10.佛香
阁 11.云松巢 12.山色湖光共一楼 13.听
鹂馆 14.画中游 15.湖山真意 16.石丈亭
17.石舫 18.小西泠 19.蕴古室 20.西所买卖街 21.贝阙 22.大船坞 23.西北门 24.
绮望轩 25.赅春园 26.构虚轩 27.须弥灵境 28.后溪河买卖街 29.北宫门 30.花承阁
31.澹宁堂 32.县花阁 33.赤城霞起 34.惠山园 35.知春亭 36.文昌阁 37.铜牛 38.廓
如亭 39.十七孔长桥 40.望蟾阁 41.鉴远堂 42.凤凰礅 43.景明楼 44.畅观堂 45.玉
带桥 46.耕织图 47.蚕神庙 48.绣绮桥

图 1—1—10. 北京颐和园及其中轴线平面示意图（引自赵兴华：《北京园林史话》）

中轴线的起点在哪里？是在中轴线的南端还是在中轴线的北端？如果我们从古人"太阳崇拜"的精神信仰和原始情怀的角度切入，从"夸父追日"的历史传说到契丹、女真"拜日为神"的精神信仰分析，我们不难看出古人有"面向东方"和"面向南方"的"基因"，所以古代建筑也大多"面东"或"面南"，并由原始的"面东""进化"到"面南"。考古发现的距今约6500年前的湖南澧县城头山古城遗址、距今约4000—3600多年前的河南偃师商都亳城，其中轴线的方向都是朝向南方、"迎接"太阳的，有承接"天命"的涵义，也是权力和王权的象征。所以，中轴线的起点应该是在"北方"或"北端"并向南延伸。

如今，关于北京中轴线的起点，流行的说法是："南起永定门，北到钟楼。"这种观点缺乏对中国古代传统文化的深入了解。关于中轴线的起点问题，著名历史地理学家侯仁之先生在《北京城市历史地理》一书中有明确地表述："中轴线的方向，遵照传统规制，必须是自北向南（延伸），"即北起……，南至……，而非南起……，北至……。应该表述为：北京中轴线，北起钟楼北街"丁字路口"，南至永定门。而不是"南起永定门，北至钟楼"。即使不从精神信仰层面上谈中轴线的起点问题，就是从北京中轴线的历史沿革来看，永定门作为北京中轴线的南端点比明永乐朝北京中轴线晚了100多年，比元大都中轴线晚了近300年，比金太宁宫中轴线晚了近400年，比隋临朔宫中轴线晚了近950年，怎么能把永定门说成是北京中轴线的起点呢？（图1—1—11）

中轴线是有中心点的。原始中轴线的中心点就是祭祀场所的祭坛和位于城邑中央的明堂。国都中轴线的中心点，一般位于有象征意义的建筑或空间上。如隋临朔宫与金太宁宫中轴线的中心点，约在今故宫乾清宫的位置；元大都中轴线的中心点，在"敬天法祖"的方丘——"青山"（即今景山）的位置；明永乐朝北京中轴线的中心点，在象征真武大帝显灵的钦安殿的位置；嘉靖朝北京中轴线的中心点，在承天门金水桥南"天街"的中心点位置。（图1—1—12）

中轴线是有黄金分割点的。"黄金分割"，是指事物各部分之间一定的数学比例关系，即将整体一分为二，整体与较大部分之比等于较大部分与较小部分之比，其比值为1：0.618或1.618：1，即长段为全段的0.618或短段为长段的0.618。1：0.618是最能引起人的美感的比例，0.618被公认为是最具有审美意义的比例数字，因此被称为"黄金分割"。"黄金分割点"，就在一条线段长度的0.618处。

"黄金分割"的形成，缘于人的审美意识，是人通过对人自身的线段与身高比例的认知而形成的一种审美标准。比如：人身高的"黄金分割点"约在人体的肚脐处，脚底至肚脐的直线长度约是身高（脚底至头顶）的0.618，肚脐至头顶的直线长度约是肚脐至脚底的直线长度的0.618。因此，肢、体过长或过短，都显得比例失调，而只有肚脐约在身高的"黄金分割点"位置，人身的各个部位的比例才显得协调和美观。由于古人敬畏天地、敬畏大自然，认为人是宇宙和大自然的缩影，故将人体的各个部位与宇宙相对应，将人身的"黄金分割"视为上天所赐，视为一种审美法则，并推及到自然与社会生活当中去，特别是在空间规划和建筑设计方面，有意识地运用"黄金分割"的审美法则，以使空间与空间、线段与线段的比例变得美观耐看和丰富多彩。

中轴线的"黄金分割点"，在中轴线起点往南的0.618处。当我们分析北京中轴线1400余年

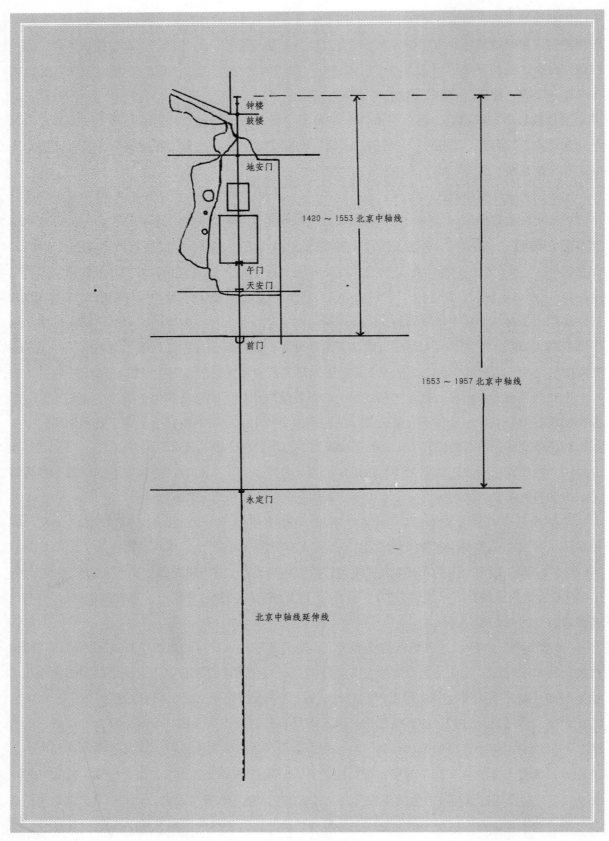

钟楼
鼓楼

地安门

1420～1553北京中轴线

午门
天安门

前门

1553～1957北京中轴线

永定门

北京中轴线延伸线

图1—1—11．北京中轴线及其延伸线示意图（作者绘）

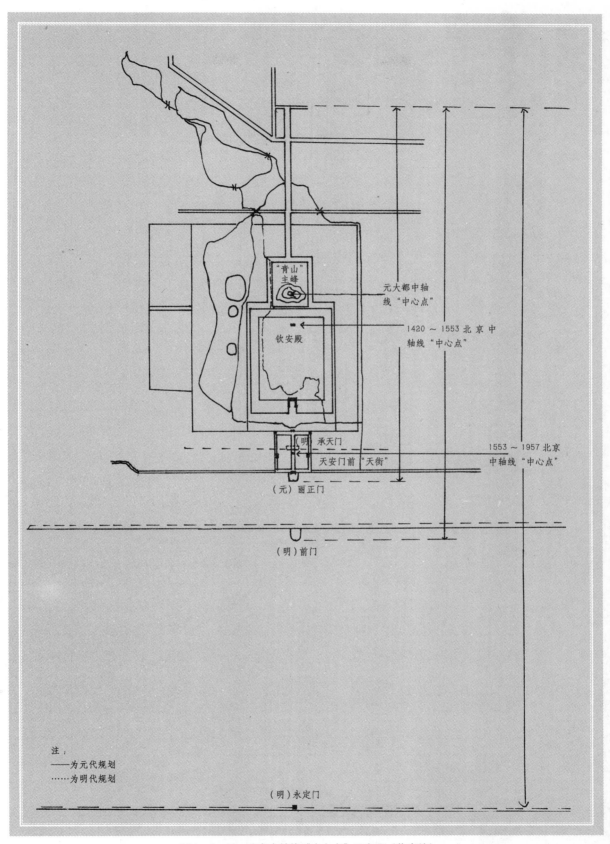

图1—1—12.北京中轴线"中心点"示意图（作者绘）

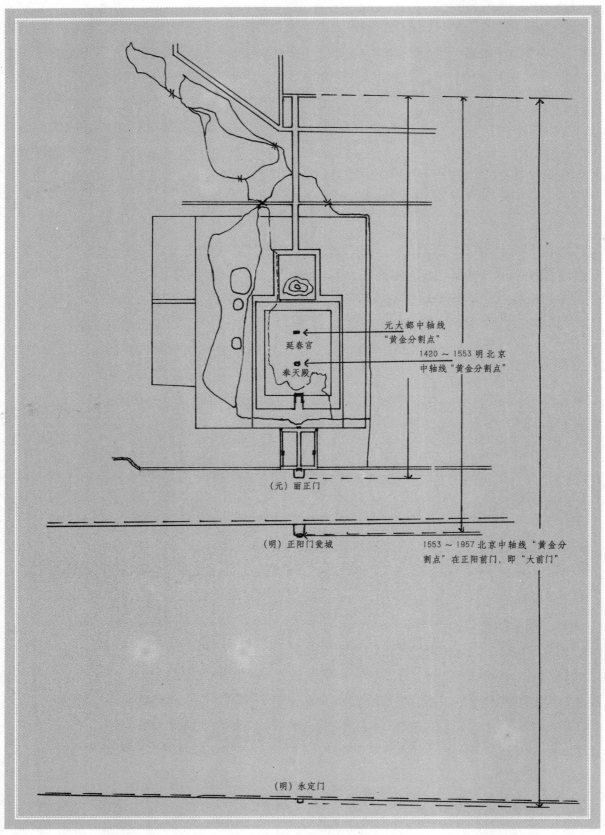

元大都中轴线
"黄金分割点"

1420～1553 明北京
中轴线"黄金分割点"

延春宫

奉天殿

（元）丽正门

（明）正阳门瓮城

1553～1957 北京中轴线"黄金分
割点"在正阳前门，即"大前门"

（明）永定门

图 1—1—13，北京中轴线"黄金分割点"示意图（作者绘）

的历史沿革时，发现无论是隋临朔宫，还是金太宁宫；无论是元大都，还是明北京城，其中轴线在规划之初就确定好了"黄金分割点"，并在中轴线的"黄金分割点"上规划有最能彰显皇权"九五之尊"和象征皇权的建筑空间。如：隋临朔宫、金太宁宫和1553年以前的明北京城，其中轴线的"黄金分割点"就位于最能彰显皇权"九五之尊"的宫城外朝前殿（今太和殿）的位置上；而元大都和1553年以后的明北京城，其中轴线的"黄金分割点"则分别位于大汗居住并处理日常政务的内廷延春宫（今乾清宫位置）和专供皇帝出入的"大前门"位置。（图1—1—13）

第三节　中国古都的中轴线

《太平御览》卷一百九十三引《吴越春秋》曰："鲧筑城以卫君，造郭以居人。此城郭之始也。""城"与"郭"的出现，是古城发展的第一阶段——由单一城垣发展到二重城垣。"二重城"起源于王权时代（即城邦诸侯国初期）。"三重城"由"宫城"、"大城"、"外郭"组成。"四重城"由"宫城"、"宫城夹垣"、"皇城"、"大城"组成，或由"宫城"、"皇城"、"大城"、"外郭"组成。"五重城"由"宫城"、"宫城夹垣"、"禁垣"、"皇城"、"大城"组成，或由"宫城"、"宫城夹垣"、"皇城"、"大城"、"外郭"组成。

为说明中国古都中轴线规划的演变过程，本节选取了自夏商之际到明代约3500年来的25座古都大城与中轴线规划示意图。从这些图中我们可以看出中国古都中轴线规划经历了从"二重城"到"五重城"规划的演变过程。

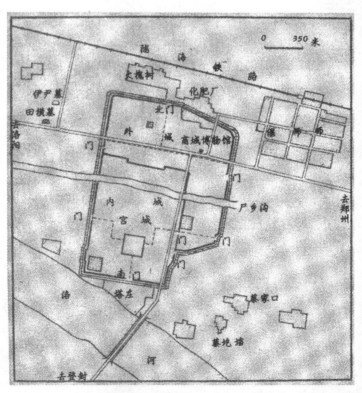

图1—1—14，偃师商都大城与中轴线平面示意图（引自张轸：《话说古都群》）

23

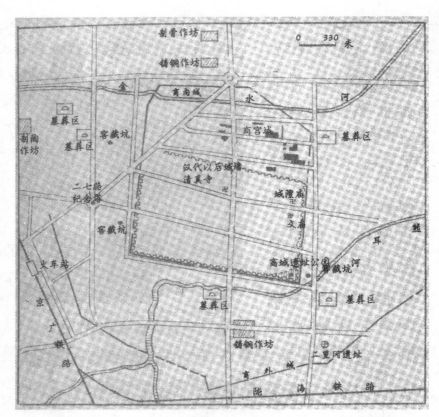

图1—1—15，郑州商都大城与中轴线平面示意图（引自张轸：《话说古都群》）

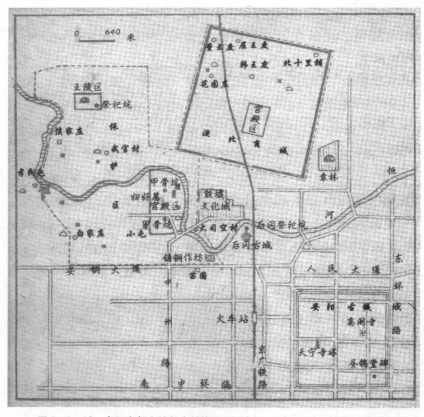

图1—1—16，安阳商都大城与中轴线平面示意图（引自张轸：《话说古都群》）

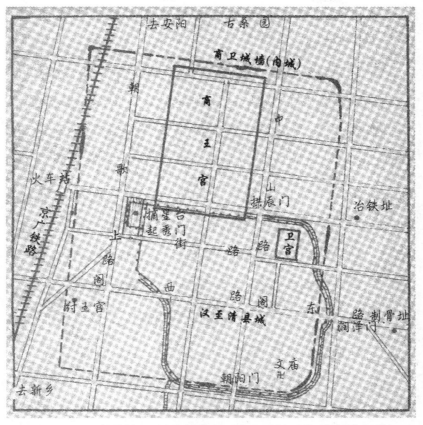

图1—1—17，朝歌商都大城与中轴线平面示意图（引自张轸：《话说古都群》）

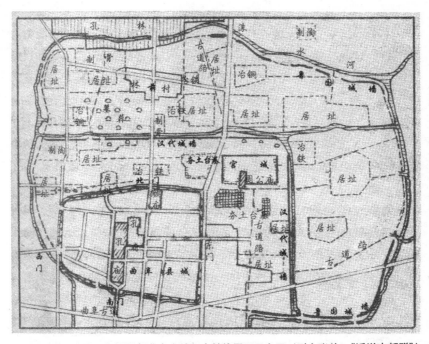

图1—1—18，西周鲁国国都曲阜大城与中轴线平面示意图（引自张轸：《话说古都群》）

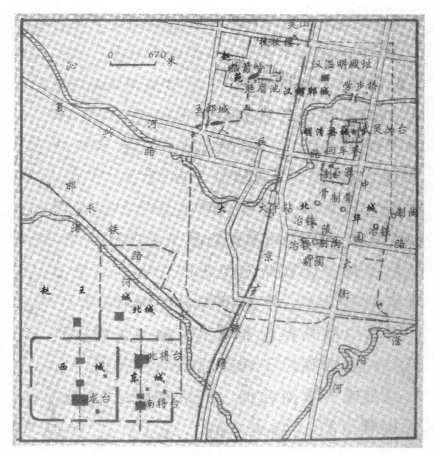

图 1—1—19，东周赵国国都邯郸大城与中轴线平面示意图
（引自张轸：《话说古都群》）

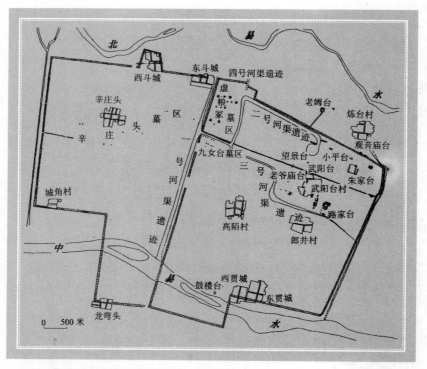

图 1—1—20，东周燕国易都大城与中轴线平面示意图（引自曲英杰：《古代城市》）

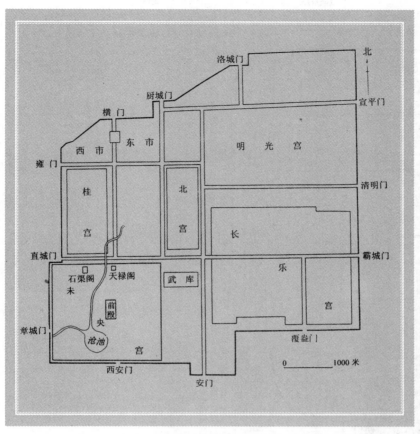

图 1—1—21，西汉长安大城与中轴线平面示意图（引自曲英杰：《古代城市》）

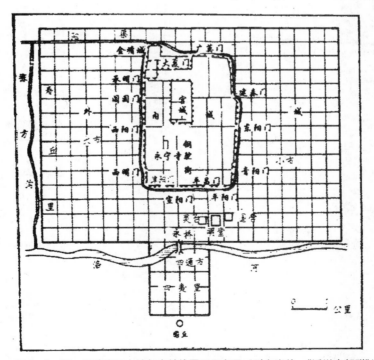

图 1—1—22，汉魏洛阳大城与中轴线平面示意图（引自张轸：《话说古都群》）

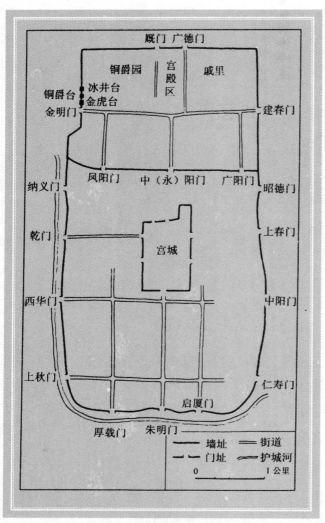

图 1—1—23，曹魏北朝邺城大城与中轴线平面
示意图（引自曲英杰：《古代城市》）

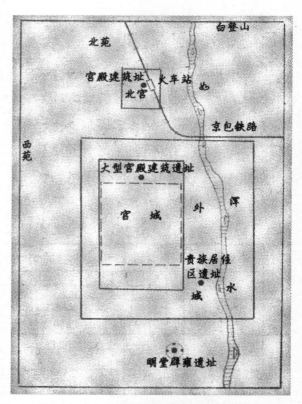

图 1—1—24，北魏平城大城与中轴线平面示意图
（引自张轸：《话说古都群》）

28

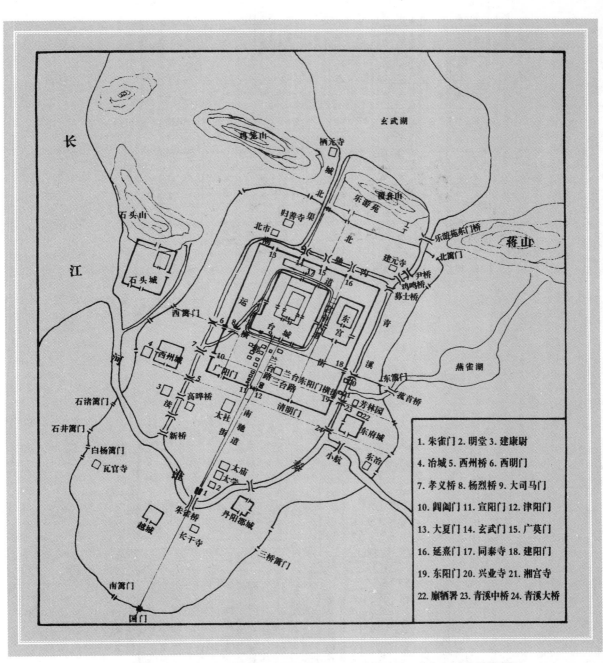

图 1—1—25，六朝南京大城与中轴线平面示意图（引自杨国庆、王志高：《南京城墙志》）

29

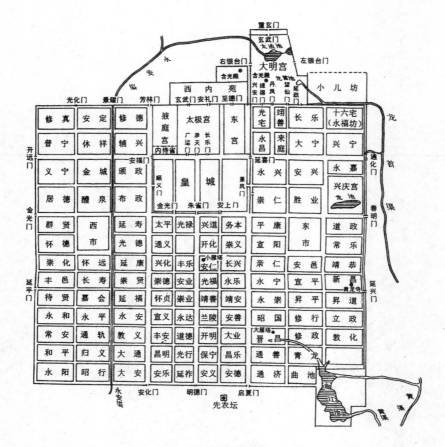

图 1—1—26，隋大兴、唐长安大城与中轴线平面示意图
（引自杨宽：《中国古代都城制度史》）

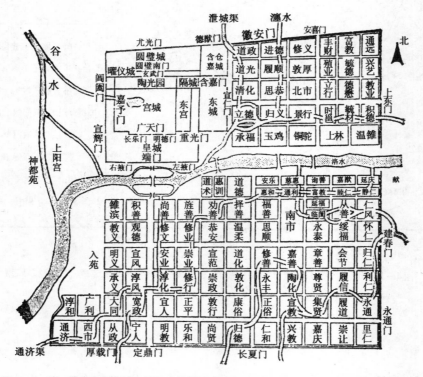

图 1—1—27，隋唐东都洛阳大城与中轴线平面示意图 （引自杨宽：《中国古代都城制度史》）

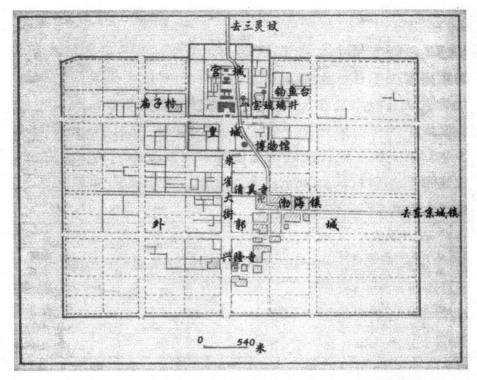

图 1—1—28，渤海国上京大城与中轴线平面示意图（引自张轸：《话说古都群》）

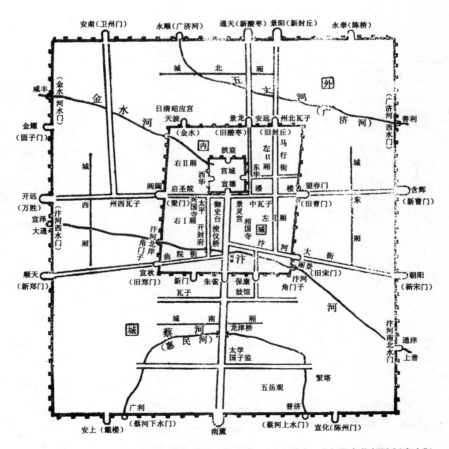

图 1—1—29，北宋汴京大城与中轴线平面示意图（引自杨宽：《中国古代都城制度史》）

ph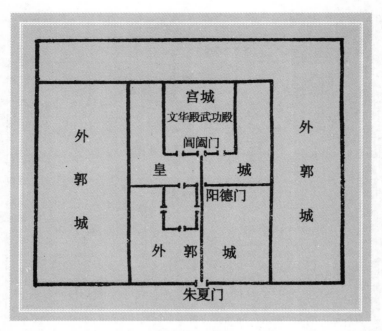

图1—1—30，辽中京大城与中轴线平面示意图（引自
杨宽：《中国古代都城制度史》）

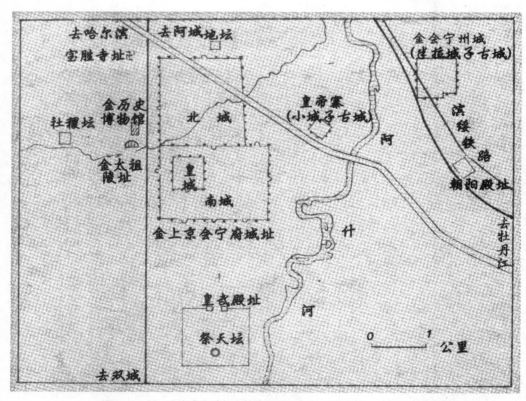

图1—1—31，金上京大城与中轴线平面示意图（引自张轸：《话说古都群》）

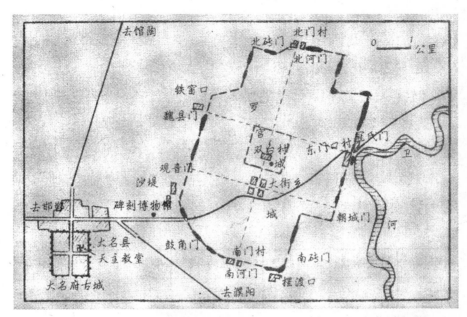

图1—1—32，北宋北京大名府大城与中轴线平面示意图（引自张轸：《话说古都群》）

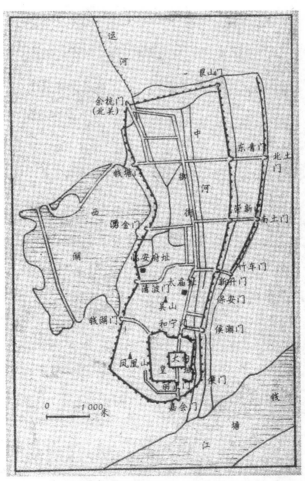

图1—1—33，南宋国都临安大城与中轴线平面示意图（引自
张轸：《话说古都群》）

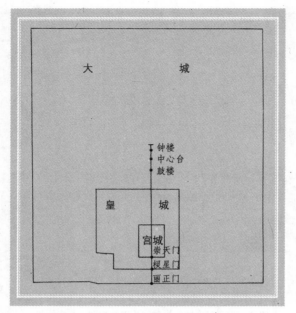

图1—1—34，元大都大城与中轴线平面示意图（作者绘）

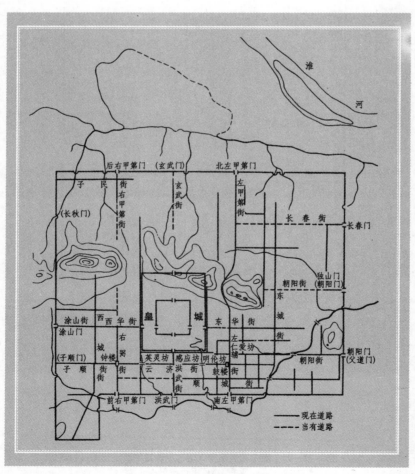

图1—1—35，明中都大城与中轴线平面示意图（引自王剑英：《明中都研究》）

第二章　中轴线的文化内涵与功能

第一节　"中"字之意

"中"字的本义是什么呢？段玉裁《说文解字注》云："凡丨之属皆从丨。中，内也……从口丨。下上通也。""内"，是相对于"外"而言，作为"内"义的"中"，则是相对于"四外"、"四方"而言。"下上通"，意为连接天地、沟通南北。早在远古时期，先民们就有南上北下、天南地北的认知。故"丨"、"下上通"，代表着远古先民们对时空的认知而产生的哲学观念；是连接时空的永恒不变的子午线，即是承接天意的中轴线。

远古先民们通过对天文图像的总结，伴随着农作物栽培技术的掌握，以及生活中测影和祭祀的需要，产生了沟通天地的时空观，即"下上通"的"丨"——"中"。"中"，是我们祖先倚天划地，即以天上的"日光"来确定地上的方位，是对空间进行测量所产生的一种认知，这种认知不仅具有决定空间的意义，而且还具有确定时间的意义，其本身蕴涵着古人的天文观和地理观，可谓原始的哲学观。从某种意义上说，"中"是中华民族（乃至人类）文明起源的时间"旗帜"，也是人类地球经纬观念形成的"觇标"。

"丨"，是远古先民们测量日影的工具。最初是"直立的人体"，后来是"圭"、"表"，后引申为承接"日光"、连接天地的"子午线"，故有"下上通"的意旨。因此，"中"就成为人们心中最为神圣的所在——即"经天地"、"祭鬼神"、"沟通天地"的所在，是沟通人与神心灵的桥梁。于是人们在这条"子午线"上设坛或建明堂祭祀，将这条"子午线"看作是沟通天地、承接"天意"、连接人神灵魂的"通道"。而这条"通道"就以"中"的象形被人们所接受、所崇拜。"中"乃连接天地之经，故又为承接乾坤之气的"天子"的象征——"天子"立于地而受命于天，故又为连接天地之气的交泰。

"中"字之"意"，第一表现在时空观上，第二表现在精神层面上。"中"，所表现的宇宙时间是永恒的，空间是无限的。即承接天意是永恒的，通向天体是无边的。于是，"中"，就成为连接时空的永恒不变的轨道、天街、子午线，成为承接天意的中轴线，成为"君权神授"的载体，成为中国传统文化"天人合一"理念的所在。远古先民认为"中"来自于天，权力也来源于天，故最高权力为"天命"，而"天子"是承接"天命"的人，所以拥有最高权力的"天子"居于天下之"中"。而拥有不同层次权力的王、诸侯、将军等，亦都居于其所管辖地域之"中"。

"中"字之"意"，正是通过表明"方位"的作用——东南西北四方之中，来彰显其"中心"、"中央"、"中枢"、"中轴"、"中国"、"第一权利"的作用，成为最高权力的象征——或以"中"为"国"，或以"中"为宫城，或以"中"为祭坛，或以"中"为王公的陵墓……"中"与"国"，即"中轴线"与"国都"；"中"，为"天"的象征；"国"，为"地"的象征；中国，就是天地的象征。

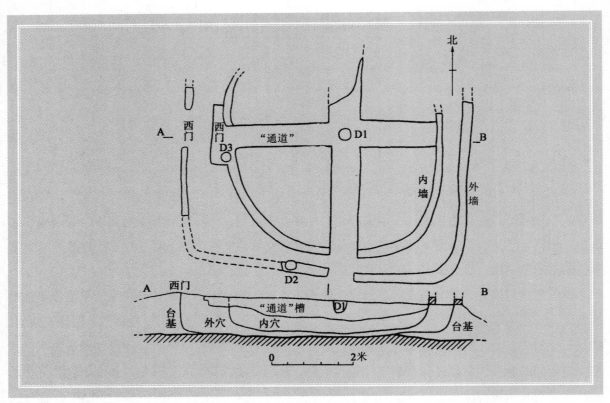

图1—2—1，鹿台岗遗址Ⅰ号遗址平、剖面图（引自冯时《中国古代的天文与人文》）

"中"字之"意"，还体现在天文学和地理学含义的层面上。新石器时代的良渚文化的玉琮的"中圆外方"的形状，告诉后人："中"为"圆"，象征"天"；"外"为"方"，象征"地"。考古工作者在河南杞县鹿台岗发现的龙山文化时代的一个礼制建筑遗址（图1—2—1）也呈"内圆外方"的形状。文献记载的周代的明堂，也是"内圆外方"的形状，故"圆"以祭天、祭上帝，"方"以祭地、祭祖。

"中"字之"意"，还表现在其彰显的功能上——作为测量空间方位与时间长度的标准。故从远古文化—河姆渡文化—龙山文化—夏商周文化，"中"字及其形状，所彰显的都是"中心"、"中央"、"中国"、"通天"、"最高"的寓意和理念。只有"中"，才是标准；没有"中"，就没有和谐。故有"黄帝居中国"，[1] 夏商周三代的帝都均规划在"中国"（今河南省）的历史。

第二节　中轴线的哲学意义与文化内涵

数千年来，我们的祖先是通过中轴线来了解宇宙天地和认知客观规律的，并总结出天与人的自然辩证关系是："道，可；道，非；常道。"即宇宙是可以探索的，但宇宙又是无法探索穷尽的，这一规律是永恒的。我们的祖先把中轴线看作是人与天"对话"和承接天意的"天衢"，并通过

1　笔者注：黄帝时代应该是"万国"联邦——部落联盟，联邦或联盟的首都在"中国"（即今河南省）。

中轴线提出了具有永恒而普遍意义的"天人合一"的思想。因而，可以把中轴线看作是源远流长的华夏文明这条历史长河的源头与主流，是辉煌灿烂的中华文化这棵参天大树的树根与树干；具有丰富的文化内涵。具体体现在以下诸方面。

中与乾坤。伏羲八卦中的乾坤二卦，体现了"天南地北"、"南上北下"的时空观念，是"尚中"思想的体现。通过对若干卦的阐释，将"中"与空间、时间、天地人的关系联系起来，以求达到理想的"中正"、"时中"、"致中和"的状态。可以说是通过中轴线对"四象"、"八方"以及人与宇宙关系的感应，反映了古人认为通过中轴线可以捕捉到宇宙之源"太极"的思想。

中与四方五位。从东宫苍龙、西宫白虎、南宫朱雀、北宫玄武四象观念的产生，到以人为中的五行思想的确立，可以说是我们的祖先站在中轴线上观察宇宙天象所得到的感应，所以古人认为通过中轴线可以捕捉到"天"的信息。

中与八方九宫。从《河图》的"四方五位"，到《洛书》的"八方九宫"，可以说是我们的祖先通过子午线（中轴线），对"中"的认识有了共识——"中"乃"四方"之中、"五位"之中、"八方"之中、"九宫"之中，进而乃"九州"之中、"华夏"之中。因此，统治者通过能体现"中"的中轴线来体现其意志和威严。

中与土。由于"五行"学说有"帝居土中"的观念，我们祖先还将堪舆风水理论服务于国都选址以及中轴线和皇宫紫微宫的规划上。皇宫紫微宫坐落在中轴线"中土"之上，东有"玉河"以象"苍龙"，西有"太液池"以象"白虎"，南有"凹"型城台以象"朱雀"，北有"丘台"以象"玄武"。中轴线纵贯"三山"以通"南天"。

"中"在五行学说中为"土"。"土"在五色中为"黄"。故"中"又有"黄土"、"黄天厚土"之意。远古祖先以"立中"、"居中"来彰显权威，又有"黄帝居中国"、"天子居中国"之传说。故"中"又有"中国"之意。

中与太极、中与阴阳。我们的祖先对"阴阳"的认知，也与中轴线密不可分。认为中轴线以东乃日出之处以为"阳"，以西乃日落之处以为"阴"。东与西、阳与阴的分界线就是中轴线。因此，皇宫的规划遵循"一阴一阳之为道"的学说，有意识地在中轴线的东西两侧对称分布"属阳"和"属阴"的建筑区域，以求得阴阳"平衡"、"和谐"、"转化"而生万物。

古人通过中轴线获取了对宇宙和自然的认知，认为中轴线可以获取"天意"，认为一切神秘的、神圣的事物都与中轴线有关，所以将祭天的"祭坛"规划在中轴线上，将祭祀上帝的明堂规划在中轴线上，将"天子"（皇帝）的"居所"紫微宫规划在中轴线上。

我们祖先对"中"的认识，与中轴线有着密切的关系。辨别方位，经度南北，须借日光测影，测影以立"中"，以"中"辨四方。这个"中"的延长线，就是中轴线。我们甚至可以认为："中"字，是我们祖先所创造的第一批文字里面的一个与他们日常生活和社会秩序都密切相关的一个字。

从"天南地北"、"四方五位"观念的产生，到私有制和王权的出现，最高权力拥有者就在其"城邑"或"国"（即方国，以城邑为方国）中规划中轴线，并将最高等级的宫阙规划在中轴线上。大约到"三皇五帝"时期，"国都"中轴线就成为"沟通天地"、"承接天意"的"天衢"。"五位"

之中的"五"与"九宫"之中"九"，还因"正中"和"极阳"而演变为大地上"应天"、"承天"的专用数字，故"中"又有"中央"、"中和"之意。因此，"九五之尊"就有了至高无上的意思。从此，中轴线上的规划就以"九五之数"，来满足最高统治者作为"天子"承接"天意"、"替天行道"的统治需要。

中与中轴。由于对天的崇拜和"天子""承接天意"、"替天行道"的统治需要，我们祖先还在中轴线上仿照天上星宿的位置，规划了皇宫"紫微宫"，引"龙津"以象"天汉"，做"周桥"以法"牵牛"，筑"土丘"以象"北斗"。故将中轴线规划成北有"北斗"、中有"紫微"、南有"天汉""牵牛"的"天衢"。

中轴线承载着中国近万年的文明史。随着历史的演进，中轴线虽已不再是"天子""承接天意"的象征，但它彰显中华文化"天人合一"的精神内涵却是永恒的。北京中轴线是我们祖先创造并留存至今的、一笔巨大的精神财富和物质财富，是属于全人类的文化遗产。

第三节　中轴线的功能

中国古都中轴线有祭祀功能、政治功能、经济功能、文化功能。北京中轴线沿袭着这些功能，既兼有祭祀功能和文化功能，又兼有经济功能，其中政治功能最为突出。祭祀功能、经济功能、文化功能又都从属于政治功能。

一、中轴线的政治功能

中国古都中轴线的规划与建筑，是为了彰显"君权神授"、"奉天承运"、"替天行道"、"皇权至尊"、"中庸和谐"的统治思想和维护专制统治服务的。中轴线在中国古代社会，一直与神权、皇权和维护专制统治秩序有关。例如：中轴线"敬天法祖"的宗教与祭祀功能，就是为了告知国人——皇帝具有"君权神授"、"奉天承运"的神圣使命；中轴线"天人合一"的伦理与文化功能，就是为了彰显"皇权至尊"、"中庸和谐"的统治思想；中轴线"前朝后市"的政治经济功能，就是为了突出"天子""替天行道"、"治理万民"的统治职责。

中轴线的政治功能，集中体现在勾通天地、具有象征意义的众多建筑上——天坛、天衢、天津、天桥、天阙、天宫、天市、钟楼、鼓楼……这些建筑，都是为了满足封建皇权专制统治需要而设计的充满政治功能的统治工具。中轴线的政治功能，不仅体现在等级森严的封建礼制上，而且还渗入到人民的日常生活中。几千年来，封建帝王充分利用中轴线的政治功能来维护其对国都的管理和对国家的统治。最具普遍意义的统治手段，就是统治者通过晨鼓暮钟（后演变为晨钟暮鼓）来管理人民在城市的日常行为，以实现其社会安定的政治目的。

二、中轴线的经济功能

中轴线上的"国市"，通过其经济功能直接反映出皇帝与百姓之间统治与被统治的政治关系。

北京古都中轴线上的"市",估且不算两千多年以前古永定河渡口北路的市,就从元大都的"国市"——"钟楼市"算起,至今也有七百多年的历史了。从 13 世纪下半叶到 17 世纪下半叶的四百年时间里,北京中轴线上的"国市",由北向南有过两次移动,即由"北市"变为"南市"。"国市"的南移,在一定程度上揭示了统治者与被统治者政治关系的变化,更揭示了统治者通过中轴线的经济功能来削弱被统治者反抗压迫的政治目的。

元大都第一大商业区,就是位于大城中心的"钟楼市",即今钟楼南北街、钟鼓楼以西诸巷和鼓楼周围。"钟楼市"之所以成为大都最为富庶殷实和繁华的地方,与它位于中轴线上和在海子岸边的地理位置密不可分。元大都"钟楼市",每天都有众多的欧亚商旅光临,国内的富商巨贾也多云集于此,成为当时闻名世界的"市场",遂成为元朝皇帝统治世界的媒介和工具。

明北京大城较元大都大城略有南移,特别是宣德朝东拓皇城东垣,使"国市"由"钟楼市"南移至皇城大明门外的"棋盘街市"。明朝人蒋一葵在《长安客话》中记述了"棋盘街市"的繁华景象:"天下士民工贾各以牒至,云集于斯,肩摩毂击,竟日喧嚣,此亦见国门丰豫之景。"明北京中轴线上"国市"的南移,反映出老百姓的经济生活要服从封建皇权的政治统治需要的时代特征。

清朝迁都北京后,施行反动的"民族压迫"政策,禁止汉族人居住在内城里,使得在明朝中后期开始复兴的正阳门外商街,此时就成为北京的第一"市"了。在正阳门外大街两侧,商铺林立,并且向东西街巷扩展,形成了诸多行业"街市"。正阳门外商街的兴盛时间长达 400 多年。清北京中轴线上"国市"的南移,反映出统治阶级与被统治阶级政治关系的恶化。

三、中轴线的文化功能

中轴线的文化功能历史上曾体现在三个方面:一是祭祀文化功能。二是庙堂文化功能。三是市井文化功能。三种文化各有不同的表现形式。

泛中轴线上的祭祀文化是皇帝敬天、地、日、月、祖、社、山、川、农、蚕等众神的文化,表现形式是"庄"与"严"。庙堂文化是维护皇帝专制统治的文化,表现形式是"雅"与"颂"。市井文化是被统治阶级的生活文化,表现形式是"风"与"俗"。

中轴线的文化功能于今则体现在遗产功能上——即对其历史价值、文化价值、艺术价值、旅游价值、商业价值的再认识。北京中轴线的历史价值,在于它是中国五千年帝都中轴线规划的"活化石",是人类文明最具规模的古都中轴线建筑群组。北京中轴线的文化价值,在于它是中国传统文化的载体——它蕴含了中国古典哲学思想之精髓"天人合一"的理念,蕴含了中国古都的祭祀文化、庙堂文化和市井文化。北京中轴线的艺术价值,在于它众多古建筑形式与规划空间所彰显的艺术魅力——色彩、维度、空间、对称、起伏、开合、威严、深远、敬畏。北京中轴线的旅游价值,在于它是中国古都中轴线规划与建筑艺术的"展览馆",它可以让中外游人跨越时空地了解中国文化的产生、发展、传承。北京中轴线的商业价值,在于它的"龙脉"风水,因为人们对中轴线的"龙脉"(隆买、隆卖)风水是非常看中的。

第四节　北京中轴线规划与建筑的艺术神韵

北京中轴线的规划与建筑，无疑是中国古都中轴线最高规格与最高等级的规划与建筑，其规划格局与建筑形式，是对中国数千年国都中轴线规划格局与建筑形式的继承与发展。因此，北京中轴线不仅彰显着中国"天人合一"的文化内涵，而且还展现着世界"独一无二"的艺术神韵。

一、从中轴线的整体规划布局看雄壮之美

北京中轴线规划与建筑的艺术神韵的第一个特点，展现在整体规划的雄壮之美上。明北京中轴线南北纵贯"六重城"，在近8000米的中轴线上，规划有山、水、宫、殿、门、阙、楼、台、亭、阁、桥、苑、廊、市、广场等空间，可谓是中国古都仅有的气势恢弘的空前绝后的中轴线。中轴线规划是由多组建筑空间组成的一个整体，因此中轴线的规划就显得气吞山河、庄严崇高、雄伟壮丽。金碧辉煌的阙楼、云台、宫殿、大屋脊，展现出中轴线规划的雄壮之美。

二、从中轴线的建筑规划看色彩之美

北京中轴线规划与建筑的艺术神韵的第二个特点，展现在建筑物六色和谐的色彩之美上。北京中轴线上的各种类建筑由黄、红、蓝、灰、绿、黑六种色彩所组成。其中，皇城中轴线上的建筑以黄、红、蓝、绿四色装饰，以金瓦、红墙、四色和玺彩绘为主，显得庄严、堂皇、富丽；大城中轴线上的建筑以灰、黑、绿三色装饰，以灰瓦、灰墙为主，配以黑、绿两色，显得自然、淳朴、凝重。整体看北京中轴线建筑的色彩，展现出黄、红、蓝、灰、绿、黑六色和谐的色彩之美。

三、从中轴线建筑群组的布局看节奏之美

北京中轴线规划与建筑的艺术神韵的第三个特点，展现在空间规划与建筑群组分布的开合有序的节奏之美上。北京中轴线在近8000米的直线距离内，按"城"规划了十个不同的区域，在十个不同的区域内，又按功能规划了十五个建筑群组，每个区域和每个建筑群组的规划空间又不尽相同。十个区域和十五个建筑群组，展现出区域规划与建筑群组分布的开合有序的节奏之美。

四、从中轴线建筑的不同高度看韵律之美

北京中轴线规划与建筑的艺术神韵的第四个特点，展现在众多建筑物不同高度以及与广场的高低起伏、错落有致的韵律之美上。在北京中轴线十个不同的区域和十五个建筑群组内，又规划有四十二座建筑和十六个广场空间。不同建筑物及其与庭院的高低起伏、错落有致，以及建筑物与广场空间的起伏的高度与空间的比例，展现出一种高低起伏、错落有致的韵律之美。

五、从中轴线的对称建筑看阴阳平衡的和谐之美

北京中轴线规划与建筑的艺术神韵的第五个特点，展现在中轴线两侧建筑对称布局的阴阳和

谐之美上。在北京中轴线或泛中轴线的两侧，按层次、等距离地规划有区域和建筑群组，使"六重城"中轴线的东西两翼呈对称分布，避免了左右失衡、阴阳失调，展现出古都中轴线规划的对称布局与阴阳平衡的和谐之美。

六、从中轴线的大屋脊看"形式"之美

北京中轴线规划与建筑的艺术神韵的第六个特点，展现在复杂多样的大屋脊建筑的形式之美上。北京中轴线规划所阐示的美学意境，就在于各类建筑的复杂多样的大屋脊的形式上，如重檐庑殿顶、单檐庑殿顶、重檐歇山顶、单檐歇山顶、三重檐攒尖顶、单檐攒尖顶、盝顶等，展现出中国古建筑大屋脊的形式之美。

七、从中轴线的石雕看"天工"之美

北京中轴线规划与建筑的艺术神韵的第七个特点，展现在建筑石雕艺术的"天工"之美上。北京中轴线皇宫建筑的石雕艺术可谓"巧夺天工"。从须弥座到丹墀，从丹陛到石桥，燕石上的龙、凤、神兽、海水等雕刻无不出神入化，令人叹为观止。皇宫建筑的石雕艺术不仅折射着我们祖先的精神信仰，更是传世的艺术珍品，每一块石雕作品都能展现出中国古代建筑石雕艺术的"天工"之美。

第三章　北京中轴线规划的千年变迁

　　一百多年来，有多少中外建筑家和各界人士赞扬过北京中轴线，称北京中轴线为"伟大的中轴线"。许多人以为今北京中轴线的最初规划始于元代、完成于明代，而忽略了几千年来中国古代都城规划建设中的一个规律——继承与改造。笔者通过研究永定河与北京城的变迁，以及隋、金、元、明四代的规划尺度演变，认为今北京中轴线的最初规划始于7世纪初的隋代。金、元、明三代宫城（金为太宁宫宫城）及中轴线的规划，是对隋代临朔宫宫城及中轴线规划的继承和改造。

　　明北京城的规划是依据大城中轴线进行的，而明北京大城中轴线是对元大都中轴线规划的继承和改造，元大都中轴线又是对金太宁宫中轴线规划的继承和改造，金太宁宫中轴线又是对隋临朔宫中轴线规划的继承。而隋临朔宫中轴线的规划，又是以传统文化思想为指导对上千年来的道路的继承和改造。

　　我们今天看到的北京中轴线之所以伟大，不仅在于它是中国现存最完整的，而且也是世界唯一的，还在于它真实地展现了至少是三千多年前的中国古都，乃至六千多年前的中国古代城邑的规划所遵循的"天人合一"的文化内涵。可以说，北京中轴线是中国献给世界的最伟大的人类文化遗产之一。因此，我们要研究北京中轴线，要世代保护好北京中轴线。

　　作为国都中轴线，北京中轴线千年来有过两方面的变迁：一是空间的变迁，即由金中都中轴线到元大都中轴线的空间变迁；一是规划的变迁，即由隋临朔宫中轴线到金太宁宫中轴线，到元大都中轴线，到明北京中轴线，到清北京中轴线，再到20世纪以来北京中轴线的规划变迁。

　　论证北京中轴线规划变迁，不能不论及辽燕京中轴线和金中都中轴线的规划。辽燕京中轴线和金中都中轴线为同一条中轴线，位于今广安门外西滨河路南北一线。

第一节　辽南京（燕京）中轴线的规划

一、辽南京（燕京）的三重城池

　　辽南京（燕京）大城，"城方三十六里"，[1] 即在唐幽州"城方三十二里"[2]的基础上"外罗西南而为之"，[3] 形成了一个拥有大城、子城、外罗城"三重城池"的辽南京。[4]

　　唐幽州城西南有子城，为州衙或曾为安禄山、史思明、刘仁恭称帝时所建的皇城。辽南京（燕京）以唐幽州城子城为皇城。参考北宋路振《乘轺录》有关辽南京"内城幅员五里，东曰宣和门，

---

[1] 《辽史》卷四十志，第十，地理志四。
[2] 《太平寰宇记》记载：唐幽州城南北九里，东西七里。
[3] 《日下旧闻考》卷三十七《京城总记》引王曾《上契丹事》。
[4] 笔者注："三重城池"为辽南京大城、皇城、西南外罗城。

南曰丹凤门，西曰显西门，北曰衙北门"的记载，得知辽大内的周长约 3000 米。[1] 再参考 1957 年 5 月考古调查时发现的广安门外桥南约 700 米的护城河西岸，有辽金时期的三座长宽各约 60 米的夯土高台，[2] 即辽金时期宫殿遗址等诸因素，得知辽南京（燕京）中轴线就在今广安门外西滨河路南北一线。

为了加强南京（燕京）皇城的防卫，契丹统治者采取了三个措施：1. 在皇城的东北角修建了"燕角楼"；2. 在皇城的西南，修筑了"外罗城"，使皇城变成了"内城"、皇城南门丹凤门变成了"南暗门"；3. 在外罗城的"西城巅"修建"凉殿"。"燕角楼"和"凉殿"的功能，主要是为了防卫。

辽南京（燕京）皇城，南北 3.5 唐里（唐小制，下同，约 1567 米），北垣约在今南横街东西一线，南垣约在今右安门东西一线；东西 3.25 唐里（约 1567 米），东垣约在今南线阁街南北一线，西垣即大城西城墙；周长 13.5 唐里（约 6046 米）。[3] 辽南京（燕京）皇城，由东部的皇宫、衙馆和西部的御苑组成。西部的御苑，南北 3.5 唐里（约 1567 米），东西 1.6 唐里（约 720 米），周长 10.2 唐里（约 4570 米）。东部北区为皇宫，南北 615 步（约 918 米），东西 479.5 步（约 716 米），周长 2189 步（约 3268 米），与宋文献记载的辽燕京"内城幅员五里许"[4] 相吻合；南区为衙馆，南北 1.45 唐里（约 650 米），东西与宫城等宽，规划有衙署以及来宁馆、永平馆等外交馆舍。皇宫内在中轴线上建有"宫阙九重"。[5]

二、辽南京（燕京）中轴线

辽燕京中轴线因沿用唐幽州子城中轴线，故偏于大城西部，南北长约 3900 米，北起拱宸门（约在今广安门外西滨河路与北线阁北口、小马厂东西一线交汇处），南至丹凤外门（约在今广安门外西滨河路与凉水河北岸东西一线交汇处）。（图 1—3—01）

辽南京中轴线与其他两门之间以道路组成的轴线不同，丹凤外门至拱宸门之间的南北轴线，则是以重重城门、宫殿和通衢组成的贯穿全城南北的中轴线。

辽南京城中轴线的规划，带有明显的"汉化"迹象。在丹凤外门至拱宸门[6] 南北中轴线上，沿用唐"子城"，以唐"子城"为"皇城"；以"皇城"东部为"大内"（即宫城）；在唐"子城"南建外罗城；以唐"子城"北门"子北门"为"皇城"北门和"大内"北门，仍称"子北门"。在大内门至子北门的大内中轴线上，面南修建了宣教殿（后改称元和殿、德胜殿）、弘政殿、紫宸殿等"九重宫阙"。在皇城子北门至大城拱宸门的大城中轴线上，仍沿用唐幽州的"通衢"，两边为"市"区，称"北市"。辽南京城中轴线及"准三重城"的规划，符合中国传统的"前朝后市"的"营国"理论。

契丹皇室在南京皇城至大内建有丹凤门、南端门（大内门）、宣教门（元和门）"三重门"。

1　参考吴承洛《中国度量衡史》，宋一里约合 553 米。

2　《北京考古四十年》，第 53 页。

3　参考吴承洛《中国度量衡史》，隋小制一里 ≈ 424 米；又参考唐小尺 ≈ 0.24 米，则唐小制一里 ≈ 432 米。

4　路振《乘轺录》。

5　路振《乘轺录》。

6　笔者注：为辽南京北城西门，亦为辽南京中轴线北端之建筑。

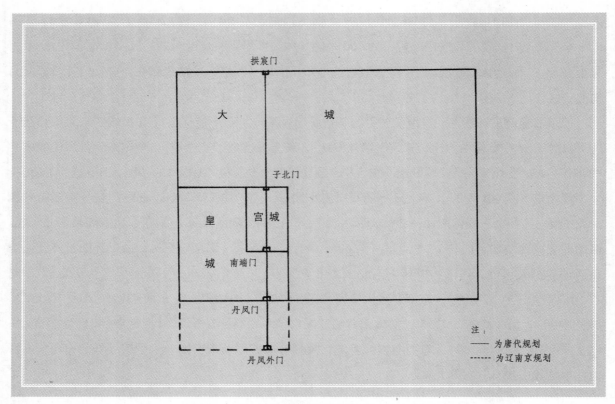

图1—3—01，辽燕京中轴线平面示意图（作者绘）

在辽南京中轴线上，由南而北为丹凤外门、丹凤门、南端门（启夏门、大内门）、宣教门（元和门）、外朝后门、弘政门、后萧墙门、子北门、拱宸门共"九重门"。

在辽南京中轴线上，从南至北有：丹凤门、南端门（后改称启夏门、亦称大内门）、宣教门（后改称元和门）、宣教殿（后改称元和殿、德胜殿）、弘政门、弘政殿、紫宸殿、子北门、拱宸门等"九大建筑"。

第二节　金中都中轴线的规划

一、金中都的准四重城池

金中都大城，周长"七十五（金）里"，[1]城门数量，完全依据《周礼·考工记》中的"营国理论"而建，即东、南、西、北每城各建有三个门。

金中都大城，是在辽南京（燕京）大城的基址上，向西、南、北三面扩展而成的。金中都大城的东城墙则沿用了辽南京大城的东城墙，只是向南、向北延伸了而已。正是由于东城墙的向南延伸，将原辽南京城外东南方位的"燕王陵"围入了东城内。

金中都是以宋汴京为蓝图营建的，为"准四重城"（宫城、皇城、内城、大城）建制。金中都沿用了辽南京（燕京）宫城和皇城以及中轴线。正是因为金中都大城，向西扩展了"千步"，

---

1 《大金国志·卷三十三 地理·燕京制度》。

44

才使得宫城和皇城以及中轴线不再偏于大城的西部，而位于大城的中部稍稍偏西，与辽南京（燕京）宫城和皇城以及中轴线位置的"不中不正"形成了明显的对比。

金中都的规划，在向西、南、北三面扩展大城的同时，又向东、北两面扩展了皇城。经过向西扩展大城和向东扩展皇城，使皇城也基本位于大城的中部偏西，不再象辽南京皇城偏于大城西部，真正体现了帝都的规制。

金中都皇城有四门：正门曰宣阳门，门内为千步廊，"御廊东西曲尺，各二百五十间，"[1] 东西向廊庑，"廊之半各有偏门"，[2] 东西向千步廊之间为御道，北向千步廊以北为"天街"，街北为宫城正门应天门；东门曰宣华门，西门曰玉华门，北门曰拱宸门。

金中都宫城，系沿用并改建了辽南京"大内"而成，称"九里三十步"。金中都宫城有四门，正南曰应天（即辽大内之南端门），北门曰玄武，东门曰东华，西门曰西华。

金中都宫城正门应天门仿宋汴京宫城正门规制：五阙、门上建有重楼十一间，中门专供皇帝出入。应天门东西两侧，相距里许，设左掖、右掖二门。应天门大殿设有御坐，门上两侧各有楼观，两侧楼观与左、右掖门门楼均有廊相连。

二、金中都中轴线

金中都大城是在辽南京大城向西、南、北三面扩充而成的，因沿用辽南京皇宫和中轴线，故金中都中轴线仍位于大城略偏西部，南北长约 4520 米，北起通玄门（约在今广安门外西滨河路与头发胡同东西一线交汇处），南至丰宜门（约在今广安门外西滨河路与凉水河北岸交汇处）。（图1—3—02）

在金中都中轴线上，分布有准"四重城"和五个功能区域。宫城为中心区域，宫城南北（东西）为皇城区域，皇城南北为大城区域。在宫城中心区域里，从南至北建有"九重宫阙"，即应天门、大安门、大安殿（辽宣教殿）、外朝北门、宣明门、仁政门、仁政殿（辽弘政殿）、拱宸殿（辽紫宸殿）、玄武门。其中，仁政殿为旧殿，即辽弘政殿；大安殿和拱宸殿，是在辽大内元和殿和紫宸殿基址上新建的大殿，形成大内中轴线上的"三大殿"，位置在今广安门桥南、护城河西侧约700 米以南。"三大殿"的具体位置已为 1957 年的文物考古调查所证实。[3]

宫城南的南皇城区域，在宫城应天门与皇城宣阳门之间，仿效宋汴京皇城规制。此区域中间为御道，御道两边为千步廊，东、西千步廊两侧各有一门，东门外建有太庙，西门外为尚书省等三省六部；东西千步廊南端两侧，东有文楼，西有武楼；文楼东北，建有来宁馆，为各地来京官员临时居住的"宾馆"；武楼西北，建有会同馆，为各国使节来金京临时居住的"国宾馆"。千步廊北向部分与应天门之间，形成宫城前的"T"形广场。宫城北的北皇城区域，为北苑。

在金中都中轴线上，有"多重门"建制，即从南至北依次为丰宜门瓮城门、丰宜门、宣阳门、应天门、大安门、外朝北门、宣明门、仁政门、内廷北门、北萧墙门、玄武门、拱辰门、（辽大城）

1 周辉《北辕录》。

2 《大金国志·卷三十三 地理·燕京制度》。

3 《北京考古四十年》，第 53 页。

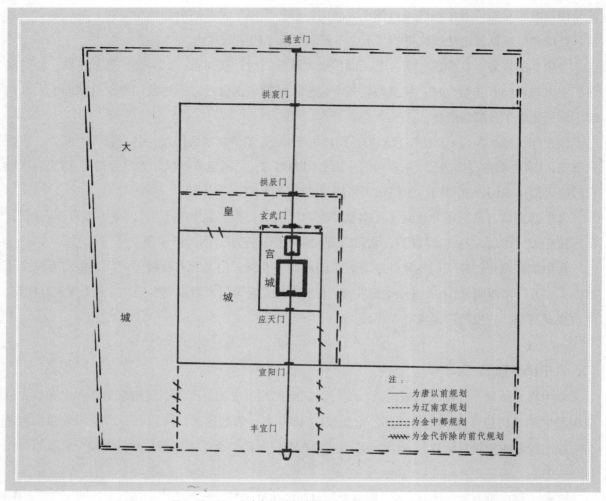

图 1—3—02，金中都大城与中轴线平面示意图（作者绘）

拱宸门、通玄门、通玄门瓮城门等十五道门阙。

因金中都中轴线沿用辽南京中轴线，故也有原辽的宫阙建筑为金所使用。在金中都中轴线上，从南至北有丰宜桥、丰宜门瓮城门、大城丰宜门、龙津桥、皇城宣阳门、宫城应天门、大安门、大安殿（辽宣教殿）、外朝后门、宣明门、仁政门、仁政殿（辽弘政殿）、拱宸殿（辽紫宸殿）、后萧墙门、宫城玄武门、皇城拱辰门、（辽大城）拱宸门、大城通玄门、通玄门瓮城门等宫殿、门阙、城楼、桥梁等建筑十九座。

第三节　隋临朔宫及其中轴线的规划

605—610 年，隋炀帝为远征高丽，诏修驰道与大运河至涿郡，并在涿郡东北郊规划修建了远征高丽的大本营——临朔宫，又因为涿郡地处北方枢纽，自古就有着十分重要的战略地位。故临朔宫应为隋炀帝在全国所修建的四十多所离宫中，规制应属于最高等级的。笔者结合隋里制和对历史建筑、大运河、太液池、宫城、北苑等实地空间的勘查，得知隋临朔宫规划修建有"四重城垣"，即宫城、宫城夹垣、禁垣、外垣。隋临朔宫外宫垣南北长度约为1095隋丈，约为2579米，规划为三个区域：中部为宫城区域，南北长度约为409.5隋丈（约964.4米）；南部为宫城南禁卫区域，即从宫城南垣至临朔宫南宫垣的南北空间长度约为238.5隋丈（约561.7米），由三重垣组成：宫城南夹垣距宫城南垣约59.5隋丈（约140米），南禁垣距宫城南夹垣约99.5隋丈（约234.3米），临朔宫南宫垣距南禁垣约79.5隋丈（约187.2米）；北部为宫城北禁卫区域，即从北垣至临朔宫北宫垣的南北长度约为446.5隋丈（约1051.5米），由三重垣组成：宫城北夹垣距宫城北垣约35.5隋丈（83.6米），北禁苑距宫城北夹垣约256.5随丈（约604米），其中，宫殿北夹垣距北苑南垣约12隋丈（约28.3米），北苑南北长度约219.5隋丈（约516.9米），北苑北垣距北禁垣约25隋丈（约58.9米），北禁垣距北宫垣约155隋丈（约365米）。

隋临朔宫中轴线南北三个空间"区域"规划有十五座门阙和十四个"独立"的空间，每个独立的空间都是以门为界的。由北至南依次为：临朔宫北宫门、临朔宫北宫垣至北禁垣之间的北中轴广场空间、北禁垣之北中门、北禁垣与北苑北垣之间的"驰道"空间、北苑北门山后门、北苑空间、北苑南门山前门、北苑与宫城北夹垣之间的"驰道"空间、宫城北夹垣之北上门、宫城北夹垣与宫城北城垣之间的"北卫城"空间、宫城北门玄武门、宫城北城垣与北萧墙之间的"驰道"空间、北萧墙门、北萧墙与内廷之间的御花园空间、内廷北门、内廷空间、内廷南门紫宸门、内廷与外朝之间的"驰道"空间、外朝北门、外朝空间、外朝南门怀荒门、外朝南门与宫城南城垣之间的空间、宫城正门朱雀门、宫城南城垣与南夹垣之间的"南卫城"空间、宫城南夹垣之南上门、南夹垣与南禁垣的之间的"南禁城"空间、南禁垣之南中门、南禁垣与临朔宫南宫垣之间的南中轴广场空间、临朔宫南宫门。（图1—3—03）

隋临朔宫中轴线各个空间区域的规划，均是以"金台"的中心点（今景山主峰）为"原点"和"坐标"进行的：先根据"金台"的中心点确定"泛"中轴线的长度。次根据"泛"中轴线长度的"黄金分割点"确定宫城外朝"怀荒殿"的位置，再以"怀荒殿"为"黄金分割点"（"坐标"）确定临朔宫南北垣和宫城南北垣的位置。所以，隋临朔宫中轴线（约1095隋丈）与宫城中轴线（约409.5隋丈）以及"泛中轴线"（约11.35隋里）的"黄金分割点"，均在宫城外朝"怀荒殿"（金为大宁殿，元为大明殿，明为奉天殿、皇极殿，清为太和殿）的位置上。将宫城规划建在"金台"的南面，与"山南建宫"的传统理论相吻合。

隋临朔宫中轴线各个空间区域的规划，通过1、2、3、5、9、15、35、55、95、99、360等数字，体现出周易、河洛、阴阳、五行、天人合一的思想。中轴线为"一"，象征太极；太极生两仪，故有位于东部属"阳"的宫城和位于西部属"阴"的太液池；宫城分中、左、右"三"路，以表现"天子居中"、"面南而王"和"左右对称"、"阴阳平衡"的"安定"局面；宫城为"五"，为"土"、为"中"，以象征天宫中的紫薇垣；宫城外朝、内廷空间规划为"九五"或"九"、"五"的倍数，以彰显皇权的"九五之尊"；宫殿基座的尺度为"九九"、"五五"、"三五"，以合"重阳之数"、"大衍之数"、"三五之数"；瑶光台为360度，以象征周天……

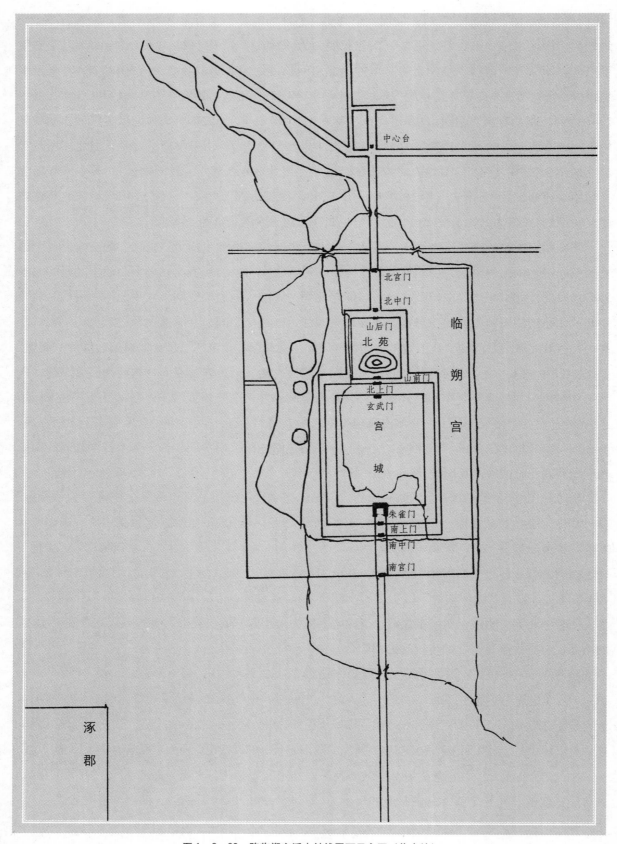

图 1—3—03，隋临朔宫泛中轴线平面示意图（作者绘）

第四节　金太宁宫对隋临朔宫及其中轴线规划的继承

隋临朔宫可能毁于隋末农民战争。唐代幽州为藩镇，故隋临朔宫得不到重建，但位于原临朔宫西园海中的"三山"有幸没有被战火完全焚毁，故成为辽代南京（燕京）的"瑶屿离宫"。

金海陵王迁都燕京后，继承、改造了辽南京大内作为皇宫，并沿用位于金中都东北郊的原辽代的"瑶屿离宫"。金世宗夺得帝位后决定在金中都东北郊太液池东岸隋代规划的临朔宫的遗址上，进行重建，命名为"太宁宫"。

太宁宫为宫、苑、园结合的离宫，因位于金中都的东北郊，故称"北宫"、"北苑"。"北宫"的规划，是对隋临朔宫规划的恢复，即由中东西三个区域组成，中部为宫城区域，东部为禁卫区域，西部为太液池西园区域。因传统文化和风水理论所致，古人规划的宫城，几乎无一不体现出"南朱雀、北玄武、左青龙、右白虎"的风水格局。右白虎，即太液池。左青龙，即永济渠。古人的规划建筑，几乎无一不遵循传统文化和风水理论，皇家的规划建筑更是如此。那种认为以太液池（北海）为中心规划的金太宁宫和元宫城及皇城的观点，是没有传统文化理论依据的，只能是今人对古人规划的一种推测而已。

金代史料明确记载：琼华岛、瑶光台等均为太宁宫附属之"西园"，以显示太宁宫"为东"、"为阳"、"为正"、"为主"，"西园""为西"、"为阴"、"为偏"、"为辅"。更何况金太宁宫的规划是对隋临朔宫规划的全盘继承了。考察中国古代宫城和皇城的规划，没有一座是以太液池为中心进行规划的。都是以宫城为中心，将宫城规划在东部，在宫城西部辅以太液池的。如：蓟城燕王之宫城的西部有太液池（即莲花池），汉未央宫西部有太液池，隋临朔宫西部有太液池，辽燕京宫城西部有太液池，金中都宫城西部有太液池、金太宁宫西部有太液池，南宋临安宫城西部有太液池，元大都宫城西部有太液池，明清北京宫城西部有太液池。

金太宁宫，是在隋临朔宫规划的基址上重建的，因此也是建有四重城垣：由内到外，第一重为宫城高大的城墙，内有宫殿；第二重为宫城夹垣，性质同卫城；第三重为禁垣，禁垣之内为禁城；第四重为外垣，为禁垣和西园之外的墙垣，称"红门拦马墙"。

金太宁宫中轴线的空间区域规划（图1—3—04）完全同于隋临朔宫中轴线，只是重新命名了新建的宫殿和门阙。将宫城朱雀门命名为端门，将外朝宫阙命名为大宁，即大宁门、大宁殿；将内廷宫阙命名为紫宸，即紫宸门、紫宸殿；将玄武门命名为拱宸门。外朝命名为"大宁"，寄托了统治者"大安"、"大宁"[1]的希望；内廷命名为"紫宸"，宣扬了"君权神授"、"天人合一"的"天命观"和统治的合法性。

第五节　元大都对金太宁宫及其中轴线规划的继承和改造

金太宁宫和金中都中轴线上的宫城与禁苑的宫阙建筑，均焚毁于成吉思汗率蒙古大军攻打燕

---

1 笔者注：金中都宫城外朝前殿命名为"大安殿"。

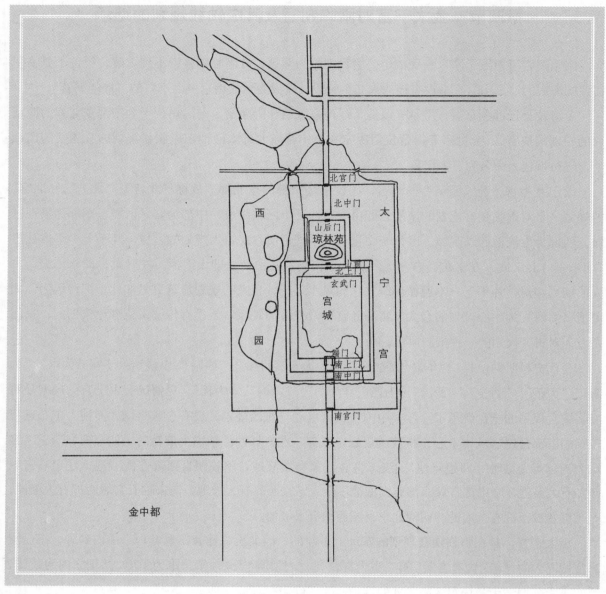

图 1—3—04. 金太宁宫泛中轴线平面示意图（作者绘）

京之时。忽必烈继承汗位后，决定迁都燕京。因蒙古人笃信星象占卜，星象师认为以金中都作为都城不吉利，须另择新址为都城。[1]于是，忽必烈命刘秉忠选择都城新址并负责规划设计新都城。刘秉忠不仅道、释、儒兼修并有很高的造诣，而且还精通周易、河洛、天文、律历、地理以及奇门遁甲之术，为忽必烈所倚重的高级幕僚，官至太保。

刘秉忠将新都选址在金中都东北郊，在新都的规划设计上，遵从古制：

1．规定元里制为每里 300 步；

2．依据《周礼·考工记》将新都规划设计为"前朝后市"、"左祖右社"的格局——以金太宁宫宫城和琼林苑基址为"前朝"皇宫和大内御苑，以钟楼南北的区域为"后市"；

1 参见《马可波罗行记》第八十三章《大汗之宫廷》。冯承钧译，中华书局 2004 年。

3．以金太宁宫中轴线为新都的中轴线，以"青山"为中轴线的"中心点"；

4．以隋临朔宫中轴线北端的中心台为新都的几何中心——中心台，并以中心台规划新都的四面城垣和城门的位置；

5．按元里制规定了新都的街制：大街阔 24 步、小街阔 12 步；

6．继承隋代规划的临朔宫"四重城"并将其改造为皇城。

由于刘秉忠在规划元大都时基本是在利用前代的宫苑空间基础上来规划大都的宫苑空间，故使得元大都成为汉代以降中国古都中唯一一个宫城居于大城中轴线偏南端的古都。

元大都宫城，规划有六门。其中沿用原金太宁宫宫城四门，即端门（元改为崇天门，并改建城楼，又在主城台东西两端"初建左、右掖门"，南向，）、左掖门（元改为星拱门）、右掖门（元改为云从门）、厚载门；又新建二门，即史料记载的"初建东、西华门"（约与元延春门东西略约相直，即与犀山台、骑河楼东西相直）。

按元宫城规制和里制改建宫城夹垣：1．将南上门拆除；2．将前代宫城北、东、西三面夹垣外扩，使元宫城夹垣南北长约 759.5 元步（约 1194 米）、东西长约 605.5 元步（约 952 米）、周长为 2730 元步（合 9.1 元里，约 4293 米），即陶宗仪《辍耕录》记载的"宫城周回九里三十步"。元宫城夹垣，规划设有城门"上门"十五座（九座夹垣门和六座路门），与《河图》、《洛书》的"十五"之数相合。

"禁城"为"凸"字形，规划设有城门九座。"凸"字的上半部规划设有三门，即北中门（北向，在今景山北门以北约 56 米处）、北中东门（东向，在今景山东街"红墙"处）、北中西门（西向，在今景山西街西侧）；"凸"字的下半部规划设有六门，东、西垣各三门，即东向三门为东中门（约在今骑河楼街西口）、御马监门（约在今北池子大街北口东侧）、东中二门（即明"东中门"，约在今东华门大街与南北池子大街十字路口东口），西垣西向三门为西中门（约在今直犀山台处的北长街西侧）、乾明门（约在今景山前街与北长街西侧交汇处，即在明"乾明门"以北的"石作"位置）、西中二门（即明"西中门"，约在今西华门大街与南北长街十字路口西口）。"禁城"与"卫城"之间，为阔 24 步的"驰道"。

刘秉忠以金太宁宫北宫垣为元大都皇城北垣，改建北宫门为厚载红门；在皇城北垣往南约 5.065 元里（合 1519.5 元步，约 2389 米）规划皇城南垣，即《析津志》所载的："缎匹库南墙外即皇城南垣"，约在今端门东西一线。皇城南垣和皇城正门"棂星门"，即沿用和改建金太宁宫南禁垣及南中门而成。元大都皇城，规划设有城门十五座。南垣设有六门，北、东、西三垣各设有三门。南垣六门，为棂星门（在今端门稍北处）、棂星左门（约在太庙戟门南）、棂星右门（约在社稷坛南）、东长街门（约在缎子库南垣外东西一线的南池子大街上）、西长街门（在织女桥以南的南长街上）、隆福宫门（约在今灵境胡同东段）；北垣三门，为厚载红门（在今景山公园北墙垣以北约 421 米处）、北西门（直兴圣宫后苑北门）、北东门（约在今东板桥街北口的河湾南侧，河北岸与焕新胡同相接）；东垣三门，为东安门（约在今骑河楼大街东口）、东安南门（即明东安里门，约在今东华门大街东口）、东安北门（约在今北河沿大街与五四大街十字路口西侧）；西垣三门，为西安门（即明西安里门、约在今西安门大街西口）、西安南门（即隆福宫西门、约在今西皇城根街西红门胡同）、西安北门（即兴圣宫西门、约在今西皇城根红锣场）。

原规划在宫城崇天门以南约431.5—446.5元步（约679—702米）东西一线修筑大城南垣，后因避让庆寿寺双塔而南移了大城南垣约30元步，使大城正门——"国门"丽正门南侧北距宫城正门崇天门南侧约476.5元步（约749米），又北距皇城正门棂星门南侧约241.5元步（约380米）；拆除了金太宁宫南宫门和南外垣（约在今天安门东西一线），将金太宁宫中轴线向南延伸至丽正门，在南中门以南新建皇城棂星门，并在棂星门以南至丽正门以北约226.5元步（约356米）空间里，规划了"天街"和千步廊。

元大都千步廊左、右两列总共长度约700元步（约1101米），即左、右廊房各长约350元步（约550米），以合"河洛"的"三五之数"；总共280间，以象征天宫之"二十八宿"，左、右各140间，每间约2.5元步。其中，东、西向廊房左、右各90间（每间约2.25元步，约202.5元步，约318米）；北向廊房左、右各50间（每间约2.5元步，各约125元步，各约197米），以象征皇权的"九五之尊"。

为了突出千步廊中轴御道的"天街"性质，将千步廊中轴御道规划为阔30步，还在千步廊中轴御道东、西两侧规划了阔24步的千步廊东、西街，使丽正门至棂星门之间呈"三街"并行的格局。由于北向千步廊东、西两端相距约280元步（约440米），在北向千步廊东、西两端规划有千步廊之东、西街门各24元步（约38米），所以位于千步廊横街的东、西中仪门，即千步廊东街之西门和千步廊西街之东门，两门相距约232元步（约365米）。

元大都中轴线，还继承了隋代规划的中心台（位于中轴线和中纬线的交汇点稍北处）。又在中轴线北起点（钟楼北街"丁字路口"）以南约100元步（约157米）、中心台以北约65元步（约102米）处规划钟楼，形成了北起钟楼北街"丁字路口"，南至大城南城墙中线约为8.65元里（2595元步，约4081米）；南至丽正门外侧约为8.67元里（合2601元步，约4090米），至丽正门瓮城前门为8.95元里（合2685元步，约4222米），至丽正桥约2730元步（合9.1元里，约4293米）的大都中轴线。元大都中轴线与宫城夹垣的长度，同为"九里三十步"，形成了一个"中"字布局，可谓匠心独具。

后又将鼓楼移至中心台稍南的中轴线和中纬线的交汇点处。鼓楼南距南城墙中线约7.9元里（合2370元步，约3727米）；又南距皇城北垣约2.05元里（合615元步，约967米）；又南距"青山"的中心点（今景山主峰）约3.75元里（合1125元步，约1769米）。

刘秉忠还依据《周礼·考工记》，在元大都中轴线上，规划了"面朝后市，市朝一夫"和"三朝五门"制度。

所谓"面朝后市"，就是为了体现政治和经济的位置高下不同，古人有"天南地北"、"南上北下"的空间观念，将宫城规划在中轴线的南半部，以为"上"，象征"天"；将"国市"规划在中轴线的北半部，以为"下"，象征"地"。

所谓"市朝一夫"，即"朝"与"市"的面积均为"一夫"，"一夫"即"百亩"。由于元宫城外朝乃继承的前代的规划格局，所以不合元里制面积的"百亩"；而"后市"——"钟楼市"则为元代所规划，故为"百亩"，即南北长 240 元步，东西宽 100 元步，合 24000 平方元步。元"钟楼市"北起钟楼北街丁字路口（今豆腐池胡同），南至齐政楼（鼓楼）东南、西南转角街，南北长度约 0.8 元里（合 240 元步，约 377 米）；东自钟楼南北街东侧（或万宁寺以西），西到旧鼓楼大街东侧，东西长度约 100 元步，约 157 米。

所谓"三朝"，为大朝、治朝、日朝，分别用以处理特殊政务、重大政务或日常政务。刘秉忠以崇天门大殿为大朝，以大明殿为治朝，以延春宫为日朝。所谓"五门"，为皋门、库门、雉门、应门、路门，但位置与名称历史上说法不一。刘秉忠以丽正门为皋门，以棂星门为库门，以崇天门为雉门，以大明门为应门，以延春门为路门。

在刘秉忠规划大都中轴线之前，宫城、北苑及"青山"（今景山）、万宁桥（木桥）、中心台已经存在。因此，中心台距万宁桥和宫城的距离都不合元里制的"整数"。还由于元代继承了前代宫城的规划格局，所以在宫城崇天门（今午门）与皇城棂星门（今端门）之间约 220 元步，且还有金水河横亘东西的空间内，是无法规划宫城端门和千步廊的。于是，就出现了宋汴京、金中都皇城内均规划有千步廊，而元大都却将千步廊规划在皇城外的奇特现象。

刘秉忠规划的元大都中轴线是对隋代临朔宫（后为金代太宁宫）中轴线规划的继承和改造：临朔宫宫城以北的规划基本沿用，宫城以南则进行了新的规划——1. 拆除宫城夹垣之南上门、宫苑南禁垣及南中门、南宫垣及南宫门；2. 在宫城以南规划周桥、皇城南垣及棂星门、天街、千步廊、大城丽正门及瓮城前门、丽正桥等空间建筑。

刘秉忠还依据元里制将原宫城北、东、西三面夹垣进行了外扩。宫城夹垣外扩后南北长约 759.5 元步（约 1192 米）、东西长约 605.5 元步（约 951 米），周长为"九里三十步"，即 2730 元步（约 4286 米）。又依据元代皇权宫苑规划，在原宫城北苑的北、东、西三面扩建了夹垣，在原宫城北苑的南垣内，增建了"南内垣"。宫城北御苑的南、北夹垣相距约 340.5 元步（约 535 米），东、西夹垣相距约 295 元步（约 464 米）。

刘秉忠还在元大都中轴线上规划了三十五座建筑物，以象征河洛的"三五之数"。这三十五座建筑物从北往南依次为：钟楼—（中心台）—鼓楼—万宁桥—厚载红门—北中门—御苑北门（山后门）—金殿（万年宫）—眺远阁—留连馆—内苑南门（山前里门）—御苑南门（山前门）—宫城北夹垣门北上门—宫城厚载门—宫城北萧墙门—清宁宫—内廷北门—延春宫寝宫—延春宫柱廊—延春宫—延春门—宝云殿—大明殿寝宫—大明殿柱廊—大明殿—大明门—龙津桥—崇天门—周桥—棂星门—丽正门—丽正门瓮城门—丽正一桥—丽正二桥—丽正三桥。

元大都中轴线有一个特点：就是从起点钟楼北街"丁字路口"往南，不与地球经线平行，而是向东南偏离约为 2 度。这一偏离，不是所谓的"为了指向元上都"或者所谓的"元上都中轴线的向南延伸"，也不是刘秉忠的新规划，而是刘秉忠沿用了前代的规划，即隋代的规划所致。笔者考查了隋涿郡和唐幽州中轴线的走向，与隋临朔宫中轴线的走向一样，均略向东南偏离。由于刘秉忠规划元大都时，沿用了 650 年前隋临朔宫中轴线的规划，所以使得元大都中轴线出现了向东南偏离约为 2 度的现象。由于元大都中轴线的原始规划要早于元上都中轴线的规划，所以认为

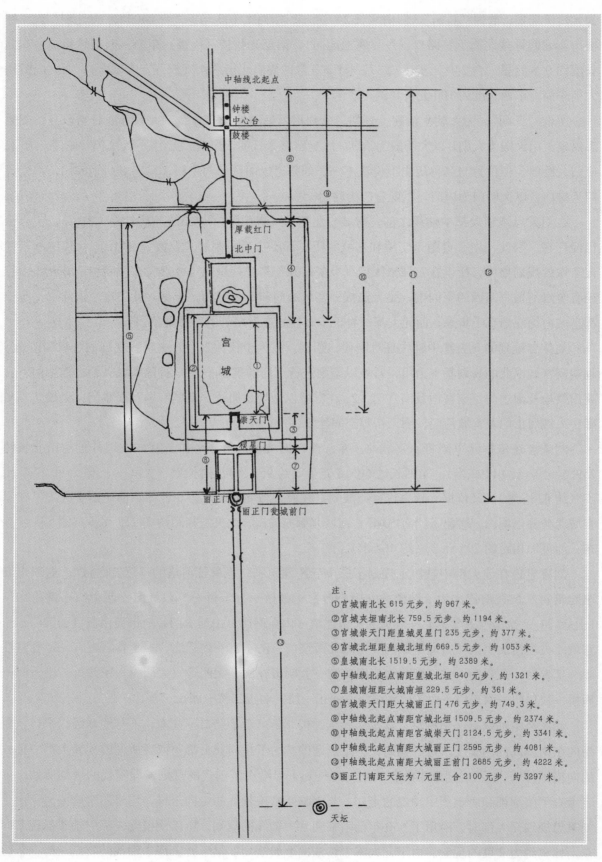

中轴线北起点

钟楼
中心台
鼓楼

厚载红门
北中门

宫
城

崇天门

棂星门

丽正门

丽正门瓮城前门

注：
①宫城南北长615元步，约967米。
②宫城夹垣南北长759.5元步，约1194米。
③宫城崇天门距皇城灵星门235元步，约377米。
④宫城北垣距皇城北垣约669.5元步，约1053米。
⑤皇城南北长1519.5元步，约2389米。
⑥中轴线北起点南距皇城北垣840元步，约1321米。
⑦皇城南垣距大城南垣229.5元步，约361米。
⑧宫城崇天门距大城丽正门476元步，约749.3米。
⑨中轴线北起点南距宫城北垣1509.5元步，约2374米。
⑩中轴线北起点南距宫城崇天门2124.5元步，约3341米。
⑪中轴线北起点南距大城丽正门2595元步，约4081米。
⑫中轴线北起点南距大城丽正前门2685元步，约4222米。
⑬丽正门南距天坛为7元里，合2100元步，约3297米。

天坛

图1—3—05，元大都中轴线平面示意图（作者绘）

54

元大都中轴线指向元上都中轴线或是元上都中轴线的向南延伸的观点难以成立。

元大都中轴线的"中心点"在"青山"（即今景山），"黄金分割点"在宫城内廷延春宫（即今故宫乾清宫）。（图1—3—05）

第六节　明北京对元大都中轴线规划的继承和改造

明洪武元年（1368年），明大将徐达攻占元大都后，除在"古濠"以南增筑了一道"北城墙"外，元大都准"五重城"及其中轴线"三朝五门"的规划没有丝毫改变。到永乐朝迁都北京时，继承了元大都准"五重城"的规划，但将中轴线上"三朝五门"的空间南移：

1. 因"三朝五门"的空间南移而"南拓"皇城和大城，使中轴线向南延伸了约1.25明里（合450明步，约712米）。

有些学者根据史料记载，对永乐朝迁都时将北京大城南城墙向南移动的长度，做出了一些猜测：或认为向南移动了约2里，或认为向南移动了200丈，或认为向南移动了约750米……这些猜测与实际长度和实地空间都不能吻合，原因是都未经过实证研究的论证。

笔者通过对明中都宫城、皇城和对明北京宫城、太和殿、承天门、端门、宫城护城河，以及对皇城、大城、中轴线、大城南城墙、正阳门瓮城的实证研究，论证了明永乐朝南拓北京大城南城墙时，计量城墙的长度，所用尺度为官尺，每丈 ≈ 3.1638米。

明北京大城南拓城墙长度不包括角楼则为官尺2700余丈，计算的是城墙外侧的长度，是由四段城墙的长度之和组成的。

① 东城墙南拓的长度约为419.5明步，约209.75丈，约664米；

② 西城墙南拓的长度约为519.5明步，约259.75丈，约822米；

③ 南城墙长度约为4229.5明步，约2114.75丈，约6691米；

④ 正阳门瓮城城墙长度约为235明步，约117.5丈，约372米；

四段城墙长度之和约为5403.5明步，合2701.75丈，合15明里。2701.75丈，称"2700余丈"。此长度约合2678明营造丈，如果算上角楼城台的长度，则约为2727明营造丈。可知"2700余丈"乃指官尺而言，非指营造尺而言。

这一论证，还间接证明了正阳门瓮城，乃永乐朝南拓北京大城时的规划建筑，而非正统朝所规划和始建的。试想：明北京正阳门乃位于中轴线上的"国门"，其瓮城乃"国门"的屏障，其瓮城"前门"乃"天子"南郊祭天专用之门，如此重要的"礼制建筑"，永乐皇帝怎么可能"舍弃"不建呢？至于不在中轴线上的南城墙其他两个城门的瓮城，有可能在永乐朝迁都时没来得及规划和修建，到正统朝才得以完善。

2. 在元大都鼓楼和钟楼旧基上重建明北京鼓楼和钟楼，并沿用元中轴线的起点（位于钟楼北"丁字路口"处）。

3. 明永乐朝北京中轴线北起钟楼北"丁字路口"，南至新丽正门（正统朝改称"正阳门"）长度约为 8.43 明里，约合 3035.5 明步，约为 4802 米。

4. 明北京中轴线宫城午门南侧南至端门北侧约 346 米（笔者注：明北京端门为沿用并改建元大都皇城棂星门所致），又南至承天门南侧约 175.55 明营造丈（约 560.4 米）。

5. 承天门南侧南至北向千步廊约 72 明步（合 0.2 明里，约 114 米），东、西向千步廊南北长约 342 明步（合 0.95 明里，约 541 米），千步廊南端至大明门约 9.5 明步（约 15 米），大明门至正阳门北侧约 126 明步（合 0.35 明里，约 199 米）；承天门南侧至正阳门北侧约 549.5 明步（约 869 米）。

为了符合明里制，明永乐朝对元大都皇城也是在继承利用基础上并加以改造的——

将明北京皇城北垣确定在元大都大内御苑北垣以北 182.55 明营造丈（约 582.75 米）东西一线，即从元大都皇城北垣北移了约 50.69 明营造丈（约 161.8 米）至今地安门东西一线；北距鼓楼约 515 明步（约 814.68 米）；又沿原金太宁宫和元大都皇城北中轴线东西红墙（即今地安门南大街东西侧的红墙）往北至北安门，规划修建了北雁翅楼，加上元代规划修建的北中门雁翅楼，使皇城北门北安门南，出现了南、北两座雁翅楼。

将明北京皇城南垣规划在距离宫城午门（即元宫城崇天门）约 175.55 明营造丈（约 560.4 米）东西一线，即从元大都皇城南垣南移了约 59.79 明营造丈（约 190.87 米），至天安门"红墙"东西一线。皇城南北垣外拓共 110.48 明营造丈（约 352.68 米）后，南北垣相距约 858.95 明营造丈（约 2742 米，约 1733 明步，合 4.815 明里）；宣德朝又南拓皇城南垣约 15 明营造丈（约 48 米），使皇城南北垣相距约为 873.95 明营造丈（约 2790 米，合 1763.6 明步，约合 4.9 明里）。

特别是南拓皇城南垣后，不仅使"三朝五门"的规划得以实现，而且还使"五重城"中的"卫城"和"禁城"有了"南门"。即以端门为"卫城"南门，以承天门为"禁城"南门。"三朝"的位置，较元故宫虽没有变化，但"五门"却较元代有了改动：以大明门为皋门，以承天门为应门，以端门为库门，以午门为雉门，以奉天门路门。

宣德朝在南拓皇城南垣后，将原皇城南垣改为禁城南垣，进而将"左祖"、"右社"，即太庙和社稷坛围入南禁城中。这样规划使"禁城"的功能更加完善。明禁城南北长度约 1395 明步（约 2207 米，合 691.28 明营造丈），东西长度约为 639.5 明步（约 1012 米，合 316.9 明营造丈），周长约 4069 明步（合 11.3 明里，约 6437 米，合 2016 明营造丈）。明禁城城垣，即单士元先生所称的"内皇城"。明禁城的规划，一改元禁城"凸"字形结构布局为"中"字形结构布局。

在南拓大城南垣后，将皇城正门大明门南移，将千步廊规划在皇城内。大明门北皇城中轴御道阔约 36 明步，两侧为东、西向千步廊各 110 间（长约 0.95 明里），北端又折而北向，又各 34 间，左、右千步廊总共有 288 间。

北向千步廊北侧为长安街。中轴御道与长安街形成一个"T"形广场，广场北侧为外金水桥，桥北为禁城正门承天门，明永乐十八年（1419 年）建，即《明宫史》所称紫禁城"三重门"的第一重门，门内为中轴御道广场，广场东西有廊庑北接端门，东廊庑有太庙街门，西廊庑有社稷坛街门。

端门，明永乐十八年（1419年）改建元大都皇城棂星门而成，为卫城正门，位于宫城午门与禁城承天门之间1明里空间的"黄金分割点"上，为紫禁城"三重门"的第二重门，门内为中轴御道广场，广场东西有廊庑北接阙左、右门，东廊庑南有太庙右门、北有阙左门，西廊庑南有社稷坛左门、北有阙右门。根据《明英宗实录》的记载，阙左、右门及其东、西廊庑最迟为元代所修建。

阙左、右门以北为宫城正门午门和午门广场。宫城午门，是明继承的元宫城崇天门，而元宫城崇天门又是继承的金太宁宫端门，而金太宁宫端门又是继承的隋临朔宫朱雀门。明北京宫城午门及其广场的规划为隋里制特征：午门"凹"型城台，东西长约53.95隋丈（约127.06米），南北长约47.95隋丈（约112.92米）；午门广场，约32.95隋丈（约77.6米）见方，广场面积约为6022平方米。

明北京宫城继承了元大都宫城的规划格局，外朝、内廷及东、西两路的规划均符合元的里制，文华殿、武英殿均为柱廊连接前后殿的典型的元代风格的建筑，且分别南直星拱门和云从门。明永乐朝只是在内廷两侧规划修建了东西六宫，并对元宫城四垣的城台、城门进行了改建，宫内大多数建筑也都改建为明式建筑风格。

依据万历《大明会典》记载，明北京宫城南、北城墙外侧之间的空间距离约为"三百二丈九尺五寸"，约合967米，恰合元里制615步；明北京宫城东、西城墙外侧之间的距离约为"二百三十六丈二尺"，约合754米，恰合元里制480步。证明了明北京宫城完全沿用了元大都宫城，即南、北、东、西四垣均未移动，只是做了城门和城楼的改建，以及将元代的"薄城砖"更换为明代的"厚城砖"而已。

在改建宫城城门后，又在元宫城宫墙和宫城夹垣之间，开挖宫城护城河，构成宫城"立体"防卫体系，使宫城变得更加安全。宫城北护城河宽约16.295明营造丈（约52.02米），南距宫城北城墙和北距宫城北夹垣分别约5.95明营造丈（约19米）。

依据《明万历、崇祯年间北京城图》，宫城之北，也基本继承了元的规划格局。保留北上门和禁苑南、北、东、西四垣及改建苑内建筑，拆除元禁苑北、东、西三面夹垣。改留连馆为长春亭，改眺远阁为会景亭、下辟寿明洞，改金殿（万年宫）为寿皇殿，并在金殿以南的山麓北坡中轴线上新建寿皇亭；保留北禁垣和北中门，将皇城北垣和北门北移至元大内禁苑北夹垣以北1明里东西一线，保留北皇城广场，在元大都鼓楼、钟楼基址上重建鼓楼、钟楼。

明永乐朝在北京大城中轴线上规划有三十五座建筑物，符合《河图》、《洛书》的"三五"之数。这三十五座建筑从北往南依次为：钟楼—鼓楼—万宁桥—北安门—北中门—禁苑北门—寿皇亭—会景亭—山前殿—万岁门—北上门—玄武门—顺贞门—承光门—钦安殿—天一之门—坤宁门—坤宁宫—交泰殿—乾清宫—乾清门—云台门—谨身殿（今保和殿）—华盖殿（今中和殿）—奉天殿（今太和殿）—奉天门（今太和门）—内金水桥—午门—端门—承天门（今天安门）—外金水桥—大明门—正阳门—正阳门瓮城前门—正阳桥。明嘉靖朝规划修建了外城（南郭），使北京中轴线从正阳门又向南延伸到了永定门，正阳门距永定门约5.443明里（合1959.5明步，约3100米）。

外城中轴线上又增加了四座建筑物：天桥、永定门、永定门瓮城门、永定桥。这样，内外城中轴线上所规划的建筑物就多达 39 座。

明北京城中轴线的总长度为：永乐朝规划北起钟楼北、南至正阳门，南北长约 3035.5 明步（合 8.43 明里，约 4802 米）；嘉靖朝又南延伸了约 1959.5 明步（合 5.443 明里，约 3100 米）至永定门；内外城中轴线长度之和约 4995 明步（合 13.875 明里，约 7902 米）

按传统规制，中轴线的起点都是在北端，都是由北向南计算长度的，即中轴线面南而向南延伸。北京中轴线的起点，从元朝开始就没有变化过，即北端起点为鼓楼以北约 0.75 元里（合 225 元步，约 354 米）的钟楼北街"丁字路口"。有元一代南至丽正门，全长约 8.65 元里（合 2595 元步，约 4081 米）。明永乐朝拓展大城南垣，使明北京大城中轴线向南延伸约 1.25 明里（合 450 明步，约 712 米）至正阳门。明嘉靖朝修筑外城，使北京中轴线又向南延伸约 3100 米至永定门。可见，北京中轴线的起止点，不是人们随口所说的"南起正阳门，北至钟楼"或"南起永定门，北至钟楼"。因为明正阳门比元钟楼后街中轴线起点的"丁字路口"晚了约 150 年，永定门比之则晚了近 300 年。所以无论是正阳门，还是永定门，都不能作为北京中轴线的起点。

明北京继承并改造了元大都中轴线，除向南延伸外，在外城中轴线向南的延伸中，还对元大都中轴线略向东南方向的偏离做了些微地调整或更正，致使元大都中轴线向南的延伸部分又向西稍稍偏移，所以永定门与钟鼓楼不在一条垂直的经线上。

1553 年前、后的明北京中轴线的"中心点"，分别在钦安殿和承天门外的"天街"；"黄金分割点"，分别在宫城外朝奉天殿（今太和殿）和正阳前门。（图 1—3—06）

第七节　清对明北京"准六重城"及其中轴线规划的继承和改造

1644 年，清朝迁都北京。清统治者完全继承了明北京城池和中轴线的规划。康熙年间曾对明代北京中轴线的主要建筑，进行过修葺或重建。乾隆十四至十六年（1749—1751 年），还重新规划了禁苑中轴线：1. 在景山山巅建万春亭，2. 在景山南麓建绮望楼，3. 在景山山后的禁苑北部建寿皇殿。前两项属于重建，第三项属于新建。寿皇殿为仿太庙建筑，是皇帝、皇后灵位停放和圣像安放的祭祀皇庙。寿皇殿南、东、西三面有两重宫墙，前有宫墙门和戟门；寿皇殿与戟门之间是寿皇殿广场，寿皇殿戟门与寿皇殿宫门之间是寿皇殿戟门广场，以上两个广场为内广场；宫墙门外是寿皇门广场，南、东、西三面有三个牌楼，牌楼外是松柏林，南牌楼正直景山北中轴线御道。

清代，除了对明北京中轴线的主要建筑进行修葺或重建外，还对明北京中轴线的主要建筑名称进行了更改。

顺治、康熙两朝对明北京中轴线的主要建筑进行的修葺、重建和更名，是比较成功的：1. 修葺、重建，基本做到了"修旧如故"；2. 更名，大多取自《易经》或商周，如："万岁山"更名为"景山"，取自于商都王宫后面的"景山"，有"天下之京"的意思；如：外朝三大殿分别更名为"太和"、"中和"、"保和"，皆取自于《易经》，彰显了"天人合一"的理念。

而乾隆朝对明北京中轴线主要建筑进行的修葺、重建和重新规划，则是比较失败的：1. 修葺

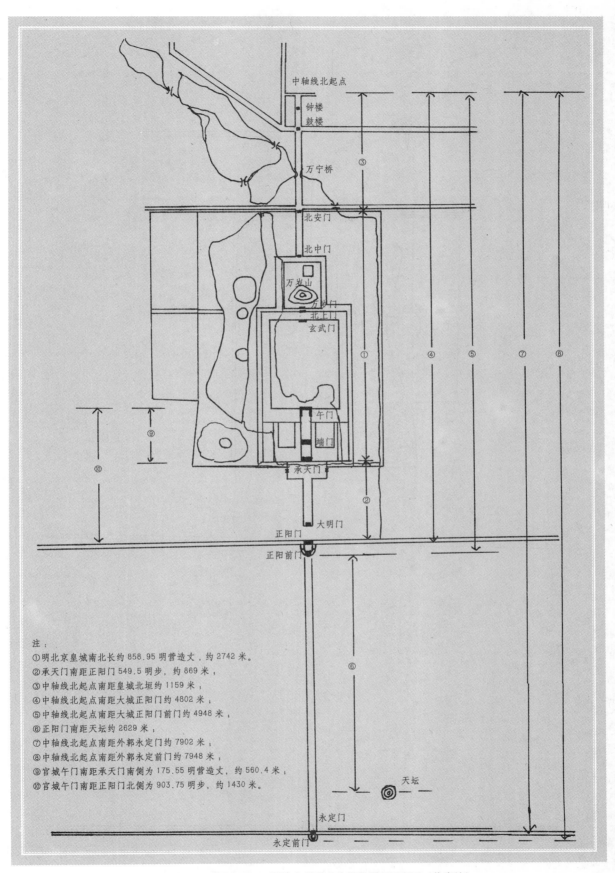

中轴线北起点

钟楼
鼓楼

万宁桥

北安门

北中门

万岁山

万岁门

北上门

玄武门

午门

端门

承天门

大明门

正阳门

正阳前门

天坛

永定门

永定前门

注：
① 明北京皇城南北长约858.95明营造丈，约2742米。
② 承天门南距正阳门549.5明步，约869米。
③ 中轴线北起点南距皇城北垣约1159米；
④ 中轴线北起点南距大城正阳门约4802米；
⑤ 中轴线北起点南距大城正阳门前门约4948米；
⑥ 正阳门南距天坛约2629米；
⑦ 中轴线北起点南距外郭永定门约7902米；
⑧ 中轴线北起点南距外郭永定前门约7948米；
⑨ 宫城午门南距承天门南侧为175.55明营造丈，约560.4米；
⑩ 宫城午门南距正阳门北侧为903.75明步，约1430米。

图1—3—06，1420～1553年明北京中轴线平面示意图（作者绘）

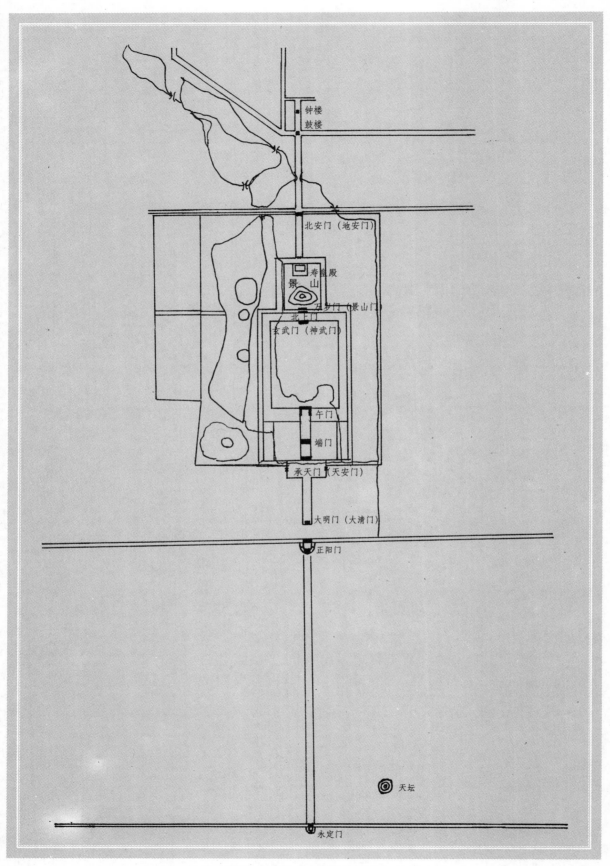

钟楼
鼓楼

北安门（地安门）

寿皇殿
景 山

万岁门（景山门）
北上门
玄武门（神武门）

午门

端门

承天门（天安门）

大明门（大清门）

正阳门

天坛

永定门

图 1—3—07，1553 ~ 1911 年北京中轴线平面示意图（作者绘）

道教宫殿钦安殿时，却要在宝顶的金瓶里安放佛经，没有遵循"修旧如故"的原则；2. 在中轴线上规划修建寿皇殿，破坏了"天衢"的风水。（图1—3—07）

第八节　民国时期对北京中轴线的继承与改造

民国时期继承了清北京中轴线并加以改造。此一时期，北京中轴线遭遇到"拆除"与"改造"的厄运。一是拆除了有1300多年规划历史的北中门；[1] 二是拆除了有近五百年历史的千步廊（1915年拆除）和正阳门瓮城（1915年拆除）；三是请德国建筑师改造正阳门箭楼外观（1915年改饰）；四是于20世纪20年代拆除皇城墙垣。"拆除"与"改造"所体现的理念，完全背离了继承与发展的规律。

要建"新的"建筑，就必须要拆除"旧的"建筑，就必须要以"旧的"建筑的消亡为代价，不管也不顾"旧的"建筑的历史价值、文化价值、艺术价值、文物价值有多高，统统要给"新的"建筑"让路"。这种思维是几千年来中国人破坏性劣根的一种反映，它与创造性、艺术性和经典作品为敌。几千年来，中国有无数的都城和文化典籍都毁于这一破坏性劣根的爆发。项羽火烧秦宫室、黄巢火烧唐宫室、成吉思汗火烧金中都宫室和太宁宫以及金南京汴梁宫室、忽必烈火烧南宋临安（杭州）宫室、李自成火烧明中都皇宫和北京皇宫……

然而，几千年来中国人身上的创造性的优根与包容性的德根一直在与破坏性的劣根进行着不懈地斗争，于是历史向前发展，文化从未中断。而那些破坏文化艺术、毁坏历史建筑的行为，却被无情地记在了人类历史的耻辱柱上，并随着历史的演进和文明程度的提高而愈加耻辱。

第九节　1950年以后对北京中轴线的继承与改造

1950年拆除了永定门瓮城，1952年拆除了长安左门和长安右门，1954年拆除了皇城北门地安门，1956年拆除了宫城卫城北门北上门，1957年拆除永定门城楼和箭楼，1958年拆除了原千步廊外侧的皇城红墙，1959年拆除位于纪念碑以南中轴线上的中华门。

1958年在中轴线上修建了纪念碑，1977年在原中华门基址上修建了纪念堂，1980年代修通北二环路至北四环路的北中轴路，2001年后拓宽南中轴路，2004年在永定门原址复建了永定门，2008年将北中轴路由北四环路向北延伸至奥运公园景观大道。

从拆除中轴线上的古建筑到保护中轴线，经历了50年的风雨历程。历史将会铭记以梁思成先生为代表的保护人士，为保护祖国的历史文化瑰宝、人类独一无二的文化遗产、北京的独特标志中轴线所做出的卓越贡献。梁思成先生那崇高的历史使命感、公而忘私的社会责任感和求大道、弃小我的精神风范，不仅对热爱祖国历史文化的海内外人士是一个巨大的鼓舞，而且对政府保护

1　笔者注：北中门，为隋代规划的临朔宫宫城与北苑之外的"禁垣"北门，后为金太宁宫宫城与琼林苑之外的"禁垣"北门；元、明、清三代仍为大内禁苑外的"禁垣"北门。今景山东垣以东和北垣以北残存的"红墙"，即为隋代始规划的临朔宫宫城北苑之外的"禁垣"。今地安门南大街中南段东、西两侧的"红墙"，也为隋规划的临朔宫北宫垣与北"禁垣"之间的北中轴广场的东西"禁垣"。

好蕴涵丰富历史文化价值和艺术价值的北京中轴线，宣传中国传统文化"天人合一"的和谐理念和北京中轴线的申遗工作，都具有积极的现实意义。

附：北京古都中轴线赋

大明北京，城规六重。[1] 中轴修远，天地贯通。

南郭之门，名曰永定。门外瓮城，门桥置中。

门内天街，左右有坛。农坛在西，[2] 天坛在东。

北有天桥，单拱石虹。[3] 潺潺流水，中分外城。

桥北商街，"非"字分布。万邦货物，云集市中。

竟日喧嚣，摩肩接踵。字号鳞次，买卖兴隆。

街北牌楼，五间峥嵘。北有三梁，京城霓虹。

国门正阳，瓮城以拱。天子前门，[4] 巍峨峥嵘。

正阳门内，皇城广场，状似棋盘，六衢汇中。[5]

棋盘街市，商贾牒至。万民穿梭，皇朝盛隆。

市北皇城，南门大明。三券红门，歇山单重。

御廊千步，东西北向。连接二门，长安西东。

禁城广场，天街"T"型。金水碧波，五龙七虹。

承天皋门，[6] 紫禁一重。五券城台，金瓯檐重。

卫城广场，左祖右社。庙社街门，东西廊中。

端门库门，[7] 紫禁二重。九间城楼，歇山恢宏。

宫城广场，廊阙森严。御路北眺，威严九重。

午门雉门，[8] 魏阙两分。紫禁三重，楼曰五凤。

城门规制，明三暗五。[9] 内券外梁，隋韵唐风。

重檐庑殿，九五开间。左右两观，阙廊围拢。

御门广场，金水"弓""雀"。玉梁七虹，朱雀五龙。

奉天应门，[10] 歇山两重。九间大殿，御门听政。

1　笔者考证明北京规划为"六重城"：宫城、卫城（即大内夹垣）、禁城（即宫苑禁垣）、皇城、内城、外城。

2　先农坛的前身为"山川坛"。

3　天桥为元明清三代"天子"祭天的御路桥，属于礼制性建筑，可能为三座桥规制。

4　"国门"正阳门瓮城有三座门，即南、东、西各一座门，其中南门称"前门"，系礼制性建筑，为皇帝南郊祭天、出巡专用之门。

5　棋盘街，在大明门南、正阳门北，即大明门广场，为明北京的"国市"，其与东北、西北、东、西、东南、西南有六条道路相通。

6　承天门，是明北京禁城正门，为"三朝五门"制度中"五门"之"皋门"。《明宫史》记载为明北京紫禁城三重门之第一重门

7　端门，是明北京卫城正门，为"三朝五门"制度中"五门"之"库门"。《明宫史》记载为明北京紫禁城三重门之第二重门。

8　午门，是明北京宫城正门，为"三朝五门"制度中"五门"之"雉门"。《明宫史》记载为明北京紫禁城三重门之第三重门。

9　明三暗五，为明北京宫城城门规制，即城台外侧南向三门、内侧北向五券。

10　奉天门，是明北京宫城外朝正门，为"三朝五门"制度中"五门"之"应门"。

奉天广场，开阔恢宏。东西两路，文华武英。

外朝宫殿，规划极致。三重墀陛，云台高耸。

前殿奉天，以象太极。中华一殿，庑殿檐重。

十一开间，金窗溢彩。金井流辉，金柱蟠龙。

瑶台玉墀，日晷嘉量。朝仪大典，皇极天宫。

中殿华盖，重檐圆顶。[1] 又曰中极，如在日中。

后殿谨身，歇山重檐。又曰建极，殿试乘龙。

殿后丹陛，五一九五。[2] 龙腾云海，神迹天工。

内廷广场，元夕佳节，灯山海洋，景运隆宗。

乾清路门，[3] 中分内外。北有陛桥，紫宸当空。

乾清象阳，日理万机。坤宁象阴，地承天躬。

乾坤交泰，阴阳合成，万物乃生，天下太平。

坤宁门北，御花园中，曲水流觞，婀娜榭亭。

层岩艮岳，古树白松。天一之门，钦安清宁。

盝顶道宫，水神所宗。承光顺贞，玄武升平。

夹垣北上，御苑葱茏。福山北峙，[4] 拱卫皇宫。

山前有殿，山后有宫。山上五峰，山顶五亭。

山下看花，山麓赏松，山中听风，山巅观景。

松林东北，元祖躬耕。操演兵马，寿皇神宫。[5]

累朝沿袭，增损不一，格局未改，禁城北中。[6]

元厚载红，隋金北宫，明朝北移，外扩皇城。[7]

中轴南纬，泊桥西东。[8] 中轴有桥，名曰万宁。

东携玉带，永济通惠；[9] 西泊海子，千帆一景。

桥之西北，火神东向；[10] 中轴见证，唐代道宫。

中轴北纬，[11] 粮仓重重。斜街楼馆，几度繁荣。

1　华盖殿，据明朝规制为重檐圆顶建筑，即上圆以象天圆、下方以象地方。

2　五一九五，即明北京宫城外朝谨身殿后的丹陛石雕的长度约为 16.58 米，约折合为 51.95 明营造尺。

3　乾清门，是明北京宫城内廷正门，为"三朝五门"制度中"五门"之"路门"。

4　夹垣北上门，位于宫城与大内禁苑之间。福山，为明成祖迁都北京时对大内禁苑"煤山"的更名。参见《日下旧闻考》卷六《形胜》引杨荣《皇都大一统赋》："……又有福山后峙，秀出云烟。实为主星，圣寿万年。层嶂磊拥，奇峰相连。……"

5　在今景山公园松林之东北，为昔日元世祖"籍田"之所；明初成为明军的操演场，后在其西部规划修建了寿皇殿。

6　北中门，位于今地安门南大街南口稍北处，为宫城与大内禁苑之禁垣北门。

7　元大都皇城厚载红门，位于今北京地安门南，前身为隋临朔宫和金太宁宫之北宫门，明永乐朝迁都北京时拆除并北移皇城北垣于地安门东西一线。

8　中轴南纬，指隋代规划的用于转运漕粮的临朔宫北中轴线之南纬路，即今北京地安门东西大街。

9　万宁桥东之"玉河"，应为隋大运河之永济渠北端和元大运河之通惠河北端。

10　在万宁桥西北的海子东岸，有唐代规划修建的火德真君道观，俗称"火神庙"，其山门东向，面对万宁桥北的中轴路。

11　中轴北纬，指隋代规划的用于转运漕粮的临朔宫北中轴线之北纬路，即今北京鼓楼东西大街。

中轴有台，[1] 监览时空。隋代规划，元代继承。

大都国市，空前繁盛，万邦商旅，日车千蓬。

生命不息，川流不止；日日复日，晨鼓暮钟。[2]

1　中轴有台，即隋代规划的位于临朔宫北中轴线与北纬路交汇点稍北处的中心台，后为元大都中心台。

2　中国古代军队以钟鼓为信号，鼓为进攻信号，钟为收兵信号。钟鼓又兼有报时功能，魏晋以前为晨鼓暮钟，魏晋以后演变为晨钟暮鼓。但元代崇古，元大都的报时制度仍为晨鼓暮钟。参见《马可波罗行记》。

第四章　隋临朔宫空间位置考辨

　　589 年，隋文帝杨坚灭陈，结束了三国两晋南北朝 360 多年的分治局面，建立了统一的隋王朝。为了巩固隋王朝的大一统江山，隋文帝采取了一系列"文治武功"的改革措施，并于 598 年遣三十万大军远征高丽。由于粮草运输、气候、疾疫等原因，远征高丽没有成功。

　　隋炀帝杨广于 604 年即位后，立即开始了若干浩大的工程，以满足其欲望。到 610 年，不仅营建的东都洛阳及其西苑穷极华丽，而且在全国各地还建有规模宏大的离宫四十多所，以供其享乐。为满足战争和维护大一统的需要而开挖的大运河、修凿的驰道、修筑的长城、建造的粮仓等也在这短短的几年内完成了。

　　隋炀帝杨广为了彻底实现大一统，决定征服高丽。为解决粮草及军需物资的运输问题，隋炀帝于大业元年至六年（605—610 年），特将驰道与大运河永济渠修至涿郡，以便将全国各地的粮草等军需物资运至涿郡，还将远征高丽的大本营临朔宫修建在涿郡。

　　关于临朔宫的空间位置，学术界有三种观点：一种观点认为在涿郡城南的卢沟河（即永定河，今为凉水河）北岸一带。另一种观点认为在今法源寺一带。笔者持第三种观点，认为隋临朔宫的空间位置取决于涿郡的自然地理环境，故应该在故宫、景山、北海、中海一带。由于史料对隋临朔宫的具体空间位置没有记载，至今也没有有关的考古发现，三种观点均为推测，有待将来考古发现的证实。

　　笔者认为，尚未得到考古证实的历史空间，可以通过"六重证据法"加以求证；特别是在北京，几十年来的大规模的城市改造，使一些历史建筑、遗址、遗迹、墓葬、文化层不复存在，想依靠考古去求证的想法几乎无法实现。然而，历史遗留的河道、街道、地名等历史地理信息和自然地理环境，特别是北京中轴线及宫城与禁苑空间区域的"活化石"，可以向今人诉说历史规划的演变。而对"活化石"规划演变的研究，则须依赖中国古代尺度制度——不同朝代的规划尺度往往是不同的，因此凡符合哪一朝代的规划尺度，则可基本判定为该朝代的规划。反之，亦然。

　　本章旨在通过对北京历史地理信息的研究和对北京中轴线及宫苑"活化石"实地空间的实地勘查，结合历代尺度对"活化石"规划的"复原"研究，论证北京中轴线及宫苑规划的变迁过程。

第一节　隋临朔宫的空间位置取决于涿郡的自然地理环境

　　当我们仔细研究北京城的历史地理和众多水系的关系时，就不难发现：北京平原是由永定河不断改道冲积而形成的。据水文考古勘查的结果得知：东汉中后期改道前的古永定河河道曾流经蓟城北和蓟城东（今北京城内的积水潭—什刹海—北海—中南海—正阳门西—天坛北—天坛东—龙潭湖—十里河—凉水河一线）。[1] 正阳门处是古永定河的一个渡口，在渡口处有交通道路连接南、

1　尹钧科：《论永定河与北京城的关系》，载《北京社会科学》2003 年第 4 期。

北、东、西，在渡口的西南方向不远处就是历史名城蓟城（隋代改称涿郡）。（图1—4—01）

东汉中后期改道后的永定河河道流经蓟城（即涿郡）西和蓟城南。（图1—4—02）

在涿郡城东南，地势低洼。只有在涿郡城北和东北的永定河故道两岸，因地势高爽而成为商旅的落脚点。西北高、东南低的地势和永定河的改道，使涿郡周边的自然地理环境，只有涿郡东北郊最为优越。

笔者运用"六重证据法"对永定河河道和北京历史地理变迁等客观条件进行综合研究后，推断：从各方面条件分析，隋临朔宫应该规划修建在涿郡东北郊永定河故道的两岸。

一是因永定河改道而形成的天然湖泊优势——水流相对平缓的永定河故道可以用来漕运，积水潭宽阔而平静的水面可以满足永济渠及其漕运支渠等多条漕运河渠的沟通与众多漕运船只的停泊。

二是永定河故道河流湖泊两岸，有足够的空间和历史形成的道路，便于修建众多的粮仓、草场、库房、兵营、馆舍等设施。因此，作为隋炀帝的离宫和远征高丽大本营的临朔宫，只有规划修建在永定河故道（即积水潭）东岸，才符合上述自然条件、风水理论以及实际需要。而涿郡城南的卢沟河北岸和涿郡城里的法源寺都不具备上述客观条件。

具体理由如下：

1. 临朔宫是隋炀帝在涿郡的"离宫"，应该建在涿郡城外靠山近水风景秀丽的地方，不可能建在涿郡城内（今法源寺）。如建在涿郡城内，势必要拆除许多原有建筑。如同远征高丽的113万大军和二百多万后勤民夫不可能驻扎在涿郡城内一样，兼有远征高丽大本营性质的"离宫"临朔宫，应与数百万军队、民夫驻扎的军营、馆舍和众多的粮仓、库房、草场等，一同规划修建在涿郡城北和东北郊因古永定河改道而形成的"积水潭"的"岸边"。

2. 大运河修至涿郡，目的是漕运远征高丽的粮草及军需物资，因此必须要有较大的水面作为码头，并在码头附近修建若干粮仓、库房、草场、兵营、馆舍。因为改道后流经涿郡城南的永定河水流湍急，无法漕运，所以大运河永济渠北段只能修至水流平缓的永定河故道（也可能同时利用300多年前曹魏时期为供灌溉和漕运之用而疏浚的永定河故道）以便频繁的漕运之用。而符合这一条件的只有因古永定河改道而形成的积水潭（即今中海、北海、什刹海、积水潭、太平湖），故将大运河北段永济渠的北端及其支渠连通积水潭（今什刹海处，万宁桥为主要入口），而非修至当时位于涿郡（唐幽州）城南的卢沟河（即永定河）北岸。

以永定河故道"积水潭"（即今什刹海、积水潭、太平湖）宽阔的水面作为漕运码头，并在码头沿岸修建众多的粮仓、库房、草场、兵营、馆舍；[1] 将离宫临朔宫，规划修建在"积水潭"之"南潭"（即今北海、中海）东岸的南部，既因地制宜（即受地理环境的制约），又符合风水理论之"左青龙"（在临朔宫东侧开挖大运河永济渠之北端，以象"青龙"）、"右白虎"（以永定河故道积水潭南潭作为临朔宫宫城西侧的太液池，以象"白虎"）、"南朱雀"（即规划修建临朔宫宫城之朱雀门，即今故宫午门）、"北玄武"（即在临朔宫宫城之北堆筑土丘，即今景山，以象"玄武"），还

1　笔者通过实地勘查和对若干古河渠、古街道以及古代规划尺度演变的研究，认为今北京存有众多的古代粮仓、草场、库房，这些仓、场、库，乃至王府的遗址和地名，诸位置皆在积水潭与若干古河渠的两岸，应与隋临朔宫为同时规划建设的，后又为唐、辽、金、元、明、清各朝代所沿用和改作它用。

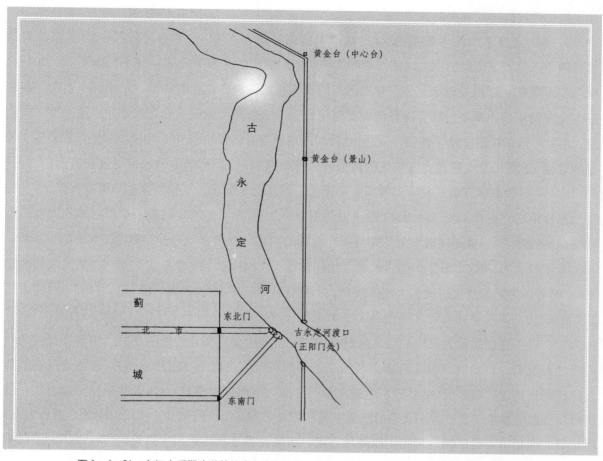

图1—4—01，东汉中后期改道前的古永定河河道、渡口、道路与蓟城空间位置示意图（作者绘）

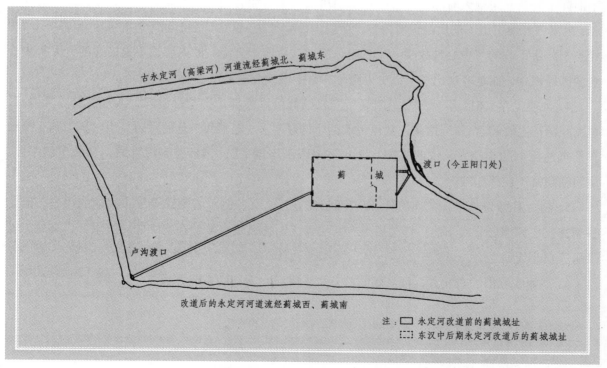

图1—4—02，东汉中后期改道后的永定河河道、渡口、道路与蓟城空间位置示意图（作者绘）

67

便于隋炀帝统筹远征高丽的战争（三次）。

3.《钦定日下旧闻考》卷五十四城市引《图经志书》载："中心台敌楼一十二座，窝铺二百四十三座。"《图经》是由地图与说明文字两方面组成的方志类典籍，盛行于隋唐、北宋时期。结合积水潭东北岸地处南来北往、东去西行的交通枢纽位置，以及其东部、东南部、西南部和北部有众多的粮仓、草场、物资库等历史遗迹可知：中心台确实应该规划在此处并修建"楼"式建筑，在中心台东规划修建有钟楼，[1] 在中心台西规划修建有鼓楼，[2] 在中心台周围规划修建有用于瞭望的敌楼 12 座和卫戍粮仓、库、场的窝铺（兵营）243 座，以利于监管和保卫远征高丽的"人"和"物"——300 多万集结在涿郡的军队和民夫，以及众多粮草、军械、装备等军需物资。

而在中心台之南约 2.38—8.47 隋里（约 1009—3590 米）的永定河故道东岸（即今天安门至地安门南的地带），就是阎毗规划的隋炀帝在涿郡的离宫"临朔宫"——亦即远征高丽的大本营。

有学者认为，《钦定日下旧闻考》卷五十四城市引用的《图经志书》可能是《洪武北平图经志书》。笔者认为，元代史料关于大都的规划，不见有什么"中心台敌楼一十二座，窝铺二百四十三座"的记载。如果是《洪武北平图经志书》记载了"中心台敌楼一十二座，窝铺二百四十三座"的内容，也不是指的元大都中心台，而是指的中心台的历史规划，即隋临朔宫泛中轴线北端的中心台区域规划。目前尚未发现有唐宋时期关于幽州和宋燕山府的《图经志书》，很可能是在明清之际或清代遭毁。《唐元和郡县志》也缺失幽州部分。但仍可以想象：《洪武北平图经志书》在编撰时，一定是参考了若干有关北平的历史书籍和图经志书，很可能照抄了唐宋时期的《图经志书》所记载的幽州中心台区域的规划。编纂地方志，历来有参考和抄录前代典籍的传统做法，不仅明代编撰的《洪武北平图经志书》引用了前代有关《图经志书》的原文，而且清代的《日下旧闻》、《日下旧闻考》、《光绪顺天府志》等志书也都引用前代史料和有关记载的原文，就连今天编纂的地方志，也不例外地引用了前代的记载内容。所以，笔者认为《钦定日下旧闻考》卷五十四城市引《图经志书》所记载的"中心台敌楼一十二座，窝铺二百四十三座"的内容，不是描述的元大都中心台的区域规划，而是客观记录了历史上隋临朔宫中轴线北端的中心台区域规划。

4. 大业七年（611 年）二月，隋炀帝"自江都行幸涿郡，御龙舟渡河，入永济渠。夏四月，车驾至涿郡之临朔宫。"[3] 这条记载可说明两个问题：A、走了两个月的水路，由永济渠码头换乘车驾抵达涿郡的临朔宫，说明临朔宫距永济渠码头不远；B、未涉及到涿郡城门和城里的平民，说明临朔宫不在涿郡城内。

5. 朔，意思为"北"，"临朔"，即"面临北方"之义，暗示着隋炀帝拿下高丽的决心，因此临朔宫应在涿郡之北或东北。怀荒殿也有两层含义：狭义是宫殿建在空旷的原野里，广义是想着高丽等东北荒远之地。

6. 高丽在涿郡的东北方，征高丽的粮草也应囤积在涿郡的东北方为宜。从清乾隆年间的北京

---

1 到元末时，还有称"中心阁即钟楼也"，即指隋中心台附属之钟楼，而非元代钟楼。

2 元大都初建的鼓楼在中心台以西四十五步，即建在隋中心台附属的鼓楼基址上，因遭雷击毁坏，遂将鼓楼改建在钟楼以南的十字街交汇处，即中心台南，后明北京又在此处重建鼓楼。

3 《钦定日下旧闻考》卷二《世纪》引《通鉴》。

城图获知：在今北京东、西城，有许多仓、库、草场的历史地名，还有若干王府、寺庙、衙署的空间也应该是对隋代规划的仓、库、草场空间的改建。而这些众多的仓、库、草场、王府、寺庙、衙署的空间，恰恰都位于涿郡东北郊的积水潭"岸边"。因此，为隋炀帝亲征高丽而规划修建的大本营性质的离宫临朔宫，也应该在涿郡东北方地势较高、风水最佳且水陆交通便利的位置。

7. 隋炀帝在出征高丽之前，分别在涿郡之南的永定河（岸）上祭祀社稷，在涿郡城北祭马，在临朔宫南（涿郡城东或东北）祭祀先帝牌位（隋文帝曾征伐过高丽但未达目的）。这三祭，尤其是在涿郡城北祭马，证明远征高丽的一百一十三万（号称二百万）大军屯住在蓟城之北，[1] 也间接说明临朔宫的位置应在涿郡的东北郊。

8. 《金史·张仅言传》记载：张仅言作为少府监[2]，在督建太宁宫时，曾"引宫左流泉溉田，岁获稻万斛。"由此可知：太宁宫东外垣以东，所谓的"宫左流泉"，从常年可以用来"溉田"，得知其水量不小，应为金以前就有的河道，很可能就是隋临朔宫东宫垣外的隋大运河永济渠的北端河道，元代"疏浚"后，改称"通惠河"之北端河道。

9. 今北京西皇城根街，不是什么"元大都皇城西护城河"，而应该是隋代由积水潭（今北海北部）向西引出的一条漕运渠道，流经毛家湾、西皇城根街、东斜街、甘石桥（今西单北大街），与西漕运渠道相通。在这条漕运渠道的东西两岸，也分布有众多的仓、库、场等空间。如东岸有：西什库[3]、南库[4]，西岸有：太平仓（清代改建为庄亲王府）、物资库（清代改建为康亲王府）等。在太平仓遗址考古发掘出一个碎瓷片坑，有出土隋、唐、宋、辽、金、元、明诸代的瓷片数十万枚，可推知其旁边的古河道应为隋大运河永济渠北段之西—漕运支渠，在支渠的两岸，有西什库、太平仓等众多仓库场分布。

10. 从北京城内存在的若干古代河渠的流向分析，几乎都与积水潭相通，呈一辐射状。今北京西城赵登禹路和太平桥大街，应该是隋代从积水潭（今后海）向南引出的一条流经板桥（今新街口北大街）、红桥（今西直门内大街）、马市桥（今阜成门内大街）的漕运渠道。在这条漕运渠道的东西两岸，分布有众多的仓、库、场等空间。如：公用库、广平库[5]、大木仓（清代改建为简亲王府、郑亲王府，今为教育部和二龙路中学）、皮库、军械库等。

11. 今北京东单至雍和宫的南北大街，从道路两旁分布有众多的粮仓、王府、衙署等空间和道路上的北新桥等地名及地势分析，这条南北大街很可能是隋大运河永济渠北端之东一漕运支渠，在这条漕运渠道的东西两岸，分布有众多的仓、库、场等空间。如：雍和宫、孔庙与太学，新太仓、白米仓，诸多王府等。

12. 从北京东护城河河道两侧分布有众多的粮仓、王府、衙署、庙宇等因素分析，此河道很可能是隋大运河永济渠北端之东二漕运支渠，仅在这条漕运渠道的西岸，就分布有众多的仓、库、

---

1 《钦定日下旧闻考》卷二《世纪》引《通鉴》。

2 少府监：一为掌管国家百工营造之事的政府机构，下辖尚方、织染、文思、裁造、文绣等署，设监、少监、丞等官职；二为官职，正四品。

3 笔者注：元代将此空间改建为兴圣宫，明代作为皇家库房。

4 笔者注：元代将此空间改建为隆福宫，明代作燕王府。

5 笔者注：元代将此空间改建为社稷坛，清代改建为果亲王府，今为官园。

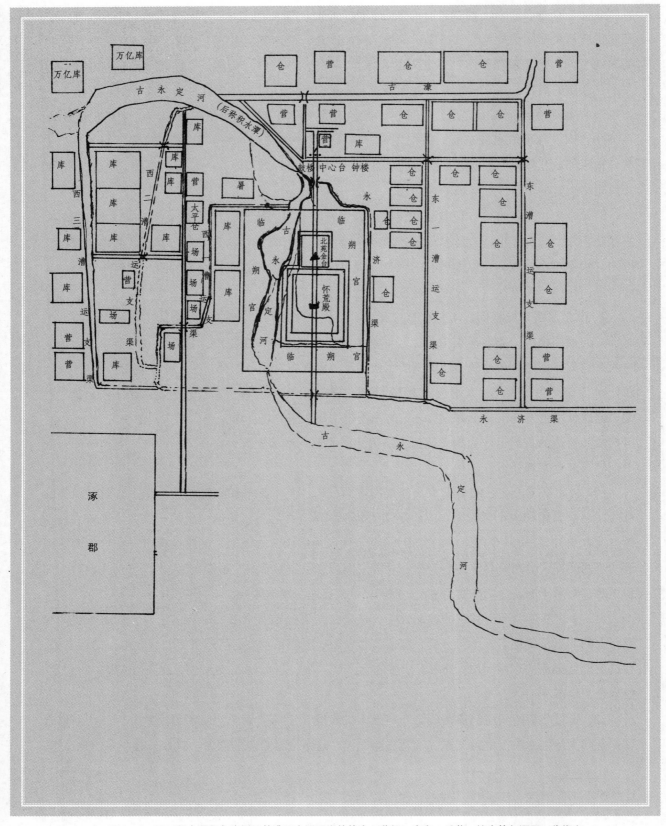

图1—4—03，积水潭和永济渠及其漕运支渠两岸的粮仓、草场、库房、兵营、馆舍等与涿郡、临朔宫、
中心台的相对空间位置示意图（作者绘）

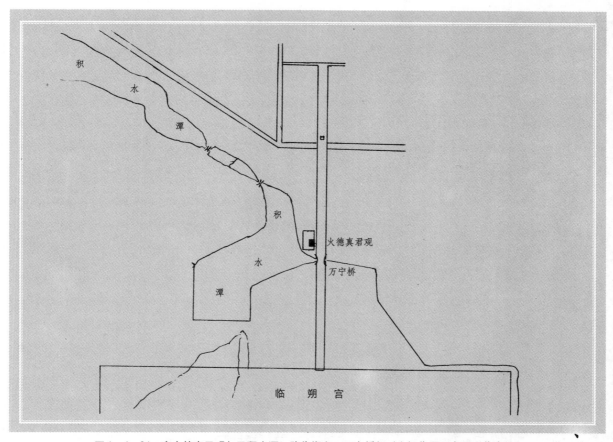

图1—4—04，唐火德真君观与及积水潭、隋临朔宫、万宁桥相对空间位置示意图（作者绘）

场等空间。如：王府（俄罗斯使馆）、北新仓、海运仓、南新仓、旧太仓、兴平仓、富新仓、元大都太庙、禄米仓、贡院等。（图1—4—03）

13. 位于万宁桥西北、紧邻中轴线西侧、建于唐太宗贞观年间的火德真君观，西南距离唐幽州10里许，其山门东向，证明早在唐以前，此庙东侧的南北道路已经存在了，而且是一条古代商旅道路——连接位于蓟城东北郊的古永定河渡口的一条南北向道路，到隋代时成为临朔宫"泛"中轴线的北段道路。（图1—4—04）

14. 考古发现今南、北河沿大街为古代的河道，宽度约28米，恰合隋里制的20步。隋大运河永济渠的漕运功能一直为后世所沿用：唐太宗（一次）、唐高宗（三次）远征高丽也是通过永济渠来漕运粮草等军需物资的。辽代疏浚后，作为"南粮北运"的主要"通道"，称"萧太后运粮河"。金代为解决"古运河漕运"水量不足的问题，还曾开"金口"引卢沟水入"古运河"。在金中都至通州的五十里漕运河道上建置多道水闸，后废弃不用。元代疏浚此河道后改称"通惠河"（图1—4—05）

15. 景山的高度约47米，恰为20隋丈，景山的南北长度约212米，恰为0.5隋里；景山的东西长度约403米，恰为0.95隋里。景山的隋里制特征证明：景山的规划是隋临朔宫整体规划中的一部分，景山堆筑于临朔宫修建之前并成为临朔宫及中轴线规划的"原点"和"第一坐标点"。

16. 今景山主峰南距故宫太和殿恰为359.5隋丈（合2隋里，约847米），又南距故宫北城墙

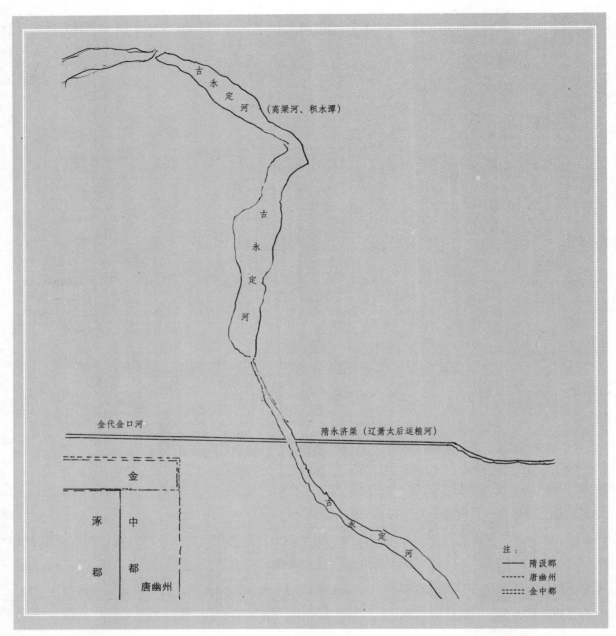

图 1—4—05，隋代大运河永济渠与辽代萧太后运粮河及金代金口河空间位置示意图（作者绘）

恰为 109.5 隋丈（约 258 米），又南距故宫南城墙恰为 519.5 隋丈（约 1223 米），又南距古永定河渡口[1] 恰为 6.35 隋里（约 2692 米）；北距中轴线北端点（今钟楼北街丁字路口）恰为 900 隋丈（合 5 隋里，约 2120 米），又北距中心台恰为 765 隋丈（合 4.25 隋里，约 1802 米），又北距北纬路（今鼓楼东西大街）恰为 750 隋丈（约 1766 米），又北距万宁桥恰为 540 隋丈（合 3 隋里，约 1272 米），又北距南纬路（今地安门东西大街）恰为 405 隋丈（合 2.25 隋里，约 954 米）。

17. 今景山主峰南距景山南墙垣约 146 米（恰合 61.95 隋丈），北距景山北墙垣约 377 米（恰合 160 隋丈）；今景山公园北墙垣至故宫北城墙约 635 米，是由 269.5 隋丈的规划沿革至今的；

1　笔者注：在今正阳门处。

又南距故宫午门南侧约 1600 米（合 679.5 隋丈，恰为 3.775 隋里）；

18. 今故宫东、西城墙的外侧之间的距离约 753.6 米，即明代史料记载的明营造尺 236.2 丈，是由 480 元步（约 753.6 米）和 320 隋丈（约 753.6 米）演变[1]而成的；今故宫午门南侧至神武门北侧之间的距离约 965.55 米，即明代史料记载的明营造尺 302.95 丈，是由 615 元步（约 965.55 米）和 410 隋丈（约 965.55 米）演变而成的；因故宫午门城台南侧比故宫南城墙南侧突出了约 4.71 米（合 3 元步，又合 2 隋丈），所以故宫南北城墙外侧之间的距离约 961 米，约合 301.15 明营造丈，是由 612 元步（约 961 米）和 408 隋丈（约 961 米）演变而来的。因此，今故宫内部空间的规划格局也多呈隋里制的特征。可以肯定：今故宫的空间规划，最初应为隋临朔宫宫城的空间规划。有些学者以整数计算，称故宫的东西长度约 753 米，南北长度约 961 米。

19. 今景山公园东门中线至西门中线的东西长度约 422.7 米[2]；南门中线至北门中线之间的长度约 522.69 米（合 221.95 隋丈，约 1.23 隋里）；又北距隋大运河永济渠和元大运河通惠河之北端东西向河道南侧的东西向的"红墙"恰为 1 隋里[3]。

20. 今故宫东城墙，东距南、北河沿大街[4]西侧的东安里门[5]南北一线恰为 1 隋里[6]；今故宫西城墙，西距元明清皇城西南内凹拐角处南北一线恰为 1.75 隋里[7]。

21. 今故宫和景山公园的南北空间规划，既与隋临朔宫宫城和北苑的空间规划为 3.775 隋里（合 679.5 隋丈，约 1600.22 米）相吻合，又与周边符合隋里制的"河"、"海"、"路"、"台"相"呼应"，也便于隋炀帝"水陆"视察、了解远征高丽的粮草等军需物资的筹备情况。由此推知：隋临朔宫宫城和北苑就规划修建在今故宫和景山公园的空间范围内。

22.《马可波罗行记》关于"皇宫以北一箭之地，有一丘陵，人力所筑，高百步……四面环以围墙，周长约四里"的记载，说明景山是人力堆筑的土丘，早在元初就已存在。根据景山的高度、东西南北的长度均符合隋里制来判断：景山很可能是规划隋临朔宫时或之前堆筑的，以便符合"山南做宫"的风水学说，也可满足隋炀帝登高察看远征高丽的粮草及物资的漕运和仓储情况，以及检阅大军之需要。

23. 显然，隋炀帝的殿内丞闫毗在负责督建临朔宫之前，就做出了整体规划：最先确定以连接古永定河渡口的南北道路为临朔宫中轴线，在中轴线上堆筑象征"北玄武"的土丘，并以此为"坐标"规划临朔宫"泛"中轴线和临朔宫"四重城"的空间区域，使临朔宫宫城位于左带"玉河"、右携"池海"、前拥"魏阙"、后倚"景山"的最佳风水格局中。

24. 在笔者依据客观条件论证的隋临朔宫东西约 790.5 隋丈（约 1862 米）、南北约 1095 隋丈

1　笔者注：经过金太宁宫宫城、元大都宫城和明北京宫城的三度重建和改建。

2　笔者注：约为 179.5 隋丈。

3　笔者注：历史上曾经先后作为隋临朔宫和金太宁宫之北宫垣、元大都皇城之北垣。

4　笔者注：原为隋大运河永济渠和元大运河通惠河之北端。

5　笔者注：为隋代规划的临朔宫东宫垣之"东宫门"，后为金太宁宫之"东宫门"、元皇城之"东二门"、明永乐朝皇城之"东安门"、明宣德朝以后为"东安里门"。

6　笔者注：东安里门南北一线的墙垣，为隋代规划的临朔宫之东宫垣，后为金太宁宫、元皇城和明永乐朝皇城之东垣。

7　笔者注：为隋代规划的临朔宫西宫垣，在此南北一线与西安门内大街相交汇处，恰有一道"棂星门"，应为隋临朔宫西宫垣之"西宫门"。

（约2579米）、周长约为3771隋丈（合20.95隋里，约8881米）的广大空间里至今只发现了两座唐代墓葬，一座是葬在故宫西北部的唐云麾将军（三品）、上柱国（从一品）崔公墓[1]，另一座是葬在北池子北口附近的唐墓[2]，此地唐代称"黄城"，即"皇城"之意，"黄城"的历史地名，也可作为此地是隋临朔宫空间的客观依据之一[3]。

第二节　隋临朔宫"四重城"的规划

临朔宫是隋炀帝在涿郡修建的离宫，尽管兼有远征高丽大本营的性质，但因地处"历史名城"幽州，且又是大运河的北端点，所以临朔宫的规模相当宏大，可以说是隋炀帝在全国各地拥有的四十多座离宫中的"佼佼者"了。

笔者结合隋代规划尺度和对历史建筑、大运河、太液池、故宫、景山等空间的实地勘查，发现这些空间的规划尺度均呈明显的隋代规划尺度特征，据此推断：隋临朔宫空间的规划为"四重城"，即宫城、夹垣、禁垣、外垣。

第一重城：宫城，位置与今故宫完全相同。

（1）宫城位置的确定

① 先以"金台土丘"（即今之景山）主峰为"坐标点"，往南二隋里，规划确定宫城外朝前殿怀荒殿的空间位置。

② 再以怀荒殿为宫城南北长度的"黄金分割点"，即规划宫城北城墙南距怀荒殿为410隋丈的0.618 ≈ 253.3隋丈（约596.7米），规划宫城南城墙北距怀荒殿为410隋丈的0.382 ≈ 156.62隋丈（约3658.84米）。

（2）宫城城墙

① 南、北城墙内侧规划长度为2.25隋里（合405隋丈，约954米）；东、西城墙内侧规划长度为1.75隋里（合315隋丈，约742米）。

② 城墙厚度为2.5隋丈（约5.89米）。参考元、明两代国都规制，宫城城墙厚度约为2.5丈。

③ 南北城门朱雀门和玄武门的外侧规划长度为410隋丈（约965.55米）；南城墙外侧较朱雀门外侧内缩了约2隋丈（约4.71米）；故南、北城墙（今故宫南、北城墙）外侧相距长度为408隋丈（约960.84米）；东、西城墙（今故宫东、西城墙）外侧相距长度为320隋丈（约753.6米）。

④ 内周长 ≈（315隋丈 +405隋丈）×2 ≈ 1440隋丈 ≈ 8隋里；外周长 ≈（320隋丈 +410隋丈）

---

1 《北京市文物研究所藏墓志拓片》（北京燕山出版社2003年11月第一版）第15页《崔府君夫人墓志铭》云："于幽州蓟县东北五里燕夏乡之原择吉地而安措之，礼从宜也。以贞元十五年（799年）岁在己卯三月二十九日。"

2 《北京考古四十年》（北京燕山出版社1990年1月第一版）第132页记载了1978年在北池子北口证章厂院内出土的《唐孙逸墓志》云："开成三年（838年）葬于幽州幽都县礼贤乡黄城。"并根据考古发现的若干唐代古墓葬，认定：礼贤乡之"南界在今地北池子北口与燕夏乡交界。"

3 《新唐书》卷三十九志第二十九地理三记载：幽州辖九县，幽州城为蓟县和幽都县所环，蓟县"有故隋临朔宫"；又载："幽都，本蓟县地"。《旧唐书》卷三十九志第十九地理二记载："自晋至隋，幽州刺史皆以蓟为治所。幽都，管郭下西界，与蓟分理。建中二年，取罗城内废燕州廨署，置幽都县，在府北一里。"

×2 ≈ 1460 隋丈 ≈ 8.1 隋里（约 3438.3 米，恰等于 2190 元步，又恰等于 2176 明步）。

（3）宫城设六门

① 南有三门：A、正门曰朱雀门"魏阙两分"，后为金太宁宫宫城端门、元大都宫城崇天门、明清北京宫城午门。B、正门朱雀门左、右，曰左掖门和右掖门，相距约为 1 隋里。后分别为金太宁宫宫城之左掖门和右掖门、元大都宫城之星拱门和云从门。

② 北有一门，曰玄武门，后世分别为金太宁宫宫城北门、元大都宫城厚载门、明北京宫城玄武门、清北京宫城神武门。

③ 东、西各有一门，曰东华门、西华门，后分别为金太宁宫宫城之东华门和西华门，元大都宫城时期被封堵，明清北京宫城之东华门和西华门。

（4）宫城中轴线规划

① 朱雀区域：A、朱雀门南北进深约 15 隋丈（约 35.3 米）；B、朱雀门内侧——外朝门中线南北长度约 61.5 隋丈（约 145 米）。

② 外朝区域：南北长度约 149.5 隋丈（约 352 米）。

③ 外朝与内廷之间的东西御道：南北宽约 29.5 隋丈（约 69.5 米）。

④ 内廷区域：南北长度约 89.5 隋丈（约 210.8 米）。

⑤ 玄武区域：A、内廷北庑墙中线——北萧墙距离约 39.5 隋丈（约 93 米）；B、北萧墙——玄武门内侧之间距离为 13.55 隋丈（约 32 米）的宫内北御道；C、玄武门南北进深约 11.95 隋丈（约 28 米）。

第二重城：宫城夹垣，在宫城四周。

（1）宫城夹垣位置的确定

① 宫城夹垣南北规划长度约为 505 隋丈（约 1189 米）；南夹垣，在宫城正门城墙外侧以南约 59.5 隋丈（约 140.12 米），亦即在宫城南城墙外侧以南约 61.5 隋丈（约 144.8 米）东西一线[1]；北夹垣，在宫城北城墙外侧以北约 35.5 隋丈（约 83.6 米，即北上门中部）东西一线。

② 宫城夹垣东西规划长度约为 390.5 隋丈（约 919.6 米）；东、西夹垣，分别在宫城东、西城墙外侧各约 35.5 隋丈（约 83.6 米）南北一线。

③ 宫城夹垣规划周长约为：（505+390.5）×2 = 1791 隋丈 = 9.95 隋里（约 4218 米）。

（2）宫城夹垣设六门

南夹垣设三门，北、东、西夹垣各设一门。南夹垣有南上门[2]、南上左门、南上右门[3]；北、东、西夹垣有北上门[4]、东上门[5]、西上门[6]。隋临朔宫宫城之夹垣六门后为金太宁宫宫城夹垣和元大都宫城

---

1 笔者注：在明北京太庙和社稷坛北墙垣东西一线。

2 笔者注：阙左门、阙右门，为宫城朱雀门之左、右阙台与夹垣南上门之间的东、西廊庑之门；南上门与朱雀门、阙左门、阙右门之间为一四门合围的广场空间。

3 笔者注：南上左、右门，北直元宫城星拱门、云从门，后为明太庙和社稷坛之北门。

4 笔者注：约在今景山前街南侧及南便道东西一线，1956 年拆除。

5 笔者注：约在今东华门大街与南池子大街十字路口西侧。

6 笔者注：约在今西华门大街与南长街十字路口东侧。

夹垣之门[1]，明代因开挖宫城护城河而拆除了部分宫城夹垣，但仍保留了阙左、右门和北、东、西上门以作为宫城的防卫屏障，清代因之。

第三重城：禁垣，在宫城夹垣与北苑之外。

（1）宫苑禁垣位置的确定

① 南禁垣，北距宫城南夹垣约29.5隋丈（约69.5米），约在明清北京太庙中殿东西一线。[2]

② 北禁垣，在景山后街以北残存的红墙东西一线，南距北苑北垣（今景山公园北垣）约19.5隋丈（约46米），又南距宫城北夹垣约251隋丈（约591米），又南距宫城北城墙约286.5隋丈（约675米）。

禁垣南北规划长度约为：29.5+59.5+410+35.5+12+219.5+19.5 ≈ 785.5隋丈（1850米）。

③ 东、西禁垣分为南、北两段：

A. 南段东、西禁垣，分别内距宫城东、西夹垣约19.5隋丈（约46米），即在今南、北池子大街东侧的东中门和今南、北长街西侧的西中门南北一线；南段东、西禁垣之间的东西长度约为：319.5+35.5×2+19.5×2 ≈ 429.5隋丈（约1012米）。

B. 北段东、西禁垣，在北苑之东、西夹垣之外约19.5隋丈（约46米）南北一线；北苑之东禁垣，即景山东街以东残存的红墙南北一线，北苑之西禁垣，约在大高玄殿东垣南北一线。北段东、西禁垣之间的东西长度约为：179.5+5.5×2+19.5×2 ≈ 229.5隋丈（约540.5米）。

北段禁垣内，规划有北苑。北苑之南、北垣相距约219.5隋丈（约517米）；北苑之东、西垣相距约179.5隋丈（约423米）；北苑之东、西夹垣相距约190.5隋丈（约449米）。北苑四垣周长约820隋丈（合4.55隋里，约1931米）。

北苑之中轴线与北苑之东、西垣的距离不相等，与东、西夹垣和东、西禁垣的距离也不相等，原因是在北苑之西垣外侧有金水河。因金水河的缘故，北苑之西门不得不内移了约1.25隋丈（约3米）。为了使北苑之东、西垣门相距约179.5隋丈，故将北苑之东门也向东移动了约1.25隋丈。使北苑之中轴线距北苑之东垣约91隋丈（约214米）、距北苑之西垣约88.5隋丈（约208米）。[3]北苑之东、西垣，外距东、西夹垣约5.5隋丈（约13米）。北苑之东、西夹垣，外距东、西禁垣约19.5隋丈（约46米）。

C. 北禁垣与宫城北夹垣相距约251隋丈（约591米）。

④ 禁垣规划周长约为：（785.5+429.5）×2 = 2430隋丈 ≈ 13.5隋里（约5723米）。

（2）禁垣设十门

1　笔者注：元代拆除了南上门。

2　笔者注：后为金太宁宫之南禁垣、元大都规划皇城南垣时拆除。

3　笔者注：今景山公园东、西墙垣南端，较东、西门以南之墙垣，约内收了约1.25隋丈（约3米）。鉴于今景山公园东、西墙垣南端的内收部分的南北长度约14米，约6隋丈或10隋步，又合9元步，笔者推断：可能是因元代规划的大内御苑之夹垣所致，即在御苑的北、东、西三垣外，按元代皇宫规制规划修筑夹垣，而御苑南垣为前代所规划，其外已无空间，故将在南垣内规划 垣，以原南垣为御苑南夹垣笔者注：今景山公园东、西墙垣南端，较东、西门以南之墙垣，约内收了约1.25隋丈（约3米）。鉴于今景山公园东、西墙垣南端的内收部分的南北长度约14米，约6隋丈或10隋步，又合9元步，笔者推断：可能是因元代规划的大内御苑之夹垣所致，即在御苑的北、东、西三垣外，按元代皇宫规制规划修筑夹垣，而御苑南垣为前代所规划，其外已无空间，故将在南垣内规划 垣，以原南垣为御苑南夹垣。

　　南禁垣有三门，南中门、南中左、右门；北禁垣有一门，为北中门[1]；东、西禁垣各有三门，为东中门[2]、东中北门[3]、北中东门[4]，西中门[5]、西中北门[6]、北中西门[7]。

　　第四重城：为临朔宫外垣。

　　(1) 临朔宫外宫垣位置的确定：以宫城外朝前殿为"坐标点"和"黄金分割点"，来确定临朔宫南北外垣的位置。

　　①南、北外宫垣相距约 1095 隋丈（约 2579 米）；其北外宫垣，在大运河永济渠北段之东西流向的河道（位于今地安门东南的北河胡同）南岸东西一线，南距北苑北垣约 1 隋里（约 179.5 隋丈，约 423 米）；其南外宫垣，约在今天安门东西一线，北距宫城朱雀门约 1.325 隋里（约 238.5 隋丈，约 561.7 米）。

　　隋临朔宫中轴线南北九个独立空间的规划尺度及其总和为：北外垣北宫门至北禁垣北中门约 160 隋丈 + 北禁垣北中门至北苑北门约 19.5 隋丈 + 北苑南北空间长度约 219.5 隋丈 + 北苑南门至宫城北夹垣北上门约 12 隋丈 + 宫城北夹垣北上门至宫城北城墙玄武门约 35.5 隋丈 + 宫城南北空间长度约 410 隋丈 + 宫城朱雀门至宫城南夹垣南上门约 59.5 隋丈 + 宫城南夹垣南上门至南禁垣南中门约 29.5 隋丈 + 南禁垣南中门至南外垣南宫门约 149.5 隋丈 = 1095 隋丈。

　　②东、西外宫垣相距约 795 隋丈（约 1872 米）；东外宫垣，在隋大运河永济渠[8]北端南北向河道西岸（今南、北河沿大街西侧）南北一线，即金太宁宫东外垣、元大都皇城东垣和明永乐朝北京皇城东垣（东安里门）南北一线，西距宫城东城墙约 1 隋里（合 180 隋丈，约 424 米）；西外宫垣，在元明清皇城西南内凹拐角南北一线[9]，东距宫城西城墙约 295 隋丈（约 695 米）。

　　隋临朔宫东西七个独立空间的规划尺度及其总和为：A、南部：西外宫垣至宫城西禁垣约 240 隋丈 + 宫城西禁垣至宫城西夹垣约 19.5 隋丈 + 宫城西夹垣至宫城西城墙约 35.5 隋丈 + 宫城东西空间长度约 320 隋丈 + 宫城东城墙至宫城东夹垣约 35.5 隋丈 + 宫城东夹垣至宫城东禁垣约 19.5 隋丈 + 宫城东禁垣至东外宫垣约 125 隋丈 = 795 隋丈。B、北部：西外宫垣至北苑西禁垣约 345 隋丈 + 北苑西禁垣至北苑西夹垣约 19.5 隋丈 + 北苑西夹垣至北苑西垣约 5.5 隋丈 + 北苑东西空间长度约 179.5 隋丈 + 北苑东垣至北苑东夹垣约 5.5 隋丈 + 北苑东夹垣至北苑东禁垣约 19.5 隋丈 + 北苑东禁垣至东外宫垣约 220.5 隋丈 = 795 隋丈。

　　③周长约 21 隋里（合 3780 隋丈，约 8902 米）。

　　(2) 外垣设四门

　　南北东西垣各一门。南宫门，在今天安门金水桥南侧，后为金太宁宫之南宫门；北宫门，在

1　笔者注：约在今地安门南大街南口稍北位置，后为金、元、明、清之北中门。

2　笔者注：约在今东华门大街与南池子大街十字路口东侧。

3　即御马监门，约在今北池子大街东侧与景山前街东口交汇处。

4　笔者注：约在今景山东街南段的沙滩后街西口红墙处。

5　笔者注：约在今西华门大街与南长街十字路口西侧。

6　即乾明门，约在今北长街西侧与景山前街西口交汇处。

7　笔者注：约在今景山西门与景山西街西侧的大高玄殿东垣南北一线交汇处。

8　笔者注：后为元大运河之通惠河。

9　笔者注：约在西安门大街上的棂星门，以及兴圣宫区域内的宏仁寺东侧南北一线。

今地安门南，后为金太宁宫之北宫门、元大都皇城之厚载红门；东宫门，在今东安门大街东口，后为金太宁宫之东宫门、元大都皇城之东二门、明永乐朝北京皇城之东安门、明宣德朝以后为皇城之东安里门；西宫门，在今西安门内大街上，后为金太宁宫之西宫门、元明清皇城西安门内之棂星门。

（3）临朔宫"四重城"之东西空间规划为三个区域

① 中部为宫城与禁苑区域，东西空间的长度约1—1.75隋里；

② 东部为宫城和北苑东禁卫区域，东西空间的长度为1—1.375隋里；

③ 西部为"西园"区域，东西空间的长度为1.64—2.05隋里。

隋临朔宫第四重城空间的规划，后为金太宁宫所继承，元、明、清三代又基本以此空间为皇城。（图1—4—06）

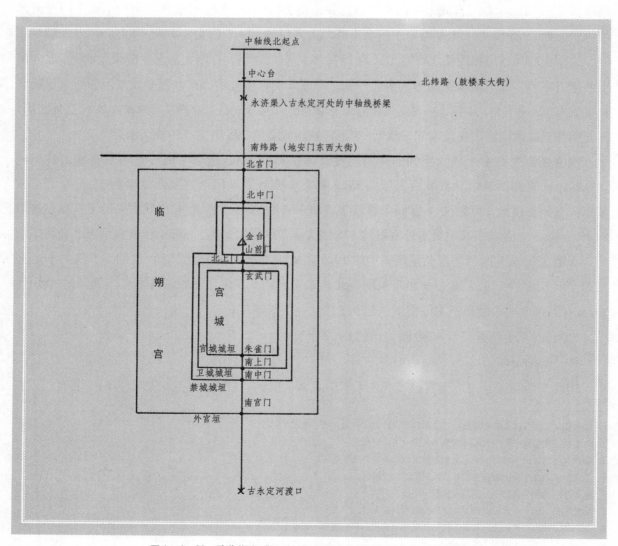

图1—4—06，隋临朔宫"四重城"与泛中轴线平面示意图（作者绘）

第三节　隋临朔宫西园的规划

隋临朔宫虽是一座离宫，但因地处历史名城幽州且又作为隋炀帝远征高丽的大本营，故按宫城规制进行规划：以宫城为中心，北有北苑，西有"太液池""西园"。"西园"规划在永定河故道（为"太液池"）及其东西两岸上——南北长约 1095 隋丈（约 2579 米），东西长约 295—369.5 隋丈（约 695—870 米）。

在靠近"太液池"（今中海、北海）东岸的"海子"里堆筑了三个岛屿（即瑶光台、琼华岛、犀山台）以象征神话传说中的"海中三山"——"瀛洲"、"蓬莱"、"方丈"。后成为辽代的"瑶屿行宫"和金代的太宁宫之"西园"，元明清三代的宫城之"西苑"。

"瀛洲"，位于"太液池"三岛的中部，为一圆形岛屿，直径约 45 隋丈（约 106 米），面积约为 8820 多平方米。在"瀛洲"岛上，规划建有一个圆形的城台，直径约 0.2 隋里，约 36 隋丈，约 85 米，以象征周天之三百六十度，称"瑶光台"，台上建有"瑶光楼"，为皇帝在"离宫"的"拜日台"。

"瀛洲"岛的北侧，建有曲尺状的白玉石桥通"万岁山"。"瀛洲"岛的东、西两侧，均建有木桥，东以通宫城，西以通"西园"之西门及"太液池"西岸的宫殿等处。"瀛洲"岛之东、西两侧的木桥所连接的御道，为唯一横贯临朔宫东西向的"准通道"。

20 世纪上半叶，在府右街北口以东、北海大桥以西的西安门内大街上，还有一座棂星门，即隋临朔宫之西宫门，后为金太宁宫之西宫门。元代基本以金太宁宫空间为皇城，并从金太宁宫西垣往西外拓了 1.05 元里（合 315 元步），西拓的皇城垣距皇城东垣为 5 元里（合 1500 元步），将元皇城的西垣规划在西安里门和兔儿山西侧南北一线上。

"蓬莱"，位于"太液池"三岛的北部，为一长圆形的岛屿，为"海上三山"中最大、最高的"山"。南北长约 0.72 隋里，约 129.5 隋丈，约 305 米；东西长约 0.55 隋里，约 99 隋丈，约 233 米。面积约为 71000 多平方米。在"蓬莱"岛上，规划建有以"广寒殿"为主的多组建筑；"广寒殿"为皇帝在"离宫"的"赏月楼"。

"蓬莱"岛的南侧，建有曲尺状的白玉石桥通"瀛洲"。"蓬莱"岛的东侧，建有白玉石桥通"西园"之陟山门，门外有御道与北苑之西御道相通。

"方丈"，位于"太液池"三岛的南部，为一长方形的岛屿，南北长约 0.45 隋里，约 81 隋丈，约 190 米；东西长约 0.25 隋里，约 45 隋丈，约 106 米。面积约为 20200 多平方米。在"方丈"岛上，规划建有"犀山台"（用以"镇水"）等建筑。

"方丈"岛的东侧，建有白玉石桥通"西园"之方丈门，门外有御道与宫城之西御道相通。

在"太液池"东、西两岸，还规划有若干座宫殿、楼台、亭榭等建筑。在"西园"之太液池以西、西宫垣以东[1]，所规划的区域又分为南北两部分：历经隋、金、元、明、清、民国至今，北部保留下来的完整的区域只有国家图书馆古籍馆；南部保留下来的完整的区域相对较多，现为中南海办公区域。

1　笔者注：约在羊房夹道南北一线以东。

第四节　隋临朔宫宫城和北苑的规划与建筑遗存

今北京故宫和景山公园的空间规划格局、中轴线主要建筑及周庑的基址，均呈明显的隋里制规划尺度特征：

1. 隋临朔宫宫城东、西城墙内侧之间的距离为 315 隋丈（合 1.75 隋里，约 741.83 米）；城墙厚度为 2.25 隋丈（约合 5.3 米）；东、西城墙外侧相距 319.5 隋丈（约 752.42 米）；与元大都宫城东、西城墙外侧相距 480 元步（约 753.6 米）和明北京宫城东、西城墙外侧相距为 236.2 丈（明营造尺 1 丈 ≈ 3.1905 米）的长度几乎完全相同。

2. 隋临朔宫宫城南、北城墙内侧之间的距离约为 405 隋丈（合 2.25 隋里，约 954 米）；南、北城墙外侧相距约为 409.5 隋丈（约 964 米）；宫城朱雀门南侧至宫城玄武门北侧长约 410 隋丈（约 966 米），分别与元大都宫城南、北城墙外侧相距约 612 元步（约 961 米）和宫城崇天门南侧至厚载门北侧长约 615 元步（约 966 米），以及与明北京宫城南、北城墙外侧相距约 301.15 明营造丈（约 961 米）和宫城午门南侧至玄武门北侧长约 302.95 明营造丈（约 966 米）。其长度几乎完全相同。

3. 隋临朔宫宫城外侧周长约 1458 隋丈（约 3434 米），与元大都宫城外侧周长约 2190 元步（约 3438 米）和明北京宫城外侧周长约 1078.3 丈（约 3438 米，约合 2176.14 明步，故称"六里一十六步"）的长度，几乎完全相同。

但宫城城墙内侧的周长尺度则不同：

① 隋临朔宫宫城城墙厚度为 2.25 隋丈（约 5.3 米），元大都宫城城墙的厚度为 2.5 元营造丈（约 8 米），即在隋临朔宫宫城四面城墙的内侧，加厚包砖而成。

② 明北京宫城城墙的厚度为 2.5 明营造丈，其内周长基本与元大都宫城内周长相同。

4. 隋临朔宫宫城朱雀门（今故宫午门）"凹"形城台，东西长约 53.95 隋丈（约 127 米）；南北长约 47.95 隋丈（约 113 米）；主城台南北厚度（进深）约 15 隋丈（约 35 米）；阙台（东西）厚度约 10.5 隋丈（约 25 米）。

5. 隋临朔宫宫城朱雀门（今故宫午门）广场，约为 32.95 隋丈（约 78 米）见方；面积约为 6120 多平方米。

6. 隋临朔宫宫城东、西华门（今故宫东、西华门）城台，南北长约 19.5 隋丈（约 46 米）；东西进深长约 10.95 隋丈（约 26 米）。

7. 隋临朔宫宫城北门（今故宫神武门）城台，东西长约 21.55 隋丈（约 51 米）；南北（进深）长约 11.95 隋丈（约 28 米）。

8. 隋临朔宫宫城"外朝"宫殿"台基"南北长约 55 隋丈（约 130 米），东西宽 55 隋丈（约 130 米），前殿之丹墀东西宽 35.5 隋丈（约 84 米）、南北长约 15.5 隋丈（约 37 米），台基高 3.5 隋丈（约 8.24 米）。[1]

1　今北京故宫外朝三大殿台基高约 8.13 米，不合明规划尺度的"整数"和"吉祥之数"，笔者以为明代故宫外朝地势较隋临朔宫时高出了约 0.11 米所致。

9．隋临朔宫宫城"外朝"之东、西庑（今故宫"外朝"东、西庑）之间的距离约90隋丈（约212米），南、北庑之间的距离约149.5隋丈（约352米）。

10．隋临朔宫宫城"内廷"东、西庑（今故宫"内廷"东、西庑）之间的距离约45隋丈（约106米）；东、西庑的南北长度约89.5隋丈（约211米，与今故宫"内廷"东、西庑的南北长度相同）。

11．隋临朔宫宫城"御花园"：东西长约63隋丈（约148米），南北约39.5隋丈（约93米）。

12．隋临朔宫宫城规划有夹垣，南夹垣（今太庙与社稷坛北垣），北距隋临朔宫宫城（今故宫）南垣约59.5隋丈（约140米）；北、东、西夹垣，内距宫城之北、东、西城墙约35.5隋丈（约84米）。

13．隋临朔宫宫城南城墙，南距南禁垣（后为金太宁宫之南禁）约129隋丈（约304米）。

14．隋临朔宫宫城南垣，南距南宫垣（约在今天安门东西一线）约238.5隋丈（约561.7米）。

15．隋临朔宫宫城北夹垣与北苑南垣之间有一条东西驰道，宽约1隋丈（约28米）；

16．隋临朔宫宫城北苑，东西垣之间长度约1隋里（合179.5隋丈，约423米）；南北垣之间长度约219.5隋丈（约517米）。

17．隋临朔宫宫城北苑之北垣，北距临朔宫北宫垣约179.5隋丈（约为423米）。

18．隋临朔宫北禁垣与临朔宫北宫垣（在今地安门南的黄华门大街与地安门中间东西一线）之间的中轴线东西两侧，有两道"红墙"禁垣，相距约29.5隋丈（约69.5米）。

19．隋临朔宫宫城之"金水河"，是从宫城西北方位"玄武池"（今北海北端）引水，流经北苑（今景山）西侧，南入宫城（今故宫）之西北乾位，从东南巽位流出宫城。

20．景山高度约为47米（合19.95隋丈）；东西长约0.95隋里（合171隋丈，约为403米）；南北长约0.5隋里（合90隋丈，约为212米）。

21．隋临朔宫宫城南、东、西夹垣和北苑北、东、西垣之外，还规划有一道禁垣。至今，除南禁垣外，其他三面禁垣都有遗存和遗迹可寻。

隋临朔宫中轴线南北及宫城、北苑的空间规划多合"九五"、"五五"、"三五"、"一五"、"九"、"五"之数，如：

1．临朔宫南、北宫垣相距约1095隋丈（约2579米），东、西宫垣相距约795隋丈（约1872米）；宫城南城墙至宫城南夹垣59.5隋丈（约140米），宫城南夹垣至南禁垣约29.5隋丈（约69.5米），南禁垣至南宫垣约149.5隋丈（约352米），西宫垣至宫城西城墙约295隋丈（约695米）。

2．北苑南垣（今景山南垣）至景山主峰约59.5隋丈（约140米），北苑南、北垣相距约219.5隋丈（约517米），东、西垣相距约179.5隋丈（约423米）、东、西夹垣相距约190.5隋丈（约449米）；北苑北垣至北禁垣约19.5隋丈（约46米），北苑东、西夹垣至北苑东、西禁垣约19.5隋丈，北苑北垣至北宫垣约179.5隋丈（约423米，合1隋里）；宫城北城墙至景山主峰约109.5隋丈（约258米）、又北至中轴线北端点约1009.5隋丈（约2120米）。

3．宫城朱雀门城台进深约15隋丈（约35米）、东西长约53.95隋丈（约127米），朱雀门广场东西长约32.95隋丈（约78米）见方。

4．宫城外周长约8.1隋里（约1458隋丈，为"九九之数"），宫城夹垣周长约9.95隋里（约合 1791 隋丈，约 4218 米）。

5. 宫城外朝周庑南北长约 149.5 隋丈（约 352 米）、东西宽约 90 隋丈（约 212 米），内廷南北长约 89.5 隋丈（约 210.8 米）、东西宽约 50 隋丈（约 118 米）。

6. 宫苑禁垣周长约 13.95 隋里（合 2511 隋丈，约 5913 米）。

7. 临朔宫外宫垣周长约 20.95 隋里（约合 3771 隋丈，约 8881 米）。

今北京故宫和景山这一古代遗存的"活化石"的实地空间告诉人们：阎毗奉旨对临朔宫的规划完全是依据《易经》、《河洛》的理念进行的。北京中轴线上主要空间规划的隋代尺度特征证明：隋临朔宫确实就是规划在涿郡东北郊的以今故宫、景山为中心的空间里。

那种认为没有进行考古发掘或没有考古发现，就否认史料记载、否认实地空间"活化石"的时代规划特征的观点，是缺乏客观依据和逻辑科学的，而不是真正的科学态度。历史上发生的大多数事件，是不能被考古所发现、所证实的，难道这些历史事件不存在吗？最直接、最有说服力的证据就是：蓟城为北京城的"原始前身"，考古工作者至今还没有找到蓟城的城墙等遗址，难道说蓟城没有存在过吗？

笔者以为，研究历史地理和古都规划及其变迁，一定要用历史的、发展的、整体的、联系的思维和多学科的综合知识，以及符合逻辑的科学方法，去发现问题、分析问题、解决问题，进而得出符合客观历史条件的、符合逻辑的观点和结论。而切忌用静止的、孤立的、局部的、单一的思维和单一学科知识，去发现问题、分析问题、解决问题。因为它所得出的观点和结论，往往与客观条件、史料记载、传统文化理论等不能吻合，故经不起历史的检验。

第五节　隋临朔宫"泛"中轴线及其规划

今北京中轴线形成于何时？目前的定论认为是形成于元代。笔者在研究永定河古河道时，发现在两千多年以前，约在今正阳门处是古永定河的一个较大的渡口，因蓟城在渡口的西面，所以在渡口的东、西、南、北就形成了四条主要道路。而渡口南、北的两条道路，其南、北端又分别与其他河道相通，成为连接"两河"之间的商旅通道。因此，渡口南、北道路的形成时间，就成为今北京中轴线的起始时间。

大约在东汉中后期，西汉时编著的《水经》一书所记载的流经蓟城北面和东面（今积水潭、什刹海、北海、中南海、前门、天坛北、天坛东、龙潭湖、十里河一线）的古永定河改道后流经蓟城西面和南面（流经今卢沟桥），古永定河渡口的功能也随之逐渐消失。[1] 但沿古永定河渡口南、北道路两侧形成的居民点、商业点和仓储点（如地势较高的锣鼓巷地区）依然存在并已有一定的规模，特别是在古永定河渡口北面的南北道路，纵贯"海子"（今北海、什刹海）的东岸和东北

1　笔者注：郦道元在为西汉末年桑钦所撰的《水经》一书作注时，认为《水经》记载的古永定河河道流经蓟城北和蓟城东是误记，却不知永定河曾在东汉中后期改道后才流经蓟城西和蓟城南的史实。《水经》记载的古永定河的流向证明：《水经》一书确为西汉末年所著，而不是古永定河已经改道后的三国时所著。

岸地势较高的区域，因历史而形成的商业点和仓储点仍然呈现着往昔的繁华景象。

古永定河改道后，"四海"（积水潭、什刹海、北海、中海）地段由昔日湍急的河流变成"平静"的"港湾"，又由于"车厢渠"（今德胜门、安定门外护城河，明代以前称"古濠"）的开通和漕运的延续，使"三海"（什刹海、北海、中海）东岸地势高爽的区域成为物资集散地，也成为统治者所关注的商旅交通之"枢纽"地段。

最晚在7世纪初，隋炀帝为远征高丽，以"四海"沿岸作为粮草等军需物资的集散地和仓储场所，并将大运河永济渠的北端河道修通至"海子"（今什刹海）。为便于操练军队和监督粮草等军需物资的运输与仓储情况，隋炀帝将远征高丽的大本营临朔宫，规划修建在中海东岸，并以原南北向的道路作为临朔宫及北苑的中轴线。从此，这条已有上千年历史的道路，不再是一条单纯用于交通的道路了，而成为皇朝"离宫"的中轴线了。万宁桥，位于临朔宫北宫门外的中轴御道上，成为隋炀帝和众官吏巡视"海子"（什刹海、积水潭）东岸和北岸众粮仓、草场的必经之路。

笔者对北京中轴线这一"活化石"的实地空间进行分析，发现从正阳门以北至古濠南岸东西驰道（即鼓楼东西大街）的中轴线上的每一个空间区域的规划，无一不是始于隋临朔宫的中轴线规划——隋临朔宫中轴线是以宫城北面的山丘（为人工堆筑，隋、金二朝可能称"金台"，元朝改称"青山"，明朝先后称"煤山"、"福山"、"万岁山"，清朝改称"景山"）主峰的中心点为"原始坐标点"，分别向南和向北规划出三个"点"，即"北起点"、"南端点"和"黄金分割点"，再以"黄金分割点"为"坐标点"，规划临朔宫宫城的南北垣和临朔宫的南北宫垣。

1. 从"金台"（今景山）的中心点向南约6.35隋里的具体规划是：

（1）向南约59.5隋丈（约140米），确定临朔宫北苑南垣（今景山公园南垣）；

（2）向南约71.5隋丈（约168米），确定临朔宫宫城北夹垣和北上门（今景山前街南便道东西一线）；

（3）向南约107隋丈（约252米），确定临朔宫宫城北门玄武门，后分别为金太宁宫宫城拱宸门、元宫城厚载门、明宫城玄武门、清宫城神武门；

（4）向南约359.5隋丈（合2隋里，约847米），确定临朔宫宫城之外朝前殿怀荒殿，后分别为金太宁宫宫城之外朝前殿大宁殿、元大都宫城之外朝前殿大明殿、明北京宫城之外朝前殿奉天殿（皇极殿）、清北京宫城之外朝前殿太和殿；

（5）向南约519.5隋丈（约1223米），确定临朔宫宫城正门朱雀门（后分别为金太宁宫宫城端门、元大都宫城崇天门、明清北京宫城午门）；

（6）向南约755.5隋丈（约1779米），确定临朔宫南外垣和南宫门（后为金太宁宫宫城南外垣和南宫门）；

（7）向南约6.35隋里（约合1143隋丈，约2692米），至永定河故道渡口。

2. 从"金台"（今景山）的中心点向北5隋里的具体规划是：

（1）向北约160隋丈（约376.8米），确定临朔宫北苑北垣（后分别为金太宁宫琼林苑之北垣、元大内御苑之北垣、明清大内禁苑之北垣、今景山公园北垣）和北苑门；

（2）向北约 179.5 隋丈（约 423 米），确定临朔宫北禁垣（后世分别为金太宁宫、元大都、明清北京之北禁垣）；

（3）向北约 339.5 隋丈（约 800 米），确定临朔宫北外垣（后分别为金太宁宫和元大都皇城的北外垣、明拆除）和北宫门；

（4）向北约 405 隋丈（合 2.25 隋里，约 954 米），确定临朔宫以北的第一条东西向的运输驰道（即地安门东西大街）；

（5）向北约 3 隋里（约合 549.5 隋丈，约 1294 米），确定隋大运河永济渠北端与积水潭相接的入口处万宁桥（后分别为唐、辽、金、元、明、清一直沿用直至今日）；

（6）向北约 749.5 隋丈（约 1765 米），确定临朔宫以北的第二条东西向的运输驰道（即鼓楼东西大街）；

（7）向北约 4.275 隋里（约合 769.5 隋丈，约 1812 米），确定积水潭东北岸之交通枢纽中心台，[1] 设台、楼、阁、馆、铺，用以观察、管理、保卫积水潭四岸的仓储，以及河渠的漕运、转运等情况（后世曾为元大都的中心台）；

（8）向北约 5 隋里（约合 889.5 隋丈，约 2118 米），确定隋临朔宫中轴线的北起点（后世分别为金太宁宫、元大都、明清北京中轴线的北起点）。

隋炀帝的规划师闫毗将临朔宫与中轴线规划为一个"中"字形。临朔宫中轴线长约 1095 隋丈（约为 2579 米），与向南、北延伸的部分共长约 3395 隋步（约合 2037 隋丈，约为 4811 米）[2]，其中临朔宫往北规划了约 559.5 隋丈（约为 1318 米），临朔宫往南规划了约 382.5 隋丈（约为 901 米）至古永定河渡口（今正阳门处）。

在这约 3395 隋步长的临朔宫"泛"中轴线上，规划有 28 座建筑，充分显示出规划的哲学思辨和科学价值。隋临朔宫中轴线及其 28 座建筑的规划，因是最佳的规划，故一直为唐、辽、金、元、明、清各朝所沿用。

3. 临朔宫"泛"中轴线南北约 3395 隋步，穿越了四重城垣，即宫城、夹垣、禁垣、外垣。四重城南、北垣的规划，均以宫城前殿怀荒殿为"黄金分割点"和"坐标点"。详见本书第十八章第三节。

4. 临朔宫"泛"中轴线南北约 3395 隋步，从古永定河渡口到积水潭的东北岸，可分为七个区域：

（1）宫城朱雀门南侧至北苑北垣，南北长约为 3.76 隋里，合 677 隋丈（约 1595 米）。其中，宫城朱雀门南侧至宫城玄武门北侧，南北长约 410 隋丈（约 966 米）；宫城南北城墙外侧的南北长度约 2.25 隋里 + 城墙厚 4.5 隋丈，约 409.5 隋丈（约 964 米）；宫城北城墙至北苑北垣约 267 隋丈（约 629 米）；

（2）宫城南禁卫区域，南北约为 1.325 隋里；

1　参见《日下旧闻考》卷五十四《城市》引《图经志书》。

2　笔者注：野，度以步。

（3）宫南交通运输区域，即宫南至永定河故道渡口的南北驰道，南北长度约为 1.96 隋里；

（4）北苑北禁卫区域，南北约为 1 隋里；

（5）宫北交通运输区域，即宫北的河道及河道南北的东西驰道，南北长度约为 2.28 隋里；

（6）宫北管理区域，即中心台区域，南北约为 0.75 隋里；

（7）中心台以北交通运输区域，即中心台西侧通往古濠南岸东西驰道的南北驰道，长度约为 2.15 隋里。

5. 隋临朔宫"泛"中轴线南北七个"区域"规划有十八个"独立"的空间，由北至南依次为：中心台以北的交通运输空间、积水潭沿岸中心台仓储管理空间、中心台至临朔宫北外垣漕运及转运空间、临朔宫北外垣至北禁垣之间的北中轴广场空间、北禁垣与北苑北垣之间的"驰道"空间、北苑空间、北苑南垣与宫城北夹垣之间的"驰道"空间、宫城北夹垣至宫城北城垣的空间、宫城北城垣至宫城北萧墙的空间、宫城北萧墙至宫城御花园的空间、宫城内廷空间、宫城内廷与宫城外朝之间的"驰道"空间、宫城外朝空间、宫城外朝至宫城南城垣的空间、宫城南城垣至宫城南夹垣的宫城广场空间、宫城南夹垣至南禁垣的卫城广场空间、南禁垣至临朔宫南外垣的禁城广场空间、临朔宫南外垣至永定河故道渡口的南北交通运输空间。

特别是隋临朔宫"泛"中轴线北端的中心台区域，规划有 12 座敌楼和 243 座窝铺，[1] 以供官兵值守和休息。根据古代管理之需要，笔者推测：

（1）在鼓楼北侧数十米处发现的古代建筑遗址，因南距景山主峰恰为 4.25 隋里，应该就是《日下旧闻考》引《图经志书》记载的隋临朔宫"泛"中轴线北端的"中心台"，后为元大都中心台。

（2）为了便于计时管理，隋在中心台东、西两侧，分别规划修建了钟楼和鼓楼。

（3）刘秉忠是在隋代中心台区域规划的基础上，规划元大都中心台、钟楼、鼓楼的（大德年间又规划了中心阁）。

① 以位于中纬线以北的原隋中心台为大都中心台；

② 在隋中心台北侧中轴线上（约在今钟楼位置）规划修建大都钟楼，[2] 正如《马可波罗行记》所记述的："在大都大城的中央，有一大宫殿，上置一口大钟……"

③ 在隋中心台西侧（约在今鼓楼西大街东端路北、旧鼓楼大街南端路东位置）的隋代鼓楼旧址上建鼓楼，称"齐政楼"，位于钟楼的西南，呈"层楼拱立夹通衢"之势；故《析津志》记载："齐政楼，在中心台西十五步……中心台在中心阁西十五步"，后因灾毁而移至中心台以南的中轴线与中纬线交汇处重建而废弃中心台；所以《析津志》又记载："府西……为中心阁，西为齐政楼……齐政楼正北乃钟楼也。"

④ 在隋中心台东侧的隋代钟楼旧址上建中心阁（约在今鼓楼东大街西端路北、鼓楼东北位置），以供奉"元成宗圣像"，所以民间流传有"中心阁，乃钟楼也"的传说，实乃隋之钟楼，而非元大都之钟楼。

1　参见《日下旧闻考》卷五十四《城市》引《图经志书》。

2　笔者注：而非规划在旧鼓楼大街北端，考古勘查证明在旧鼓楼大街南北，没有发现任何建筑基址和遗迹。

6. 隋临朔宫"泛"中轴线及四重城的黄金分割点，均在宫城外朝前殿怀荒殿〔后世分别为金大宁宫外朝前殿大宁殿、元大都宫城外朝前殿大明殿、明北京宫城外朝前殿奉天殿（皇极殿）、清北京宫城外朝前殿太和殿〕的位置上。

7. 隋临朔宫中轴线的规划，充分体现了"天子营国"的"三朝五门"制度——在临朔宫内廷以南，规划修建了皋、应、库、雉、路五个门，即以外垣南宫门为皋门，以禁垣南中门为应门，以宫城夹垣南上门为库门，以宫城朱雀门为雉门，以外朝南门为路门。又以宫城南门雉门城楼象征"前朝"，用来检阅军队和举行班师献俘仪式；以外朝前殿"怀荒殿"象征"大朝"，用来举行重大仪式；以内廷宫殿象征"日朝"，作为日常与百官议事之所。临朔宫虽为隋炀帝的行宫，但作为远征高丽的大本营，兼有临时"皇宫"的性质，故按照宫城和"三朝五门"的规制进行了规划。

8. 隋临朔宫中轴线上"四重城"规划有十五座门：外垣南宫门、禁垣南中门、宫城夹垣南上门、宫城朱雀门、外朝南门、外朝北门、内廷南门、内廷北门、北萧墙门、宫城玄武门、宫城夹垣北上门、北苑南门、北苑北门、禁垣北中门、外垣北宫门。其中，宫城以南，有三重门阙；宫城以北，有五重门阙；宫城有"七重"门阙。

第六节　运用隋代规划尺度对北京中轴线"活化石"的规划进行实证研究

度量衡制度是历代统治者极为重视的统治工具之一，各个朝代的统治者几乎都规范、颁布本朝的度量衡制度。在中国历史上，特别是结束割据、建立统一的王朝——秦朝和隋朝，都规范和统一了度量衡制度，并对后世产生了深远影响。

1. 古都规划的继承与沿革

北京古都中轴线空间与建筑的规划主要经历了隋、金、元、明、清五代。中国历史上的朝代更替，都逃不出一个规律——推翻前朝，但仍用前朝的统治策略，仅仅是更换统治者而已。这一规律，同样体现在对前代规划的继承上——沿用前代依据传统文化理论规划的城池、宫苑，只有扩大规模才按照本朝的规划尺度进行新的规划。

明代的北京城，是对元大都城规划的继承和改造。而元大都城又是对隋代规划的临朔宫以及众多粮仓、物资库、草场的继承和改造。因此，北京中轴线上的宫城、禁苑以及太液池"三山"[1]等若干空间的规划，以及积水潭沿岸和永济渠及各条漕运支渠两岸众多的仓、库、场、衙署、王府、寺院、钟鼓楼等空间，均为隋代规划遗存。

（1）大运河永济渠以及众漕运支渠的规划。

（2）临朔宫的规划。

（3）积水潭与永济渠及各漕运支渠沿岸粮仓、物资库、草场等空间的规划。

1　笔者注：即北海琼华岛、团城、犀山台。

（4）临朔宫中轴线及中心台的规划。

2. 隋代规划尺度在北京古都规划"活化石"中的"验证"

吴承洛在《中国度量衡史》中，通过若干古尺的实物，论证了隋代一官尺长度约为0.2355米，180丈为一隋里，一隋里约为423.9米。通过"六重证据法"的研究，特别是对历史地理信息和"活化石"空间的研究，笔者发现并考证：北京今存的许多古迹，如故宫、景山、北海、钟鼓楼、古河道、古仓库、古衙署、古寺庙、王府等空间的规划，均呈明显的隋代规划尺度特征——

（1）故宫的南北长度约961米，是由南北城墙之间距离405隋丈（约954米）+城墙厚度4.5隋丈（约10.6米）≈409.5隋丈演变形成的；东西长度约753米，是由东西城墙之间距离315隋丈（约742米）+城墙厚度4.5隋丈（约10.6米）≈319.5隋丈演变形成的。

（2）今故宫午门南侧至今景山公园北垣的南北长度约为1595米，是由677隋丈（宫城午门南侧至神武门北侧的长度410隋丈，约965.55米）+宫城北城墙至北苑北垣的267隋丈，约629米）演变形成的。[1]

（3）景山的高度约19.95隋丈（约47米）；东西长度约0.95隋里（约403米）；南北长度约0.5隋里（约212米），虽经历了隋、唐、辽、金、元、明、清七个朝代，但几乎没有任何变化。

（4）今景山公园山左里门中线至山右里门中线之间的东西长度约423米，南门中线至北门中线的南北长度约521米，均为对隋代始规划尺度的改造。

（5）景山东、西垣以外，还各有一道东、西"禁垣"[2]，东、西"禁垣"相距约229.5隋丈（约540.5米）。

（6）景山北麓与景山北墙垣外，考古发现有一条南北道路，宽约28米多（约合隋制12丈或20步），恰与中轴线重叠，应为隋临朔宫中轴线。

（7）南、北河沿大街原为古河道，考古勘查其宽度约28米多（约合隋制12丈或20步），且又有历史记载，应为隋大运河永济渠北端河道，元代疏浚后改称"通惠河"（又称"玉河"），仍为大运河北端河道。

（8）故宫东城墙东距隋大运河永济渠北端南北流向的河道（今南、北河沿大街）西岸的红墙[3]，即东安里门南北一线，恰为1隋里，约423.9米。

（9）北苑（今景山公园）北垣北距隋大运河永济渠北端东西流向的河道（今位于地安门东南的北河胡同）南岸东西一线的红墙[4]恰为1隋里（约423.9米）。

（10）景山主峰北距万宁桥约1270米，恰为3隋里，证明大运河北端与积水潭相接处的河道为隋代所开挖。

（11）景山主峰北距隋中心台约1800米，恰为4.25隋里，证明考古勘查发现的位于鼓楼北

1　笔者注：宫城南城墙外侧至宫城北城墙外侧约961米，宫城午门城台南侧较宫城南城墙南侧向南突出了约4.7米，可能为金太宁宫宫城、元大都宫城、明北京宫城、清北京宫城一直沿用，没有改变。

2　笔者注：东"禁垣"至今尚存。

3　笔者考证：此墙垣先后为隋临朔宫东外垣、金太宁宫东外垣、元大都皇城东垣、明永乐朝北京皇城东垣。

4　笔者考证：此墙垣先后为隋临朔宫北外垣、金太宁宫北外垣、元大都皇城北垣。

围墙处的古代建筑基址，应该是隋临朔宫中轴线北端之中心台遗址。

（12）景山主峰南距故宫太和殿约为 2 隋里（约 847 米），证明故宫太和殿始规划于隋代，为临朔宫宫城外朝前殿怀荒殿，后分别为金太宁宫宫城外朝前殿大宁殿、元大都宫城外朝前殿大明殿、明北京宫城外朝前殿奉天殿（皇极殿）、清北京宫城外朝前殿太和殿。

（13）北京中轴线上的主要建筑与景山主峰之间的距离，均呈隋代规划尺度之"整数"（即：整里、3/4 里、1/2 里、1/4 里），而不符合元代和明代规划尺度之"整数"，可知景山和故宫，以及中轴线的规划均始于隋代。

（14）元大都的城市规划基本是在隋代规划的空间基础上完成的。笔者在拙作《元大都》一书中，对这一新观点，有详细论证。

3. 隋代规划尺度的吉祥数字的验证

笔者在研究北京中轴线时惊奇地发现：北京中轴线上若干"活化石"空间的规划，只有部分新规划的空间才符合明代的规划尺度，也有部分空间符合元代的规划尺度，而绝大部分空间的规划却完全符合隋代的规划尺度的特征，且通过《易经》、《河洛》等哲学著作所推重的神秘数字，完全彰显了中国传统文化"天人合一"的思想。如：

（1）临朔宫"四重城"的周长呈现"九九之数"、"九五之数"和"五五之数"：临朔宫宫城外周长为 8.1 隋里（为"九九之数"），宫城夹垣周长为 9.95 隋里（约 4218 米），禁垣周长为 13.95 隋里（约 5913 米），外宫垣周长约 20.95 隋里（约 8881 米）。

（2）临朔宫泛中轴线南北空间的规划呈现"九五之数"的有：

①临朔宫宫城朱雀门（今故宫午门）北至景山主峰的长度为 519.5 隋丈（约 1223 米），北至北苑（今景山）北垣的长度为 679.5 隋丈（约 1600 米），北至北宫垣的长度为 859.5 隋丈（约 2024 米），北至北纬路（今鼓楼东西大街）的长度为 1269.5 隋丈（约 2990 米），北至中轴线北端点的长度为 1419.5 隋丈（约 3343 米）。

②临朔宫怀荒殿（今故宫太和殿）北至宫城北城墙（今故宫北城墙）的长度为 249.5 隋丈（约 588 米），北至景山主峰为 359.5 隋丈（约 847 米），北至景山北垣的长度为 519.5 隋丈（约 1223 米），北至临朔宫北宫垣（后为金太宁宫北宫垣、元大都皇城北垣）的长度为 699.5 隋丈（约 1647 米），北至临朔宫北中轴线之北纬路（今鼓楼东西大街）的长度为 1109.5 隋丈（约 2613 米），北至中轴线北端点的长度为 1259.5 隋丈（约 2966 米）。

③"金台"（今景山）中心点，北距北禁垣约为 179.5 隋丈（约 423 米），北距北宫垣约为 339.5 随丈（约 800 米），北距永济桥（即万宁桥）约 549.5 隋丈（约 1294 米），北距宫北第二条东西向运输道路（今鼓楼东西大街）约 749.5 隋丈（约 1765 米），北距中心台约 769.5 隋丈（约 1812 米），北距中轴线北端点约 899.5 隋丈（约 2118 米）。

④临朔宫南、北外宫垣相距为 1095 隋丈（约 2579 米）。

⑤临朔宫宫城朱雀门（今故宫午门）城台进深约 14.95 隋丈（约 35 米），东西宽约 43.95 隋丈（约 104 米），宫城广场约为 32.95 隋丈（约 78 米）见方。

⑥中轴线北起点至南纬路（今地安门东西大街）的长度为495隋丈（约1166米），至宫城北城墙的长度为1009.5隋丈（约2378米）。

⑦临朔宫北苑南、北垣相距为219.5隋丈（约517米）。

⑧景山主峰南距景山南垣为59.5隋丈（约140米）。

(3)临朔宫泛中轴线的南北空间规划呈现"五五之数"的有：

①宫城朱雀门外侧至内廷门外侧的长度约为255隋丈（约600米）。

②宫城内廷门至宫城北门的长度约为155隋丈（约365米）。

③宫城外朝台基的南北、东西长度均约为55隋丈（约130米）。

④中轴线北起点至万宁桥的长度约为355隋丈（约836米）。

⑤宫城北城墙距宫城北夹垣的长度约为35.5隋丈（约83.6米）。

(4)临朔宫泛中轴线的南北空间规划呈现"三五之数"的有：

①中轴线北起点至中心台的南北长度约为135隋丈（约318米）。

②中轴线北起点至北纬路（今鼓楼东西大街）的长度约为150隋丈（约353米）。

③宫城朱雀门（今故宫午门）北侧至外朝正门（今故宫太和门）的长度约61.5隋丈（约145米）。

④宫城南城墙外侧南距宫城南夹垣的长度约61.5隋丈（约145米）。

……

第七节　隋临朔宫规划步骤研究

笔者通过对北京皇城空间和中轴线空间规划变迁的实证研究，推断：北京皇城和中轴线的最初规划，均源于隋代。笔者的依据是：古河渠、古道路的空间位置与走向，中轴线空间与宫、苑空间的分布，宫城与河渠的距离，众多规划空间与隋代规划尺度的关系。

笔者在系统研究了北京的千年古街道后，发现今沙滩后街（清代称马神庙街）的成因及其所附带的几个问题值得研究：①它位于玉河与景山之间；②它离景山前街与沙滩大街太近；③它地处宫城东北部的御马圈与御马监旁；④它的街宽与地安门南的黄华门街差不多；⑤它东临玉河沙滩码头恰为1/2隋里；⑥它的街长恰为3/4隋里。

沙滩后街为什么位于玉河与景山之间？据明初史料得知：景山史称"金台"。而玉河则为隋大运河北段之永济渠之北端河道，且已为金、元史料和水文考古勘查所证实。沙滩后街为什么离景山前街与沙滩大街太近？笔者查阅北京历史地图得知：沙滩大街在清代以前是不存在的，也就是说，清代以前在故宫以北、地安门以南，只有两条东西向的横街：马神庙街和黄华门街。沙滩后街为什么地处宫城东北部的御马圈与御马监旁？这是因为从隋代开始，这里一直就是喂养皇家御马的场所，到元明清，更是设置了御马监，故称其街为马神庙街。沙滩后街为什么它的宽度与地安门南的黄华门街差不多，而既不同于元代小街的宽度，也不同于元代火巷的宽度呢？这是因为沙滩后街与黄华门街都是隋代规划的，而不是元代规划的。沙滩后街为什么离玉河沙滩码头恰为 1/2 隋里？因为沙滩后街东口和黄华门街东口连接着一条南北向街道，为隋代规划。沙滩后街全长为什么恰为 3/4 隋里？沙滩后街东、西两端的规划尺度均呈隋代规划尺度特征，沙滩后街的长度亦为隋规划尺度特征也就不奇怪了。据此，笔者推断：沙滩后街为隋代临朔宫整体规划的一部分，成因是：将挖掘玉河（永济渠）北段的土，通过沙滩后街，堆筑在古金台之上，以使中轴线上形成一个山丘（即景山），来满足临朔宫整体规划中所需要的山南作宫的风水格局。

笔者通过对北京中轴线各空间规划尺度的实证研究得知：隋临朔宫中轴线主要空间的规划，正是以景山主峰（金台）为原始坐标进行的。笔者就临朔宫泛中轴线南北各空间与东西主要空间规划的步骤推演如下：

1. 以景山主峰（金台）为坐标，向南约 2 隋里（合 359.5 隋丈，约 847 米），划定临朔宫宫城外朝前殿怀荒殿（后为金太宁宫宫城外朝之大宁殿，元大都宫城外朝之大明殿，明北京宫城外朝之奉天殿、皇极殿，清北京宫城外朝之太和殿）的位置；向南 61.5 隋丈（约 145 米），划定临朔宫北苑（今景山公园）南垣的位置。向北 5 隋里（合 900 隋丈，约 2120 米），划定临朔宫泛中轴线北端点（今钟楼北街与豆腐池胡同相交汇的丁字路口）的位置；向北 160 隋丈（约 377 米），划定临朔宫北苑（今景山公园）北垣的位置。

2. 以怀荒殿（后为金太宁宫宫城外朝之大宁殿，元大都宫城外朝之大明殿，明北京宫城外朝之奉天殿、皇极殿，清北京宫城外朝之太和殿）为"黄金分割点"，划定临朔宫宫城南城墙、北城墙（今故宫南城墙、北城墙）的位置；划定临朔宫之南宫垣（后为金太宁宫南宫垣，元代拆除）、北宫垣（后为金太宁宫北宫垣，元大都皇城北垣）和南宫门（后为金太宁宫之南宫门，元代拆除）、北宫门（后为金太宁宫北宫门，元大都皇城厚载红门，明代拆除）的位置。

3. 以宫城（今故宫）南城墙之外侧为坐标，往南 61.5 隋丈（约 144.8 米），划定临朔宫宫城之南夹垣（后为金太宁宫宫城之南夹垣，元大都宫城之南夹垣）和南上门（后为金太宁宫宫苑南夹垣之南上门，元代拆除）的位置；以宫城（今故宫）北城墙、东城墙、西城墙之外侧为坐标，往北、东、西各 35.5 隋丈（约 83.6 米），划定临朔宫宫城之北夹垣、东夹垣、西夹垣（后为金太宁宫宫城之北、东、西夹垣，元大都宫城之北、东、西夹垣）和北上门（后为金太宁宫宫城北夹垣之北上门，元大都宫城北夹垣之北上门，明、清北京宫城之北上门）、东上门（后为金太宁宫宫城东夹垣之东上门，元大都宫城东夹垣之东上门，明清北京宫城之东上门）、西上门（后为金太宁宫宫城西夹垣之西上门，元大都宫城西夹垣之西上门，明清北京宫城之西上门）的位置。

宫城夹垣周长 9.95 隋里（合 1791 隋丈，约 4218 米），其中，宫城南夹垣和北夹垣相距约 505 隋丈（约 1192 米），宫城东夹垣和西夹垣相距约 390.5 隋丈（约 920 米）。宫城南夹垣，北距宫城朱雀门南侧约 89.5 隋丈（约 140 米）；宫城北夹垣，南距宫城北垣约 35.5 隋丈（约 83.6 米）；宫城北夹垣与北苑南垣之间，为一条东西向御道。

4. 宫、苑之禁垣，分宫城之禁垣和北苑之禁垣两部分。宫城之禁垣，以宫城之南夹垣为坐标，往南 69.5 隋丈（约 164 米），划定宫城之南禁垣（后为金太宁宫宫城之南禁垣，元代拆除）和南中门（后为金太宁宫之南中门，元代拆除）的位置；以宫城之东夹垣、西夹垣为坐标，分别往外

19.5 隋丈（约 46 米），划定宫城之东禁垣（后为金太宁宫宫城之东禁垣，元大都宫城之东禁垣，明、清北京宫城之东禁垣）、西禁垣（后为金太宁宫宫城之西禁垣，元大都宫城之西禁垣，明、清北京宫城之西禁垣）和东中门（后为金太宁宫宫城东禁垣之东中门，元大都宫城东禁垣之东中二门，明、清北京宫城东禁垣之东中门）、西中门（后为金太宁宫宫城西禁垣之西中门，元大都宫城西禁垣之西中二门，明、清北京宫城西禁垣之西中门）的位置。

北苑之禁垣，以北苑之北门（今景山公园北门稍南）、东门（今景山公园东门稍东）、西门（今景山公园西门稍西）为坐标，往东、西、北各 19.5 隋丈（约 46 米），划定临朔宫北苑之北禁垣（今景山后街以北的红墙，后为金太宁宫北苑之北禁垣，元大都大内御苑之北禁垣，明、清北京大内禁苑之北禁垣）、东禁垣（今景山东街以东的红墙，后为金太宁宫北苑之东禁垣，元大都大内御苑之东禁垣，明、清北京大内禁苑之东禁垣）、西禁垣（今景山西街以西的大高玄殿东墙，后为金太宁宫北苑之西禁垣，元大都大内御苑之西禁垣，明、清北京大内禁苑之西禁垣）和北中门（后为金太宁宫北苑北禁垣之北中门，元大都大内御苑北禁垣之北中门，明、清北京大内禁苑北禁垣之北中门）、北中东门（今沙滩后街西口红墙处，后为金太宁宫北苑东禁垣之北中东门，元大都大内御苑东禁垣之北中东门，明、清北京大内禁苑东禁垣之北中东门）、北中西门（今景山公园西门外的景山西街西侧与大高玄殿东墙交汇处，后为金太宁宫北苑西禁垣之北中西门，元大都大内御苑西禁垣之北中西门，明、清北京大内禁苑西禁垣之北中西门）的位置。

临朔宫之宫苑禁垣周长 13.95 隋里（合 2511 隋丈，约 5913 米），其中，宫苑南禁垣和北禁垣相距约 825.5 隋丈（约 1944 米）；宫苑禁垣南段的宫城之东禁垣和西禁垣相距约 429.5 隋丈（约 1012 米），宫苑禁垣北段的北苑之东禁垣和西禁垣相距约 229.5 隋丈（约 540.5 米）。宫城南、东、西夹垣与宫城南、东、西禁垣之间为御道，北苑北、东、西三垣与北、东、西禁垣之间亦为御道。

5. 以宫城（今故宫）南城墙和北苑（今景山公园）北垣为坐标，往南、北分别 1.325 隋里（合 238.5 隋丈，约 561.7 米）和 1 隋里（约 179.5 隋丈，约 423 米），划定临朔宫之南宫垣、北宫垣和南宫门、北宫门的位置；以宫城（今故宫）东城墙、西城墙为坐标，往东、西分别 1 隋里（合 180 隋丈，约 424 米）和 1.64 隋里（合 295 隋丈，约 695 米），划定临朔宫之东宫垣（后为金太宁宫东宫垣，元大都皇城东垣，明永乐朝至宣德朝北京皇城东垣）、西宫垣和东宫门（后为金太宁宫东宫门，元大都皇城东安二门，明北京皇城东安门、东安里门）、西宫门（即西安门内大街之棂星门）的位置。

笔者通过"六重证据法"互证的研究，特别是对北京中轴线及故宫、景山、钟鼓楼等空间的实地勘查和实证研究，发现故宫午门至钟楼北，仍保留着隋代临朔宫规划的明显遗迹，结合中轴线上景山和 32 处完全呈隋代规划尺度特征的空间与建筑，我们可以推断：1400 多年前隋代规划的临朔宫的宫、苑和"三朝五门"以及 11.35 隋里的"泛"中轴线，为金太宁宫继承沿用，也为元大都、明清北京继承、改造并沿用，成为金太宁宫、元大都、明清北京的中轴线。

第五章　金太宁宫空间位置考辨

　　金朝，由生活在黑龙江流域的女真族首领完颜阿骨打于 1115 年所建立。金于 1127 年灭北宋；于 1153 年迁都燕京，改称"中都"。从 1151 年到 1211 年的 60 年间，金统治者在中都等"五京"，特别是在中都（燕京）的城内和城郊，进行了大规模的宫苑建设，可以说在北京的历史上是空前绝后的。金朝统治者对华夏文化的推崇和传承，大多体现在都城、宫苑的规划建设方面。不仅都城的规划建设依照当时最高文明的代表宋朝都城汴京的规划蓝图，而且宫苑的规划建设甚至还仿效秦始皇的阿房宫。在金中都方圆百里之内，建有数十所离宫别苑，其中，具有皇宫性质、附有琼林苑（北苑）和西园的离宫——太宁宫最为著名，使到过太宁宫的达官文人都情不自禁地产生联想并赞叹道：秦之阿房亦不过如此也。

第一节　金太宁宫的空间位置

　　海陵王完颜亮迁都燕京后，即对位于燕京东北郊的辽代的瑶屿离宫进行修复，[1] 金世宗即位后，又在前代宫苑园的基址上复建离宫，名太宁宫。《金史·地理志》"中都路"条载："京城北离宫有太宁宫，大定十九年（1179 年）建，后更为寿宁，又更为寿安，明昌二年（1191 年）更为万宁宫。"时称"北宫"。《金史·世宗纪》有："大定十九年五月戊寅，幸太宁宫。七月庚辰，至自太宁宫"的记载，由此得知：大定十九年太宁宫整体已经建成。但是，太宁宫何时改为寿宁宫，《金史》不载，很可能是为金世宗祝寿而改。《金史·世宗纪》载："大定二十年（1180 年）四月己亥，太宁宫火。二十一年（1181 年）四月壬申，幸寿安宫。"太宁宫经过火灾，次年修复后即改名寿安宫。由此看来，太宁宫于失火后，曾改名寿宁宫，修复后又改名寿安宫，一年之内，两改其名。寿安宫改称万宁宫，则在章宗明昌二年（1191 年）。

　　金代史料文献记载：太宁宫的具体位置在金中都的东北郊。有人认为今北海公园即金太宁宫，也有人认为金太宁宫在今北海公园及其周围，这两种说法都不准确。笔者运用"六重证据法"研究北京古都规划变迁后发现：金太宁宫不是以北海为中心，而是以今故宫、景山为中心，以太液池"三岛"为其附属的"西园"。（图 1—5—01）

　　太宁宫附属的西园，即太液池西园，由北海、中海的琼华岛、瑶光台、犀山台所组成，即《辽史·地理志》所记载的"瑶屿行宫"。"瑶屿行宫"建在靠近今北海、中海东岸和偏近东岸的岛屿上，由"瑶光台"、"瑶光楼"和"犀山台"三部分所组成。中为"瑶屿"之"瑶光台"，即今"团城"，为辽帝祭天、拜日的"祭台"；北为"瑶屿"之北岛，岛上建有萧太后拜月的"瑶光楼"，俗称"萧

1　王恽：《秋涧集》同刘怀州过西园怀古作一诗中有"锦摛西苑正隆修，大定明昌事譙游"的诗句。转引自《日下旧闻考》卷二十九《宫室》。

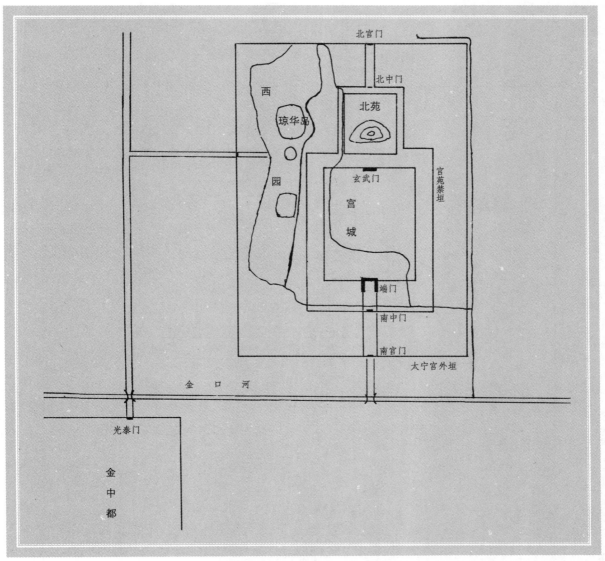

图1—5—01，金太宁宫规划及其与金中都相对空间位置示意图（作者绘）

太后梳妆楼"；南为"瑶屿"之"犀山台"，即"犀牛台"，位于"瑶屿"离宫之"太液池"东南"巽位"。以铜牛位于东南"巽位"镇水的做法，古已有之，直至清代，还在瓮山泊（即今颐和园昆明湖）东南岸，安置一尊"镇水"的铜牛（至今犹在）。

《金史·地理志》中都路条载："西园有瑶光台、又有琼华岛，又有瑶光楼"。此"西园"指太宁宫之西园。瑶光台即今北海团城，元代称"瀛洲"，又称"圆坻"，上建有"仪天殿"，为拜日台。据《故宫遗录》记载，直至明初，今北海团城四周仍为水域，不与陆地相连。

结合金代史料文献记载的金世宗和金章宗常由太宁宫（寿安宫）登琼华岛（图1—5—02），以及元初郝经由万宁宫登琼华岛的史实分析，[1]位于金中都东北郊的太宁宫的中轴线和主要宫殿，应在原辽代的离宫"瑶屿三岛"的东岸。由于在今景山北部存有唐代古树，明代史料也曾记载过

---

1 元初郝经《琼华岛赋》云："岁癸丑（1253年）夏，经入于燕。五月初吉，由万宁故宫登琼华岛。"

93

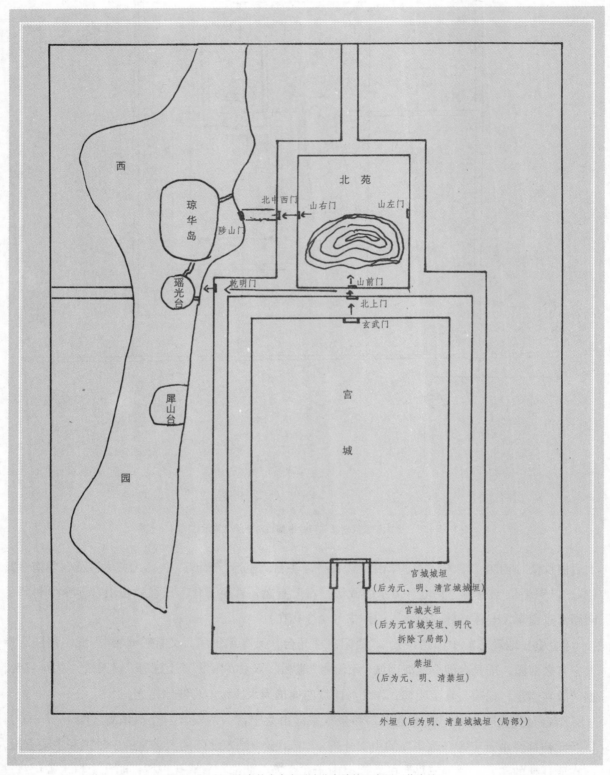

图1—5—02，金帝从太宁宫登琼华岛路线示意图（作者绘）

禁苑北部有古树的传说，可知在金规划修建太宁宫以前，"瑶屿三岛"的东岸就曾有过规划和建筑。由太宁宫西园的称谓可知：太宁宫不是以北海为中心，而是以故宫、景山为中心，是由宫殿、园囿等规划所组成的离宫。因其在中都城之东北，故又称"北宫"、"北苑"。

《金史·河渠志》载："金迁都于燕，东去路水五十里，故为闸以节高良（梁）河、白莲潭诸水，以通山东、河北之粟。"白莲潭，即古永定河改道而形成的积水潭，为隋代大运河永济渠之北端码头。白莲潭与大运河，对灌溉农田、营建离宫、开发漕运，起了很大作用。

《金史·张仅言传》载：张仅言作为少府监，在督建太宁宫时，曾"引宫左流泉溉田，岁获稻万斛。"由此可知：太宁宫东宫垣以东，所谓的"宫左流泉"，从常年可以用来"溉田"，得知其水量不小，应为金以前就有的河道，很可能就是位于临朔宫东宫垣外的隋大运河之永济渠的最北段，并兼有临朔宫东宫垣护城河的功能。元代"疏浚"后改称"通惠河"，又称"玉河"。金太宁宫的"宫左流泉"启示我们：金太宁宫，不仅是继承了位于今北海和中海的辽代的"瑶屿"行宫，而且一直往东"延伸"至"宫左流泉"以西的广阔空间。结合北京的历史、地理、河流、湖泊、地势、地名等诸多因素分析，笔者认为：金太宁宫很可能是在隋临朔宫的遗址上重建的，[1] 即在原隋临朔宫宫城、北苑和西园的遗址上，修建起规模宏大的太宁宫宫城、琼林苑和西园，太宁宫的空间应该与隋临朔宫的空间完全一致。

故此，金太宁宫的四至为：南外垣，约在今天安门东西一线，北距太宁宫端门（今故宫午门）约1.325隋里（约561.7米）；北外垣，约在今地安门以南北河胡同（原为隋大运河永济渠、后为元大运河通惠河之北段的东西向河道）以南东西一线，南距太宁宫北苑（今景山公园）北垣约1隋里（约424米）；东外垣，约在"宫左流泉"（前身即隋大运河永济渠，后为元大运河通惠河之北段的南北向河道，今南、北河沿大街）西侧的东安里门南北一线，西距太宁宫"宫城"（今北京故宫）东城墙约1隋里（约424米）；西宫垣，约在"瑶光台"以西的"棂星门"（即在元明清皇城的西南内凹角）南北一线，东距太宁宫"宫城"西城墙约295隋丈（约695米）。太宁宫东、西宫垣的南北长度约1095隋丈（约2579米），南、北宫垣的东西长度或约790.5隋丈（约1862米），周长约为20.95隋里（合3771隋丈，约8881米）。

第二节 宫、苑、园组合的"北宫"

我们说金太宁宫是由宫、苑、园组成的，是有实证依据的。

金太宁宫之宫城，其前身为隋临朔宫之宫城，后为元大都宫城、明北京宫城、清北京宫城。宫城由外朝和内廷两组空间组成：外朝为大宁殿空间，内廷为紫宸殿空间。

金世宗、章宗二帝经常游幸太宁宫，还长期在太宁宫避暑，处理国政。明昌二年（1191年）正月辛酉，孝懿皇后（章宗之母）卒。章宗竟于同年四月仍幸寿安宫（太宁宫）。同月"庚子，改寿安宫（太宁宫）为万宁宫；壬寅，如万宁宫。八月癸未，至自万宁宫"。[2] 从夏四月到秋八月，

---

1 详见本书第四章《隋临朔宫空间位置考辨》。

2 《金史·章宗纪》。

章宗一直在万宁宫消暑。章宗在位时，几乎每年夏天都在太宁宫消暑并在紫宸殿处理朝政。

《金史·章宗纪》载："明昌四年（1193 年）四月庚戌，如万宁宫。辛亥，右丞相清臣率百官及耆艾等复请上尊号，学官刘玑亦率六学诸生赵楷等七百五十人诣紫宸门请上尊号，如唐元和故事，不许。八月甲辰，至自万宁宫。"又载："承安元年（1196 年）七月庚辰，御紫宸殿，受诸王、百官贺。"又载："承安二年（1197 年）七月戊辰，天寿节，御紫宸殿受朝。"金世宗、章宗在太宁宫避暑，一住数月，其处理政务、召见大臣即在紫宸殿。《金史·高汝砺传》载："承安元年（1196 年）七月，入为左司郎中。一日奏事紫宸殿……"紫宸殿，其规划空间方位应在太宁宫宫城中轴线北部，以象天宫。隋、唐、辽三代的紫宸殿也都位于宫城中轴线的北部，即宫城内廷主殿。金太宁宫紫宸殿，其址，前身为隋所规划的临朔宫宫城内廷宫殿，后为元大都宫城内廷延春宫和明清北京宫城内廷乾清宫；紫宸门，前身为隋代规划的临朔宫宫城内廷之门，后为元大都宫城内廷延春门、明清北京宫城内廷乾清门。金章宗屡御此殿贺生辰，以及在此殿召见臣属议事等史实说明，紫宸殿应为太宁宫内廷宫殿。

琼林苑，位于太宁宫宫城以北，是据传统文化南宫北苑的格局规划的。金太宁宫之琼林苑，原为隋临朔宫之北苑，内有横翠殿和宁德宫，苑西门直琼华岛。

西园，即太宁宫之西园，原为隋临朔宫之西园，主要建筑规划在"海上三山"——"蓬莱"、"瀛洲"、"方丈"之上。琼华岛象征"蓬莱"，上建有瑶光楼；瑶光台象征"瀛洲"，犀山台象征"方丈"。以如此人间仙境却只能作太宁宫的附属"西园"，可以想象太宁宫的那般壮丽胜景。因为太宁宫及其附属的"西园"远胜于金中都宫城和西御苑，所以金世宗和金章宗对太宁宫的喜爱到了迷恋的程度。金世宗、金章宗往往长住太宁宫，甚至一年中有数月是在太宁宫处理朝政。太宁宫的宏大壮丽加上"西园"三山的人间妙境，以致于使金世宗视之为其生命归宿的地方，死去都不想离开太宁宫，在临终前，还特意"遗诏移梓宫寿安宫（即太宁宫）。"[1]金章宗也不顾礼制，于其母死后三个月，不顾大臣们的劝阻，仍幸太宁宫。

金末，蒙古大军攻陷中都，太宁宫也遭战火焚毁。成吉思汗将琼华岛赏赐给"国师"丘处机。1125 年，丘处机经常往来于长春宫（今白云观）和琼华岛，并在琼华岛上感慨赋诗："地土临边塞，城池压古今。虽多坏宫阙，尚有好园林。绿树攒攒密，清风阵阵深。日游仙岛（指琼华岛）上，高视八紘吟。"可以想象当时太宁宫的宏大壮丽和太液池的蓬瀛仙境是多么的神奇。诗中透露出了无奈与感伤：除园林幸免于战火外，宫阙几乎无存。

第三节　金太宁宫宫城建筑

太宁宫内建有巍峨崇丽的宫阙楼阁，见于记载的宫殿有大宁殿、熏风殿、临水殿、紫宸殿等。《金史·章宗纪》记载："明昌六年（1195 年）五月，命减万宁宫陈设九十四所。"据此史实分析，太宁宫内宫殿、楼阁、门阙各类建筑不会少于九十九所，除主要宫殿陈设不能"减省"外，其余

---

1 《金史·世宗纪》。

的则减省之。从 1150 年代始建太宁宫，到 1179 年主要宫殿、门阙、楼阁、内外墙垣建成，再到 1195 年不得不"减万宁宫陈设九十四所"，太宁宫的建设与装饰前后共用了三十年。

规模宏大的太宁宫和巍峨崇丽的宫阙楼阁，在蒙古铁骑的践踏下，成为一片废墟。由于太宁宫仅仅存在了 30 多年，故未见文献有更详细地记载，但紫宸门、紫宸殿、熏风殿、临水殿和九十四所的记载，证明太宁宫内有多组宫殿建筑。从紫宸殿及紫宸门的命名来看，其位置应在太宁宫中轴线的北部，即在今故宫乾清宫及乾清门处，为太宁宫的"内廷"，即皇帝长住的宫殿。

太宁宫宫城规划建有外朝和内廷两组宫殿，外朝宫殿为大宁殿，内廷宫殿为紫宸殿。大宁殿，坐落在犀山台以东的太宁宫中轴线的南部，约在今太和殿处，其命名与金中都宫城大安殿一样，统治者都希望自己坐江山"大安"、"大宁"；紫宸殿，坐落在"瑶光台"东南的太宁宫中轴线的北部，约在今乾清宫处，其命名与"奉天承运"、"紫宸星宿"有关，表明皇帝的日常居所就是"天宫"。

太宁宫宫城规划建有中、东、西三路建筑。在中路即中轴线上，规划的建筑空间从南至北有端门、大宁门、龙津桥、大宁殿、外朝后虎门、紫宸门、紫宸殿、内廷后虎门、清宁殿、后萧墙门、安贞门。

太宁宫由少府监张仅言负责督建。《金史·张仅言传》载：张曾"护作太宁宫，引宫左流泉溉田，岁获稻万斛。"由此可知：1. 太宁宫的修建，用时不短。其中，每年还自己生产粮食"万斛"。直到大定十九年（1179）年，太宁宫的主体建筑，即宫殿、楼阁、宫墙、宫门等才基本建成，前后用时应在十年以上。2. 太宁宫东垣外有河。张仅言用来"溉田"的所谓"宫左流泉"，即太宁宫东宫垣护城河，原为隋大运河永济渠兼临朔宫东宫垣护城河，元代改称"通惠河"，也称"玉河"。

第四节　金太宁宫中轴线

金太宁宫因继承了隋临朔宫的规划空间，所以太宁宫中轴线上规划有"四重城"、五组区域建筑空间、两组宫殿和十五重门。

四重城为：宫城、夹垣、禁垣、外垣。

五组区域建筑空间为：中央区域建筑空间，为太宁宫宫城以内的建筑群；南中央区域建筑空间，为太宁宫宫城以南、端门广场及金水河、金水桥至南禁垣；北中央区域建筑空间，为太宁宫北苑；南部区域建筑空间，由"太宁宫之南宫垣至南禁垣，为南禁卫区；北部区域建筑空间，由太宁宫之北宫垣至北禁垣，为北禁卫区。

两组宫殿为：宫城外朝大宁殿建筑群组和宫城内廷紫宸殿建筑群组。

十五重门为：太宁宫南宫垣之南宫门、南禁垣之南中门、宫城南夹垣之南上门、宫城端门、外朝大宁门、外朝北门、内廷紫宸门、内廷北门、后萧墙门、宫城北门、宫城北夹垣之北上门、北苑南门、北苑北门、北禁垣之北中门、太宁宫北宫垣之北宫门。

金太宁宫于 1211—1215 年为蒙古大军所焚毁。五十年后的 1264 年，忽必烈定都燕京，以金太宁宫中轴线，作为元大都宫城和元大都大城的中轴线。可以说，在北京城三千多年的历史中，金中都和金太宁宫对北京古都和中轴线的规划起着承前启后的作用，对后世北京城和皇宫与禁苑的空间规划与发展所产生的影响是巨大而深远的。

通过对金太宁宫空间位置的考辨，打破了元大都皇城、宫城是在平地上规划建起的固有观点，不仅找到了元大都皇城、宫城规划的历史依据，而且还揭开了金太宁宫前身——隋临朔宫规划的秘密。我们深刻地认识到：历史是不会被割断的，总是在继承中发展的，即承前启后、承传不已。

第六章 关于元代里制、里长、尺长、步长的实证研究

笔者在研究中发现：在以前对元大都规划的研究中，存在着明显的四个误区：一是忽略了对元代里制、元里长、元尺长和元步长的实证研究。二是对史料文献记载的曲解。三是对考古资料数据的牵强附会。四是关于元宫城和皇城空间位置的推论有误。造成这些误区的原因，实乃对元里制的误解引发的。

笔者认为：有关元代里制、里长、尺长、步长的实证研究，必须要对"活化石"——"元两都"（即元大都、元中都，下文同）[1] 之"三重城"（宫城、皇城、大城，下文同）的城墙长度，以及对元大都中轴线空间规划和对元大都民居宅院的规划模数[2] 进行实证研究，才能得出正确的结论。

度量衡制度是历代统治者极为重视的统治工具之一，各个朝代的统治者几乎都规范、颁布本朝的度量衡制度，元代的统治者也不会例外。吴承洛在其大作《中国度量衡史》中，以实物例证考订、论证了夏商周三代直至清代四千年来中国尺度的变迁。关于元代尺度问题，因为没有发现元尺实物，故以元官尺尺度等同于宋官尺尺度计，推测：元官尺 1 尺 ≈ 0.3072 米，1 元步 ≈ 1.536 米。也有学者认为元官尺 1 尺 ≈ 0.31 米，1 元步 ≈ 1.55 米，240 步为 1 元里 ≈ 372 米。

元官尺每尺是多长？元步长是否与宋步长或明步长相同？每元里是多少步？笔者认为：有关元代里制的问题，如果不能真正得到解决，元大都的规划和宫城的空间位置就很难说清楚，七百多年来元大都的规划之谜和宫城的空间位置就不能找到确切答案。为解决上述诸问题，笔者依据考古勘查所得的"元两都"之"三重城"城墙的长度数据和元大都中轴线长度以及民居宅院的规划模数，对元代里制、里长、尺长、步长进行了实证研究，得出：元官尺 1 尺 ≈ 0.3145 米；1 元步 ≈ 1.5725 米；1 元里 = 300 元步 ≈ 471.75 米；元营造尺 1 尺 ≈ 0.32 米。

第一节 对"元两都"大城城墙长度数据的实证研究

元代陶宗仪在《南村辍耕录》中记载："大都城方六十里二百四十步。"对此记载，有学者理解为："城方六十里，（里）二百四十步。"将大城周长"六十里二百四十步"拆分为两个意思：一是说大城的周长，二是说元里制的里长，并在"二百四十步"前加了一个衍文"里"字。试想：元代人写的记载元大都大城周长的数据，还有必要对生活在元代的人们重申每元里是多少步吗？就如同我们今天建设一个园区，规划周长为 3.5 公里一样，还有必要再向人们重申每公里是多少米吗？

考古勘查的元大都大城周长约为 28600 米，如果按 240 步为一元里，每步为 1.55 米计算的话，

1　笔者注：元上都因规划营建于忽必烈登基之前，根据史料记载推知，其规划可能采用的宋尺。所以，本文实证元代里制和尺长不引用元上都的规划数据。

2　模数，指建筑设计中选定的标准尺寸单位。民居宅院的模数，指民居宅院平面设计选定的标准面积单位。

60 元里为 22320 米，与 28600 米相差了约 6280 米。可知：每元里 ≠ 240 步。但对这个明显的"硬伤"——两者相差约 6280 米的问题，有些学者采取了回避和搁置的态度。

这一问题，实际是涉及元里制的问题，笔者在对元大都规划的研究中，通过对考古勘测的"元两都"之"三重城垣"（即大城、皇城、宫城）所得到的具体数据，对元里制进行实证研究，并参考明代的里制、里长、尺长、步长，以及有关历史文献的记载，论证了元里制里 = 300 步，而 ≠ 240 步；元官尺 1 尺 ≈ 0.3145 米，而 ≠ 0.3072 米或 ≠ 0.31 米；1 元步 ≈ 1.5725 米，而 ≠ 1.536 米或 ≠ 1.55 米；1 元里 ≈ 471.75 米，而 ≠ 368.64 米或 ≠ 372 米；从而解决了在元大都研究中所遇到的有关规划中的元里制、元里长、元尺长、元步长等问题。

实证依据一　对元大都大城城墙长度数据的实证研究

根据《元大都的勘查和发掘》一文[1]公布的元大都大城城墙周长约为 28600 米，结合《辍耕录》记载的大都"大城周长六十里二百四十步"，我们可以推算出元里长、元尺长和元步长。

1. 28600 米是元大都大城城墙中线的周长，[2] 以此数据作为基数除以《辍耕录》记载的元"大都大城周长六十里二百四十步"，即除以 60.8 元里，得出每元里 = 300 步 ≈ 470.4 米，每元步 ≈ 1.568 米，元官尺每尺长 ≈ 0.3136 米。

2. 以大城城墙内侧周长为 60.8 元里作为基数核算，因"城墙墙基底部厚度约 18.5 米"，[3] 即 28600 米 − 9.435 米（城墙厚度的 1/2）×8 ≈ 28524.52 米，得出每元里 = 300 步 ≈ 469.15 米，每元步 ≈ 1.5638 米，元官尺每尺长 ≈ 0.31277 米。

3. 以大城城墙外侧周长为 60.8 元里作为基数核算，即 28600 米 + 9.435 米（城墙厚度的 1/2）×8 ≈ 28675.48 米，除以 60.8 元里，得出每元里 = 300 步 ≈ 471.64 米，每元步 ≈ 1.5721 米，元官尺每尺长 ≈ 0.3144 米。

4. 以大城城墙角楼外侧周长为 60.8 元里作为基数核算，即 28600 米 − 9.345 米（城墙厚度的 1/2）×8 + 48 米[4]×8 ≈ 28908.52 米，除以 60.8 元里，得出每元里 = 300 步 ≈ 475.47 米，

1　载于《考古》1972 年 1 期

2　笔者注：2008 年 5 月 27 日，笔者拜访并请教徐苹芳先生得知：考古工作者丈量的元大都大城城墙的周长，为城墙中线的周长。

3　1964 年至 1965 年对元大都大城城墙进行局部考古勘探，探得"墙基宽达约 24 米"（《元大都的勘查和发掘》《考古》1972 年 1 期）；1979 年至 1982 年对古观象台及元大都东南城角城墙进行考古勘探，探得元大都东城墙南端和南城墙东端的墙基厚度约 18.8 米；2002 年 4 月至 6 月，北京文物研究所对元大都北土城西水关进行考古发掘，探得墙基厚度约 18.5 米。笔者注：《马可波罗行记》明确记述了元大都大城城墙"底宽 10 步，顶宽 3 步"，张先得《明清北京城垣和城门》一书详细记载了拆除北京四面城墙时的城墙高度并绘制出城墙断面元明夯土层示意图，均注明元大都大城之东西城墙的夯土高度约 9.4 米，合 6 元步高。结合元上都大城和宫城的城墙底宽与高度和顶宽的比例均为 4 比 2 比 1，以及杨宽《中国古代都城制度史研究》书中列举的若干中国古都大城土城墙的底宽与高度和顶宽的比例亦为 4 比 2 比 1。笔者认为：元大都大城之东、西、南、北墙在地面上底部宽度约为 12 元步（约 18.87 米，合 58.95 元营造尺），而地面下的城墙墙基宽度约为 15.25 元步（约 24 米，合 75 元营造尺）；明代北京城的东、西城墙，是在元代城墙的地面下的夯基之上，即在元代城墙地面上的夯土墙体的内、外侧包砌城砖而成的，地面上城墙底宽约 19.8 米，比元大都城墙地面上的底宽 18.87 米，多出了 0.93 米；元大都大城城墙的高度约为 6 元步（约 9.435 米，合 29.5 元营造尺），顶宽为 3 元步（约 4.72 米，合 14.75 元营造尺）；城墙底宽与高度和顶宽的比例为 4 比 2 比 1，而不是考古人员推测的 3 比 2 比 1。笔者必须说明的是：地面上城墙底部的宽度要小于地面下城墙夯基的宽度，地面下夯基约 24 米宽，地面上的城墙宽度约为 12 步，合 58.95 元营造尺，与考古勘查发现的在古观象台以北、以西的元代城墙夯土地面宽度约 18 米多，以及北土城之西水关的地面上城墙底部的厚度约 18.5 米相吻合，也与《马可波罗行记》记载的元大都城墙的底宽和顶宽的数据相吻合；元大都城墙高 6 元步（约 9.44 米），既与明北京北城墙内侧高度约 9.2 米相近，又与拆除北京内城东、西城墙时所发现的元代的夯土层约 9 米的高度数据相吻合。

4　笔者根据对元大都规划的综合研究，认为大都城墙和角楼的总厚度约为 150 元营造丈，约 48 米。

每元步 ≈ 1.5849 米，元官尺每尺长 ≈ 0.317 米。

5. 有一个细节应该注意，那就是《元大都的勘查和发掘》一文所记载的大都南城墙的东西中线的直线长度约 6680 米。实际上大都南城墙之西段在距西南城角约 3.5 元里处，因大庆寿寺双塔而向南"俾曲"了 30 元步（约 47.18 米）后再向东直，而南城墙之东段也同西段一样，在往西修筑到距离皇城东垣以南延长线约 150 步（约 0.5 元里）时也向南"俾曲"了[1]，但因东南城角较西南城角略微偏南，所以南城墙之东段向南"俾曲"了约 22.5 元步，即与向南"俾曲"后的南城墙之中段西端在一条东西直线上。向南突出的南城墙之中段的东西长度约 1795 步（约 2823 米）。因此，元大都大城南城墙的实际长度为 4300.5 元步，约合 6763 米，大于 6680 米。南城墙中线的实际长度与东、西、北三面城墙中线的长度之和应该大于 28600 米，应为 28682 米，恰合 18240 元步，即《辍耕录》记载的"六十里二百四十步"，亦即 60.8 元里，即 1 元里 = 300 步，1 元步 ≈ 1.5725 米，1 元尺 ≈ 0.3145 米。

实证依据二　对元中都大城城墙长度数据的实证研究

元中都大城为纵向长方形：东、西城墙长约 3130 米，约合 1990.5 元步，约 6.635 元里；南、北城墙长约 2920 米，约合 1857 元步，约 6.19 元里；城墙周长约 12100 米，约合 7695 元步，约 25.65 元里。推知：每元里 = 300 步 ≈ 471.75 米，每元步 ≈ 1.5725 米，元官尺每尺 ≈ 0.3145 米。

让我们再看元大都大城的周长，实证依据一之五考证 1 元步长大于 1.568 米。从"元两都"大城城墙的长度和周长得知：1 元步长 ≈ 1.5725 米。以每元步约为 1.5725 米计，元大都大城城墙中线周长的实际长度约为 18240 元步，即"城方六十里二百四十步"，约 28682 米，比之四垣中线的直线规划长度（18187.5 元步，约 60.625 元里，约 28600 米）多出了约 52.5 元步，约 83 米，即南城墙中段之东、西两端（即南城墙西段之东端和东段之西端）分别向南突出的长度之和。

通过对"元两都"大城城墙考古数据的实证研究和论证得知：元官尺 1 尺 ≈ 0.3145 米；5 尺 = 1 步，1 元步 ≈ 1.5725 米；1 元里 = 300 步，1 元里 ≈ 1.5725 米 × 300 步 ≈ 471.75 米。

第二节　对"元两都"皇城城墙长度数据的实证研究

明洪武二年（1369 年），朱元璋决定在故乡临濠（今安徽凤阳）按帝京规制营建明中都，特派大臣、画师和工部人员前往元大都"考察""皇城"。时任工部主事的萧洵，正是此"考察团"的成员之一。后来萧洵将其"考察"元大都皇城的记录，整理为《故宫遗录》。书中明确记载了元大都皇城之门为"红门"，"红门"两侧为"拦马墙"，"周长可二十里"。"可"，有"总共"、"大约"的意思。即东、西、南、北"拦马墙"的周长总共、大约为 20 元里。

实证依据一　对元大都皇城城墙长度数据的实证研究

元大都皇城北垣，约在今地安门东南的北河胡同南侧东西一线，往南约 5.065 元里（1519.5

1　笔者注：在古观象台西北的鲤鱼胡同，考古勘查发现有宽约 18 米多（合 12 元步）的城墙夯土基址，其东西一线在观象台北侧；而考古勘查发现的大城南城墙丽正门基址北距故宫午门约 750 米，又北距鼓楼约 3750 米。由此两条可推知：元大都大城之南城墙中段，较南城墙之东、西段，向南"俾曲"突出了，即与东、西段不在同一条东西向直线上。

元步，约 2389 米）即为元皇城南垣，约在今端门和缎子库南垣外东西一线。棂星门即元大都皇城正门，其南侧约在今端门中部东西一线。萧洵《故宫遗录》记载："丽正门内，曰千步廊，可七百步，至棂星门，门建萧墙……门内约二十步许有金水河，上架白石桥三虹……曰周桥。度桥可二百步至崇天门。"20 世纪 60 年代，考古工作者对元大都城墙进行了勘查，发现元大都南城墙西段遗址约在今西长安街南侧东西一线、东段遗址约在今古观象台北侧东西一线，丽正门遗址约在今故宫午门以南约 726 米至约 750 米处。

我们可从《故宫遗录》和考古发现的丽正门及南城墙的空间位置获知：

1．元大都大城丽正门与皇城棂星门之间的千步廊总共 700 元步（约 1101 米），左右各为 350 元步（约 550 米）。而 700 元步是由东、西向千步廊与北向千步廊以及棂星门天街之长安左、右门南北一线的红墙，这三个长度之和构成的[1]——即东、西向千步廊的长度各约 202.5 步（各约 90 间，每间为 2.25 步，各长约 318 米）+北向千步廊的长度左、右廊坊各约 125 步（各约 50 间，每间为 2.5 步，各长约 197 米）+长安左、右门南北一线的红墙长各 24 步（约 37.74 米）。

2．大城丽正门外侧至皇城棂星门外侧的南北直线距离≈丽正门城台的厚度 15 元步+东西向千步廊的南北长度 202.5 元步+"天街"的南北宽度 24 元步≈241.5 元步≈380 米。

3．皇城棂星门外侧至宫城崇天门外侧的南北直线距离≈棂星门城台的厚度 15 元步+20 元步+200 元步≈235 元步≈370 米。

4．《析津志》记载元大都皇城南垣就在皇城东南隅的缎子库南墙外。而缎子库南墙就在端门中部东西一线上，北距宫城恰约 235 元步（约 369.54 米）。

5．元大都周桥位于今端门以北约 31.45 米至 55 米的空间位置上，而不在今故宫内五龙桥的空间位置上，在周桥稍北东西平行线上，西有织女桥、东有飞龙桥。[2]

6．元大都皇城正门棂星门约在今端门处，而不在今故宫午门处。

7．元大都宫城正门崇天门约在今故宫午门处，而不在今故宫太和殿处。

8．元大都宫城北门厚载门约在今故宫神武门处，而不在今景山寿皇殿宫门以南的"过街塔"[3]建筑基址处。

9．元大都宫城崇天门南侧至宫城厚载门北侧的南北空间长度为 615 元步，约合 967 米，与明北京宫城南北空间长度 302.95 明营造丈几乎完全相同[4]；元大都宫城南、北城墙外侧之间的空间距离约为 611 元步（约合 961 米），称 961 米。而不是所谓的"元大都宫城南北空间长度约为 1000 米"，合 636 元步。

如果按照每元里=240 步，元大都皇城南垣在明北京宫城午门东西一线，元大都皇城西垣在

---

1 笔者注：明北京千步廊之"千步"，亦为东西向千步廊+北向千步廊+长安左右门南北一线的红墙这三个长度之和所组成。

2 笔者注：元大都周桥是位于中轴线上的礼制之桥，因金水河河道向南呈一"弓形"，故周桥位于织女桥、飞龙桥东西一线稍南的空间位置上。

3 笔者注：考古发现的此建筑基址南北进深 16 米，与《辍耕录》记载的元宫城厚载门基址的进深不合，且在此建筑基址东、西一线，从未发现城墙基址，因此，笔者认为：此建筑基址应为元代盛行的佛教过街塔基址

4 笔者注：明中都宫城南北长度为 302.95 丈，实测为 967 米。明北京宫城南北、东西的规划尺度分别为 302.95 丈和 236.2 丈，分别为 967 米（恰合 615 元步）和 754 米（恰合 479.5 元步）。

今西黄城根街（在西安门）南北一线计算的话，元大都皇城周长则约为23.9元里，与《辍耕录》、《析津志》和《故宫遗录》等史料记载的元大都皇城周长均不能吻合。

笔者考证：元大都皇城——棂星门及皇城南垣约在今端门东西一线，距皇城北垣约为1519.5元步（约合5.065元里，约2389米）；皇城西垣（即隆福宫与兴圣宫之西夹垣）约在西安门南北一线，距皇城东垣约为1539.5元步（合5.13元里，约2421米）；元大都皇城周长约为6105元步（合20.35元里，约9600米），与《辍耕录》、《析津志》和《故宫遗录》等史料记载的元大都皇城周长大约20元里完全吻合。

通过对元大都皇城周长及空间的实证研究和论证得知：元官尺1尺 ≈ 0.3145米；1元步 ≈ 1.5725米；1元里 = 300步，1元里长 ≈ 1.5725米 × 300步 ≈ 471.75米。

实证依据二　对元中都皇城城墙周长数据的实证研究

元中都皇城亦为纵向长方形：东、西城墙长约950米，合604.25元步，合2.015里；南、北城墙长约800米，合508.75元步，合1.695里；外周长约3500米，约合2226元步，约7.42元里。得出：1元步 ≈ 950米÷604.25元步 ≈ 1.5725米，或1元步 ≈ 800米÷508.75元步 ≈ 1.5725米；1元里 ≈ 3500米÷7.42元里 ≈ 471.75米，1元里 = 471米÷1.5725米 = 300元步；元官尺1尺 ≈ 0.3145米。

第三节　对"元两都"宫城城墙长度数据的实证研究

有关元大都宫城城墙的长度数据，《辍耕录》记载为"东西四百八十步，南北六百十五步。"而有关明北京宫城的长度数据，万历《大明会典》卷一八七记载："紫禁城……南北各二百三十六丈二尺，[1] 东西各三百二丈九尺五寸[2]……基厚二丈五尺……周一千七十八丈三尺。"《明史·地理志》记载："宫城周六里一十六步"。《国朝宫史》记载："紫禁城内围墙一千六十八丈三尺二寸。"

实证验证一　对元大都宫城城墙长度数据的实证研究

1. 以元步长的实证数据分别验证元大都宫城南北之间和东西之间的长度以及周长：

① 元大都宫城崇天门南侧至厚载门北侧之间的长度为615元步，约967米。[3]

② 元大都宫城东、西城墙外侧之间的长度为480元步[4]（下同），约754米；折合明营造尺，恰合236.2丈。

③ 元大都宫城城墙外侧周长，约为（615步 + 479.5步）×2 ≈ 2189元步 ≈ 3442.2米，恰合明营造尺"一千七十八丈三尺"，又约合明"六里一十六步"。

目前学术界推断的明营造尺长有两个：一个是1营造尺 ≈ 0.32米，一个是1营造尺

1　笔者注：古人称"城南北长……，东西长……"，不是今人理解的城市南北和城市东西的长度，而是南北城墙和东西城墙的长度。此处的"南北各二百三十六丈二尺"也是指的宫城南北城墙的长度，东西所指亦同。

2　笔者注：明中都宫城南北长度亦为302.95丈，实测为967米。

3　笔者考证：元大都宫城南、北城墙外侧空间长度约611元步，约合961米；元大都宫城是在金太宁宫宫城（前身为隋代临朔宫宫城）的基址上重建的。

4　笔者注：元大都宫城之东、西城墙外侧之间的距离实为479.5元步，约为754米，以合九五之数。

≈ 0.3178 米。当笔者用"活化石"——明三都（明中都、明南京、明北京）宫城和明代的若干建筑去验证这两个尺长的"可靠性"时，发现这两个尺长均与上述"活化石"的空间不能相符合。因此，笔者认为明营造尺的尺长不会是 0.3178 米，也不会是 0.32 米，而应该是介于二者之间的其它长度。吴承洛在《中国度量衡史》一书中引王国维的考订：明嘉靖牙尺尺长 0.311 米略弱于明营造尺尺长，换言之：明营造尺的长度略长于明嘉靖牙尺的 0.311 米。结合明三都宫城的南北、东西空间的长度和明代若干建筑的规划尺度，笔者在《关于明代里长、尺长和步长的实证研究》[1]一文中，考订出明营造尺 1 尺 ≈ 31.9226 厘米。

2. 以明北京宫城的实证数据分别验证元大都宫城南北空间和东西空间的长度以及周长：

① 明北京宫城午门南侧至玄武门北侧之间的长度为营造尺"三百二丈九尺五寸"，即 3.19226 米 × 302.95 丈 ≈ 967.09 米，折合元步长约 615 元步，与《辍耕录》记载的元大都宫城"南北六百十五步"相吻合。

② 明北京宫城东、西城墙外侧之间的长度为营造尺"二百三十六丈二尺"，即 3.19226 米 × 236.2 丈 ≈ 754 米，折合元步长约 479.5 元步，与《辍耕录》记载的元大都宫城"东西四百八十步"相吻合。

明北京宫城的东西长度较明中都宫城的东西长度约 890 米（约合 278.95 明营造丈），相差约 136 米之多。236.2 丈，显然不是明代始规划的数字，应为明代沿用前代规划所致。

③ 明北京宫城外侧周长约"六里一十六步"，即（967.09 + 754.01）× 2 ÷ 1.5819 ≈ 3442.2 米 ÷ 1.5819 ≈ 2176.13 明步 ≈ 2176 明步。

④ 明北京宫城外侧周长约"一千七十八丈三尺"，即（302.95 丈 + 236.2 丈）× 2。

⑤ 明北京宫城城墙中线周长约为：1078.3 丈 - 城墙厚度 2.5 丈 ÷ 2 × 8 ≈ 1068.3 丈。与《国朝宫史》记载的"紫禁城内围墙一千六十八丈三尺二寸"只差 2 寸！

3. 元大都宫城和明北京宫城的南北、东西空间的长度和周长，几乎完全一致：

① 明北京宫城东、西城墙的长度为明营造尺"三百二丈九尺五寸" ≈ 元大都"宫城南北六百十五步"。

② 明北京宫城南、北城墙的长度为明营造尺"二百三十六丈二尺" ≈ 元大都"宫城东西四百八十步"。

③ 明北京"宫城周六里一十六步"，合"一千七十八丈三尺" ≈（615 元步 + 479.5 元步）× 2 ≈ 2189 元步。

通过对元大都宫城和明北京宫城的空间以及若干数据的对比、换算的实证研究和论证得知：元官尺 1 尺 ≈ 0.3145 米；5 尺 = 1 步，1 元步 ≈ 1.5725 米；1 元里 = 300 步，1 元里 ≈ 1.5725 米 × 300 步 ≈ 471.75。

笔者通过元明两代的里制、里长、尺长和步长的换算得知：明北京宫城是在元大都宫城基址

---

1 拙文：《关于明代里长、尺长和步长的实证研究》刊于《南京史志》2010 年第 1 期。拙文收入本书第九章，个别数据有改动。

上改建的，明北京宫城空间是元大都宫城空间的"再版"。[1] 明北京宫城的实地空间证明：《辍耕录》记载的元大都宫城的数据是准确无误的，也间接论证了元代里制和元里长、元尺长、元步长。

实证依据二　对元中都宫城城墙长度数据的实证研究

元中都宫城也是纵向长方形：东、西城墙长约 620 米，约合 395 元步；南、北城墙长约 558 米，约合 355 元步；外周长约 2358.75 米，约合 1500 元步，约 5 元里。得出：1 元里 ≈ 2358.75 米 ÷5 元里 ≈ 471.75 米，1 元步 ≈ 2358.75 米 ÷1500 元步 ≈ 1.5725 米，元官尺 1 尺 ≈ 0.3145 米。

第四节　对元大都宫城夹垣长度数据的实证研究

《辍耕录》记载元大都"宫城周回九里三十步，东西四百八十步，南北六百十五步。"对此记载，有人理解为：(615 步 + 480 步) ×2 = 2190 步，合"九里三十步"，故认为每元里 = 240 步。殊不知《辍耕录》记载的宫城周回，是指的宫城夹垣（即大内夹垣）而言。朱启钤先生认为《辍耕录》记载的元"宫城周回九里三十步"是指元大都宫城夹垣的周长。[2] 朱偰先生则认为是"六里三十步"的误记。[3] 笔者认为：《辍耕录》所记载的"宫城周回九里三十步"，是指元大都宫城夹垣的周长；而"东西四百八十步，南北六百十五步"，则是指宫城城门外侧东西和南北的长度。元"宫城"，是针对高大城墙之内而言；而元"宫城周回"，则是针对宫城夹垣而言，宫城夹垣之内统称"大内"。所以，"宫城周回"应该是按宫城夹垣周长计算的。[4]

实证验证一　对明洪武元年徐达丈量元皇城周长数据的实证研究

用本章三个实例依据考证的元步长 ≈ 1.5725 米，来验证《日下旧闻考》卷三八引《明太祖实录》记载的明洪武元年丈量的"元皇城周一千二百六丈"[5] 的数据中的明丈的长度，进而验证元步长 ≈ 1.5725 米，与《辍耕录》记载的元宫城夹垣周回"九里三十步"的实地空间完全吻合。

1. 周回"九里三十步"的长度 = 1.5725 米 ×2730 元步 ≈ 4292.93 米。

2. 验证明丈长度：4292.93 米 ÷1206 丈 ≈ 3.5593 米／丈。

3. 笔者在《关于明代里长、尺长和步长的实证研究》一文中，考订了明洪武元年徐达丈量元大都皇宫所用尺度的每丈长度 ≈ 3.5593 米。

4. 以元"九里三十步"验证明"一千二百六丈"：4292.93 米 ÷3.5593 米／丈 ≈ 1206 丈，

1　笔者在本书第七章《元大都宫城位置考》中，从隋元明三代里制的实证研究、元明建筑风格对比、皇城内诸建筑空间位置比较、元大都中轴线与皇城规划、中轴线宫苑空间规划的历史沿革、考古资料数据等六个方面，通过五十六个论据，论证了明北京宫城是元大都宫城的"再版"，即元大都宫城的空间位置与明北京宫城的空间位置完全同一，论证了所谓"元大都宫城在明北京宫城以北四百多米"的观点所依据的论据是不能成立的。

2　朱启钤、阚铎：《元大都宫苑图考》，载《中国营造学社汇刊》第一卷第二期，1930 年 12 月。笔者勘查了实地，与朱启钤、阚铎：《元大都宫苑图考》（载《中国营造学社汇刊》第一卷第二期，1930 年 12 月）的观点一致，认为《辍耕录》记载的"宫城周回九里三十步"，即指"宫城夹垣"的周长。

3　朱偰：《昔日京华》，百花文艺出版社，2005 年 5 月。

4　笔者注：元大都宫城、御苑、兴圣宫等皇权宫苑的规制，均规划有夹垣，且以夹垣为"界"；夹垣以内，为宫城、为御苑、为兴圣宫，故元之宫城、御苑、兴圣宫的周长均为夹垣的周长。

5　笔者注：明洪武元年大将军徐达命部将丈量的"元皇城"周长，乃大内夹垣周长。

故称"一千二百六丈"。

史料载：元大都宫城没有护城河，但有夹垣——"卫城"。 笔者进一步考查"元大都宫城夹垣"的实地空间得知：元大都宫城之北夹垣，约在北上门东西一线，南距宫城北城墙[1]约 55 元步（约 86.5 米）；东、西夹垣，分别约在元大都宫城东、西城墙外的东上门（今南、北池子大街西侧）、西上门（今南、北长街东侧）外侧南北一线，分别内距宫城东、西城墙约 63 元步（约 99 米）；南夹垣，约在阙左门、阙右门南侧东西一线（后为明太庙和社稷坛之北垣），北距元宫城崇天门约 89.5 元步（约 141 米）。

元大都宫城之东、西夹垣各长约 759.5 元步（约 1194 米，约合 2.53 元里）；南、北夹垣各长约 605.5 元步（约 952 米，约合 2.02 元里）。元大都宫城夹垣周长为（759.5 步 +605.5 步）×2 = 2730 元步（约 4293 米，合 9.1 元里），即"宫城周回九里三十步"。

上述元明两代的规划尺度分别证明了元大都宫城夹垣的周长约为 4293 米，也证明了元大都宫城夹垣的实地空间与明北京宫城外围"上门"一线的实地空间完全相同，而在元大都宫城夹垣以内的元宫城的实地空间也应与明北京宫城的实地空间完全相同。

实证验证二　对明洪武元年徐达增筑北平府北城墙长度数据的实证研究

明洪武元年（1368 年），大将军徐达在攻克元大都后，为了加强城防，立即在元大都北城墙以南约 5 明里（约 2847 米，即在古濠南岸）增筑了一道北平府北城墙，东西直线长度约："一千八百九十丈"。

1．北平府北城墙的长度 ≈ 3.5593 米／丈 ×1890 丈 ≈ 6727 米。

2．换算成元步 ≈ 6727 米 ÷1.5725 米／元步 ≈ 4278 元步 ≈ 14.26 元里。

3．元大都东、西城墙中北部的东西直线长度约 6727 米，与元大都东、西城墙南、北端的东西直线长度分别约 6680 米和 6730 米的斜向走向恰好吻合。

通过对元大都宫城夹垣周长及空间的实证研究和论证，以及对徐达所筑北平府北城墙的东西直线长度的研究和论证，得知：元官尺 1 尺 ≈ 0.3145 米；5 尺 = 1 步，1 元步 ≈ 1.5725 米；1 元里 = 300 步，1 元里 ≈ 1.5725 米 ×300 步 ≈ 471.75 米。

第五节　对元大都中轴线长度以及民居宅院规划模数的实证研究

元大都中轴线的长度是多少？史料好像没有直接的、明确的记载，但宫城、皇城、千步廊等南北空间的长度却有"迹"可寻，元大都国门和南城墙的空间位置也已为考古勘查所发现，结合对北京中轴线规划的历史沿革和元大都民居宅院规划模数的实证研究，我们完全可以论证元代的尺长、步长和里长。

实例验证一　对元大都皇城以北中轴线规划长度的实证研究

元大都中轴线北起点至皇城北垣约 2.8 元里，合 840 元步，约 1321 米，即每元步为 1.5725 米。

1　笔者注：即明北京宫城北城墙。

笔者在本书第四章第五节中，论证了临朔宫"泛"中轴线北起点到临朔宫北宫垣的南北空间长度是 560 隋丈的演变。

实例验证二　对元大都皇城中轴线长度的实证研究

元大都皇城北垣，在古运河（隋代为大运河之永济渠，元代为大运河之通惠河）东西向河道（在今地安门东南的北河胡同）南岸东西一线，原为金太宁宫北宫垣，最早为隋临朔宫北宫垣；元大都皇城南垣，据《析津志》记载，在缎子库南墙外东西一线，即在端门东西一线。元大都皇城南北垣相距约 5.065 元里（合 1519.5 元步[1]，约 2389 米），其中，皇城北垣南距宫城北垣 669.5 元步（约 1053 米），宫城南北长 615 元步（约 967 米），宫城崇天门南侧距皇城棂星门南侧为 235 元步[2]（约 370 米）；皇城正门棂星门（今故宫端门）北侧距宫城崇天门（今故宫午门）为 220 元步[3]，约 346 米[4]，即每元步为 1.5725 米。

实例验证三　对元大都皇城以南中轴线长度的实证研究

元大都大城"国门"丽正门北距皇城棂星门约 0.805 元里（约 241.5 元步[5]，约 380 米）。元大都中轴线，从北起点到丽正门的南北距离约 8.65 元里（合 2595 元步，约 4081 米），即每元步为 1.5725 米；从北起点到丽正门瓮城前门南侧的距离约为 8.95 元里（合 2685 元步，约 4222 米）；从北起点到丽正桥南侧的南北距离约为"九里三十步"，即 9.1 元里（合 2730 元步，约 4293 米）。

实例验证四　对元大都民居宅院规划模数的实证研究

史载元大都民居宅院规划为 8 亩[6]，但考古勘查发现的元大都民居宅院的东西宽度有近 70 米的（合 44 元步，如后英房民居宅院遗址）[7]、有 34.6 米的（合 22 元步，如西绦胡同民居宅院）[8]。结合元大都的城区面积和人口总数分析，笔者认为元大都的民居宅院分为 8 亩以上、8 亩、6 亩、4 亩、2 亩、1 亩等多种，可能以 1 亩，即 11 元步（约 17.3 米）× 22 元步（约 34.6 米）为 1 个模数，均以 11 元步（合 17.3 米）为规划模数，考古勘查发现西绦胡同的民居住宅遗址的东西宽度恰为 34.6 米，其东西宽度应为 2 个模数，该民居宅院应为 11 元步模数 ×2，应为一座 2 亩或 4 亩之民居宅院。元大都民居宅院的规划模数证实：每元步为 1.5725 米。

总之，笔者通过对"元两都"之"三重城"城墙长度数据的实证研究，对元大都宫城及其

1　笔者注，此段南北长度为隋临朔宫规划所演变而成：669.5 元步由 447 隋丈演变而成；615 元步由 409.5 隋丈演变而成；235 元步由 159 隋丈演变而成。参见本书第四章《隋临朔宫空间规划考辨》。

2　笔者注：由明初萧洵《故宫遗录》得知：元大都皇城棂星门南侧距宫城崇天门南侧的长度为 235 元步，即棂星门城台厚度 15 元步 + 棂星门内侧至周桥的距离 20 元步 + 周桥至宫城崇天门的距离 200 步。

3　明初萧洵《故宫遗录》记载：元大都皇城"棂星门内二十步有金水河，上架周桥……度桥可二百步至崇天门。"

4　笔者注：元大都皇城棂星门北侧至宫城崇天门南侧的长度为 346 米，完全与明北京宫城端门北侧至宫城午门南侧的长度相同。笔者认为，明北京宫城的南北、东西之长度与元大都宫城的南北、东西之长度完全吻合，明北京宫城午门至端门的长度，又与元大都宫城崇天门至皇城棂星门的长度完全吻合。所以，完全可以相信：明北京宫城空间为沿用元大都宫城空间；明北京宫城午门为沿用元大都宫城崇天门；明北京宫城端门为沿用元大都皇城棂星门。

5　笔者注：东西向千步廊的南北长度为 202.5 元步 + 棂星门以南的"天街"的南北宽度为 24 元步 + 丽正门城台的进深 15 元步。

6　《元史》卷十三，本纪第十三，世祖纪十："（至元二十二年）二月……诏旧城居民之迁京城者，以赀高及居职者为先，仍定制以地八亩为一分；其或地过八亩及力不能作室者，皆不得冒据，听民作室。"

7　参见《北京后英房元代居住遗址》，载《考古》，1972 年 6 期。

8　参见《北京西绦胡同和后桃园的元代居住遗址》，载《考古》，1973 年 5 期。

夹垣的东西长度、南北长度的实证研究，对元大都中轴线各区域空间长度以及对元大都民居宅院规划模数的实证研究，得知：元官尺 1 尺 ≈ 0.3145 米，1 元步 ≈ 1.5725 米，1 元里 = 300 步 ≈ 471.75 米。换言之，只有在 1 元步 ≈ 1.5725 米，1 元里 = 300 步 ≈ 471.75 米的情况下，才能与"元两都"之"三重城"城墙的实测长度完全吻合，才能与史料文献记载的有关元大都宫城夹垣的南北与东西的长度完全吻合，才能与元大都中轴线各区域空间的规划尺度完全吻合，才能与元大都民居宅院的规划模数完全吻合。

第七章　元大都宫城空间位置考

有关记载元大都宫城（以下简称元宫城）空间位置的历史文献不是很多，主要有元初马可波罗的《马可波罗行记》、元末陶宗仪的《辍耕录》、元末熊梦祥的《析津志》和明初萧洵的《故宫遗录》以及明清的有关史料等。清末以来，先后有研究元宫城位置的图录、著述和几种观点面世。就元宫城的具体空间位置，有三种不同的观点。第一种观点，认为元大都中轴线在大城中央，即在明北京中轴线之西，所以元宫城也应在明北京宫城（以下简称明宫城）之西。第二种观点，依据在今景山公园寿皇殿以南和今故宫太和殿处，考古发现的两处"古代建筑遗址"，认为是所谓的"元大都宫城厚载门遗址"和"元大都宫城南城墙遗址"，提出了"明北京宫城整体南移了，元宫城应在明宫城之北四百多米"的观点，并绘制了"元大都宫城、禁苑、皇城、大城相对空间位置图"。第三种观点，认为元宫城是明宫城的前身，即元宫城与明宫城同址。

前两种观点都难以让人信服。第一种观点，是未对上述所有历史文献和元里制以及元大都街道规划，特别是对中轴线的涵义和北京中轴线的历史演进，研究得不够深入，只是依据个别人的推测而做出的推论，已为考古勘查和学术界所否定。第二种观点，是错把考古发掘的"某便殿"与"某庑墙"的遗址当作"元宫城厚载门"和"元宫城南城墙"遗址，而没能得到隋、金、元、明四代的规划尺度和相关历史文献的记载等客观因素的验证。

笔者运用"六重证据法"经过对有关隋、唐、宋、金、元、明六代的规划尺度和宫城及禁苑规划等六个方面进行的综合研究，对金中都大城、对元两都（即元大都、元中都）三重城（大城、皇城、宫城）的研究，对明中都宫城、明南京宫城的参考研究和对明北京宫城、明北京太庙和明北京大内禁苑（今景山公园）的实地空间的勘查，以及对北京中轴线规划变迁的研究，笔者持第三种观点，认为元大都宫城的空间位置与明北京宫城的空间位置完全重合，即明北京宫城沿用了元大都宫城城垣、中轴线、外朝和内廷以及外朝东、西路宫殿基址，面积几乎完全一样，只是对元大都宫城四垣城门、城楼进行了改造，并将元大都宫城的"白釉薄城砖"[1]更换为明北京宫城的"灰色厚城砖"。本章试从元明两代规划尺度的实证研究、元明建筑风格对比、诸建筑空间位置比较、元大都中轴线与皇城规划、中轴线宫苑空间规划的历史沿革、考古资料数据等六个方面，通过五十六个论据，加以详细论证。

第一节　对元明两代里制、里长及尺长、步长的实证研究

论据一　通过对元明两代里制、里长及尺长、步长的实证研究和论证，以及通过对实地空间的实证研究和史料记载的数据的验证，揭开了元大都宫城和明北京宫城同址的历史之谜。笔者在

1　笔者注：《马可波罗行记》记载的元宫城为"白色，有女墙。"结合在北京城、郊区考古发现有多处元代的烧制白色瓷砖、瓷瓦的窑址，再结合元宫城建筑的豪华气派，笔者推测元宫城的白色墙体应为白色瓷砖所砌。

研究中发现：学术界在以前对元大都的所有研究中，都忽略了对元代里制、里长、尺长、步长的实证研究。就元大都宫城乃至大都的规划研究而言，笔者认为：如果不能真正解决元里制的问题，元大都的规划和宫城的空间位置就很难说清楚，七百多年来元大都的规划之迷和宫城的空间位置就不能找到确切答案。然而，元代的尺度是多长，至今尚未发现元尺实物依据。因此，有学者推测元尺可能等同于宋尺，[1] 故据此推测元步长。有学者依据对《辍耕录》记载的元大都"大城周回六十里二百四十步"的曲解，推断：元大都大城周长 60 里，每里为 240 步，每步约为 1.55 米，即每元里的长度约为 372 米。而对这个明显的"硬伤"——372 米（即 240 步）×60 里 ≈ 22320 米无法与考古勘测的元大都大城城墙周长约 28600 米[2] 相吻合，或采取回避，或采取搁置的态度。两者相差约 6280 米之多是不能忽视。

这一问题，实际是涉及元里制的问题，笔者有幸在对元大都和中轴线规划的研究中，把考古勘测的元三都"三重城"所得到的具体长度数据，并参考明代里制，以及有关历史文献的记载，对元里制进行了实证研究，论证了：元官尺 1 尺 ≈ 0.314 米，而 ≠ 0.31 米；1 元步 ≈ 1.57 米，而 ≠ 1.55 米；元里制 1 里 = 300 步，而 ≠ 240 步，1 元里 ≈ 471 米；从而解决了在元大都研究中所遇到的有关规划的里制、尺度、步长等问题。

实证依据一　对元大都四重城城墙的长度数据的实证研究

1. 根据《元大都的勘查和发掘》一文（载于《考古》1972 年 1 期）公布的元大都大城城墙周长约为 28600 米。其中，南城墙长约 6680 米，北城墙长约 6730 米，东城墙长约 7590 米，西城墙长约 7600 米。城墙厚度约 24 米。结合《辍耕录》记载的大都"大城周长六十里二百四十步"，我们可以推算出元里制、元尺度和元步长。

① 元大都 28600 米是元大都大城城墙中线的周长，[3] 以此数据作为基数除以《辍耕录》记载的元"大都大城周长六十里二百四十步"，即除以 60.8 元里，得出：1 元里 = 300 步 ≈ 470.4 米，1 元步 ≈ 1.568 米，元官尺 1 尺 ≈ 0.3136 米。

② 考古勘测的元大都大城四垣的长度均为城墙中线的直线长度，但南城墙因直大庆寿寺海云、可庵双塔，敕命"远三十步许环而筑之"，[4] 即向南弯曲后再东直与东城墙相接。笔者在《关于元里制和元里长、元尺长、元步长的实证研究》一文中详细论证了元大都南城墙的实际长度约 6717 米，大于南城墙东西直线长度约 6680 米。得出：1 元里 ≈ 471.75 米，1 元步 ≈ 1.5725 米，元官尺 1 尺 ≈ 0.3145 米。

2. 根据《马可波罗行记》关于"第一道城墙与第二道城墙之间广一里"、《析津志》关于"缎子库南墙外即皇城南垣"和《故宫遗录》关于元大都皇城周长"可二十里"的记载，结合对北京皇城实地空间的勘查，得知：元大都皇城南垣东段就在明北京端门东西一线，南垣西段就在灵境

1　吴承洛在其《中国度量衡史》(上海书店 1984 年 5 月影印商务印书馆 1937 年版) 一书中认为：因未发现元尺实物，故以为元尺同于宋尺，每尺约 0.3072 米。

2　《元大都的勘查和发掘》，载于《考古》1972 年 1 期。

3　笔者注：2008 年 5 月 27 日，笔者拜访并请教徐苹芳先生得知：考古工作者丈量的元大都大城城墙的周长，为城墙中线的周长。

4　《日下旧闻考》卷三十八《京城总记》，引《元一统志》。

胡同东西一线；北垣就在通惠河之东西流向的河道（今地安门以南的北河胡同）南岸东西一线；东垣就在通惠河之南北流向的河道西岸（今南、北河沿大街西侧）南北一线；西垣北段就在西安里门南北一线，南段就在皇城西南内凹角南北一线。东垣长 1519.5 元步（合 5.065 元里，约 2389 米），南垣之东段长 1189.5 元步（合 3.965 元里，约 1870 米）、南垣之西段长 356.5 元步（合 1.19 元里，约 561 米），北垣长 1539.5 元步（合 5.13 元里，约 2421 米），西垣之北段长 1185 元步（合 3.95 元里，约 1863 米）、西垣之南段长 315 元步（合 1.05 元里，约 495 米）；周长约 6105 元步（约 9600 米，合 20.35 元里，与明初萧洵《故宫遗录》记载的元大都皇城周长"可二十里"相吻合。亦得出：1 元里 = 300 步 ≈ 471.75 米，1 元步 ≈ 1.5725 米，元官尺 1 尺 ≈ 0.3145 米。

3. 根据《辍耕录》关于元大都"宫城周回九里三十步，东西四百八十步，南北六百十五步"和《日下旧闻考》卷三八引《明太祖实录》关于元大都"皇城周一千二百六丈"的记载，结合对北京宫城"上门"位置的勘查，发现"北上门"—"东上门"—"西上门"—太庙北垣和社稷坛北垣，周长恰为元里制之"九里三十步"，实乃元宫城之夹垣。[1] 明洪武元年所称的元大都"皇城"，即指元大都宫城夹垣而言。《明太祖实录》记载的元大都"皇城周一千二百六丈" ≈《辍耕录》记载的元大都"宫城周回九里三十步"。[2] 得出：1 元里 = 300 步 ≈ 471.75 米，1 元步 ≈ 1.5725 米，元官尺 1 尺 ≈ 0.3145 米。

4.《辍耕录》记载的元大都宫城"东西四百八十步，南北六百十五步"，与万历《大明会典》卷一八七关于明北京宫城"周一千七十八丈三尺（约 3442.2 米），南北各二百三十六丈二尺（约 754 米），东西各三百二丈九尺五寸（约 967 米）"和《明史·地理志》关于明北京宫城"周六里一十六步"的记载，无论是宫城的东西长度和南北长度，以及周长都完全吻合。即："南北各二百三十六丈二尺" ≈ 754 米 ≈ 480 元步（注：实为 479.5 元步）、"东西各三百二丈九尺五寸" ≈ 967 米 ≈ "南北六百十五步"、"周一千七十八丈三尺" ≈ 3442.2 米 ≈ 2189 元步 ≈ "周六里一十六步"（即 2176 明步）。得出：1 元里 = 300 步 ≈ 471.75 米，1 元步 ≈ 1.5725 米，元官尺 1 尺 ≈ 0.3145 米。

实证依据二 对元上都四重城城墙长度数据的实证研究

1. 元上都大城为正方形，每边长约 2220 米，周长约 8885 米。城墙厚度约 10 米。城墙中线的周长约 8845 米，合 5625 元步，合 18.75 元里。得出：每元里 ≈ 471.75 米；每元里 = 300 元步，每元步 ≈ 1.5725 米；每元步 = 元官尺 5 尺，元官尺每尺 ≈ 0.3145 米。

2. 元上都皇城也是正方形，每边长约 1400 米，周长约 5620 米，城墙厚度约 12 米。城墙中线的周长约 5572 米，合 3543 元步，合 11.81 元里。得出：1 元里 = 300 步 ≈ 471.75 米，每元步 ≈ 1.5725 米，元官尺每尺长 ≈ 0.3145 米。

3. 元上都宫城为纵向长方形，东西城墙长约 620 米，合 394.25 步；南北城墙长约 570 米，合 362.5 步；周长约为 2380 米，合 1513.5 步，合 5.045 里。得出：1 元里 = 300 步 ≈ 471.75 米，

1 笔者注：元宫城、御苑、兴圣宫等皇权宫苑的规制，均规划有夹垣，且以夹垣为"界"；夹垣以内，为宫城、为御苑、为兴圣宫，故元之宫城、御苑、兴圣宫的周长均为夹垣周长。

2 参见笔者在《关于明里制和明里长、明尺长、明步长的实证研究》一文中的考订，该文载《南京文史》2010 年 1 期。

111

每元步 ≈ 1.5725 米，元官尺每尺长 ≈ 0.3145 米。

4. 考古勘查发现元上都宫城周围有一道约 1.5 米多厚（约为 1 步）的石砌夹墙，即宫城夹垣。元上都宫城之东、西、北夹垣内距宫城之东、西、北城墙约 25 米，合 16 步；宫城南夹垣内距宫城南城墙约 31 米，合 19.5 步。元上都宫城东、西夹垣的南北长度约 676 米，约合 430 步，由宫城南北长度约 620 米（合 395 步）＋宫城南城墙距宫城南夹垣的长度约 31 米（合 19.5 步）＋宫城北城墙距宫城北夹垣的长度约 25 米（合 16 步）三部分所组成。元上都宫城南、北夹垣的长度约 620 米，合 394.25 步，由宫城东西长度约 570 米（合 362.5 步）＋宫城东、西城墙距宫城东、西夹垣的长度约 25 米 ×2（合 16 步 ×2）三部分所组成。元上都宫城夹垣周长约 2592 米，合 1648.5 步，合 5.495 里。得出：1 元里 = 300 步，1 元步 ≈ 1.5725 米，1 元官尺 ≈ 0.3145 米。

实证依据三　对元中都三重城城墙长度数据的实证研究

1. 元中都大城东、西城墙均长约为 3130 米，约合 1990.5 元步，约 6.635 元里；南、北城墙均长约为 2920 米，约合 1857 元步，约 6.19 元里。周长约 12100 米，合 7695 元步，合 25.65 元里。城墙厚度约 10 米，城墙中线周长约 12060 米，合 7669.5 步，合 25.565 元里。故得出：1 元里 = 300 步 ≈ 471.75 米，1 元步 ≈ 1.5725 米，元官尺 1 尺 ≈ 0.3145 米。

2. 元中都皇城为纵向长方形，东西城墙长约为 950 米，约合 604 元步；南北城墙长约 800 米，约合 508.75 元步；周长约为 3500 米，约合 2225.5 元步。故得出：1 元里 = 300 步 ≈ 471.75 米，1 元步 ≈ 1.5725 米，元官尺 1 尺 ≈ 0.3145 米。

3. 元中都宫城也是纵向长方形，东西城墙长约为 620 米，约合 394 元步；南北城墙长约为 560 米，约合 356 元步；周长约为 2359 米，合 1500 元步，约合 5 元里。故得出：1 元里 = 300 步 ≈ 471.75 米，1 元步 ≈ 1.5725 米，元官尺 1 尺 ≈ 0.3145 米。

虽然至今尚未发现元尺的实物，但我们通过对"元两都"之"三重城"城墙长度数据的实证研究，初步论证了元里制 1 元里 = 300 步，元官尺 1 尺 ≈ 0.3145 米，1 元步 ≈ 1.5725 米。据此我们可以通过史料记载的元宫城的有关数据，以及其他相关数据，来进一步验证我们对元里制的论证，以及求证元、明宫城的关系。

验证步骤：以 1 元步 ≈ 1.5725 米和 1 明步 ≈ 1.5819 米的实证数据，换算验证元、明史料记载的元宫城南北和东西的长度以及周长、元宫城夹垣的周长。

1. 元大都宫城南北长度 615 元步 ≈ 967 米；967 米 ÷302.95 明营造丈 ≈ 3.19226 米／明营造丈。

2. 元大都宫城东西长度 479.5 元步 ≈ 754 米；754 米 ÷3.19226 米 ≈ 236.2 明营造丈。

3. 元大都宫城周长约（479.5 ＋ 615）×2 ≈ 2189 元步 ≈ 3442.2 米；3442.2 米 ÷3.19226 米 ≈ 1078.3 明营造丈。

4. 元大都宫城周长约 3442.2 米 ÷2176 明步（即"六里一十六步"）≈ 1.5819 米／明步。

5. 元大都"宫城（夹垣）周回九里三十步"[1] ≈ 4293 米；4293 米 ÷1206 明丈 ≈ 3.5593 米／

1　陶宗仪：《辍耕录》卷二十一，宫阙制度。笔者勘查了实地，与朱启钤、阚铎：《元大都宫苑图考》（载《中国营造学社汇刊》第一卷第二期，1930 年 12 月）的观点一致，认为《辍耕录》记载的"宫城周回九里三十步"，即指"宫城夹垣"的周长。

明丈。

朱启钤先生认为《辍耕录》记载的元"宫城周回九里三十步"是指元大都宫城夹垣的周长。[1]笔者认为：朱启钤先生的观点与元大都宫城及其夹垣的实地空间完全相符——《辍耕录》所记载的"宫城周回九里三十步"，是指元宫城夹垣的周长，而不是指的宫城城墙的周长；"东西四百八十步，南北六百十五步"，才是指的宫城城墙外侧东西和南北的长度，进而宫城城墙外侧的周长 ≈ 2190 元步。元"宫城"即"大内"的空间范围，不仅是针对高大城墙之内而言，而且还是针对宫城夹垣之内而言，宫城夹垣之内统称"大内"。元宫城、御苑、兴圣宫等皇权宫苑的规制，均规划有夹垣，且以夹垣为"界"；夹垣以内，为宫城、为御苑、为兴圣宫，故元大都宫城、御苑、兴圣宫的周长均为夹垣周长。所以，元代《辍耕录》记载的元大都"宫城周回九里三十步"无疑是指宫城夹垣的周长。

史料载：元宫城没有护城河，但有夹垣——"卫城"。笔者进一步考查"元宫城夹垣"的实地空间状况得知：元宫城之北夹垣，在北上门东西一线，南距元故宫北城墙约 55 步，约 86 米；东、西夹垣，分别在元宫城东、西城墙外的东上门（今南、北池子大街西侧）、西上门（今南、北长街东侧）外侧南北一线，分别内距元宫城东、西垣约 63 元步，约 99 米；南夹垣，在阙左门、阙右门南侧东西一线（后为明太庙和社稷坛之北垣），北距元宫城南城墙约 89.5 步，约 141 米。元宫城之东、西夹垣各长约 2.53 元里，约 759.5 元步，约 1194 米；南、北夹垣各长约 605.5 元步，约为 952 米。元宫城夹垣周长为（759.5 元步 +605.5 元步）× 2 = 2730 元步（合 9.1 元里），即"宫城周回九里三十步"。[2]

笔者通过对元两都"三重城"城墙长度数据的实证研究、对元明史料所记载的宫城尺度的对比研究、对元明尺度的换算研究和对北京宫城实地的勘查，论证了元大都宫城和明北京宫城的周长及南北、东西的长度几乎完全相同，也论证了元大都宫城夹垣的实地空间与明北京宫城外围"上门"一线的实地空间完全相同，而在元大都宫城夹垣以内的元宫城的实地空间也应与明北京宫城的实地空间完全相同。因此我们可以说明北京宫城是继承了元大都宫城的空间并加以改建而成的。

论据二　通过对元、明两代营造尺长度的实证研究，论证了元、明史料记载的元大都宫城和明北京宫城南北、东西长度和周长"三者"的"同一"关系，进而论证了明北京宫城空间与元大都宫城空间的同一性。

笔者认为：因明北京宫城沿用元大都宫城四面城墙，所以明北京宫城南北、东西之间的距离均不是明里制和营造尺度的"整数"，特别是明北京宫城的东西之间的距离，既不是整数，也不是吉祥数字，与明代初始规划的其他建筑均呈明规划尺度的特征不能吻合。由此可知：明北京宫城四面城墙沿用了元大都宫城四面城墙，而没有重新规划修筑，与明代北京大城东、西城墙沿用元大都大城东、西城墙一样，因没有重新规划修筑，故未载入史册。而明北京大城的北城墙和南城墙以及东、西城墙的南端，因为是明代规划和修筑的，故均记入史册。

1　朱启钤、阚铎：《元大都宫苑图考》，载《中国营造学社汇刊》第一卷第二期，1930 年 12 月。
2　笔者论证元代里制中 1 元里 = 300 步 ≈ 471.75 米，而非 1 元里 = 240 步 ≈ 372 米。

显然，明北京宫城与元大都宫城四面城墙完全相同，只是将元代的"白釉薄城砖"换成明代的"灰色厚城砖"而已。元代史料《辍耕录》记载的元宫城"东西四百八十步，南北六百十五步"，与万历《大明会典》所记载的明宫城南北、东西长度，和《明史·地理志》记载的："宫城周六里一十六步"，以及《国朝宫史》有关"紫禁城内围墙一千六十八丈三尺二寸"的记载，是笔者提出的"明宫城城墙是元宫城城墙的'再版'"这一新观点的最有力的证据。

通过论据一若干组具体数据的实证、求证、验证、互证，我们完全可以做出结论：明永乐朝迁都北京所修建的宫城，完全沿用了元大都宫城的四面城墙，只是改建了宫城城门、城楼[1]和更换了城墙的城砖而已。具体更改如下：

1．将元宫城崇天门城楼东西十二间，[2]改为明宫城午门城楼东西九间，但主城楼的东西长度基本未变，元代崇天门城楼东西长187元尺，约合59.84米；明代午门城楼东西长度也不足60米。

2．将元宫城崇天门五个南向的城门中位于外侧东、西内凹角的为元代"初建"的左、右掖门，改为左、右阙台内门，并改为东、西朝向，仍名左、右掖门；

3．将原可能低于主城台的东、西阙台增高至与主城台等高；

4．将元宫城厚载门一门，恢复为明宫城玄武门三门；

5．将元宫城"初建"的东、西华门[3]拆除，恢复隋临朔宫和金太宁宫之宫城东、西华门；

6．将元宫城"薄城砖"更换成明宫城的"厚城砖"，故保留了原城台外侧的唐宋建筑风格的内券外过梁式城门。

由元末、明洪武元年和明万历、崇祯年间以及清代的有关史料记载的元、明宫城东西、南北之间的长度数据可知，明北京宫城百分之百是在元大都宫城基址上改建的，可以说明北京宫城与元大都宫城具有空间上的同一性。

笔者论证的明北京宫城南北与东西的具体长度，与已出版的一些书籍所记载的有关今故宫的数据[4]不尽相同，而这些书籍所载的数据是根据不同的地图核算出来的。笔者也仔细分析过多幅不同时期的北京城地图，包括卫星地图。但笔者认为最好还是通过实地空间的测量来确定真实的"长度数据"。为此，笔者于2010年3月4日对故宫北城墙、故宫至景山的空间、景山四垣及周边的红墙进行了实地测量。

论据三　明北京宫城与元大都宫城的"外朝"、"内廷"的空间格局完全相同。《马可波罗行记》第83章《大汗之宫廷》记载元大都宫城："周围有一大方墙，宽广各有一哩。……此墙广大，高有十步，[5]周围白色，有女墙。……此墙之内，围墙南部中，广延一里，别有一墙，其长度逾于

1　笔者注：只是"改换门庭"，原有规划格局则未作改动。

2　参见《辍耕录》卷二十一《宫阙制度》。笔者注：双开间建筑，在南北朝以前较普遍；隋唐以后多为单开间建筑。元崇天门可能因崇古规划为双开间。

3　笔者注：据《析津志》记载，元大都宫城东、西华门位于宫城东、西城墙中部偏北，即在直骑河楼、犀山台东西一线上。

4　笔者注：已出版的有关故宫的书籍对故宫的南北、东西长度有多种数据，如南北长960米、961米、962米、970米，东西长750米、753米、756米、763.766米等。笔者于2010年3月4日对北京故宫北城墙的长度进行了实地丈量，所得数据约754米。

5　笔者注：马可波罗可能是目测估计的数据，十步，约合15.7米；而实际数据《辍耕录》有记载："高三十五尺"，约为0.32米×35≈11.2米。

宽度。……此二墙中央，为君主大宫所在……" 明北京宫城的外朝，也在宫城的"围墙南部中"，且南北"长度逾于（东西）宽度"。可知元大都宫城外朝大明殿的空间位置、空间格局及"广延"（周长），与明北京宫城外朝"三大殿"的空间位置、空间格局及"广延"（周长）几乎都相同。

元末陶宗仪的《辍耕录》与明初萧洵的《故宫遗录》都明确记载：在元大都宫城外朝大明寝殿后有后庑宝云殿，宝云殿后有"横街"，再后有内廷延春门，内有延春宫。可知明北京宫城的内廷空间位置也与元宫城相同。元大都宫城与明北京宫城的四面城墙与外朝、内廷的空间位置完全相同且完全重合的客观事实可以证明：明北京宫城空间是元大都宫城空间的"再版"。

论据四　明北京宫城"外朝"三大殿"工字型"台基的尺度及高度与元大都宫城"外朝"大明殿"工字型"的台基尺度及高度几乎完全相同。

实证依据：

1. 元代史料《辍耕录》记载了元大都宫城外朝宫殿即台基的南北长度："大明殿……深一百二十尺……柱廊十二间，深二百四十尺……寝殿……深五十尺……宝云殿在寝殿后……深六十三尺……"

2. 明北京宫城外朝三大殿的三重台基之顶层南北长度约 641.15 明营造尺（约 204.67 米）：即奉天殿（今太和殿）前丹墀（又称露台）南北长约 118.55 明营造尺（约 37.84 米）、奉天殿南侧至谨身殿（今保和殿）北侧约 505 明营造尺（约 161.21 米）、谨身殿以北约 17.55 明营造尺（约 5.6 米）。

3. 明北京宫城外朝宫殿的三重台基顶层南北长度约 641.15 明营造尺（约 204.67 米）是由 639.5 元营造尺（约 204.64 米）演变而成的。

4. 元大都宫城外朝宫殿的三重台基顶层南北长度约 639.5 元营造尺：即大明殿前丹墀南北长约 109.5 元营造尺（约 35.04 米）、大明殿南北长约 120 元营造尺（约 38.4 米）、大明殿与大明寝殿之间的柱廊南北长约 240 元营造尺（约 76.8 米）、大明寝殿南北长约 50 元营造尺（约 16 米）、大明寝殿与宝云殿之间的空间南北长约 39.5 元营造尺（约 12.64 米）、宝云殿南北长约 62.95 元营造尺（约 20.15 米）、宝云殿后南北长约 17.55 元营造尺（约 5.62 米）；大明殿南侧至宝云殿北侧长度约 512.45 元营造尺（约 163.98 米）。

5. 明北京宫城外朝三大殿的南北长度约 505 明营造尺，合 161.21 米，比元大都宫城外朝大明殿至宝云殿的南北长度约 163.98 米少了约 2.77 米；而明北京奉天殿（今太和殿）前的丹墀的南北长度约 37.95 米，比元大都宫城外朝大明殿前的丹墀的南北长度约 35.04 米，刚好多出了约 2.80 米。由此可知：明北京宫城外朝前殿的南侧比元大都宫城外朝前殿的南侧，向北移动了约 2.80 米，北侧往北移动了约 1.60 米；明北京宫城外朝宫殿的三重台基百分之百是继承的元大都宫城外朝大明殿的三重台基，只是石雕基座较元时多出来约 3 厘米。

从元大都宫城外朝宫殿及台基的南北长度，与明北京宫城外朝三大殿及台基的南北长度完全相同，这一客观现象获知：明北京宫城正是沿用了元大都宫城的空间所致。

论据五　今故宫太和殿的高度及进深尺度与基座的比例不协调，为明北京宫城是元大都宫城的"再版"的又一实物证据。今故宫太和殿为清康熙三十七年（1698 年）在明奉天殿（嘉靖朝重建称"皇极殿")基座上重建的，宫殿的进深尺度与宫殿基座的进深尺度相比，显得略小和不匀称，因此有学者认为：明初的奉天殿及其进深尺度应比今太和殿及其进深尺度都要大，其缩小宫殿进深尺度大概是在明嘉靖重建三殿时。[1]笔者通过研究元明清三朝的里制、尺度和元明两代国都中轴线宫、苑的空间规划，以及宫城外朝宫殿的进深尺度后，认为：

1. 此推断有可能与史实相符合：明代永乐朝迁都北京在规划中轴线宫、阙时，应与洪武朝营建明中都宫、阙一样，均遵循体现皇权"九五之尊"的原则，如：宫城南北"三百二丈九尺五寸"，[2]因此有可能使奉天殿的进深尺度与元大明殿的进深尺度（"一百二十尺"，约合 38.4 米）略有些微差距，或者略小于元大明殿之进深尺度，或者就是清康熙朝重建太和殿的进深尺度。

2. 明嘉靖朝重建三大殿，并将"奉天殿"更名为"皇极殿"。如果说"皇极殿"的体量比"奉天殿"的体量小的话，可能是因为"皇极殿"的木柱不如"奉天殿"的木柱高大，而使"皇极殿"的高度比"奉天殿"的高度略低；或者有可能是因为"皇极殿"的大屋脊与斗拱不如"奉天殿"的大屋脊与斗拱大，从而显得"皇极殿"与基座的比例不协调。但由于"皇极殿"的柱础进深尺度与"奉天殿"的柱础进深尺度相同，所以"皇极殿"的进深尺度也不应有所改变。

3. 清康熙朝重建的太和殿，基本是按照明代的柱础尺度重建的，即东西约 63.96 米（约合 200.35 明营造尺），南北约 37.2 米（约合 116.55 明营造尺），面积约 1379.5 平方米。

4. 元大都宫城"大明殿东西二百尺（约 64 米），深一百二十尺（约 38.4 米）"，[3]面积约为 2457.6 平方米，"可以容纳六千人进食"[4]；大殿柱础 2.7 米见方，[5]"大殿四周皆方柱，须五六人才能合抱。"[6]可知元大都宫城大明殿的基座为明北京宫城所沿用，因明北京奉天殿的柱础偏小（直径约 1.6 米），所以进深没能重现元大都宫城大明殿的"深一百二十尺"（约 38.4 米），而最多只能实现 116.55 明营造尺（约 37.20 米）。

明北京宫城外朝前殿，也就是今天太和殿的尺度为：东西约 200.35 明营造尺（约 63.96 米），进深约 116.55 明营造尺（约 37.2 米），面积约 2379.5 平方米，较元大明殿面积少了约 78 平方米，东西只差了约 0.04 米，南北差了约 1.2 米。清太和殿用的是二号大吻，其高度为 26.92 米，比元大明殿的高度 28.8 米差了约 1.88 米，大屋脊的坡度和"出檐"也差了许多。所以太和殿的高度及南北进深与宫殿基座相比，才显得略小和不匀称。[7]清太和殿的进深与其宫殿基座的进深基本是沿用明代的旧有，因此宫殿与基座的不协调，为明代奉天殿沿用元大明殿基座并将其南墙柱础北移所致。由此可推知：明北京宫城外朝前殿完全沿用了元大都宫城外朝前殿的东西尺度，明北京宫城外朝空间是元大都宫城外朝空间的"再版"。

1　参见李燮平：《明代北京都城营建丛考》，紫禁城出版社，2006 年 9 月。

2　万历《大明会典》卷一百八十七。

3　《辍耕录》卷二十一《宫阙制度》。

4　《马可波罗行记》第八十三章《大汗之宫廷》，冯承钧译，中华书局 2004 年。

5　笔者注：元大都宫城大明殿为明洪武二年至三年拆除，其建材用来修建明中都的外朝前殿，参见王剑英《明中都研究》，中国青年出版社，2005 年 7 月。

6　《马可波罗行记》、《故宫遗录》均有记载。

7　参见拙文《北京故宫规划探源》，载《江苏文史研究》2009 年 4 期。

论据六 明北京宫城"内廷三宫"的尺度，与元大都宫城内廷宫殿的尺度几乎完全相同。

元大都宫城内廷"延春阁九间，东西一百五十尺（约 48 米），深九十尺（约 28.8 米），高一百尺（约 32 米），三檐重屋……柱廊七间，广四十五尺（约 14.4 米），深一百四十尺（约 44.8 米），高五十尺（约 16 米），寝殿七间，东西夹四间，后香阁一间。东西一百四十尺（约 44.8 米），深七十五尺（约 24 米），高如其深，重檐"。[1]

笔者参考乾隆十五年（1750 年）绘制的北京城图之宫城图（比例尺为 125 分之一），发现：

1. 明北京宫城内廷乾清门中线至坤宁宫基座北沿的南北长度，恰合 595 元营造尺（约 190.4 米）。

2. 乾清宫基座、坤宁宫基座分别与元大都宫城内廷宫殿延春阁基座、延春寝宫基座的南北长度完全吻合！

3. 《辍耕录》记载：元延春阁南侧至延春寝宫北侧的南北长度为 305 元营造尺（90 尺 +140 尺 +75 尺 ≈ 97.6 米）。

4. 乾清宫北侧至坤宁宫南侧约 5 米东西一线，恰为元延春阁后柱廊 140 元营造尺（约 44.8 米）的长度。

5. 明乾清宫南侧至坤宁宫北侧约 290.55 明营造尺（约 92.6 米）。

6. 明（清）将乾清宫南墙和坤宁宫南墙较元延春阁南墙和延春寝宫南墙，分别往北移动了约 5 米，即明（清）乾清宫和坤宁宫的南北进深较元延春阁和延春寝宫的南北进深均少了约 5 米。

7. 明代拆除了延春阁后的柱廊，并在乾清宫和坤宁宫之间狭小的空间里，规划修建了交泰殿。

8. 明代沿用了元代风格的"工字型"宫殿基座。

从元大都宫城内廷宫殿台基的南北长度，与明北京宫城内廷后三宫台基的南北长度完全相同，这一客观现象获知：明北京宫城内廷空间是元大都宫城内廷空间的"再版"。

论据七 明宫城外朝三大殿的前后殿之间的空间距离和内廷三宫的前后宫之间的空间距离，与《辍耕录》记载的元宫城外朝大明殿后连接寝殿的柱廊长度和内廷延春宫后连接寝殿的柱廊长度，几乎完全一样。《辍耕录》记载元宫城外朝大明殿后"柱廊七间，深二百四十尺。"《故宫遗录》则记载为"柱廊十二间，深二百四十尺。"虽然两部史料记载的柱廊间数不同，但长度都是"二百四十尺"，约合 76.8 米，与太和殿到保和殿之间的空间距离基本相同。可知：明代将元代连接前殿后寝的柱廊拆除，并在前后殿之间，规划修建了体量很小的"中殿"，从而将元代"工"字型的外朝宫殿格局改成前、中、后"三大殿"的宫殿格局。《辍耕录》又记载元宫城内廷延春宫后"柱廊七间，深一百四十尺，"约合 44.8 米，与乾清宫到坤宁宫之间的空间距离基本一致。可知：明代将元代连接前殿后寝的柱廊拆除，将元代"工"字型的内廷宫殿格局改成前后"二宫"的规划格局，后又依据传统文化在前后二宫之间，规划修建了交泰殿。因前后二宫之间的空间相对狭小，所以规划的交泰殿不仅体量小，且南北距离前后二宫均不足 15 米。[2]

因此我们可以想到：如果不是明代沿用元代宫城，并改变元宫城外朝和内廷的"工"字型宫殿格局为"前三殿"和"后三宫"的宫殿规划格局的话，如果是明代始规划的话，不仅不会采用

---

1 《辍耕录》卷二十一《宫阙制度》。

2 参见单士元：《故宫史话》，新世界出版社，2004 年 6 月。

"工"字型的宫殿规划格局（参见明中都、明南京、明太庙之宫殿规划格局），而且"前三殿"的"中殿"（今中和殿）和"后三宫"的"中宫"（交泰殿），也不可能体量小的几乎与前后宫殿的体量不成比例，特别是后三宫之间的空间距离也不至于如此的狭小和局促。

有学者认为，明北京宫城内廷原规划为前后宫格局，后来在前后宫之间增加了交泰殿，才使得内廷三宫之间的空间相对狭小和局促。笔者认为，明北京宫城是明代三个宫城（中都宫城、南京宫城、北京宫城）中最后一个修建完成的，且较南京宫城"宏敞过之"。南京宫城的后三宫规划要早于北京宫城的后三宫规划，北京宫城怎么会是先规划为后二宫格局，而后再改成后三宫规划格局呢？这在逻辑上是不通的，很显然，明北京宫城是沿用了元大都宫城并改造了其外朝和内廷宫殿的"工"字型规划格局所致。因此，明北京宫城外朝和内廷的空间与元大都宫城外朝和内廷的空间尺度几乎完全相同。

论据八 我们再分析明北京宫城外朝和内廷的中殿基座东西的长度，就不难发现：

1. 明北京宫城外朝华盖殿（嘉靖朝改称"中极殿"，清代改称"中和殿"）基座顶层东西的长度约 44.8 米，约合 140 元营造尺；《辍耕录》记载大明殿后柱廊"广四十四尺"，约合 14.08 米；柱廊东、西侧分别距"工字型"中部台基顶层东、西边沿各约 48 元营造尺，约 15.36 米。

2. 明北京宫城内廷交泰殿基座东西的长度约 27.2 米，约合 85 元营造尺；《辍耕录》记载延春阁后柱廊"广四十五尺"，约合 14.4 米；柱廊东、西侧分别距"工字型"中部台基东、西边沿各约 20 元营造尺，约 6.4 米。

尽管明代拆除了元大都宫城外朝和内廷前后殿之间的柱廊，并改建成外朝和内廷的中殿，但没有改变"工字型"宫殿基座中部的东西宽度。明北京宫城外朝和内廷基座南北长度和东西宽度，所显示出的元代规划尺度特征，客观地告诉后人：明北京宫城外朝和内廷宫殿的基座是对元大都宫城外朝和内廷宫殿基座的继承。

论据九 明北京宫城的一些建筑的规划尺度与明代的规划尺度不相吻合，而与元代的规划尺度相吻合，也可作为明北京宫城继承元大都宫城的依据之一。

1. 明北京宫城角楼有关尺度[1]：①通高为 27.504 米，约合 86.16 明营造尺，却恰合 85.95 元营造尺；②角楼中线的南北、东西长度为 14.384 米，约合 45.06 明营造尺，却恰合 44.95 元营造尺；③曲尺间的南北、东西长度约 8.624 米，约合 27.02 明营造尺，却恰合 26.95 元营造尺；④外间的南北、东西长度约 5.6944 米，约合 17.84 明营造尺，却恰合 17.795 元营造尺。明北京宫城角楼不仅是元代的建筑风格，就连规划尺度都是元代的。如果是明代始规划的，绝不会用元代的营造尺尺度。明北京宫城角楼的规划尺度，作为"活化石"向后人揭示着：明北京宫城空间是对元大都宫城空间的继承。

2. 明北京宫城午门城楼东西长度近 60 米，与元大都宫城崇天门城楼"东西长一百八十七尺"（约 59.84 米）基本一致。明将元崇天门城楼东西十二间改为午门城楼东西九间，而东西长度却未改变，即与元代《辍耕录》记载的元大都宫城崇天门城楼的东西长度基本一致。

1　本文有关北京故宫角楼的数据，采用基泰工程公司 1941 年 8 月实测北京故宫角楼的图示数据。转引自刘畅著作《北京紫禁城》（清华大学出版社，2009 年 5 月第一版）第 190 页之插图。

3. 明北京宫城中轴线最北面的一个宫殿钦安殿，不仅其盝顶形制与空间方位，均与《辍耕录》和《析津志》记载的元宫城清宁宫相吻合，且阶石与栏板的雕刻呈元代艺术风格，而且其建筑尺度也为元代所规划：①钦安殿东西长约30.4米，约合95.23明营造尺，却恰合95元营造尺；②钦安殿进深长约14.7米，约合46.05明营造尺，却恰合45.95元营造尺。

4. 明北京宫城中轴线与武英殿之间有一座单孔石桥断魂桥，为宫城内众多石桥中石雕工艺最为精湛的一座，被艺术史家和学术界公认为元代的艺术风格。断魂桥的南北长度为16米，约合50.2明营造尺，却恰合50元营造尺。

上述这些明显呈元代建筑风格和规划尺度的建筑，可以作为明北京宫城空间是对元大都宫城空间整体继承的又一"实物"证据。

论据十 明北京宫城中轴线上外朝和内廷的区域空间规划与南北长度，所显现的元代规划尺度特征，也能证明元大都宫城与明北京宫城在同一空间位置。

实例：明宫城南墙至奉天门（清太和门，在元大明门位置），奉天门（大明门）至奉天殿（清太和殿，在元大明殿位置）基座南沿，谨身殿（清保和殿，在元大明殿后寝殿位置）至乾清宫（元延春阁位置）基座南沿，乾清门（元延春门位置）至坤宁宫（元延春阁后寝殿位置），乾清宫（元延春阁位置）至钦安殿（元清宁宫位置）的空间距离，均约176米，约合550元营造尺。

由明北京宫城留存的以上五组建筑空间的规划尺度可知：① 明北京宫城完全继承了元大都宫城外朝和内廷的宫殿基址，即在元大都宫城外朝和内廷的原宫殿基址上，重新按照明代的规划、尺度和建筑风格，规划建筑了"前三殿"和"后三宫"；② 沿用前朝左、右路宫殿建筑，故规划尺度不为明代特征。如果不是沿用元大都宫城基址和宫殿基址的话，明朝皇帝怎么可能用元代尺度去规划自己的皇宫呢？如果明北京宫城是在元大都宫城以南400多米的话，明北京宫城的外朝、内廷以及前朝左、右路的宫殿，就一定都会按照明代的规划尺度去规划，而绝不会按照元代的规划尺度去规划。就一定都会按照明代的风格去建筑，不会是只有中轴线上的外朝三大殿与内廷后三宫是按照明代的风格去建筑，而中轴线上的钦安殿和东、西两路的文华殿和武英殿却是按照元代的风格去建筑。

从明北京宫城与元大都宫城最主要的"外朝"和"内廷"宫殿台基的空间位置的完全"重合"看，明北京宫城与元大都宫城的空间位置也一定是完全"重合"的。如果元大都宫城是在明北京宫城之西，或者是在明北京宫城之北400多米的话，明北京宫城与元大都宫城的基址和中轴线不可能同时完全重合。因此，我们有理由相信：明北京宫城空间与元大都宫城空间具有同一性。

论据十一 明北京宫城外朝三大殿后，曾建有一座云台门，也能证明元大都宫城和明北京宫城同址。"云台"，顾名思义有"高耸入云的台基"之意，为蒙元的称谓。今居庸关还有元代所建的"云台"一座。相比之下，元大都宫城外朝大明殿的台基，要比居庸关"云台"高大许多，故为宫城里面的"云台"，并在其后部建有"宝云殿"。明代迁都北京，在元大都宫城基址上，按明代的风格规划修建外朝和内廷宫殿，并沿用元大都宫城的宫殿台基，仍称外朝宫殿台基为"云台"。因在"云台"北部不再建外朝后庑及"宝云殿"，故在外朝宫殿台基"云台"的后部，即谨身殿（今保和殿）后建"云台门"一座。由此可知：元大都宫城外朝宫殿基座与明北京宫城外朝宫殿基座同址，且名称都有延续性。

论据十二 今故宫外朝右路武英殿东侧有一单拱石桥，俗称"断魂桥"，其建造与石雕工艺之高超为明宫城内众多古石桥之冠，因此被有些学者误认为是元代"周桥"。明初萧洵《故宫遗录》对周桥的空间位置有较详细地记载："棂星门内约二十步有河，上架石桥三虹，皆琢龙凤祥云……桥下有四白龙擎戴水中，甚壮……"可知"断魂桥"非"周桥"。明洪武二年至三年拆除了元大都宫城和中轴线上的主要建筑，用以建造明中都宫殿等。因"断魂桥"为元大都宫城内的一座便桥，且不在中、东、西"三路"上，故没有拆除。"断魂桥"保留至今，其元代石雕艺术风格和元代规划尺度的长度，可以告诉人们：明北京宫城是在元大都宫城基址上重建的，元大都宫城应与明北京宫城同址。

论据十三 从史料记载的明北京宫城建筑的体量，要比明南京宫城的建筑"宏敞过之"的事实分析，明北京宫城无疑是沿用了元大都宫城及其宫殿规划所致，可谓是元大都宫城的"再版"无疑。多年来，有学者认为，明南京宫城参照明中都宫城及宫殿的规划，明北京宫城又参照明南京宫城及宫殿的规划。也有学者认为，明北京宫城既参照了明南京宫城及宫殿的规划，依据是建筑规划格局与建筑风格；又参照了明中都宫城及宫殿的规划，依据是宫城空间和建筑体量。笔者认为：明北京宫城是对元大都宫城的沿用和改建，所以才有明北京宫城的建筑体量较明南京宫城的建筑"宏敞"。依据是：

1. 明北京宫城虽为明代三座宫城中修建最晚的一座，但却是保留元代建筑风格与规划格局最多的一座，原因上文已论及。

2. 明中都宫城是对元大都宫城的仿建，下文即"论据二十四"将详述。

3. 明南京是对明中都的仿建，但出于建筑材料不足和朱元璋的"质朴"思想，所以明南京宫城的空间以及宫殿、城门的体量都要比明中都宫城的小，也比明北京宫城的小。

4. 明北京宫城则改元大都宫城与大城之间仅有皇城一门的规划格局，将大城南城墙南移，仿明南京规划、按照明代规制和建筑风格，在宫城与大城之间规划修建了三座"券式门"——端门、承天门、大明门。

5. 因明北京沿用元大都宫城和阙左、右门[1]以北的元代规划格局，所以使得明北京宫城和宫殿、城门等要比明南京的"宏敞过之"：明北京宫城午门城台的东西长度比明南京宫城午门城台的东西长度，长出约30多米，而阙左、右门往南，规划有东、西庑房与端门城台和承天门城台形成两个封闭的广场空间，所以在宫城南面的端门城台和承天门城台的东西长度，也都比南京的要长，这样规划不至于比例失调，所以城楼也就比南京的要高大了，故称"宏敞过之"。 因此，明北京宫城空间无疑是元大都宫城空间的"翻版"。

论据十四 明代史料有关于修建北京大城城墙的记载，但没有关于修建北京宫城城墙的记载。

---

1 参见《明英宗实录》："正统元年（1436年）六月丁酉，修阙左、右门及长安左、右门，以年深瓴瓦损坏故也。"而此时距永乐朝完成北京宫城的改建（1420年），仅过了16年的时间。由此记载可知，阙左、右门最迟为元代所规划修建的大内夹垣之门。

在中国历史上，历朝历代营建国都，都以宫城为核心，大城次之，其他城垣又次之的序列，为规划建筑原则。明永乐朝营建北京是在元大都大城、宫城及皇城等"五重城"的规划基础上进行改建的。因大城和宫城的城墙高大且修建困难较大、时间较长，故采取了"可沿用即沿用、不可沿用则改之"的原则和办法。如沿用元宫城四面城墙和大城东西城墙，而大城南城墙不可沿用则向南扩展。凡新建宫殿、城门、城墙都记入史册，沿用的则未记。由明北京宫城城墙的修建未记入史册这一点可间接证明：明北京宫城城墙沿用了元大都宫城城墙是确凿无疑的。因此，明北京宫城空间是元大都宫城空间的"再版"。

论据十五 明北京宫城的修建时间相对过短，与历代完全新建宫城所需时间大大不一。元大都宫城的修建，从至元三年"冬十二月丁亥，修筑宫城。"[1]"四年（1267年）夏四月甲子，新筑宫城。"[2]"五年（1268年）冬十月戊戌，宫城成。"[3]"至元八年（1271年）八月十七日申时动工，明年（1272年）三月十五日即工。分六门。"[4]到至元十一年（1274年）"冬十一月，起阁南直大殿及东西殿。"[5]还不算宫城内的其他建筑，就用了8年的时间，且还是在金太宁宫宫城基址上改建的。[6]明中都尚未建完就用了7年多时间，而明北京宫城的"整体"修建则只用了四年。即永乐十五年（1417年）到永乐十八年（1420年）。况且明北京宫城是在拆毁元大都宫城内部主要建筑后，[7]重新按明代的建筑风格建成的，与明南京的宫城建筑相比，"高敞过之"。[8]从明北京宫城三大殿多次修建的记载中得知，每次修建都须2—3年才能完成。而事实是，重建宫城各类建筑数千间，包括更换元大都宫城城墙城砖，改建城楼、城门等，仅仅用了四年时间。这已为历代宫城建设的奇迹了。这一史实，也能从侧面证明：明北京宫城是在元大都宫城旧基上改建的，所以明北京宫城里，既有明代风格的建筑，又有元代风格的建筑同时出现，这在明三都宫城中是仅见的。并且明代史料关于北京宫殿的记载，只写"修建"，而不写"营建"——即规划修建；也未写宫殿的地基工程，古建专家认为宫殿地基的工程量要大于宫殿的工程量；在北京故宫的地下，发现多处元代宫城的地下设施，有石砌排水道、大型宫殿石础等；在北京故宫的地上，又发现多处元代风格的建筑，有断虹桥、武英殿西朵殿后浴室、南熏殿、钦安殿、故宫角楼等。这一奇怪的现象是在告诉后人一个事实：明北京宫城是在元大都宫城空间基址上改建、重建的。

论据十六 明北京"五重城"的内三重城，即宫城、卫城、禁城的"中北部"基本沿用了元大都的规划，只是在元大都宫城夹垣阙左门、阙右门以南做了新规划。

1. 拆除元大都中轴线上的周桥、千步廊、丽正门、丽正门瓮城以及元皇城南垣和大城南垣、

1 《元史·世祖纪》。笔者注：至元三年冬十二月至至元四年夏四月，为修复金太宁宫宫城城墙的时间。

2 《元史·世祖纪》。

3 《元史·世祖纪》。笔者注：即"加厚宫城城墙"。

4 《辍耕录》卷二十一《宫阙制度》。笔者注：即"改换门庭"。

5 《元史·世祖纪》。

6 笔者注：至元三年为"修筑"，即修补金太宁宫宫城城墙；至元四年为"新筑"，即按元规划尺度加厚金太宁宫宫城城墙，并在城墙外侧垒砌白瓷砖；至元五年"宫城成"，即宫城城墙墙体完工；至元八年八月至九年三月，为改建和"初建"城台、城门、城楼、阙楼等。至此，元大都宫城城墙、城台、城楼、城门均告完工。

7 笔者认为：拆毁元宫城主要宫殿等建筑的时间，可能始于洪武二年至三年。

8 孙承泽《春明梦余录》。

填平外金水河、南护城河、金口河。

2. 在元大都宫城以南的中轴线上规划新建：①端门（为改建元皇城棂星门而成）、承天门、大明门、新丽正门（后改称正阳门）四道城门（均为内外券式门）；②禁城、皇城、大城三道城垣；③太庙和社稷坛；④外金水桥和千步廊。

3. 永乐朝迁都北京，在元宫城崇天门（即明宫城午门）以南约175.55明营造尺（约560米）的承天门东西一线，确定明皇城南垣（即今菖蒲河北侧红墙）[1]，并在此空间内规划"左祖、右社"；宣德朝又将皇城南垣往南拓至今菖蒲河南侧东西一线（即长安街北侧红墙）。

4. 在元皇城北垣往北约50.75明营造丈（约合162米）的地安门东西一线，建皇城北垣，以使皇城南、北垣相距约为858.95明营造丈，约2742米。

由元大都和明北京"内三重城"的规划分析可知，元大都宫城不可能在明北京宫城之北400多米的位置，而应与明北京宫城在同一位置，即明北京宫城空间是元大都宫城空间的"再版"。

论据十七 明北京大城的规划，也能证实明北京宫城空间是对元大都宫城空间的继承。明北京大城的规划，可谓是继承并改造了元大都南大城的规划。明北京在继承元大都中轴线钟楼北至宫城崇天门的规划空间的同时，向南拓展大城南城垣至正阳门东西一线，使大城南、北城墙外侧之间的长度为3395明步（合9.43明里，约5370米），以象征帝都的"九五之尊"。南拓大城南城垣约450明步（约712米）[2]，至新丽正门（后改称"正阳门"）。元大都大城南城墙丽正门外侧北距宫城的距离约为476.5元步（约749.3米）；明北京大城南城墙外侧北距宫城的距离约为923.65明步（约为1461米）。

明北京南拓大城既体现了明王朝皇权的"九五之尊"，又使"三朝五门"的规划有了空间的保障。如果明王朝不将北京大城南墙南拓，因元大都大城丽正门北距宫城的距离只有约476.5步，且还有千步廊占去相当的空间，其"三朝五门"的规划就无法实现。明北京大城南城墙南移的原因，不是什么"大城南城墙的南移是因为宫城的南移而南移"，而是因新的"三朝五门"规划所致。如果元大都宫城是在明北京宫城以北400多米的话，那么就南距大城约为1200多米了，明北京完全可以在此空间直接规划"三朝五门"了，还有必要将大城南城墙南拓约1明里许吗？可见元大都宫城并不是在明北京宫城之北400多米，而是与明北京宫城同址。

论据十八 明北京皇城"甲"字型的规划，也能证实明北京宫城是在元大都宫城旧基上改建的。明北京皇城的规划是：

1. 将元大都皇城"田"字形规划布局改为明北京皇城"甲"字形规划布局。明皇城"甲"字形南北相距约为6明里，约合2155明步，约为3409米。明北京皇城"田"字部分的北垣，在元大都皇城"田"字形的北垣往北扩展了50.75明营造丈（约162米），至地安门东西一线；南垣，向南扩展至距宫城午门约175.55明营造丈（约560米）的天安门红墙东西一线；明北京皇城"田"字形部分南北相距约为858.95明营造丈（约2742米）。在"田"字形的南垣往南"突出"了约1.176明里（约423.5明步，约670米），以构成"甲"字形，并在"甲"字形向南突出的空间里规划天街、

1　天安门东西一线红墙，永乐朝为皇城南垣，宣德朝外拓皇城南垣后改为南禁垣。

2　参见本书第十一章。

千步廊和皇城正门大明门。其中，明北京皇城"田"字部分的南垣至北向千步廊约为0.2明里（约72明步，约114米）规划为天街，至北向千步廊以南的东西向萧墙约为0.3明里（约108明步，约171米），千步廊以南的东西向萧墙至大明门约为0.876明里（约315.5明步，约499米）；千步廊北端至南端约为0.95明里（约342步，约541米）；千步廊南端至大明门约9.5明步（约15米）。

2. 宣德年间又将皇城"田"字形的南垣往南移了约15明营造丈（约48米）；使皇城"田"字形部分南北相距约为4.9明里（约合1764明步，约为2790米）。

3. 拆除了元大都宫城以南的周桥、元皇城南垣、千步廊、大城正门丽正门及大城南城墙；在元宫城崇天门（明改称午门）往南约903.76—约923.65明步（约1430—约1461米）规划新建了大城正门——新丽正门（后改称"正阳门"）；又在宫城午门与大城正阳门之间，规划新建了卫城正门端门、禁城正门承天门、皇城正门大明门及千步廊。

端门城台（深约125.5明尺，约40米）北侧位于宫城午门南至禁城承天门约175.55明营造尺长度空间的黄金分割点（约346米）上。在承天门以南，规划、新建金水桥、"天街"广场、千步廊和皇城正门大明门。可见明永乐朝南拓北京皇城和大城之南垣，确实是因为帝京"三朝五门"规划所致，而未将元大都宫城南移，因此明北京宫城空间应该正是元大都宫城的空间。

论据十九　明北京禁城的规划，也能证实明北京宫城是在元大都宫城故基上改建的。明北京禁城的中北部及其7门〔北中门、北中东门、北中西门、东中北门（御马监门）、西中北门（乾明门）、东中门、西中门〕为沿用元禁城（除南垣外的）墙垣及其15门中的7门。北中门，原系隋临朔宫宫城北苑和金太宁宫宫城北苑之外的"北禁垣门"；元沿用为禁城北门；明继续沿用为禁城北门。明永乐朝将"左祖右社"规划在阙左门、阙右门以南的皇城内，宣德朝又将"田"字形的皇城南垣往南移动了约15明营造丈），使原来位于天安门东西一线的红墙，成为禁城南垣，从而使禁城分布在皇宫南、北，一改元大都紫禁城南有宫城、北有禁苑的"凸"字形规划布局，为明北京紫禁城中有宫城、北有禁苑、南有太庙和太社稷的"中"字形规划布局。[1] 所以，刘若愚在《明宫史》中称："承天门为紫禁城的第一重门。" 可知，明北京宫城阙左门、阙右门以北的禁城空间，完全继承了元大都禁城的规划与格局，所以明北京宫城与元大都宫城的空间位置也完全一样，没有任何变化，明北京宫城无疑是元大都宫城故基上改建的。

论据二十　明北京卫城的规划，也能证实明北京宫城是在元大都宫城故基上改建的。虽然永乐皇帝迁都时按照明朝规制在宫城之外开挖了护城河并拆除了部分元宫城夹垣，但保留了元宫城夹垣各门以作为护城河外的防卫设施。明北京卫城及其十一个门（阙左门、阙右门，北上门、北上东门，北上西门，东上门、东上南门、东上北门，西上门、西上南门、西上北门）为沿用元宫城夹垣及其十五个门中的十一个门。阙左门、阙右门，系元大都宫城南夹垣之门，明永乐朝迁都北京沿用之。《明英宗实录》载："正统元年六月丁酉，修阙左、右门和长安左、右门，以年深瓴瓦损坏故也。"明英宗正统元年（1436年）距明太宗永乐十八年（1420年）改建北京宫城仅仅16年，但阙左门、阙右门却因"年深瓴瓦损坏故也"而修葺。从此次修葺阙左门、阙右门的情况可知：明北京宫城就是在

1　笔者注：宣德朝外拓皇城南垣才完善了禁城的规划。

元大都宫城故基上改建的，明北京宫城空间是元大都宫城空间的"再版"可谓确凿无疑。

  论据二十一 明北京大内禁苑的规划，也能证实明北京宫城是在元大都宫城故基上改建的。今景山公园作为明清两朝的大内禁苑，是研究北京历史地理的学者们的共识。然而，景山公园的东西尺度，其北、东、西三垣以外残存的红墙与景山公园之间的空间尺度，其南垣至北上门以及至宫城北城墙的尺度，均不合明代规划尺度的"整数"特征。[1]再者，元代史料《辍耕录》明确记载："厚载北为御苑，外周垣红门十有五，内苑红门五，御苑红门四，此两垣之内也，"[2]《马可波罗行记》云："皇宫北方一箭之地，有一丘陵，人力所筑……大汗之宫殿与太子宫之间，有一大坑，其土用于堆筑上述之丘……"[3]。明洪武初年的史料也都记载了元大都宫城以北为大内禁苑，萧洵《故宫遗录》云，大内北为禁苑，内有金殿。刘崧在任北平按察使时[4]曾有诗曰："宫楼粉暗女垣欹，禁苑尘飞辇路移。"[5]《万历野获编》煤山条记载了洪武初年，大臣宋濂奉命修《元史》，曾为《大都金台十二景画卷》题过跋文，该画卷中"煤山"[6]为金台十二景之一。因此，我们可以从大内禁苑的规划尺度不合明尺度之"整数"的特征和景山的成因得知：明北京宫城百分之百是在元大都宫城故基上改建的，明北京宫城空间是对元大都宫城空间的继承。

  论据二十二 明、清两代宫城的巡、卫空间与"红铺"（禁卫军之"岗亭"）的设置，也能证明元大都宫城与明北京宫城同址。史料记载：明、清两代在宫城外面四周设有若干"红铺"以加强宫城的保卫，夜间还要顺时针沿"红铺"进行巡逻。其夜间巡、卫路线都是：阙左门—阙右门—西上门—北上门—东上门—阙左门。《马可波罗行记》、《辍耕录》、《明英宗实录》等史料均记载：上述五个门，为元大都大内夹垣（卫城）之门。因此，明、清两代宫城的夜间巡、卫路线都与元大都宫城的夜间巡、卫路线完全一样。可知：明北京宫城与元大都宫城的空间完全相同。

  论据二十三 明永乐朝北京大城向南扩展和中轴线的向南延伸，也能证明明北京宫城与元大都宫城同址。永乐迁都北京，要在北京中轴线上按照帝京的建筑规制规划"三朝五门"。因元大都宫城南至大城丽正门只有476.5元步，空间过于狭小，正如《辍耕录》所云："大内南临丽正门"，因不能满足"三朝五门"规制的空间需要，故将大城南城墙南移，将中轴线往南延伸了约1.25明里（合450明步，约712米，故而将元大都的"五重城、三重门"[7]改为明北京的"五重城、五重门"（增加了卫城和禁城的"南门"——端门和承天门）。明北京将大城南城墙南移至正阳门、崇文门、宣武门东西一线，使得宫城南至大城的空间，由元大都时的约476.5元步变为约923.65明步。显然，明北京向南扩展大城的空间，不是因为什么"宫城的南移所致"，而是为符合"三朝五门"的帝京规制所致。

  根据史料记载和对实地空间的勘查，我们得知：1.元大都中轴线从北起点钟楼市北街北口至丽

---

1 本书第十四章《景山规划探源》有较详尽的论证。

2 《辍耕录》卷二十一《宫阙制度》。

3 《马可波罗行记》第八十三章《大汗之宫廷》。

4 时间为洪武三年至十三年，参见单士元《故宫史话》，新世界出版社，2004年6月。

5 笔者注：刘崧写下此诗句时，元大都宫城中轴线宫殿等主要建筑，已被拆除并用于修建明中都宫殿了，故宫苑呈现破败景象。

6 笔者注：宫城以北之土丘，元代称"青山"，明洪武朝称"煤山"，永乐朝称"福山"，万历朝，改称"万岁山"，清初改称"景山"。

7 笔者注：因空间原因，元大都宫城南夹垣（卫城）无端门，禁城也无"南门"。

正门的长度约为 8.65 元里（约 2595 元步，约 4081 米）；至丽正门瓮城前门约为 8.95 元里（约 2685 元步，约 4222 米）；至丽正桥约 9.1 元里（即"九里三十步"，约 4293 米）。2. 永乐朝明北京中轴线的长度向南延伸至正阳门约为 8.43 明里（约 3035.5 明步，约 4802 米）。3. 永乐朝明北京只是中轴线向南延伸了，而未将元大都宫城向南移动，明北京宫城与元大都宫城的空间完全一致。

论据二十四　洪武二年至八年规划兴建的明中都宫城规模、午门至外朝的尺度及内外金水桥的空间布局与元大都完全一样，宫城夹垣及诸"上门"的空间位置也与元大都宫城完全一样，可见应为仿元大都"帝京规制"所为。明中都是明三都中最早规划兴建的，它所依据的蓝图是什么呢？它的建筑材料来自哪里呢？《明太祖实录》记载洪武二年九月癸卯诏建中都："始命有司建置城池、宫阙如京师之制焉。"朱元璋的意思很清楚：要在他的家乡兴建京师。那什么是"京师之制"呢？所本于何呢？绝不可能是仿效他在南京称吴王时的宫殿制度，而只能是仿效元大都的宫殿制度。因此，就有了《明太祖实录》记载的洪武二年十二月丁卯"奏进工部尚书张允所取《北平宫室图》，上览之"的事情发生；就有了宫廷画师到大都画了"金台十二景"并且由主修《元史》的大臣宋濂在画上题跋的事情发生；就有了工部主事萧洵随工部大臣赵耀赴大都"守护王府"、"毁元宫室"的事情发生；就有了宋元风格、且完全是元尺度的的须弥座、石雕柱础、各色琉璃瓦出现在中都宫殿等建筑上的事实；就有了中都宫城午门外、端门内（约 35 米）有"周桥"（三座石桥）且空间距离完全与大都一样（大都周桥位于皇城棂星门内 20 步许）的事实出现；就有了内、外金水河的流向与空间位置完全同于大都而不同于明南京和明北京的事实出现；就有了千步廊规划在皇城外（与元大都一样，后为明南京和北京的千步廊的规划所效仿）的事实出现；就有了一再强调"朴素坚壮"的朱元璋在刚刚推翻元朝统治，还未完全定于一宇，且没有时间筹措明中都及宫殿的建筑材料，但其所建的明中都，不仅规模宏壮 [1]，而且雕峻奇巧、奢侈华丽的事实出现；就有了洪武八年突然罢建中都宫室，改建南京为京师的事情发生。

有学者认为，明北京宫城不仅有很多地方是仿建明南京宫城的，且"高敞过之"；而且还有很多地方是仿明中都宫城规划的。对此观点，笔者不敢苟同。从时间表象上看，明北京宫城建的最晚，好像是有仿效明中都宫城规划的可能；但从本质上看，与其说明北京宫城是明中都宫城的翻版，还不如说明中都宫城是元大都宫城（后为明北京宫城）的翻版更符合事实：

1. 朱元璋建明中都，不仅"城池、宫阙如京师之制"，而且宫城的南北长度为 302.95 明营造丈，与元大都宫城的"南北六百十五步"[2] 相同；宽度约 890 米 [3]，却超过元大都宫城的"东西四百八十步"[4]，以显示"胜利者"的"超越"。

2. 拆毁元大都宫殿等中轴线上的主要建筑，用于修建明中都宫殿和中轴线上的主要建筑——在明中都遗址发现的宫城午门城台的须弥座、宫殿柱础、桥梁等石雕工艺精绝且为元代艺术风格，更有各色琉璃瓦出土，与史料记载的元大都宫城大明殿所用的柱础、石雕、各色琉璃瓦等建材完

1　笔者注：洪武八年罢建中都后规划兴建的明南京宫城要比明中都逊色多了。

2　笔者注：明中都宫城南北长度实测为 967 米。

3　笔者注：约 278.95 明营造丈。

4　笔者注：实为 479.5 元步，约 754 米，折合明营造尺 236.2 丈。

全一致。

3．明中都内外金水桥的南北空间规划及流向也完全与元大都的相同，而与后建的南京和北京的内外金水桥则不完相不同。

4．宫城南北空间和外朝至午门的空间完全与大都的相同，而比南京的要"宏敞"许多。

5．明北京宫城保留的元规划尺度、元建筑风格（在明三都中，只有北京宫城各门为内券外过梁式、宫殿为"工"字型基座……）、元宫城夹垣之门、元的规划格局等等，都能证明：不是明北京仿效了明中都宫城的规划格局，而是明中都的"如京师之制"的规划格局，效仿了元大都宫城之制。

6．元大都宫城虽经明永乐朝改建而成为明北京宫城，但明北京宫城不仅出现了元、明建筑风格并存的现象，而且更重要的是元大都宫城所体现的宫城"前朝后寝"、"中、东、西三路布局"的整体规划格局没有被改变。因此，可以说明北京宫城与元大都宫城在空间上具有同一性。

论据二十五 自北京故宫博物院建院伊始就在故宫工作的故宫学家、曾担任过故宫博物院副院长的单士元先生认为：明北京宫城是在元大都宫城的基址上建造起来的。他在《明中都研究》的序言中写道："在全国解放后，维修故宫，曾发现元代宫殿的大石套柱础、元宫浴室下层基础石板、殿阶雕石。至于元朝宫殿上各色琉璃瓦件更是日有发现。……我们在维修故宫工程中所发现多种建筑材料和建筑遗址，可以肯定明代永乐初年兴建的皇宫，就是在元代大内旧基上建造起来是千真万确的。"笔者完全赞同单士元先生的观点，且明确提出并论证了明北京宫城空间是元大都宫城空间的"再版"的观点。

第二节　从元明建筑风格的对比中看元大都宫城的具体空间位置所在

从艺术史的角度分析，我们知道元明两代的艺术风格是不同的，反映在建筑上的差异也是十分明显的：元代的艺术风格是繁复而呈多元色彩，可谓尚白中的五彩缤纷；明代的艺术风格是简单而呈单一色彩，可谓尚红和尚黄。因此，我们可以从明北京故宫遗存的有明显的元代建筑风格的古建筑中探知：明北京宫城完全是在元大都宫城基址上重建的。请看下面几个具有"活化石"意义的实例：

实例一 明北京宫城角楼呈明显的元代建筑风格——十字脊三朵楼，即十字脊三重檐朵楼，与元代《辍耕录》记载的"角楼四，据宫城之四隅，皆三朵楼，琉璃瓦饰檐脊"完全一样。《辍耕录》还记载元大都宫城崇天门"阙上两观皆三朵楼，"应与宫城角楼的"三朵楼"一样。而经过明代改建的午门东西阙台上的两观的建筑风格与宫城角楼的建筑风格迥异。可知：明在继承和改建元大都宫城时，只是"改换门庭"——将午门城楼、阙上两观改为明代风格的建筑，而有元代风格的角楼则没有改建。

《马可波罗行记》、《辍耕录》、《故宫遗录》都明确记载：元大都宫城四隅、宫城外朝和内廷的四隅、及崇天门阙台，均建有角楼，形式完全相同——十字脊三朵楼。明代嘉靖年间，曾经用拆除元大都宫城外朝大明殿的东南角楼和西南角楼的建材，在大高玄殿南门外修建了两座"习礼亭"——"昃明阁"、"（水月）灵轩"，实乃"复建"或"还原"了元宫城外朝大明殿的东南角楼和西南角楼，其建筑样式和建筑风格与故宫角楼几乎一模一样。

据故宫学家单士元先生记述：在 1956 年拆除与故宫角楼建筑风格、建筑样式几乎完全相同的大高玄殿前的两个"习礼亭"时，发现在两个"习礼亭"的木构件上，清晰地写着"大明殿东南角楼"与"大明殿西南角楼"的字样。[1] 据此可推断：明洪武二年至三年，拆除了元宫城内中轴线上的主要宫殿建筑，并用其材营建明中都的主要宫殿建筑，因明宫城外朝角楼为明代建筑风格与建筑形式，故未采用元宫城外朝大明殿东南、西南两个角楼的木构件，直至嘉靖年间才按原结构在大高玄殿南门外复建了"两座角楼"，称"习礼亭"，以备祭祀之需。由此可进一步推知：今故宫的角楼，也是"十字脊"的"三朵楼"，为明北京宫城所沿用的元大都宫城角楼，只是将元代的白琉璃瓦更换成明代的黄琉璃瓦而已，但其建筑风格、建筑样式与元大都宫城外朝角楼几乎完全相同。更据说服力的是：明北京宫城角楼"三朵楼"从地面至十字脊宝顶的通高为 27.5 米，恰合 85.95 元营造尺。角楼的角楼中线、曲尺间和外间的南北长度与东西长度相等，分别为：44.95，26.95，17.795 元营造尺。明北京宫城角楼的建筑风格和营造尺度，可作为元大都宫城空间为明北京宫城全盘继承的论据和论证元大都宫城具体空间位置的第二十六个论据。

实例二 明北京宫城中轴线北端的钦安殿，其盝顶的建筑样式，以及花雕石础、花雕石阶和石栏板的雕刻等，均为元代艺术风格，且与元代《辍耕录》和明初《故宫遗录》记载的清宁宫，在空间位置、建筑样式等方面完全吻合。《辍耕录》记载清宁宫位于元宫城最北部，北为萧墙门和厚载门。萧洵《故宫遗录》云："清宁宫远抱长庑，南接延春宫"，即在延春阁寝宫之北，就在今钦安殿的位置上。位于中轴线上的元宫殿建筑清宁宫之所以没有被明初拆毁，是因为其建材不够高大，不能满足明中都宫殿的需要；又传说在"靖难之役"中位于北方的真武大帝保佑了燕王朱棣，使其登上了皇位，故朱棣在元大都宫城基址上改建明北京宫城时，不许拆毁清宁宫等宫殿，而改称"钦安殿"。因此，钦安殿所呈现的清一色的元代建筑样式和艺术风格是证明元大都宫城具体空间位置的第二十七个论据。

实例三 明北京宫城外朝武英殿西朵殿浴德堂后有一穹窿形建筑的土耳其浴室，室内顶及壁满砌白釉琉璃砖，其构造为淋浴浴室，属于阿拉伯式建筑。此浴室前有小殿、后有井亭，其规划布局与《辍耕录》、《故宫遗录》所记元代浴室情况相同。[2]"澡身浴德"，出自《礼记·儒行》。故浴室前的小殿称"浴德堂"。元代尚白，元宫城内的建筑多用白琉璃，杂以各色琉璃。在故宫工作长达 74 年之久的故宫学家单士元先生在《武英殿浴德堂考》一文中认为该浴室为元代所建：

> 全国解放后，对故宫进行维修时，在浴德堂附近地下发掘出元代白色琉璃瓦片，琉璃釉与浴室琉璃砖相似。1983 年北京市文物工作队在阜成门外郊区发掘出一座元代白色琉璃窑，得残瓦片数千件，与浴德堂白色琉璃砖色泽亦相似。……旧北京崇文门外天庆

---

1 单士元《故宫史话》，新世界出版社，2004 年 6 月。

2 单士元《我在故宫七十年》，北京师范大学出版社，1997 年 8 月。

寺有窑式形状的古代浴室一座，与武英殿浴德堂浴室建筑颇相似，全部用砖建造，工艺极精，传为元代之物。抗战前，据中国营造学社鉴定，认为这座浴室圆顶极似君士坦丁堡圣棱亚寺。……据此，故宫浴德堂浴室为元代所遗又一旁证。[1]

而明清故宫内的浴室的建筑风格却不是这样。结合信仰伊斯兰教的西域人在元代的地位较高，且多为朝廷做事，又有阿拉伯人也黑迭儿等著名建筑家全程参与了元大都宫城的修建。所以故宫外朝武英殿西朵殿浴德堂后的土耳其浴室，可以作为论证元大都宫城具体空间位置的第二十八个论据。

实例四 明北京宫城外朝武英殿东侧有一座石桥，南北长 16 米[2]，俗称"断魂桥"。该桥的栏板图案雕刻精美、望柱雕刻古朴，为明北京宫城所有石桥中最为华丽的一座，考古学家和艺术史家多认为系元代所建。其石雕艺术风格与明中都宫城午门城台须弥座和内五龙桥的石雕艺术风格极其相似。[3] 笔者认为，明中都宫城中轴线上的宫殿须弥座、墀陛、花雕石础、名贵木料、各色琉璃瓦、石桥等建筑所用的材料均系洪武二年至三年拆除元大都宫城中轴线上的主要宫殿和石桥等建筑的材料，而体量不大的盝顶殿清宁宫则未拆除，不在中轴线上的建筑，如武英殿、文华殿、南熏殿、断魂桥、浴德堂浴室等也均未拆除；永乐迁都北京所建的皇宫，是在元大都宫城基址上改建的，即沿用元大都宫城城墙和未拆除的宫殿、石桥等，在已经拆除的宫殿、石桥基址上重新修建起明代风格的宫殿和石桥。所以，中轴线上重建的内五龙桥的石雕艺术风格，却与元大都宫城遗留的断魂桥的石雕艺术风格完全不同且逊色不少。通过对明北京宫城现存的多座石桥的石雕艺术风格的对比，我们得知：元大都宫城的整体规划格局为明北京宫城所继承。呈现元代建筑尺度和艺术风格的断魂桥及其石雕艺术，可以作为论证元大都宫城具体空间位置的第二十九个论据。

实例五 明北京宫城"外朝"三大殿的"工字型"台基形制与元大都宫城"外朝"大明殿的台基形制完全相同。反观另外三组明初的宫殿建筑台基形制——明中都宫城和明南京宫城以及明北京太庙的三大殿都是"土字型"台基，即台基的一"竖"，也就是丹墀与中殿的宽度一样。而永乐朝营建的明北京宫城三大殿台基的一"竖"，其"中殿"台基的宽度要比前殿丹墀的宽度窄得多。显然是沿用了元大都宫城大明殿有"柱廊"的"工字型"台基。

通过明初四组最高等级的宫殿台基形制的比较，笔者认为：明北京宫城外朝三大殿的"工字型"台基就是元大都宫城外朝大明殿的三重墀陛，二者基座的形制、空间、格局、尺度完全相同，只是将元大都宫城外朝大明殿的"两殿一廊"改为明北京宫城外朝的"三大殿"，即按明代风格拆除了位于前后两殿之间的柱廊，将柱廊东西向相对狭小的空间改建成体量与前后殿不成比例的华盖殿（嘉靖朝改称"中极殿"，清改称"中和殿"），但未改元大都宫城柱廊东西两侧的台阶，所以台阶不正对华盖殿（即今中和殿）。[4] 明北京宫城外朝三大殿与太庙三大殿相比，宫城外朝三大殿中的前、后二殿比太庙三大殿中的前、后二殿的东西长度还要稍长，"体量"也稍大；而宫

1　单士元《我在故宫七十年》，北京师范大学出版社，1997 年 8 月。

2　笔者注：合元营造尺 50 尺。

3　王剑英《明中都研究》（中国青年出版社，2005 年 7 月版）一书中有大量石雕照片，其石雕艺术风格与钦安殿、断魂桥的石雕艺术风格完全一样。

4　笔者注：明华盖殿建在元大明殿柱廊内的御榻位置上，故不在左右墀陛台阶正中。

城外朝三大殿中的中殿却要比太庙三大殿中的中殿的东西长度短许多，"体量"也小了许多。

明北京宫城"外朝"三大殿的"工字型"台基形制，是明初四组最高等级的宫殿建筑中仅有的。再者，元大都宫城内廷延春宫为"工字型"基座，明北京宫城内廷"三宫"也为"工字型"基座，且尺度、规制、空间方位也完全相同。因此，我们有理由认为：明显与明代宫殿建筑基座风格不符，却与元代宫殿建筑基座风格相同的明北京宫城外朝和内廷宫殿的"工字型"基座，可以作为论证元大都宫城具体空间位置的第三十个论据。

实例六 虽然明北京宫城各门与元大都宫城各门的数量和"位置"不完全相同，但城门建筑的内券式门洞、外过梁式门的隋唐风格，[1]仍能显现出明北京宫城对元大都宫城利用和改造的痕迹。如：明北京宫城的正门午门沿用并改建了元大都宫城正门崇天门的五个门和城楼。但城台的形状、东西南北的尺度，以及城门的隋唐风格[2]都没有做改动。 只是将元大都宫城崇天门十二开间的宫殿式城楼，改为明北京宫城午门九五开间的大殿；将元大都宫城崇天门南向五门，改为明北京宫城南向三门、东西向各一门（即左、右掖门）；将元大都宫城南城墙位于崇天门左、右两侧的星拱、云从二门城台和位于东西城墙中部偏北的元代"初建"的东、西华门城台拆除；将元大都宫城北城墙厚载门一门恢复为三门；[3]将元大都宫城东、西掖门（可能已封堵）恢复为东、西华门。[4]

明中都和明南京的宫城城门以及明北京端门、承天门、大明门的明式建筑风格十分明显——内外均为券式洞门，而明代三大宫城（中都宫城、南京宫城、北京宫城）的城门建筑风格，只有修建最晚的北京宫城却是唯一保留着内券式门洞、外过梁式门的隋唐风格。 从明北京宫城各门隐隐作现的隋唐建筑风格和隋代规划尺度特征可知，明北京宫城是在元大都宫城城垣和主要宫殿基址上"改建"的，明北京宫城城门的内券式门洞、外过梁式门的隋唐风格，可以作为论证元大都宫城具体空间位置的第三十一个论据。

实例七 位于明北京宫城南城墙西段内的南熏殿的元代建筑与装饰风格，揭示了明北京宫城是对元大都宫城的继承与改建的事实。单士元先生在《故宫札记》一书中，对南熏殿的描绘如下：

> 南熏殿台基不高，开间平稳，是明代原构规式，殿中彩画精致无比。一般天花枝条上彩画两端，习惯上只画燕尾图案，南熏殿天花枝条则满画宋锦，与宋代织锦图案相仿佛，一进殿内，举目金碧辉煌。藻井彩画，亦独具风格，精致繁缛。紫禁城中各宫殿藻井画格之富丽，此为第一。

笔者认为，明北京宫城内位置偏于一隅的一个小宫殿，其殿中彩画为宋元风格，与明代风格迥异，且其殿之藻井的彩画之富丽堪称明北京宫城之第一。如果是明代始规划的北京宫城，位于

---

1 笔者注：今北京故宫午门"凹"形城台，非明始规划，其前身是元大都宫城崇天门"凹"形城台；而元大都宫城崇天门"凹"形城台，又是在金太宁宫端门"凹"形城台上改建城楼12间而成的；而金太宁宫端门"凹"形城台的前身，又是隋临朔宫宫城朱雀门"凹"形城台。所以，今故宫午门"凹"形城台之东西、南北的长度，均符合隋的规划尺度。参见本书第四章《隋临朔宫空间位置考辨》、第十二章《北京中轴线宫苑规划之历史沿革》、第十三章《北京故宫规划探源》。

2 笔者注：北京宫城午门为内券、外过梁式，与明南京和明中都宫城午门内外均为券式的明代风格不符。

3 笔者注：元大都宫城为沿用金太宁宫之宫城，金太宁宫之宫城为沿用隋临朔宫之宫城，其厚载门原为三门，元只保留中间一门，封堵了东、西两侧之门。

4 笔者注：应为隋临朔宫初建的东、西华门，后为金太宁宫所沿用。今北京故宫东华门内的石桥，为故宫内所有石桥风化的最为严重的一座。

其西南隅的一个小殿，它的装饰风格、它的藻井画格，怎么可能是宫城第一呢？只有一个可能，那就是：明北京宫城之南熏殿沿用了元大都宫城之南熏殿，天花枝条图案和藻井彩画之"精致繁缛"，均为元代风格，可谓与明代风格不一的"独具风格"。南熏殿的存在，可以证明：明北京宫城是在元大都宫城的空间里重建的，可以作为元大都宫城空间位置与明北京宫城空间位置同一的第三十二个论据。

实例八 北上门的大屋脊明显呈宋元建筑风格，与明代城门、宫殿的屋脊坡度明显不同。从北京宫、苑研究专家朱偰先生所著的《昔日京华》中，我们可以看到北上门的照片，其大屋脊的坡度，明显与故宫和景山现存的歇山顶建筑的屋脊的坡度不同。据故宫有关专家讲，1956年拆除北上门时发现为楠木构建，以为是明代所建。根据《辍耕录》、《故宫遗录》等元代和明初的史料记载，元大都宫城内有楠木殿、有紫檀殿，且宫殿多用楠木构建。结合北上门的大屋脊呈明显的宋元建筑风格，我们可以推知：明代迁都北京，沿用了元大都宫城北夹垣之北上门，与沿用元大都宫城南夹垣之阙左、右门一样，而元大都宫城夹垣是环宫城而建的具有"卫城"性质的一道"城垣"。明北京宫城沿用元大都宫城夹垣之北上门和阙左、右门，更是明北京宫城沿用并改建元大都宫城的确凿无疑的实物证据，所以北上门的宋元建筑风格可以作为论证元大都宫城具体空间位置的第三十三个论据。

第三节　依据诸多史料记载的其他建筑空间位置来论证元大都宫城位置

论据三十四 从元大都大城南部的空间可以看出，元大都宫城与明北京宫城在同一位置。"大汗常在名曰'汗八里'之大城中，……此城在'契丹州'之东北端，其大宫殿之所在也。宫与新城相接，在此城之南部。"[1] "大内南临丽正门。"[2] 我们知道元大都大城北城墙至丽正门南北长度约16.1元里（约7595米）；中心台南至丽正门约8.1元里（约3821米）。其中，中心台至皇城北门"厚载红门"约2.25元里（约1061米）；皇城北门"厚载红门"至皇城南门"棂星门"约5.065元里（约2389.4米；皇城南门"棂星门"至大城丽正门约0.805元里（约380米）。这一实地空间与史料记载的有关元大都宫城、宫城夹垣、皇城、丽正门的空间位置以及中轴线的空间规划等完全吻合。

考古勘查发现的元大都南城墙丽正门，北距宫城崇天门（即明故宫午门）约476.5元步（约749.3米），还不足大都南北长度的1/9，确实是"宫与新城相接，在此城之南部"和"大内南临丽正门"。为什么元大都的宫城规划在大城的南部，而不像隋大兴和唐长安的宫城规划在大城的北部？也不像宋汴京和金中都的宫城规划在大城的中部？这是因为刘秉忠沿用金太宁宫宫城规划元大都宫城所致，所以元大都宫城不可能在明北京宫城之北400多米，而应与明北京宫城在同一空间位置。

论据三十五 从元隆福宫的空间位置可以看出，元大都宫城与明北京宫城在同一位置。隆福宫始建于元世祖至元年间，初为太子宫，后为皇后宫。"隆福殿在大内之西，兴圣宫之前。"[3] "宫

1 《马可波罗行记》第八十三章《大汗之宫廷》。
2 陶宗仪《辍耕录》卷二十一《宫阙制度》。
3 顾炎武《历代宅京记》引《辍耕录》。

墙之外（之西），与大汗宫殿并立，别有一宫，与前宫同，大汗长子成吉思居焉。……其坑（按：指太液池，即今中海）亦宽广，处大汗宫及其子成吉思之宫间……"[1] 我们知道，成吉思之宫，即隆福宫，在太液池（今中海）之西，后成为明燕王府，称"西宫"，在明故宫正西。由"隆福殿在大内之西"且"与大汗宫殿并立"，又"其坑亦宽广，处大汗宫及其子成吉思之宫间"的空间位置可知：元大都宫城不可能在明北京宫城之北 400 多米，而应与明北京宫城在同一空间位置。

论据三十六　从"瀛洲"（今"团城"）的空间位置也可以看出，元大都宫城与明北京宫城在同一位置。今"团城"，始规划建于隋临朔宫宫城之"西园"，辽代为"瑶屿离宫"之"瑶光台"，金代为大宁宫之"西园"的"拜日台"，元代称"瀛洲"、亦称"圆坻"，并在上面建"十一楹"、"重檐，圆盖顶"的"仪天殿"以祭天。元末陶宗仪的《辍耕录》和明初萧洵的《故宫遗录》都记载圆坻位于大内西北。如果说元宫城北城墙位于景山寿皇殿以南的所谓的"元宫城厚载门遗址"东西一线的话，那大内岂不是在圆坻之正东或东北了吗？那元世祖忽必烈在大内西北"乾位"建仪天殿，其用意就是要"承接"天意，表明他的"汗位"是"天授"的做法就无从解释。更让人难以置信的是：曾经出入过元大都宫城的大旅行家马可波罗、学者陶宗仪和明洪武年间任工部主事的萧洵三人，不会都辨不清方位吧？

《辍耕录》记载："仪天殿在大内之西北。"又载"仪天殿在池中圆坻上……东为木桥，长一百二十尺，阔廿二尺，通大内之夹垣"，[2] 即直西禁垣乾明门的大内夹垣之西北角。明初萧洵《故宫遗录》也有记载：元宫城"厚载门上建高阁，环以飞桥舞台于前……台西为内浴室，有小殿在前，由浴室西出内城，临海子，广可五六里，架飞桥于海中，西渡半，起瀛洲圆殿……" 在"内城"[3] 以内的厚载门，应位于"瀛洲"东西一线以南的位置，即明北京宫城玄午门的位置，由此可知：元大都宫城与明北京宫城的空间位置完全相同。

论据三十七　从元"万寿山"的空间位置也能看出，元大都宫城与明北京宫城的位置完全重合。顾炎武《历代宅京记》引元末陶宗仪《辍耕录》之记载："万寿山在大内西北太液池之阳……"明初萧洵《故宫遗录》也明确记载："瀛洲殿后，北引长桥上万岁山……"从上述有关元大都宫城空间方位的多种文献所记载的内容可知：元大都宫城北城墙及厚载门不可能在今故宫之北约四百多米的景山寿皇殿以南"便殿遗址"东西一线，而是在"瀛洲圆殿"东西"纬线"稍南，即与今故宫北城墙在同一"纬线"上。因此，元大都宫城与明北京宫城的空间位置应该完全重合。

论据三十八　从元"青山"的空间位置也可看出，元大都宫城与明北京宫城在同一位置。"大汗宫殿附近，北方一箭之地，城墙之中，有一丘陵，人力所筑，高百步，……名曰青山……山顶有一大宫，内外皆绿，与山浑然一色……"[4] 笔者认为马可波罗所描述的"青山"及其山顶有一座内外皆绿的大殿，就是今景山的前身和山顶的眺远阁。也有学者认为马可波罗所描述的是琼华岛和广寒殿。但史载元代广寒殿内外均无绿色装饰，而是金锁窗等红黄相间的装饰。且丘陵在"城

1　《马可波罗行记》第八十三章《大汗之宫廷》。

2　笔者注：即今故宫护城河西北角处。

3　笔者注：即大内夹垣。

4　《马可波罗行记》第八十三章《大汗之宫廷》。

墙之中，周长约四里"，与宫城以北的禁苑的空间、方位、规划等等完全相符合。而不是像琼华岛那样四面环水。不管马可波罗所说的"青山"是"景山"还是"琼华岛"，都在皇宫北方一箭之地（约百步，约170多米以外）远的位置。可见，元大都宫城北城墙不可能在"琼华岛"东面的景山寿皇殿以南东西一线，如果在那里的话，仅"北方一箭之地"的条件，就使"城墙之中，有一丘陵"位于今景山北墙之外了。而今景山正是距故宫"北方一箭之地"远，且在"城墙之中，有一丘陵"。也与《辍耕录》记载的"厚载北为御苑，外周垣红门十有五，内苑红门五，御苑红门四，此两垣之内也"的御苑的规划[1]和空间位置相吻合。可见，元大都宫城的位置无疑是在今景山之南明北京宫城的空间位置上。

论据三十九 从元世祖忽必烈在景山东北部的"籍田"之所的位置分析，元大都宫城与明北京宫城必在同一位置。 关于忽必烈"籍田"之所的空间位置，《析津志》有明确记载："松林之东北，柳巷御道之南，有熟地八顷，内有田，上自小殿三所。每岁，上亲率近侍躬耕半箭许，若籍田例……东，有一水碾所，日可十五石碾之。西，大室在焉……"《日下旧闻考》引《析津志》载："厚载门乃禁中之苑囿也。内有水碾，引水自玄武池灌溉，种花木，自有熟地八顷。内有小殿五所，上曾执耒耜以耕，拟于籍田也。"《辍耕录》载："厚载北为御苑，外周垣红门十有五，内苑红门五，御苑红门四，此两垣之内也。"

根据史料记载和对实地空间及出土文物的考查，笔者认为：元世祖籍田处就在景山公园的东北部——即皇城北中轴御道（今地安门南大街）和禁苑北驰道（今景山后街）之南，景山北麓的松林之东北。理由1：《析津志》等元代史料的记载不可怀疑；理由2：在位于景山东北部的东花房（位于景山公园之东北角）的修缮过程中，发现了元代制作的水碾碾轮和大小石权等元代实物，与《析津志》记载的在忽必烈籍田的东部"有一水碾所"完全吻合。该水碾碾轮厚度为160毫米[2]，外圈直径为640毫米[3]。[4]理由3：在景山寿皇殿东西两侧的北墙内，有元代修建的"粮仓"——集祥阁、兴庆阁。根据《景山——皇城宫苑》一书提供的有关二阁的数据，笔者结合中国规划尺度的演变，认定二阁为元代所规划。

忽必烈"籍田"之所的空间位置的认定，说明：1.《马可波罗行记》、《辍耕录》、《析津志》等元代史料对元大都宫城和大内禁苑及"青山"的空间位置的记载是真实可靠的——元大都宫城之北的御苑就是今景山公园；2. 位于景山寿皇殿以南的所谓的"元宫城厚载门"和"元宫城在明宫城以北约四百多米"推断是难以成立的；3. 元大都宫城与明北京宫城确在同一空间位置。

论据四十 从元金水河的流向和周桥的位置分析，元大都宫城与明北京宫城也在同一位置。有人根据萧洵《故宫遗录》关于"丽正门内，千步廊可七百步，至棂星门"的记载，就认为元金水河从太液池（中海）南端直线向东流去，流经明北京宫城内，为明北京宫城内金水河，周桥架于其上。这一观点与历史文献的记载及金水河（护城河除外）的流向均不合。元大都（包括历史

---

1 参见本书第十四章《景山规划探源》。
2 笔者注：恰合0.5尺元。
3 笔者注：恰合2元尺。
4 参见沈方、张富强著《景山——皇城宫苑》，中国档案出版社，2009年8月。

上的北京）城内河渠的流向受地势的影响十分明显，因西北高、东南低，故河渠的流向基本呈"Z"字形，即东流、折向南流、再折向东流。隋、金、元、明、清的金水河的流向，均呈"Z"字形。元大都周桥下的金水河，是从太液池（中海）南端向东流出，折向南流，又折向东流，从棂星门[1]以北约20步许（约30多米至约40米）东西一线流过，从西往东，有织女桥、周桥、飞虹桥（飞龙桥）架于其上。沿此流向还留下了织女桥、小桥北河沿、北湾子胡同、南湾子胡同、飞虹桥等历史地名。周桥下的金水河，在织女桥和飞龙桥之间可能略呈一向南突出的"弓"字形，与萧洵《故宫遗录》中"棂星门内二十步许有金水河，上架周桥……度桥，可二百步至崇天门"的记载完全相符。"可"，有"总共"、"大约"的意思。即由周桥至宫城崇天门，总共二百步。与今端门北侧以北约30多米处至故宫午门的距离完全相同（约为200元步，合314米）。因此，由元大都皇城棂星门内的周桥的位置也能判断出：元大都皇城棂星门就是明北京宫城端门，元大都宫城崇天门就是明北京宫城午门，元大都宫城与明北京宫城确在同一位置。

论据四十一　元大都宫城西华门的位置也能够证明元大都宫城与明北京宫城的位置相同。从《析津志辑佚》所记载的"西华门，在延春阁西，萧墙外即门也"的位置来看，西华门应在今乾清宫正西稍南、隆宗门正西稍北、西直犀山台的位置上，与直玉河（隋称永济渠、元称通惠河）东安门外骑河楼的东华门在同一东西纬线上，为帝、后前往西园专用之门。西华门的空间位置在犀山台之东、在仪天殿之东南；而犀山台又在隆福宫之东，隆福宫又"与大汗宫殿并立"，且"仪天殿在大内之西北。"[2]诸多历史文献均记载了"万寿山"、"仪天殿"在元大内[3]西北，"隆福宫"在元大内正西的位置上；骑河楼、枢密院[4]均在东安门外。至今，"万寿山"、"仪天殿""隆福宫"、"犀山台"、骑河楼、枢密院的位置都没有变化，可见，元大都宫城不可能在明北京宫城之北400多米，而应与明北京宫城在同一位置。

论据四十二　元大都宫城清宁宫的位置也能证明元大都宫城与明北京宫城的空间位置完全相同。清宁宫位于元大都宫城最北部，北为萧墙门和厚载门。"清宁宫远抱长庑，南接延春宫"，[5]即在延春阁寝宫之北，就在今钦安殿的位置上。《析津志》记载：从宫城东华门内到厚载门，由东萧墙外长巷北行，过第十一窝耳朵，折而西行，至清宁殿北侧萧墙外，即厚载门。可知：元大都宫城清宁殿即明北京宫城钦安殿无疑。位于中轴线上的元宫殿建筑清宁宫之所以没有被明初拆毁，是因为其建材不够高大，不能满足明中都宫殿的需要；又传说在"靖难之役"中位于北方的真武大帝保佑了燕王朱棣，使其登上了皇位，故朱棣在元大都宫城基址上改建明北京宫城时，不许拆毁清宁宫，而改称"钦安殿"。因此，元大都宫城怎么可能是在明北京宫城之北400多米呢？

论据四十三　位于故宫外东南巽位的光禄寺和重华宫的位置，也能证明元大都宫城与明北京宫城的空间位置同一。光禄寺，位于故宫外东南巽位，约在太和殿正东偏南，呈明显的金代规划

1　笔者注：元大都皇城棂星门位置在今端门处。

2　陶宗仪《辍耕录》。

3　笔者注：宫城夹垣以内称大内。

4　笔者注：骑河楼为元皇城东安门外的通惠河之"桥楼"。《析津志》记载：（元）枢密院位于东安门外。在今骑河楼以东，发现了元枢密院建筑遗存，恰与史料记载的空间方位相吻合。

5　萧洵《故宫遗录》。

尺度特征：南北长 120 步，东西宽 80 步。而重华宫，则位于光禄寺之南，也在今故宫外东南巽位，呈明显的元代规划尺度特征：1. 南北长 150 步（合 0.5 元里），东西宽 90 步（合 0.3 元里）；2. 重华宫南、缎匹库北有飞虹桥，曾为西域人也黑迭儿所建，至明代末年故老相传为西域人所建造，误认为其石雕栏板是由三宝太监郑和出使西洋时带回的。

光禄寺和重华宫均位于故宫外的东南巽位，均以《易经》为规划依据。这也从理论上证明：元大都宫城是在金太宁宫宫城基址上建造的，即元大都宫城南、北、东、西四垣沿用了金太宁宫宫城之南、北、东、西四垣。重华宫的兴建，证明元大都宫城与明北京宫城的位置完全同一。

论据四十四 元大都丽正门的位置，也能证明元大都宫城与明北京宫城的空间位置同一。考古发现的元大都南城墙就在长安街以南的古观象台东西一线，丽正门的位置约在元宫城以南约 500 元步（约 785 米）东西一线，与《马可波罗行记》、《辍耕录》、《故宫遗录》等元、明史料记载的大都"国门"丽正门与宫城崇天门的空间位置及其相互距离完全一致。由此可知：明北京宫城午门即元大都宫城崇天门。因此，元大都宫城怎么可能是在明北京宫城之北 400 多米呢？而是与明北京宫城的位置完全同一。

论据四十五 北上门的实地空间亦可佐证元大都宫城与明北京宫城的空间位置同一。于 1956 年拆除的北上门[1]，较今景山门高大许多。元末的《辍耕录》和明初的《故宫遗录》都记载元大都宫城有夹垣。元宫城夹垣有北上门、东上门、西上门等十五个红门，[2] 北上门及其附属的北上东门和北上西门，与东、西上门及其附属的东上南、北门，西上南、北门一样，为元大都宫城夹垣（卫城）之门。

北上门既为元大都宫城夹垣之门，我们就可以从北上门的空间位置来确定元大都宫城的具体位置。元大内夹垣，南、北之间长约 759.5 元步，约合 2.53 元里，约 1194 米；东、西之间长约 605.5 元步，约合 2.02 元里，约 952 米；周长约 2730 元步，合 9.1 元里，即"九里三十步"，约 4286 米，与《辍耕录》记载的："宫城（夹垣）周回九里三十步"完全一致。元大都宫城东、西夹垣，分别在今南、北池子大街西侧和南、北长街东侧南北一线；南、北夹垣，分别在阙左、右门[3]南侧和今景山前街南侧便道东西一线上。由此可知，宫城夹垣之内的元大都宫城的位置，与明北京宫城位置同一。

北上门与东、西上门和阙左、右门，都是元大都宫城之夹垣门，明永乐朝迁都北京，沿用元大都宫城四面城墙及宫殿基址，并在元大都宫城四面城墙与宫城夹垣之间，开挖宫城护城河以增强宫城的防卫能力，但元大都宫城夹垣之门则全都保留，并作为宫城的防卫体系——"卫城"之门。

从北上门的空间位置可知，刘秉忠的规划是以北上门为界：A. 北上门以南为大内区域，B. 北上门以北为"大内禁苑"区域，C. 北上门与禁苑南门（今景山门）之间规划有"东西驰道"（今景山前街）。作为宫城北夹垣之门的北上门的空间位置，是论证元大都宫城与明北京宫城位置同一的客观依据。

---

1 笔者注：约位于明宫城北城墙以北约 83.6 米东西一线，约合 262 明营造尺。

2 详见本书第二十章第五节。

3 从《明英宗实录》："正统元年（1436 年）六月丁酉，修阙左、右门及长安左、右门，以年深瓱瓦损坏故也"的记载可知，阙左、右门最迟为元代所规划修建的宫城夹垣之门。

第四节　从元大都中轴线与皇城规划的角度看元宫城位置

论据四十六　元大都宫城无"端门"的规划，是证明元大都宫城与明北京宫城同址的有力证据。刘秉忠在规划元大都宫城时，沿用了金太宁宫的中轴线和宫城四面城垣。元大都宫城崇天门南距新建大城南城墙之丽正门也只有约461.5元步（约726米），使得"宫与新城相接，在此城之南部"，[1]使得"大内南临丽正门，"[2]使得宫城崇天门与大城丽正门之间的空间相对狭小，尚不足大都大城南北长度的九分之一，且还要规划修建周桥、元皇城南门棂星门和千步廊。明初萧洵《故宫遗录》记载：元皇城南门棂星门北约20步有周桥，度桥可二百步至宫城崇天门。由于元大都宫城规划有夹垣，而宫城南夹垣在阙左、右门南侧东西一线上，使得元宫城崇天门至皇城南门棂星门之间的空间过于狭小，又有外金水河流过，所以刘秉忠没有在元大都宫城崇天门与皇城棂星门之间规划端门。

我们知道：宋汴京、金中都、明南京、明北京的城市规划都有端门，为什么气势恢弘的元大都的规划反而没有端门呢？原因只能有一个：因大城丽正门与南城墙的位置及千步廊的规划，使宫城与皇城之间的空间只有约220元步（约346米），无法再规划端门了。如果元大都宫城是在明北京宫城以北400多米的话，刘秉忠完全可以将端门设在宫城与皇城之间。所以，元大都宫城没有端门的空间规划，恰恰证明元大都宫城与明北京宫城在同一位置。

论据四十七　元大都中轴线规划的"原点"和"中心点"以及符合元代规划尺度的明显特征，也能证明元大都宫城与明北京宫城的空间位置完全重合。元大都中轴线的规划，是以隋临朔宫（后为金太宁宫）中轴线为依据的，是在城方60元里240元步的大都大城总体规划中最先完成的。刘秉忠以"青山"（即"镇山"，今景山）作为大都中轴线规划的"原点"和"中心点"——从"青山"的中顶，向北约3.95元里（合1185元步，约1863米）。4.165元里（合1429.5元步，约1965米）和4.52元里（合1355元步，约2131米），分别确定大都的几何中心"中心台"、钟楼和大都中轴线的起点（即钟楼北街丁字路口，今豆腐池胡同与钟楼北街交汇处）的位置；向南约4.165元里（合1249.5元步，约1965米），确定大都"国门"丽正门的位置。而元皇城以内的空间，因沿用了金太宁宫（最初为隋临朔宫）的规划，故与"青山"不成"整"里数。所以，元大都宫城不可能在明北京宫城以北400多米的位置上，而应与明北京宫城在同一位置。

论据四十八　由大都中轴线鼓楼至丽正门约2370元步（合7.9元里，约3727米）的具体规划，也能证明元宫城的位置。具体规划如下：

1. 鼓楼往南至皇城北门厚载红门约615元步，约967米。

2. 皇城北垣至皇城南垣约1525元步，约合5.08元里，约2394米。

3. 皇城南垣棂星门往南，至丽正门内侧约226.5元步（合0.755元里，约356米）；至丽正门外侧约241.5元步（合0.805元里，约380米）。由北往南依次为"天街"（南北阔约24元步，

1　《马可波罗行记》第八十三章《大汗之宫廷》。

2　陶宗仪《辍耕录》卷二十一《宫阙制度》。

约 38 米)、东西向千步廊左右各 90 间[1](南北长约 202.5 元步，约 318 米)，其中有在千步廊中南部连通五云坊和万宝坊的横街门。[2]由元大都中轴线鼓楼至丽正门约 7.9 元里的空间规划布局可知：元大都宫城不可能在明北京宫城以北 400 多米，而是与明北京宫城在同一位置。

论据四十九　元大都皇城的南北实地空间，也能证明元大都宫城不可能在明北京宫城之北 400 多米，而应与明北京宫城在同一空间位置。《马可波罗行记》载：皇城方墙边长约六里。《故宫遗录》云："皇城南北五里，周长可二十里。棂星门北约二十步有河，河上架白玉石桥三虹……度桥可二百步至崇天门。"《马可波罗行记》记载："皇宫之北一箭之地，有一丘陵，人力所筑……"元皇城的南北区域由南皇城至宫城、宫城、宫城至禁苑、禁苑至北皇城四个区域组成，具体数据为：235 元步 + 615 元步 + 669.5 元步 ≈ 1519.5 步。如果元皇城棂星门是在今故宫午门东西一线的话，那么元皇城南北约五里的长度就使其北垣必然在今地安门与万宁桥之间。由元大都皇城的南北之间的长度得知：元大都宫城不可能在明北京宫城之北 400 多米，而应与明北京宫城在同一空间位置。

论据五十　元大都皇城规划，是在沿用了金太宁宫(原为隋临朔宫)东宫西苑的规划同时，又向西扩展了约 1 元里许，规划修建了隆福宫(太子宫)及其西苑、兴圣宫(皇后宫)及其后苑，所以宫城外朝宫殿与太子宫隆福宫呈东、西并列之格局，[3]大内禁苑与在琼华岛之西的兴圣宫呈东、西并列之格局，而不是没有理论依据的所谓"三宫鼎立"的规划布局。元大都皇城的东西之间距离约为 5.13 元里(约合 1539.5 元步，约 2421 米)。元大都皇城西扩部分的南端，因大庆寿寺而不得不呈一内凹角，后为明北京皇城西南内凹角，这也能证明元大都宫城与明北京宫城的空间位置相同。

如果是"三宫鼎立"的规划布局的话，《马可波罗行记》记载的"大汗宫殿与太子宫并立"的规划布局就无法解释。而故宫与隆福宫的实地空间恰在景山前街与西安门大街以南，大内禁苑(景山)与兴圣宫的实地空间恰在景山前街与西安门大街以北，与《马可波罗行记》、《辍耕录》、《故宫遗录》、《历代宅京记》等史料文献记载的元大都宫城及大内禁苑的空间位置完全吻合。由此可知：元大都宫城不可能在明北京宫城以北 400 多米，而应与明北京宫城在同一位置。

论据五十一　元大都宫城和大内禁苑规划修建在"仪天殿"的东南、东北方位，也与在隋临朔宫和金太宁宫之宫城北垣以北已堆筑成的"镇山"[4]有关。因风水理论，故在"镇山"以南的隋临朔宫和金太宁宫之宫城基址上修建元大都宫城。这样规划，一是可以借助"镇山"来压住金代的王气，即以元之"土"来克金之"水"；二是遵循了隋代的规划，即排除宫后有水(海子)的不吉利的风水格局，只有以"镇山"挡之，使"镇山"成为宫城的依托。于是，元大都宫城沿用

1　笔者注：萧洵《故宫遗录》记载：元大都"千步廊可七百步"。"可"，有"总共"、"大约"的意思，即千步廊左、右两边的长度总共大约 700 步，左、右每边各 350 步，各 140 间，每间宽 2.25 步。其中，东西向千步廊各 90 间，各长约 202.5 步；北向千步廊左右各 50 间，每间宽 2.5 步，各长 125 步；北向千步廊、西侧分别为千步廊、西街；明北京长安左、右门为元大都所规划的连通五云坊和万宝坊之横街的"中仪门"，故在明英宗正统元年(1436 年)"因年深瓴瓦损坏而修葺"(参见《明英宗实录》)。

2　笔者注："横街"南距丽正门内侧城墙约 50 元步，约 78 米，"横街"之东、西外门，分别为中书省和某院的"中仪门"，即长安左、右门，二者东西相距约 232 元步，约 365 米；"横街"之东、西内门，分别为千步廊之东、西门，二者东西相距 30 元步。笔者考证：明北京皇城长安左门和长安右门，就是元代规划始建的位于千步廊东、西街上的横街"外门"——即联通五云坊——千步廊——万宝坊的东、西中仪门，于明正统元年(1436 年)与阙左门、阙右门一起进行了修葺。参见《明英宗实录》。

3　参见《马可波罗行记》第八十三章《大汗之宫廷》。

4　笔者注：所谓"镇山"的土丘，东西长约 403 米，约合 0.95 隋里；南北长约 212 米，约合 0.5 隋里；高约 47 米，约合 20 隋丈；隋里制规划的特征十分明显，最迟应为规划隋临朔宫时所筑。参见本书第四章《隋临朔宫空间位置考辨》。

了隋代的规划，即宫城北靠"镇山"，西带太液池，东有玉河这一"依山傍水"的最佳风水格局。可见，元大都宫城不可能在明北京宫城之北400多米，而应与明北京宫城在同一位置。

第五节　元大都宫城及大内禁苑是对前代宫、苑基址的继承和改造

元大都宫城是刘秉忠在平地上规划的吗？答案是否定的。忽必烈和刘秉忠规划元大都宫城的依据是什么呢？马可波罗在他的《马可波罗行记》里说得很清楚，依据的是星象和风水。刘秉忠精通《易经》和风水术，他在原隋临朔宫与金太宁宫之宫、苑的基址上规划修建元大都宫城和御苑，是因为前代宫、苑基址的风水最佳。金太宁宫位于金中都的东北郊，在"金口河"（金代为济水给运粮的古运河而开挖的河道，位于天安门广场中部东西一线）北岸，刘秉忠以金太宁宫作为元大都皇城，并将大都南城墙规划修建在金太宁宫以南、金口河以北东西一线上，使得"宫与新城相接，在此城之南部"[1]、"大内南临丽正门"。[2]

金太宁宫的宏大壮丽，曾被金、元文人赞叹：秦之阿房亦不过如此。但金太宁宫的确切位置与隋临朔宫一样，还未被最终确认。笔者以为：研究古代规划，必须从中国历代规划尺度及其演变入手，并结合史料文献、考古资料数据、历史地理信息、传统文化理论、实地空间勘测以及与其他古建筑的相对空间的比较等多学科的知识与成果，方能"还原历史时空"。笔者通过"六重证据法"的综合研究和实地勘查，终于找到了隋临朔宫和金太宁宫的具体空间位置，[3]终于找到了北京故宫规划的历史源头，[4]并发现了隋临朔宫的空间规划为后世辽、金、元、明、清五个朝代所相继沿用的秘密。[5]

我们先分析一下北京中轴线上宫城区域规划的历史沿革情况：

1. 隋临朔宫宫城：南北长度为2.25隋里，约953.78米，合405隋丈；东西长度为1.75隋里，约741.83米，合315隋丈；内周长约为7.95隋里，约合1431隋丈，约3370米。

隋临朔宫宫城四面城墙厚度约为3隋丈，约7.065米。

隋临朔宫宫城城墙外侧：南北长度约为408隋丈，约960.84米；东西长度约为319.5隋丈，约752.42米；外周长约为1455隋丈，约3426.525米。

2. 金太宁宫宫城因为是离宫建制，可能沿用隋临朔宫宫城的厚度。

3. 元大都宫城沿用金太宁宫宫城基址，并按元的营造尺尺度确定城墙厚度约为2.5元营造丈，约8米，即对金太宁宫宫城城墙内侧加厚、外侧更换元城砖而成。元大都宫城外侧：崇天门至厚载门南北长度为615元步，约967米；东西长度约为480元步，约754米；外周长约为3438.3米，约为2190元步。

4. 明北京宫城沿用元大都宫城基址，并按明的营造尺尺度确定城墙厚度约为2.5明丈约7.98

---

1 《马可波罗行记》第八十三章《大汗之宫廷》。

2 陶宗仪《辍耕录》卷二十一《宫阙制度》。

3 参见本书第四章《隋临朔宫空间位置考辨》和第五章《金太宁宫空间位置考辨》。

4 参见本书第十三章《北京故宫规划探源》，另载《江苏文史研究》2009年4期。

5 参见本书第十二章《北京中轴线宫城与禁苑规划之历史沿革》。

米，即对元大都宫城城墙内、外侧更换明城砖而成。史料记载：明北京宫城外侧，午门至玄武门南北长度为302.95明丈，约为967米；东西长度为236.2明丈，约为754米；外周长约为1078.3明丈，约3442.2米，或为2176明步，约3442.2米，即《明史·地理志》记载的明北京"宫城周六里一十六步"。

明北京宫城与元大都宫城外周长几乎完全相同。由此可知：明北京宫城城墙百分之百是在元大都宫城城墙内、外侧更换城砖而成的。持所谓"明宫城是在元宫城的基址上南移了约400多米后重新规划始建的"是不能成立的。

我们再分析一下北京中轴线上宫城与禁苑之整体规划的历史沿革情况：

1. 隋临朔宫宫城与禁苑南北长度之和为3.775隋里，合679.5隋丈，约1600.22米，南起宫城朱雀门（今故宫午门），北至北苑北垣（今景山北垣）。

2. 宫城南北城墙长约408隋丈（405+3），约960.84米；宫城至北夹垣约35.5隋丈，约83.6米；宫城北夹垣与宫城北苑之间的东西驰道约12隋丈，约28.26米；北苑南北约219.5隋丈，约517米。

3. 北苑四垣即今景山四垣。东西门相距为190.5隋丈，约449米。禁苑四垣之外为驰道，南驰道，阔约12隋丈，约28.26米；北驰道以北为北禁垣，南距北苑北垣约25隋丈，约58.875米；东驰道以东为东禁垣，西距北苑东垣约19.5隋丈，约46米；西驰道以西为西禁垣，东距北苑西垣约19.5隋丈，约46米；这些隋代规划的禁苑、驰道、禁垣等区域至今还基本保存完好，可知后世相继为金太宁宫琼林苑、元大内禁苑、明清大内禁苑所沿用。

4. 元大内禁苑，除沿用金太宁宫琼林苑（前身为隋临朔宫北苑）的四垣基址和规划外，又按元代的规制，将大内御苑规划为双重墙垣——以北苑之南、东、西三垣为大内御苑之南、东、西外垣，分别在南、东、西三垣增筑内垣；又在北苑北垣外增筑北外垣，改建后的元大内御苑与《辍耕录》记载的"厚载北为御苑，外周垣红门十有五，内苑红门五，御苑红门四，此两垣之内也"的规划格局相吻合，也与《马可波罗行记》所记载的、位于宫城北面"一箭之地"的元大内御苑周长约四里相同。

5. 明大内禁苑，对元大内御苑进行了改造，即恢复了隋临朔宫北苑的规划：①拆除元规划修建的大内御苑北、东、西夹垣和夹垣门——后夹垣之山后门、东夹垣之山左门、西夹垣之山右门，以及大内御苑南内垣和南内垣门——山前里门；②沿用元大内御苑之北、东、西内垣和南夹垣；③保留了元大内御苑东、西内垣之东、西门的名称——"山左里门"、"山右里门"。

6. 清早期大内禁苑，完全沿用了明大内禁苑的四垣空间。

分析了北京中轴线上宫城与禁苑之规划的历史沿革以后，我们可以确信：今故宫（即明北京宫城）的前身，就是隋临朔宫宫城和金太宁宫宫城，也是元大都宫城；今景山空间的前身，就是隋临朔宫之北苑和金太宁宫之琼林苑，也是元大内御苑。因此，北京中轴线上宫城与禁苑之规划的历史沿革可以作为元大都宫城与明北京宫城位置完全同一的第五十二个论据。

第六节　考古遗址可间接论证元大都宫城的具体空间位置

持元大都宫城在明北京宫城之北四百多米之说的依据是：20 世纪 60 年代，考古工作者分别在景山北麓和景山北墙外发现一条宽约 28 米的南北方向的"道路"、在景山寿皇殿以南发现有一座南北进深约 16 米的建筑基址、在故宫太和殿东西两侧发现有一墙垣基址、在景山主峰往下钻探约 20 米发现有建筑渣土；于是分别推测：该道路是"元大都中轴御路遗迹"、该建筑基址为"元宫城厚载门遗址"、该墙垣基址为"元宫城南城城墙遗址"、"明代用景山压住元宫城内廷延春阁"、"元宫城南北长度约为 1000 米"，并据此推测得出"元宫城在明宫城以北四百多米"[1]的结论。

但这些推测的观点和结论，既不能为元代的规划尺度所验证，[2]又与元、明两代史料所记载的元大都宫城的空间位置不能吻合，还因为北海东岸的实地空间而使该推测的元大都宫城的西夹垣不能存在。所以以上"五个推测"和"一个结论"都很难成立。

笔者认为，在历史地理研究中，尤其是在古都规划研究中，"还原时空"是必须的，只有通过"六种证据法"的多方论证，才能够做到"还原时空"，其观点、结论、乃至推论，才能经得起历史的检验，才能成为真正的结论而成立。殊不知"二重证据法"已不能圆满地解决古都规划研究中的问题了，更何况仅仅依靠考古资料数据来单独论证古都规划了。为什么有的学者所持的这些观点不能成立呢？笔者认为原因有四：

原因一　该观点未能把考古发掘的"资料数据"与隋、金、元、明的史料文献和规划尺度互证。

1. "约 28 米宽"的所谓的"元大都中轴御路遗迹"，与《析津志》明确记载的元大都规划的街制："大街二十四步阔（约 37.74 米），小街十二步阔（约 18.87 米）"无法吻合，反而与隋里制和尺度相符，约合隋制 20 步，或 12 丈，与东面的"玉河"（即隋大运河永济渠之北端、后为元大运河通惠河之北端）的宽度完全相同。所以，该道路遗迹不是什么所谓的"元大都中轴御路遗迹"，而应该是隋临朔宫中轴御道的遗迹。

2. "南北进深约 16 米"的所谓的"元宫城厚载门遗址"，不仅其空间位置得不到元、明两代史料文献的证明，而且其尺度也比《辍耕录》记载的元大都宫城厚载门的尺度偏小，且在其东西两侧又没有发现有城墙基址或遗迹。所以，该建筑基址不是什么所谓的"元宫城厚载门遗址"，而应该是元大内禁苑里的一座"便殿"的遗址。

3. 位于故宫太和殿东西两侧的所谓的"元宫城南城墙基址"，也与诸多史料记载的元大都宫城崇天门的空间位置不符，因此该墙垣基址，不是什么所谓的"元宫城南城墙基址"，而可能是隋代规划的临朔宫宫城（后相继为金太宁宫宫城、元宫城、明宫城、清宫城）之"外朝"的"日"字型"庑墙"的"中庑墙基址"。

笔者通过对原因一的辨析，分别还原了隋临朔宫宫城、金太宁宫宫城和元大都宫城的具体位置，做出了"还原时空"的论证，使考古发现的所谓"元宫城遗址"也成为间接论证元大都宫城

1　《元大都的勘查和发掘》，载于《考古》1972 年 1 期。

2　笔者考证：元代里制中 1 元里 = 300 步 ≈ 471 米，而非 1 元里 = 240 步 ≈ 372 米。本书第一部分相关内容也有涉及。

和明北京宫城空间位置同一的第五十三个论据。

原因二 该观点认为的元大都宫城的西夹垣的空间位置，因受北海东岸的影响而不能存在。

我们知道，北海等"诸海"水域，是因古永定河改道而形成的"积水潭"。从北海东岸的实地空间分析，就不难发现：元大都宫城北城墙不可能是在景山寿皇殿南，如果真的是在该处，那么元大都宫城的西城墙就要紧邻北海东岸了，而元大都宫城西夹垣就要到北海水里去了。这怎么可能呢？从历史形成的北海东岸的实地空间可知：元大都宫城的西城墙不可能紧邻北海东岸，元大都宫城的西夹垣更不可能是规划修建在北海水中。况且，在景山寿皇殿以南和数百米以内的东西两侧，既没有发现东西走向的城墙基址或遗迹，也没有发现南北走向的城墙基址或遗迹。因此，元大都宫城的北城墙也不可能是在明北京宫城北城墙以北约400多米的空间位置，而应该与明北京宫城北城墙的空间位置相同。

笔者通过对原因二的辨析，以历史形成的北海东岸的实地空间，否定了"元宫城是在明宫城以北约四百多米"的观点的成立。北海东岸的实地空间，是无可辩驳的铁证，可以作为笔者论证元大都和明北京宫城空间位置完全相同的第五十四个论据。

原因三 该观点认为的元大都宫城的南北区域，既不能与元代规划尺度相符，又不能与元大都宫城外朝与内廷的实地空间规划相合，从而未能还原所发现的"遗迹"和"遗址"的真正"时空"。

1. 所谓的"元宫城南北长度约1000米"、"元宫城在明宫城以北四百多米"推测，既与《辍耕录》记载的元宫城"南北六百十五步"的规划尺度不符，也与诸多元、明史料文献记载的元大都宫城的空间方位不合；再者，考古勘查今故宫以北的景山东西两侧，并未发现有什么"元宫城东、西城墙的遗址"。[1] 因此，推测"元大都宫城在明北京宫城以北四百多米"的观点很难成立。

2. 持明代用"万岁山（今景山）主峰镇压元代宫城内廷宫殿延春阁"的观点，也难以成立。该推测同样不能被史料和实地空间所验证。景山有五峰，东西宽，几乎接近东西垣，南北窄，约占景山公园南北长度的2/5。从景山主峰到寿皇殿宫门南（景山北麓稍北）所谓的"元宫城厚载门遗址"，直线距离约150米。然而，元"宫城南北六百十五步"，约合967米。在元宫城中轴线上，只有外朝大明殿和内廷延春宫两个独立的宫殿区；外朝的稍大，约占宫城南北空间长度的五分之二强（约543米，约345元步）；内廷的稍小，尚不足宫城南北空间长度的五分之二（约370米，约235元步）；两个宫殿区都以周庑围之。外朝大明殿"周庑一百二十间"，[2] 内廷延春宫"周庑一百七十二间"，[3] 内廷周庑外有萧墙。"西华门，在延春阁西，萧墙外即门也。"[4]"延春阁寝宫……后为清宁宫……又后重绕长庑，前虚御道，再护雕栏，又以处嫔墙也，又后为厚载门……"[5] 从上述四个条件看，延春阁与厚载门之间的南北距离约280米才与史料记载的空间相吻合。如果认为在寿皇殿宫门以南发现的"建筑遗址"为"元宫城厚载门遗址"的话，那么也应在此"遗址"往南

1　笔者于2008年5月27日，拜访了当年主持元大都考古勘查工作的徐苹芳先生，请教"在今故宫以北是否发现有元大都宫城的东西城墙遗址"这一问题时，徐先生明确答复："没有发现东西城墙遗址。"

2　陶宗仪《辍耕录》卷二十一《宫阙制度》。

3　陶宗仪《辍耕录》卷二十一《宫阙制度》。

4　《析津志辑佚》城池街市。

5　萧洵《故宫遗录》。

约280米处，即要到今景山门的位置才是延春阁的空间位置。所以，延春阁不可能被压在景山之下。

笔者通过对原因三的辨析，分别从元代规划尺度和元大都宫城内的规划空间，质疑了认为"元大都宫城在明北京宫城以北约四百多米"的观点，做出了"还原时空"的论证，使考古发现的所谓"元宫城遗址"也成为间接论证元大都宫城与明北京宫城空间位置完全同一的第五十五个论据。

原因四　该观点不仅置《辍耕录》关于元大都宫城的规划尺度和空间方位的明确记载于不顾，还误解萧洵《故宫遗录》中"丽正门内千步廊可七百步至棂星门"的记载，导致在空间方位上的判断失误。

1. 元大都的城市规划是以中心台为几何中心，按元代规划尺度的"整数"向南、北、东、西规划空间的：①原规划大城南城墙中线距中心台为8元里（合2400元步，约3774米），后大城南城墙因避让大庆寿寺双塔而南移了30元步，故大城南城墙中线北距中心台为8.1元里（合2430元步，约3821米）、又北距中轴线与中纬线交汇点处（后在此处规划修建元大都鼓楼）为2370元步（合7.9元里，约3727米）。②中心台南距皇城北垣厚载红门约675元（合2.25元里，约1061米）；③皇城北垣厚载红门南距皇城南垣棂星门约1519.5步（2389.4米）；④皇城南垣棂星门南距大城南垣丽正门约241.5元步（约380米）。

皇城南垣至大城丽正门南侧约241.5元步的空间，与《马可波罗行记》记述的："先有一方墙，宽广各八里。其外绕以深濠，各方中辟一门，往来之人由此出入。墙内四面皆有空地，广一里，军队驻焉。空地之后，复有一方墙……"以及与萧洵《故宫遗录》记载的："丽正门内，曰千步廊，可七百步，建棂星门……"相吻合。就在这南北约241.5元步的空间里，规划修建了"可七百步"[1]的千步廊。笔者认为，"可七百步"，是指东西两边的千步廊长度之和，即中轴御道两侧的东西向千步廊长约202.5步（各90间，每间阔约2.25步）×2+折而北向千步廊长约125步（各50间，每间阔约2.5步）[2]×2，以象征皇权"九五之尊"；元大都千步廊规划为280间，以象征天宫的28星宿；左、右两侧千步廊各规划为140间，各为350步长，以合《河图》、《洛书》的"三五"之数。北向千步廊以北、棂星门以南有一"天街"，阔24元步，与千步廊构成一个"T"型广场。金中都千步廊、元大都千步廊、明北京千步廊，都是由南向北，然后再折向东西的。所以，计算千步廊的长度不应只计算南北的长度，而应计算两边完整的长度。　萧洵所说的"千步廊可七百步"，不是指的东西向千步廊的长度，而是指的左右两边千步廊长度之和的大约数。

张廷玉所修的《明史》中，记载明北京千步廊"东西各千步"，但实际上是东、西两边千步廊的长度之和，再加上长安左、右门南北的萧墙，共计为千步。可见萧洵记载的千步廊"可七百步"的长度，同样也应为左右两边千步廊之东、西向与北向长度之和。"可"，有"总共"、"大约"的意思；"可七百步"，即：总共、大约七百步。因此，笔者上述的元大都千步廊可七百步长度的计算方法是合理的。

试想：如果仅"丽正门内千步廊可700步至棂星门"就占去了约1100米的话，也与该观点

1　萧洵《故宫遗录》。
2　参见笔者《元大都丽正门千步廊三街示意图》所示：北向千步廊东、西两端为丽正门东、西街之街门，各约10间。

认为元大都皇城棂星门约在今故宫午门处有矛盾。因为从位于长安街南侧的丽正门，往北到该观点所说的位于今故宫午门处只有约 476.5 元步（约 749 米）。该观点认为：元 1 步 ≈ 1.55 米，1 元里 = 240 步 = 372 米，皇城棂星门位于今故宫午门处，宫城崇天门位于今太和殿处，宫城北垣位于景山寿皇殿宫门以南的"建筑遗址"东西一线，大内禁苑位于宫城以北和皇城北垣以南，皇城北垣在玉河南岸东西一线，并且大内禁苑之北仅靠皇城北垣。

但这一观点与史料文献的记载和实地空间都不能相合：不能与《马可波罗行记》关于"皇宫北方一箭之地有一土丘，人力堆筑"；《辍耕录》关于"宫城南北六百十五步"；《故宫遗录》关于"棂星门内二十步有河，上架周桥……度桥可二百步至崇天门"、"皇城周回可二十里"等记载内容相验证。如果按这一观点计算皇城南北长度的话，元大都皇城北垣则要位于万宁桥与地安门之间了。

2.《辍耕录》关于"厚载北为御苑，外周垣红门十有五，内苑红门五，御苑红门四，此两垣之内也"[1]的记载就无法解释。元代史料关于："万寿山在大内之西北"和"瀛洲（今团城）在大内之西北"的记载，准确无误地描述了元大都宫城的空间位置——即与明北京宫城的空间位置完全同一。那种将元大都宫城和大内御苑的空间北移了 400 多米的观点，是没有任何依据的主观推测。既不符合元大都宫城在皇城中南部、皇城在大城南部、"大内南临丽正门"的规划布局，也与《辍耕录》、《析津志》、《马可波罗行记》、《故宫遗录》等诸多史料所记载和描述的元大都宫城的空间位置不能吻合。

3. 持元大都宫城在明北京宫城以北 400 多米的观点，显然还受到今人思维习惯的影响，即由南往北推算距离，而没有遵照传统规制，必须是由北向南计算距离，即以元大都规划的几何中心——中心台往南推算各个空间的距离，也未将各个空间的距离与文献记载一一对照。从位于东西流向的"玉河"南岸东西一线的元大都皇城北垣，往南约 5.065 元里，约 1519.5 元步，约 2389.4 米，[2]为皇城南垣，即在端门东西一线，与《析津志》记载的"缎子库南墙外即皇城南垣"相吻合。且在元大都皇城棂星门以北约 20 元步许有周桥，又恰北距元大都宫城崇天门约 200 元步（约 314.5 米）。如果按有的学者以为 240 步为 1 元里的话，那么从元大都皇城北垣往南约 5里（约合 1200 步，约 1860 米），为皇城南垣，就刚好到了太和门东西一线，也与该观点认为的"元皇城棂星门约在今故宫午门处"的空间位置不能相合。可见，该观点是多么的难以成立。

4. 随着有些学者和研究皇城宫苑的专家，对所谓"元大都宫城在明宫城之北约四百多米"的观点及所谓的"考古"证据，不断提出质疑，特别是在景山公园东北部发现了元世祖忽必烈"籍田之所"东部的"水碾石磨盘"和"石杈"，与《析津志》所载的"在松林之东北，柳巷御道之南有熟地八顷……东部有水碾所"的忽必烈"籍田之所"的地理位置完全相符，元世祖"籍田"实物的发现对还原元大都宫城的空间位置十分重要。

再根据考古勘查到的元大都南城墙的具体位置，得知元大都大城丽正门北距宫城崇天门（今故宫午门）的距离约为 476.5 元步（约 749 米）。可知：《马可波罗行记》记载的大城丽正门外侧至皇城棂星门约为 1 元里[3]，以及《故宫遗录》记载的"棂星门内二十步许有金水河，上架白石桥

---

1 笔者注：即今景山的实地空间。

2 本书第八章《元大都中轴线规划》对这一长度的由来有详细论证。

3 笔者注：实为 241.5 元步，合 0.805 元里。

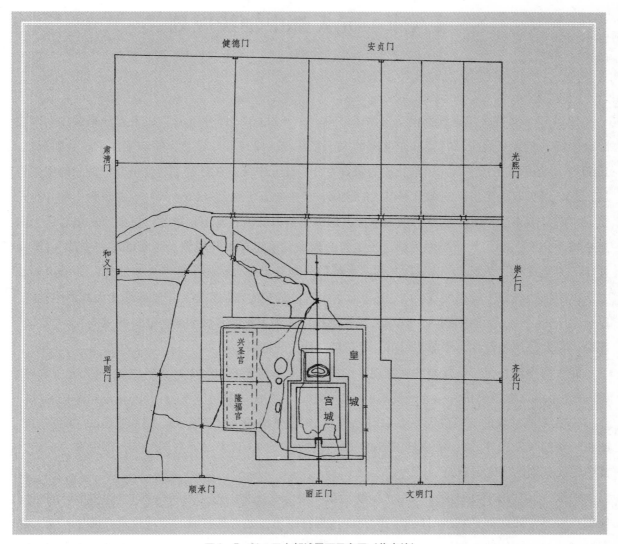

图 1—7—01，元大都城平面示意图（作者绘）

三虹……曰周桥，度桥可二百步至崇天门"的空间是真实可信的，既与元代史料记载的"大内南临丽正门"、[1]"宫与新城相接，在此城之南部"[2]相符，又与实地空间相合。由此可知元大都宫城正门崇天门与明北京宫城正门午门在同一位置。因此，元大都宫城不可能在明北京宫城之北400多米，而应与明北京宫城在同一位置。笔者通过对原因四的辨析，可以作为论证元大都宫城具体空间位置的第五十六个论据。

根据以上六个方面、五十六个论据的论证，笔者认为：以前刊行于世的元大都地图是错误的，不仅元大都宫城和大内御苑的空间位置是错误的，而且元大都皇城南垣的空间位置也是错误的，甚至大城南城墙的具体空间位置和走向也是错误的。因此，有关元大都的地图应该重新绘制，只有重绘新图，元大都宫城与大内御苑及准"五重城"的位置才能真正"还原"，才能使广大中外读者通过《元大都城平面示意图》（图1—8—01）来了解、感受元大都中轴线和准"五重城"规划的原貌。

1 陶宗仪《辍耕录》卷二十一《宫阙制度》。
2 《马可波罗行记》第八十三章《大汗之宫廷》。

第八章　元大都中轴线规划

　　1214 年 5 月，金皇室迁都南京（即宋汴京，今开封）。1215 年 5 月，成吉思汗率蒙古大军攻陷金中都，焚毁了金中都宫室和东北郊的太宁宫宫城。1234 年，蒙古大军攻陷汴京，金朝灭亡。1260 年，忽必烈在开平（元上都）成为蒙古大汗，建元中统。在打败了与他争夺汗位的阿里不哥后，忽必烈听取霸突鲁、刘秉忠等谋臣的建议，于中统五年八月（1264 年）以燕京为中都并改元至元。忽必烈本想修复燕京城池以为中都，但由于蒙古统治者笃信星象学，星象家占星后认为旧燕京城不吉利，须另建新城以为都。于是忽必烈命刘秉忠择址并规划设计新都城"中都"（至元九年二月更名为"大都"，以下行文称"大都"）。刘秉忠将大都选择在燕京东北郊，并沿用传统方法以中轴线规划来统率大城规划，遂以金太宁宫（最初为隋临朔宫）中轴线作为大都的中轴线，以金太宁宫（最初为隋临朔宫）规划宫城和禁苑，作为大都的宫城和禁苑，按照《周礼》"营国"理论，将大都规划设计为"前朝后市"、"左祖右社"的格局。

　　元大都中轴线是怎么规划的呢？现存的关于元大都研究的主要史料文献，如：《大元一统志》（今人赵万里据散卷辑佚为《元一统志》）、《元史》、元初的《马可波罗行记》、元末熊梦祥的《析津志》、元末陶宗仪的《辍耕录》、《元氏掖庭记》、明初萧洵的《故宫遗录》、明刘若愚的《明宫史》、明蒋一葵的《长安客话》、清《日下旧闻考》、《顺天府志》，以及《元宫词》等，都没有关于元大都中轴线规划的明确记载。

　　那么，元大都中轴线有多长？"前朝后市"是怎么规划的？"后市"，即"钟楼市"的空间位置在哪里？元大都皇城正门棂星门的空间位置在哪里？元大都宫城的空间位置在哪里？元大都宫城御苑的空间位置在哪里？这些都是元大都研究中尚未解决的问题。实际也是涉及元大都中轴线的规划问题。

　　有人可能要问：学术界对上述元大都宫城、御苑、棂星门、钟楼市等诸空间位置不是都已经有结论了吗？笔者在对元大都进行系统研究后，才真正认识到：这些所谓的结论，只能说是依据不能与史料互证，更不能为"六重证据法"互证的所谓的"考古资料数据"做出的推测或推论，但这些推测或推论与实际情况都不能相符，也经不住历史的检验。笔者通过"六重证据法"分别论证了元大都宫城、御苑、棂星门及皇城南垣、钟楼市等诸空间位置所在，进而破解了元大都及中轴线规划之谜。

第一节　元大都中轴线是对前代道路和金太宁宫泛中轴线规划的继承与改造

一、元大都中轴线对金太宁宫泛中轴线规划的继承与改造

　　元大都中轴线是明清北京中轴线的前身，其规划充分彰显了中国传统文化理论和《周礼》的

营国规制。至今，北京中轴线端门以北的许多空间区域还遗存有元代规划尺度：如景山主峰为元大都中轴线的中心点，宫城南北长 615 元步（约 967 米），钟楼距中轴线北端点 100 元步（约 157 米）。但深入研究发现，刘秉忠对元大都中轴线宫城以北区域的规划是对金太宁宫（最初为隋临朔宫）中轴线规划的继承与改造。笔者此观点的客观依据是：

1. 元大内御苑的南北长度、大内御苑与宫城之间的长度不合元里制规划的整数原则[1]，而符合隋里制规划的整数原则；

2. 中轴线北端点、南距万宁桥的南北空间长度也不合元里制规划的整数原则，而符合隋里制规划的整数原则；

3. 万宁桥南距皇城北垣、皇城北垣南距北中门的南北空间长度均不合元里制规划的整数原则，而符合隋里制规划的整数原则；

4. 景山主峰北距万宁桥还是不合元里制规划的整数原则，而符合隋里制规划的整数原则；

5. 而只有钟楼的规划符合元里制规划的整数原则。

从以上 1—5 列举的客观实证依据可知：刘秉忠对元大都宫城以北中轴线区域的规划是对金太宁宫（最初为隋临朔宫）中轴线区域规划的继承与改造。

二、元大都南中轴线的新规划与"三朝五门"

元大都丽正门、千步廊、棂星门、周桥的空间位置在哪里？因学术界的观点不一，成为多年来一直悬而未决的疑难问题了。这些问题不解决，对研究元大都和明北京的城市规划及其变迁，以及对广大爱好北京历史地理、欲知北京城的历史变迁的中外人士而言，都是说不过去的。

笔者在拙作《元大都》中，依据"六重证据法"论证了元大都中轴线、宫城、皇城、大城的空间规划，结合 1960 年代中期考古勘查的元大都南城墙的走向，首次对元大都之丽正门、千步廊、棂星门、周桥的具体空间位置，做了"还原时空"的论证。

元大都的"三朝五门"规划，与金中都的"三朝五门"规划相同，但与后世明清北京的"三朝五门"规划则不同。元大都的"三朝"，为大朝、治朝、日朝，分别用以处理特殊政务、重大政务或日常政务。刘秉忠以崇天门大殿为大朝，以大明殿为治朝，以延春宫为日朝。元大都的"五门"，为皋门、库门、雉门、应门、路门。刘秉忠以大城"国门"丽正门为皋门，以皇城正门棂星门为库门，以宫城正门崇天门为雉门，以外朝正门大明门为应门，以内廷正门延春门为路门。

三、元大都中轴线与天坛御道

笔者研究发现元大都中轴线在"国门"丽正门外一直向南延伸，元大都天坛就规划在丽正门外七元里[2]的中轴线以东的区域里，即对金中都日坛区域的改建。《金史·礼志》记载：金中都日

---

1 元大都整里数规划的数据有：里（300步）、3/4里（225步）、1/2里（150步）、1/4里（75步）、1/10里（30步）等。

2 《元史》卷七十二志第二十三《祭祀一》。

坛位于金中都大城"施仁门外之东南，当阙之卯地"[1]，即大城正东位置。根据考古发现的金中都大城南、北城垣的走向判断，金中都大城的卯位，就在天坛祈年殿的位置。而天坛的圜丘位置，正位于元大都丽正门外七元里处。后为明清天坛圜丘。元大都的天坛御道，也继为明清北京的天坛御道。

第二节　元里制与元大都中轴线的规划

一、元里制是元大都及中轴线规划的依据

刘秉忠尊崇古制，以"三百步为一里"为元制定了里制，元尺度承唐大尺，1元官尺 ≈ 0.3145米，5尺为1步，1元步 ≈ 1.5725米，1元里 = 300步 ≈ 471.75米。而不是有的学者认为的1元里 = 240步。如果按1元里 = 240步计算的话，元大都中轴线和五重城的规划都无从解释。而按1元里 = 300步计算的话，元大都中轴线和五重城的规划都可以得到合理解释。

首先，刘秉忠规划元大都采用了参照、继承、改造的原则。

元大都大城的规划是以金中都大城为参照的。按元代规划尺度，金中都大城周长约为40元里。[2] 而元大都大城周长规划为60元里，是金中都大城周长的1.5倍。此外，刘秉忠还基本以金太宁宫空间规划元皇城，并在其外规划大都大城城墙。

元大都大城中轴线的规划，是对金太宁宫（最初为隋临朔宫）中轴线规划的继承和改造。即在金太宁宫中轴线的南、北延伸线上分别规划大城丽正门（国门）和钟楼市（国市）。

在实际筑城中，因有司定基的大城南城墙正直庆寿寺双塔，故在双塔的西侧向南"弯曲"了约"三十步许"，使大城南城墙之中段往南突出。所以大城之南、北城墙中线距隋代规划的中心台[3] 由原来规划的各7.9元里（2370元步）改为南、北城墙中线距中心台为8.1元里（2430元步，约3821米）。又根据东部的漕运河道与积水潭西岸等实际地理状况，分别将大城东、西城墙向西移动了约45元步和约105元步，即西城墙因海子西岸而西移，东城墙也因"势"修筑在隋代开挖的漕运河道（即北京内城东城墙外的护城河）的西侧。"因地制宜"修筑城墙的结果，使得大都大城由原来规划的大城周长"六十里"变为大城中线周长60.8元里，即《辍耕录》明确记载的大都"大城周回六十里二百四十步"，即18240步。[4]

1　《元史》卷二十八志第九《礼一》。

2　笔者注：关于金中都大城的周长，明洪武元年（1368年）有过一次丈量，数据为"五千三百二十八丈"（《日下旧闻考》卷三八《京城总纪》引《明太祖实录》），约折合33.3明里。20世纪五六十年代，文物考古勘查得到的数据却有两个：一个数据是由北京文物部门于1950年代勘测的，周长约为16963米（参见《北京考古四十年》第四编第二章，北京燕山出版社，1990年1月）；另一个数据是由中国社会科学院考古所于1966年勘测的，周长约为18690米。笔者通过对金、元、明三代规划尺度的研究和实地空间的验证，认为：18690米与明代丈量的"五千三百二十八丈"基本吻合。

3　笔者注：刘秉忠曾以隋代规划的临朔宫北中轴线之中心台为坐标点，规划大都东、西、南、北四面城墙的定基线，后因筑城时外拓南城墙之中段和北城墙而被废弃，其位置约在鼓楼北围墙处，考古发现有建筑基址。

4　笔者采访了徐苹芳先生，得知1960年代考古人员勘查的元大都周长约为28600米，测量的是大都城墙中线的周长。笔者认为："南城墙因大庆寿寺海云、可庵双塔而向南弯曲了约30元步许，故城墙中线的实际周长为60.8元里，恰合《辍耕录》记载的"大城城方六十里二百四十步。"

修改大都大城城垣长度，是大都大城在修筑当中，根据实地空间状况，即"因地制宜"地对原规划所做出的第一次"修订"。

"因地制宜"修筑的大都新城一改燕京旧城东西向略长、南北向略短的规划布局为南北向略长、东西向略短的规划布局，即南、北城墙中线在中轴线上相距约 16.2 元里，东西城墙中线在中纬线相距约 14.2 元里，与《马可波罗行记》记述的大都"呈方形，每边长度约为十五里"基本一致。

根据史料记载和对金中都、元大都大城周长的实地勘测，我们得知：

1. 金代计算城池周长，为城墙内侧周长。如：

金中都大城内侧周长约为 12000 步（约为 18600 米）；[1]

2. 元代计算城池周长，为城墙中线周长。如：

元大都原规划的大城中线周长为 18000 元步（约合 60 元里，约为 28260 米），实际修筑的大城中线周长为 18240 元步（约合 60.8 元里，约为 28682 米），比考古勘测的约 28600 米多出约 82 米，即大都南城墙因避开大庆寿寺海云、可庵双塔而将中段城墙向南弯曲的长度约 52 元步[2] 所致。

3. 明代计算城池周长，为城墙外侧周长。如：

① "南城"周长约为"五千三百二十八丈"，[3] 约合 18964 米，约合 33.3 明里；

② "故元皇城周一千二百六丈"（约合 4293 米），[4] 与元大内周回"九里三十步"（折合 4293 米）的长度完全吻合；

③ 明北平府城周 40 明里，[5] 约实际约为 39 明里，合 14040 步，约为 22210 米。

根据历史文献、元里制、实地空间状况和北京城历史地图分析，笔者认为：刘秉忠规划设计大都的思路是："一个原点"、"一轴线"，"两个中心"、"五重城"。

"一个原点"，即以"青山"（即今景山，洪武初年史料记载为大都"金台十二景"之一。结合景山规划的隋里制特征，笔者以为：景山最迟为隋代所堆筑，很有可能为燕昭王时所堆筑的"金台"。）为大都大城和中轴线规划的"原始坐标"。

"一轴线"，即首先确定以金太宁宫（为隋临朔宫始规划）中轴线为大都大城的中轴线，并在中轴线上根据实地空间条件，确定了中轴线的长度和中轴线上的"两个中心"。

"两个中心"，即确定以"青山"为中轴线的"中心点"[6]和以"中心台"为大城的"中心点"。[7]

"五重城"的规划，是对前代规划的继承、改造和创新。继承的是金太宁宫（最初为隋临朔

1　1966 年中国社会科学院考古研究所对金中都大城（遗址、遗迹）的周长进行了勘测，测得大城中线周长约为 18690 米。减去城墙厚度的 1/2×8 ≈ 18600 米，即为金中都大城的内侧周长。

2　笔者注：南城墙中段之西端和东端分别向南"俾曲"了 30 元步和 22.5 元步。

3　《日下旧闻考》卷三八《京城总纪》引《明太祖实录》。

4　《日下旧闻考》卷三八《京城总纪》引《明太祖实录》。

5　《日下旧闻考》卷三八《京城总纪》引《明太祖实录》。

6　笔者注：在"青山"的主峰南、北约 4.165 元里，分别规划丽正门和钟楼。

7　笔者注：中心台距大城之南、北城墙中线约为 8.1 元里（合 2430 元步，约 3821 米），距东城墙中线约为 6.85 元里（合 2055 元步，约 3231.5 米），距西城墙中线约为 7.35 元里（合 2205 元步，约 3467 米）。

宫）之宫城、夹垣、禁垣、外宫垣的原有规划格局；改造的是对将前代之宫城和宫城夹垣按元代规划尺度进行了改造；创新的是大城和皇城（南垣和西垣）的新规划格局。而新规划格局则是以中轴线上的"两个中心"——"青山"和"中心台"为"坐标"的。这就是大城和皇城的规划都符合元代规划尺度，而宫城、夹垣的规划也基本符合元代规划尺度[1]，而禁垣的规划则不符合元代规划尺度的原因所在。大都"五重城"的规划，是在继承金太宁宫（最初为隋临朔宫）的"四重城"规划的格局基础上形成的。"五重城"的规划是以宫城为"中心"的，由内到外依次为：宫城、大内夹垣（即"卫城"）、禁垣（在御苑夹垣和"大内夹垣"之外"，即"禁城"）、皇城、大城。

二、元大都中轴线"面朝后市"的规划

刘秉忠是怎么将元大都中轴线规划设计为"面朝后市"的呢？（图1—8—01）笔者经过研究发现刘秉忠规划设计的依据有二：一是依据历史地理条件，即以金太宁宫宫城作为大都宫城，在宫城以南、金口河以北规划大都南城墙，使"大内南临丽正门"[2]、"宫在新城之南部"[3]。二是依据《周礼·考工记》之《营国制度》："天子营国，方九里，旁三门，面朝后市，左祖右社"。皇宫（"朝"）既然依据历史地理条件而规划设计在大都的南部，那么"市"就应该依据《周礼》规划设计在皇宫以北的中轴线上。刘秉忠又依据"市朝一夫"的原则，在大都大城的中部，历史上中轴线的北端，规划设计了面积为"一夫"（百亩）的钟楼市，以作为大都的"国市"。宫城在大城南部，亦在中轴线之南端，即"面朝后市"的"面朝"；钟楼市在大城中部，亦在中轴线之北端，即"面朝后市"的"后市"。

三、中心台在元大都及中轴线规划中的作用

中心台在元大都规划中的作用，仅限于大城四面城墙的规划，这一点清楚地体现在刘秉忠对元大都的最初规划里，后因历史、地理等原因而修改了元大都南、北城墙的走向，特别是对大城南墙中段走向"远三十步许"的修订，使中心台在中轴线各个区域空间的规划中，基本失去了"坐标点"的意义。所以到元成宗大德元年（1297年），将鼓楼重建在中心台以南的中轴线与中纬线交汇处。此后，就不见有中心台的记载了。

第三节　元大都中轴线的长度、规划"原点"、"中心点"、"黄金分割点"

一、元大都中轴线的长度与规划"原点"

刘秉忠规划元大都中轴线的依据是什么呢？依据是金太宁宫（最初为隋临朔宫）中轴线，是将金太宁宫中轴线向南北延伸而形成元大都中轴线的。

刘秉忠又依据什么来确定中轴线向南北延伸的长度呢？依据是"青山"（即景山），是以"青

1　笔者注：："上门"的空间位置的规划不符合元代规划尺度。

2　参见《辍耕录》卷二十一《宫阙制度》。

3　参见《马可波罗行记》第八十三章《大汗之宫廷》。

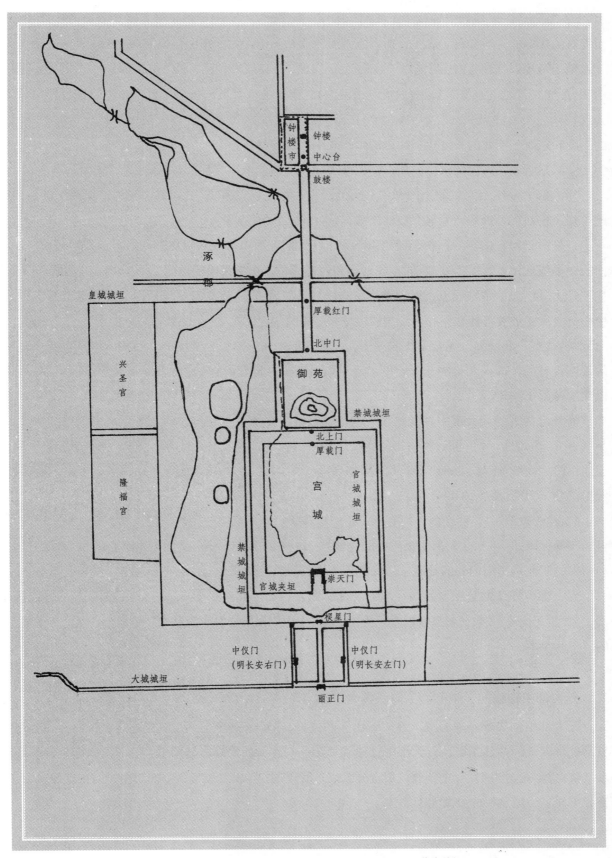

图1—8—01，元大都中轴线"面朝后市"规划示意图（作者绘）

山"为"原点",来规划中轴线上主要建筑的空间位置的。"青山"最早可能是燕昭王为礼贤名士而堆筑的众多的"黄金台"之一,所以直到元末明初景山仍为大都金台十二景之一。[1]

隋炀帝规划临朔宫时,可能以"金台"为"社",将宫城规划在"社"的南面,以"社"为"靠山",形成左青龙(永济渠)、右白虎(太液池)、南朱雀(宫城朱雀门城台,今午门城台)、北玄武(社)之势,并以"社"为"原点"按隋代规划尺度规划了临朔宫中轴线及其众建筑。"社"的高度和东西、南北的长度也呈明显的隋代规划尺度的特征。

忽必烈听取刘秉忠等谋臣的建议,遵从古制,广植名木于"社",并命名为"青山"。

元大都中轴线上大城丽正门和中心台的规划,都是以"青山"(即景山)为"原点"的。由此可知:在刘秉忠规划元大都中轴线之前,"青山"已经存在了。

正是由于"青山"的存在,使刘秉忠便于将"前朝后市"规划得更加明显——在"青山"以南的中轴线上,以宫城为"前朝",规划有大内、周桥、皇城正门棂星门、千步廊、国门丽正门;在"青山"以北的中轴线上,以钟楼为中心规划为"后市",规划有皇城后门、商旅通道万宁桥、中心台(后将鼓楼移建在中心台南侧的中轴线与中纬线之交汇处)、钟楼和"钟楼市"。

"钟楼市"的规划,完全是按照《周礼·考工记》关于"匠人营国……面朝后市,市朝一夫"的规制进行的,即南北长约0.8元里,合240元步,约377.4米,由钟楼北街北起点南至中心台以南的转角街。

刘秉忠规划的元大都中轴线的长度为:北起钟楼北街丁字路口,南至丽正门中线约2595元步(合8.65元里,约4081米);南至丽正门外侧约2601元步(合8.67元里,约4090米);南至丽正门之瓮城前门约2685元步(合8.95元里,约4222米),南至丽正桥约九里三十步,即9.1元里(合2730元步,约4293米)。

《析津志》载:"出丽正门,门有三。正中惟车架行幸郊坛则开。西一门,亦不开。只东一门,以通车马往来。"[2]可知元大都丽正门外的瓮城有三个瓮城门,与先前的金中都丰宜门外的瓮城三门和后来的明北京正阳门外的瓮城三门的规划完全相同,可谓承传有序、一脉相承。

元大都中轴线的长度与大内夹垣的长度相同,均为"九里三十步",可谓是刘秉忠的匠心独具。"九里三十步",象征着皇权的至高无上,而"大内周回"与中轴线形成一个同为"九里三十步"的"中"字型。

二、元大都中轴线的"中心点"与"黄金分割点"

元大都中轴线的"中心点"在"青山"的主峰;"黄金分割点"在内廷延春宫,即在忽必烈日常处理朝政的内廷正殿。元大都中轴线"黄金分割点"的规划,与隋临朔宫、金太宁宫、明北京(隋、金、元、明四代)中轴线"黄金分割点"的规划,均规划在与皇帝密切相关的主要建筑上,充分彰显了封建皇权的至高无上。

---

1 参见沈德符《万历野获编》之"煤山"条。
2 《日下旧闻考》卷三十八《京城总纪》引《析津志》。

关于中轴线的"黄金分割点",一些人往往根据现在"北上南下"的地图坐标来确定,而不是像古人那样"以南为上",面南,即由北往南计算其数值,确定"黄金分割点"在由北起点往南的0.618处。元大都中轴线全长九里三十步,其"黄金分割点"恰在忽必烈日常处理朝政的内廷正殿延春宫。古人规划国都(包括宫城与离宫)中轴线,其"黄金分割点"一定是在与皇帝密切相关的、彰显皇权至尊地位的建筑上。如隋临朔宫中轴线"黄金分割点"在北起点往南的0.618处,即在怀荒殿(今故宫太和殿)的位置上;金太宁宫中轴线"黄金分割点"在北起点往南的0.618处,即在大宁殿(今故宫太和殿)的位置上;明北京(1420—1553年)中轴线"黄金分割点"在北起点往南的0.618处,即在奉天殿(今故宫太和殿)的位置上;1553年以后中轴线"黄金分割点"在北起点往南的0.618处,即在正阳门瓮城前门(专为天子祭天而设的御路"天门")的位置上(图1—8—02)。

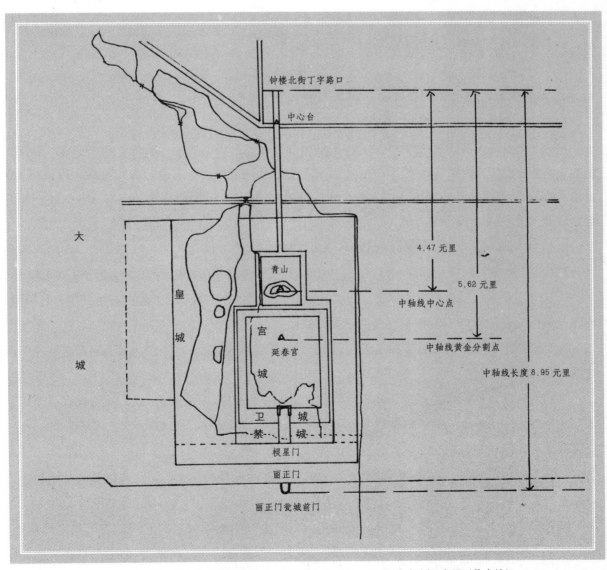

图1—8—02,元大都中轴线中心点、黄金分割点、准"五重城"规划示意图〔作者绘〕

第四节　元大都皇城厚载红门、棂星门、周桥空间位置考辨

元大都皇城城垣和城门是怎么确定的？是否与明北京皇城城垣和城门的走向及空间位置相一致？抑或沿用了金太宁宫（最初为隋临朔宫）宫垣和宫门的规划？

元大都皇城厚载红门是否与明北京皇城北门北安门（清代改称"地安门"）的空间位置相同？抑或沿用了金太宁宫（最初为隋临朔宫）北宫门的规划？

元大都皇城棂星门及南城垣的空间位置在哪里？是否为元代所规划？

元大都周桥规划在何处？

笔者以为，要弄清楚元大都皇城城垣、城门、周桥的空间位置，应该综合以下几个方面去研究，一是史料记载，二是考古勘查数据，三是隋金元明四个朝代的规划尺度，四是古代建筑"活化石"及其相关空间位置的比较，五是对诸观点界定的空间进行实地测量或对照历史地图予以勘测，六是探寻河道、道路的历史沿革对其的影响。

一、元大都皇城北垣与厚载红门空间位置考辨

史料记载元大都皇城"周长可二十里。"[1]

根据史料记载和对实地空间的研究，我们得知：元大都皇城北垣，沿用了金太宁宫（最初为隋临朔宫）北宫垣（约在今地安门东南的"玉河"东西向河道的南岸东西一线），南距大内御苑（今景山公园）北垣约 269.5 元步（约 423.9 米，恰为 1 隋里）；元大都皇城北门厚载红门就在明北京皇城北门北安门以南约 162 米（即在今地安门南大街中段偏北）的空间位置上。

而元皇城南垣，则是元代的新规划——北距皇城北垣约 1519.5 元步（约 2389.41 米，约合 5.065 元里）；皇城正门棂星门规划修建在宫城崇天门（今故宫午门）以南约 220 元步—235 元步（约 346—370 米）处；在棂星门内建周桥，即"棂星门内二十步许有河，河上建白石桥三座，名周桥，皆琢龙凤祥云，明莹如玉。桥下有四白石龙，擎戴水中，甚壮。绕桥尽高柳，郁郁万抹，远与内城西宫海子相望。度桥可二百步为崇天门，门分为五总建阙楼其上。"[2] 周桥为著名石雕家杨琼所设计建造。

有学者认为，元大都皇城南垣和棂星门的位置约在今故宫午门东西一线，并据此观点绘制了元皇城位置图。这一观点的依据是对《马可波罗行记》、《辍耕录》、《析津志》和《故宫遗录》等元、明史料文献，以及考古勘查的历史遗迹的误解。

《辍耕录》载"大内南临丽正门。"证明元大都宫城南城墙和崇天门，距离大城南城墙和丽正门仅为一里多远[3]。

《析津志》记载了元大都大城南城墙丽正门内与皇城南墙垣棂星门之间，有三条南北街道，中间为千步廊街，东为"五云坊"之"春路"，西为"万宝坊"之"秋路"。南中书省在千步廊街

1　萧洵《故宫遗录》。

2　萧洵《故宫遗录》。

3　笔者考证：元大都宫城崇天门南侧南距大城丽正门南侧约为 476.5 元步（约 749 米）。

东侧的"五云坊"内。南中书省的南北空间，在《马可波罗行记》记述的丽正门与棂星门之间约一元里的空间内。

《故宫遗录》将元大都千步廊的总长度，以及棂星门与崇天门之间的空间距离描述的具体而准确："丽正门内，曰千步廊，可七百步，建棂星门，门建萧墙，周回可二十里，俗呼红门阑马墙。门内二十步许有河，河上建白石桥三座，名周桥，皆琢龙凤祥云，明莹如玉。桥下有四白石龙，擎戴水中，甚壮。绕桥尽高柳，郁郁万抹，远与内城西宫海子相望。度桥可二百步为崇天门。"

笔者认为，萧洵的这段话有三个数字需要准确理解：

1．"丽正门内千步廊可七百步"[1]，是指左、右两列千步廊（东、西向的南北长度＋北向的东西长度）总共大约七百步；

2．皇城之"萧墙，周回可二十里"[2]，即皇城四面的"拦马墙"之和总共大约二十元里，即皇城南北、东西的长度各约五元里；

3．"度桥可二百步为崇天门"[3]，是指从周桥至宫城南夹垣、再至宫城南门崇天门的南北空间距离总共、大约为 200 元步。"可"，有"总共"、"大约"的意思。

再根据 1966 年中国社科院考古所考古勘测的元大都南城墙遗址（中线）的空间位置，约在今故宫午门以南约 749 米东西一线，约为 476.5 元步，即《马可波罗行记》记述的丽正门距棂星门约"一里"（即 241.5 元步）＋《故宫遗录》记载的"棂星门内约二十步许有河……度桥可二百步为崇天门"，与《辍耕录》有关"大内南临丽正门"的记载基本一致。皇城南垣距皇城北垣的距离，《马可波罗行记》说是"六里"，《故宫遗录》说是"五里"。元大都皇城北垣的位置已经确定，在玉河南岸东西一线。由皇城北垣往南约 5.065 元里的皇城南垣，就在棂星门（今端门）东西一线，即《析津志》记载的"缎匹库南墙外即皇城南垣"。从乾隆十五年（1750 年）绘制的北京城图，我们可以看到缎匹库南墙外东西一线恰在端门东西一线。如果元皇城南垣在故宫午门东西一线的话，那么往北约 5 元里的皇城北垣，就会位于今地安门以北约 150 米东西一线了。而实际上元大都皇城北垣却在今地安门以南约 162 米（即位于东西流向的玉河南岸以南）东西一线上。

元、明两代的史料文献记载得很清楚：元大都皇城"周回可二十里"。今北京中轴线故宫端门、阙左门、阙右门以北区域的规划格局，基本保持着元大都规划的历史风貌。因此，从元大都皇城的实地空间来看，其北垣，在明北京皇城北垣以南，北距"齐政楼"和"中心台"分别约为 2.05 元里（约合 615 元步，约 967 米）和 2.25 元里（约合 675 元步，约 1061 米），恰在明北京皇城北安门（清改称地安门）以南约 162 米东西一线；元大都皇城南垣，在缎子库南垣外的棂星门（后为明北京宫城端门）东西一线，北距宫城崇天门（今故宫午门）约 235 元步许（约 370 米），北距元皇城北垣约 5.065 元里（合 1519.5 元步，约 2389 米），又北距"齐政楼"和"中心台"分别约为 7.115 元里（合 2134.5 元步，约 3357 米）和 7.315 元里（合 2194.5 元步，约 3451 米）；元皇城棂星门南侧至"国门"丽正门北侧约 226.5 元步（约 356 米），至丽正门南侧约 241.5 元步（约 380 米）。

1　萧洵《故宫遗录》。

2　萧洵《故宫遗录》。

3　萧洵《故宫遗录》。

二、元大都皇城南垣与棂星门空间位置考辨

史料记载：棂星门为元大都皇城正门，位于周桥以南、千步廊以北。通过对史料和对实地空间的研究，我们得知：元大都皇城"周回可二十里"[1]，其南北、东西各长约五元里。其北垣，沿用了金太宁宫（最初为隋临朔宫）北宫垣（约在今地安门东南的"玉河"东西向河道的南岸，即北河胡同南侧东西一线）；其南垣，约在今端门、缎匹库南墙外东西一线。

有学者认为，元大都皇城南垣和棂星门的位置约在今北京故宫午门东西一线，并据此观点绘制了元大都皇城位置图。这一观点是对《马可波罗行记》、《辍耕录》、《析津志》和《故宫遗录》等元、明史料文献的记载，以及对考古勘查的历史遗迹的误解。

《马可波罗行记》第八十三章载："汗八里大城……在契丹州[2]之东北端……先有一方墙，宽广各八里，其外绕以深濠，各方中辟一门，往来之人由此出入。墙内四面皆有空地，广一里，军队驻焉。空地之后，复有一方墙，宽广各六里[3]，南北各辟三门，中门最大，常关闭，仅大汗出入时一为开辟而已。余二门较小，在大门之两侧，常开以供公共出入之用。"从元大都的实地空间规划我们得知：马可波罗描述的"第一方墙"与"第二方墙"之间的空间距离约为"一元里"的具体空间，只能是大城南城墙与皇城南墙垣之间的空间。

《辍耕录》载"大内南临丽正门。"证明元大都宫城南城墙和崇天门距离大城南城墙和丽正门仅为一元里多远。

《故宫遗录》将元大都千步廊的总长度，以及棂星门与崇天门之间的空间距离描述得具体而准确："丽正门内，曰千步廊，可七百步，建棂星门，门建萧墙，周回可二十里，俗呼红门阑马墙。"

笔者认为，萧洵的这段话有两个数字要点必须准确理解：

1. "千步廊可七百步"，是指左、右千步廊之东、西向的南北长度＋北向的东西长度之和，总共、大约为700元步，而不是说千步廊的南北长度为700元步。

2. 皇城之"萧墙，周回可二十里"，即皇城四面的"拦马墙"长度总共大约20元里，南北、东西长度各约5元里。

根据20世纪60年代考古勘测的元大都南城墙遗址的空间位置，约在今故宫午门以南约730—749米东西一线，约为464.5—476.5元步，即《马可波罗行记》记述的丽正门距棂星门约1里[4]与《故宫遗录》记载的"棂星门内二十步许有河，河上建白石桥三座，名周桥……度桥可二百步为崇天门"的约235元步之和。笔者论证：元皇城棂星门在元宫城崇天门（今故宫午门）以南约220—235元步的空间位置上。而考古勘查发现的与位于裱褙胡同与麻线胡同之间东西一线的大都南城墙东西相直的丽正门遗址，恰位于故宫午门南侧以南约725—749米的空间位置上。由此可知：元皇城棂星门南侧的空间位置就在明北京宫城端门中部偏南东西一线上，即明永乐朝迁都北京之时将元大都皇城棂星门改建成明北京宫城端门，又在端门与正阳门之间规划修建承天

1　萧洵《故宫遗录》。
2　笔者注：契丹州，指辽燕京和金中都。
3　笔者注：元大都皇城四面城墙每面城墙的实际长度均为5元里许。
4　笔者注：丽正门南侧距棂星门南侧约为241.5元步。

门、千步廊和大明门。

《辍耕录》记载"大内南临丽正门"。说明元宫城与大城丽正门相距不远，该记载与持棂星门位于午门处、崇天门位于太和殿处的观点不能相合——

如果按照该观点，棂星门距丽正门约 800 米，约合 2.15 元里，与《马可波罗行记》记述的"第一道城墙"与"第二道城墙"之间"约一里"的空间不能吻合。

如果按照该观点，崇天门距丽正门约 1170 余米，约合 3.15 元里[1]，与《故宫遗录》记载的：丽正门至崇天门约 476.5 元步的空间不能吻合，也与《辍耕录》记载的"大内南临丽正门"不能吻合。

如果按照该观点，1 元里为 240 步，元大都皇城南垣在故宫午门东西一线的话，那么元大都皇城南北长约五元里，元大都皇城北垣只能到今景山以北的黄华门街东西一线。

学术界和考古勘查认定的元大都皇城北垣就在"玉河"东西向河道[2]南岸东西一线。如果按照该观点，每元里合 240 步，每步约 1.55 米计算的话，那么元大都皇城南垣就只能在故宫太和门东西一线了。

笔者通过对北京中轴线规划沿革的研究，认为元大都皇城空间是对金太宁宫空间的继承、改造而成的。而金太宁宫空间又是对隋临朔宫空间的继承。元大都皇城南垣是刘秉忠新规划的，而元大都皇城北垣则是对金太宁宫（前身为隋临朔宫）北宫垣的继承，故元大都皇城南北长度约为 5.065 元里（合 1519.5 元步，约 2389 米），即《马可波罗行记》说的"六里"。

关于元大都皇城南垣的空间位置，元代史料《析津志》记载："缎匹库南墙外，即皇城南垣"。明初《故宫遗录》也记载了元大都皇城南垣的空间方位："丽正门内，千步廊可七百步，至棂星门，门建萧墙，称'红门拦马墙'，周回可二十里……棂星门内二十步许有河，上架石桥三虹……名周桥，度桥可二百步至崇天门"。元末、明初的史料都记载元大都皇城南垣就在端门东西一线。在元大都皇城南垣以北，有金水河自西向东流过，西有织女桥，中轴线上有周桥，东有飞虹桥。

由学术界和考古勘查认定的元大都皇城北垣往南约 5.065 元里，即为元大都皇城南垣，恰与《析津志》所记载的"缎匹库南墙外即元皇城南垣"（即端门东西一线）的空间走向相吻合。

笔者通过对元、明两代的规划尺度的实证研究，考订出：元大都皇城棂星门南侧及皇城南垣，就在故宫端门东西一线上，北距元大都宫城崇天门（即故宫午门）南侧约 220 元步（约 346 米），元大都皇城棂星门南北进深约为 15 元步（约 73.55 元营造尺）。（图 1—8—03）

三、元大都外金水河与周桥空间位置考辨

关于元大都周桥的空间位置，学术界一直存在争议。

一种观点认为：元大都中轴线在明北京中轴线之西，故周桥也应在明北京中轴线之西，遂认

1　笔者注：按该观点每元里为 240 步计算，合 756 步。

2　笔者注：今地安门东南北河沿胡同。

为位于故宫外朝中轴线之西的、具有元代建筑风格的"断魂桥"就是元大都周桥。

另一种观点认为：元大都中轴线与明北京中轴线同一，元大都周桥应该位于故宫中轴线上内五龙桥的位置。

尽管这两种观点不同，但所依据的前提条件却是相同的：一是都认为周桥位于元大都中轴线上；二是都认为元大都宫城在明北京宫城以北约四百多米的空间位置上。

笔者持第三种观点，认为：元大都周桥位于明北京端门以北。

关于元大都周桥的具体空间位置，元代熊梦祥的《析津志》和明初萧洵的《故宫遗录》均有详细记载。

《析津志》云："太液池，流出周桥右。水自西北来，而转东至周桥，出东二红门（南），与光禄寺桥下（南流的）水相合流出城。"与乾隆十五年（1750 年）绘制的《清北京城图》所显示的历史遗迹：中海之东南端有水向南流出，再转而东流，有织女桥、飞虹桥（在缎匹库北侧）等历史地名。笔者认为：①根据《析津志》对元大都皇城金水河与周桥空间方位的明确记载和乾隆朝《北京城图》所载的历史地名可知：在织女桥和飞虹桥二桥东西一线的中间，即明端门以北的中轴线上，就应该是元大都皇城棂星门内的金水河与周桥。②明洪武二年至三年，将元大都周桥

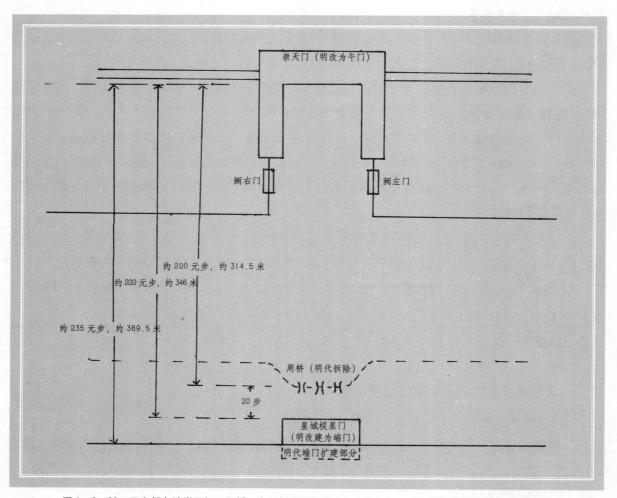

图 1—8—03，元大都宫城崇天门、周桥、皇城棂星门与明北京宫城午门、端门规划演变示意图（作者绘）

拆除，用以营建明中都周桥。③明永乐朝迁都北京时，将流经元大都皇城南垣内的金水河，在织女桥东改道南流，至明北京皇城南垣外转而东流，流经承天门外至菖蒲河再至通惠河；在改道皇城金水河的同时，将原来流经周桥下的元大都皇城金水河填埋。

《故宫遗录》云："棂星门内二十步许有河，河上建白石桥三座，名周桥，皆琢龙凤祥云，明莹如玉。桥下有四白石龙，擎戴水中，甚壮。绕桥尽高柳，郁郁万株，远与内城西宫海子相望。度桥可二百步为崇天门，门分为五总建阙楼其上。"

《故宫遗录》的这段记载，从南、北、西北三个方位描述了周桥的空间位置：①在皇城"棂星门内二十步许"；②从周桥至宫城南夹垣，再至宫城崇天门"可二百步"；③度桥面北，正北为宫城、西北"远与内城西宫海子相望"。

笔者通过对元明两代金水河河道变迁、元大都皇城南北垣的空间位置、元大都宫城的空间位置、大城丽正门的空间位置、史料记载、历史地名的研究以及对实地空间的勘查，即运用"六重证据法"的互证，论证了元大都周桥就在今端门以北约32米至约55米的空间位置里。

元大都周桥的空间位置，南距棂星门北侧约20元步许（即《故宫遗录》所云"棂星门内二十步许有金水河，上架石桥三虹，曰周桥……"），北距宫城崇天门（即故宫午门）约200元步，西有金水河织女桥，东有金水河飞虹桥（飞龙桥）。飞虹桥位于重华宫南、缎匹库北，为阿拉伯人也黑迭儿所建，其栏板石雕艺术为典型的阿拉伯建筑风格。刘若愚《明宫史》记载，时人误以为是明初三宝太监郑和下西洋时所带回。而位于飞虹桥以西中轴线上的周桥，忽必烈最终还是选定由著名汉人石雕家杨琼负责设计建造。

位于今故宫午门以南约200元步的周桥，其空间位置可以证明：①元大都皇城内的金水河流经织女桥、飞虹桥东西一线，在中轴线上向南呈一"弓形"，故周桥的空间位置在织女桥、飞虹桥东西一线稍南；②元宫城崇天门（即今故宫午门）以南约220元步（约346米），就是元皇城棂星门北侧；③《析津志》记载元大都皇城南垣就在缎匹库南垣外东西一线，恰在端门东西一线上，即周桥恰在皇城棂星"门内二十步许"的空间位置上。

考古勘查已证实：元大都与明北京确为同一条中轴线。因此，认为故宫"断魂桥"即元大都"周桥"的观点显然不能成立。而认为故宫"内五龙桥"即元大都"周桥"的观点，与史料记载的元大都周桥的空间位置、与元皇城南北垣的相对空间、与元宫城的相对空间、与丽正门的相对空间均不能吻合，因此该观点也不能成立。而元大都周桥只有位于笔者论证的空间位置上，即在今端门以北约32米至约55米的空间位置上，才能与史料记载的棂星门、千步廊、丽正门、崇天门、皇城南北垣等空间相吻合，也与金水河流向、织女桥、飞虹桥等实地空间相吻合。

第五节　元大都中心台、中心阁、鼓楼、钟楼等建筑空间位置考辨与"钟楼市"的规划

元大都中心台、中心阁、鼓楼、钟楼、"钟楼市"的空间位置在哪里？学术界一直存在两种

观点：

第一种观点认为鼓楼、钟楼、"钟楼市"的空间位置均在中轴线以西的旧鼓楼大街上，中心台在中轴线与旧鼓楼大街之间，中心阁在中轴线上（即鼓楼位置），并据此观点绘制了元大都城图。

第二种观点认为中心台、鼓楼、钟楼、"钟楼市"的空间位置均在中轴线上，中心台在鼓楼稍北位置上，中心阁在鼓楼的东北侧。

笔者通过研究北京中轴线规划的变迁，基本持第二种观点，但与第二种观点又略有不同之处，首次提出：元大都中心台、鼓楼、中心阁的空间规划，是对隋临朔宫北中轴线中心台、鼓楼、钟楼空间规划的继承，后又将鼓楼规划、修建在中轴线与中纬线交汇处（即明清鼓楼位置）。

一、元大都中心台空间位置考辨

元大都大城中心台的空间位置在哪里？

有学者认为元大都中心台在鼓楼处，也有学者认为元大都中心台在鼓楼西侧不远处，笔者认为元大都中心台约在鼓楼与钟楼之间的位置上。

元大都大城中心台的规划，是沿用了隋临朔宫泛中轴线中心台的规划。即以隋代规划的中心台为大都大城的几何中心——中心台。

确定元大都大城中心台位置的前提条件是：

1. 金太宁宫中轴线（为隋临朔宫始规划）和隋代规划的中心台稍南的东西驰道已经存在；

2. 宫城空间位置已经确定，即沿用金太宁宫（为隋临朔宫始规划）宫城的空间，南北长615元步；

3. 大城南距"金口河"（即马可波罗所谓的"新都与旧都之间有一条大江"）要有一定的距离；

4. 根据城方60里的规划，以隋代规划的临朔宫北中轴线上的中心台为坐标点，南、北各约7.9元里（合2370元步，约3727米）确定大城之南、北城墙[1]的定基线，东、西分别约6.85元里（合2055元步，约3231米）和7.35元里（合2205元步，约3467米）确定大城之东、西城墙的定基线。

5. 元里制已经制定。

在筑城时，南城墙之中段因正直庆寿寺双塔而南移了"三十步许"，北城墙又北移了约90元步，故南、北城墙中线相距约为16.2元里（约合4860元步，约7642米）。修改大都大城城垣长度，是大都大城在修筑当中，根据实地空间状况，对原规划所做出的一次"修订"。

中心台（位于元齐政楼和明鼓楼稍北），在大城中轴线和中纬线交汇的十字路口北侧，为一方台，"方幅一亩"，其正南有石碑，刻曰："中心之台"，位于大城东西南北之中心。第一次突出了大城的几何中心——中心台的标志作用。

实际上，刘秉忠废弃了隋代规划的临朔宫北中轴线之中心台，新筑的元大都之中心台距大城南、北城墙的距离相等，约8.1元里（约3821米）；而距东、西城墙的距离则不相等，距东、西

1　笔者注：刘秉忠始以隋临朔宫北中轴线之中心台（约位于鼓楼北围墙处，即考古发现的建筑基址）为坐标点，规划大都大城之东、西、南、北四面城墙的定基线，后在实际筑城时因外拓南城墙之中段和北城墙，故废弃隋代规划的中心台，而在其北，即南北城墙的中心点规划修建了大都中心台。

城墙分别约 6.85 元里（约 3231 米）和约 7.35 元里（约 3467 米）。

《钦定日下旧闻考》卷五十四《城市》引《图经志书》载："中心台敌楼一十二座，窝铺二百四十三座。"《图经》，是由地图与说明文字两方面组成的方志类典籍，盛行于隋唐、北宋时期。结合积水潭东北岸地处南来北往、东去西行的交通枢纽位置，其实地空间，以及其东部、东南部、西南部和北部有众多的粮仓、草场、物资库等历史遗迹可知：中心台处确实应规划修建"楼"式建筑，以利于管理"人"和"物"——300 多万集结在涿郡的远征高丽的军队和民夫，以及众多粮草、军械、装备等军需物资。而在中心台之南 2 隋里多的永定河故道东岸（即今故宫和景山的南北地带），就是远征高丽的大本营——隋炀帝在涿郡的离宫"临朔宫"。中心台是临朔宫泛中轴线的北端区域。

古人管理城市、集市、军队，都依靠钟、鼓来进行管理。在城市中央区域和集市区域，几乎都设有钟楼和鼓楼。

二、元大都中心阁空间位置考辨

元大都中心阁的位置到底在哪里？学术界亦有两种观点：一种观点认为元大都中心阁位于中轴线与中纬线的交汇处，即明鼓楼的位置。另一种观点认为元大都中心阁位于中轴线以东、中纬线（鼓楼东大街）以北的大天寿万宁寺的西南隅。

关于大天寿万宁寺，《元史》、《析津志》、《日下旧闻考》等史料均有记载。

《元史·成宗纪》云："大德九年（1305 年）二月，建大天寿万宁寺。"《元史·泰定帝纪》又云："泰定四年（1327 年）五月，作成宗神御殿于天寿万宁寺。"

《析津志》载："中心台，在中心阁西十五步。其台方幅一亩，以墙缭绕。正南有石碑，刻曰中心之台，实都中东南西北四方之中也。"

《日下旧闻考》卷五十四《城市》引《析津志》载："天寿万宁寺在鼓楼东偏，元以奉安成宗御像者……" 又引《明一统志》载："中心阁在府西，元建，以其适都城中，故名。阁西十余步有台，缭以垣，台上有碑刻中心台三字。" 又引《图经志书》载："中心台敌楼一十二座，窝铺二百四十三座……钟楼在金台坊东，即万宁寺之中心阁。"

笔者认为，《图经志书》所载的拥有敌楼和窝铺的中心台，不是元大都的中心台，而是隋代的中心台，虽空间位置没有变化，但时间已相差了约 660 年。元代人之口传的"中心阁即钟楼也"，亦非指元大都之钟楼，实乃隋中心台东侧的钟楼，元代在此基址上改建中心阁。

笔者以为，《日下旧闻考》所引的《图经志书》，可能是《洪武北平图经志书》，也可能是更早的《图经志书》。结合作为地理类的《图经志书》盛行于唐宋时期，以及《日下旧闻考》引《图经志书》所载的中心台有敌楼和窝铺的情况与元大都中心台的情况相悖。故以为《日下旧闻考》所引的《图经志书》非《洪武北平图经志书》，中心台亦非元大都之中心台，而应为记载隋临朔宫中轴线北端规划建有敌楼和窝铺，用以管理漕运、仓储等远征高丽的粮草和物资的中心台。为了管理漕运、仓储远征高丽的粮草和物资，在中心台的东、西两侧分别规划修建了钟楼和鼓楼，后为元代沿用为中心阁和鼓楼。

据此，元大都中心阁的确切空间位置，应该在鼓楼的东北侧，即位于中轴线与中纬线相交汇的十字路口之东北角。鉴于鼓楼、钟楼、中心台、中心阁都有墙垣缭绕，所以中心台之东缭垣应与中心阁之西缭垣相距约"十五元步"，约合 23.59 米。进而推知：中心台之中心线东距中心阁之中心线应约为 106 米，约合 0.25 隋里。

三、元大都鼓楼空间位置考辨

元大都鼓楼始建于至元九年（1272 年），重建于大德元年（1297 年），又称"齐政楼"，即齐日、月、土、木、火、金、水七政之意。鼓楼，是元朝统治者管理大都的报时工具，也是封建皇权的统治手段之一。

元大都鼓楼的空间位置在哪里？一说在旧鼓楼大街南，一说在中心台西，一说在中轴线与中纬线交汇处，即明清北京鼓楼的空间位置上。笔者持后一说，但认为元大都鼓楼曾经两次规划和修建在两个空间位置上。

第一次是至元九年（1272 年）在原隋中心台西侧的鼓楼基址[1]规划修建了元大都鼓楼。依据是：①《析津志》记载的"齐政楼在中心台西十五步，中心台在中心阁西十五步"。②元代张宪《登齐政楼》诗曰："层楼拱立夹通衢，鼓奏钟鸣壮帝畿。"形象地描绘出：钟楼位于中轴线上，居于北；鼓楼不在中轴线上，而在中心台西十五步，居于南；钟、鼓二楼呈"拱形"分布，南北、东西夹于通衢，即位于中轴线，中纬路（今鼓楼西大街）和旧鼓楼大街之间。因遭雷击被毁。

第二次是大德元年（1297 年）改建在中轴线与中纬线交汇处，即明清北京鼓楼处。依据是：①《析津志》记载的"齐政楼，都城之丽谯也。东，中心阁。大街[2]东去，即督府治所。南，海子桥、澄清闸。西，斜街过凤池坊。北，钟楼。此楼正居都城之中。楼下三门。楼之东南转角街市，俱是针铺。西斜街临海子，率多歌台酒馆。有望湖亭，昔日皆贵官游赏之地。楼之左右，俱有果木、饼面、柴炭、器用之属。"又载："……则崇仁倒钞库。西，中心阁。阁之西，齐政楼也。更鼓谯楼。楼之正北，乃钟楼也。"②针对有人认为元大都鼓楼建在旧鼓楼大街上的观点，考古工作者曾在旧鼓楼大街南北一线进行过勘探，没有发现任何建筑基址。③旧鼓楼大街之名，始于清代，明代张爵所著的《京师五城坊巷胡同集》里称"药王庙街"。对此街的沿革情况，北京史地专家王灿炽先生有过考证。

从元末《析津志》的记载看，重建的"齐政楼"则位于中心台稍南的空间位置上，即位于中轴线与中纬线相交汇处，即已位于中心阁之西和钟楼正南了，而不再有中心台的记载。由此推知：元大都鼓楼在至元末年遭雷击焚毁后，可能改建在中心台稍南的中轴线与中纬线相交汇处，其基址后为明北京鼓楼所沿用。参考明中都、明南京的钟、鼓二楼的规划均不在中轴线上，而明北京的钟、鼓二楼则均规划在中轴线上，分明是对元大都钟、鼓楼空间规划的继承，就如同明北京对元大都阙左门、阙右门以北的宫城、御苑及中轴线的规划完整继承一样，基本未作空间规划的改动。

1　笔者注：位于鼓楼西大街街北、钟楼前街街西、旧鼓楼大街南段街东。

2　笔者注：指中纬路崇仁门大街，即今鼓楼东大街——东直门内大街。

四、元大都钟楼空间位置考辨

钟楼，是元代统治者管理大都的报时工具，也是封建皇权的统治手段之一。

元大都钟楼的空间位置究竟在哪里？是在"旧鼓楼大街"的北端与明北京北护城河（"古濠"）南岸的东西道路的"交汇点"的空间位置上吗？答案是否定的。因为该处空间位置既与史料记载的元大都钟楼的空间位置不符，又不能被考古勘探所证实——在"旧鼓楼大街"南北，考古勘探均未发现有任何建筑遗址和遗迹。[1]

尽管现在通行的元大都城图中[2]，将鼓楼和钟楼标注在旧鼓楼大街的南北端，但鼓楼和钟楼不在此空间的史实，证明该图所标示的元大都钟、鼓楼的位置是错误的。笔者认为：我们研究历史地理和古都规划，都必须依据客观史实，其观点必须经得起史料记载、考古勘探、营国规制、实地空间的多重检验。我们必须看到：前辈学者为研究北京古都规划做了许多工作，为后人继续开展研究提供了宝贵的参考和依据。但前辈学者的研究往往囿于时代、方法、技术等主客观因素，其推测、推论的观点往往不能尽善尽美，需要后人的修正才行。前辈学者对元大都规划的研究就是如此。

为什么说这种认定元大都钟楼空间位置的观点不能成立。原因是：

1．与史料记载的钟楼的空间位置不能吻合；

2．与元大都规划的"街制"不能吻合；

3．与刘秉忠依据《周礼》营国规制规划的中轴线"面朝后市，市朝一夫"而形成的"钟楼市"的空间不能吻合；

4．与考古勘探的结果不能吻合。

钟楼是位于元大都大城中心区域的著名建筑，而不是位于大都中部偏北的区域。《马可波罗行记》记载的钟楼："在大城之中央，有一高大宫殿，上置一口大钟……"《析津志》记载，钟楼位于"京师北省东，鼓楼北。至元中建，阁四阿，檐三重，悬钟于上，声远愈闻之。钟楼之制，雄敞高明，与鼓楼相望。本朝富庶殷实莫盛于此。楼有八隅四井之号。"[3]可知当时的钟楼为八面形的双层阁楼式建筑，远比明清钟楼（即今钟楼）宏大、壮丽。

《析津志》记载的"北省"，即北"中书省"，为至元四年修建大都时规划在大都中央区域的空间——"始于新都凤池坊北，立中书省，其地高爽，古木层荫，与公府相为樾荫，规模宏敞壮丽。奠安以新都之位，置居都堂于紫微垣。"又载"齐政楼……西，斜街过凤池坊。"说明凤池坊的空间在海子以北、钟楼和鼓楼以西，即钟楼市所在的金台坊以西，旧鼓楼大街是金台坊与凤池坊的分界线。刘秉忠将统治机构中书省和统治工具钟楼、鼓楼规划在大都大城中央区域，使中轴线规划形成"面朝后市、市朝一夫"的格局，可谓是最佳规划了。

《析津志》明确记载了元大都的街制："大街阔二十四步，小街阔十二步"，又记载"钟楼前有十字街，南北、东西街道最为宽广"。而现在主要观点是：钟楼位于"旧鼓楼大街"的北端与

1　笔者于 2008 年 5 月 27 日拜访徐苹芳先生时得知此考古勘查的结果。

2　笔者在拜访徐苹芳先生时得知：目前的元大都城图为赵正之先生所绘制。

3　《日下旧闻考》卷五十四《城市》引《析津志》。

明北京北护城河（"古濠"）南岸的东西道路的"交汇点"的空间位置上。按该观点试想：位于该"交汇点"上的钟楼，怎么能"前有十字街"呢？其空间道路为小街规制，怎么可能是"南北、东西街道最为宽广"呢？而只有元钟楼位于今钟楼的空间位置，才能出现"前有十字街"[1]和"南北、东西街道最为宽广"[2]的规划格局。

史料记载"钟楼市"位于钟楼前街、后街、西巷和鼓楼南转角街。如果按这种观点认定的钟楼的空间位置，"钟楼市"就一定在"古濠"南北的空间里，转角街在哪里呢？刘秉忠根据《周礼》营国规制规划的中轴线"面朝后市，市朝一夫"又怎么解释呢？

针对该观点，考古工作者在旧鼓楼大街南北进行了考古勘探，结果未发现有任何建筑的基址和遗迹。这也可以从实证方面证明：元大都钟楼从未规划修建在旧鼓楼大街上。然而，北京历史地图集中的元大都地图却还是这样标注着钟楼的空间位置。笔者通过对元代史料、营国规制、元代规划尺度、元大都中轴线和现存钟楼实地空间的研究，得出元大都钟楼与明清北京钟楼的空间位置完全相同，即明北京钟楼是在元大都钟楼的"旧基"上重建的结论，与王灿炽先生通过史料和考古资料论证的元大都和明北京钟楼位置同一的结论，可谓是"不谋而合"。（图1—8—04）笔者的研究证明：目前为学术界认可的元大都地图所标示的宫城、皇城、钟楼、鼓楼等空间位置都是不准确的。

五、元大都"钟楼市"的规划

元大都的"钟楼市"究竟在哪里？是在有些"权威学者"认定的位置——"旧鼓楼大街的北端"，即明北京北护城河（"古濠"）南岸吗？（图1—8—04）答案是否定的。因为该处位置既与史料记载的元大都钟楼的空间方位不符，又不能被考古勘查所证实——在"旧鼓楼大街"南北，考古勘查均未发现有任何元代建筑遗址和遗迹。

钟楼是位于元大都大城内中心区域的著名建筑。据《析津志》记载，钟楼位于"京师北省东，鼓楼北。至元中建，阁四阿，檐三重，悬钟于上，声远愈闻之。钟楼之制，雄敞高明，与鼓楼相望。本朝富庶殷实莫盛于此。楼有八隅四井之号。"[3]可知当时的钟楼为八面形的双层阁楼式建筑，远比明清钟楼（即今钟楼）宏大、壮丽。

钟楼位于"钟楼市"之中，即现在钟楼的位置，与《马可波罗行记》记载的："在大城之中央，有一高大宫殿，上置一口大钟……"和《析津志》记载的"钟楼前有十字街，南北、东西街道最为宽广"相吻合。钟楼南北街道因是中轴线，宽约30元步，约为47米[4]；钟楼前东西街道因是中纬线，宽约24元步，约为38米。

笔者从规划尺度入手并参考史料文献研究北京（含元大都）中轴线的规划，发现钟楼南北街道的规划不符合明代规划尺度，倒完全符合元代规划尺度，即鼓楼（元代称"齐政楼"）至钟楼

---

1 笔者注：即中轴线与中纬线相交汇的"十字街"。

2 笔者注：中轴线阔30步，即钟楼南北街道的宽度至今几乎没有变化。中纬线阔24步，即鼓楼东、西大街。

3 《日下旧闻考》卷五十四《城市》，引《析津志》。

4 笔者注：今钟楼南北街道的宽度几乎没有变化。

北街丁字路口的南北街道的规划尺度恰为 3/4 元里，与元代史料记载的"钟楼市"的空间位置完全相合。笔者通过对元代史料、元代规划尺度和现存钟楼实地空间的研究，得出元大都钟楼与明清北京钟楼的空间位置完全相同，即明北京钟楼是在元大都钟楼的"旧基"上重建的结论，与王灿炽先生通过史料和考古资料论证的元明钟楼位置同一的结论，可谓是"不谋而合"。

大都"钟楼市"之所以规划在大城中轴线的北端，是因为刘秉忠完全按照《周礼·考工记》匠人营国"面朝后市，市朝一夫"的原则规划的。"钟楼市"北起钟楼北街丁字路口，南至齐政楼（即明代鼓楼）东南、西南转角处，西至旧鼓楼大街。南北长度约 0.8 元里，合 240 元步，约 377 米；东西宽度约 100 元步，约 157 米，面积约 100 元亩，为"一夫"。"钟楼市"为大都的"第一市"——"国市"。

"钟楼市"，即今钟楼南北、鼓楼周围，由缎子（绸缎）市、皮帽市、鹅鸭市、珠子市、沙剌（珠宝）市、针线市、米市、面市、水果市、铁器市、穷汉市等许多"专业市"所组成，分布在钟楼南北街道的街面上和东西两侧若干条"商巷"里，分布在"中心台"的西北、西南、东北、东南

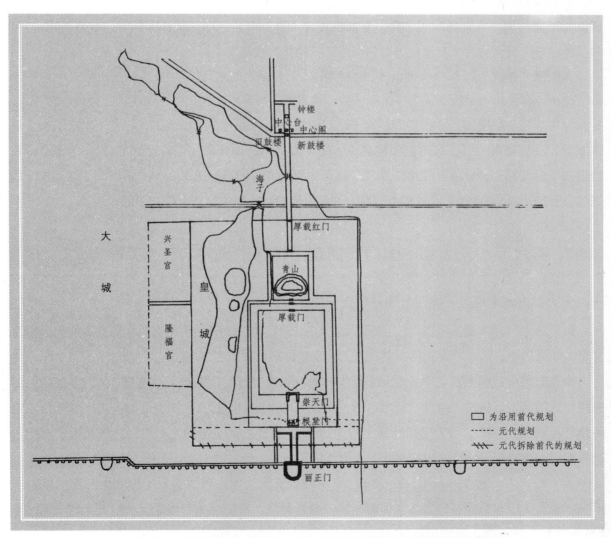

图 1—8—04，元大都中心台、中心阁、钟楼、新旧鼓楼相对位置平面示意图（作者绘）

四隅，并向四外延伸。

元大都"钟楼市"在哪里？学术界一直没有给出确切答案。笔者在对历代古都和元大都的"朝市"关系进行综合研究后，认为：元大都"钟楼市"就规划在元大都中轴线的北端。（图1—8—05）

元大都"钟楼市"之所以规划在大城中轴线的北端，是因为刘秉忠完全按照《周礼·考工记》匠人营国"面朝后市，市朝一夫"的原则规划的。"一夫"，源自西周的"井田制"，即男子授田百亩。笔者考查今北京钟楼南北和旧鼓楼大街南段以东的实地空间，即南北空间为240元步（约377.4米）、东西空间长度为100元步（约157.25米），恰合元制"百亩"，其位置与《马可波罗行记》记载的"钟楼位于大城之中央"相吻合，也与《析津志》等史料记载的"钟楼市"空间相吻合，应为刘秉忠规划的"钟楼市"空间无疑。

元大都"钟楼市"北起钟楼北街丁字路口，南至钟楼前十字街（后为元齐政楼、明鼓楼）；东自钟楼南、北街东侧（即大天寿万宁寺西侧），西至旧鼓楼大街。考古工作者曾对旧鼓楼大街进行过考古勘探。在旧鼓楼大街南北均未发现有古建筑基址。（图1—8—06）

《马可波罗行记》记述了元大都商业贸易的盛况："外国巨价异物及百物之输入此城者，世界诸城，无能与比……百物输入之众，有如川流之不息。仅丝一项，每日入城者，计有千车。"可知"钟楼市"每天接待来自亚欧各国的商旅，日销货物数量及金额之多，实乃无法计算。

元大都"钟楼市"，即今钟楼南北、鼓楼周围、旧鼓楼大街南段以东的空间。《析津志》载："米市、面市，钟楼前十字街西南角……缎子市、皮帽市，在钟楼街西南……帽子市，钟楼。穷汉市，一在钟楼后……鹅鸭市，在钟楼西。珠子市，钟楼前街西一巷……沙剌市，一巷皆卖金、银、珍珠宝贝，在钟楼前……铁器市，钟楼后……柴炭市集市，一钟楼"。通过《析津志》的记载，我们得知：元大都"钟楼市"是由许多"专业市"所组成的大都第一市——"国市"，"钟楼市"的规划、管理是科学有序的，"钟楼市"在大都经济和国际贸易中起着十分重要的作用。

第六节 元大都"国门"丽正门位置的确定与千步廊的规划

一、元大都大城南垣与"国门"丽正门空间位置考辨

丽正门，为元大都的"国门"，建于元朝至元九年（1272年），明朝永乐年间迁都北京因南拓北京大城而拆除。元大都丽正门究竟在今天北京的什么位置呢？

根据史料记载和考古工作者对元大都大城南城墙走向的考查得知：元大都"国门"丽正门的空间位置的确定，曾经有过两次规划。第一次规划的南城墙因正直大庆寿寺海云可庵双塔，不得不修订原规划，将南城墙之中段南移了约30元步。这样大都"国门"丽正门中线就确定在距宫城崇天门（今故宫午门）以南约476.5元步（约749米）处。

有学者认为：元大都丽正门在天安门以南的长安街南侧，东西长安街为元大都南城墙的顺城街，长安左门和长安右门为元大都南城墙之顺城街门。依据是《明英宗实录》关于"正统元年（1436年）六月丁酉，修阙左右门和长安左右门，以年深瓴瓦损坏故也"的记载。

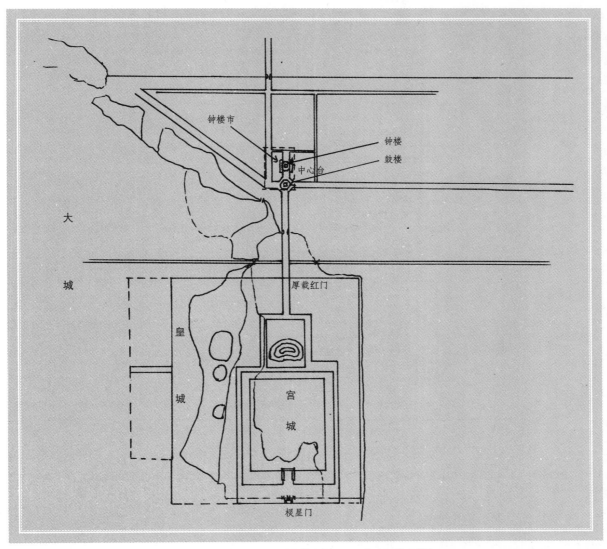

图 1—8—05，元大都"钟楼市"平面示意图（作者绘）

也有学者认为：元大都丽正门在天安门以南的长安街中部。依据是《元一统志》、《析津志》所载："至元城京都，有司定基，（大都南城墙）正直庆寿寺海云、可庵两师塔，敕命远三十步许环而筑之。"海云、可庵双塔位于今电报大楼西南方位的长安街北侧。庆寿寺始建于金代章宗明昌元年（1190 年），1954 年因拓宽西长安街而拆除。

笔者认为：元大都丽正门在故宫午门以南约 725—749 米处，即在天安门广场北端。依据是：

1．元代和明初史料的记载：

①《马可波罗行记》所记载的汗八里（即大都）之大城："先有一方墙，宽广各八里。其外绕以深壕，各方中闢一门，往来之人由此出入。墙内四面皆有空地，广一里，军队驻焉。空地之后，复有一方墙，宽广各六里……此第二方墙之内，有一第三城墙，甚厚，高有十步，女墙皆白色……"又载："宫与新城相接，在此城之南部"，详细描述了大城与宫城的距离。

②《辍耕录》云："大内南临丽正门"。《析津志》云："丽正门内，三街并行。中，千步廊御街；

165

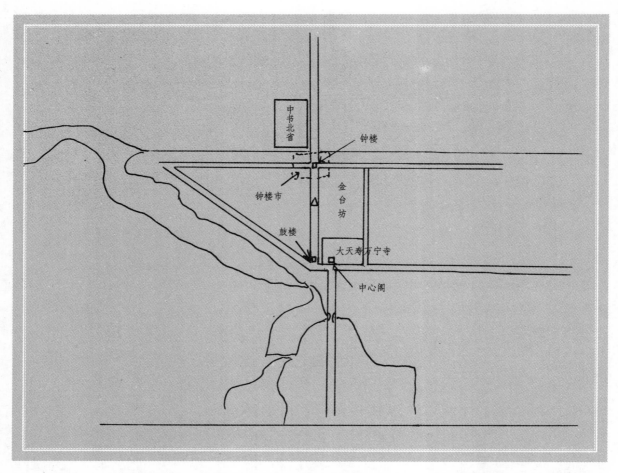

图 1—8—06，错误观点的元大都鼓楼、钟楼、"钟楼市"平面示意图（参见《北京地图集》测绘出版社，1994 年）

东，五云春路；西，万宝秋路。"千步廊东、西两侧街道，在北向千步廊东、西两端分别有阔约
24 元步（约 37.68 米），因位于"五云坊"和"万宝坊"，故称"五云春路"、"万宝秋方"。[1]

千步廊街东、西两侧的南北街道，往北正直崇天门东、西两侧的星拱门和云从门，再往北约
与大内禁苑东、西垣约在同一条南北经线上，使得大内御苑到丽正门内东、西街与大内形成一个
"中"字形结构布局，可谓独具匠心。

③明洪武初年萧洵《故宫遗录》记载："丽正门内，曰千步廊，可七百步，建棂星门，门建萧墙，
周回可二十里，俗呼红门阑马墙。门内二十步许有河，河上建白石桥三座，名周桥，皆琢龙凤祥云，
明莹如玉。桥下有四白石龙，擎戴水中，甚壮。绕桥尽高柳，郁郁万抹，远与内城西宫海子相望。
度桥可二百步为崇天门，门分为五总建阙楼其上。"

④《明英宗实录》记载："正统元年（1436 年）六月丁酉，修阙左右门和长安左右门，以年
深瓴瓦损坏故也。"

而明清北京皇城之长安左门和长安右门，二门东西相距约 365 多米，约为 232 元步，在明正

---

1 《日下旧闻考》卷五十四《城市》，引《析津志》。

统元年（1436 年）因"年深瓴瓦损坏"而修葺。[1] 参考《析津志》记载："中书省，在大内前东，五云坊内。外仪门，近丽正门东城下，有'都省'二字牌匾。中仪门，中通五云坊、万宝坊，东西大街，兵卫戟仗。"[2] 笔者推断：其空间位置很可能分别是元大都南中书省之"中仪门"（东向）和某中央机构的大门（西向）。

2. 20 世纪 60 年代中期，考古工作者曾对元大都大城城墙及其遗址进行了勘测，在位于裱褙胡同与麻线胡同之间的明清古观象台东西一线，[3] 发现了大都南城墙之东段基址；所发现的元大都大城西南角楼的基址，就在今复兴门立交桥东南角位置上，在其基址中北部东西一线的元大都南城墙之西段约在今西长安街上，至双塔寺西侧往南环曲了约"三十步许"，东至大城东南角。

3. 笔者在研究了元明两代的"度"（尺长、步长、里长）之后，发现上述三种史料的记载完全可以互证：①第一方墙与第二方墙之间"广一里"与"丽正门内，千步廊可七百步，至棂星门"的空间距离完全吻合（下文将有详细论证，此处略）；②"大内南临丽正门"与丽正门内至棂星门的空间距离约 226.5 元步，棂星门内至崇天门的空间距离约 220 元步，丽正门内至崇天门总共约 461.5 元步的空间距离，与考古勘查的丽正门基址北距故宫午门的空间距离相吻合。

二、元大都千步廊空间位置考辨

元大都千步廊规划在皇城棂星门外、大城丽正门内，而不像金中都的千步廊规划在宫城外、皇城内的空间里。元大都千步廊最早建于元世祖至元后期，依据是《马可波罗行记》里有对元大都大城、皇城、宫城、钟楼及钟楼市的详尽描述，然而却没有对千步廊的描述。

为什么元代将千步廊规划在皇城棂星门外，而不像宋汴京、金中都那样，将千步廊规划在皇城内呢？这个问题一直没有人关注。笔者认为，刘秉忠在规划元大都中轴线"五重城"时，沿用了金太宁宫（最初为隋临朔宫）宫城和宫城夹垣的规划，并在宫城以南做了新的规划——将大城南垣规划在宫城南垣以南约 464.5—476.5 元步东西一线上；将皇城南垣规划在宫城以南约 240 元步，又北距皇城北垣[4] 约 1519.5 元步东西一线上；将皇城棂星门规划在宫城崇天门（即明宫城午门）以南约 220—235 元步（约 346—370 米）的空间位置上[5]；又在皇城棂星门内引金水河并架周桥于其上；故在宫城南垣与皇城南垣之间约 220 元步的南北空间里，由于有大内南夹垣和金水河"横亘"，因此，不仅无法规划修建千步廊，而且连端门都不宜规划修建。所以，刘秉忠只能"因地制宜"，将千步廊规划设计在皇城棂星门外和大城丽正门内南北长度约 226.5 元步（约 356 米）的空间里。刘秉忠这一不得已的"因地制宜"的规划设计，后为明三都（明中都、明南京和明北京）中轴线规划设计所沿用。

---

1 《明英宗实录》载："正统元年，（1436 年）六月丁酉，修左、右阙门及左、右长安门，以年深瓴瓦损坏故也。"

2 《日下旧闻考》卷五十四《城市》，引《析津志》。

3 笔者于 2008 年 5 月 27 日拜访徐苹芳先生，请教当时勘查有关元大都大城南城墙之东段是否在裱褙胡同以南或以北的东西一线时，徐先生说："当时勘查到的大都南城墙东段基址就在裱褙胡同与麻线胡同之间。"而蒋忠义《北京观象台的考察》一文所绘考古勘探图示：元大都大城南城墙之东段在裱褙胡同以北东西一线。

4 笔者注：刘秉忠以金太宁宫北宫垣作为元大都皇城北垣。

5 笔者注：元大都皇城正门棂星门北距宫城崇天门约 220 元步，约 346 米。

萧洵《故宫遗录》记载："丽正门内，曰千步廊，可七百步，建棂星门，门建萧墙，周回可二十里，俗呼红门阑马墙。门内二十步许有河，河上建白石桥三座，名周桥，皆琢龙凤祥云，明莹如玉。桥下有四白石龙，擎戴水中，甚壮。绕桥尽高柳，郁郁万抹，远与内城西宫海子相望。度桥可二百步为崇天门，门分为五总建阙楼其上。"

通过金中都千步廊和明北京千步廊的规划，我们得知：元大都千步廊也应该与金中都千步廊"走向"的规划一样，后又为明北京千步廊"走向"的规划所复制，即千步廊在中轴线御道东西两侧，呈东向、西向排列，北端分别九十度转为北向并向东、向西延伸。通过分析宋、金、元、明史料对金、元、明三代千步廊的记载，并对实地空间进行勘查，笔者论证了元大都千步廊的确切数据——中轴线御道两侧东向、西向千步廊各约有90间，北端分别折向东、西，又各约有50间（以合"九五之尊"）；即千步廊在中轴线御道东西两侧，呈东西向排列，北端分别九十度转为北向并向东、西延伸。通过分析宋、金、元、明史料对金、元、明三代千步廊的记载，并对实地空间进行了勘查，我们可以推知元大都千步廊的确切数据——"可七百步"，即左、右千步廊的长度之和约700元步（约1100米）。换言之，左、右千步廊各有约350元步（约550米），以象征"河洛"的"三五之数"。左、右千步廊的长度各合140间，共约280间，以象征天宫的28星宿。换言之，中轴线御道左、右两侧的东向、西向千步廊各90间（每间约2.25元步，90间约合202.5元步），左、右千步廊的北端分别向东、向西折而北向，又各有50间（每间约2.5元步，各长约125元步，其中北向千步廊的东、西两端含千步廊东、西街门各10间）；左、右千步廊各为90间+50间，以象征"九五之尊"。

元大都千步廊，与金中都千步廊和明北京千步廊的空间规划格局完全相同，即东、西向千步廊之间为中轴线御道，北向千步廊北侧为"天街"，整体规划格局为一"T型广场"。棂星门和元皇城南垣与北向千步廊之间为24元步（约38米）阔的"天街"；东、西向千步廊（各90间）南北长约202.5元步（约318米）。从皇城棂星门外侧至大城丽正门内侧的空间规划约为226.5元步（约356米）。（图1—8—07）

元大都千步廊之北向廊房，位于今端门以南约30米东西一线上；其东、西向千步廊之间的空间距离约为30元步，其南端约在今长安街南侧；大城丽正门内侧北距宫城崇天门（今故宫午门）外侧约476.5元步（约749米）。

对史料记载的元千步廊总长约700步，有学者误解为元大都千步廊南北长度为700步（合1085米），认为从丽正门至棂星门之间有一条宽阔、深长、威严的大道。这显然是理解错误。如果按此理解，元大都皇城南垣就在今故宫太和殿丹陛东西一线，元大都宫城南垣就在今故宫乾清宫东西一线，元宫城北垣就在今地安门南大街南口东西一线。如按此理解，元大都的一切规划都无法解释通。（图1—8—08）

这一误解，实乃对千步廊规划的认知有误所致：丽正门至棂星门的空间距离，好像是从丽正门城墙北侧至棂星门萧墙由七百步的千步廊来连接的。实际不是这样的。通过金中都千步廊和明北京千步廊的空间规划，我们得知：元大都千步廊也应该与金中都千步廊"走向"的空间规划一样，后又为明北京千步廊"走向"的空间规划所复制，即千步廊在中轴线御道东西两侧，呈东向、

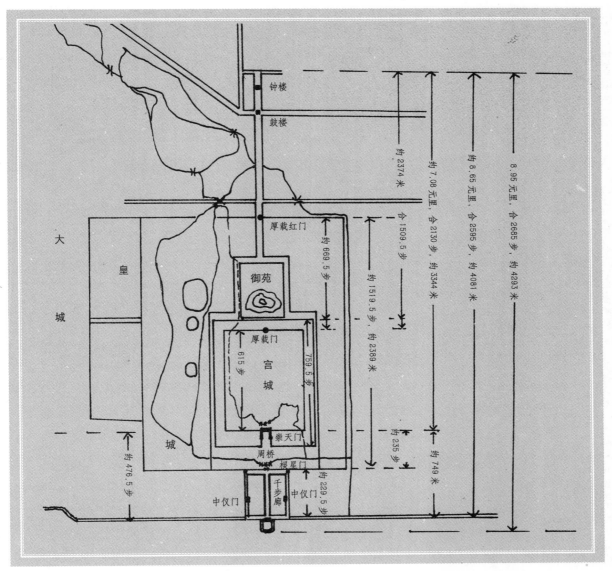

图1—8—07，元大都大城丽正门、千步廊、皇城棂星门"三街"、皇城南垣及棂星门、周桥、宫城南夹垣、宫城崇天门、大内御苑、皇城北垣相对位置示意图（作者绘）

西向排列，北端分别呈九十度转为北向并向东、向西延伸。通过分析宋、金、元、明史料对金、元、明三代千步廊的记载，并对实地空间进行勘查，笔者论证了元大都千步廊的确切数据——中轴线御道两侧东向、西向千步廊各约有90间，北端分别折向东、西，又各约有50间（以合"九五之尊"）；左、右两侧千步廊各长约350元步，以合"河洛"的"三五之数"；左、右各140间，共280间，以象征天宫的28星宿。"可七百步"，即总共、大约700步，即左、右千步廊各350元步之和，与萧洵《故宫遗录》中记载的："丽正门内千步廊可七百步"完全吻合。

笔者依据四条线索找到了元大都千步廊的长度计算依据。首先，宋汴京、金中都、元大都、明南京和北京的千步廊，均为"T"形结构布局，即东向和西向的千步廊北端又折而北向，故千步廊的长度不应只计算东西向千步廊的南北长度，而应计算总长度。其次，《明史·地理志》中

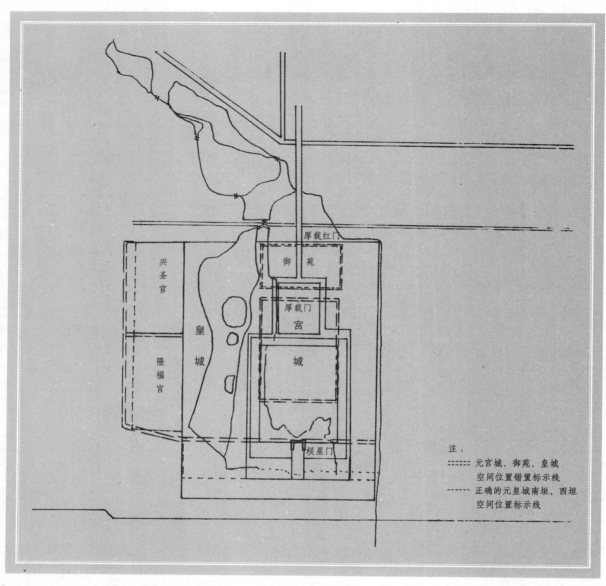

图 1—8—08，错误观点的元大都大城丽正门、千步廊、皇城南垣及棂星门、周桥、宫城崇天门、大内御苑、皇城北垣相
对位置示意图（参见《北京地图集》中的《元大都城图》，至正年间：1341～1368 年，测绘出版社 1994 年）

记载的北京千步廊为"东西千步廊各千步"。考察实地空间状况，乃为东西向和北向千步廊及其
延长的墙垣共一千步，而不是东西千步廊南北的长度。第三，史料文献记载和考查实地空间状况，
均证明元大都皇城棂星门至大城丽正门内侧的南北实地空间距离不是 700 元步（约 1100 米），而
是 226.5 元步（约 356 米）。第四，"可七百步"的"可"字，有"总共"、"大约"的意思，即元
大都千步廊左右两列总共、大约长 700 元步。

　　根据元、明史料的相关记载和元里制对规划的实地空间状况的影响以及对考古资料综合分析，
笔者认为：丽正门的位置就在今长安街南侧，[1] 丽正门北侧至棂星门南侧的南北距离约为 226.5 元

1　笔者考证：明北京左、右长安门，即金太宁宫南街门，后为元大都规划的在千步廊街中南部连通五云坊和万宝坊的东西大街之"中
仪门"。参见《析津志辑佚　朝堂公宇》。

步，有中、东、西三条南北向的大街并列。中间为千步廊中轴御道阔约 30 元步，中轴御道东、西两侧有东西向千步廊，南北长约 202.5 元步 × 2，北向千步廊东西长约 125 元步 × 2。北向千步廊东、西两端相距约 280 元步（约 440 米，含阔 30 元步的中轴御道）。北向千步廊以北为 24 元步阔的"长安天街"，与中轴御道形成一个"T"型广场。元大都千步廊共 280 间，左、右各 140 间，各约 350 元步，总共约为 700 元步，与萧洵《故宫遗录》中记载的："丽正门内千步廊可七百步"完全吻合。

在千步廊中轴御道的东、西两侧，即北向千步廊东、西两端南北一线上，各有一条阔约 24 元步（约 37.74 米）的大街，称千步廊东、西街。因位于"五云坊"和"万宝坊"，故称"五云春路"、"万宝秋方"。[1] 明清北京皇城之长安左门和长安右门，二门东西相距约 232 元步（约 365 米），在明正统元年（1436 年）因"年深瓴瓦损坏"而修葺，[2] 其空间位置很可能分别是元大都南中书省之"中仪门"（东向）和某中央机构的大门（西向），即元千步廊横街（东西向）东西两端之门。《析津志》记载："中书省，在大内前东，五云坊内。外仪门，近丽正门东城下，有'都省'二字牌匾。中仪门，中通五云坊、万宝坊，东西大街，兵卫戟仗。"[3] 千步廊之东、西街，北直崇天门东、西两侧的星拱门和云从门，再往北约与大内御苑东、西垣约在同一条南北经线上，使得大内御苑到丽正门内东、西街与大内形成一个"中"字形结构布局，可谓独具匠心。

第七节　元大都中轴线的规划

元大都规划的一个显著特点，就是突出了中轴线的作用，以体现"前朝后市，左祖右社"的"营国"理念。在中心台以南的南中轴线中南段，规划建有宫城、卫城、禁城和皇城四重城，即"前朝"；在中心台以北的北中轴线北端，规划建有钟楼市商业区，即"后市"；在中心台以南的南中轴线东，在齐化门内大街北侧，规划建有太庙，即"左祖"；在中心台以南的南中轴线西，"于和义门内少南"，[4] 规划建有社稷坛，即"右社"。

元大都是在金中都城外东北郊规划新建的城池，因此，它不象金中都与辽南京那样，因沿用前朝的城市和中轴线，故辽南京和金中都中轴线呈现偏于大城西部的状况。元大都虽以原金太宁宫中轴线（隋代规划的临朔宫中轴线）为大城中轴线，但东、西城墙却是元代的新规划，故使中轴线基本位于大城的中部，即大城的中央经线。又因为以隋临朔宫泛中轴线上的中心台为大都大城之中心台，故使最初规划的大城南、北城墙中线，内距中心台约为 7.9 元里（合 2370 元步，约 3727 米）；东、西城墙中线内距中心台因受古河道和海子的制约而距离不相等，分别约为 6.85 元里（合 2055 元步，约 3231 米）和 7.35 元里（合 2202 元步，约 3467 米）。但南城墙因直庆寿

1　《析津志辑佚·朝堂公宇》。

2　《明英宗实录》载："正统元年（1436 年）六月丁酉，修左、右阙门及左、右长安门，以年深瓴瓦损坏故也。"

3　笔者注：明左、右长安门，即元大都规划的连通五云坊和万宝坊的东西大街之"中仪门"参见《析津志辑·佚朝堂公宇》。

4　《元史》卷七十六 志第二十七《祭祀五》。

寺海云、可庵两师双塔而向南弯曲了约 30 元步[1]，故使南城墙之中段向南突出，丽正门北距中轴线与中纬线的交汇点（后为齐政楼中心点）为 7.9 元里（合 2370 元步，约 3727 米），又北距新中心台中心点为 8.1 元里（合 2430 元步，约 3821 米）；又因改变城方 60 里为 60 里 240 步而将北城墙原定基线北移 0.3 元里，使新中心台北距大城北城墙中线亦为 8.1 元里。

因此，大都大城修筑完毕后，东、西城墙中门的中线，相距约为 14.2 元里（合 4260 元步，约 6700 米）；南、北城墙中部中线，相距约为 16.2 元里（合 4860 元步，约 7642 米）。[2] 大都大城的实际周长也就由原规划的大城中线的周长，即城方 60 元里（合 18000 元步，约 28260 米），变成了城方 60.8 元里（约 28682 米，合 18240 元步），即"六十里二百四十步"。

就目前依据历史文献和考古资料所知，元大都中轴线只是纵贯元大都南半城，为什么元大都中轴线不是纵贯全城呢？笔者通过研究获知：刘秉忠规划的元大都中轴线，系沿用隋代规划的临朔宫"泛"中轴线，其北端点就在钟楼北街北端，故未向北延伸。而沿用前代在中心台以西约 70 隋丈（合 105 元步，约 165 米）一线的南北街（即今旧鼓楼大街，明代称"药王庙街"），由该街通往元大都大城的北纬路（即光熙门至肃清门大街）。

一、元大都中轴线的规划特点

1."前朝后市"的规划布局

① "青山"（即景山）——中轴线的"原点"与"中心点"；

② 钟楼——中轴线最北端的建筑；

③ 中心台——大城南北的中心点；

④ 齐政楼——在中轴线与中纬线的交汇点；

⑤ "国门"丽正门及其瓮城前门——中轴线最南端的建筑。

2."左右对称"的规划布局

元大都中轴线东西两侧建筑的布局，还体现了"东西对称"的规划原则。宫城内规划为中、东、西三路。在中路，即中轴线上，规划为外朝和内廷南北两组建筑空间群组；东路规划有文华殿、酒人室及厨人室、宜文殿等南、中、北三组建筑空间群组；西路规划有武英殿及内府诸库、鹿苑及天闲、玉德殿和宸庆殿等南、中、北三组建筑空间群组；中轴线两侧的规划，由近及远：东有文华殿等东路建筑，西有武英殿等西路建筑；东有玉河，西有太液池；东有太庙，西有社稷坛。

二、元大都中轴线上准"五重城"的规划

1."宫城南北六百十五步"（约合 2.05 元里，约 967 米）。[3]

---

1 笔者注：至中轴线南城墙中线向南弯曲了约 30 元步。

2 笔者注：实际修筑的大城南城墙之中段往南突出约 30 元步，与南城墙之东、西两端不在东西直线上，即东、西城墙的南、北两端也不在东西水平线上，致使北城墙斜向修筑；因城方增加了 240 步，使实际修筑的北城墙较定基线北移了约 90 元步。故实际修筑的南、北城墙中线之间的距离比原规划中的南北距离 15.8 元里（合 4740 元步，约 7454 米）多出了约 120 元步（约 189 米），最终形成南、北城墙中线相距约 16.2 元里（合 4860 元步，约 7642 米）。

3 《辍耕录》卷二十一《宫阙制度》。

2. 卫城（大内夹垣）南北空间的长度约为 759.5 元步（约合 2.53 元里，约 1194 米）。

3. 禁城（禁苑和卫城外夹垣）南北空间的长度约为 1279.5 元步（约 2012 米）。

4. 皇城南北空间的长度约为 1519.5 元步（约合 5.065 元里，约 2389 米）。

5. 大城中轴线北起点至丽正门中线的距离约为 2595 元步（合 8.65 元里，约 4081 米）；至丽正门外侧的距离约为 2601 元步（合 8.61 元里，约 4090 米）；至丽正门瓮城前门约为 2685 元步（合 8.95 元里，约 4222 米）；至丽正桥的距离约 2730 元步（合 9.1 元里，约 4293 米）。

三、元大都中轴线纵贯南北三个空间区域

1. "钟楼市"以南的南大城北部空间区域：南北为 2.8 元里（合 840 元步，约 1321 米）；

2. 皇城空间区域：南北约为 5.065 元里（约合 1519.5 元步，约 2389.4 米），含宫城、大内禁苑；

3. 南大城南部空间区域：皇城南垣外侧至大城南垣内侧约 0.755 元里（合 226.5 元步，约 356 米）。

三个空间区域的分布，体现了"面朝后市"的规划原则，宫城和皇城对大城的空间比例约为 4 比 3，突出了以皇权为中心和皇权至尊的理念。

四、元大都中轴线规划的时代特征

1. 中轴线中心点为大内御苑之青山（即今景山）主峰，北距中轴线北起点约 1350 元步，南距丽正门瓮城前门约为 1350 元步。

2. 中轴线北端起点至钟楼中心点为 100 元步（约 157 米），为元代所规划。

3. 钟楼中心点至中心台中心点约 65 元步（约 102 米），为元代所规划。

4. 中心台中心点至中轴线与中纬线交汇点（即鼓楼中心点）约 60 元步（约 94 米，合 40 隋丈）。[1]

5. 鼓楼中心点至万宁桥中心点约 307.5 元步（约为 483 米，合 205 隋丈）。[2]

6. 万宁桥中心点至皇城北门厚载红门中心点约 305 元步（约为 480 米，合 203.55 隋丈）。可知：①元代沿用金太宁宫之北宫垣（为隋代规划的临朔宫北宫垣）为元皇城之北垣，②万宁桥不是元代始规划的。

7. 元皇城北门厚载红门中心点至禁垣北中门中心点约 232 元步（约为 365 米，合 155 隋丈）。可知：禁垣北中门也不是元代始规划的。

8. 禁垣北中门中心点至大内御苑北垣约 29.25 元步（约 46 米，合 19.5 隋丈）。可知：大内御苑北夹垣也不是元代始规划的。

9. 大内御苑北夹垣北门中心点至大内御苑南垣南门（今景山公园南门）中心点约 340.5 元步（合 1.135 元里，约 535 米）。可知：元代按元规制将金太宁宫北苑规划为双重墙垣的大内御苑，使大内御苑南北空间长度为 1.135 元里，以合"河洛"的"三五之数"。

1　笔者注：鼓楼位于元大都中轴线与中纬线交汇点，北距中轴线北端起点约 225 元步（约为 354 米，合 150 隋丈）。

2　笔者注：万宁桥南距景山主峰约 545 隋丈（约 1283 米），又北距中轴线北端起点 355 隋丈（约为 836 米）。

10．大内御苑南垣南门中心点至宫城夹垣北上门中心点约 18 元步（约为 28 米，合 12 隋丈）。[1]

11．元大都宫城北城墙北侧至宫城北夹垣约 55 元步（约 87 米，为隋制 35.5 丈演变而成），元大都宫城南城墙南侧至宫城南夹垣约 89.5 元步（约 141 米，为隋制 59.5 丈演变而成）。

12．元大都宫城厚载门北侧至宫城崇天门南侧约 615 元步，合 2.05 元里，约为 967 米。[2]

13．元大都宫城崇天门南侧至皇城棂星门北侧约 220 元步许（约 346 米，与明初肖洵《故宫遗录》所载："棂星门内 20 步有河……可二百步至崇天门"相吻合）；至棂星门南侧约 235 元步（约 370 米）。

14．皇城棂星门南侧至大城丽正门北侧（内侧）约 226.5 元步（约为 356 米，约 0.755 元里）；至大城丽正门南侧约 241.5 元步（约为 380 米，合 0.805 元里）。

15．中轴线北起点，南至钟楼中心点约 100 元步（约 157 米），南至中心台中点约 165 元步（约 260 米），南至鼓楼中心点约 225 元步（合 0.25 元里，约 354 米），南至皇城北垣约 840 元步（合 2.8 元里，约 1321 米），南至宫城北城墙约 1509.5 元步（约 2374 米），南至宫城崇天门南侧约 2124.5 元步（约 3341 米），南至皇城南垣约 2359.5 元步（合 7.865 元里，约 3710 米），南至大城丽正门内侧约 2586 元步（合 8.62 元里，约 4066 米），南至大城南城墙中线约 2595 元步（合 8.65 元里，约 4081 米），南至大城丽正门外侧约 2601 元步（合 8.67 元里，约 4090 米），南至丽正门瓮城前门约 2685 元步（合 8.95 元里，约 4222 米），南至丽正桥约 2730 元步（合 9.1 元里，约 4293 米）。

16．中心台中心点，北至大城北城墙中线约 2430 元步（合 8.1 元里，约 3821 米），北至中轴线北起点约 165 元步（约 260 米，约合 109.5 隋丈），北至钟楼中心点约 65 元步（约 102 米），南至鼓楼中心点约 60 元步（约 94 米，合 40 隋丈），南至皇城北垣约 675 元步（合 2.25 元里，约 1061 米），南至皇城南垣约 2194.5 元步（约 7.315 元里，约 3451 米），南至大城丽正门内侧约 2421 元步（约 8.07 元里，约 3807 米），南至大城南城墙中线约 2430 元步（合 8.1 元里，约 3821 米），南至大城丽正门外侧约 2436 元步（合 8.12 元里，约 3831 米），南至大城丽正门瓮城前门约 2520 元步（约 8.4 元里，约 3963 米），南至丽正桥南侧约 2565 元步（约 8.55 元里，约 4033 米）。

17．鼓楼中心点，北至大城北城墙中线约 2460 元步（合 8.2 元里，约 3868 米），北至中轴线北起点约 225 元步（合 0.75 元里，约 354 米，又合 150 隋丈），北至钟楼中心点约 125 元步（约 197 米），北至中心台中心点约 60 元步（约 94 米，合 40 隋丈），南至皇城北垣约 615 元步（合 2.05 元里，约 967 米），南至皇城南垣约 2134.5 元步（约 7.115 元里，约 3357 米），南至大城南城墙中线约 2370 元步（合 7.9 元里，约 3727 米），南至大城丽正门外侧约 2376 元步（约 7.92 元里，约 3736 米），南至丽正门瓮城前门约 2460 元步（合 8.2 元里，约 3868 米），南至丽正桥约 2505 元步（合 8.35 元里，约 3939 米）。

1　笔者注：考古勘查的隋临朔宫北苑以北的中轴御道宽度和隋大运河之永济渠的河道（今南、北池子大街）宽度均为 12 隋丈。

2　笔者注：元宫城的前身为金太宁宫宫城，金太宁宫宫城的前身为隋临朔宫宫城，东、西城墙的南北长度约为 961 米≈310 金丈，即金太宁宫宫城南、北城墙内侧相距约为 305 丈＋南、北城墙的厚度 2.5 丈×2。

五、元大都中轴线各空间的规划步骤

元大都中轴线的规划，是从北起点往南，以"里"和"步"来规划三个空间区域里的每一个具体空间的。元大都中轴线的起点在钟楼北街"丁字路口"，由北起点往南约 100 元步（约 157 米）为钟楼[1]；由北起点往南约 165 元步（约 260 米）为中心台[2]；由北起点往南约 0.75 元里（约合 225 元步，约 354 米）为齐政楼（在中轴线与中纬线交汇处，后为明鼓楼）[3]；由北起点往南约 1.772 元里（约合 531.6 元步，约 836 米）为万宁桥[4]；由北起点往南约 2.471 元里（约合 741.3 元步，约 1166 米）为皇城北垣以北的东西道路[5]；由北起点往南约 2.8 元里（约合 840 元步，约 1321 米）为皇城北垣厚载红门[6]；由北起点往南约 3.61 元里（约 1083 元步，约 1703 米）为禁城北垣北中门[7]；由北起点往南约 4.5 元里（约 1350 元步，约 2123 米）为景山主峰；由北起点往南约 5.03 元里（约 1509.5 元步，约 2374 米）为宫城北垣厚载门[8]；由北起点往南约 7.08 元里（约合 2124.5 元步，约 3341 米）为宫城南垣崇天门[9]；由北起点往南约 7.865 元里（约合 2359.5 元步，约 3710 米）为皇城南垣棂星门南侧[10]；由北起点往南约 8.65 元里（约合 2595 元步，约 4081 米）为大城南垣丽正门中线[11]；由北起点往南约 8.67 元里（约 2601 元步，约 4090 米）为大城南垣丽正门南侧[12]；由北起点往南约 8.95 元里（约 2685 元步，约 4222 米）为丽正门瓮城前门[13]；中轴线从北起点到丽正桥长约 9.1 元里（约 2730 元步，约 4293 米），与大内夹垣周回同为"九里三十步"，充分体现出象征"承接天命"的"中"字的"丨"和"口"，与皇帝和皇权密切相关，具有最高的尊严和权威。

笔者认为：元大都中轴线在丽正门外继续向南延伸，通往天子南郊祭天的御路。史料记载丽正门往南有三座桥：护城河桥丽正桥，称"丽正门外第一桥"；金口河桥，称"丽正门外第二桥"；古永定河渡口桥，称"丽正门外第三桥"。[14]

刘秉忠曾在丽正门外第三桥南立杆"测影"以定大都大城中轴线。在正阳门外西侧护城河内曾发现有一"石马"，在万宁桥西侧"海子"中也曾发现有一"石鼠"。马为"午"，方位在南；鼠为"子"，方位在北；因此，有人认为"石马"、"石鼠"所在的南北经线为明清北京（也是元大都）大城的"中央子午线"，进而认为是元大都的中轴线。这一猜测是没有事实依据的。考古

1　笔者注：为元代新规划。

2　笔者注：是由 135 隋丈演变而来的。

3　笔者注：是由 150 隋丈演变而来的，鼓楼东西大街为隋临朔宫北中轴线之北纬路。

4　笔者注：是由 355 隋丈演变而来的。

5　笔者注：是由 495 隋丈演变而来的，今地安门东西大街为隋临朔宫北中轴线之南纬路，在中轴线东西两侧的南纬路上，规划建有东、西泊粮桥。

6　笔者注：是由 560 隋丈演变而来的。

7　笔者注：是由 720 隋丈演变而来的，可知：北禁垣及北中门不是元代始规划的。

8　笔者注：是由 900 隋丈演变而来的。

9　笔者注：是由 1008 隋丈演变而来的。

10　笔者注：为元代新规划。

11　笔者注：为元代新规划。

12　笔者注：为元代新规划。

13　笔者注：为元代新规划。

14　《日下旧闻考》卷三十八《京城总纪》，引《析津志》。

勘探的结果：元大都中轴线就是钟楼至丽正门的南北子午线。

元大都中轴线有一个特点：就是从起点钟楼北街"丁字路口"往南，不与地球经线平行，而是向东南偏离约为2度。这一偏离，不是有人猜测的所谓的"为了指向元上都"或者所谓的"元上都中轴线的向南延伸"，也不是刘秉忠的新规划，而是刘秉忠沿用了前代的规划，即隋代的规划所致。笔者考查了隋涿郡和唐幽州中轴线的走向，与隋临朔宫中轴线的走向一样，均略向东南偏离。由于刘秉忠规划元大都时，沿用了金太宁宫及其中轴线的规划。而今太宁宫及其中轴线的规划，又是沿用了隋临朔宫中轴线的规划。所以，元大都中轴线出现了向东南偏离约为2度的现象，早在隋临朔宫规划时就已是如此了。由于元大都中轴线的原始规划要早于元上都中轴线的规划，因此认为元大都中轴线指向元上都中轴线或是元上都中轴线的向南延伸的观点不能成立。

在元大都中轴线上，由北向南有钟楼、中心台、齐政楼（在今鼓楼位置）、万宁桥（海子东入口通惠河桥）、厚载红门（位置在今地安门南约162米处）、禁城北门（即北中门，约在今地安门南大街南口稍北位置）、大内禁苑北门（山后门，约在今景山后街南侧）、金殿（万年宫，约在今寿皇殿南）、青山（今景山）眺远阁（今万春亭位置）、留连馆（今绮望楼位置）、大内禁苑南内门（山前里门）、大内禁苑南门（山前门，今景山南门位置）、大内夹垣北门（即北上门）、大内北门厚载门（今故宫神武门位置）、萧墙北门今故宫顺贞门位置）、清宁宫（延春宫后庑中殿，今钦安殿）、内廷后门（延春宫后庑中门、今坤宁门位置）、延春宫寝殿（今坤宁宫位置）、延春宫延春阁（今乾清宫位置）、延春门（延春宫前庑中门、今乾清门位置）、宝云殿（大明殿后庑中殿、今保和殿北部位置）、大明殿寝殿（即今保和殿中南部位置）、大明殿（在今太和殿位置）、大明门（大明殿前庑中门、今太和门位置）、天津桥（今内金水桥位置）、崇天门（今午门位置）、周桥（外金水河桥、约在今端门以北约32—55米位置处）、棂星门（约在今端门位置处）、千步廊（约在今端门以南约21米至339米位置处）、丽正门（约在今午门以南725米至749米位置处）、丽正门瓮城前门、丽正桥等32座建筑，其中有门15座。

六、元大都中轴线规划的"九五之数"、"五五之数"、"三五之数"的空间有：

1. 大城中轴线从北起点南至丽正门中线，长约2595元步（约4081米）。

2. 宫城南北长约615元步（约967米）。

3. 宫城外朝台基顶部南北长约639.5元营造尺（204.64米）。

4. 宫城外朝大明殿前丹墀南北进深约95元营造尺（约30.4米）。

5. 宫城外朝大明殿南距丹墀顶层南沿约109.5元营造尺（约35米）。

6. 宫城崇天门城楼进深约55元营造尺（约17.6米）。

7. 宫城角楼通高85.95元营造尺（约27.5米）。

8. 宫城南夹垣北距宫城崇天门约89.5元步（约141米）。

9. 宫城北夹垣南距宫城厚载门约55元步（约87米）。

10. 宫城夹垣南北长约759.5元步（约1194米）。

11. 宫城夹垣东西长约 605.5 元步（约 952 米）。

12. 宫城崇天门南侧距皇城棂星门北侧长约 219.5 元步（约 345 米）。

13. 皇城北垣距大内御苑北垣长约 269.5 元步（约 423.9 米）。

14. 皇城东、西垣相距约 1539.5 元步（约 2421 米）。

15. 皇城中轴线南北长约 1519.5 元步（约 2389 米）。

16. 宫苑禁垣南北长约 1279.5 元步（约 2012 米）。

17. 宫城东西长约 479.5 元步（约 754 米）。

18. 皇城北垣南至宫城北垣长约 669.5 元步（约 1053 米）。

19. 大城中轴线从北起点南至宫城厚载门北侧，长约 1509.5 元步（约 2374 米）。

20. 大城中轴线从北起点南至皇城棂星门南侧，长约 2359.5 元步（约 3710 米）。

21. 宫城崇天门城台进深约 110.55 元营造尺（约 35.38 米）。

22. 皇城棂星门城台进深约 73.55 元营造尺（约 23.54 米）。

23. 大城丽正门城台进深约 73.55 元营造尺（约 23.54 米）。

……

第九章 关于明代里长、尺长和步长的实证研究[1]

度量衡制度是历代统治者极为重视的统治工具之一，各个朝代的统治者几乎都规范、颁布本朝的度量衡制度。在中国历史上，特别是结束割据、建立统一的王朝——秦朝和隋朝，所规范和统一的度量衡制度，对后世产生了深远影响。

笔者在研究北京古都中轴线空间与建筑的规划变迁时，发现：中国历史上的朝代更替，都逃不出一个规律——推翻前朝，但仍用前朝的统治策略，仅仅是更换统治者而已。这一规律，同样体现在对前代规划的继承上——沿用前代依据传统文化理论规划的城池、宫苑，只有扩大规模才按照本朝的规划尺度进行新的规划。明代北京城及其中轴线的规划，是对元大都及其中轴线规划的继承和改造。

关于明代里长、尺长、步长，学术界有过诸多研究。吴承洛在其《中国度量衡史》一书中，引述王国维的考订："明嘉靖牙尺，拓本长营造尺一尺微弱……"吴氏据此考订：明 1 官尺 ≈ 0.311 米，1 明步 ≈ 1.555 米，1 明里 ≈ 559.8 米。王剑英氏在其《明中都研究》一书中，认为明 1 官尺 ≈ 0.31 米，1 明步 ≈ 1.55 米，1 明里 ≈ 558 米。关于明营造尺的尺长，有学者推测：明 1 营造尺 ≈ 0.3178 米。这些研究及推测的相同处在于：均未经过明代北京中轴线古建筑实地空间的验证。

根据史料记载得知，明代尺制有：官尺、营造尺……等好几种。1 官尺的确切长度是多少？是吴承洛氏的考订准确，还是王剑英氏的考订准确？明 1 营造尺的确切长度是多少？有学推测的长度是否准确？笔者认为：只有通过实地丈量和对明代诸多建筑的实证研究，才能找到明尺长度的确切答案。为此，笔者对北京中轴线上的"活化石"故宫北垣的东西长度和故宫至景山的南北距离，以及景山至四外红墙的距离进行了丈量，并以所得的相关数据（详见下文）与元明两代史料记载的宫城尺度、南拓大城的尺度，以及明洪武元年徐达命部将对元皇城[2]周长、金中都大城周长和新筑的北平府北城墙的东西长度，进行了尺度对比和换算的实证研究，以求得明官尺、明步、明里、明营造尺的确切长度。

第一节 对明代官尺长度和步长、里长的实例考订

一、通过对明北京"宫城周六里一十六步"[3]、金中都大城周长约为 33.3 明里、"皇城周十八里

---

1 本文曾刊于《南京文史》2010 年第 1 期，收于本书第九章时略有改动。

2 笔者注：明初称元宫城夹垣以内为元皇城。

3 《明史》卷四十，志第十六，地理一。

有奇"[1]、"南拓大城两千七百余丈"[2] 等"史料数据"的实证研究，论证了明代 1 官尺 ≈ 0.31638 米，5 尺为 1 步，1 明步 ≈ 1.5819 米，360 步为 1 里，1 明里 ≈ 569.48 米，1 明里 =（官尺）180 丈。验证如下：

1. 明北京"宫城周六里一十六步" ≈ 3442.2 米 ÷ 2176 明步 ≈ 1.5819 米／明步。

2. 金中都大城外周长约为 33.3 明里 ×（1.5819 米 × 360 明步）≈ 18964 米。

3. "皇城周十八里有奇" ≈（南北长度 2742 米 + 东西长度 2421 米）[3] × 2 ≈ 10326 米 ÷ 569.48 米 ≈ 18.13 明里。

4.《明太宗实录》记载："永乐十七年，南拓大城两千七百余丈"[4]。根据清乾隆十年《北京城图》对东西城墙的标注和对南城墙的实测得知：明北京内城东城墙南拓了约 419.5 明步（约 663.61 米，合 209.75 丈）；西城墙南拓了约 519.5 明步（约 821.8 米，合 259.75 丈）；南城墙长约 4229.5 明步（约 6690.65 米[5]，合 2114.75 丈）；正阳门瓮城长 229.5 明步（约 363.05 米，约合 1174.75 丈）。

以上四段城墙的长度数据之和为 8539.11 米，折合 5398 明步，又合 2699 丈，合 15 明里，与《明实录》记载的"南拓大城两千七百余丈"[6] 相吻合。笔者对明永乐朝南拓大城 2700 余丈的实证研究，不仅做出了符合实际的论证，即 2699 丈的城墙长度为官尺尺度而非营造尺尺度，而且还论证了正阳门瓮城实乃永乐朝所规划和始修筑的，因瓮城前门乃皇帝前往南郊天坛祭天的"礼制之门"，故不是正统朝所规划和始修筑的。

二、通过对明北京中轴线长度及规划的实证研究，验证了明 1 官尺 ≈ 0.31638 米，1 明步 ≈ 1.5819 米，1 明里 ≈ 569.48 米。验证如下：

1. 明永乐朝南拓北京大城，将中轴线向南延伸至正阳门南侧，延长了 450 明步（合 1.25 明里，约 711 米），全长 3035.5 明步（约 4802 米）。

2. 嘉靖朝增筑外城，使中轴线又向南延伸至永定门南侧，正阳门至永定门长约 1959.5 明步（合 5.443 明里，约 3100 米）；使北京内外城中轴线总长约 4995 明步（合 13.875 明里，约 7902 米）。

三、通过对明中都中轴线规划尺度[7] 的实证研究，验证了明 1 官尺 ≈ 0.31638 米，1 明步 ≈ 1.5819 米，1 明里 ≈ 569.48 米。验证如下：

1. 宫城奉天门中心至奉天殿丹墀台面南沿约 173 米（合 109.5 明步）。

2. 宫城午门至皇城承天门约 435 米（合 275 明步），皇城承天门至大城洪武门约 1185 米（合 749.5 明步），宫城午门至大城洪武门约 1620 米（合 1024 明步）。

3. 笔者考证：明中都是按照元大都的帝京规制规划的，也有宫城夹垣和北、东、西"上门"，

---

1 《明史》卷四十，志第十六，地理一。

2 《明太宗实录》，南京江苏国学图书馆藏传抄本卷一一五。

3 笔者注：永乐朝明北京皇城南北长约 1733 明步，东西长约 1530 明步，周长约 6527 明步，约合 18.13 明里，故称"皇城周十八里有奇"。

4 笔者注：明代官尺以 180 丈为 1 里，2700 余丈折合 15 里有奇，此数据为不含角楼的长度。

5 6690 米为张先得《明清北京城垣和城门》一书所载明北京南城墙的长度。

6 笔者注："2700 余丈"，即 2700 丈余 1 丈。余，乃多余、多出来之意。古人习惯称"丈"即"一丈"、"百"即"一百"。如："丈二和尚，摸不着头脑"，形容和尚的身高有 1 丈 2 尺；又如："行百里者，半九十"、"百八十的"。

7 本文有关明中都的数据，除笔者注明出处的以外，皆引自王剑英《明中都研究》（中国青年出版社，2005 年 7 月）。

故宫城夹垣的周长，即王剑英《明中都研究》引《凤阳新书》所记载的中都皇城（即大内夹垣）"周九里三十步"[1]，即 3270 明步（约 5172.8 米）。

4. 明中都宫城东、西华门，外距皇城东、西安门约 395 米（合 249.5 明步）。

5. 明中都皇城南、北垣各长约 1680 米（合 1062 明步，合 2.95 明里），东、西垣各长约 2160 米（合 1365.5 明步，合 3.793 明里），皇城周长约 7680 米（合 4855 明步，约合 13.5 明里）。

6. 明中都大城东城梗全长约 6170 米（合 3900.5 明步），西城梗全长约 7470 米（合 4722 明步），北城梗全长约 7760 米（合 4905.5 明步），南城梗全长约 8965 米（合 5667.25 明步），周长约 30365 米（约合 19195 明步，约合 53.32 明里），与王剑英《明中都研究》引《凤阳新书》卷三记载的明中都大城周长约 53 明里相吻合。

第二节　对明洪武元年徐达在大都的三次丈量所用尺度长度的实例考订

一、明洪武元年（1368 年），大将军徐达在攻克元大都后，立即做了三件与测量有关的事情。

1. 丈量了"南城"（即金中都大城），周长为"五千三百二十八丈"[2]。

2. 丈量了元"皇城"（即宫城夹垣），周长为"一千二百六丈"[3]。

3. 出于城防需要，在元大都北城墙以南约 5 明里（约 2847 米）东西一线，增筑北平府北城墙，南北取径直约"一千八百九十丈"[4]。

二、通过上述三个数据与元尺长和元步长的实证换算，验证了徐达所用尺度的尺长：

1. 史载"南城"周长为"五千三百二十八丈"，约合 33.3 明里；每丈 ≈（569.48 米 ×33.3 明里）÷5328 丈 ≈ 3.5593 米／丈。[5]

2. 元"皇城"周长为"一千二百六丈"，约 3.5593 米 ×1206 丈 ≈ 4292.52 米；换算为元步长，约为 4292.52 米 ÷2730 步 ≈ 1.5724 米；《辍耕录》记载的"宫城（夹垣）周回九里三十步"，即 2730 元步，其长度 ≈ 1.5725 米 ×2730 元步 ≈ 4292.93 米；换算明丈为 4292.93 米 ÷3.5593 米 ≈ 1206.11 明丈，即"一千二百六丈"。

3. 明北平府北城墙南北取径直约"一千八百九十丈"，长约 3.5593 米 ×1890 丈 ≈ 6727 米；此长度刚好比元大都东、西城墙南端直线长度约 6680 米长出了约 47 米，比东、西城墙北端直线长度约 6730 米还差约 3 米，刚好与元大都东、西城墙不平行和南城墙东西直线长度比北城墙东西直线长度少约 50 米的实地空间状况完全吻合。

笔者对明洪武元年徐达在北平的三次丈量所用的尺制进行了实证研究，论证了当时所用的尺

1　此尺度，为史料记载和笔者根据帝京宫城规制推论出的在明中都宫城外的夹垣的周长。王剑英在《明中都研究》一书中未提及明中都宫城之夹垣，只根据宫城城墙的长度认为"九里三十步"的记载有误。

2　《日下旧闻考》卷三八《京城总纪》，引《明太祖实录》。

3　《日下旧闻考》卷三八《京城总纪》，引《明太祖实录》。

4　《明太祖实录》，南京江苏国学图书馆藏传抄本卷三十。笔者结合其它史料的相关记载，认为"北取径直"一句的北字前有脱文"南"字，应为"南北取径直，东西长一千八百九十丈"，才能与北城墙的实地空间东西径直走向相符，也与《明太祖实录》蓝格本的相关记载一致。

5　笔者注：此次徐达丈量所用之尺，非明代官尺，也非明代营造尺，具体为何尺尚待考证。

长 ≈ 0.35593 米，合 160 丈为一明里，1 丈 ≈ 2.25 明步，因此得知：该尺不是明官尺。从而解决了明清两代几种史料关于此次丈量的"元皇城"周长的矛盾，验证了《日下旧闻考》卷三八引《明太祖实录》、《明太祖实录》蓝格抄本、《光绪顺天府志》、《宸垣识略》等史料记载的"一千二百六丈"，恰与元宫城夹垣周长"九里三十步"相吻合[1]，因此"一千二百六丈"的记载是准确无误的。而《明太祖实录》台湾校勘本和南京江苏国学图书馆藏传抄本，还有《春明梦余录》记载的"一千二十六丈"，以及《天府广记》记载的"一千二百二十六丈"，都不能与元宫城夹垣周长"九里三十步"相吻合，因此证实了"一千二十六丈"和"一千二百二十六丈"的记载都是不准确的，是传抄之误。

对明洪武元年徐达在北平的三次丈量所用的尺制和尺长进行的实证研究，不仅化解了有些学者对徐达的三次丈量所得出的数据的不解和怀疑，而且还间接论证了金中都大城的周长、元宫城夹垣的周长、元大都大城中部以北的东西城墙中部之间的准确距离。但愿笔者的论证能为学术界更好地研究金、元、明三代的历史地理和古都规划提供借鉴。

第三节　对明营造尺长度的实例考订

关于明营造尺的长度，学术界有过诸多研究，吴承洛在其《中国度量衡史》一书中，引述王国维的考订："明嘉靖牙尺，拓本长营造尺一尺微弱……"但未证明营造尺的尺长。目前学术界有一种观点认为：明 1 营造尺 ≈ 0.3178 米。然而，根据这一长度计算，明北京宫城的实地空间与史料记载的南北长"三百二丈九尺五寸"、东西长"二百三十六丈二尺"不能相符，承天门（天安门）、端门、正阳门、正阳前门、永定门、永定门瓮城门等明代建筑的实地空间也都不能成为完整的规划尺寸。显然，明 1 营造尺的长度 ≠ 0.3178 米。那么，明 1 营造尺的确切长度到底是多少呢？笔者认为只有通过实证研究才能找到确切答案。为此，笔者通过实地丈量故宫北城墙的长度（约 754 米）和故宫至景山的长度（约 111.57 米），以及景山四至及周边红墙的长度[2]，并将丈量所得的若干数据与史料记载的若干数据进行了"互证"的实证研究，又对明中都宫城、皇城及鼓楼等古建筑的长度数据进行了实证研究，考订出明营造尺 1 尺 ≈ 31.9226 厘米：

一、对北京故宫北城墙东西长度约 754 米（恰合 479.5 元步，又恰合 236.2 明营造丈）的实证研究。故宫北护城河涵洞桥的东西宽度约 44.34 米，恰合 138.9 明营造尺；其中，故宫玄武门中线至涵洞桥西沿约 22.33 米（合 69.95 明营造尺），至涵洞桥东沿约 22.01 米（合 68.95 明营造尺）。涵洞桥东沿至故宫北城墙东端约 353.56 米（合 1107.55 明营造尺，0.5 米长的条砖约 703.4 块）；涵洞桥西沿至故宫北城墙西端约 356.11 米（合 1115.55 明营造尺，0.5 米长的条砖约 708.5 块）；每块长条砖之间的缝隙约 2.6 毫米。故宫玄武门中线至北城墙西端的距离为 378.443 米（合 1185.5 明营造尺），至北城墙东端距的距离 375.57 米（合 1176.5 明营造尺）；二

1　笔者注：元宫城、御苑、兴圣宫、隆福宫等皇权宫苑的规制，均规划有夹垣，且以夹垣为"界"；夹垣以内，为宫城、为御苑、为兴圣宫、为隆福宫，故元之宫城、御苑、兴圣宫、隆福宫的周长均为夹垣周长。

2　笔者于 2010 年 3 月 4 日实地测量了故宫北城墙的长度和故宫北城墙至景山南墙的长度，以及景山四垣长度及其与四外红墙的长度。

者相差约 2.873 米（约合 9 明营造尺）。

二、对北京故宫北城墙至景山南墙约 111.57 米（合 34.95 明营造丈）[1] 的实证研究。其中，故宫北城墙至故宫北护城河南岸约 18.99 米（合 59.5 明营造尺）；故宫北护城河宽约 52.02 米（合 162.95 明营造尺）；故宫北护城河北岸至大内北夹垣约 18.99 米（合 59.5 明营造尺），大内北夹垣至景山南垣约 21.56 米（约合 67.55 明营造尺）。

三、对景山四垣长度的实证研究。①景山南垣东西长度约 425.19 米（约合 133.195 明营造丈，0.5 米长的条砖约 846 块）。其中，景山门中线至南垣东端约 215.60 米（恰合 675.4 明营造尺，有 0.5 米长的条砖约 429 块）；至南垣西端约 209.59 米（约合 656.55 明营造尺，有 0.5 米长的条砖约 417 块）；景山门中线至南垣东端的距离比景山门中线至南垣西端的距离长了约 6.02 米；每块长条砖之间的缝隙约 2.59 毫米。②景山东垣南北长度约 519.68 米（合 1627.95 明营造尺）。③景山北垣东西长度约 431.26 米（合 1350.95 明营造尺）。东、西垣南端各内缩了约 3 米（合 9.5 明营造尺）与南垣之东、西两端相接。

四、对明北京宫城南北长 302.95 营造丈，东西长 236.2 营造丈的实证研究。笔者怀疑：明北京宫城的东西空间长度不是明代始规划的。理由：A.236.2 丈，既不是"九五之数"合"五五之数"，也不是"整数"，与传统规划思想不能吻合。B.与明中都宫城的东西长度 278.95 营造丈（约 890 米）的规划也不吻合。笔者通过对隋、元、明三代尺度的研究，论证了明北京宫城是在元大都宫城基址上重建的。

1. 宫城空间长度：南北为 302.95 丈（约 967.09 米）是对元"宫城南北六百十五步"（约 967.09 米，1 元步 ≈ 1.5725 米）的继承；[2] 东西为 236.2 丈（约 754.01 米）是对元"宫城东西四百八十步"（实为 479.5 元步，约 754.01 米）的继承。[3]

2. 宫城周长：《明实录》记载为"一千七十八丈三尺"，《明史·地理志》记载为"宫城周六里一十六步"，约合 2176 步 = 1.5819 米 × 2176 明步 ≈ 3442.2 米；《辍耕录》记载大都"宫城东西四百八十步，南北六百十五步，"周长为（615 + 479.5）× 2 = 2189 元步，约为 1.5725 米 × 2189 元步 ≈ 3442.2 米；恰折合 1078.3 明营造丈，又折合约 2176.1 明步，故称"六里一十六步"。可知：明宫城周长"一千七十八丈三尺"或"六里一十六步"，正是对元宫城周长 2189 元步的继承。

五、对明北京规划的诸建筑空间的实证研究。笔者认为：明代规划的建筑，一定会符合明代的营造尺度，其规划数据一定是彰显《易经》、《河洛》所代表的传统文化理念的专用数字，如："一五"、"三五"、"五五"、"九五"等。

1. 彰显皇权至尊的"九五之数"的规划有：

① 宫城南北长度为 302.95 明营造丈（约 967.09 米）；宫城外朝门至外朝前殿的南北长度为 590.5 明营造尺（约 188.5 米）；宫城外朝前殿奉天殿（今太和殿）南距丹墀南沿，即三层台基顶

---

1 笔者注：此长度是由约 71.25 元步的前身 47.5 隋丈演变而来的。

2 笔者注：A、此长度与北京测绘院编制、测绘出版社于 1994 年出版的《北京地图集》中的宫城南北长度刚好吻合；B、967 米为故宫午门南侧至神武门北侧的长度，而 961 米则为故宫南城墙南侧至北城墙北侧的长度，故宫午门城台南侧比南城墙南侧向南突出了约 6 米。

3 笔者注：明北京宫城东西、南北的长度，与《辍耕录》记载的元大都宫城东西 480 步、南北 615 步完全吻合。

层的南沿约 119.5 明营造尺（约 38.15 米）；保和殿后丹陛长 51.95 明营造尺（约 16.58 米）；宫城内廷庑墙东西长约 369.5 明营造尺（约 117.95 米）；宫城内廷乾清门中线北距乾清宫为 290.5 明营造尺（约 92.74 米）；宫城午门城台进深约 110.95 明营造尺（约 35.42 米）、午门城楼通高约 118.95 明营造尺（约 37.97 米）、午门城楼面阔九间及进深五间、午门城楼面阔 187.95 明营造尺（约 60 米）、午门城楼进深 79.5 明营造尺（约 25.38 米）、午门帝门宽约 16.95 明营造尺（约 5.41 米）；宫城北城墙至北护城河南岸约 59.5 明营造尺（约 18.99 米），宫城北护城河的宽度约 162.95 明营造尺（约 52.02 米），宫城北城墙至景山南垣约 349.5 明营造尺（约 111.57 米）。

②大内禁苑东垣南北长度约 1627.95 明营造尺（约 519.68 米）。

③端门城楼面阔九间、进深五间；承天门面阔九间、进深五间，承天门帝门净宽约 15.95 明营造尺（约 5.09 米），承天门之帝门（中门）中线与两侧的王公门中线相距约 41.95 明营造尺（约 13.39 米），承天门斜坡平台宽约 26.95 明营造尺（约 8.6 米），承天门城台台基外皮至金水桥内端地　石约 75.95 明营造尺（约 24.25 米），[1] 承天门外御路桥地　石通长 19 开间约 123.95 明营造尺（约 39.57 米），皇城墙垣高约 18.95 明营造尺（约 6.05 米）。

④内城角箭楼连台基通高约 90.95 明营造尺（约 29.03 米）。

⑤永定门城台台基进深约 42.95 明营造尺（约 13.71 米）。

⑥正阳门至永定门中轴线长约 1959.5 明步（约 3100 米）、明北京中轴线全长约 4995 明步（约 7902 米）。

⑦正阳门内至承天门长约 549.5 明步（约 870 米）。

⑧承天门至北安门长约 858.95 明营造丈（2742 米）。

2. 彰显"河洛"之"天人合一"的"三五之数"的规划有：

①　正阳门：城台外侧台底面宽约 291.35 明营造尺（约 93 米）、城台高约 41.35 明营造尺（约 13.2

米）、城台与城楼通高约 128.35 明营造尺（约 40.97 米）、正阳门箭楼面阔七间约 169.15 明营造尺（约 54 米）。

②　永定门：城台与城楼通高约 81.5 明营造尺（约 26 米）。

3. 彰显《易经》"大衍之数"的"五五之数"的规划有：

①　宫城外朝基座南北长约 725.5 明营造尺（约 231.6 米），宫城内廷庑墙南北长约 665.5 明营造尺（约 212.44 米）。宫城外朝基座东西长约 407.55 明营造尺（约 130.10 米）；

②　景山山丘南北长约 665.5 明营造尺（约 212.44 米）。

③　端门城台城楼通高约 103.55 明营造尺（约 33.05 米），端门和承天门城台进深均为 125.5 明营造尺（约 40.06 米）；承天门城台高约 38.55 明营造尺（约 12.3 米），承天门红墙高约 33.55 明营造尺（约 10.71 米），承天门品级门净宽约 13.55 明营造尺（约 4.33 米）；承天门城台须弥座边线至御路桥北口边线约 70.55 明营造尺（约 22.52 米），承天门外金水河御路桥北边开口宽

1　有关天安门的尺度，参考了路秉杰先生所著《天安门》（山东画报出版社，2004 年 1 月）一书中的相关数据。

约 36.55 明营造尺（约 11.66 米），承天门外金水河御路桥通长约 72.55 明营造尺（约 23.16 米），承天门外金水河王公桥北边开口宽约 25.55 明营造尺（约 8.15 米），承天门外金水河品级桥开口宽约 22.55 明营造尺（约 7.20 米），承天门外金水河品级桥通长约 52.55 明营造尺（约 16.77 米），承天门外华表高约 30.55 明营造尺（约 9.75 米）。

④正阳门城台进深约 98.55 明营造尺（约 31.46 米），正阳门瓮城内南北长约 338.55 营造尺（约 108 米），前门箭楼城台高约 37.55 明营造尺（约 11.99 米）。

⑤明北京中轴线北起点南距钟楼中心线约 492.55 明营造尺（约 157.25 米），明钟楼中心线南距鼓楼中心线约 615.5 明营造尺（约 196.48 米）。

⑥承天门距午门约 175.55 明营造丈（约 560.4 米）。

⑦北安门距大内禁苑北垣约 182.55 明营造丈（约 582.75 米）。

七、对明中都建筑尺度的考订。

1. 明中都宫城：南北长约 965 米[1] 或 967 米[2]，《明太祖实录》记载为 302.95 明营造丈（约 967.09 米）；东西长约 890.48 米（约合 278.95 明营造丈）。周长约 3715.16 米（约合 1163.8 明营造丈）。

2. 明中都宫城午门城台：东西长约 140.3 米（约合 439.5 明营造尺），主城台东西长约 70.1 米（约合 219.6 明营造尺），东西阙台各宽约 35.1 米（约合 109.95 明营造尺）；南北长约 89.45 米（约合 280.2 明营造尺），主城台南北长约 41.35 米（约合 129.5 明营造尺），阙台南北长约 48.1 米（约合 150.66 明营造尺）；帝门洞券高 8.6 米（约合 26.95 明营造尺）、宽约 5 米（约合 15.66 明营造尺），中间三门共宽约 20.4 米（约合 63.95 明营造尺）。

3. 明中都鼓楼台基：南北长度约 72 米（约合 225.55 明营造尺）、东西长度约 34.25 米（约合 107.295 明营造尺）、高约 15.8 米（约合 49.5 明营造尺）。

笔者通过对明代的里长、尺长和步长的实证研究，证明：任何朝代进行规划都会按照本朝的尺度和里制进行，如不合某一朝代的尺度和里制的空间或建筑，则肯定不是这个朝代的规划，应为其他朝代的规划。从对北京中轴线若干空间的规划实证研究中发现：北京中轴线和部分"活化石"空间及建筑的规划，烙有隋、金、元、明、清五代的印记，这一现象清楚地说明：北京中轴线规划的沿革、继承和改造的史实——即北京中轴线的规划始于 1400 年前隋炀帝的匠作大将闫毗所规划的隋临朔宫及其南北空间；金太宁宫继承了隋临朔宫的空间规划；刘秉忠也不是在空旷的原野上规划的元大都，而是继承了金太宁宫的空间规划和隋代在涿郡东北郊大面积空间的规划并做了局部改造；明永乐朝迁都北京又继承了前代的空间规划并加以改造；明嘉靖朝规划修筑的外城，也是继承的前代规划的空间区域。

1　明中都宫城南北长度约 965 米，是王剑英在其《明中都研究》之《明中都遗址考察报告》中间接提及的："东华门……正当奉天门前，距东南城拐 202.5 米，离东北城拐 762.5 米。"

2　王剑英在其《明中都研究》之《明中都遗址考察报告》中注明蚌埠市测绘的明中都宫城的西城墙的长度约为 967 米。笔者认为：此数据与《明太祖实录》记载的明中都宫城南北 302.95 明营造丈完全吻合。

笔者通过北京中轴线上的"活化石"空间，通过对元大都"四重城"和元上都与元中都的"三重城"城墙长度的实证研究，以及对明北京南拓大城长度与明中都"三重城"城墙长度的实证研究，论证了元明两代的官尺和营造尺的尺长以及步长和里长，论证了北京中轴线规划的变迁——隋炀帝不仅修建大运河和驰道至涿郡（今北京），而且还在涿郡东北郊进行了以临朔宫及其"泛"中轴线为主的众多空间区域的规划，其对后世的金太宁宫的规划、元大都城的规划和明清北京城的规划，以及对后世北京古都中轴线的规划，都产生了深远的影响。

第十章　明北京宫城空间是元大都宫城空间的"再版"[1]

　　关于元大都宫城的空间位置，学术界有三种不同的观点：第一种观点，认为元大都中轴线即大城中央经线，在明北京中轴线之西，所以元大都宫城也应在明北京宫城之西。但该观点因元大都中轴线和明北京中轴线已为学术研究和考古勘查所证实为同一条中轴线而不能成立。第二种观点，认为"元大都宫城在明北京宫城之北四百多米"，依据是在今景山公园寿皇殿以南和今故宫太和殿东西一线，考古发现的两处"古代建筑基址"，误认为是所谓的"元宫城厚载门和元宫城南城墙遗址"。但该观点因对史料记载的曲解和对考古数据的牵强附会而不能被传统文化理论、历史地理环境、史料记载、宫苑实地空间与皇城其他建筑的相对空间、元明规划尺度等客观因素所证实，故难以成立。第三种观点，认为元大都宫城和明北京宫城的空间位置完全相同。

　　笔者持第三种观点，认为元大都宫城的空间位置与明北京宫城的空间位置完全重合，即明北京宫城是元大都宫城的"再版"——明北京宫城沿用了元大都宫城的城垣、中轴线、外朝和内廷以及外朝东、西路宫殿基址，面积几乎完全一样，只是对元宫城四垣城门、城楼进行了改造，并将元大都宫城的"白釉薄城砖"[2]更换为明北京宫城的"灰色厚城砖"而已。依据是：①对"元三都"（即元大都、元上都、元中都）之"三重城"（大城、皇城、宫城）和元大都宫城夹垣的实证研究；②对北京若干元代建筑空间与元宫城相对位置的比较研究；③对明北京宫城、明北京太庙和明北京大内禁苑（今景山公园）的实地空间的勘查与研究；④对北京中轴线规划变迁的研究；⑤对明中都宫城、明南京宫城的参考研究；⑥对元、明两代的里制、尺度、步长的实证研究。

第一节　对元、明两代的里制、尺度、步长的实证研究

　　笔者在研究古都规划时发现一个不是规律的"规律"：历代统治者，凡规划新都城和新宫城，都是依据本朝的规划尺度并按照传统文化中能够彰显"皇权至尊"或"天人合一"的"九五"、"三五"、"一五"、"五五"等数字进行规划的，即《汉书·郊祀志》所载的"规划以度"；凡沿用前代的都城和宫城，或不做规划改动，或做部分规划改动。笔者怀疑：明北京宫城不是明代始规划的，而是沿用前代规划的宫城。

　　笔者的依据是：

　　①明北京宫城的南、北城墙的长度（即宫城的东西宽度）为"二百三十六丈二尺"（约754米），既不是"二百三十五丈"，也不是明代始规划的明中都宫城的南、北城墙的长度（即宫城的东西

1　本文曾刊于《南京晓庄学院学报》2010年第4期。
2　笔者注：《马可波罗行记》记载的元宫城为"白色，有女墙。"结合在北京城、郊区考古发现有多处元代的烧制白色瓷砖、瓷瓦的窑址，再结合元宫城建筑的豪华气派，笔者推测元宫城的白色墙体应为白色瓷砖所砌。

宽度）"278.95 丈"（约 890 米），其规划尺度有悖于传统文化理论。

②明北京宫城角楼、钦安殿、断魂桥、浴德堂、外朝与内廷宫殿的"工字形"台基等诸多建筑均呈现元代艺术风格和元代规划尺度特征。

因此笔者认为：从明北京宫城南北城墙的规划尺度、明北京宫城内一些不符合明代建筑风格和明营造尺规划尺度的建筑看，明北京宫城显然不具备明代始规划的特点，而分明是沿用了前代宫城规划使然。

笔者在研究中发现：学术界在以前对元大都的研究中，都忽略了对元、明两代的里制、尺度和步长以及古建筑空间"活化石"的实证研究。就元大都宫城乃至元大都的规划研究而言，笔者认为：如果不能真正解决元里制和元尺度的问题，元大都的规划和宫城的空间位置就很难说清楚，七百多年来元大都的规划之谜和宫城的空间位置就不能找到确切答案。然而，元代的尺度是多长，至今尚未发现元尺实物依据。因此，有学者推测元尺可能等同于宋尺，[1] 故据此推测元步长。有学者依据对《辍耕录》记载的元大都"城方六十里二百四十步"的曲解，推断：元大都大城周长 60 里，每里为 240 步，每步约为 1.55 米，即每元里的长度约为 372 米。而对这个明显的"硬伤"——372 米（即 240 步）×60 里 ≈ 22320 米，无法与考古勘测的元大都大城城墙周长约 28600 米[2] 相吻合，两者相差约 6280 米之多。

这一问题，实际是涉及元里制的问题。笔者在对元大都及中轴线规划的研究中，通过对考古勘测的"元三都"（即元大都、元上都、元中都）的"三重城垣"（即大城、皇城、宫城）所得到的具体数据，并参考明代里制，以及有关历史文献的记载，对元里制进行了实证研究，论证了：元官尺 1 尺 ≈ 0.3145 米；1 元步 ≈ 1.5725 米；元里制中 1 里 = 300 步 ≈ 471.75 米；元营造尺 1 尺 ≈ 0.32 米。从而解决了在元大都研究中所遇到的有关规划尺度的问题。[3]

关于明里制问题，笔者在《关于明里制和明里长、明尺长、明步长的实证研究》一文中较详尽地论证了：明官尺 1 尺 ≈ 0.31638 米；明 1 步 ≈ 1.5819 米；明里制中 1 里 = 360 步 ≈ 569.48 米；明营造尺 1 尺 ≈ 0.319226 米。

笔者通过实证研究，论证了元明两代的里长、尺长、步长，并通过史料记载的元大都宫城和明北京宫城的相关数据的相互换算，进而论证了明北京宫城对元大都宫城的继承关系——

1. 通过对元、明两代的里制、里长、尺长、步长的实证研究和对元大都宫城和明北京宫城尺度的相互换算，论证明北京宫城对元大都宫城的继承关系。

实证依据

①元代史料《辍耕录》记载：元大都"宫城（夹垣）周回九里三十步，东西四百八十步，南北六百十五步"。

②明代史料记载：北京"宫城周六里一十六步"（《明史·地理志》），"周一千七十八丈三尺，

1　吴承洛在其《中国度量衡史》（上海书店 1984 年 5 月影印商务印书馆 1937 年版）一书中认为：因未发现元尺实物，故以为元尺同于宋尺，每尺约 0.3072 米。

2　《元大都的勘查和发掘》，载于《考古》1972 年 1 期。

3　参见本书第六章《关于元代里制、里长、尺长、步长的实证研究》。

东西各三百二丈九尺五寸，南北各二百三十六丈二尺"（万历《大明会典》卷一八七）。

我们可以把史料记载的元大都宫城和明北京宫城的有关数据进行换算，以及求证元大都宫城和明北京宫城的关系。

验证步骤

① 元大都宫城夹垣"周回九里三十步"，长度约为：1.5725 米 ×2730 元步 ≈ 4292.93 米；元大都宫城东西长度约：1.5725 米 ×479.5 元步 ≈ 754.01 米；元大都宫城南北长度约：1.5725 米 ×615 元步 ≈ 967.09 米；元大都宫城外周长约：（479.5 元步 + 615 元步）×2 ≈ 2189 元步 ≈ 3442.2 米。

② 明北京宫城"南北各二百三十六丈二尺"，1 明营造丈的长度约为：754.01 米 ÷236.2 丈 ≈ 3.19226 米；[1] 明北京宫城"东西各三百二丈九尺五寸"，1 明营造丈的长度约为：967.09 米 ÷302.95 丈 ≈ 3.19226 米；明北京宫城外周长"一千七十八丈三尺"，1 明营造丈的长度约为：3442.2 米 ÷1078.3 丈 ≈ 3.19226 米。《明实录》记载北京"宫城周六里一十六步"，1 明步 ≈ 3442.2 米 ÷2176 明步 ≈ 1.5819 米。此换算表明：明北京宫城周长与元宫城周长恰恰相等，即 2189 元步 = 2176 明步。由此可知：明北京宫城是在元大都宫城基址上重建的，所以《明太宗实录》没有"营建"、"初建"，而只有"修建"北京宫城的记载。

元、明尺度换算

① 元大都宫城南北长度为 615 元步（约 967.09 米），明北京宫城南北长度为 302.95 明营造丈（约 967.1 米）。[2] 元大都宫城东西长度为 479.5 元步（约 754.01 米），明北京宫城东西长度为 236.2 明营造丈（约 754.01 米），即：479.5 元步 ≈ 236.2 明营造丈。元大都宫城外侧周长为 2189 元步（约 3442.2 米），明北京宫城外侧周长为 1078.3 明营造丈（约 3442.2 米），亦为 2176 明步（即"宫城周六里一十六步"）。

② 元大都宫城夹垣"周回九里三十步"（即 2730 元步，约 4292.93 米），明洪武元年徐达丈量的元皇城（即宫城夹垣）"周一千二百六丈"（约 4293 米）（《日下旧闻考》卷三八引《明太祖实录》），2730 元步（约 4292.93 米）÷3.5593 米／丈 ≈ 1206.1 明丈（故称："一千二百六丈"）。

2. 通过对元大都宫城和明北京宫城主要建筑即外朝宫殿及其基座南北规划尺度的相互换算，论证了明北京宫城对元大都宫城的继承关系。

实证依据

（1）元代史料《辍耕录》记载了元大都宫城外朝宫殿的南北长度："大明殿……深一百二十尺……柱廊十二间，深二百四十尺……寝殿……深五十尺……宝云殿在寝殿后……深六十三尺……"

1　笔者注：关于明北京宫城的东西长度，目前已出版的图书中有五个长度：750 米、753 米、756 米、760 米、766 米。为弄清楚明北京宫城东西的实际长度与史料记载的尺度的关系，笔者于 2010 年 3 月 4 日对北京故宫北城墙的东西长度进行了实地测量，所得到的数据是：约 754 米。

2　笔者注：史料记载明中都宫城南北长度亦为 302.95 丈　与北京宫城南北长度相同。安徽省蚌埠市测绘明中都宫城南北长度约 967 米，明中都宫城午门城台东西长度为 140.3 米，合 43.95 丈，可知明营造尺 1 丈 ≈ 3.19226 米。笔者据此数据核算了若干明中都和明北京的主要建筑，实证研究验证了明营造尺 1 丈 ≈ 3.19226 米。

（2）据故宫古建部研究员李燮平先生提供的故宫三台数据：今太和殿三台顶层东西宽度约108米，南北进深约63米，太和殿前丹墀突出部分的东西宽度约67米；结合紫禁城出版社1990年出版的《故宫》鸟瞰图[1]比例尺，得知：太和殿前丹墀突出部分的南北进深约30.45米，保和殿三台顶层南北进深约59.84米，太和殿三台顶层北沿距保和殿三台顶层南沿约51.38米。

让我们用上述几个数据分别折算明代和元代的营造尺，看看最符合哪个朝代的规划尺度——

①约108米，约合338.55明营造尺，约合337.75元营造尺。

②约63米，约合197.35明营造尺，约合196.95元营造尺。

③约67米，约合210明营造尺，约合209.5元营造尺。

④约30.45米，约合95.38明营造尺，约合95.15元营造尺。

⑤约59.84米，约合187.45明营造尺，约合187元营造尺。

⑥约51.38米，约合160.95明营造尺，约合160.55元营造尺。

由此我们可以推算出明北京宫城外朝三重台基之顶层南北进深约204.67米（合641.15明营造尺）：即奉天殿（今太和殿）前丹墀（又称露台）南北进深约118.55明营造尺（约37.84米）、奉天殿南侧至谨身殿（今保和殿）北侧的南北空间长度约505明营造尺（约161.21米）、谨身殿以北进深约17.6明营造尺（约5.62米）。

笔者认为：明北京宫城外朝三重台基顶层南北进深约641.15明营造尺（约204.67米），是对639.5元营造尺（约202.64米）的继承。理由如下：

① 元大都宫城外朝三重台基顶层南北进深为639.5元营造尺（202.64米）：即大明殿南侧至殿前丹墀南沿进深为109.5元营造尺（约35.04米），其中，丹墀顶层南沿至大明殿基座顶层南沿的南北进深为95元营造尺（约30.4米）、大明殿基座顶层南沿至大明殿南侧的南北进深为14.5元营造尺（约4.64米）；大明殿南侧至宝云殿北侧的南北空间进深为512.45元营造尺（约163.98米），其中，大明殿南北进深约120元营造尺（约38.4米）、大明殿与大明寝殿之间的柱廊南北进深为240元营造尺（约76.8米）、大明寝殿进深为50元营造尺（约16米）、大明寝殿与宝云殿之间的南北进深为39.5元营造尺（约12.64米）、宝云殿南北进深约63元营造尺（实为62.95元营造尺，约20.14米）；宝云殿后南北进深为17.55元营造尺（约5.62米）。即：109.5+120+240+50+39.5+62.95+17.55=639.5元营造尺。

或639.5元营造尺=大明殿前丹墀南北进深为95元营造尺＋大明殿基座顶层南北进深为196.95元营造尺（即大明殿南侧至大明殿基座顶层南沿的南北进深为14.5元营造尺＋大明殿进深为120元营造尺＋大明殿北侧至大明殿基座顶层北沿的南北进深为62.4元营造尺）＋大明殿基座顶层北沿至大明寝殿基座顶层南沿的南北进深为160.55元营造尺＋大明寝殿基座顶层南北进深为187元营造尺（即大明寝殿南侧至大明寝殿基座顶层南沿的南北进深为17元营造尺＋大明寝殿进深为50元营造尺＋大明寝殿北侧至宝云殿南侧的南北进深为39.5元营造尺＋宝云殿南北深为62.95元营造尺＋宝云殿北侧至三台顶层北沿的南北进深为17.55元营造尺）。

1　引自李燮平：《明北京都城营建丛考》，紫禁城出版社，2006年，第441页。

我们再看大明殿与大明寝殿之间的柱廊进深 240 元营造尺，是由南北三个空间组成的，即大明殿北侧至大明殿基座顶层北沿的南北进深为 62.45 元营造尺 + 大明殿基座顶层北沿至大明寝殿基座顶层南沿的南北进深为 160.55 元营造尺 + 大明寝殿南侧至大明寝殿基座顶层南沿的南北进深为 17 元营造尺。

② 明北京宫城外朝三大殿的南北空间进深为 505 明营造尺（约 161.21 米），比元大都宫城外朝大明殿距宝云殿的南北空间进深 512.45 元营造尺（约 163.98 米）少了约 2.77 米；而明北京奉天殿（今太和殿）南侧距殿前丹墀顶层南沿的南北进深为 118.55 明营造尺（约 37.84 米），比元大都宫城外朝大明殿南侧距殿前丹墀顶层南沿的南北深 109.5 元营造尺（约 35.04 米），多出了约 2.8 米 [1]，减去丹墀南沿多出的 0.03 米，可知：明北京宫城外朝前殿奉天殿的南侧比元大都宫城外朝前殿大明殿的南侧，向北移动了约 2.77 米；而明北京宫城外朝后殿谨身殿的北侧即元大都宫城外朝后殿宝云殿的北侧。

我们从元大都和明北京的宫城外朝宫殿与基座的南北空间尺度的实证对比中得知：明北京宫城外朝的三重台基百分之百是继承的元大都宫城外朝的三重台基。（图 1-10-01）通过元大都和明北京宫城外朝宫殿台基规划尺度的比较，我们可发现：元大都宫城外朝宫殿台基南北进深为 639.5 元营造尺（约 204.64 米）。其中，大明殿殿基南沿至宝云殿殿基北沿的长度为 512.45 元营造尺（约 163.98 米）。明北京宫城外朝宫殿台基南北进深为 641.15 明营造尺（约 204.67 米）。其中，奉天殿殿基南沿至谨身殿殿基北沿的长度为 505 明营造尺（约 161.21 米）。元大都宫城大明殿前丹墀长度为 95 元营造尺（约 30.4 米）；明北京宫城奉天殿前丹墀长度为 95.32 明营造尺（约 30.43 米）。元宫城大明殿南侧至前丹墀顶层南沿的长度为 109.5 元营造尺（约 35.04 米）；明宫城奉天殿南侧至前丹墀顶层南沿的长度为 118.55 明营造尺（约 37.84 米）。元宫城大明殿进深为 120 元营造尺（约 38.4 米）。明宫城奉天殿进深为 116.55 明营造尺（约 37.2 米）。可知：明北京宫城外朝前殿奉天殿北侧向北移动了约 1.57 米。元宫城大明殿后柱廊进深为 240 元营造尺（76.8 米），大明寝殿进深为 50 元营造尺（约 16 米），大明寝殿与宝云殿之间的距离为 39.5 元营造尺（约 12.64 米），宝云殿进深为 63 元营造尺（约 20.16 米）。明宫城华盖殿进深为 78.55 明营造尺（约 25.06 米），谨身殿进深为 78.55 明营造尺（约 25.06 米）。元宫城宝云殿北侧至"三台" [2] 顶层北沿的长度为 17.55 元营造尺（约 5.62 米），明宫城谨身殿北侧至"三台"顶层北沿的长度为 17.6 明营造尺（约 5.62 米）。

3. 明北京宫城角楼的规划尺度 [3]，无可质疑地揭示出明北京宫城对元大都宫城的继承关系。

实证依据

①明北京宫城角楼的通高为 27.504 米，约合 86.1 明营造尺，却恰合 85.95 元营造尺。

②明北京宫城角楼的角楼中线的南北、东西长度为 14.384 米，约合 45.06 明营造尺，却恰

---

1 笔者注：明北京宫城外朝前殿丹墀南沿较元大都宫城外朝前殿丹墀南沿多出 3 厘米，为更换丹墀基石以合明代规划尺度所致。

2 笔者注：元大都、明北京之宫城外朝宫殿台基称"三台"，又称"云台"。

3 本文有关北京故宫角楼的数据，采用基泰工程公司 1941 年 8 月实测北京故宫角楼的图示数据。转引自刘畅著作《北京紫禁城》（清华大学出版社，2009 年 5 月第一版）第 190 页之插图。

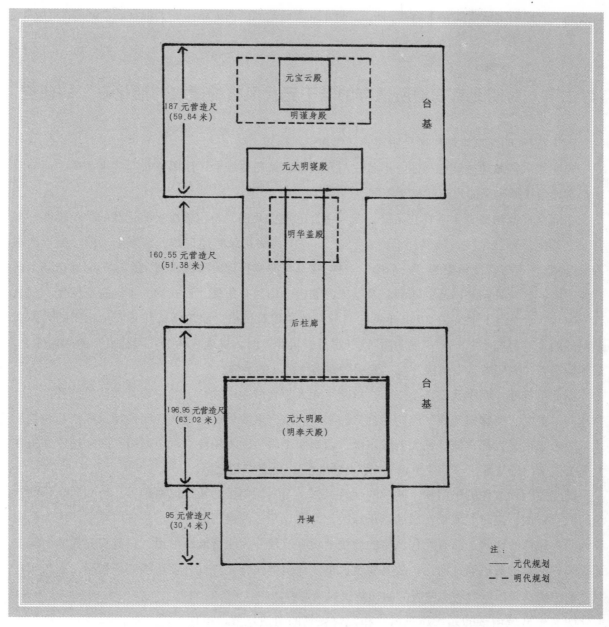

图1—10—01，元大都、明北京宫城外朝宫殿台基尺度对比示意图

合 44.95 元营造尺。

③明北京宫城角楼的曲尺间的南北、东西长度约 8.624 米，约合 27.02 明营造尺，却恰合 26.95 元营造尺。

④明北京宫城角楼的外间的南北、东西长度约 5.6944 米，约合 17.84 明营造尺，却恰合 17.795 元营造尺。

明北京宫城角楼，如果是明代始规划的，绝不会用元代的规划尺度。明北京宫城角楼的规划尺度，作为"活化石"向后人揭示着：明北京宫城空间是对元大都宫城空间的继承。笔者考证的元、明两代的尺长和步长，既与元、明史料所载的元大都宫城和明北京宫城的长度数据完全吻合，又与明北京宫城的实地空间完全吻合。所以，明北京宫城空间确凿无疑是元大都宫城空间的"再版"。

第二节　对明北京宫城所遗存的若干元代风格的建筑"活化石"的研究

活化石一　明北京宫城角楼呈明显的元代建筑风格。

①明北京宫城角楼城台呈四方形状，与元大都宫城角楼城台"四隅方布"完全相同，而与明中都宫城角楼城台呈曲尺形状完全不同。

②北京宫城角楼为十字脊三朵楼，即十字脊三重檐朵楼，与《辍耕录》记载的"角楼四，据宫城之四隅，皆三朵楼，琉璃瓦饰檐脊"完全一样。《辍耕录》还记载元宫城崇天门"阙上两观皆三朵楼，"应与宫城角楼的"三朵楼"一样。《马可波罗行记》、《故宫遗录》也都明确记载：元宫城四隅、宫城外朝和内廷的四隅、及崇天门阙台，均建有角楼，形式均为十字脊三朵楼。据故宫学家单士元先生记述：在 1956 年拆除与故宫角楼建筑风格、建筑样式几乎完全相同的大高玄殿前的两个"习礼亭"——"炅明阁"、"（水月）灵轩"时，发现在两个"习礼亭"的木构件上，清晰地写着"大明殿东南角楼"与"大明殿西南角楼"的字样。[1]

据此可推断：明洪武二年至三年，拆除了元大都宫城内中轴线上的主要宫殿建筑，并用其材营建明中都的主要宫殿建筑，因明中都宫城和明北京宫城的外朝角楼均为明代建筑风格与建筑形式，故未采用元大都宫城外朝大明殿东南、西南两个角楼的木构件，直至嘉靖年间才按原结构在大高玄殿南门外复建了"两座角楼"，称"习礼亭"，以备祭祀之需。

而经过明代改建的午门阙上两观的建筑风格，与宫城角楼的建筑风格迥异。可知明永乐朝营建的北京宫城，是对元大都宫城的继承和改建，即只是"改换门庭"——将午门城楼、阙上两观改为明代风格的建筑，而有元代风格的角楼则没有改建并为明宫城所沿用，只是将元代的白琉璃瓦更换成明代的黄琉璃瓦而已，故其建筑风格、建筑样式与元宫城外朝角楼完全相同，而与明宫城外朝角楼及午门城台阙上两观的明代建筑风格迥异。

明北京宫城角楼的元代建筑风格和元代规划的营造尺度，可作为明北京宫城是元大都宫城"再版"的有力论据。

活化石二　明北京宫城中轴线北端的钦安殿，其盝顶的建筑样式，以及花雕石础、花雕石阶和石栏板的雕刻等，均为元代艺术风格，且与元代《辍耕录》和明初《故宫遗录》记载的清宁宫，在空间位置、建筑样式等方面完全吻合。位于中轴线上的元宫殿建筑清宁宫之所以没有被明初拆毁，是因为其建材不够高大，不能满足明中都宫殿的需要；又传说在"靖难之役"中位于北方的真武大帝保佑了燕王朱棣，使其登上了皇位，故朱棣在元大都宫城基址上改建明北京宫城时，不许拆毁清宁宫，而改称"钦安殿"。因此，钦安殿仍呈现清一色的元代建筑样式和艺术风格，证明元大都宫城为明北京宫城所继承和改建。

1　单士元《故宫史话》，新世界出版社，2004 年 6 月。

活化石三　明北京宫城外朝武英殿西朵殿浴德堂后有一穹窿形建筑的土耳其浴室，室内顶及壁满砌白釉琉璃砖，其构造为淋浴浴室，属于阿拉伯式建筑。此浴室前有小殿、后有井亭，其规划布局与《辍耕录》、《故宫遗录》所记元代浴室情况相同。[1] "澡身浴德"，出自《礼记·儒行》。故浴室前的小殿称"浴德堂"。元代尚白，元宫城内的建筑多用白琉璃，杂以各色琉璃。故宫学家单士元先生在《武英殿浴德堂考》一文中认为该浴室为元代所建：

> 全国解放后，对故宫进行维修时，在浴德堂附近地下发掘出元代白色琉璃瓦片，琉璃釉与浴室琉璃砖相似。1983 年北京市文物工作队在阜成门外郊区发掘出一座元代白色琉璃窑，得残瓦片数千件，与浴德堂白色琉璃砖色泽亦相似。……旧北京崇文门外天庆寺有窑式形状的古代浴室一座，与武英殿浴德堂浴室建筑颇相似，全部用砖建造，工艺极精，传为元代之物。抗战前，据中国营造学社鉴定，认为这座浴室圆顶极似君士坦丁堡圣棱亚寺。……据此，故宫浴德堂浴室为元代所遗又一旁证。[2]

而明清北京故宫内的浴室的建筑风格却不是这样。结合信仰伊斯兰教的西域人在元代的地位较高，且多为朝廷做事，又有阿拉伯人也黑迭儿等著名建筑家全程参与了元大都宫城的修建。所以北京故宫外朝武英殿西朵殿浴德堂后的土耳其浴室，可以作为论证元大都宫城空间为明北京宫城所继承的可靠论据。

活化石四　明北京宫城外朝武英殿东侧有一座石桥，南北长 16 米，合元营造尺 50 尺，俗称："断魂桥"。该桥的栏板图案雕刻精美、望柱雕刻古朴，为北京故宫所有石桥中最为华丽的一座，考古学家和艺术史家多认为系元代所建。其石雕艺术风格与明中都宫城午门城台须弥座和内五龙桥的石雕艺术风格极其相似。[3] 笔者认为：明中都宫城中轴线上的宫殿须弥座、墀陛、花雕石础、名贵木料、各色琉璃瓦、石桥等建筑所用的材料，均系洪武二年至三年拆除元大都中轴线上的主要宫殿和周桥等建筑的材料，而体量不大的盝顶殿清宁宫则未拆除，不在中轴线上的建筑，如武英殿、文华殿、断魂桥、浴德堂浴室等也均未拆除。永乐迁都北京所建的皇宫，是在元大都宫城基址上改建的，即沿用元大都宫城城墙和未拆除的宫殿、石桥等，在已经拆除的宫殿、石桥基址上重新修建起明代风格的宫殿和石桥。所以，明北京宫城中轴线上重建的内五龙桥的石雕艺术风格，却与元代宫城遗留的断魂桥的石雕艺术风格完全不同且逊色不少。通过对北京故宫现存的多座石桥的石雕艺术风格的对比，我们得知：元大都宫城的整体规划格局为明北京宫城所继承——明北京宫城是元大都宫城的"再版"。

活化石五　明北京宫城"外朝"三大殿的"工字型"台基形制与元大都宫城"外朝"大明殿的台基形制完全相同。反观另外三组明初的宫殿建筑台基形制——明中都宫城外朝为"十字形"台基[4]、明南京宫城外朝以及明北京太庙的三大殿都是"土字型"台基，即台基的一"竖"，也就是

1　单士元《我在故宫七十年》，北京师范大学出版社，1997 年 8 月。

2　单士元《我在故宫七十年》，北京师范大学出版社，1997 年 8 月。

3　笔者注：王剑英《明中都研究》（中国青年出版社，2005 年 7 月版）一书中有大量石雕照片，其石雕艺术风格与钦安殿、断魂桥的石雕艺术风格完全一致。

4　王剑英：《明中都遗址考察报告》之《明中都皇城遗址踏测图》，载《明中都研究》（中国青年出版社，2005 年 7 月版）。

丹墀与中殿的宽度一样。而永乐朝"营建"的明北京宫城三大殿台基的一"竖",其"中殿"台基的宽度要比前殿丹墀的宽度窄得多。显然是沿用了元大都宫城外朝大明殿有"柱廊"的"工字型"台基。

明北京宫城外朝三大殿与北京太庙三大殿相比,宫城外朝三大殿中的前、后二殿比太庙三大殿中的前、后二殿的东西长度还要稍长,"体量"也稍大;而宫城外朝三大殿中的中殿却要比太庙三大殿中的中殿的东西长度短许多,"体量"也小了许多。

通过明初四组最高等级的宫殿台基形制的比较,笔者认为:明北京宫城外朝"前三殿"的"工字型"台基,就是元大都宫城外朝大明殿的"工字型"三重墀陛——二者基座的形制、空间、格局、尺度完全相同,只是将元大都宫城外朝的"两殿一廊"改为明北京宫城外朝的"前三殿",即按明代风格拆除了位于元大都宫城外朝前殿与后寝殿之间的柱廊,将柱廊东西向相对狭小的空间改建成体量与前后殿不成比例的华盖殿(嘉靖朝改称"中极殿",清改称"中和殿"),但未改元大都宫城柱廊东西两侧的台阶,所以台阶不正对华盖殿(即今中和殿)。[1]

明北京宫城"外朝"三大殿的"工字型"台基形制,是明初四组最高等级的宫殿建筑中仅有的。再者,元大都宫城内廷延春宫为"工字型"基座;明北京宫城内廷"后三宫"也为"工字型"基座,且尺度、规制、空间方位与史料记载的元大都宫城内廷延春宫完全相同。因此,我们有理由认为:明永乐朝改建北京宫城时,沿用元大都宫城的"工字型"台基,在洪武初年已拆除的元大都宫城外朝和内廷宫殿的"工字型"台基上,修建了明代风格的"前三殿"和"后三宫"。这种宫殿与台基风格迥异的特征,可以作为论证元大都宫城空间、规划格局为明北京宫城完全继承的又一可靠的论据。

活化石六 明北京宫城西路建筑武英门以南略偏西,有小殿五间,和东西配殿自成一区,名"南熏殿"。此殿应为元大都宫城西路建筑群组之一,位于宫城南西门"云从门"里。单士元先生在《故宫札记》一书中,对南熏殿的描绘如下:

> 南熏殿台基不高,开间平稳,是明代原构规式,殿中彩画精致无比。一般天花枝条上彩画两端,习惯上只画燕尾图案,南熏殿天花枝条则满画宋锦,与宋代织锦图案相仿佛,一进殿内,举目金碧辉煌。藻井彩画,亦独具风格,精致繁缛。紫禁城中各宫殿藻井画格之富丽,此为第一。

笔者认为,明北京宫城内位置偏于一隅的一个小宫殿,其殿中彩画为宋元风格,与明代风格迥异,且其殿之藻井的彩画之富丽堪称明北京宫城之第一。如果是明代始规划的北京宫城,位于其西南隅的一个小殿,它的装饰风格、它的藻井画格,怎么可能是宫城第一呢?只有一个可能,那就是:明北京宫城之南熏殿沿用了元大都宫城之南熏殿,天花枝条图案和藻井彩画之"精致繁缛",均为元代风格,可谓与明代风格不一的"独具风格"。南熏殿的存在,可以证明:明北京宫城是在元大都宫城空间里重建的——明北京宫城是元大都宫城的"再版"。

活化石七 虽然明北京宫城城门与元大都宫城城门的数量和"位置"不完全相同,但城门建

1　笔者注:明华盖殿建在元大明殿柱廊内的御榻位置上,故不在左右墀陛台阶正中。

筑的内券式门洞、外过梁式门的唐宋风格得以保留，[1] 仍能显现出明北京宫城对元大都宫城利用和改造的痕迹。如：明北京宫城的正门午门沿用并改建了元大都宫城正门崇天门的五个门和城楼，但城门的唐宋风格、高度，城台的形状和东西南北的尺度，都没有做改动；只是将元大都宫城崇天门城楼十二开间的宫殿，改为明北京宫城午门城楼九五开间的宫殿；将元大都宫城崇天门的南向五门，改为明北京宫城午门的南向三门、东西向各一门（即左、右掖门）；将元大都宫城南城墙位于崇天门左、右两侧的星拱、云从二门城台和位于东西城墙中部偏北的元代"初建"的东、西华门城台拆除；将元大都宫城北城墙厚载门一门改为三门；[2] 将元大都宫城封堵的东、西掖门恢复为东、西华门。[3]

元上都、明中都和明南京的宫城城门以及明北京端门、承天门、大明门、正阳门等门，内外均为券式洞门，而明代三大宫城（中都宫城、南京宫城、北京宫城）的城门建筑风格，只有"修建"最晚的北京宫城却是唯一保留着内券式门洞、外过梁式门的唐宋风格。　从明北京宫城各门隐隐作现的、且为独有的唐宋建筑风格和隋代规划尺度特征可知：明北京宫城是在元大都宫城城垣和主要宫殿基址上"改建"的——明北京宫城空间是元大都宫城空间的"再版"。

第三节　对诸多史料记载的其他元代建筑的相对空间位置的实证研究

实例一　从元隆福宫的相对空间位置可以看出，元大都宫城与明北京宫城在同一位置。"隆福殿在大内之西，兴圣宫之前。"[4] "宫墙之外[5]，与大汗宫殿并立，别有一宫，与前宫同，大汗长子成吉思居焉。……其坑（按：指太液池，即今中海）亦宽广，处大汗宫及其子成吉思之宫间……"[6] 我们知道，成吉思之宫，即隆福宫，在太液池（今中海）之西，后成为明燕王府，称"西宫"，在明北京故宫正西。由"隆福殿在大内之西"且"与大汗宫殿并立"，又"其坑亦宽广，处大汗宫及其子成吉思之宫间"的空间位置可知：元大都宫城不可能在明北京宫城之北 400 多米，而应与明北京宫城在同一位置，即明北京宫城继承了元大都的宫城空间。

实例二　从"瀛洲"（今"团城"）的相对空间位置也可以看出，元大都宫城与明北京宫城在同一位置。今"团城"，始规划建于隋临朔宫宫城之"西园"，辽代为"瑶屿离宫"之"瑶光台"，金代为大宁宫之"西园"的"拜日台"，元代称"瀛洲"、亦称"圆坻"，并在上面建"十一楹"、"重檐，圆盖顶"的"仪天殿"以祭天。《辍耕录》和《故宫遗录》都记载圆坻位于大内西北。如果说元大都宫城北城墙位于今景山公园寿皇殿以南的所谓的"元宫城厚载门遗址"东西一线的话，

1　笔者注：北京宫城午门为内券、外过梁式，与明中都和明南京的宫城午门内外均为券式的明代建筑风格不相符合。

2　笔者注：元宫城为沿用金太宁宫之宫城，金太宁宫之宫城为沿用隋临朔宫之宫城，故厚载门应为隋代始规划，金太宁宫城沿用之，元宫城再沿用之。

3　笔者注：应为隋临朔宫初建的东、西华门，后为金太宁宫所沿用。今北京故宫东华门内的石桥，为故宫内所有石桥风化的最为严重的一座。

4　顾炎武《历代宅京记》引《辍耕录》。

5　笔者注：此处的"宫墙之外"，指宫城城墙之西。

6　《马可波罗行记》第八十三章《大汗之宫廷》。

那大内岂不是在圆坻之正东或东北了吗？大旅行家马可波罗、学者陶宗仪和工部主事萧洵三人，不会都辨不清方位吧？

实例三 《辍耕录》还记载："仪天殿在池中圆坻上……东为木桥，长一百二十尺，阔廿二尺，通大内之夹垣"，[1] 即直大内夹垣之西北角。《故宫遗录》也有记载：元宫城"厚载门上建高阁，环以飞桥舞台于前……台西为内浴室，有小殿在前，由浴室西出内城[2]，临海子，广可五六里，架飞桥于海中，西渡半，起瀛洲圆殿……"在"内城"以内的厚载门，应位于"瀛洲"东西一线以南的位置，即明北京宫城玄午门的位置，由此可知：元大都宫城与明北京宫城的空间位置完全相同。

实例四 从元"万寿山"的相对空间位置也能看出，元大都宫城与明北京宫城的空间位置完全重合。顾炎武《历代宅京记》引《辍耕录》之记载："万寿山在大内西北太液池之阳……"《故宫遗录》也明确记载："瀛洲殿后，北引长桥上万岁山……"从上述有关元大都宫城空间方位的多种文献所记载的内容可知：元大都宫城北城墙只能是在"瀛洲圆殿"东西"纬线"稍南，即与明北京宫城北城墙在同一"纬线"上。而在明北京宫城之北约四百多米的今景山公园寿皇殿以南考古发现的元"便殿基址"，即被认作是所谓的"元宫城厚载门遗址"的东西一线，没有发现城墙遗址和遗迹。所以，元大都宫城与明北京宫城应在同一空间位置。

实例五 从元"青山"的相对空间位置也可看出，元大都宫城与明北京宫城的空间位置同一。"大汗宫殿附近，北方一箭之地，墙垣之中，有一丘陵，人力所筑，高百步，……名曰青山……山顶有一大宫，内外皆绿，与山浑然一色……"[3] 笔者认为马可波罗所描述的青山及其山顶有一座内外皆绿的大殿，就是今景山的前身和山顶的眺远阁。也有学者认为马可波罗所描述的是琼华岛和广寒殿。但史载广寒殿内外均无绿色装饰，而是金锁窗等红黄相间的装饰，且四周为水而非墙垣。 不管马可波罗所说的"青山"是"景山"还是"琼华岛"，都在皇宫北方一箭之地（约百余步，约170多米以外）远的空间位置。可见，元大都宫城北城墙不可能在"琼华岛"（即万寿山）东面的今景山公园寿皇殿以南东西一线，如果在那里的话，仅"北方一箭之地"的条件，就使"墙垣之中，有一丘陵"位于今景山北墙之外了。而今景山正是距元大都宫城（也是明北京宫城）"北方一箭之地"远，且在"墙垣之中，有一丘陵"。也与《辍耕录》记载的"厚载北为御苑，外周垣红门十有五，内苑红门五，御苑红门四，此两垣之内也"的御苑规划[4] 和空间位置相吻合。可见，元大都宫城的位置无疑是在今景山之南的明北京宫城的空间位置上。

实例六 从元世祖忽必烈在景山东北部的"籍田"之所的位置分析，元大都宫城与明北京宫城必在同一位置。关于忽必烈的"籍田"之所的空间位置，《析津志》有明确记载："松林之东北，柳巷御道之南，有熟地八顷，内有田，上自小殿三所。每岁，上亲率近侍躬耕半箭许，若籍田例……东，有一水碾所，日可十五石碾之。西，大室在焉……"《日下旧闻考》引《析津志》载："厚载门乃禁中之苑囿也。内有水碾，引水自玄武池灌溉，种花木，自有熟地八顷。内有小殿五所，

1 　笔者注：即今故宫护城河西北角处。
2 　笔者注：此处的"内城"，指大内夹垣。
3 　《马可波罗行记》（冯承钧译本，中华书局，1954年）第八十三章《大汗之宫廷》。
4 　参见本书第十四章《景山规划探源》。

上曾执耒耜以耕，拟于籍田也。"

　　根据史料记载和对实地空间及出土文物的考查，笔者认为：元世祖忽必烈的"籍田"之所，就在景山公园的东北部——即皇城北中轴御道（今地安门南大街）和御苑北御道（称"柳巷御道"今景山后街）之南，景山北麓的松林之东北。理由一：《析津志》等元代史料的记载不可怀疑。理由二：在位于景山东北部的东花房（位于景山公园之东北角）的修缮过程中，发现了元代制作的水碾碾轮和大小石权等元代实物，与《析津志》记载的在忽必烈籍田的东部"有一水碾所"完全吻合。该水碾碾轮厚度为 160 毫米[1]，外圈直径为 640 毫米。[2] 理由三：在景山寿皇殿东西两侧的北墙内，有元代修建的"粮仓"——集祥阁、兴庆阁。根据《景山——皇城宫苑》一书提供的有关二阁的数据，笔者结合中国规划尺度的演变，认定二阁为元代所规划。

　　忽必烈"籍田"之所的空间位置的认定，说明：① 《马可波罗行记》、《辍耕录》、《析津志》等元代史料对元大都宫城和大内御苑及"青山"的空间方位的记载是真实可靠的——元大都宫城之北的大内御苑，为明清北京继续沿用为大内御苑，就是今景山公园。②位于景山寿皇殿宫门以南的所谓"元宫城厚载门"和"元宫城在明宫城以北约四百多米"的空间方位的推断是难以成立的。③元大都宫城与明北京宫城确在同一空间位置。

　　实例七　从元金水河的流向和周桥的相对空间位置分析，元大都宫城与明北京宫城也在同一位置。有学者曲解《故宫遗录》关于"丽正门内，千步廊可七百步，至棂星门"的记载，认为元金水河从太液池（中海）南端直线向东流去，流经明北京宫城午门内，周桥架于其上。这一观点与历史文献的记载及金水河（护城河除外）的流向均不合。元大都（包括历史上的北京）城内河渠的流向受地势的影响十分明显，因西北高、东南低，故河渠的流向基本呈"Z"字形，即东流、折向南流、再折向东流。隋、金、元、明、清诸代北京的金水河的流向均呈"Z"字形，实乃地势使然。

　　元周桥下的金水河，是从太液池（中海）南端向东流出，折向南流，又折向东流，从棂星门北侧以北约 20 步许（约 30 多米）流过，从西往东，有织女桥、周桥、飞虹桥（飞龙桥）架于其上。沿此流向还留下了织女桥、小桥北河沿、北湾子胡同、南湾子胡同、飞虹桥等历史地名。周桥下的金水河，在织女桥和飞龙桥之间可能呈一向南突出的"弓"字形，与《故宫遗录》中"棂星门内二十步许有金水河，上架白石桥三虹……曰周桥，度桥可二百步至崇天门"的空间记载完全相符。"可"，有"总共""大约"的意思。即由周桥至宫城崇天门，总共大约二百步。与今端门北侧约 30 多米处至故宫午门的距离完全相同（约为 200 元步，合 314.5 米）。因此，由元周桥的相对空间位置也能判断出：元大都宫城崇天门就是明北京宫城午门，元大都宫城与明北京宫城确在同一位置。

　　实例八　元大都宫城西华门和枢密院的相对空间位置也能够证明元大都宫城与明北京宫城的位置相同。《析津志辑佚》记载："西华门，在延春阁西，萧墙外即门也。"又载"枢密院，在东安门外。"西华门，应在今乾清宫正西稍南、隆宗门正西稍北、西直犀山台的位置上。东华门，

1　笔者注：恰合元营造尺 0.5 尺。参见沈方、张富强著《景山——皇城宫苑》，中国档案出版社，2009 年 8 月。

2　笔者注：恰合元营造尺 2 尺。参见沈方、张富强著《景山——皇城宫苑》，中国档案出版社，2009 年 8 月。

与西华门在同一纬线上，东直东安门。骑河楼，即东安门外的玉河（隋称永济渠、元称通惠河）之廊桥。骑河楼、枢密院[1]均在元皇城东安门外。至今，"万寿山"、"仪天殿""隆福宫"、"犀山台"、骑河楼、枢密院的位置都没有变化，可见，元大都宫城的整体空间位置不可能在明北京宫城以北四百多米，而应与明北京宫城在同一空间位置。

实例九　清宁宫的位置也能证明元大都宫城与明北京宫城的空间位置完全相同。《辍耕录》记载清宁宫位于元大都宫城最北部，北为萧墙门和厚载门。《故宫遗录》云："清宁宫远抱长庑，南接延春宫"，即在延春寝宫之北，就在今钦安殿的位置上。《析津志》记载：从宫城东华门内到厚载门，由东萧墙外长巷北行，过第十一窝耳朵，折而西行，至清宁殿北侧萧墙外，即厚载门。可知：元大都宫城之清宁殿，即明北京宫城之钦安殿无疑。因此，元大都宫城怎么可能是在明北京宫城之北四百多米呢？而应与明北京宫城在同一空间位置。

实例十　元大都大城"国门"丽正门的相对空间位置，也能证明元大都宫城与明北京宫城的空间位置同一。考古发现的元大都南城墙中线约在今故宫午门南侧以南约750米东西一线，丽正门内侧约在今故宫午门以南约720米东西一线、又北距棂星门南侧约226.5元步（约356米），与《马可波罗行记》、《辍耕录》、《故宫遗录》等元、明史料记载的大都"国门"丽正门与宫城崇天门、皇城棂星门的相对空间位置完全一致。由此可知：明北京宫城午门的空间位置就是元大都宫城崇天门的空间位置。因此，元大都宫城与明北京宫城的空间位置完全同一。

实例十一　阙左门、阙右门的实地空间亦可论证元大都宫城与明北京宫城的空间位置完全相同。《明英宗实录》载："正统元年（1436年）六月丁酉，修阙左、右门及长安左、右门，以年深瓵瓦损坏故也。"而此时，距永乐迁都北京（1421年）只有15年。由此记载可知：阙左门、阙右门实乃元大都宫城崇天门东、西阙台之南侧的宫城夹垣之门，明永乐朝迁都北京沿用之。而在阙左门、阙右门以北的元大都宫城空间亦为明北京宫城空间所继承沿用。因此，元大都宫城与明北京宫城的空间位置完全相同。

通过史料记载的上述十一个建筑空间实例与元大都宫城的相对空间位置的对比，论证了元大都宫城的空间位置与明北京宫城的空间位置完全相同。因此，可以得出结论：明北京宫城空间是元大都宫城空间的"再版"。

第四节　对北京中轴线宫城、禁苑规划历史沿革的研究

刘秉忠精通《易经》和风水术，他在原金太宁宫之宫、苑的空间基址上规划了元大都宫城和禁苑，是因为前代宫、苑基址的风水最佳。金太宁宫位于金中都的东北郊，紧临"金口河"北岸[2]。刘秉忠以金太宁宫作为元皇城，并将大都南城墙规划在金太宁宫以南、金口河以北东西一线

1　笔者注：骑河楼为元皇城东安门外的通惠河之"桥楼"。《析津志》记载：元枢密院位于东安门外。在今骑河楼以东，发现了元枢密院建筑遗存，恰与史料记载的空间位置相吻合。

2　笔者注：金代为济水给运粮的古运河而开挖的河道，位于天安门广场中部东西一线。

上，使得"宫与新城相接，在此城之南部"[1]、使得"大内南临丽正门"。[2] 根据考古发现的元大都大城南城墙基址，结合史料记载分析，我们得知：元大都宫城的空间位置与明北京宫城的空间位置完全同一。

明洪武二年（1369年），朱元璋决定在他的故乡临濠（今安徽凤阳）规划修建明中都。当时，战争还没有结束，华夏尚未完全统一，修建皇宫及宫殿的建筑材料无从准备。朱元璋却要求按照元大都的帝京规制规划修建明中都，并决定拆除元大都宫城和中轴线上的主要宫殿等建筑用以修建明中都，故派大臣带领画师和工部主事萧洵赴大都。《故宫遗录》就是萧洵对元大都中轴线以及宫城主要宫殿等建筑进行实地考查后所作的详细记录。《故宫遗录》载："丽正门内千步廊可七百步至棂星门"，"棂星门内二十步许有金水河，上架白石桥三虹……曰周桥，度桥可二百步至崇天门"。与《马可波罗行记》和《辍耕录》记载的宫城以南的空间完全吻合：宫城崇天门至大城丽正门的空间距离约为500元步，恰与今故宫午门到古观象台东西一线的元大都南城墙基址的距离相等。

然而，有学者对《故宫遗录》的相关记载进行了曲解：①认为元大都大城丽正门至皇城棂星门的南北距离为"七百步"（约1085米，即1元步≈1.55米），棂星门约在今故宫午门处。[3] ②又根据在今景山公园寿皇殿以南考古发现的一处遗址[4]和在今故宫太和殿东西发现有一墙垣基址[5]，遂认为是所谓的"元宫城厚载门基址"和"元宫城南城墙基址"，而全然不顾史料的明确记载和中轴线规划的历史沿革以及众多历史建筑"活化石"与元大都宫城的相对空间的比较，进而推论："元宫城南北长约1000米"[6]、"元宫城在明宫城以北约四百多米"。[7]没有发现城墙基址，所谓的"元宫城厚载门基址"的推论还能成立吗？

笔者认为，在历史地理和古城规划的研究中，考古发现及其所得的资料数据必须得到史料文献、规划尺度、堪舆、河流、地势、地形、其他建筑相对空间位置等多方面的证明才能求得结论。考古活动所得到的各项数据应该完整地公之于众，以便于学术界进行综合研究；而不应该在没有进行综合研究的情况下，就做出推论。因此，所谓的"元宫城厚载门基址"、"元宫城南城墙基址"、"元宫城南北长约1000米"、"元宫城在明宫城以北400多米"的推论，均得不到"六重证据法"的互证。这些推论或结论，因"漏洞百出"而不能得到学术界的一致认同，也经不起历史的检验，所以依此推测得出的观点和结论均难以成立。

笔者认为，靠曲解史料和推测得出的观点（以下称"该观点"），难以成立的原因有四：

一是该观点未能把考古发掘的"资料数据"与隋、金、元、明的史料文献和规划尺度互证。

1　《马可波罗行记》第八十三章《大汗之宫廷》。

2　陶宗仪《辍耕录》卷二十一《宫阙制度》。

3　笔者认为：今故宫午门距离考古勘查的丽正门北侧的直线长度只有约720米，二者距离相差约360米。因此，元大都皇城棂星门肯定不会在今故宫午门处。

4　笔者注：南北进深为16米，合元营造尺50尺，为元"便殿"规制，比史料记载的元大都宫城厚载门城台的进深小。

5　笔者注：应为隋临朔宫宫城外朝"日"字型庑墙的中庑墙基址。

6　笔者注：该空间长度与《辍耕录》记载的"南北六百十五步"不能吻合，相差约30多米。

7　笔者曾于2008年5月27日拜访了当年主持元大都考古发掘工作的徐苹芳先生，笔者请教在寿皇殿以南所谓的"元宫城厚载门基址"东西一线和故宫东、西城墙以北是否曾经发现有城垣基址时，徐先生明确回答："没有发现。"

二是该观点认为的元大都宫城的西夹垣的空间位置，因受北海东岸的影响而不能存在。

三是该观点认为的元大都宫城空间，既不能与元代的规划里制相符，又不能与元大都宫城外朝与内廷的实地规划相合，从而未能还原所发现的"遗迹"和"遗址"的真正"时空"。

四是该观点曲解《故宫遗录》中"丽正门内千步廊可七百步至棂星门"的记载，导致在空间方位上的判断失误。

笔者认为，"千步廊可七百步"，是指左右两边的千步廊长度之和，即中轴御道两侧的东西向千步廊长约 202.5 元步（各 90 间，每间阔约 2.25 元步）×2+ 折而北向的千步廊长约 125 元步（各 50 间，每间阔约 2.5 元步）×2，以彰显皇权的"九五之尊"；元大都千步廊规划为 280 间，以象征天宫的 28 星宿；左右各规划为 350 元步长，以合《河图》《洛书》的"三五"之数。北向千步廊以北、棂星门以南有一条东西向、24 步阔的"天街"[1]，与千步廊形成一个"T"型广场。金中都千步廊、元大都千步廊、明北京千步廊，都是由南向北，然后再折向东西的。所以，计算千步廊的长度不应只计算南北的长度，而应计算两边的总长度。

通过研究北京中轴线规划的变迁，笔者得知：北京中轴线上的宫城（今故宫）与禁苑（今景山公园），均不为明代始规划，而为明代沿用了元代的宫、苑规划，而元代又是沿用了金太宁宫的宫、苑规划，而金太宁宫又是沿用了隋临朔宫的宫、苑规划：

1. 今故宫午门南侧至景山北垣的南北距离恰为 3.775 隋里（约合 679.5 隋丈，约为 1600 米），今故宫南、北城墙外侧的空间长度约为 960.84 米，是由 2.25 隋里 + 城墙厚度（即 405 隋丈 +3 隋丈 ≈ 408 隋丈）形成的；故宫东、西城墙外侧的长度约为 754 米，是由 1.75 隋里（合 315 隋丈）+ 城墙厚度（2.5 隋丈 ×2）≈ 320 隋丈，先演变为 479.5 元步（约 754 米 ≈ 1.5725 米 ×479.5 元步），再演变为 236.2 明营造丈的。

2. 今景山公园南北长度约 520.18 米，是由 229.5 隋丈的隋代始规划历经金元明清四代演变而形成的[2]，东西长度约为 424 米，恰为 1 隋里；景山南北长度约为 212 米，恰为 0.5 隋里；东西长度约为 403 米，恰为 0.95 隋里；高度约为 47 米，恰为 20 隋丈……[3]

通过对北京中轴线规划变迁的研究和"六重证据法"的互证研究，笔者发现：北京中轴线上的宫城与禁苑始规划于隋代，后为金、元、明、清所沿用[4]。所以，元大都宫城的空间位置不可能是在明北京宫城以北 400 多米，而应与明北京宫城在同一空间位置并为明北京宫城所继承。

通过上述四个方面的详细论证，读者不难发现：明北京宫城空间是元大都宫城空间的"再版"。

---

1 笔者注：后为明代规划的皇城前"T"形广场北部的"天街"——"长安街"所效仿。

2 笔者注：元大内禁苑为双重墙垣，即《辍耕录》所云"厚载北为御苑，外周垣红门十有五，苑红门五，御苑红门四，此两垣之内也。"明代迁都北京，拆除了有元代规制特点的御苑夹垣及山左门、山右门、山后门，保留了东、西内垣，故留下"山左里门""山右里门"的称谓未改。

3 本书第四章《隋临朔宫空间位置考辨》有详细论证。

4 详见本书第十三章《北京中轴线宫城与禁苑规划之历史沿革》。

第十一章　明北京中轴线规划

1402 年明太祖朱元璋的第四个儿子朱棣率军攻取南京，登上皇帝宝座，次年改元永乐，并将自己的龙兴之地北平升为北京。永乐四年（1406 年）下诏："营建北京"。永乐十七年（1419 年）南拓大城两千七百余丈，十八年（1420 年）营建北京完成，十九年（1421 年）迁都北京。

第一节　明北京中轴线对前代道路和元大都泛中轴线规划的继承与改造

一、明北京中轴线对元大都泛中轴线规划的继承与改造

明北京中轴线规划形成于两个时段，一个是永乐朝迁都北京南拓大城之时，一个是嘉靖朝增筑北京外城之时。但永乐朝和嘉靖朝规划的明北京中轴线，都是对元大都泛中轴线规划的继承与改造。

永乐朝对元大都中轴线规划的继承体现在：对元大都皇城棂星门、宫城、大内御苑、鼓楼、钟楼等规划空间的继承与规划建筑的改建上——即改建元大都皇城棂星门为明北京宫城端门，改建元大都宫城为明北京宫城，改建元大内御苑为明北京大内禁苑，改建元大都鼓楼为明北京鼓楼，改建元大都钟楼为明北京钟楼。永乐朝对元大都中轴线规划空间的改造体现在：对皇城厚载红门规划空间和规划建筑的改造上——即拆除了元大都皇城北门厚载红门，并将明北京皇城北门北安门规划在元大都皇城厚载红门以北约 98 明步的空间位置上。（图 1—11—01）

嘉靖朝对元大都中轴线规划的继承与改造体现在：将元大都中轴线丽正门外的向南延伸部分——"天坛御道"继承并改造成为明北京外城中轴线"天街"。

二、明北京中轴线的新规划与"三朝五门"

明北京中轴线的新规划，主要是在元大都皇城棂星门以南的空间区域里，即拆除元大都大城南城墙和"国门"丽正门，将大城南城墙南拓至正阳门东西一线，将元大都宫城以南的棂星门、丽正门、丽正前门"三重门"改建为明北京宫城以南的端门、承天门、大明门、正阳门、正阳前门"五重门"。

故"三朝五门"的规划，也由元大都中轴线上大城、皇城、宫城"三重城"的"三朝五门"，而改建为明北京中轴线上大城、皇城、禁城、卫城、宫城"五重城"的"三朝五门"。

三、明北京中轴线与天坛御道

明北京天坛，是对元大都天坛的继承；明北京中轴线天街，即天坛御道，是对元大都天坛御

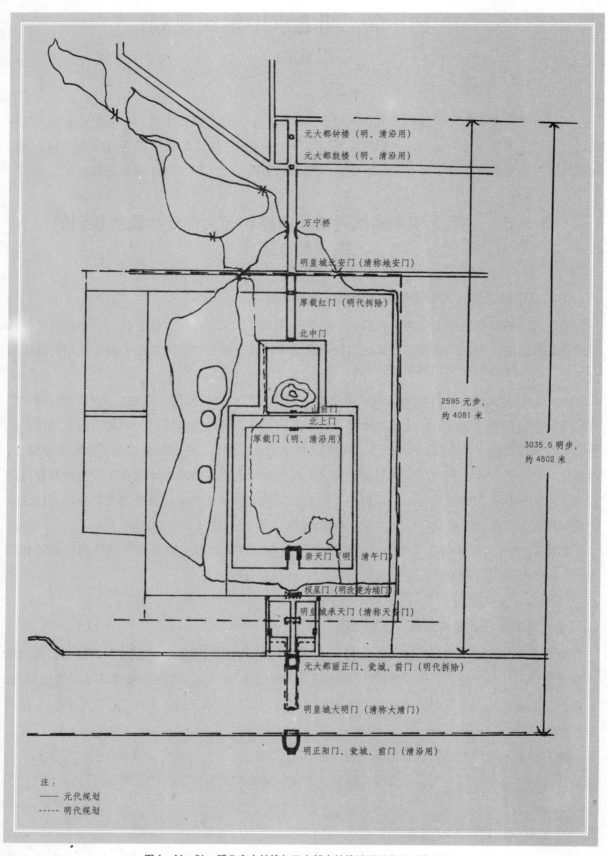

元大都钟楼（明、清沿用）

元大都鼓楼（明、清沿用）

万宁桥

明皇城北安门（清称地安门）

厚载红门（明代拆除）

北中门

山前门

北上门

厚载门（明、清沿用）

崇天门（明、清午门）

棂星门（明改建为端门）

明皇城承天门（清称天安门）

元大都丽正门、瓮城、前门（明代拆除）

明皇城大明门（清称大清门）

明正阳门、瓮城、前门（清沿用）

2595 元步，约 4081 米

3035.5 明步，约 4802 米

注：
—— 元代规划
----- 明代规划

图 1—11—01，明北京中轴线与元大都中轴线关系示意图（作者绘）

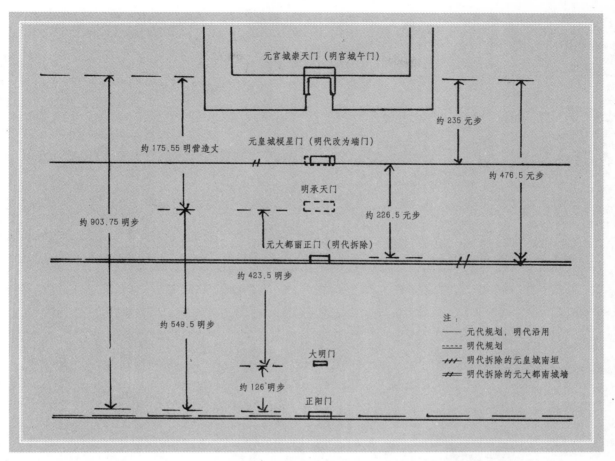

图1—11—02，明北京宫城午门至大城正阳门与元大都宫城崇天门至大城丽正门之规划比较示意图（作者绘）

道的继承；明北京中轴线"国门"正阳门及其瓮城前门（即天子南郊祭天御用之门）的建筑规制，是对元大都"国门"丽正门及其瓮城前门（即天子南郊祭天御用之门）的建筑规制的继承。（图1—11—02）

第二节　明北京中轴线的长度、"中心点"与"黄金分割点"

一、明北京中轴线的长度

永乐朝明北京中轴线，从北起点钟楼北街丁字路口至"国门"正阳门约4802米（合3035.5明步，约8.432明里）。

嘉靖朝营建北京南郭，将京城中轴线往南延伸至永定门，延长了3100米（合1959.5明步，约5.443明里），使北京中轴线从北起点钟楼北街丁字路口至南郭永定门距离约7902米（合4995明步，约13.875明里）。

二、明北京中轴线的"中心点"与"黄金分割点"

永乐朝明北京中轴线的"中心点"在宫城钦安殿，"黄金分割点"在宫城奉天殿。

　　嘉靖朝明北京中轴线的"中心点"在承天门外金水桥南"天街"的中心点，"黄金分割点"在正阳门瓮城前门。（图 1—11—03）

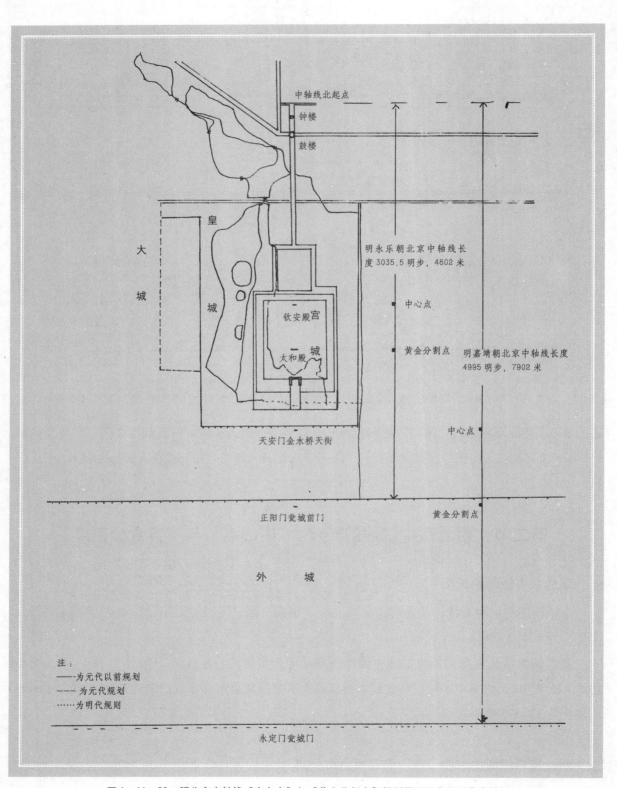

中轴线北起点

钟楼

鼓楼

明永乐朝北京中轴线长度 3035.5 明步，4802 米

■ 中心点

■ 黄金分割点

明嘉靖朝北京中轴线长度 4995 明步，7902 米

大

城

皇

城

钦安殿宫

太和殿

城

天安门金水桥天街

中心点 ■

正阳门瓮城前门

黄金分割点

外　城

注：
——为元代以前规划
— — 为元代规划
……为明代规则

永定门瓮城门

图 1—11—03，明北京中轴线"中心点"与"黄金分割点"规划平面示意图（作者绘）

第三节 明北京皇城南门、北门、金水桥、千步廊的规划

一、明北京皇城南门

永乐朝明北京皇城南垣，规划在宫城午门以南约 175.55 明营造丈（约 560.4 米）东西一线，皇城南门为承天门；在承天门南规划有皇城南门外垣，设三门：正南为大明门，东为长安左门，西为长安右门。

宣德朝将明北京皇城南垣南拓至承天门外金水桥南东西一线，以大明门为皇城南门，长安左、右门为"天街"之东、西门。故刘若愚在《明宫史》中称：明北京"皇城六门，南三门为大明门、长安左门、长安右门。"

二、明北京皇城北门

明北京皇城北垣，规划在元大都皇城北垣以北约 50.65 明营造丈（约 162 米）东西一线，今地安门东、西大街南侧一线；皇城北门为北安门（清代改称"地安门"）。

三、明北京皇城金水桥

明北京皇城内有两座金水桥，位于宫城内的金水桥称"内五龙桥"，位于宫城外的金水桥称"外五龙桥"。位于承天门外、大明门内的金水桥，即"外五龙桥"。在"外五龙桥"南，规划有"T"字型的"天街"广场。

四、明北京皇城千步廊

明北京千步廊相对于元大都千步廊，又称"外千步廊"。《明史·地理志》载》"明北京千步廊左右各千步。"考查明北京千步廊的实地空间得知，实乃左右两列千步廊加上长安左右门南北的红墙之和为千步。

明北京千步廊之东、西向廊房的南北长度约为 0.95 明里，东、西向廊房左、右各 110 间；北向廊房左、右各 34 间。

明北京千步廊外有红墙围绕：在东、西向千步廊南端为大明门，在北向千步廊东、西两端的北侧有长安左门和长安右门，在长安左、右门南北一线有红墙与北向千步廊以南的东西向红墙（北距承天门东西红墙约 108 明步）东段东端和西段西端相接，北向千步廊以南的东西向红墙的东段西端和西段东端又与东、西向千步廊之东、西侧的红墙北端相接，东、西向千步廊之东、西侧的红墙南端又与大明门东西两侧的红墙之东、西端相接。（图 1—11—04）

205

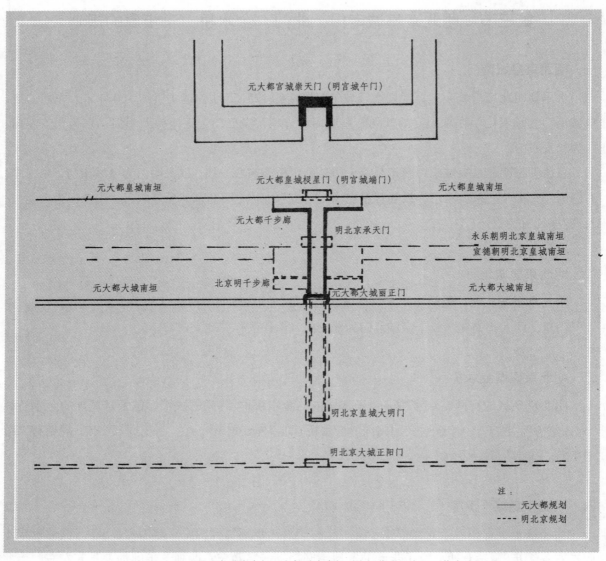

图 1—11—04，明北京千步廊与元大都千步廊相对空间位置示意图（作者绘）

第四节 明北京钟楼、鼓楼的规划

一、明北京钟楼

明北京钟楼，是永乐朝迁都北京时，在元大都规划的钟楼基址上重建的城台城楼式建筑，钟楼城楼上悬挂一口大钟，即永乐大钟，现存北京大钟寺古钟博物馆。

二、明北京鼓楼

明北京鼓楼，是永乐朝迁都北京时，在元大都规划的鼓楼基址上重建的城台城楼式建筑，鼓楼城楼里放置有鼓64面。

明北京钟楼和鼓楼，是明北京都城管理的功能建筑。

206

第五节 明北京"国门"正阳门位置的确定与"国市"的南移

一、明北京大城南垣与"国门"正阳门的规划

永乐朝迁都北京将北京大城南拓至正阳门东西一线，但东、西城墙和中轴线向南延伸的长度不同，分别向南延伸了 419.5 明步（约 1.165 明里，约 663.6 米）、519.5 明步（约 1.443 明里，约 821.8 米）和 450 明步（合 1.25 明里，约 711.86 米）。之所以东、西城墙向南延伸的长度不同，是为了使新筑的南城墙与宫城南城墙呈平行状，就使得明北京南、北城墙相距约 3395.5 明步（约合 9.43 明里，约 5371.34 米）。

明北京正阳门为"国门"，为明北京九门中规制最高、规模最大的城门。正阳门瓮城和前门及东、西闸门为永乐朝迁都北京南拓大城南城墙时规划修筑的；瓮城前门为天子南郊祭天的礼制之门。明北京"国门"正阳门及瓮城诸门的建筑规制，是元大都帝京"国门"丽正门及瓮城诸门建筑规制的翻版，亦为金中都帝京"国门"丰宜门及瓮城诸门建筑规制的翻版。

二、棋盘街：明北京的"国市"

棋盘街，位于大明门外、正阳门内，实乃六街汇聚的大明门广场。大明门广场的东北角和西北角，与千步廊东、西街南口相接，大明门广场的东南角和西南角，与正阳门之东顺城街西口和西顺城街东口相连，大明门广场的东、西两侧分别通往东江米巷和西江米巷。

永乐朝迁都北京后，在大明门广场棋盘街设置榷市。明朝人蒋一葵在《长安客话》中记述了"棋盘街市"的繁华景象："天下士民工贾各以牒至，云集于斯，肩摩毂击，竟日喧嚣，此亦见国门丰豫之景。"于是在明北京中轴线上出现了南北两个"国市"——中轴线北端的"钟楼市"和中轴线南端的"棋盘街市"。

宣德朝将明北京皇城东垣外拓，切断了原来通往积水潭（元代称"海子"，今称"什刹海"）的漕运河道，使"海子"作为漕运终端码头和货物集散地的功能消失，使"钟楼市"也随之失去了便利的货运条件，"国市"遂南移至位于"国门"内交通枢纽地段的大明门广场"棋盘街"。但"棋盘街市"却无法与元大都"钟楼市"相比——"钟楼市"是由街市、巷市、行业市所组成的"国市"，既有行商，也有坐贾，为规模巨大的中外商贾云集之所；而"棋盘街市"则是一个没有"固定街市"而有时间限制的"集市"性质的榷市，虽称"国市"，但其规模与行业市的不完备以及空间的相对狭小，都使得"棋盘街市"不再是北京的"第一大商市"了。（图 1—11—05）

第六节 明北京中轴线规划

元大都中轴线的规划，后为明北京所继承和改造。明北京基本继承了元大都皇城棂星门及其以北的中轴线规划，对宫城以南的中轴线规划进行了改造——

1. 拆除旧的：①拆除元大都周桥、填埋外金水河；②拆除元大都千步廊、大城南城墙、丽正

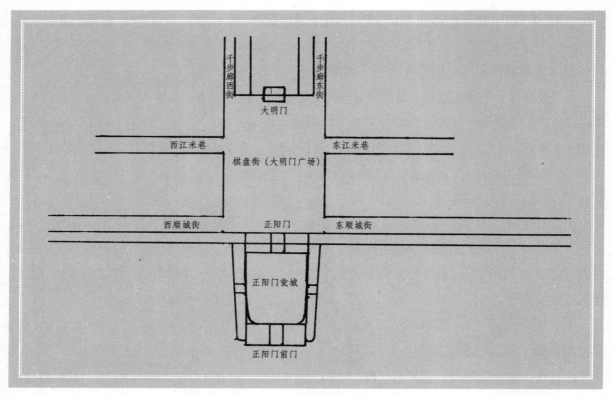

图 1—11—05，明北京棋盘街市规划示意图（作者绘）

门、丽正门瓮城及瓮城前门；③拆除丽正门外三座桥梁并填埋大都大城南护城河、金口河、永定河故道三条河道。

2. 改造、沿用旧的：①将元大都皇城棂星门改建为明北京宫城端门；②沿用宫城阙左门、阙右门；③沿用元大都五云坊和万宝坊之横街中仪门，并将此二门改为长安左门、长安右门。

3. 规划新的：①南拓北京大城南城墙，使大城中轴线向南延伸了约 1 明里许；②规划修建"三朝五门"——改元大都中轴线宫城以南的"三重门"（宫城崇天门、皇城棂星门、大城丽正门），为明北京中轴线宫城以南的"五重门"（宫城午门、卫城端门、禁城承天门、皇城大明门、大城正阳门）；③将外金水河改道至承天门南，并规划新建外五龙桥和千步廊。

经过明北京的规划和改造，北京古都中轴线最终定型为贯穿"五重城"规制的国都中轴线，代表了中国古都中轴线规划的最高形式。（图 1—11—06）

一、明北京中轴线的规划特点

1. "前朝后市"的规划布局

①以大内禁苑福山（元代称"青山"、明洪武朝称"煤山"、清代称"景山"）为明北京大城南北空间的"中心点"；

②以真武大帝保佑朱棣登上帝位的钦安殿（元代为宫城清宁宫）为明北京中轴线的"中心点"；

③以宫城前殿奉天殿（嘉靖朝改称"皇极殿"、清代改称"太和殿"）为明北京中轴线的"黄

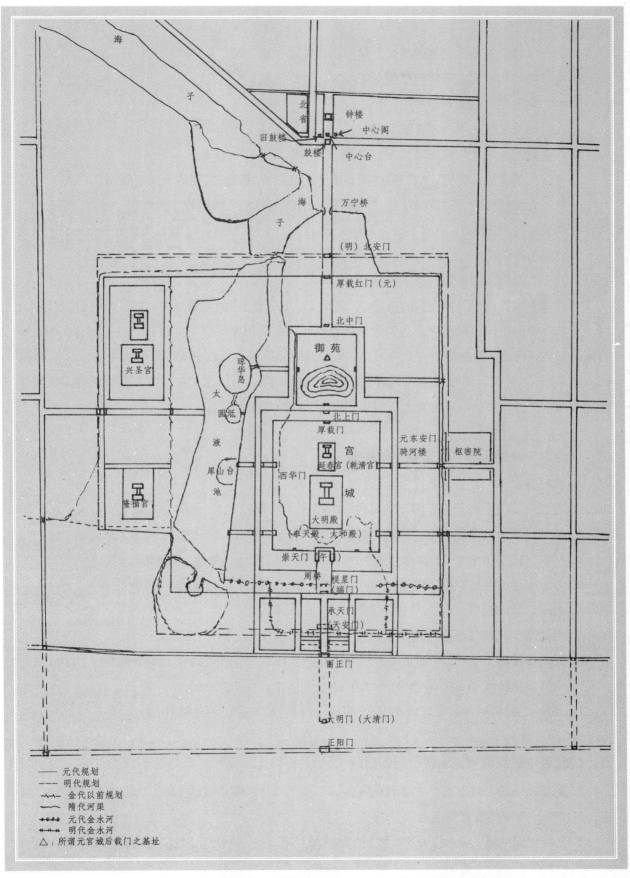

海

子

北省

钟楼

旧鼓楼

中心阁

鼓楼

中心台

海

子

万宁桥

(明) 北安门

厚载红门 (元)

北中门

御苑 △

琼华岛

太

圆坻

液

北上门

厚载门

兴圣宫

犀山台

池

延春宫 (乾清宫)

元东安门

骑河楼

枢密院

宫

西华门

城

隆福宫

大明殿

(奉天殿、太和殿)

崇天门 午

周桥

棂星门 (端门)

承天门

(天安门)

南正门

大明门 (大清门)

正阳门

—— 元代规划
- - - 明代规划
- ^ - ^ 金代以前规划
—— 隋代河渠
- ● - ● 元代金水河
- + - + 明代金水河
△: 所谓元宫城后载门之基址

图 1—11—06，元大都与明北京之宫城、皇城、中轴线规划变迁示意图（作者绘）

金分割点"；

④在元大都皇城南、北垣的基址上向南、北扩展皇城空间；

⑤将"前朝"空间向南延伸以重新规划"三朝五门"。

2. "三朝五门"的规划布局

①在宫城与皇城之间规划宫城端门；

②在皇城与大城之间规划皇城外门；

③将元大都宫城以南规划的三门空间，改为明北京宫城以南规划的五门空间；

④将元大都规划的"三重城"的"三朝五门"，改为明北京规划的"五重城"的"三朝五门"；

⑤明北京的"三朝五门"为皋门（皇城承天门）、库门（宫城端门）、雉门（宫城午门）、应门（宫城外朝门奉天门）、路门（宫城内廷乾清门）。

3. "左右对称"的规划布局

明北京中轴线东西两侧建筑的布局，还体现了"左右对称"的规划原则。宫城内规划为中、东、西三路。在中路，即中轴线上，规划为外朝和内廷南北两组建筑空间群组；东路规划有文华殿等宫殿建筑空间群组；西路规划有武英殿等宫殿建筑空间群组；禁城中轴线两侧的规划，东有太庙，西有社稷坛；"天街"中轴线两侧的规划，东有天坛，西有山川坛；在与宫城外朝前殿奉天殿平行的大城东、西城外的空间位置上，东规划有日坛、西规划有月坛。

二、明北京中轴线上准"六重城"的规划

1. 宫城南北"三百二丈九尺五寸"（约 967 米）。[1]

2. 卫城（端门至北上门）南北空间约 905 明步（约 1432 米）。

3. 禁城（承天门至北中门）南北空间约 1395 明步（合 3.875 明里，约 2207 米）。

4. 皇城（大明门至北安门）南北空间约 2155 明步（约合 6 明里，约 3409 米）。

5. 大城中轴线北端点距正阳门外侧约 3035.5 明步（约合 8.43 明里，约 4802 米）。

6. 大城北城墙距皇城北垣约 1095 明步（约 1732 米）。

7. 大城南、北城墙相距约 3395.5 明步（约合 9.43 明里，约 5371 米）。

8. 外城中轴线（正阳门外侧至永定门外侧）长约 1959.5 明步（约合 5.443 明里，约 3100 米）。

9. 内外城中轴线总长约 4995 明步（合 13.875 明里，约 7902 米）。

10. 内城北城墙距外城南城墙约 5355 明步（合 14.875 明里，约 8471 米）。

三、明北京中轴线纵贯南北四个空间区域

1. 皇城以北的大城北部的中轴线空间区域：南北约 735 明步（约 1162.7 米），包括钟楼、鼓楼、钟楼市、万宁桥南北等空间。

2. 皇城空间区域：南北约为 6 明里（约合 2155 明步，约 3409 米），包括宫城、大内禁苑、太庙、

1　笔者注：明北京宫城为沿用的元大都宫城，故南北空间长度为 615 元步。

社稷坛、千步廊天街等空间。

3．皇城以南的大城南部空间区域：皇城大明门至大城正阳门之间的棋盘街空间。

4．外城空间区域：正阳门瓮城前门至永定门的外城空间。

四个空间区域的布局，体现了"前朝后市"的规划原则，宫城和皇城对大城的空间比例约为4比3，突出了以皇权为中心和皇权至尊的理念；特别是中轴线的向南延伸，改变了元大都宫城至大城南城墙之间狭小、紧凑的空间布局，明北京宫城以开阔的南中轴线空间规划了"五重门"的布局，充分体现了宫城的森严和皇权的威严。

四、明北京中轴线规划的时代特征

明北京中轴线规划是对元大都中轴线规划的继承与改造，因此在明北京中轴线各个区域基本呈现出元代和明代两个不同时代的规划特征。

① 宫城区域空间南北 615 元步（约 967 米）；

② 以大内御苑为主的宫城北垣至北中门区域空间南北约 437.3 元步（约 688 米）；

③ 端门至宫城午门区域空间南北 235 元步（约 370 米）；

④ 钟鼓楼区域空间南北 225 元步（约 354 米）。

2．呈现明代规划特征的区域空间有：

① 宫城午门南侧距皇城承天门南侧约为 175.55 明营造丈。

② 承天门南侧距大城正阳门内侧约为 549.5 明步。

③ 皇城承天门南侧距大明门中线约为 423.5 明步。

④ 皇城大明门中线距大城正阳门内侧约为 126 明步，约合 0.35 明里。

⑤ 皇城北垣北安门距大内禁苑北垣约为 182.55 明营造丈。

⑥ 皇城北垣北安门距禁垣北中门约为 165 明营造丈。

⑦ 禁垣北中门距大内禁苑北垣约为 17.55 明营造丈。

五、明北京中轴线的规划步骤

1．明北京中轴线皇城南北空间的规划

① 在元大内御苑北垣以北约 182.55 明营造丈（约 582.75 米）东西一线规划明北京皇城北垣和北安门。

② 在元大都宫城崇天门（后为明北京宫城午门）南侧以南约 175.55 明营造丈（约 560.4 米）东西一线规划明北京皇城南垣和承天门；约在宫城午门至皇城承天门南北空间的"黄金分割点"位置规划宫城端门。

③ 在承天门以南约 72 明步（约合 0.2 明里）东西一线规划北向千步廊，在承天门与北向千步廊之间规划"天街"——长安街，以元大都千步廊东、西街之外仪门为明北京皇城之左、右长安门；规划东、西向千步廊南北长度约为 342 明步（约合 0.95 明里）。

211

④ 皇城北垣至皇城南垣（永乐朝为承天门南侧）约858.95明营造丈（约2742米，约合4.815明里）；宣德朝将皇城南垣由承天门东西一线南移了约15营造丈（约48米），至皇城北垣为873.95明营造丈（约2790米，合4.9明里）；皇城北垣至皇城南外垣（大明门中线）约为2155明步（约3409米，合6明里）。

2. 明北京大城南北空间的规划

① 明北京大城北垣为洪武元年规划修筑，南距元大都中轴线北端点约为360明步（约合1明里）。

② 明北京大城南垣为永乐朝迁都北京时规划修筑，中轴线部分南拓了约450明步（约711.86米，约合1.25明里）。

③ 明北京大城北垣外侧至皇城北垣外侧的南北空间规划约为1095明步（约1732米，约合3.04明里）。

3. 明北京外城南北空间的规划

① 明北京外城为嘉靖朝规划修筑，使明北京中轴线城外部分变为外城中轴线；外城中轴线的南北空间以天桥为界，分为南北两个区域：北部空间区域规划为商业区域，南部空间区域规划为祭祀区域。

② 外城中轴线北部的商业区域，由正阳门瓮城前门至天桥，南北空间规划约为880明步（约1392米，约合2.445明里）。

③ 外城中轴线南部的祭祀区域，由天桥至永定门，南北空间规划约为990明步（约1566米，约合2.75明里）。

六、明北京中轴线规划的"九五之数"、"五五之数"的空间有：

1. 宫城南北长约302.95营造丈（约967米）。

2. 皇城北安门距承天门约858.95营造丈（约2742米）。

3. 承天门南侧距正阳门北侧约549.5明步（约869米）。

4. 宫城北城墙距宫城北护城河南岸约5.95明营造丈（约18.99米）。

5. 宫城北护城宽约162.95明营造尺（约52.02米）。

6. 宫城外朝皇极殿（即清太和殿）进深约116.55明营造尺（约37.2米）。

7. 宫城午门南侧距皇城承天门南侧约175.55明营造丈（约560.4米）。

8. "国门"正阳门进深约98.55明营造尺（约31.46米）。

9. 端门进深进深约12.55明营造丈（约40.06米）。

10. 承天门进深约12.55明营造丈（约40.06米）。

11. 外城中轴线长约1959.5明步（约3100米）。

12. 内外城中轴线总长约4995明步（约7902米）。

第十二章　北京中轴线宫城与禁苑规划之历史沿革

学术界有一种观点认为北京中轴线形成于元代，而中轴线上的故宫和景山则始建于明代永乐朝迁都北京之时。此观点的推论依据不是史料文献，也不是运用"整体的"、"历史的"、"全方位的"的研究方法，去对中轴线宫城与禁苑的实地空间进行勘查，更未从传统文化、堪舆风水、永定河河道变迁、中国度量衡制度的演变等方面去考虑，甚至忽略史料的明确记载和实地空间的存在，而只是依据考古发现的"某座建筑"和"某段庑墙"的基址做出了所谓"元宫城南、北城垣的位置"的推论。考古发现所谓的"元宫城的空间位置"，既与史料文献所记载的空间位置不符，也不能与实地空间相合，且又不合元代规划尺度，因而此观点与推论是不能成立的。

笔者认为：考古活动是将其所发现的"古遗址"、"历史遗物"和"有关数据"等如实地记录下来并向社会公开，为学术界开展综合研究提供"客观信息"，而不是提供经过筛选后的"信息"或则仅从单一角度作出的与史料不符的推论。历史地理和古都规划领域的学术研究，必须要对史料文献、传统文化、历史信息、实地空间、规划尺度、考古资料数据等客观史实、客观现象、"活的实物"、"活化石"建筑空间进行综合分析，然后才能做出可以为多种学科理论与知识论证的结论。

作为北京历史地理和古都规划的研究者，笔者运用"六重证据法"系统研究北京中轴线时，竟有一个惊人的发现——今北京中轴线及其宫城与禁苑空间的规划，既不是始于明代永乐迁都北京之时，也不是始于元大都规划建设之时，而是始于 7 世纪初隋大业年间规划兴建的临朔宫，至今已有 1400 多年的历史了。

研究历史地理和古都规划，最重要的就是"还原时空"。北京作为中国历史上最后一个古都，她的中轴线及其宫城与禁苑空间的形成，同样受到几千年来传统文化的影响。纵观中国历史，没有哪一个朝代不是继承前一个朝代的文化成果的，北京中轴线及其宫城与御苑空间的规划同样如此。上溯历史我们就可以知道：清代推翻明代后，清北京城全盘继承了明北京城，中轴线及其宫城与禁苑空间没有任何改变。明代推翻元代后，明北京几乎是全盘继承了元大都的规划，中轴线及其宫城与禁苑空间也基本没做改变。而元大都中轴线及其宫城与禁苑空间的规划，又是在推翻金代后，基本继承了金太宁宫中轴线及其宫城与北苑空间的规划，只是略有改造。而金太宁宫中轴线及其宫城与北苑空间的规划，也不是首创，而是继承了隋临朔宫中轴线及其宫城与北苑空间的规划。因此，可以说：北京中轴线及其宫城与禁苑空间的规划始自隋代，历经隋、唐、辽、金、元、明、清七个朝代至今，上下 1400 多年基本没有变化。在此，笔者抛砖引玉，依据"六重证据法"，将北京中轴线及其宫城与禁苑空间的规划之历史沿革情况论证于后，以就教于广大读者和有关专家。

213

第一节　隋临朔宫宫城与北苑的规划

隋临朔宫之宫城与北苑，是隋临朔宫"四重城"的核心部分，由宫城和北苑两个空间组成，南北长约 679.5 隋丈（合 3.775 隋里，约 1600 米），东西长约 179.5—319.5 隋丈（约合 1—1.75 隋里，约 423—752 米）。

1. 隋临朔宫宫城朱雀门（今北京故宫午门）南侧至北苑北垣（今景山公园北垣）长约 679.5 隋丈的南北空间的规划。

（1）隋临朔宫宫城

①宫城东、西城墙外侧之间的距离约 319.5 隋丈（约 752.42 米）；东、西城墙内侧之间的距离约 315 隋丈（合 1.75 隋里，约 741.83 米）。

②宫城南、北城墙外侧之间的距离约 408 隋丈（约 961 米），东华门外侧至西华门外侧的距离约 320 隋丈（约 753.6 米）；南、北城墙内侧之间的距离约 403.5 隋丈（约合 2.25 隋里，约 954 米），朱雀门南侧至玄武门北侧的距离约 410 隋丈（约 965.55 米）。（图 1—12—01）

③宫城城墙厚度约 2.25 隋丈（约 5.3 米）。宫城外周长约 1460 隋丈（合 8.1 隋里，约 3438.3 米）。

④隋临朔宫宫城的四垣基本与今故宫同。隋临朔宫宫城遵循中国古代皇宫规制，为"中、东、西三路"和"外朝、内廷"的规划布局。宫城正门（今故宫午门）为"凹"形城台，俗称"魏阙"，以象朱雀之形，东西长度为 54 隋丈（约 127 米），合"九六之数"以象"天地之极"；南北长度为 47.95 隋丈（约 113 米）；主城台厚度（进深）约 15 隋丈（约 35 米），有南向城门三个，为内券外过梁式；阙台（东西）厚度约 10.5 隋丈（约 25 米）。宫城正门外，由"凹"形城台围成一个约 32.95 隋丈（约 78 米）见方的"宫城广场"。

⑤隋临朔宫宫城东、西华门（今故宫东、西华门）城台，南北长约 19.5 隋丈（约 46 米）；东西（进深）长约 10.95 隋丈（约 26 米）；分别有东、西向城门三个，亦为内券外过梁式。

⑥隋临朔宫宫城北门（今故宫神武门）城台，东西长约 21.55 隋丈（约 51 米）；南北（进深）长约 11.95 隋丈（约 28 米）；有北向城门三个，亦为内券外过梁式。（图 1—12—02）

⑦隋临朔宫宫城"外朝"东、西庑墙（今故宫"外朝"东、西庑墙）中心线之间的距离约 90 隋丈（合 0.5 隋里，约 212 米）；东、西庑墙（今故宫外朝东、西庑墙）中心线之间的南北长度约 149.5 隋丈（约 352 米）。[1]

⑧隋临朔宫宫城"内廷"东、西庑墙（今故宫"内廷"东、西庑墙）中心线之间的距离约 45 隋丈（约 106 米）；东、西庑墙（即今故宫"内廷"东、西庑墙）中心线之间的南北长度约 90 隋丈（约 212 米）。

---

[1] 笔者注：隋临朔宫宫城外朝北庑墙约在今故宫隆宗门—景运门以南东西一线，金太宁宫宫城外朝北庑墙也应在此一线，元大都宫城外朝北庑墙北移至今故宫保和殿北侧东西一线，即宝云殿东西一线，后为明、清北京宫城外朝北庑墙。

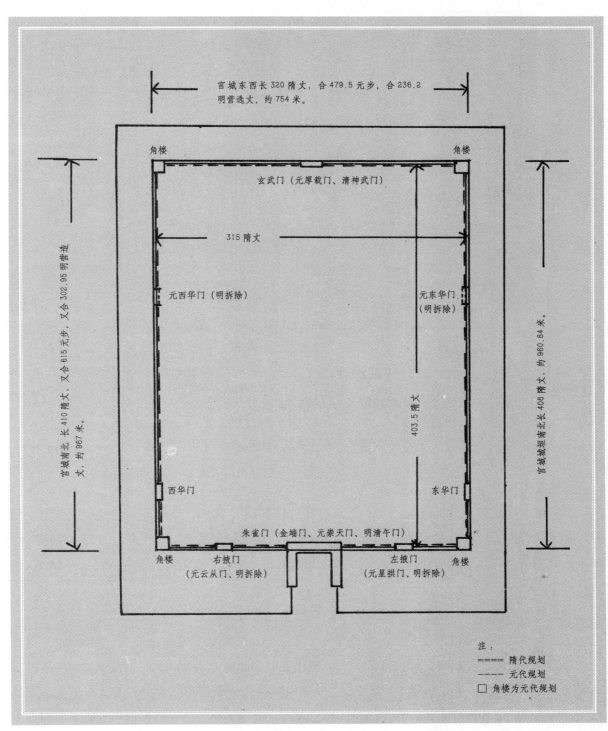

图 1—12—01，隋至明，北京宫城城垣尺度变迁示意图（作者绘）

215

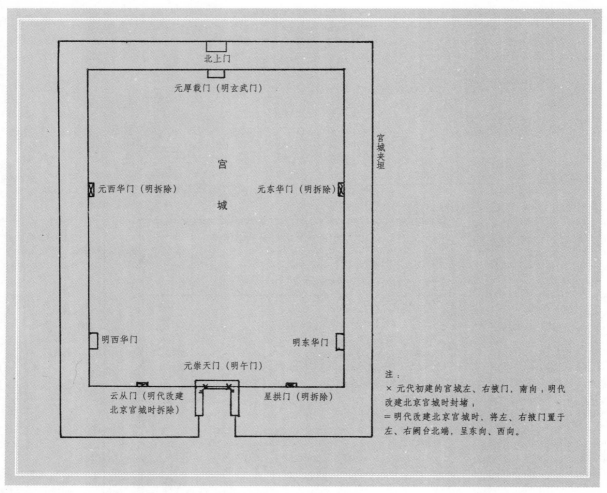

图 1—12—02，元大都宫城与明北京宫城四垣城门变化示意图（作者绘）

（2）北苑

①宫城北垣北侧距北苑北垣约 269.5 隋丈（约 635 米）。其中，宫城北垣北侧距北苑南垣约 47.5 隋丈（约 112 米），此段又由两部分空间组成：①宫城北垣北侧距宫城北夹垣约 35.5 隋丈（约 84 米）；②宫城北夹垣距北苑南垣约 12 隋丈（约 28 米）；北苑南、北垣之间的距离约 221.95 隋丈（约 523 米）。

②北苑东、西门中心线之间的距离约 179.5 隋丈（约 423 米）。

③隋临朔宫之北苑的四垣空间，与今景山公园相同。隋临朔宫宫城之北苑，四垣各有一门，与今景山公园四门位置相同。（图 1—12—03）景山北麓为北苑北山麓和北中轴线御道，考古勘探其宽度约 28 米，约 12 隋丈，合 20 隋步。北苑北山麓空地为隋炀帝阅兵处。阅兵时，远征高丽大军的精锐部队由北宫门入，入北中门，入山后右门，受阅，然后由山后左门出，出北中门，出北宫门，向东出征。元代为忽必烈"籍田"之所，明初为徐达演兵场所，后为明北京大内禁苑观德殿、寿皇殿空间，清代西移寿皇殿区域至中轴线上。

④在隋临朔宫宫城与北苑之外，还有一道禁垣。禁垣又分为南北两部分，北部为北苑禁垣、

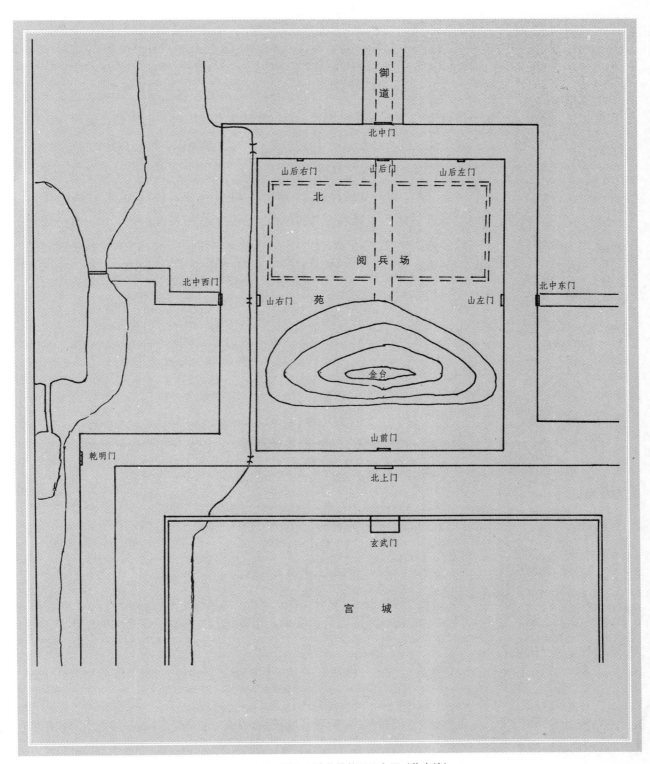

图 1—12—03，景山在隋代的状况示意图（作者绘）

南部为宫城禁垣。北苑北禁垣，内距北苑北门及北垣约 25.5 隋丈（约 60 米）；北苑东、西禁垣，内距北苑东、西门约 25.5 隋丈（约 60 米），内距北苑东、西垣约 23.75 隋丈（约 56 米）；宫城东、西禁垣，内距宫城东、西夹垣约 25.5 隋丈（约 60 米）；宫城南禁垣，内距宫城南夹垣约 49.5 隋丈（约 117 米）。（图 1—12—04）北京宫城的东西长度约 753.6 米，折合规划尺度为：隋 320 丈，元 480 步，明 236 丈 2 尺。北京宫城午门外侧距玄武门外侧的南北长度约 965.55 米，折合规划尺度为：隋 410 丈，元 615 步，明 302 丈 9 尺 5 寸。北京宫城南北城墙外侧的南北长度约 960.84 米，折合规划尺度为：隋 408 丈，元 612 步，明 301 丈 1 尺 5 寸。禁苑东、西门相距约 423.9 米，折合规划尺度为：隋 180 丈（1 隋里），元 270 步（0.9 元里），明 132 丈 8 尺 6 寸。北京宫城东城墙距元大都皇城东垣约 423.9 米，折合规划尺度为：隋 180 丈（1 隋里），元 270 步（0.9 元里），明 132 丈 8 尺 6 寸。北京宫城西城墙距皇城西南内凹角南北一线的东西长度约 695 米，折合规划尺度为：隋 295 丈，元 442.5 步，明 217 丈 7 尺 5 寸。禁苑南北空间长度约 520 米，折合规划尺度为：隋 221 丈，元 331.5 步，明 163 丈。禁苑北垣北距元大都皇城北垣的南北长度约 423.9 米，折合规划尺度为：隋 180 丈（1 隋里），元 270 步（0.9 元里），明 132 丈 8 尺 6 寸。

2. 隋临朔宫宫城朱雀门至北苑北垣之间长约 679.5 隋丈的中轴线南北空间规划为：

（1）隋临朔宫宫城朱雀门城台（后为金太宁宫宫城端门城台、元大都宫城崇天门城台、明清故宫午门城台）南北进深约 15 隋丈（约 35 米）。

（2）隋临朔宫宫城朱雀门城台北侧至外朝门（后为金太宁宫宫城之外朝门、元明清宫城之外朝门，即今太和门位置）中线，长约 61.5 隋丈（约 145 米）。

（3）外朝门中线至外朝前殿（后为金太宁宫宫城外朝前殿大宁殿、元大都宫城外朝前殿大明殿、明北京宫城外朝前殿奉天殿，清北京宫城外朝前殿太和殿）丹陛南侧，长约 59.5 隋丈（约 140 米）。

（4）外朝门中线至外朝前殿中线长约 90 隋丈（合 0.5 隋里，约 212 米）。

（5）外朝前殿前后丹陛进深约 55 隋丈（约 130 米）[1]。

（6）外朝前庑墙中线至后庑墙中线，长约 149.5 隋丈（约 352 米）。

（7）外朝后庑墙中线至内廷前庑墙正门（后为金太宁宫宫城内廷前庑墙正门紫宸门、元大都宫城内廷前庑墙正门延春门、明清北京宫城内廷前庑墙正门乾清门）中线，长约 29.5 隋丈（约 69 米）。

（8）内廷正门中线至内廷前殿紫宸殿（今故宫内廷前殿乾清宫）中线，长约 45 隋丈（约 106 米）。

（9）内廷正门中线至内廷后门（后为金太宁宫宫城内廷后门、元大都宫城内廷后门、明清北京宫城内廷后门坤宁门）中线，长约 90 隋丈（约 212 米）。

（10）内廷后门中线至后萧墙门（后为金太宁宫宫城、元大都宫城、明清北京宫城之后萧墙门，今顺贞门），长约 39.5 隋丈（约 93 米）。

1　笔者注：外朝宫殿的基座尺度，突出了皇权的"九五之尊"与《易经》天地和谐"五十有五"的"大衍之数"。

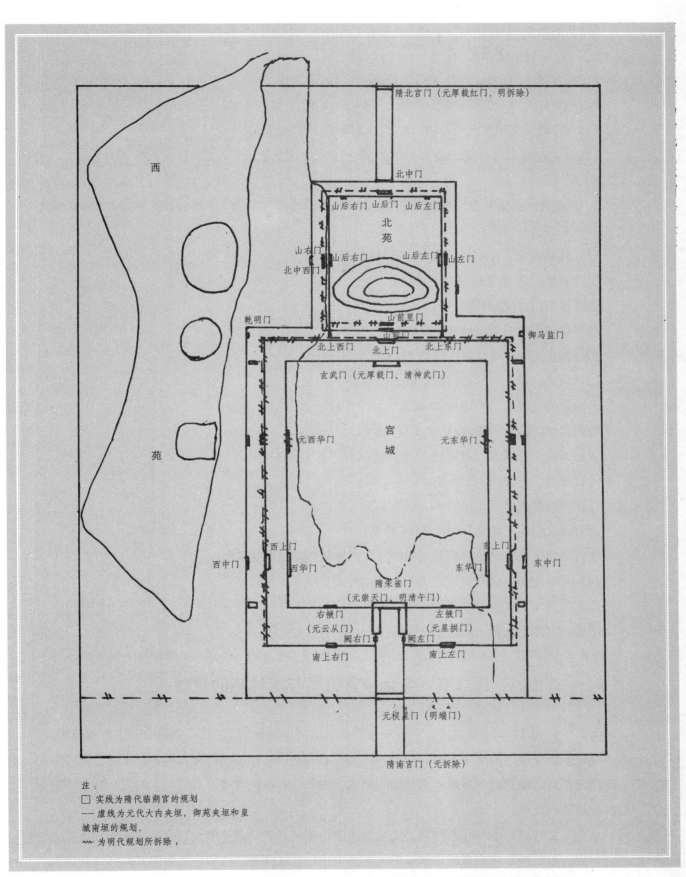

图 1—12—04, 北京宫城、夹垣、禁苑空间位置及三重城垣、城门空间及尺度沿革示意图（作者绘）

219

（11）后萧墙门至宫城北门（后为金太宁宫宫城、元大都宫城、明清北京宫城之北门）南侧，约 13.55 隋丈（约 32 米）。

（12）宫城北门南北进深，约 11.95 隋丈（约 28 米）。

（13）宫城北垣外侧至宫城北夹垣，长约 35.5 隋丈（约 84 米）。

（14）宫城北夹垣至北苑南垣，约 12.05 隋丈（约 28 米）。

（15）北苑南垣（今景山公园南垣）至北苑北垣（今景山公园北垣），长约 221.5 隋丈（约 522 米）。

3. 隋临朔宫宫城朱雀门至北苑北垣之间长约 679.5 隋丈（合 3.775 隋里）的南北空间，规划有四个独立的区域。

（1）外朝区域：宫城正门距内廷正门约 255 隋丈。

①宫城正门进深约 15 隋丈。

②宫城正门北侧距外朝门约 61.5 隋丈。

③外朝前庑墙距后庑墙约 149.5 隋丈。

④外朝后庑墙距内廷前庑墙约 29.5 隋丈。

（2）内廷区域：内廷正门距宫城北门 155 隋丈。

①内廷前庑墙至后庑墙约 90 隋丈。

②内廷后庑墙至后萧墙约 39.5 隋丈。

③后萧墙距宫城北门南侧约 13.55 隋丈。

④宫城北门进深约 11.95 隋丈。

（3）宫城北城墙距北垣约 47.55 隋丈。

①宫城北垣距宫城北夹垣约 35.5 隋丈。

②宫城北夹垣距北苑南垣约 12.05 隋丈，为东西向御道的宽度。

（4）北苑南垣距北苑北垣约 221.95 隋丈。

①北苑南垣距景山主峰约 61.95 隋丈。

②景山主峰距北苑北垣约 160 隋丈。

第二节　金太宁宫宫城与琼林苑的规划

金太宁宫是 1179 年建成的，因位于金中都东北郊，故称"北宫"。史载金太宁宫规模宏大，有各类建筑近百所。但金太宁宫的建设不象金中都的建设那样工程浩大，基本上是在已被毁坏的隋临朔宫基址上重建的，即基本依照隋临朔宫宫城、北苑和中轴线以及禁垣、西园、外垣的规划进行重建或改建的。

金太宁宫宫城四垣与北苑四垣，完全沿用隋临朔宫宫城与北苑的规划格局。我们知道，金中都宫城规划是照搬宋汴京宫城规划蓝图的，而宋汴京宫城规划是仿唐东都洛阳宫城的，而唐东都洛阳宫城又是沿用隋东都洛阳宫城的，而隋临朔宫宫城也是效仿隋东都洛阳宫城的规划而建成的。因此，金太宁宫宫城与北苑复原隋临朔宫宫城与北苑的规划应该是完全可能的。

金世宗与金章宗爷孙两人，每年都有很长的时间居住在太宁宫的紫宸殿里，并多次"由太宁故宫登琼华岛"。其线路是：

1. 出太宁宫宫城北门—入北苑—出北苑西门（今景山西门）—入太宁宫"西园"之"陟山门"—过石桥—登琼华岛—临瑶光楼；

2. 出太宁宫宫城北门—西行，出"禁垣"之"乾明门"—过木桥—入太宁宫"西园"之"瑶光台"—过石桥—登琼华岛—临瑶光楼。

第三节　元大都宫城与大内御苑的规划

1212—1215 年，成吉思汗率蒙古大军先后三次围攻金中都，并于 1215 年占领金中都，改名燕京。当时，成吉思汗并未认识到燕京地理位置的重要性，更没有要以燕京为首都的打算，故放火焚毁了 60 多年前建成的金中都众多的宫阙建筑，就连刚刚竣工才 30 多年的规模宏大的离宫太宁宫，也在成吉思汗的"圣旨"下，变成一片废墟。由于太宁宫之"西园"琼华三岛位于太液池中，没有被全部焚毁，所以，成吉思汗将琼华岛赏赐给"国师"丘处机。1125 年，丘处机曾在琼华岛上感慨赋诗："地土临边塞，城池压古今。虽多坏宫阙，尚有好园林。……"可以想象当时太宁宫的宏大壮丽和太液池的蓬瀛仙境，在燕京是空前的。诗中透露出了无奈与感伤：除园林幸免于战火外，宫阙几乎无存。

1260 年，成吉思汗的孙子蒙古大汗忽必烈决意定都燕京，但笃信星相学的蒙古人认为燕京（金中都）城池不吉利，须另择新址。于是忽必烈命精通天文地理、谙熟儒释道精髓的高级幕僚刘秉忠选择新都城址。刘秉忠选定金太宁宫宫城与北苑的基址和空间作为新都皇宫与大内御苑的基址和空间，并以金太宁宫宫城与北苑的中轴线作为新都大城的中轴线，将新都（时称"中都"，后改称"大都"）规划为"五重城"。[1]宫城与大内御苑属于内二重城——大内及其夹垣、大内御苑及其夹垣。

元大都的大内与大内御苑的规划，是在金太宁宫宫城与北苑（最初为隋临朔宫宫城与北苑）的基址与空间的基础上，按蒙元的规划尺度进行规划的。

（1）以原隋临朔宫宫城和金太宁宫宫城的四垣为大都宫城四垣。①宫城外侧"南北六百十五步"（约 967 米）；②宫城外侧"东西四百八十步"（约 754 米）。

（2）以原隋临朔宫宫城和金太宁宫宫城的正门"凹"型城台为大都宫城崇天门城台，在"凹"型城台的两个内角处，"初建左、右掖门"（南向），将原"凹"型城台的南向三门，改为南向五门；将原隋临朔宫宫城和金太宁宫宫城的左、右掖门，改为"星拱门"和"云从门"；将原隋临朔宫宫城和金太宁宫宫城的东、西华门，改为东、西掖门，并在其北"初建东、西华门"（约位于骑

1　拙作：《元大都》中有对元大都"五重城"规划的空间、性质等有较详尽的论述。

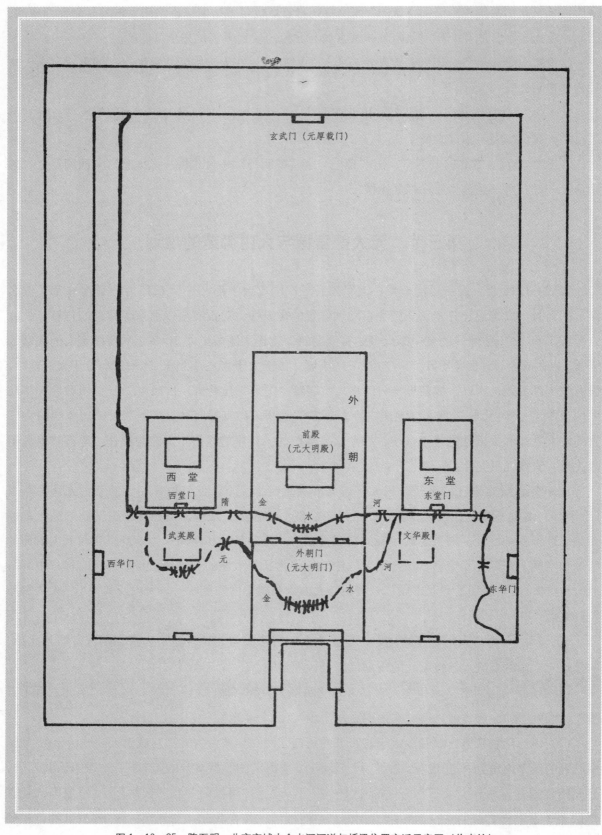

图1—12—05．隋至明，北京宫城内金水河河道与桥梁位置变迁示意图（作者绘）

河楼、犀山台东西一线）；以原隋临朔宫宫城和金太宁宫宫城的北门为大都宫城厚载门。

（3）在原隋临朔宫宫城和金太宁宫宫城"外朝"、"内廷"宫殿基址上，按蒙元的风格规划修建大都宫城"外朝"大明殿和"内廷"延春宫；在原隋临朔宫宫城和金太宁宫宫城东、西路宫殿基址上，规划修建大都宫城东路文华殿、西路武英殿；在原隋临朔宫宫城和金太宁宫宫城中路的"门阙"与"廊庑"基址上，规划修建大都宫城中路的"门阙"与"廊庑"；沿用原隋临朔宫宫城和金太宁宫宫城内的金水河及其若干桥梁[1]。

（4）考古人员曾在故宫太和门内，即文华殿和武英殿北侧一线稍南，发现有一古代河道遗迹，推测是元大都宫城南护城河遗迹。但史料记载元大都宫城没有护城河。笔者推断：此古河道遗迹，实为隋临朔宫宫城之金水河河道遗迹。隋代规划的临朔宫宫城内金水河河道，即由宫城西北乾位引入金水，南流至西堂西南折东流过西堂南，再东流入外朝门内，弓型，再东流过东堂南，然后再折南，流过东华门内。由宫城巽位流出。考古勘查发现，在故宫武英殿北侧、外朝太和门内，文华殿北侧一线有古河道遗迹。笔者根据中国古代宫城规制外朝应门和东、西堂门为止车门之缘故，判断该古河道应为隋临朔宫宫城和金太宁宫宫城之内金水河河道。元代改建金太宁宫宫城为大都宫城时，将原东、西堂空间南移至文华殿和武英殿处，金水河河道也随之改道南流，流经武英殿南，外朝大明门南，再折北，流入文华殿北原河道。在隋代以前，古代宫城外朝门，又称"止车门"，即上朝的大臣们可以乘车进入宫城南三门，将车辆停在外朝门外的广场空间里，然后再步行上朝。故在宫城外朝"止车门"外广场空间里没有规划金水河。在隋代以后，大臣上朝不能再驱车进入宫城南三门了，故将宫城内金水河规划在宫城门内和外朝门外的广场空间里。（图1—12—05）

（5）大都宫城与大内御苑的夹垣，是按元代规制建设的。宫城之南夹垣，为沿用原隋临朔宫宫城和金太宁宫宫城之南夹垣；宫城之北夹垣，在原隋临朔宫宫城和金太宁宫宫城之北夹垣基址上向外移动了约2元步（约3米）；宫城之东、西夹垣，在原隋临朔宫宫城和金太宁宫宫城之东、西夹垣基址上分别向外移动了约10元步（约16米）；元大都大内夹垣周长为"九里三十步"，即9.1元里（约2730元步，约4293米）。其中，东、西夹垣各长2.53元里（合759.5元步，约1194米，是由505隋丈演变而来的），南、北夹垣各长2.02元里（合605.5元步，约952米）。（图1—12—06）

（6）元大都"大内御苑"在隋临朔宫宫城和金太宁宫宫城之北苑空间的规划基础上，又在北、东、西三垣之外增建了"夹垣"，在南垣内，增建了"内垣"，于是元大内御苑就形成了"双重墙垣"，即在"两垣之内也"。原隋临朔宫宫城和金太宁宫宫城之北苑的北、东、西三垣，就变成了元大内御苑的"内垣"。元大内御苑之东、西夹垣，分别建在原隋临朔宫宫城北苑和金太宁宫宫城北苑之东、西垣（即今景山东、西垣）以外约20米（约12.75元步）南北一线；元大内御苑之北夹垣，规划建在原隋临朔宫宫城北苑和金太宁宫宫城北苑之北垣（即今景山北垣）以外约13

1　笔者注：今故宫东华门内石桥，其栏板和望柱的风化程度超过了金代的卢沟桥，为今故宫内风化最为严重的古建筑，其建筑风格也与元代和明代的不能相符，应为隋临朔宫宫城内的遗物，金、元、明、清四代均沿用之而没有新建或重建。

北京中轴线变迁研究

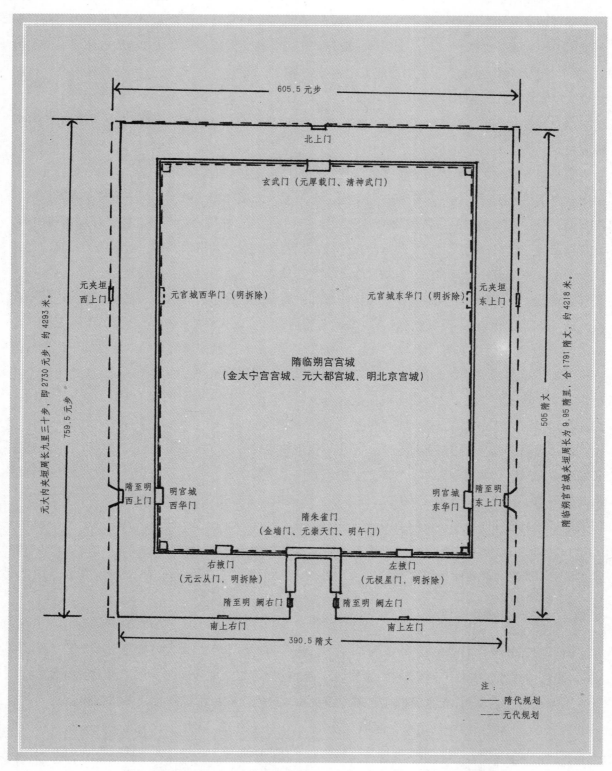

图 1—12—06，隋至明，北京宫城城垣及其夹垣空间位置变迁示意图（作者绘）

224

米（约 8.25 元步）东西一线[1]；元大内御苑之南内垣，约规划修建在隋临朔宫北苑和金太宁宫北苑的南垣（今景山南垣）以北约 14 米（约 9 元步），即今景山东、西垣南端的"内弯处"东西一线上。

（7）元大内御苑的改建，还将原在隋临朔宫北苑西垣以外的金水河，围入大内御苑西夹垣内，成为大内御苑内的金水河。改建后的元大内御苑，南北夹垣相距约 340.5 元步（约 535 米）；南北内垣相距约 323.25 元步（约 508 米）；东西夹垣相距约 471 米（合 300 元步，为 1 元里）。

（8）元大内御苑，改建后为"双重墙垣"，加上"外禁垣"和宫城北夹垣，南、北、东、西四面为"三重垣"。"三重垣"有十五个门，与《辍耕录》记载的"厚载北为御苑，外周垣红门十有五，内苑红门五，御苑红门四，此两垣之内也"的空间及规划格局完全一样，是元代按照"河洛"的"三五之数"规划的。（图 1—12—07）

（9）元大内御苑内垣有五门：南、东、西各一门，称"山前里门"、"山左里门"、"山右里门"；北二门，称"山后左门"、"山后右门"。

（10）元大内御苑夹垣有四门：南门，称"山前门"；北、东、西三门，称"山后门"、"山左门"、"山右门"。元大内御苑南夹垣外有三门：即与"山前门"直对的宫城夹垣之北上门、御苑南夹垣与宫城北夹垣之间的驰道有二门——"北上东门"、"北上西门"。元大内御苑北、东、西夹垣外的禁垣有三门：北禁垣中轴线上有"北中门"，西禁垣有"北中西门"（在今景山西门外的大高玄殿东垣一线），东禁垣有"北中东门"（在今沙滩后街西口红墙处）。

笔者对元大内御苑空间、双重墙垣及各门的规划的论证，既与元末陶宗仪《辍耕录》关于"厚载北为御苑，外周垣红门十有五，内苑红门五，御苑红门四，此两垣之内也"的记载完全相符，又与《马可波罗行记》明确记载的"皇宫以北一箭之地，有一土丘，人力所筑，高百步……环以双重墙垣，周长约四里"的元大内御苑的空间位置完全一致。直到今天，景山及外禁垣的实地空间都还保留着隋代始规划的历史痕迹。

考古工作者曾在今景山寿皇殿宫门以南发现有一座"南北进深约 16 米"的建筑遗址，又在今故宫太和殿东西一线发现了一道东西"庑墙"遗址，并据此推断：北面的"建筑遗址"为"元宫城之厚载门遗址"，南面的"庑墙遗址"为"元宫城之南城墙遗址"。但此推断既与元、明史料文献记载的有关元大都宫城空间位置不符，又与元大都宫城的实地空间与其他建筑的相对位置不合，因此很难成立。

因上述考古勘查的详细数据至今已有 40 多年之久还没有公布，且这种结论又与史料文献记载相左，其真实性值得商榷。笔者认为：既然没有在所谓的"元宫城厚载门遗址"东西一线发现有宫城城墙的遗址和遗迹，也没有在今故宫东、西城墙以北和景山东、西两侧发现有宫城城墙的遗址和遗迹，怎么就能主观认定元大都宫城之北垣是在今故宫之北 400 多米呢？

在景山寿皇殿宫门以南的那座"南北进深约 16 米"的建筑遗址，被认定是所谓的"元宫城

1　笔者注：笔者请教徐苹芳先生获知，在今景山公园北垣外不远处，有一道东西走向的、宽约 4—5 米的、断断续续的土墙基址。笔者认为，此土墙即按照元代规制规划修筑的元大内御苑之北夹垣，后与元大内御苑之东、西夹垣及南内垣一并为明代所拆除。元大内御苑夹垣与兴圣宫夹垣一样，均为版筑土墙。

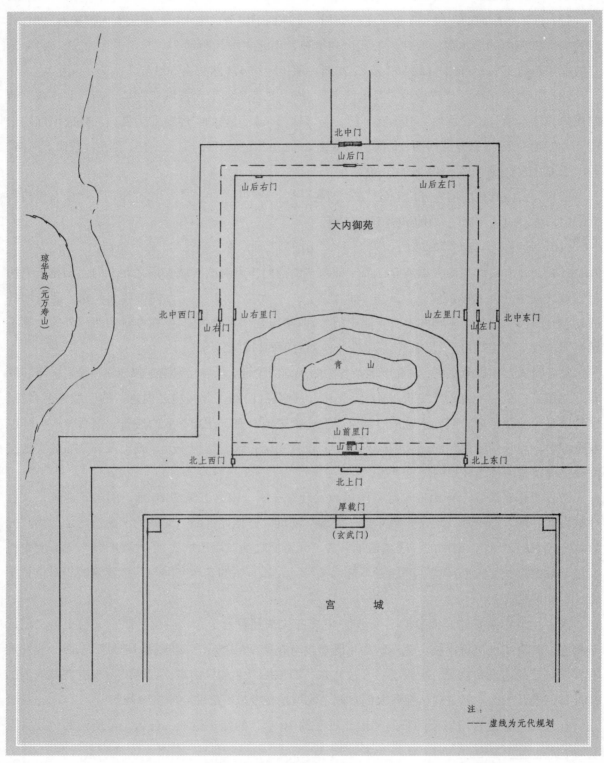

图 1—12—07，元大内御苑双重墙垣和外禁垣三重墙垣十五门平面示意图（作者绘）

厚载门遗址"，既与众多史料记载的元大都宫城的空间位置不符，又与《辍耕录》记载的元大都宫城厚载门的尺度不合，[1] 倒符合元代中小宫殿（便殿）的进深尺度（16 米等于 50 元营造尺），加之上述空间又不能为史料文献和其他相对的历史建筑空间所证明，因此，该建筑遗址可能为元大内御苑里便殿或"过街塔"的遗址，而绝非是"元宫城之厚载门遗址"。

根据史料记载和传统宫城规制，今太和殿的东、西两侧，在历史上是有"庑墙"的。该"庑墙"应为隋临朔宫宫城之外朝"日"字型"周庑"的"中庑墙"，其东、西两端与外朝"周庑"的东、西"庑墙"相连，应为外朝"日"字型"周庑"的组成部分。将今太和殿东、西两侧的原隋临朔宫宫城之外朝"日"字型"周庑"的"中庑墙"基址，认定为所谓"元宫城南城墙基址"的这种观点是有些牵强的。

第四节 明北京宫城与大内禁苑的规划

1368 年，即明洪武元年八月，徐达率明军攻克元大都，遂改名北平。朱元璋为了光宗耀祖，不听众大臣的劝告，执意要在故乡凤阳规划修建明中都，故先派遣大臣赴北平将元故宫、御苑的规划与建筑画入图中，不久又下旨拆除元故宫、御苑的主要建筑并将建筑材料运往凤阳。

镇守北平的燕王朱棣于 1399—1402 年发动了"靖难之役"，夺取了皇位，于 1403 年改元永乐并改北平为北京。后又下诏筹建北京宫城。1417—1420 年，明北京宫城与禁苑，在元大都宫城与大内禁苑的基址上改建完成。

明北京宫城午门南侧至玄武门北侧之间的距离为"三百二丈九尺五寸"[2]（约合 967 米）；东、西城墙外侧之间的距离为"二百三十六丈二尺"[3]（约 754 米）；外周长为"一千七十八丈三尺"[4]（约 3442.2 米，约合 2176 明步，即"六里一十六步"[5]）。

这三个尺度中，有两个不合明规划尺度"整数"的"数据"间接告诉人们：明北京宫城非为明代始建，而是沿用前朝皇宫的规划。本书第七章中，从六个方面、通过五十六个论据，论证了元大都宫城与明北京宫城同址；在本书第十五章中，论证了 1400 多年来，景山作为皇宫禁苑的规划与沿革。

1. 明北京宫城，是在元大都宫城基址上改建的，因此有相同处与不同处。

（1）宫城相同处有：

①明北京宫城中轴线的规划和宫殿"工字型"基座的形制及尺度与元大都宫城完全相同（图

---

1 《辍耕录》所记载的元宫城厚载门城楼为：五间，东西八十七尺（约 27.84 米），南北四十五尺（约 14.4 米）。所谓的"元宫城厚载门遗址"底部的南北长度为 16 米，城台顶部南北侧还应分别内收至少 1 米左右，而城楼距城墙边缘应该至少有 3 米左右。因此，元宫城厚载门城台的南北长度至少应为：14.4 米 +3×2+1×2 ≈ 22.4 米。由此可知，考古发现的"南北长 16 米"的建筑遗址，只能是元大内禁苑里的某个便殿或"过街塔"的遗址，而不是什么"元宫城厚载门遗址"。

2 明代万历《大明会典》卷一八七。

3 明代万历《大明会典》卷一八七。

4 明代万历《大明会典》卷一八七。

5 《明史》卷四十，志第十六《地理一》。

1—12—08）。隋临朔宫宫城外朝怀荒殿台基南北长度、东西宽度均为 55 隋丈，约 129.53 米。金太宁宫宫城外朝大宁殿台基沿用此尺度。元大都宫城外朝大明殿除沿用金太宁宫大宁殿之台基外，又在其北曾筑大明寝殿、宝云殿、文思殿、紫檀殿之台基，使宫城外朝宫殿台基呈一"工"字型；台基南北长度约 204.64 米，折合元代的规划尺度为 639.5 元营造尺；台基东西宽度约 129.58 米，折合元代的规划尺度为 404.95 元营造尺。明北京宫城外朝宫殿沿用元大都宫城外朝宫殿之"工"字型台基，南北长度约 204.67 米，折合明代的规划尺度为 641.5 明营造尺，东西长度约 129.58 米，

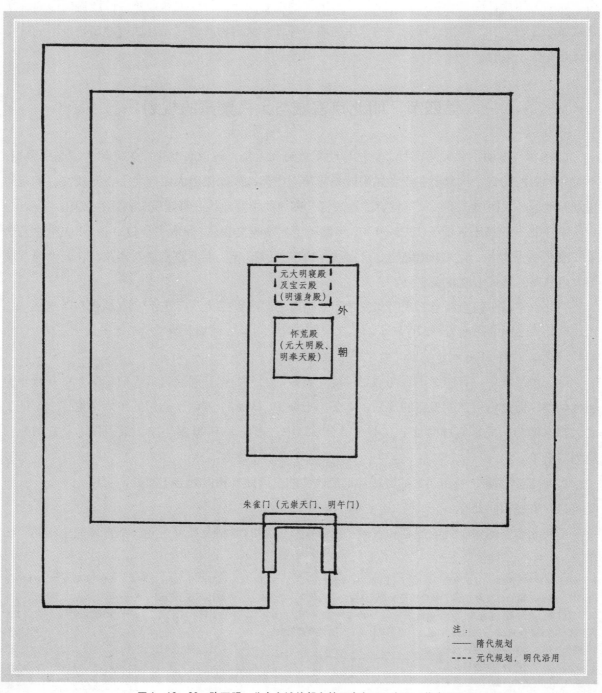

图 1—12—08，隋至明，北京宫城外朝台基尺度变迁示意图（作者绘）

228

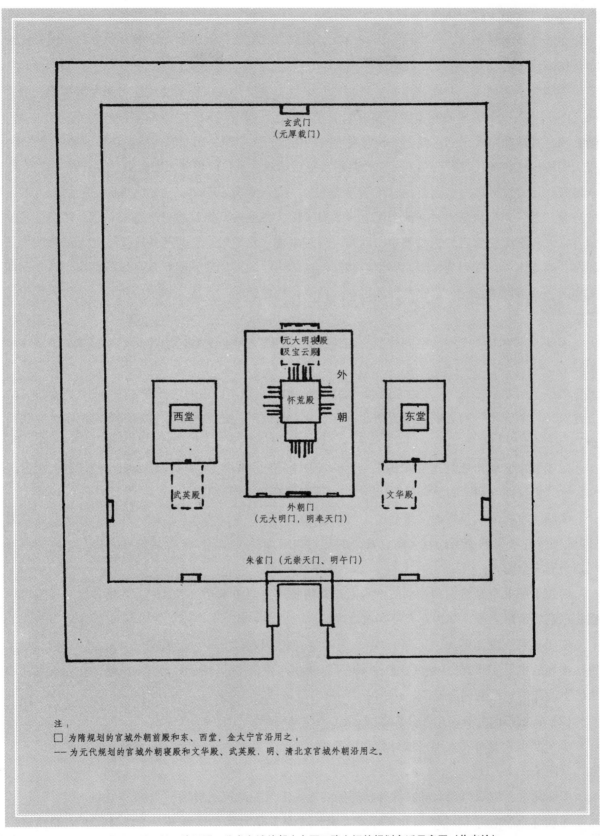

注：
□ 为隋规划的宫城外朝前殿和东、西堂，金太宁宫沿用之；
—— 为元代规划的宫城外朝寝殿和文华殿、武英殿，明、清北京宫城外朝沿用之。

图1—12—09，隋至明，北京宫城外朝中东西三路空间的规划变迁示意图（作者绘）

折合规划尺度为 406.15 明营造尺。

②明北京宫城午门、外朝门、内廷门、后萧墙门、玄武门的规划和形制及尺度与元大都宫城完全相同。

③明北京宫城东、西两路空间的规划和宫殿（工字型）基座形制及尺度与元大都宫城完全相同（图1—12—09）。隋临朔宫宫城和金太宁宫宫城之外朝中、东、西三路，均为一座宫殿。中路：隋临朔宫宫城和金太宁宫宫城之外朝宫殿台基均为"十"字型；元大都宫城规划外朝有五座宫殿，将大明殿规划在前代宫殿台基上，在大明殿台基后增筑台基，以规划大明寝殿、宝云殿、文思殿、紫檀殿，使宫城外朝宫殿台基由"十"字型变为"工"字型；明北京规划宫城时，沿用元大都宫城外朝"工"字型台基，并在此台基上规划奉天殿、华盖殿、谨身殿三座宫殿。东、西路：隋临朔宫宫城和金太宁宫宫城之外朝东、西堂，均规划在中路前殿东、西两侧略前；元大都宫城将外朝东、西堂南移，规划为"工"字型台基和由柱廊连接的前后殿。明北京宫城外朝东、西堂，即文华殿、武英殿沿用元大都宫城外朝之东、西堂，故使明北京宫城外朝东、西堂显现着元代建筑风格。

④明北京宫城钦安殿的空间位置与建筑样式、石雕艺术与史料记载的元大都宫城清宁宫完全相同。

⑤位于明北京宫城中、西路之间的"断魂桥"和位于东华门内的"石桥"均为明代以前的"历史建筑"。"断魂桥"的石雕艺术为明北京宫城众石桥之冠，艺术史家和古建筑专家鉴定为元代所建。

⑥明北京宫城角楼的建筑样式与元大都宫城角楼和宫城外朝角楼（后为明代搬迁到大高玄殿南，称"阳炅阁"和"阴灵轩"，又称"东、西习礼亭"）完全相同。

⑦明北京宫城武英殿西朵殿后的土耳其浴室，经专家考证为元代所建，应为元宫城西路宫殿（即武英殿）附属的浴室，其朵殿、井亭的规划布局，与《辍耕录》记载的元大都宫城内的浴室规划布局完全吻合。

⑧位于明北京宫城内西南隅的南熏殿，其内画为典型的宋元艺术风格，其藻井绘画工艺堪称明北京宫城宫殿之最，即为元大都宫城南熏殿。

⑨明英宗正统元年（1436年），距永乐朝建成皇宫仅有16年，但阙左门、阙右门却因"年深瓴瓦损坏故也"而修葺。[1] 从此次修葺阙左门、阙右门的情况可知：明北京宫城就是在元大都宫城基址上改建的，可谓确凿无疑。（图1—12—10）

（2）宫城不同处有：

①明北京宫城将元大都宫城外朝和内廷的"外庙、后寝、中穿廊"的宫殿形式均改为"三大殿"。（图1—12—11）

②明北京宫城取消元大都宫城外朝周庑的后庑宝云殿建筑规制。

③明北京宫城午门城楼为九五开间大殿，改变了元大都宫城崇天门十二开间大殿的建筑规

1　参见《明英宗实录》。

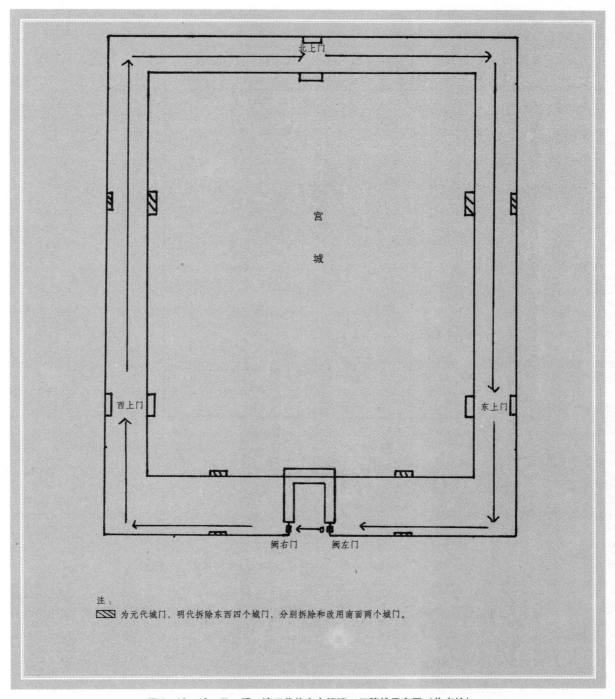

图1—12—10.元、明、清三代故宫夜间巡、卫路线示意图（作者绘）

制；改元大都宫城崇天门"南向"的"左、右掖门"为"东、西向"。

④明北京宫城拆除了元大都宫城之东、西华门以及星拱、云从二门。

2. 明北京大内禁苑，也是在元大都大内禁苑基址上改建的，因此也有相同处与不同处。

（1）大内禁苑相同处有：

①明北京大内禁苑南（山）、中（林）、北三个区域的规划与元大都大内禁苑完全相同。

②明北京大内禁苑的四至及空间规划与元大都大内禁苑的四至及空间规划完全相同。

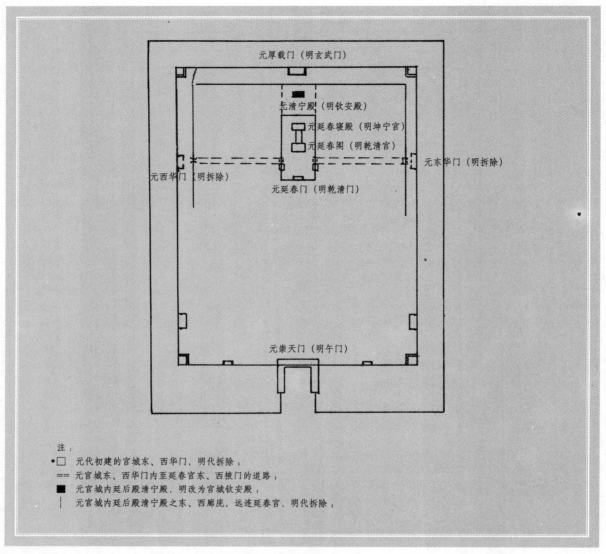

元厚载门（明玄武门）

元清宁殿（明钦安殿）

元延春寝殿（明坤宁宫）

元延春阁（明乾清宫）

元西华门（明拆除）

元东华门（明拆除）

元延春门（明乾清门）

元崇天门（明午门）

注：
● □ 元代初建的宫城东、西华门，明代拆除；
 == 元宫城东、西华门内至延春宫东、西掖门的道路；
 ■ 元宫城内延后殿清宁殿，明改为宫城钦安殿；
 | 元宫城内延后殿清宁殿之东、西廊庑，远连延春宫，明代拆除；

图 1—12—11，元大都宫城与明北京宫城北半部规划变迁示意图（作者绘）

③明北京大内禁苑西侧的"金水河"及大内禁苑四外的"驰道"的规划与元大都大内禁苑完全相同。

（2）大内禁苑不同处有：

①明北京大内禁苑将元大都大内禁苑北部的元世祖忽必烈的"籍田"之所改为"练兵场"和"寿皇区域"，并建有寿皇殿、观德殿等建筑。（图 1—12—12）元大内御苑青山，明初称故元大内御苑"煤山"。在青山东北为忽必烈籍田之所南北长 100 无步，东西长 120 元步，合 50 元亩，即"半顷"，亦即史料记载的"在松林之东北，柳巷御道之南，有熟地半顷"，笔者注："半"字错抄为"八"，故"半顷"错抄为"八顷"，如为"八顷"，则面积相当广大，约为 700 米见方的空间，且与"松林之东北，柳巷御道之南"的空间位置不合；此空间为明初军队操演场。"大室"即史料记载的"籍田"之所"西部大室在焉"在中轴线上，即考古勘查发现的位于寿皇殿南进深为 16 米的建筑基址。

②明北京大内禁苑将元大都大内御苑（北、东、西）三面夹垣及三门（山后门、山左门、山

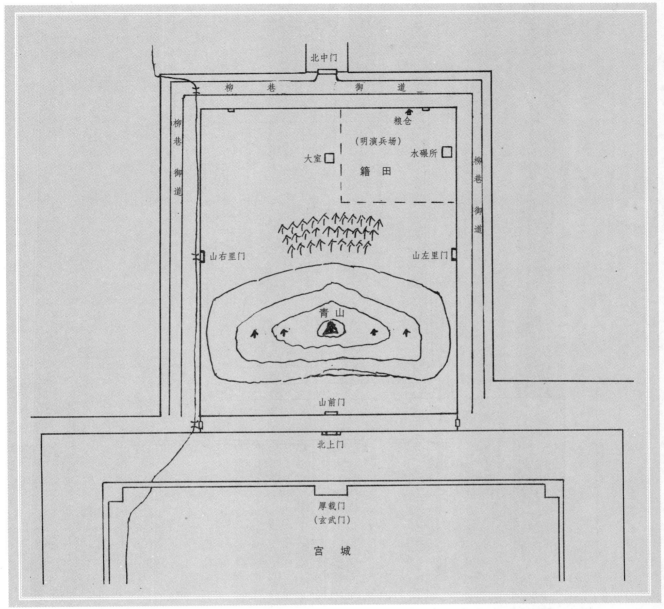

图 1—12—12，元大内御苑青山及忽必烈"籍田"之所与明初故元大内禁苑煤山及操演场空间位置示意图（作者绘）

右门）和南内垣及山前里门拆除，将元大内御苑"双重墙垣"改为"单重墙垣"。

③明北京大内禁苑拆除了元大都大内御苑中轴线上的"大室"（或便殿，或过街塔），改建山顶"眺远阁"为"会景亭"。（图 1—12—13）

第五节　清北京宫城与大内禁苑的规划

1644 年，清朝在明朝灭亡后迁都北京，沿用明北京宫城和大内禁苑。乾隆年间，清朝完成了对明北京宫城和大内禁苑的局部改建。对明北京宫城的局部改建有：内廷东、西宫的改建，东、

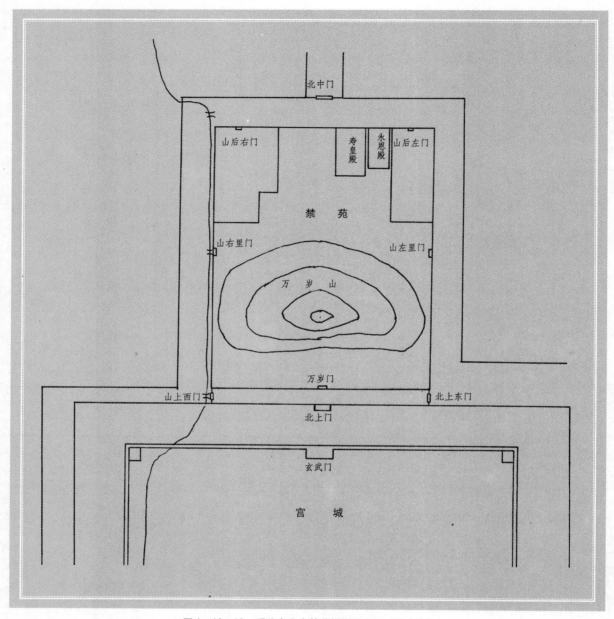

图 1—12—13．明北京大内禁苑规划示意图（作者绘）

西路后半部的改建。对明北京大内禁苑的局部改建有：将位于大内禁苑北部中轴线以东的寿皇殿改建在禁苑北部中轴线上，改建景山"五亭"并铸大佛于其内，改建"山前殿"为"绮望楼"，重建禁苑南、东、西三门。（图 1—12—14）

　　通过以上剖析，笔者认为：今北京故宫与景山的规划，绝不是始于明代。从 1950 年代后，在故宫维修中，发现有大量元代宫廷建筑材料、下水管道和建筑基址；在景山东北部的东花房的改造施工中，发现有元代的大、小石权和石磨盘等元代遗物，与《析津志》记载的元世祖忽必烈"籍田"之所"东有水碾所，日可十五石碾之"的空间方位完全吻合，加之在景山公园北部的元代粮仓，我们得知：明北京宫城和大内禁苑是在元大都宫城和大内御苑基址上重建的。而元大都

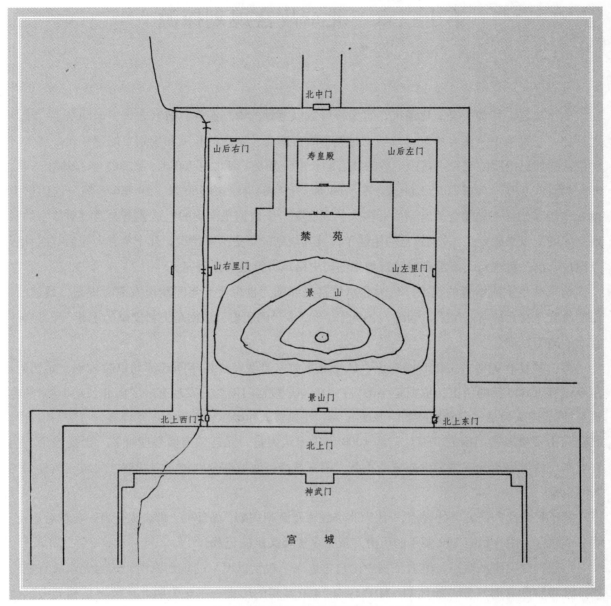

图 1—12—14．清北京大内禁苑规划示意图（作者绘）

宫城和大内御苑，同样也是在金太宁宫宫城和北苑基址上重建的。而金太宁宫宫城和北苑又是在隋临朔宫宫城和北苑基址上重建的。确切地说：今北京故宫和景山的规划始于隋临朔宫宫城和北苑的规划，距今已有 1400 多年的历史了。

235

第十三章　北京故宫规划探源 [1]

北京故宫，作为人类文化遗产，每天接待数以万计的中外游客。故宫之大、房间之多、规划之神秘，一直为中外游客所好奇。特别是关于故宫南北、东西的长度和规划、始建年代，有着多种说法。如已出版的有关书籍中记载的故宫的长度分别是：南北约 960 米、约 961 米、962.78 米、969.44 米、970 米，东西 750.64 米、约 753 米、755.84 米、约 760 米、约 766 米等。这让广大读者和游客始终不能知晓故宫到底有多大。到底哪一个数据是准确的？这就需要通过对故宫的实地空间的测量来确定。[2] 关于故宫的始建年代及其规划的历史沿革情况，几十年来，先后有四种观点出现，前三种观点，都没有对故宫规划的历史沿革进行过实证研究。

第一种是主流学者的观点，认为北京故宫是元朝元世祖至元年间建设大都时规划、始建的，而明故宫是在元故宫基址上重建的，距今已有 740 多年的历史。依据是史料文献的记载[3] 和维修故宫时的施工发现。[4]

第二种是有关考古工作者的观点，认为北京故宫是明朝永乐年间迁都北京时规划、始建的，距今已有近 600 年的历史。依据是：① 在景山寿皇殿宫门南考古发现有一"南北长约 16 米的建筑基址"，遂认为是"元宫城厚载门遗址"；[5] ② 在故宫太和殿东、西侧考古发现有一"墙基遗址"，北距景山寿皇殿宫门南的"遗址"约 1000 米，遂认为是"元宫城南墙基遗址"；[6] 于是推论：明宫城东、西城墙与元宫城东、西城墙重叠，明宫城南、北城墙分别较元宫城南、北城墙南移了约 400 多米。[7]

第三种是民间研究者的观点，[8] 认为北京故宫是金朝规划、始建的，即金太宁宫，其址后为元、明、清故宫，距今已有 800 多年的历史。依据是史料文献的记载。

第四种是笔者的观点，笔者依据中国自古以来"规划以度"的规划原则，认为北京故宫是隋炀帝修建临朔宫时规划、始建的，距今已有 1400 多年的历史——认为明北京故宫是在元大都故宫基址上重建的，元大都故宫又是在金太宁宫宫城基址上重建的，而金太宁宫宫城又是在隋临朔宫宫城基址上重建的。依据是"六重证据法"的互证研究，即史料文献、[9] 历史地理信息、传统文

1　本文曾刊于《江苏文史研究》2009 年 4 期。

2　注：笔者于 2010 年 3 月 4 日实地测量了北京故宫北城墙的长度，所得数据约 754 米。

3　《辍耕录》、《故宫遗录》、《明英宗实录》等，详见朱启钤、阚铎：《元大都宫苑图考》，载《中国营造学社汇刊》第一卷第二期，1930年 12 月。

4　单士元先生在《明中都》序言中写道："在全国解放后，维修故宫，曾发现元代宫殿的大石套柱础、元宫浴室下层基础石板、殿阶雕石。至于元朝宫殿上各色琉璃瓦件更是日有发现。……我们在维修故宫工程中所发现多种建筑材料和建筑遗址，可以肯定明代永乐初年兴建的皇宫，就是在元代大内旧基上建造起来是千真万确的。"并在此前曾写信给徐苹芳先生，提出明北京故宫是在元故宫基址上重建的观点。

5　《元大都的勘查和发掘》，载于《考古》1972 年 1 期。

6　《元大都的勘查和发掘》，载于《考古》1972 年 1 期。

7　《元大都的勘查和发掘》，载于《考古》1972 年 1 期。

8　张富强先生在《北京皇朝宫苑》一书中持此观点。

9　即对隋代至明代的有关史料文献的研究。

化理论、考古资料数据、隋金元明四代规划尺度、[1] 实证研究（实地空间勘查 [2] 与历史建筑相对空间位置比较）[3] 等六个方面证据互证的方法。

以往在研究历史地理和古代城市规划时，学者们几乎都是运用王国维的"二重证据法"，即史料文献与地下考古资料数据互证的方法，而忽略对规划尺度和地上遗存的"活化石"的实地空间的实证研究。在封建社会，维护专制统治的一个强有力的措施，就是制定本朝的度量衡制度，其中的度，就是统治者规范本朝的长度单位尺、步、里。除去沿用前朝的历史建筑以外，凡是新规划的建筑和空间，都是按照本朝的尺度（或尺或步或丈或里）去度量和规划的。因此，笔者认为：规划尺度是历史地理研究，特别是古代城市规划研究中，最为重要的"实证"依据，用它去丈量地上遗存的"活化石"的实地空间，可以准确地求出"活化石"的具体规划年代。

第一节　对北京故宫"活化石"空间的规划尺度分析

北京故宫的实地空间规划，到底符合哪个朝代的规划尺度的"整数"，即始规划于哪个朝代？只有通过对故宫"活化石"空间的规划尺度分析才能获知。

明代万历《大明会典》卷一八七记载："紫禁城……南北各二百三十六丈二尺，东西各三百二丈九尺五寸。……基厚二丈五尺……周长一千零七十八丈三尺。"据此，我们可以提出疑问："为什么明代不按自己的规划尺度的'整数'去规划最高等级的建筑呢？"如果说"九尺五寸"尚可与"九五之尊"附会，那么"二尺"的规划凭何而来？分明是沿用了前朝的规划，其"非整数"的尺度是不得已的。再者，明代的史料也没有修筑北京宫城城墙的记载。明北京宫城会不会是沿用了元大都宫城的四面城墙呢？

元末陶宗仪《辍耕录》卷二十一宫记载：元大都"宫城周回九里三十步，东西四百八十步，南北六百十五步。"根据对史料、里制和实地空间的研究，笔者认为：元、明两代，称宫城夹垣以内的空间为"大内"，所以"宫城周回"是指"宫城夹垣"，"宫城周回九里三十步，"是说"宫城夹垣周回九里三十步"；而"东西四百八十步，南北六百十五步"，是说宫城的东西、南北的长度。与朱启钤、阚铎在《元大都宫苑图考》（载《中国营造学社汇刊》第一卷第二期，1930 年 12 月）中研究的一样。元末《辍耕录》与明初萧洵《故宫遗录》均记载：元大都宫城之外，建有夹垣。

笔者通过对元大都大城、皇城、宫城、宫城夹垣这"四重城"的周长和中轴线长度的实证研究，对元上都和元中都的"三重城"城墙长度的实证研究，对元宫殿、城墙、城台尺度的实证研究，论证了：1. 元官尺 1 尺 ≈ 0.3145 米，1 元步 ≈ 1.5725 米，而 ≠ 1.55 米。2. 元里制，乃仿效古制 1 里 = 300 步，而非唐大制 1 里 = 360 步，更不是曲解《辍耕录》记载得出的 1 里 = 240 步；1 元里 = 300 步 ≈ 471.75 米 [4]，而非 1 元里 = 240 步 ≈ 372 米。3. 元营造尺 1 尺 ≈ 0.32 米。

1　即对隋代至明代的规划尺度演变的研究。

2　即以故宫的实地空间比照隋代至明代的规划尺度，以求得其规划之所出。

3　即以故宫的实地空间和其他历史建筑的相对空间的比较来与史料文献的记载互证。

4　笔者注：《辍耕录》记载：大都"城方六十里二百四十步。"曲解者断句为："城方六十里，（里）二百四十步。"不仅断句错误，而且还加了衍文"里"字。

笔者还通过对明洪武元年（1368 年）丈量的"故元皇城周长一千二百六丈"[1]、"南城周长五千三百二十八丈"[2]、新筑北平府北城墙"南北取径直约一千八百九十丈"[3] 三个数据的空间的实证研究，对明北京宫城、皇城、大城和中轴线等长度的实证研究，对明北京宫殿、城台以及规划空间的尺度的实证研究，论证了：1. 明官尺 1 尺 ≈ 0.31638 米，1 明步 ≈ 1.5819 米。2. 明里制承唐大制：1 里 = 360 步，1 明里 ≈ 569.48 米。3. 明营造尺 1 尺 ≈ 0.319226 米，而 ≠ 0.3178 米。4. 明洪武元年丈量大都"皇城"、"南城"及新建的北平府北城墙长度所用的尺度 1 尺 ≈ 0.35593 米。

元大都宫城夹垣周长"九里三十步"，即 9.1 元里，合 2730 元步（约 4293 米）；南北长约 759.5 元步（约 1194 米）；东西长约 605.5 元步（约 952 米）。宫城南夹垣，约在明太庙（今劳动人民文化宫）与社稷坛（今中山公园）北墙垣东西一线；宫城北夹垣，约在北上门（今景山前街南侧便道北部）东西一线；宫城东夹垣，约在今南、北池子大街西侧南北一线；宫城西夹垣，约在今南、北长街东侧南北一线。笔者考证的元大都宫城夹垣的四至及周长，既与《辍耕录》记载的"宫城周回九里三十步"完全一致，又与《日下旧闻考》卷三八引《明太祖实录》记载的大将军徐达命指挥张焕丈量"故元皇城"[4] 周长所得的数据"一千二百六丈"（约 4293 米）[5] 完全吻合。

结合《明英宗实录》关于"正统元年（1436 年）六月丁酉，修阙左、右门，以年深瓴瓦损坏故也"的记载，可知：阙左门、阙右门在元代就已是宫城崇天门双阙南面连接宫城夹垣之门。由阙左门、阙右门的历史记载及其实地空间可知：元大都宫城双阙与明北京宫城双阙的位置相同，所以元大都故宫与明北京故宫同址。

通过对北京故宫历史沿革的实证研究，我们获知：元大都故宫[6]"南北六百十五步"[7]（约 967 米），"东西四百八十步"（约 754 米），恰与明北京故宫[8]"东西各三百二丈九尺五寸"（约 967 米）[9] 和"南北各二百三十六丈二尺"（约 754 米）完全吻合。可知明北京故宫是在元大都故宫基址上重建的。

初分析这一数据，似乎北京故宫是元代规划、始建的了。然而联系历史沿革来分析，却发现不是这样。如果元大都故宫也是在前代基址上重建的，那么"南北六百十五步"和"东西四百八十步"就有可能是一个大约的"整数"，即实际数据可能会与这一"整数"略有差距，待后文详述。

笔者通过对北京故宫城墙和故宫内、外部实地空间规划的实证研究，论证了故宫的规划是始

1 《日下旧闻考》卷三八引《明太祖实录》。

2 《日下旧闻考》卷三八引《明太祖实录》。

3 《日下旧闻考》卷三八引《明太祖实录》。

4 笔者注：元宫城的周长，即指宫城夹垣的周长。兴圣宫的周长也是以其夹垣周长计算的，夹垣以内即为兴圣宫。

5 本书第七章《元大都宫城空间位置考》对明洪武元年丈量的"故元皇城"、"南城"、"北平府北城墙"三个数据与元、明里制进行了互证研究，论证了明徐达部下丈量所用尺长 1 丈 ≈ 3.5593 米。

6 笔者注：元大都宫城沿用的金太宁宫宫城，而金太宁宫宫城又是沿用的隋临朔宫宫城。故大都宫城四面城墙外侧的尺度为隋所规划，后又为明所继承。参见本书第四章《隋临朔宫空间位置考辨》和第十二章《北京中轴线宫城与禁苑规划之历史沿革》。

7 笔者通过对金、元、明三代北京的城墙和元、明两代北京的宫殿与城台的实证研究，考证出元步长和明步长的具体数值。即元 1 步 ≈ 1.5725 米，明 1 步 ≈ 1.5819 米。

8 笔者经过实证研究，考证明营造尺每丈 ≈ 3.19226 米，而不是每丈 ≈ 3.178 米。

9 笔者注：故宫午门南侧至玄武门（神武门）北侧的长度约为 302.95 明营造丈。

于距今 1400 多年前的隋临朔宫宫城。

（一）从故宫城墙和午门城台、阙台及宫城广场的尺度变化，求证其始规划的时代。

1. 隋临朔宫宫城尺度

（1）南北：①朱雀门[1]南侧至玄武门[2]北侧的南北长度约为 410 隋丈（约 965.55 米）；②南城墙南侧至北城墙北侧的南北长度约为 409.5 隋丈（约 964 米）；③南、北城墙内侧之间的长度约为 405 隋丈（合 2.25 隋里，约 954 米）；④城墙的厚度约为 2.25 隋丈（约 5.3 米）。

（2）东西：①东、西城墙外侧之间的长度约为 319.5 隋丈（约 752.42 米）；②东、西城墙内侧之间的长度约为 315 隋丈（约 741.83 米）。

（3）内周长：（405 隋丈 +315 隋丈）×2 ≈ 1440 隋丈 = 8 隋里。

（4）外周长：（409.5 隋丈 +319.5 隋丈）×2 ≈ 1458 隋丈 ≈ 8.1 隋里。

（5）朱雀门尺度：①城台进深尺度约 15 隋丈（约 35.33 米）；②城台东西尺度约 54 隋丈（约 127.17 米）；③阙台东西尺度约 10.5 隋丈（约 24.73 米）；④城台与阙台南北总尺度约 48 隋丈（113 米）；⑤城台与左右阙台之间的广场为 33 隋丈见方（约 77.72 米 ×77.72 米 ≈ 6040 平方米）。

（6）朱雀门城楼尺度：①城楼南北进深约 105.95 隋尺（约 24.95 米）；②城楼东西长约 255 隋尺（约 60.05 米）。

2. 金太宁宫宫城城墙[3]可能沿用隋临朔宫宫城城墙的厚度。

3. 元大都宫城尺度

（1）南北：①崇天门南侧至厚载门北侧的南北长度约 615 元步（约 967 米）；②南城墙南侧至北城墙北侧的南北长度约 612 元步（约 960.84 米）；③城墙厚度约 25 元营造尺（约 8 米）；④南、北城墙内侧之间的长度约为 601.8 元步（约 944.84 米）。

（2）东西：①东、西城墙外侧之间的长度约 480 元步（约 754 米）；②东、西城墙内侧之间的长度约为 469.8 元步（约 737.6 米）。

（3）内周长：（601.8 元步 +469.8 元步）×2 ≈ 2143.2 元步 ≈ 7.15 元里。

（4）外周长：（615 元步 +480 元步）×2 ≈ 2190 元步（合 1095 丈）≈ 7.3 元里。

（5）崇天门尺度：①城台进深尺度约 110.55 元营造尺（约 35.38 米）；②城台东西尺度约 397.55 元营造尺（约 127.22 米）；③阙台东西尺度约 77.5 元营造尺（约 24.8 米）；④城台与阙台南北总尺度约 355 元营造尺（113.6 米）；⑤城台与左右阙台之间的广场为 242.55 元营造尺见方（约 77.62 米 ×77.62 米 ≈ 6024 平方米）。

4. 明北京宫城尺度

（1）南北：①午门南侧至玄武门北侧的南北长度约为 302.95 明营造丈（约 967 米）；②南城墙南侧至北城墙北侧的南北长度约为 301.16 明营造丈（约 960.84 米）。

（2）东西：①东、西城墙外侧之间的长度约为 236.2 明营造丈（约 754 米）；②东、西城墙

1　笔者注：后为金太宁宫宫城端门、元大都宫城崇天门、明清北京宫城午门。

2　笔者注：后为金太宁宫宫城北门、元大都宫城厚载门、明北京宫城玄武门、清北京宫城神武门。

3　笔者注：因离宫性质。

内侧之间的长度约为 231.2 明营造丈（约 737.64 米）。

（3）外周长：(302.95 明营造丈 +236.2 明营造丈)×2 ≈ 1078.3 明营造丈 ≈ 3442.2 米 ≈ 6 明里 16 明步 ≈ 2176.14 明步。

（4）午门尺度：①城台进深尺度约 110.95 明营造尺（约 35.4 米）；②城台东西尺度约 398.55 明营造尺（约 127.16 米）；③阙台东西尺度约 77.5 明营造尺（约 24.73 米）；④城台与阙台南北总尺度约 353.95 明营造尺（112.92 米）；⑤城台与左右阙台之间的广场约为 243.55 明营造尺见方（约 77.7 米 ×77.7 米 ≈ 6037 平方米）。

(5)午门城楼尺度：①南北进深约 78.55 明营造尺（约 25.06 米）；②东西长约 187.95 明营造尺（约 59.97 米）。

由隋临朔宫宫城，到金太宁宫宫城，再到元大都宫城，最后到明北京宫城，其宫城四面城墙的外侧相对空间的尺度几乎没有变化。所以呈唐宋以前建筑风格的内券外过梁式宫城城门也没有改变。南北城墙外侧之间的长度几乎一直是约 961 米，东西长度几乎一直是约 754 米。其宫城正门城台、阙台、宫城广场的空间规划几乎完全相同。

隋里制施行丈里法，即以丈计算长度并折合成里。元里制施行步里法，即以步计算长度并折合成里。明里制施行丈里法和步里法。所以，967 米和 754 米，分别折合约 615 元步和 480 元步；分别折合明营造尺约 302.95 丈和 236.2 丈。

由故宫城墙内、外侧的长度和午门城台与城楼规划尺度的演变，以及阙左门、阙右门的空间位置和宫城内券外过梁式城门的隋唐建筑风格可推知：明北京故宫是在元大都故宫基址上重建的，元大都故宫是在金太宁宫宫城基址上重建的，金太宁宫宫城是在隋临朔宫宫城基址上重建的。因此，北京故宫的规划始于隋临朔宫宫城。

（二）从故宫内部空间的规划求证其始规划的时代。

1. 故宫中轴线的空间规划完全符合隋代规划尺度的"整数"，而不完全符合元代和明代规划尺度的"整数"。

① 宫城朱雀门内侧距外朝南庑墙中线约 615 隋尺（约为 144.83 米），折合 92.25 元步，折合 45.39 明营造丈。

② 宫城外朝南、北庑墙中线相距约 1495 隋尺（约 352 米）。[1]

③ 宫城外朝东、西庑墙外侧相距约 900 隋尺（约 212 米），折合 135 元步，折合 66.43 明营造丈。

④ 宫城内廷南、北庑墙外侧相距约 900 隋尺（约 212 米），折合 135 元步，折合 66.43 明营造丈。

⑤ 宫城内廷东、西庑墙外侧相距约 500 隋尺（约 118 米），折合 75 元步，折合 36.9 明营造丈。

⑥ 宫城内廷北庑墙外侧，距宫城北城墙内侧约 650 隋尺（约 153 米），折合 97.5 元步，折

---

1 笔者推测：隋临朔宫宫城外朝北庑墙约在今隆宗门、景运门以南东西一线，为元大都宫城改建时拆除并向南移至云台北部宝云殿东西一线，明清北京宫城沿用之。

合 47.98 明营造丈。

2. 故宫外朝宫殿台基的尺度完全符合隋代规划尺度的"整数"，而不完全符合元代和明代规划尺度的"整数"。

① 外朝宫殿（今"三大殿"）的基座：东西长为 550 隋尺（约 129.53 米），折合 405.95 元营造尺（约 129.9 米），折合 407.15 明营造尺（129.9 米）；高为 35 隋尺（约 8.24 米），[1] 折合元营造尺 2.55 丈（约 8.16 米），折合明营造尺 2.55 丈（约 8.13 米）。

② 外朝宫殿基座底层的南北[2]、东西长约 550 隋尺（约 129.53 米），以合"大衍之数"；高度为 35 隋尺（约 8.24 米），以合"三五之数"。

③外朝前殿丹墀南北进深为 129.5 隋尺（约 30.5 米），折合 95.3 元营造尺，折合 95.6 明营造尺；东西长为 269.5 隋尺（约 63.47 米），折合 198.34 元营造尺，折合 198.93 明营造尺。

3. 故宫内廷宫殿基座的尺度完全符合隋代规划尺度的"整数"，而不完全符合元代和明代规划尺度的"整数"。

① 内廷宫殿的基座：南北进深为 500 隋尺（约 117.75 米），折合 367.95 元营造尺，折合 369.44 明营造尺；东西长为 350 隋尺（约 82.43 米），折合 257.6 元营造尺，折合 258.63 明营造尺。

② 内廷宫殿基座的南北进深为 500 隋尺，以合"大衍之数"；东西长为 350 隋尺，以合"河洛"的"三五之数"；高为 15 隋尺，也合"三五之数"。

③ 内廷前殿丹墀南北进深约为 90 隋尺（约 21.2 米，合 0.05 隋里），折合 66.23 元营造尺，折合 66.5 明营造尺；东西长约为 180 隋尺（约 42.39 米，合 0.1 隋里），折合 132.47 元营造尺，折合 133 明营造尺。

④ 内廷前殿基座墀陛的南北进深为 129.5 隋尺（约 30.5 米），折合 95.3 元营造尺，折合 95.6 明营造尺；内廷后殿基座墀陛的南北进深为 95 隋尺（约 22.37 米），折合 69.91 元营造尺，折合 70.2 明营造尺；内廷前、后殿基座墀陛的东西长度均为 350 隋尺（约 82.43 米），折合 257.6 元营造尺，折合 258.63 明营造尺。

⑤ 内廷宫殿基座的规划尺度均为九或五的倍数。

4. 外朝东、西路的规划也完全符合隋代规划尺度的"整数"，而不完全符合元代和明代规划尺度的"整数"。

①西路宫殿（今武英殿）中心线东距宫城中轴线为 915 隋尺（约 215.48 米），折合 673.38 元营造尺，折合 676 明营造尺；西距宫城西城墙为 635 隋尺（约 149.54 米），折合 467.32 元营造尺，折合 469.2 明营造尺；武英殿南北深约为 405 隋尺（约 95.38 米，合 0.225 隋里），折合 298.05 元营造尺，折合 299.25 明营造尺。

1　笔者注：北京故宫外朝三大殿三重墀陛的台基高出殿前广场地面约 8.13 米，约合明营造尺 2.55 丈，此数虽为"整数"和"吉祥数字"，但不为明代始规划，而是继承了元大都宫城外朝大明殿三重墀陛的台基高度 2.55 元营造丈（约 8.16 米）而来。而元大都宫城外朝大明殿三重墀陛的高度，又是继承了隋代规划的临朔宫宫城外朝宫殿三重墀陛的高度 35 隋尺（约 8.24 米）而成的，即其外朝殿前广场地面是在原隋代规划的临朔宫宫城外朝殿前广场地面上铺就的，故较隋代临朔宫宫城外朝殿前广场地面高出了约 0.08 米。

2　笔者注：金代以前的宫城外朝多为一座前殿，元代出现宫城外朝有"工字型"的前殿、柱廊、后寝殿规制，其宫殿基座应为在前代宫殿基座往北扩展而成。

②西路宫殿（今武英殿）中心线东距武英殿东石桥（断魂桥）中心线为 270 隋尺（约 63.59 米，合 0.15 隋里），折合 198.7 元营造尺，折合 199.5 明营造尺。

③武英殿东石桥（断魂桥）中心线东距宫城中轴线为 630 隋尺（约 148.37 米，合 0.35 隋里），折合 463.64 元营造尺，折合 465.5 明营造尺。

④东路宫殿（今文华殿）中心线西距宫城中轴线为 790 隋尺（约 186.05 米），折合 581.39 元营造尺，折合 583.73 明营造尺；东距三座门石桥中线约 450 隋尺（约 105.98 米，合 0.25 隋里），折合 331.17 元营造尺，折合 332.5 明营造尺；东距宫城东城墙为 795 隋尺（约 187.22 米），折合 585.07 元营造尺，折合 587.42 明营造尺；文华殿南北进深约为 423 隋尺（约 99.62 米，合 0.235 隋里），折合 311.3 元营造尺，折合 312.55 明营造尺。

⑤文华殿东三座门石桥中线，西距宫城中轴线为 1235 隋尺（约 290.84 米），折合 908.88 元营造尺，折合 912.53 明营造尺；东距东华门内石桥为 115 隋尺（约 27.08 米），折合 84.63 元营造尺，折合 84.97 明营造尺；东距宫城东城墙为 350 隋尺（约 82.43 米），折合 257.58 元营造尺，折合 258.61 明营造尺。

⑥东华门内石桥[1] 西距宫城中轴线为 1350 隋尺（合 0.75 隋里，约 317.93 米），折合 993.52 元营造尺，折合 997.51 明营造尺；西距文华殿中线约 560 隋尺（约 131.88 米），折合 412.13 元营造尺，折合 413.78 明营造尺；东距东华门为 235 隋尺（约 55.34 米），折合 172.95 元营造尺，折合 173.64 明营造尺。

⑦外朝东、西路的规划尺度也为九或五的倍数。

（三）从故宫外部的空间规划求证其始规划的时代。

1．宫城夹垣南北长度约为 5050 隋尺（合 2.8 隋里，约 1189 米），折合 757.5 元步，折合 3727.55 明营造尺；其中，南夹垣内距宫城南城墙 615 隋尺（约 144.8 米），折合 92.25 元步，折合 453.95 明营造尺；北夹垣内距宫城北城墙 355 隋尺（约 83.6 米），折合 53.25 元步，折合 262 明营造尺。

2．宫城夹垣东西长度约为 3905 隋尺（约 919.63 米），折合 585.75 元步，折合 2882.39 明营造尺。[2]

3．宫城北夹垣与宫城北苑之间有一东西向的御道，宽约 125 隋尺（约 28.26 米），折合 18 元步，折合 88.58 明营造尺。

4．宫城与北苑是一个整体的规划——宫城正门南侧北距北苑北墙垣（今景山北墙垣）约为 6795 隋尺（约 1600.22 米），折合 1019.25 元步，折合 5015.58 明营造尺。

5．宫城东城墙（今故宫东城墙）东距"玉河"（原来先后为隋大运河永济渠北段和元大运河通惠河北段）南北流向的河道（即今南、北河沿大街）恰为 1800 隋尺（合 1 隋里，约 423.9 米），

1　笔者注：该石桥为故宫内风化程度最为严重的石雕建筑，严重到几乎无法辨认石雕工艺的程度。而明代修建的"内五龙桥"和元代修建的"断魂桥"，虽经历了 600 年和 740 年的风雨，但其石雕风化程度不怎么明显。结合规划尺度分析，笔者推测：故宫东华门内的石桥，可能为隋代规划和建造的，距今已有 1400 多年的历史了。

2　笔者注：元代沿用前代宫城的南北夹垣，将宫城东西夹垣按元里制外扩，使宫城夹垣周回为九里三十步。

折合 270 元步，折合 1328.63 明营造尺。

6. 北苑北墙垣（今景山北墙垣稍南）北距"玉河"东西流向的河道（在今地安门东南）恰为 1800 隋尺（合 1 隋里，约 423.9 米）。

7. 宫城西城墙（今故宫西城墙）西距皇城西南内凹角南北一线，即西安门内大街的棂星门南北一线，恰为 295 隋尺（约 695 米），折合 442.5 元步，折合 2177.48 明营造尺。

在以上三个方面，通过规划尺度对"活化石"——故宫的城墙、内部空间和外部空间的规划的实证研究，以及对其规划的演变的论证，我们可以证明：北京故宫始规划于隋代临朔宫宫城。

第二节　史料对北京故宫"活化石"空间的规划尺度记载

让我们通过史料文献对北京故宫"活化石"的实地空间及其南北的相对空间的规划尺度的记载，求证其规划始于何时。

1. 《明英宗实录》记载："正统元年（1436 年），六月丁酉，修阙左、右门，以年深瓴瓦损坏故也。"明英宗实录记载的阙左门、阙右门，就是北京故宫午门城台之左、右阙台南侧的阙左门、阙右门，其空间位置是无可置疑的。问题是：英宗正统元年距永乐十八年（1420 年）重建北京宫城仅仅过了 16 年，怎么阙左门、阙右门就"年深瓴瓦损坏"了呢？

很显然，阙左门、阙右门及其所拱卫的午门城台和宫城的规划，要早于明朝。所以才有明洪武元年，大将军徐达命指挥张焕丈量元大内周长，得数据为"一千二百六丈"，[1]与元末陶宗仪《辍耕录》记载的"宫城周回九里三十步"的长度完全一致。明初萧洵《故宫遗录》也记载有"大内夹垣"。

2. 萧洵《故宫遗录》也从另一个侧面间接告诉后人：元大都宫城为明北京宫城的前身。《故宫遗录》关于"丽正门内，千步廊可七百步，至棂星门，门建萧墙，称'红门阑马墙'，棂星门内二十步许有金水河，上架白石桥三座，名周桥……度桥可二百步，至崇天门"的记载，将元大都大城丽正门、皇城棂星门和宫城崇天门的相对空间位置交待的非常清楚，为后世研究元大都的规划留下了可信而宝贵的史料。

萧洵的"丽正门内，千步廊可七百步，至棂星门"的记载，明确告诉后人：元大都的千步廊左右各约 350 元步，即由东西向千步廊和北向千步廊所组成。与笔者通过实证研究考证的丽正门北侧至棂星门南侧的实地空间约 226.5 元步相吻合。元大都大城的南城墙南侧原规划在宫城崇天门以南约 446.5 元步（约 702 米）东西一线，因"有司定基正直大庆寿寺海云、可庵双塔，"忽必烈诏令"远三十步许环而筑之"。大都大城南城墙南移了约 30 元步（约 37.74 米），故使大城南城墙在中轴线上北距宫城崇天门的距离就增加了约 30 元步，即由原规划的 446.5 元步改为 476.5 元步（约 749 米）了。

在丽正门北侧至棂星门南侧约 226.5 元步的空间里，北部规划有东西走向的"天街"，阔约

1　《日下旧闻考》卷三八引《明太祖实录》。

24 元步 ;"天街"以南规划有左右千步廊,各约 350 元步 ;其中,夹中轴御路两侧的东、西向千步廊,各有约 90 间,每间 2.25 步,各长 202.5 元步 ;北向千步廊,左右各有 50 间,每间 2.5 元步各长 125 元步 ;左、右千步廊北向的东、西两端有阔约 24 元步的南北向的千步廊东、西街。左、右千步廊从东、西向南端到北端,再折向千步廊东、西街,各规划约 350 元步长,以合"河洛"的"三五之数"。萧洵《故宫遗录》记载的元大都千步廊的空间位置,明确了元大都宫城与明北京宫城的空间位置完全同一。

然而,这一明确记载,一直被曲解为 :丽正门至棂星门的距离是 700 元步,加上棂星门至崇天门的距离约是 226.5 元步,丽正门至崇天门的距离约为 940 元步,约合 1460 多米。这一距离的推测与考古发现的大都南城墙基址约在故宫午门以南约 800 米东西一线不能吻合,多出了 660 米。如照此曲解推论,元大都皇城棂星门应该在丽正门以北约 1100 米的故宫太和殿丹陛处,而不是在故宫午门处 ;元大都宫城崇天门应该在故宫太和殿丹陛以北约 375 米的乾清宫处,而不是在故宫太和殿处。

曲解的原因,在于对"可"字的理解上。"可",即"总共"、"大约"的意思。"可七百步",即左、右两侧千步廊的东、西向加上北向之和,总共、大约为七百步。"可二百步至崇天门",指的是从周桥至大内南夹垣、再至宫城崇天门的空间长度约为 200 元步。

笔者考证 :1. 元大都宫城和周桥,均为元代继承的金太宁宫宫城(前身为隋临朔宫宫城)和周桥。[1] 2. 元代规划修建的大都皇城棂星门就在明北京宫城端门位置,其北距宫城崇天门的距离约为 220—235 元步(约 345—370 米);在其东西一线的皇城南垣,刚好与《析津志》记载的"缎匹库南墙外即皇城南垣"相吻合 ;明北京宫城端门距午门的长度,也与萧洵《故宫遗录》记载的元大都皇城"棂星门内二十步许有金水河,上架周桥……度桥可二百步,至崇天门"的长度完全相同。

再根据《故宫遗录》对元大都皇城"周长可二十里"的记载得知,元皇城南北、东西长度各约五元里。元皇城北墙垣位于玉河东西流向的河道之南岸东西一线,已为学术界所公认。所以,从元皇城北墙垣往南约五元里的端门稍北东西一线,即为元皇城南墙垣,南距大城丽正门内侧刚好为 226.5 元步的空间。

根据《清乾隆十五年北京城图》得知 :元皇城北墙垣南距明故宫午门只有约 2018 米(合 1285 元步),与史料记载的元皇城南、北墙垣实地空间的距离约五里许相差了约 370 米(约合 235 元步)[2],恰为端门东西一线至故宫午门南侧的距离。而这一距离,又恰为萧洵《故宫遗录》所记载的元皇城棂星门至元宫城崇天门的距离。由此可知 :元皇城的南墙垣,如果不是在《析津志》记载的缎匹库南墙外东西一线,即笔者论证的端门东西一线,又能在哪里呢?如果按有的学者推测的"元皇城南墙垣在午门东西一线"的话,那么元皇城北墙垣就要到万宁桥以南的东西一线了。根据史料记载和实地空间的距离,无论是从北往南、还是从南往北,元皇城南墙垣都会在、也只

1 　笔者注 :北京中轴线上的古建筑的规划尺度证明 :宫城、北苑等建筑空间的规划,均始于隋代。参见本书第四章《隋临朔宫空间位置考辨》和第八章《元大都中轴线规划》。

2 　参见本书第八章《元大都中轴线规划》。

能在故宫午门以南约 370 米的端门东西一线上。

笔者考证：丽正门至崇天门的距离约 476.5 元步（约 749 米），崇天门的空间位置恰位于明故宫午门处，即棂星门南侧至丽正门北侧的距离约为 226.5 元步（约 356 米）；棂星门南侧至丽正门南侧的距离约为 241.5 元步（约 380 米），与《马可波罗行记》关于大都第一道方墙至第二道方墙之间广一里的记载相吻合。而在明故宫午门以南约 260 多米东西一线，西有织女桥、东有飞虹桥、中轴线上就是周桥。周桥下的金水河按传统规制向南呈"弓形"，在其南 20 元步许（约 30 多米）就是棂星门位置所在。其实地空间的长度和金水河古河道的东西流向，与萧洵《故宫遗录》记载的棂星门、周桥、崇天门的南北长度和空间位置完全吻合。

《故宫遗录》记载："厚载门上建高阁，环以飞桥舞台于前……台西为内浴室，有小殿在前，由浴室西出内城，临海子，广可五六里，架飞桥于海中，西渡半，起瀛洲圆殿……"此记载明确了厚载门位于"瀛洲"东西一线以南的位置，即明宫城玄午门的位置，由此可知：元大都宫城与明北京宫城的位置完全相同。

3. 陶宗仪《辍耕录》对元大都宫城与大城丽正门的距离说得更确切："大内南临丽正门。"如果是二者相距约 1460 多米的话，就应该说：大内南距丽正门三里许，而不是"南临"了。

《辍耕录》还记载："瀛洲，在大内之西北……万寿山在大内西北太液池之阳……""瀛洲"，在元代又称"圆坻"，即今"团城"；"万寿山"，即今北海琼华岛。二者的空间位置千年以来没有变化，在其东南的"元大内"只能是明故宫的空间。

《辍耕录》又云："厚载北为御苑，外周垣红门十有五，内苑红门五，御苑红门四，此两垣之内也。"这一记载与今景山的空间及其规划演变[1]完全吻合。

我们从《辍耕录》所记载的元宫城、宫城南、宫城北、宫城西北等相对空间位置得知：元大都宫城与明北京宫城的空间位置完全同一。

4.《马可波罗行记》记述了大都大城和皇城的规划："先有一方墙，宽广各八哩。其外绕以深濠，各方中辟一门，往来之人由此出入。墙内四面皆有空地，广一哩，军队驻焉。空地之后，复有一方墙……"明确记载：大城南城墙距离皇城南墙垣的距离约为"一元里"。[2]

《马可波罗行记》记载："宫墙之外（之西），与大汗宫殿并立，别有一宫，与前宫同，大汗长子成吉思居焉。……其坑（按：指太液池，即今中海）亦宽广，处大汗宫及其子成吉思之宫间……"[3] 我们知道，成吉思之宫，即隆福宫，在太液池（今中海）之西，后成为明燕王府，称"西宫"，恰在明故宫外朝奉天殿（清称"太和殿"）正西。由"隆福殿在大内之西"且"与大汗宫殿并立"，又"其坑亦宽广，处大汗宫及其子成吉思之宫间"的空间位置可知：元大都宫城不可能在明北京宫城之北 400 多米，而应与明北京宫城在同一位置。

《马可波罗行记》明确记载："大汗宫殿附近，北方一箭之地，城墙之中，有一丘陵，人力所

---

1 本书第十四章《景山规划探源》考证：在今景山东、西墙垣外，元代时规划建有大内御苑"夹垣"，及其东、西门"山左门"、"山右门"；明代拆除了大内御苑的夹垣，故今景山东、西门仍称："山左里门"、"山右里门"。

2 笔者注：丽正门南侧距棂星门的实地空间约为 0.805 元里（合 241.5 元步，约 380 米）。

3 《马可波罗行记》第八十三章《大汗之宫廷》。

筑，高百步……名曰青山……山巅有一大宫，内外皆绿，与山树浑为一色。"[1] 笔者认为马可波罗所说的"青山"就是今"景山"，[2]但也有学者认为马可波罗所说的是"琼华岛"和广寒殿。但史料记载的广寒殿为"内外金锁窗"，[3] 装饰得大黄、大红，就是不见绿色。琼华岛四面环水，而不是在什么"城墙之中"。无论怎样说，景山和琼华岛的具体位置，都是在"皇宫北方一箭之地"（约百步，约150多米—200米）远的空间位置是无疑的。可见，元大都宫城北城墙不可能在"琼华岛"东面的景山寿皇殿宫门南侧东西一线。如果是在那里的话，仅"北方一箭之地"的条件，就使"城墙之中，有一丘陵"位于今景山北墙之外了。而今景山正是距故宫"北方一箭之地"的地方，且在"城墙之中，有一丘陵"。可见，元大都宫城的位置无疑就是在今景山之南的明北京宫城的位置上。

第三节　对有关考古人员推测出的观点及其依据进行辨析

考古人员依据考古勘查所得的数据推测出的观点，不一定都正确。尤其是考古人员推测出的所谓的"元大都宫城厚载门遗址"和所谓的"元大都宫城南城墙遗址"的观点，既不能与史料记载的元大都宫城的规划尺度吻合，也不能与史料记载的元大都宫城的空间吻合；既经不起"六重证据法"的检验，更经不起历史的检验。其推测出的观点是对史料记载的曲解，是对历史时空的错置。且看其依据：

1. 在景山寿皇殿宫门以南考古发现的古建筑基址，其南北进深只有"十六米"，与《辍耕录》记载的元宫城厚载门的规制不符，且在其东西一线没有发现东西走向的北城墙基址，在其东、西两侧也没有发现南北走向的东、西城墙基址，[4]怎么就能断定是"元宫城厚载门基址"呢？很有可能是大内御苑里的一座"便殿"的基址，或是一座过街塔的基址。

2. 在故宫太和殿东西侧考古发现的"墙基遗址"，实乃宫城外朝"日"字型"周庑"的"中庑墙基址"。

3. 南北约1000米也不合《辍耕录》记载的"宫城南北六百十五步"的长度。几条所谓的依据都不能得到"旁证"，所以"元大都宫城在明北京宫城以北400多米"的观点是依据不充分的推测，因而同样不能成立。

通过以上对北京故宫的实地空间所进行的实证研究和与元、明史料记载的故宫的空间位置的互证，我们得知：元大都宫城与明北京宫城同址。既然元大都宫城与明北京宫城同址，那么我们就可以找到北京故宫规划的历史源头——故宫的规划符合哪个朝代的规划尺度的"整数"，故宫就是哪个朝代始规划的。因为故宫内、外诸空间的规划都合隋代规划尺度的"整数"，所以我们

1　《马可波罗行记》第八十三章，大汗之宫廷。

2　参见本书第十四章《景山规划探源》和第十五章《景山考》。

3　萧洵《故宫遗录》。

4　笔者于2008年5月27日，拜访了当年主持元大都考古勘查工作的徐苹芳先生，请教"在今故宫以北是否发现有元宫城的东、西城墙基址和在景山寿皇殿以南是否发现有东西向的城墙基址"这一问题时，徐先生明确答复："没有发现东、西城墙和北城墙的基址。"

完全有理由根据对故宫（包括景山）等实地空间进行的实证研究来做出结论：北京故宫（包括景山）始规划于 1400 多年前的隋代。

　　笔者曾在本书第七章中，从隋金元明四代的规划尺度、元明建筑风格对比、诸建筑空间位置比较、元大都中轴线与皇城规划、中轴线宫苑规划的历史沿革、考古资料数据等六个方面，通过五十六个论据，详细论证了元大都宫城与明北京宫城的空间位置完全相同。所以，本章节主要是从规划尺度等规划的角度去验证史料对元大都宫城空间位置的记载，并从实证上探求和论证北京故宫规划的源头，以求教于专家和读者。

第十四章　景山规划探源

景山公园，历史上曾经是北京中轴线上的一座皇宫御苑，现在是全国重点文物保护单位。景山，是北京古都中轴线上唯一一座人工堆筑的土山，是北京古都的制高点。由于景山位于北京内城的几何中心，故有学者推测：景山可能堆筑于明永乐朝迁都北京之时。这种推测能否成立，能否与史实相吻合，能否为有关景山的史料记载所印证，能否为景山"活化石"的实地空间的规划尺度所验证，有待我们做进一步地深入研究。

第一节　关于景山始规划于明代的推测

一些学者根据所谓的"考古发现"，认为景山始规划于明代，其观点的依据，只是四个经不住历史检验的推测：

1．考古工作者在景山寿皇殿宫门以南发现有一座南北进深约 16 米的建筑基址，在故宫太和殿东西侧发现有一墙基遗址，因该墙基遗址北距寿皇殿宫门以南的建筑遗址约 1000 米，遂推测二处"遗址"可能是"元大都宫城厚载门基址"和"元大都宫城南城墙遗址"，进而推测"明北京宫城在元大都宫城基址上南移了约四百多米"；[1]

2．考古工作者在景山北麓和景山北墙外中轴线上发现有一条宽约 28 米的南北道路遗址，遂推测是"元大都中轴线道路基址"；[2]

3．有关人员曾在景山顶部往下钻探约 20 米，发现有"建筑渣土"，遂推测是"元大都宫城内廷延春阁遗址"；[3]

4．推测景山是明永乐朝用挖宫城护城河的土堆筑的，进而推测"景山和故宫始规划于明代永乐朝迁都北京之时"。

笔者认为，研究历史地理，尤其是对古都规划进行研究，往往遇到地面遗存有大量的建筑、宫苑、乃至城池遗址遗迹，因此单独依据史料文献与地下考古资料互证的方法是不够的，而必须综合史料文献记载、考古资料数据、传统文化理论、历史地理信息、规划尺度的演变等多方面资料，并结合实地空间的勘查和众多古建筑的相对空间的比较来相互验证，才能辨析历史规划的变迁。

故宫、景山，作为封建皇朝的宫城（又称"大内"）和禁苑（又称"大内禁苑"），是一个规划的整体。多年来，大多数学者一直认为，故宫、景山的原始规划始于明永乐朝迁都北京之时，但也有不同观点。笔者认为北京中轴线宫城、禁苑的原始规划，不是始于明代，而是始于隋代。

1　《元大都的勘查和发掘》，载于《考古》1972 年 1 期。

2　《元大都的勘查和发掘》，载于《考古》1972 年 1 期。

3　2008 年 5 月 27 日，笔者在采访徐苹芳先生时获知此数据。

第二节　史料文献有关景山的记载对关于景山始规划于明代的推测的否定

　　学术界至今没有检索到明代史料关于明代堆筑景山的记载。《万历野获编》只是记载了景山历史上有过"煤山"的称谓。《明宫史》也对景山的成因语焉不详，只称"闻故老云，由渣土堆筑而成"。崇祯朝丈量过景山的高度。而有关明代初年史实的史料文献却能反映出景山堆筑于明代以前的史实：

　　《万历野获编》之煤山条载："相传其下皆聚石炭，以备闭城为虞之用者……余初未信之，后见宋景濂手跋一画卷，载金台十二景，而万岁山居其一。"[1] 宋景濂，即宋濂，翰林学士，明洪武初年因主修《元史》之故，对元大都的情况必须要有清楚的了解。再者，朱元璋为了在老家凤阳修建明中都，决定拆除元大都中轴线上的主要宫殿等建筑以用于明中都主要宫殿的修建。因此，特派画师将元大都中轴线上的主要宫殿等建筑真实地画录下来，其中就有"金台十二景"。宋景濂反复阅览该"画卷"，并为之作跋一卷。由此可知："煤山"确为明洪武初年徐达等明守军因城防之需在山下堆放过煤炭而被画入"画卷"；而"煤山"的称谓，应该是出自守护北平府的明军官兵的日常口语。洪武初年冬季，守城的明军不仅在"山下"堆储过城防所需的煤炭，而且还以元大内御苑忽必烈的"籍田"之所作为操演场，故有"禁苑尘飞辇路移"的诗句。后来为了皇帝阅操，还在景山东北麓规划修建了观德殿。

　　歌颂永乐皇帝迁都北京的《皇都大一统赋》、《北京赋》等明代初年的文献所反映出的景山当时的概况是：

　　　　"……又有福山后岵，秀出云烟。实为主星，圣寿万年。层嶂坌拥，奇峰相连。鼓钟有楼，其高接天。……至若太液之池，万岁之山，澄波潋滟，层岫（山元）。……"[2]（杨荣：《皇都大一统赋》）

　　　　"盖自玄武门外，出北上中，山势蜿蜒而未穷。其下周回，百果茏葵，出其委翳，回眄天池翠岛，真蓬莱之在九重也。……"（黄佐：《北京赋》）[3]

　　　　"于后则阁道穹隆，披庭披璃。莹若朝霞之流槛，翼若玄云之舒霓。栾栌叠旋而锦布，壸术幽闳而若迷。户万门千，永巷重闺。倚窈窕而渺然，抚珍树而狩狩。惟保真于温室，乃西南之户楣。若芷宫之璀璨，络珠玉而火齐。图云雾而变化，画仙灵而披离。又其西则太液涵玉波而荡漾，春云绕琼岛而幻奇。……"（余光：《北京赋》）[4]

　　这些歌功颂德的赋文，都没有说景山是永乐皇帝的杰作，可知以往"煤山"的俗称，实在不雅，故改称"福山"以托吉祥之意。可知"福山"在宫城玄武门外、北上门以北的中轴线上，位于万岁山（即琼华岛）的东边，而万岁山则在"福山"西边的太液池里。这些赋文对"福山"具体方

1　笔者注：煤山条里的"万岁山"之名，即指"煤山"，因沈德符作《万历野获编》时，"煤山"已更名为"万岁山"。

2　《钦定日下旧闻考》卷六《形胜》。

3　《钦定日下旧闻考》卷七《形胜》。

4　《钦定日下旧闻考》卷七《形胜》。

景山

位的描述,证明"福山"就是"煤山"的"改称",后又改称为"万岁山",清代又改称为"景山"。

如果说洪武元年明北平守军为北平府的城防而在景山下堆放过煤炭的话,那么,景山的堆筑就一定会早于明代,而不会晚于元代。请看元代史料对景山的记载:

"厚载北为御苑,外周垣红门十有五,内苑红门五,御苑红门四,此两垣之内也。"(《辍耕录》卷二十一宫阙制度)

"在松林之东北,柳巷御道之南,有熟地八顷,上每岁率近侍躬耕……东有一水碾所。西有大室在焉。"(《析津志》)

"北方距皇宫一箭之地,有一山丘,人力所筑,高百步,周围约一里。山顶平,满植树木,树叶不落,四季常青。汗闻某地有美树,则遣人取之,连根带土拔起,植此山中,不论树之大小。树大,则命象负而来,由是世界最美之树皆聚于此……山顶有一大殿,甚壮丽,内外皆绿,致使山树宫殿构成一色,美丽堪娱。"(《马可波罗行记》第八三章大汗之宫廷)

"大汗宫殿附近,北方一箭之地,城墙之中,有一丘陵,人力所著,高百步……名曰"绿山"……与大汗宫殿并立,别有一宫,与前宫同,大汗长子成吉思居焉……其坑亦宽广,处大汗宫及其子成吉思之宫间,其土亦曾共筑丘之用。"(《马可波罗行记》第八三章大汗之宫廷)

2006年景山公园在修缮东花房的施工中发现了两个元代的石权,与景山保留的元代石碾盘,以及位于景山东北部的元代粮仓(今景山吉祥阁),可以证明:《析津志》记载的元世祖忽必烈的"籍田"之所,就在"松林之东北,柳巷御道之南"的景山公园的东北部。

有学者推测:马可波罗记述的"绿山"不是景山,而是北海琼华岛,山顶大殿是广寒殿。这种推测也不能为史料和实地空间所验证:①明初萧洵《故宫遗录》记载的元大都万岁山[1]广寒殿内外皆为金红色,与马可波罗所记述的山巅大殿"内外皆绿,致使山树宫殿构成一色"不能一致。②琼华岛四面环水,而不是"大汗宫殿附近,北方一箭之地,城墙之中,有一丘陵,人力所著,

---

1 笔者注:非"绿山"。

高百步……名曰"绿山"。③根据景山的实地空间和《辍耕录》、《故宫遗录》等史料可知：《马可波罗行记》有关"绿山"的成因、空间、格局、与大内的相对方位、距离等特征的记载十分明确，为元大内御苑无疑。

再者，元大都万岁山，即琼华岛，非为元代所堆筑，金代已有。金代史料文献有金世宗和金章宗由太宁宫（万宁宫）登琼华岛的记载。但琼华岛也非金代所堆筑，而为辽燕京东北郊"瑶屿离宫"之琼华岛，岛上建有瑶光楼（即萧太后梳妆楼）。但琼华岛也非辽代所堆筑。结合辽代在燕京皇城东北角修了一个角楼，在西城巅修了一个凉殿，都要记入史册。而琼华岛的堆筑，却未见于辽代史料记载，因此可推知：与萧太后运粮河是沿用的前代运河一样，琼华岛也是辽代沿用的前代建筑遗存。

那么，辽代沿用的是唐代的吗？考察唐幽州东北郊的历史地名、古建筑和古树，不难发现：

①北池子北口在唐代的地名竟是"黄城"，即通"皇城"。在封建社会，只有一个可能，这里曾经是"皇城"，否则有谁敢冒天下之大不韪而妄称"黄城"呢？由此可知：在唐朝以前，此地确为"皇城"。虽唐朝时此地可能不再是"皇城"，但"皇城"的称谓留了下来。如同北京东皇城城垣和西皇城城垣被称作"东黄城根"和"西黄城根"一样。

②万宁桥西北部有一座唐太宗贞观年间修建的火德真君道观，其山门朝东，证明在其道观的东侧有一条南北向的道路，而这条道路正是贯通万宁桥的南北道路，即后来元大都中轴线。因此可知：在唐代以前"元大都中轴线"这条南北道路就已经存在了。

③景山公园内有多株"千年古树"。明代史料记载，在寿皇殿西门内，有一古树，上挂一铁云板，因年久树长，铁云板被衔入树中，只露十之二三，可知其树干直径有多粗。应为"千年古树"。据《北平中城古迹名胜》记载，景山寿皇门以东，曾经有一株产于波斯的婆罗树。此树很可能就是元世祖所为。今景山公园仍留存千株古树，有国槐、白皮松、银杏、桧柏、侧柏、油松等。其中，直径1米以上的国槐就有多株！

从唐代遗留下来的古道、古道观、古树可知：北京中轴线与景山早于唐代就已存在。笔者以为，欲得知景山的规划始于何时，不妨从景山"活化石"实地空间入手，看其规划符合哪个朝代的规划尺度。

第三节　景山实地空间的规划尺度对景山始规划 于明代的推测的否定

为弄清楚景山的始规划时代，笔者勘查了景山及其四周的实地空间，发现景山四垣呈一不规则的四边形——南垣比北垣略短，东垣比西垣略短——为一棺材形状，这可能与明清两代在景山御苑北部建有寿皇殿有关。

景山四垣的长度为：南垣长约425米，北垣长约431米，东垣长约519.4米，西垣长约521.63米。东、西垣南端往北约14.1米处向外斜出了约2米多，然后直北。东北角留下来改建的痕迹：东垣北端与北垣东端，即东北墙角不是一个整体，东垣北端为北垣东端封住，即北垣东端的整个墙体断面与东垣北端墙体外侧平齐。笔者推断：原来东、西垣的长度相同，后因为要使北垣"斜向"，故将东垣北端"截取"约2米许，再将北垣墙体"斜向"南移，使北垣东端"叠压"在东垣北端上。

景山东、西门相距约423.9米，南、北门相距约520米；景山东垣距景山东街以东的红墙，约55米；景山西垣至景山西街以西的大高玄殿东垣，约59米；景山北垣东端距景山后街以北的红墙（在景山后街东侧红墙拐角处），约57.8米（因非直线测量，可能略有误差）；景山南垣距故宫北垣约112米（其中，A故宫北垣至北上门中线约83.6米，北上门中线至景山南垣约28.26米；B故宫北垣至故宫北护城河南河沿约19米，护城河南北宽约52米，景山南垣至故宫北护城河北河沿约41米；景山的高度约47米，东西长度约403米，南北长度约212米。

让我们分析一下上述这些数据的长度，究竟合乎哪个朝代的规划尺度：

① 景山东、西门相距约423.9米，恰合1隋里；合270元步，又合0.9元里；合133明营造丈。此数据符合隋代和元代的规划整数，而不合明代的规划整数，显然不是明代的始规划。

② 景山北垣长约431米，恰合183隋丈，恰与景山东、西垣较东、西门向外斜出的距离相符；合274.5元步，又合0.915元里；合135.22明营造丈。此数据也符合隋代和元代的规划整数，而不合明代的规划整数，显然不是明代的始规划。

③ 景山西垣长约522.69米，恰合221.95隋丈，恰与故宫以北的北京中轴线上的重要建筑空间的规划尺度相吻合；约合333元步；合163.83明营造丈。此数据符合隋代的规划整数，而不合元代和明代的规划整数，显然不是元代和明代的始规划。

④ 景山东垣长约519.4米，恰合220.55隋丈；约合330.83元步；约合162.795明营造丈。此数据虽符合隋代的规划整数，但与景山及其周边整体规划的隋尺度略有不合；也不合元代的规划整数；但与明代的规划整数相吻合。笔者推断：是明代将原景山东垣北端"截取"了约2米多，以合明代规划尺度和大内禁苑的棺材形状所致。

⑤ 景山南垣长约425米，约合180.5隋丈，约合270.7元步，约合133.35明营造丈。此数据不符合隋代和元代的规划整数，而符合明代的规划整数，又与景山东、西垣距南端约14.1米处向内斜向有关。笔者推断：是明代将元代的大内御苑南内垣拆除，并使景山南垣短于北垣所致。

⑥ 景山东垣南段距景山东街以东、沙滩后街西口的红墙约55米，恰合23.5隋丈；约合35元步；约合17.35明营造丈。此数据符合隋代的规划整数，而不合元代和明代的规划整数，显然不是元代和明代的始规划。

⑦ 故宫北垣至景山南门中线约111.86米，恰合47.5隋丈，合71.14元步，合35.04明营造丈。此数据最符合隋代的规划尺度，而不合元、明两代的规划尺度。

⑧ 故宫北垣至北上门中线约83.6米，北上门中线至景山南门中线垣约28.26米；分别恰合35.5隋丈和12隋丈；分别合53元步和18元步；分别合26.19明营造丈和8.85明营造丈。

⑨ 故宫北垣至故宫北护城河南河沿约19米，护城河南北宽约52米，景山南垣至故宫北护

城河北河沿约 40.56 米。因宫城护城河为明代所开挖，所以我们只用明代规划尺度来验证：A.约 19 米恰合 59.5 明营造尺；B.52 米恰合 162.95 明营造尺；C.40.56 米约合 127.05 明营造尺。

⑩ 景山的高度约 47 米，恰合 12 隋丈，合 30 元步，约合 14.7 明营造丈；景山的东西长度约 403 米，恰合 0.95 隋里，合 265.5 元步，合 126.35 明营造丈；景山南北的长度约 212 米，恰合 0.5 隋里，合 135 元步，合 66.5 明营造丈。此三个数据最符合隋代规划尺度的整数，次符合元代规划尺度的整数，而不合明代规划尺度的整数，显然不是明代的始规划。

由此可知：景山周边的若干空间的规划尺度，只有故宫北垣至故宫北护城河南河沿和护城河的宽度这两个空间为明代的尺度始规划的。因此，一些学者关于景山为明代始规划的推测是不能成立的。

第四节 "六重证据法"对关于景山始规划于明代的推测的否定

笔者运用"六重证据法"，通过多年的系统研究，认为：在对元大都宫城的考古勘查中，考古工作者提出的所谓的"元宫城厚载门基址"和"元宫城南城墙基址"，所谓的"元宫城南北约一千米"和"明宫城在元宫城基址上南移了约四百多米"，所谓的"景山北麓和景山北墙外发现的一条宽约 28 米的路基为元大都中轴线基址"，所谓的"景山是用挖故宫护城河的土堆筑的"和"景山下压着元宫城延春阁"以及"景山始规划于明代"等多个靠推测得出的观点，没有一个能够成立。

让我们运用"六重证据法"互证的研究方法辨析于后，看这些推测出的观点能否成立：

一、在景山寿皇殿宫门以南考古发现的南北进深约 16 米的建筑基址，不是什么所谓的"元宫城厚载门基址"，而可能是元大内御苑里的一个"便殿基址"或"过街塔基址"；在故宫太和殿东西侧考古发现有一墙基遗址，也不是什么所谓的"元宫城南城墙遗址"，而可能是隋临朔宫宫城外朝"日"字型庑墙的"中"庑墙基址；两处"遗址"相距约 1000 米，也不合《辍耕录》记载的元大都宫城"南北六百十五步"（约 967 米）的规划尺度。所以，考古发现的上述两处古建筑基址，不能当作判断元大都宫城空间位置的客观依据，更不能当作判断元大都宫城空间位置的唯一依据。

理由一 在景山寿皇殿宫门以南考古发现的南北进深约 16 米的建筑基址，其规制与元代陶宗仪《辍耕录》记载的宫城厚载门（"五间，一门，东西八十七尺，深高如西华"，而西华"制度如东华"，东华"深四十五尺"）城台的进深尺度不能匹配。元营造尺 1 尺 ≈ 0.32 米，45 尺 ≈ 14.4 米。我们知道城墙的厚度一定要大于城楼的"深"[1]，但该建筑基址南北深 16 米，较城楼的"深"14.4 米，只多出了 1.6 米，这意味着城楼的南北两侧距城台的南北边缘只有约 0.8 米的距离，如果在加上城墙的"收分"，城台的南北边缘几乎与城楼的"进深"一样了。怎么可能有这样的城台和城楼呢?

笔者通过研究认为，元大都宫城厚载门就是今故宫神武门，城台进深约 28 米多（始规划于隋临朔宫宫城，为 11.95 隋丈，约 28.14 米；金太宁宫宫城沿用之；元大都宫城又沿用之，合

---

1 笔者注：即南北进深。

89.5 元营造尺；明北京宫城又沿用之，合 89.5 明营造尺）。城台基底进深 89.5 元营造尺，由城台"收分"约 5 尺 ×2+ 女墙约 2 尺 ×2+ 城楼进深（南北柱础中线）45 尺 + 城楼基座南北边沿至城楼南北边柱中线约 5 尺 ×2+ 城楼基座南北边沿至南北女墙约 10 尺 ×2。

　　理由二　没有在这个南北进深 16 米的建筑基址两侧发现有东西向的城墙基址或南北向的城墙基址，也未公布该建筑基址的东西长度，怎么能推测这个建筑基址就是"元宫城厚载门基址"呢？结合元代尊崇佛教，并在北京规划建有多座"过街佛塔"，如居庸关之"云台"、北京法海寺"过街塔"[1] 等因素，笔者认为，考古勘查发现的位于景山寿皇殿以南的有门洞而无城墙的古建筑基址应为元大都大内御苑中轴线上的一座"过街塔"的基址，如同居庸关之"云台"规划修建在居庸关之中轴线上一样，而不是什么所谓的"元宫城厚载门基址"。

　　理由三　在故宫太和殿东西侧考古发现有一墙基遗址，其规划与传统的宫城外朝"日"字型庑墙规划相吻合。从历史的沿革来看，前朝的宫城与宫殿的规划因符合风水龙脉，故多为后朝所继承。所以，在故宫太和殿东西侧的墙基遗址，应为宫城外朝"日"字型庑墙的"中"庑墙基址，而不是什么所谓的"元宫城南城墙基址"。

　　理由四　考古发现的上述两处"遗址"南北相距约 1000 米，约合 640 元步，与《辍耕录》记载的元大都宫城"南北六百十五步"不能吻合，也与元代的规划尺度不合，怎么非要推测该两处遗址是"元宫城厚载门基址"和"元宫城南城墙基址"呢？

　　理由五　今景山北墙稍南处的集祥阁和兴庆阁，是元代修建的忽必烈"籍田"之所的"粮仓"；今景山东北部，即《析津志》记载的"松林之东北，柳巷御道之南"的空间区域，原为忽必烈的"籍田"之所，在其东部有一水碾所。景山公园管理处在修缮东花房的施工中，发现有元代的石质水碾盘（碾盘厚度为 160 毫米，恰合 0.5 元尺；碾盘外直径为 636 毫米，恰合 2 元尺；碾盘中间圆孔直径为 280 毫米，恰合 0.875 元尺）[2] 和大、小石权 [3] 各一枚（大者标明为 300 斤，小者标明为 50 斤）。[4] 元代石质水碾轮和大小石权等实物的发现以及景山公园北墙内的元代"粮仓"的位置，可以证明：元世祖的"籍田"之所，就在今景山公园的东北部；而在寿皇殿宫门以南所谓的"元宫城厚载门基址"和"元宫城在明宫城以北约四百多米"的观点还能成立吗？

　　理由六　从自然地理状况分析，元大都宫城厚载门也不可能在景山寿皇殿宫门以南发现的古建筑基址处。如果在此处，势必元大都宫城西城墙就要临近琼华岛以东的太液池东岸了，而宫城西夹垣就要规划、修建在琼华岛以东的太液池水中了。从实地空间看景山（即隋临朔宫宫城之北苑）的规划，东西长度约为一隋里；而宫城的规划，东西长度为 1.75 隋里。可知：隋代之所以将北苑与宫城规划为一个"凸"字形，盖因地理环境所致，乃因地制宜而为之。后世金太宁宫宫城和北苑、元大都宫城和大内御苑、明北京宫城和大内禁苑又相继因之。所以，历史的、客观的分析研究后，我们得知：除对史料记载的曲解和对考古资料的牵强附会以外，没有一条理由能够

1　参见罗哲文、杨永生著《永诀的建筑》，百花文艺出版社，2005 年 1 月。
2　此元尺数据为笔者据沈方、张富强著《景山——皇城宫苑》一书提供的数据所进行的折算。
3　笔者注：分明是元世祖忽必烈"籍田"而收获谷物等粮食时，用于称重的"官砝"即"石秤砣"。
4　此数据引自沈方、张富强著《景山——皇城宫苑》一书。

支持在景山寿皇殿宫门以南考古勘查发现的古建筑基址是"元宫城厚载门基址"。

理由七 通过元大都宫城周围诸多古建筑与元大都宫城的相对空间位置的比较，也能证明所谓"元宫城厚载门基址"的推测不能成立。"隆福殿在大内之西，兴圣之前"，[1] "瀛洲在大内之西北……万寿山在大内西北太液池之阳，金人名琼花岛"，[2] "兴圣宫在大内之西北，万寿山之正西"，[3] "宫墙之外（之西），与大汗宫殿并立，别有一宫，与前宫同，大汗长子成吉思居焉。……其坑（按：指太液池，即今中海）亦宽广，处大汗宫及其子成吉思之宫间……"[4]

"大内"，即宫城；成吉思之宫，即隆福宫，在太液池（今中海）之西，后成为明燕王府，称"西宫"，在明北京宫城正西，即"隆福殿在大内之西"。瀛洲，即今团城；"瀛洲在大内之西北"，此相对空间位置，不仅在元代如此，今天仍如是。"万寿山"，即北海琼岛；"万寿山在大内西北太液池之阳，金人名琼花岛"，而不是在"大内之西"；可知元代的"大内"的空间位置与明北京宫城的空间位置完全相同。

通过隆福殿、瀛洲、琼华岛、兴圣宫诸空间位置与元宫城空间位置的比较，加上元宫城"南北六百十五步"[5]的空间规划，我们得知：元大都宫城应在今团城东西一线以南的东南方位，即明北京故宫的空间位置。因此，元宫城厚载门不可能位于景山寿皇殿以南，换句话说位于景山寿皇殿宫门以南的"古建筑基址"，不是什么所谓的"元宫城厚载门基址"，而是大内御苑里的一座深50尺的"便殿规制"的"过街塔"基址。[6]

二、在景山北麓和景山北墙外考古发现有一条宽约28米的南北道路基址，不是什么所谓的"元大都中轴线道路基址"，而是隋临朔宫中轴线道路基址。

理由一 景山北麓和景山北墙外中轴线上考古发现有一条约28米宽的南北道路基址，证明该两处空间位置均不在宫城之内。如果说延春阁压在景山下面，那么延春阁后面就有了一条宽约28米的"御道"，这与史载的延春宫北为寝宫、寝宫北为清宁宫、清宁宫北为厚载门、厚载门北为御苑、"皇宫以北一箭之地，有一土丘，人力所筑"[7]的空间位置不能吻合。

理由二 约28米宽与元大都规划的"街制"宽度不符。元大都"街制"规定：大街宽24步（约1.5725米[8]×24＝37.74米）、小街宽12步（即1.5725米×12＝18.87米）。由此可知：约28米宽的南北道路，不是什么所谓的"元大都中轴线道路基址"。再者，宫城内全都铺以砖石，宫城内怎么可能有宽约28米宽的"御道"呢？

理由三 约28米宽的道路，既不合元代规划尺度的街制宽度，也不合元宫城的空间位置，而其恰恰显露出隋代规划尺度的特征——合隋制20步或12丈宽。恰与水文考古工作者勘查的今南

1 陶宗仪《辍耕录》卷二十一《宫阙制度》。

2 陶宗仪《辍耕录》卷二十一《宫阙制度》。

3 陶宗仪《辍耕录》卷二十一《宫阙制度》。

4 《马可波罗行记》第八十三章《大汗之宫廷》。

5 陶宗仪《辍耕录》卷二十一《宫阙制度》。

6 笔者注：本书第七章从六个方面，通过五十六个论据，论证了元大都宫城与明北京宫城的空间位置完全相同。

7 《马可波罗行记》第八十三章《大汗之宫廷》。

8 关于元步长的此数据，为笔者考证元大都大城、皇城、宫城、宫城夹垣的长度和中轴线的规划，以及元上都和元中都的三重城墙的长度，还参考了明初尺度和明营造尺度所得到的具体数据。

北河沿大街[1]往北至万宁桥段的河道宽度约 28 米相同。结合故宫、景山周边规划的隋代规划尺度特征，我们不难推断：位于景山北麓和景山北墙外中轴线上的一条宽约 28 米的南北道路基址，正是隋临朔宫北中轴线道路基址。

三、有关人员"曾在景山顶部往下钻探约 20 米，发现有'建筑渣土'"，[2] 遂认为景山主峰下面是"元宫城延春阁"。[3] 这一推测也不能成立：

理由一 今景山高度约 47 米，只往下钻探约 20 米，怎么就能推断出下面压着元宫城延春阁呢？史料记载延春阁"高一百尺，三檐重屋"，[4] 加上宫殿基座的高度，应该在约 35 米高左右。如果景山下真的"压着"延春阁的话，那么从山顶往下钻探十几米就够了；换句话说，如果没有探到延春阁的"屋脊"或"基座"，而只有"渣土"的话，那么根据什么推断出"景山主峰下面压着延春阁"呢？

理由二《辍耕录》明确记载：元大都宫城中轴线上规划有外朝大明殿和内廷延春宫两组建筑空间，外朝大明殿"周庑一百二十间"，内廷延春宫"周庑一百七十二间"，考虑到宫城崇天门至外朝大明门还有一个外朝的"附属空间"。因此我们可以得知：内廷延春宫的空间应该比外朝大明殿的空间略小，大概应该占据宫城南北空间长度 615 元步（约 967 米）的五分之二左右，约合 240 余步，约 380 余米。因此，从宫城厚载门往南约 380 余米才应该是内廷延春门的空间位置，再减去延春门至延春阁的空间，那么从宫城厚载门往南约 300 米才应该是延春阁的空间位置。而景山寿皇殿宫门以南的被认为是所谓的"元宫城厚载门基址"的"南北进深 16 米的建筑基址"南距所谓"压着延春阁"的景山主峰，只有约 150 米。可见"景山镇压延春阁"和所谓的"元宫城厚载门基址"的推测，无论是从空间上讲，还是从规划尺度上讲，都不能被证明。所以依据该推测得出的相关推论不能成立。

四、"景山是明永乐朝迁都北京时用挖故宫护城河的土堆筑的"推测同样难以成立：

理由一 从史料文献记载看，成书于元代的《马可波罗行记》和《辍耕录》，以及明代洪武初年萧洵的《故宫遗录》都明确记载了元大都宫城的方位以及厚载门北为御苑的规划格局。《马可波罗行记》更是具体说明了御苑的方位和土丘的成因："皇宫以北一箭之地，有一土丘，人力所筑……皇宫与太子宫之间，有一大坑[5]，其土用于堆筑上述之土丘。"《辍耕录》也具体描述了皇宫以北御苑的规划："厚载北为御苑，外周垣红门十有五，内苑红门五，御苑红门四，此两垣之内也。"[6]《马可波罗行记》和《辍耕录》都准确无误地记载了元大内禁苑（即今景山）的空间位置和

1　笔者注：即隋大运河永济渠之北段。金代少府监张仅言督建太宁宫时，曾用"宫左流泉溉田，岁获稻万斛"。元代疏浚后，改称"通惠河"。

2　2008 年 5 月 27 日，笔者在采访徐苹芳先生时获知此数据。

3　笔者注：一些主流学者也未做深入研究，就认同考古工作者的这一推测。

4　陶宗仪《辍耕录》卷二十一《宫阙制度》。

5　笔者注：指中海，而非北海。

6　笔者注："此两垣之内也"的"两垣"，指御苑墙垣和夹垣。元代象征皇权的重要建筑都规划有夹垣，即均为"两垣"。如：宫城外规划有"夹垣"，称"大内夹垣"；兴圣宫作为仿皇宫的建筑，也规划有"夹垣"，称"兴圣宫夹垣"。元大内禁苑夹垣为明代所拆除，但明代仍沿用元代大内禁苑东、西垣门的名称——"山左里门"和"山右里门"；而位于东、西夹垣的"山左门"和"山右门"，则随东、西夹垣一起被拆除。

土丘（即今景山）的成因，景山怎么可能是在明代堆筑的呢？

理由二　从明初"煤山"、"福山"的称谓看，景山也不是明永乐朝迁都北京时用挖故宫护城河的土堆筑的。沈德符《万历野获编》之煤山条载："相传其下皆聚石炭，以备闭城为虞之用者……余初未信之，后见宋景濂手跋一画卷，载金台十二景，而万岁山居其一。"[1] 宋景濂，即宋濂，翰林学士，洪武初年因主修《元史》之故，对元大都的情况必须要有清楚的了解。再者，朱元璋为了在老家凤阳修建明中都，决定拆除元大都中轴线上的主要宫殿等建筑以用于明中都主要宫殿的修建。因此，特派画师将元大都中轴线上的主要宫殿等建筑真实地画录下来，其中就有"金台十二景"。宋景濂反复阅览该"画卷"，并为之作跋一卷。由此可知："煤山"确为明洪武初年徐达等明守军因城防之需在山下堆放过煤炭而被画入"画卷"；而"煤山"的称谓，应该是出自守护北平府的明军官兵的日常口语。洪武初年冬季，守城的明军不仅在"山下"堆储过城防所需的煤炭，而且还以元大内禁苑忽必烈的"籍田"之所作为操演场，故有"禁苑尘飞辇路移"的诗句。

而"福山"的称谓则见于永乐迁都北京之后，诸位大学士为永乐皇帝歌功颂德所作的《皇都大一统赋》和《北京赋》中。杨荣在《皇都大一统赋》中有："……又有福山后峙，秀出云烟。实为主星，圣寿万年。层嶂垒拥，奇峰相连。鼓钟有楼，其高接天。……至若太液之池，万岁之山，澄波激瀲，层岫巘屼。……"[2] 可知以往"煤山"的俗称，实在不雅，故改称"福山"以托吉祥之意。可知"福山"在中轴线上，位于万岁山的东边，而万岁山则在"福山"西边的太液池里。

黄佐在《北京赋》中对"福山"的空间位置有直接地描绘："盖自玄武门外，出北上中，山势蜿蜒而未穷。其下周回，百果茏葵，出其委翳，回盱天池翠岛，真蓬莱之在九重也。……"[3] 说明"福山"的具体方位就在北上门以北，即今景山。

余光在《北京赋》中对"福山"的描绘则更加具体，似乎是他登临"福山"四望的感受："于后则阁道穹隆，掖庭披璃。莹若朝霞之流槛，鬟若玄云之舒霓。栾栌叠旋而锦布，壶术幽閟而若迷。户万门千，永巷重闱。倚窈窕而渺然，抚珍树而猗猗。惟保真于温室，乃西南之户楣。若芝宫之璀璨，络珠玉而火齐。图云雾而变化，画仙灵而披离。又其西则太液涵玉波而荡漾，春云绕琼岛而幻奇。……"[4] 也证明"福山"在琼华岛之东。

理由三　关于景山的成因，除元代的《马可波罗行记》有过较详细的记述外，明代的史料文献没有具体记载。只有明末相传故老云：由渣土堆筑而成。因此，有学者推测：景山是明永乐朝迁都北京时"用挖故宫护城河的土堆筑而成的"。然而，这一推测没有考虑到元代和明初诸多史料文献有关景山成因和名称演变的记载。如果说景山不是用挖故宫护城河的土来堆筑的，那么挖故宫护城河的土堆到哪里去了呢？　笔者运用历史地、整体地观点看北京古都规划的变迁，认为明永乐朝迁都北京时，开挖故宫护城河与开挖南海一样，都是一举两得，都是为了完善新的都城规划和改变旧的都城规划所致。史料明确记载，在元大都南城墙外有一条金代开挖的用以接济水源不

1　笔者注：煤山条里的"万岁山"之名，即指"煤山"，因沈德符作《万历野获编》时，"煤山"已更名为"万岁山"。
2　《钦定日下旧闻考》卷六《形胜》。
3　《钦定日下旧闻考》卷七《形胜》。
4　《钦定日下旧闻考》卷七《形胜》。

足的隋大运河之永济渠（后称辽"萧太后运粮河"）漕运的"金口河"，明永乐朝迁都北京时，将大城南城墙往南移动了，使原来位于南城墙外的"金口河"就被"围入"新建的南城墙内，不得不填平之，故用开挖南海和故宫护城河的土填平之。所以，景山的成因，即堆筑的时间要早于明代。[1]

理由四　景山的规划，更不见明代的规划尺度特征。景山作为大内禁苑，不是始于明代，故景山的高度，东西、南北的长度，景山东、西垣和南、北垣的长度，以及外禁垣东西、南北的长度，都不完全符合明代规划尺度特征。

笔者发现有关景山规划与成因的观点及其所依据的若干个推测，既没有史料文献记载的依据，又不合明代的规划尺度，显然难以成立。在封建社会，规划尺度不仅是度量衡制度和城池规划中的长度单位，更是各朝皇帝推行集权政治制度的统治工具之一。如果是明代皇帝始规划的大内禁苑，怎么可能不用明代规划尺度的"整数"呢？为揭开这个谜，笔者经过多年的探究，特别是运用"六重证据法"的互证和对景山及其周围实地空间的多次勘查，发现这些空间的规划，无一例外都是按照隋代规划尺度的"整数"进行规划的。结合隋代开挖大运河至涿郡和修建临朔宫于涿郡，以及数百万人三度远征高丽都是从涿郡出征的历史背景，以及涿郡的自然地理条件和相关记载，笔者终于找到了景山规划的"源头"——隋临朔宫宫城之北苑（以下简称"北苑"）。景山及其周围实地空间的规划尺度，就是一部带有"活化石"性质的"史料文献"，客观地记载着它的规划年代——隋代。景山及其周围实地空间的规划尺度如下：

1. 北苑空间规划东西为 1 隋里（合 180 隋丈，约 423.9 米）；南北约 1.25 隋里（约合 225 隋丈，约 529.88 米）。[2]

2. 北苑四垣方位：即今景山四垣。东、西门，按规划应内距中轴线 0.5 隋里，两门相距约 1 隋里[3]。后因山丘东西长度而不得不将东、西垣分别外扩了约 1.75 隋丈；又由于东、西垣与中轴线不平行，使得北苑之东、西垣的南端与北苑中轴线的距离不相等——东垣南端内距中轴线约 91.5 隋丈（约 215.5 米），西垣南端内距中轴线约 89 隋丈（约 209.6 米），西垣南端与中轴线的距离较东垣南端与中轴线的距离相差了约 2.5 隋丈（约 6 米），即"东长西短"。而东、西垣的北端内距中轴线的距离，确是"西长东短"。北垣，即今景山北垣；南垣，即今景山南垣。

3. 在北苑北、东、西三垣外，还规划有一道"禁垣"，约在北苑北、东、西三垣之外约 25 隋丈（约 58.9 米）一线。[4]因北苑东、西垣分别外移了约 1.5 隋丈，故使东、西禁垣内距北苑东、西垣就变为 23.5 隋丈（约 55 米）。东禁垣，即景山东街以东的红墙；西禁垣，约在大高玄殿东宫墙南北一线；东、西禁垣之间相距为 229.5 隋丈（合 1.275 隋里，约 540.47 米）；北禁垣，位于景山东街以东、景山后街以北，今仅存东北角局部。

4. 北苑四垣外，即在北苑北、东、西三垣与北、东、西三禁垣之间的"御道"，宽约 12 隋丈

1　本书第十五章《景山考》中有较详细地论证，认为景山最迟形成于蒙古灭金以后，很可能形成于隋代规划修建临朔宫之时。

2　笔者注：故宫午门南侧距景山北垣的南北长度恰为 3.775 隋里（合 679.5 隋丈，约 1600.22 米）。

3　笔者注：应为 179.5 隋丈。

4　笔者注：今景山东垣外、景山东街以东，存有一道南北走向的"红墙"和"红墙的东北角"，其规划不合元、明、清规划尺度，而合隋规划尺度，故认为是隋临朔宫之"禁垣"的"规划遗迹"。

（约 28 米）；北苑南垣与宫城北夹垣 ¹ 之间有一条宽约 12.5 隋丈（约 28-38 米）的东西御道。

5. 景山的高度约为 20 隋丈，约 47 米；东西长约 171 隋丈，约 403 米，合 0.95 隋里；南北长约 90 隋丈，约 212 米，合 0.5 隋里。

6. 景山主峰，距景山南垣为 61.5 隋丈（约 144.83 米），距临朔宫宫城（今故宫）北垣为 109.5 隋丈（约 258 米），距景山北垣为 160 隋丈（约 377 米），距临朔宫北宫垣（后为金太宁宫北宫垣、元大都皇城北垣）为 340 隋丈（约 801 米），距地安门东、西大街中线为 405 隋丈（合 2.25 隋里，约 953 米），距万宁桥为 540 隋丈（合 3 隋里，约 1272 米），距鼓楼东、西大街中线为 750 隋丈（约 1766 米），距中轴线北起点为 900 隋丈（合 5 隋里，约 2120 米）。

7. 景山北垣至临朔宫北宫垣的长度恰为 1 隋里。

8. 景山北垣之外的北中轴线御道广场东西宽为 29.5 隋丈（约 69 米）。

9. 东、西黄华门恰位于禁垣北中门与临朔宫北宫门之间。

10. 临朔宫宫城（今故宫）北垣，距北禁垣为 269.5 隋丈（约 635 米），距北宫垣为 449.5 隋丈（约 1059 米），距万宁桥为 649.5 隋丈（约 1530 米），距鼓楼东、西大街中线为 859.5 隋丈（约 2024 米），距中心台（后为元大都沿用）为 879.5 隋丈（2071 米），距中轴线北起点为 1009.5 隋丈（约 2377 米）。

11. 临朔宫宫城朱雀门（即故宫午门）南侧距北垣（景山）北垣为 679.5 隋丈（合 3.775 隋里，约 1600 米）。

12. 临朔宫宫城朱雀门，北侧距外朝门（即太和门）为 61.5 隋丈（约 145 米）。

13. 大内南夹垣，距大内北夹垣为 505 隋丈（合 2.8 隋里，约 1189 米），距南禁垣为 49.5 隋丈（约 117 米）。

14. 临朔宫宫城（即故宫）东垣，距临朔宫东宫垣（后为金太宁宫东宫垣、元大都宫城东垣、明北京永乐朝皇城东垣）恰为 1 隋里。

15. 临朔宫宫城西垣，距临朔宫西宫垣（后为金太宁宫西宫垣）恰为 1.75 隋里（约 742 米）。

景山与故宫是一个整体的空间，且一直到 20 世纪 50 年代，景山隶属于故宫的历史才被中断。故宫与景山及其周围实地空间的规划尺度，以无可辩驳的客观存在和客观长度数据证明：北京中轴线故宫与景山及其周围空间的规划，完全符合隋代规划尺度特征。这一规划也证明了隋临朔宫的空间位置所在——其中轴线和宫苑，即风水极佳的龙脉和以襄天宫的紫微垣，后世分别为辽、金、元、明、清几代皇帝所享用。北京中轴线宫城与禁苑空间的规划始于隋代，尽管经历了隋末、金末、明初的三度毁坏，但因风水极佳的龙脉对皇帝的吸引，改朝换代后的金、元、明三个朝代的皇帝又先后在前代宫苑规划的基址上进行了重建。因此，景山的规划不是始于 600 多年前的明代永乐年间，而是始于 1400 多年前的隋代大业年间。²

1 笔者注：宫城北夹垣在北上门东西一线。
2 参见本书第十二章。

第十五章　景山考

　　景山，是位于故宫（元、明、清三代皇宫）北面的皇宫御苑，又是老北京城的制高点和观景点，所以每年吸引着超过百万人次之多的中外游客。但景山的历史规划沿革，以及它作为北京中轴线规划的"原点"和元大都中轴线的"中心点"等重要因素，却尚不为游客所知。

　　站在景山主峰上的万春亭里，可以聚目凝望北京的四向时空——面南，近可俯瞰故宫"金海"、探寻 1400 多年之沧桑，远可遥望岱岳神宗、与天话语；面北，近可追忆元大都"海子"与"钟楼市"之繁华景象，远可遥想居庸雄关之崔嵬；面东，近可遍览平畴"千里"，远可放眼东海苍溟；面西，近可饱赏"三海"之"蓬莱仙境"，远可追寻燕山之"古轩辕台"……

　　站在景山主峰上的万春亭里，还可切身感受北京的四季之美——春季，京城的"绿"，"闹"在红墙内外，"闹"在湖、海周围，"闹"在灰色的胡同与四合院里；夏季，京城的"凉"，"凉"在"三海"岸边，"凉"在松柏林里，"凉"在山上的晚风中；秋季，京城的"透"，"透"在赤橙黄绿之百果的"熟"中，"透"在西山红叶的"彩"上，"透"在蓝天白云下边的燕山山脊那"清晰"的廓线上；冬季，京城的"爽"，"爽"在朔风的"劲"上，"爽"在雪景的"美"中，"爽"在风雪那"刚"与"柔"的极致里……

　　站在景山主峰上的万春亭里，风花雪月、红绿黄蓝、白云白雪、莽莽群山……尽收眼底、尽情感受、尽在不言中。今日之景山主峰上的万春亭，已成为广大中外游客和摄影家最为"钟情"的"观景台"了。

　　那么，景山是什么朝代形成的呢？它的前身与由来又是怎样的呢？

　　由于有关景山规划和成因的历史记载不多，又因景山是明末崇祯皇帝的"殉国处"，以及景山是明北京大城（内城）的几何中心，所以有学者就认为景山及其规划是明代永乐皇帝迁都北京时形成的。然而，作为北京历史地理和古都规划的研究者，笔者通过对史料文献、历史信息、传统文化理论、隋金元明四代规划尺度、考古资料数据、实地空间勘测等六个方面互证的"六重证据法"的系统研究，以及对中轴线规划和宫苑历史建筑的相对空间位置的勘查，发现这种观点与史料记载及实地空间均不相符，从而进一步论证了景山的规划和成因不是始于明代永乐年间，而是始于隋代临朔宫宫城和北苑之规划，最后定形于元大都始建之时[1]，从而揭开了景山不仅是明清两代的"皇宫之禁苑"，也是元代的"大内御苑"和元大都中轴线的中心点，而且还是金太宁宫宫城之琼林苑，最早还曾经是隋临朔宫宫城之北苑和北京中轴线规划的"原点"等五个鲜为人知的秘密。

1　参见本书第十二章。

万春亭南望中轴线（引自《旧京史照》）

第一节　景山在金代以前的概况

　　追溯金代以前景山的历史，我们不得不考虑自然地理条件对它的影响。景山，大约在1900多年前（大约相当于东汉中后期）——约4000年前曾经是古永定河（流经今后海、什刹海、北海、中南海、正阳门、金鱼池、龙潭湖、十里河一线）左岸南北道路的"一段"。大约在东汉中后期古永定河改道后，在景山南北道路的西侧"遗留"下了湖泊（今中海、北海、什刹海）。然而疏于史料的记载，在从西周至南北朝约1600多年（公元前1045年—公元589年）的漫长岁月里，景山是怎样变化的呢？目前还不为人们所知。景山在历史上曾称作"金台"，故有可能是燕昭王为招纳贤才而筑的"金台"。

　　距今1400多年前，景山"正式"进入人们的"记忆视野"。中国历史上第三个结束割据局面的大一统的封建王朝隋王朝，改蓟城为涿郡。7世纪初，隋炀帝为远征高丽，决定以涿郡作为大本营，曾诏修驰道和大运河至涿郡，并于大业五年至六年（609—610年），兴建了远征高丽的"行宫"——规模宏大的临朔宫，宫中建有怀荒殿。

　　关于临朔宫的位置，目前学术界有两种观点：一种认为在涿郡（即蓟城、后为唐幽州）城南的卢沟河（即永定河，今为凉水河）北岸；一种认为在今法源寺一带。但笔者对涿郡的地理位置

261

和周边的河流湖泊须便利漕运，又要符合修建大规模仓库、草场需要等客观条件进行综合分析后，提出第三种观点：认为临朔宫应在涿郡之东北，即今故宫、景山一带。[1] 理由是：

1．大运河修至涿郡，目的是漕运远征高丽的粮草，因此必须要有较大的水面作为码头，并在码头附近修建若干粮仓和草场。因为永定河水流湍急，无法漕运，又无宽广的水面以供"千百艘船只"停泊。所以大运河永济渠北段只能修至水流平缓的永定河故道（也可能利用300多年前曹魏时期为供灌溉和漕运之用而疏浚的永定河故道）以便频繁的漕运和泊船之用。而符合这一条件的只有因古永定河改道后而形成的积水潭，故将大运河永济渠（或大运河的支线，后为元所利用为通惠河之北段）的北端修至积水潭（今什刹海万宁桥为入口），而非修至位于涿郡城南的卢沟河（即当时水流湍急的永定河）。

2．隋大运河还为唐代、辽代和金代所沿用。唐太宗、唐高宗四度远征高丽时，曾用隋大运河漕运过粮草。辽肖太后也曾沿用隋大运河漕运粮食到燕京，史称"肖太后运粮河"。金又继续沿用"肖太后运粮河"漕运粮食到金中都，但因河道年久、淤塞、水量不足，不得不开"金口河"（又称"金沟河"），从"三家店"引"卢沟"之水入大运河以济漕运。"金口河"的流经线路是：三家店—玉渊潭—中都城北—大都城南—大运河。由金代曾开金口河以补给大运河漕运水量不足的史实得知：隋大运河确是由南向北通向积水潭的。

3．《金史·张仅言传》记载：张仅言作为少府监，在督建大宁宫时，曾"引宫左流泉溉田，岁获稻万斛。"由此可知：太宁宫东外垣[2]以东，所谓的"宫左流泉"，从常年可以用来"溉田"，得知其水量不小，应为金以前就有的河道，很可能就是位于隋临朔宫东外垣之外的隋大运河（永济渠）的最北段，并兼有隋临朔宫东外垣"护城河"的功能。元代"疏浚"后，改称"通惠河"，并成为元大运河的北段。

4．高丽在涿郡的东北方，征高丽的粮草也应囤积在涿郡的东北方为宜。如果将众多的粮仓、草场、物资库等规划修建在涿郡城南，那么就会给运输带来不便和麻烦——需要穿过或绕过涿郡。为了漕运和远征军陆运的便利，只有将众多的粮仓、草场、物资库等规划修建在涿郡的东北郊，才能最为有利。今北京遗留的古代粮仓、草场和物资库等遗址，多在什刹海和积水潭的四岸，应是隋代为远征高丽而规划修建的，后一直为唐、辽、金、元、明、清六代所沿用。

5．临朔宫是为隋炀帝亲征高丽而修建的大本营性质的离宫，故也应建在涿郡的东北方为宜。朔，意思为"北"，"临朔"，即"面临北方"之义，昭示着隋炀帝拿下高丽的决心，因此临朔宫应在涿郡之北或东北。怀荒殿也有两层含义：狭义是宫殿建在空旷的田野里，广义是想着高丽等东北荒远之地。

6．大业七年（611年）二月，隋炀帝"自江都行幸涿郡，御龙舟渡河，入永济渠。夏四月，车驾至涿郡之临朔宫。"[3] 即走了两个月的水路，然后换乘车驾抵达位于涿郡东北郊的临朔宫。"车驾至涿郡之临朔宫"说明临朔宫不在涿郡城内。

1　参见本书第四章和第十二章。
2　笔者注：金太宁宫东外垣，前身为隋临朔宫东外垣，后为元皇城东外垣，即今南、北河沿大街西侧的"东安里门"南北一线。
3　《钦定日下旧闻考》卷二《世纪》引《通鉴》。

7．隋炀帝在出征高丽之前，分别在涿郡之南的永定河（岸）上祭祀社稷，在涿郡城北祭马，在临朔宫南祭祀先帝牌位（隋文帝曾征伐过高丽但未达目的）。这三祭，尤其是在涿郡城北祭马，证明远征高丽的一百一十三万（号称二百万）大军驻屯在蓟城之北，也间接说明临朔宫的位置应在涿郡东北郊。[1]

8．考查今故宫、景山规划，发现呈明显的隋代规划尺度特征：

（1）故宫午门南侧距景山北垣的南北距离为 3.775 隋里，合 679.5 隋丈，约 1600 米——①故宫午门南侧至神武门北侧之间的距离为 410 隋丈，约 965.55 米；②故宫北城墙北侧距景山北垣之间的距离为 269.5 隋丈，约 635 米——A 故宫北城墙北侧距宫城夹垣北上门为 35.5 隋丈（约 83.6 米）；B 故宫北城墙北侧距景山南垣为 47.75 隋丈，约 112 米；C 北上门距景山南垣为 12.5 隋丈（约 29 米），期间为宫、苑之间的东西向御道；D 景山南、北垣相距为 221.95 隋丈（约 522.69 米）。

（2）故宫东、西城墙外侧之间的距离约 319.5 隋丈（约 752.42 米）。

（3）景山东、西墙垣之间的距离约 1 隋里（约 424 米）。

（4）景山北、东、西三门外约 25.5 隋丈（约 60 米）一线，规划修建有一道"禁垣"，即残存至今的景山东街以东和景山后街以北的"红墙"。此"红墙"曾被称作为"内皇城"。

（5）故宫东城墙与隋大运河永济渠（后为元大运河通惠河）北段西岸南北一线的"红墙"（先后为隋临朔宫东宫垣、金太宁宫东宫垣、元大都皇城东垣、明永乐朝北京皇城东垣）之间的空间距离约 1 隋里。

（6）景山北墙垣以北约 1 隋里有一道东西墙垣，先后为隋临朔宫北宫垣、金太宁宫北宫垣、元大都皇城北垣。

9．景山为隋临朔宫中轴线规划的"原点"——中轴线的北起点、中心台、北纬路（今鼓楼东、西大街）、万宁桥、南纬路（今地安门东、西大街）、临朔宫北宫门、禁垣北中门、北苑北门（今景山公园北门）、北苑南门（今景山公园南门）、宫城夹垣北上门、宫城北门（即故宫神武门）、宫城内廷后殿（今故宫钦安殿）、宫城内廷紫宸殿（即故宫乾清宫）、宫城外朝怀荒殿（即故宫太和殿）、宫城朱雀门（即故宫午门）、临朔宫南宫门等，无一不是以景山为"坐标"进行规划的。

10．景山自身空间的尺度完全出自隋代规划尺度——景山高约 47 米（合 20 隋丈）；景山南北长约 212 米（合 0.5 隋里，合 90 隋丈）；景山东西长约 403 米（合 0.95 隋里，合 171 隋丈）。

11．景山北麓至景山北垣外有一条宽约 28 米的古道路基址，应为隋临朔宫中轴线御道基址，合隋制 12 丈，或 20 隋步。

12．时间上早于金代、规划尺度上又符合隋代规划尺度，这两条客观因素可以证明隋临朔宫宫城的具体空间位置与今故宫的空间位置完全相同。其内周长约 8 隋里，略小于宫城规制，符合离宫建制。

13．中轴线万宁桥西北有唐太宗贞观年间规划修建的"火德真君庙"一座，山门"东向"。由

此可知：其门外有一条南北道路，贯通万宁桥南北，应为隋临朔宫中轴线的"北向延长线"。

14. 明代史料记载在禁苑寿皇殿"西门内，有（古）树一株，挂铁云板，年久，树长，衔云板于树干中，露十（分）之三。"[1]可知该古树的树干得有几人才能合抱，可谓"千年古树"。从明代中后期上溯千年，刚好为隋唐之际。今景山寿皇殿东南还有唐代所植的古槐树若干株，有的树干直径约有 1.5 米之多。

15. 在笔者论证的隋临朔宫"辽阔"的空间范围内，至今只发现了两座唐代个人墓葬而非家族墓地，约在北池子北口发现的唐墓墓志记载的所葬地，称"黄城"——即"皇城"——即隋临朔宫所在地。至今北京明代的东、西皇城，还称作"黄城根"。

16. 938 年，辽代改幽州为南京，称"燕京"，并在"燕京"东北郊修建了"瑶屿"行宫。考虑到"燕京"作为辽的陪都"南京"，不曾大规模兴建城池、宫苑，而是利用唐幽州之"官衙"作为皇宫，故"瑶屿"行宫也很可能是在"前朝"有关"遗址"上修建的。这个"前朝""遗址"，很可能就是隋炀帝在永定河故道东岸兴建的临朔宫宫城之"西园"——"太液池"与"瑶屿"。

综合上述诸因素，笔者认为：今故宫的实地空间，就是隋临朔宫宫城的实地空间；今景山的实地空间，就是隋临朔宫宫城之北苑的实地空间。修建于 605—610 年的临朔宫可能被毁于隋末的农民大起义乱世中。

第二节　景山在金代的概况

金代在灭辽后，于 1153 年迁都燕京，改称"中都"。金代在"燕京"，进行了全新的建设：在燕京兴建中都"三重城"，在中都东北郊隋临朔宫的遗址上兴建太宁宫，并将辽"瑶屿"行宫作为太宁宫的"西园"。

景山在金代时，为太宁宫之琼林苑的所在地。太宁宫是金中都东北郊的"准皇宫"，建成于金世宗大定十九年（1179 年）。后曾更名为寿宁宫、寿安宫、万宁宫。太宁宫就规模和规制而言，为金离宫中之仅见。金太宁宫是在原辽代瑶屿离宫所在的太液池东、西岸原隋临朔宫遗址空间范围内，规划建筑的规模宏大、建筑壮丽、有宫苑园规制的"四重城"。因位于金中都的东北郊，故又称"北宫"。

有人认为今北海公园即金太宁宫，也有人认为金太宁宫在今北海公园及其周围，这两种说法都不准确。金太宁宫不是以北海为中心，而是以今故宫、景山为中心，以太液池"三岛"为其附属的"西园"。风水学说和金、元史料都能证明北海不是太宁宫的中心，而故宫、景山才是太宁宫的中心。

今北海公园初为隋临朔宫宫城之"西园"的北半部分，后为辽代瑶屿离宫的一部分，即"北岛"。瑶屿离宫建在今北海、中海偏近东岸的岛屿上，由"瑶光台"、"瑶光楼"和"犀山台"三部分所组成。中为"瑶屿"之"瑶光台"，即今"团城"，为辽帝祭天、拜日的"祭台"；北为"瑶

1　《光绪顺天府志》京师志三，宫禁下所引《酌中志》。

屿"之北岛（金代称琼华岛），岛上建有萧太后拜月的"瑶光楼"，俗称"萧太后梳妆楼"；南为"瑶屿"之"犀山台"，系位于"瑶屿"离宫东南"巽位"的"镇水"之"犀牛台"。以铜牛位于东南"巽位"镇水的做法，古已有之，直至清代，还在瓮山泊（今颐和园昆明湖）东南岸，安置一尊"镇水"的铜牛（至今犹在）。

金迁都燕京后，继承并改建了辽南京大内作为皇宫，并以辽"瑶屿"离宫为"祭天之离宫"，但金帝又不能满足辽南京大内和"瑶屿"离宫相对"狭小"的空间的束缚，好大喜功的金帝决定在金中都东北郊太液池（原隋临朔宫遗址范围）东岸修建"阿房宫"性质的、"宫苑结合"的"帝王城"——太宁宫。因古代风水理论及金人有"以东为上"和"拜日为神"的精神信仰，故在太液池"三岛"东面的隋临朔宫宫城和北苑的遗址上，复建规模宏大的、有四重城垣（宫城与北苑外还有一道"禁垣"）的"准皇宫"太宁宫宫城与琼林苑，并将经过改造的辽代"瑶屿"离宫作为太宁宫之"西园"，以显示太宁宫宫城"为日"、"为东"、"为正"、"为主"，"西园"瑶屿"为月"、"为西"、"为偏"、"为辅"。

从太宁宫宫城附属的西园"太液池三岛"的位置和金帝常"从太宁故宫登琼华岛"的史实分析，太宁宫宫城在"太液池三岛"之东。太宁宫宫城南垣应在太液池"南岛"即"犀山台"之东南，宫城北垣应在太液池"北岛"即"琼华岛"之东南，宫城东、西垣应在西园"太液池三岛"东岸不远处，即今故宫东、西垣南北一线。太宁宫宫城之南、北、东、西四面城墙，即今故宫之南、北、东、西四面城墙。由金帝常"从太宁故宫登琼华岛"的记载看，其线路应是：出太宁故宫北门，或西行过木桥至瑶光台，再北过石桥登琼华岛；或入北苑，再出北苑西门（今景山西门），入"西园"东北门（今北海东门陟山门），过石桥，登琼华岛，临瑶光楼。

规模宏大的太宁宫和巍峨崇丽的宫阙楼阁，在蒙古铁骑的践踏下，变为一片废墟。由于太宁宫仅仅存在了30多年，故未见文献有更详细的记载，但紫宸门、紫宸殿、熏风殿、临水殿和九十四所的记载，证明太宁宫内有多组宫殿建筑。从紫宸殿及紫宸门的命名来看，其位置应在太宁宫宫城中轴线的北部，应为太宁宫的"内廷"，即皇帝长住的宫殿。判断紫宸殿为太宁宫"内廷"，依据是宫城规制。太宁宫宫城为国都宫城规制毫无疑问，因此建有外朝和内廷两组宫殿以象星宸，外朝宫殿为大宁殿，内廷宫殿为紫宸殿。结合唐宫城和辽宫城之紫宸殿均位于内廷北端的空间位置分析，金太宁宫宫城之紫宸殿，就应坐落在太宁宫宫城的北部位置，即约在今故宫乾清宫的位置上。

金太宁宫"宫城"的空间，为隋临朔宫宫城的"再版"。在"宫城"北面，有"北苑"称"琼林苑"。"琼林苑"南北约522米，东西约424米。金太宁宫之琼林苑的四垣，即今景山之四垣。"琼林苑"内，广植名贵树木和奇异花卉，规划建有横翠殿、宁德宫。"琼林苑"东、西、北三面墙垣外，还建有禁垣，亦为隋临朔宫原有规划。

可以说，金太宁宫的规划格局及其中轴线的定向，是对隋临朔宫原有规划的继承，起到了承前启后的作用，对后世元大都宫城和大内禁苑的形成，以及元大都和明清北京城的规划发展所产生的影响是巨大而深远的。

第三节　景山在元代的概况

　　景山在700多年前的元代，称"青山"。1211—1215年，成吉思汗率蒙古大军几度攻打金中都，并于1215年攻取金中都，但战争使辉煌的金中都和宏大壮丽的太宁宫变成了一片废墟。50年后的1264年，成吉思汗的孙子——时为蒙古大汗的忽必烈决心定都燕京，因燕京原有的金宫室已变成废墟，且水质不好，星象不吉，遂命上晓天文、下知地理、精通儒释道的幕僚刘秉忠负责"相址"以规划建设新都。刘秉忠按古代"前朝后市"的"营国"理论，将新都的皇宫和禁苑规划在金太宁宫"宫城"和"北苑"的旧基上，并位于新都的南部。

　　刘秉忠在规划设计元大都宫城和大内御苑时，沿袭隋代的风水术，仍以"青山"作为宫城的"屏障"和大内御苑的南半部分，使宫城和大内禁苑分别位于"依山带水"、"负阴抱阳"的风水宝地中。于是，金太宁宫宫城及其琼林苑就成为元大都宫城和大内禁苑，金太宁宫和琼林苑的中轴线，也成为元大都宫城和大内御苑乃至元大都的中轴线。

　　刘秉忠在元大都宫城和大内御苑的空间范围确定后，又依规制，规划修建了元大内御苑之"夹垣"。因此，元大内御苑规划建有双重墙垣，即内垣和夹垣。内垣有五个门：南、东、西垣各有一门，北垣有二门；南门称"山前里门"，东门称"山左里门"，西门称"山右里门"，北门称"山后左门"、"山后右门"。夹垣有四个门：南、北、东、西各有一门；南夹垣门称"山前门"，北夹垣门称"山后门"，东夹垣门称"山左门"，西夹垣门称"山右门"。大内御苑南夹垣"山前门"与宫城北夹垣"北上门"相对，在此二门之间的东西御道上，设有"北上东门"和"北上西门"。此外，大内御苑北、东、西夹垣之外，还有禁城城垣，又有三门：北一门为北中门（在今地安门南大街南口稍北），西一门为北中西门（在今景山西门外的景山西街西侧），东一门为北中东门（在今沙滩后街西口与景山东街东侧的红墙相交汇处）。景山外周垣的15个门，与陶宗仪《辍耕录》记载的"厚载北为御苑，外周垣红门十有五，内苑红门五，御苑红门四，此两垣之内也"完全吻合。《马可波罗行记》也明确记载了在"皇宫北方一箭之地，有一丘陵，人工所筑，高约百步，四面环以围墙，围墙有两重，周围约有四里……"《马可波罗行记》对元大内御苑的记载，与《辍耕录》对元大内御苑的记载可以互证，两个记载均与今景山的实地空间相合。

　　元大内御苑属于皇宫之范围，位于中轴线上，规制高于太液池之"西苑"，故按规制建有外夹垣。大内御苑之东、西、北夹垣之外，有柳巷御道，御道外有禁垣（为隋临朔宫所规划），内距大内御苑东、西、北夹垣，距离约为24元步（约38米），[1] 大内御苑南垣内距南内垣约为9元步（约合14米）。元大内御苑夹垣南北长约340.5元步（约535米）；东西长约300元步（合1元里，约471米）。元大内御苑周长约为1281元步（合4.27元里，约2011米），与《马可波罗行记》所载的"御苑周长约四里"相吻合。元大内御苑面积约为25万多平方米。

　　元大内御苑由南、中、北三部分组成：南部为"青山"；中部，植有松林（称"万年枝"）；北部，

在松林东北的"柳巷御道"之南，辟有忽必烈的耕桑之"熟田八顷"，[1]引金水入御苑以溉籍田，东有水碾所，西有大室。[2]元大内御苑内规划建有便殿五所，青山之巅建有眺远阁，南麓建有留连馆，北麓以北建有"大室"（或为"过街塔"），"大室"西建有翠殿，"大室"东建有观花殿；眺远阁、留连馆、"大室"、过街塔　均规划修建于中轴线上。[3]

眺远阁，是建在"青山"顶上的宫殿式的二层阁楼，阁楼内外皆装饰为青色，以与"万年青"等树木的颜色相一致。《马可波罗行记》载："皇宫北面一箭之地，有一山丘，人力所筑，高约百步，四面环以围墙，围墙有两重，周围约有四里；山巅有一大宫殿，内外皆绿，与山上的树木浑然一色；大汗每每令人将佳树植于山上，树大则用骆驼运至山上"，"山巅大宫为大汗愉娱之所在"。

有的学者认为马可波罗所记述的"青山"就是今北海的琼华岛、山巅大宫就是广寒殿。但史料记载的广寒殿内外皆为金红色，与马可波罗所记述的山巅大宫内外皆青的颜色不一致；再者，琼华岛四面环水，而不是"四面环以围墙"，且"围墙有两重，周围约有四里"。根据今景山的实地空间和《辍耕录》、《元氏掖庭记》等史料可知：《马可波罗行记》有关"青山"的成因、空间、格局、与大内的相对方位、距离等特征的记载十分明确，为元大内御苑无疑。

留连馆，为大汗登高、眺远、休闲、愉娱后歇息的便殿，位于青山南麓的中轴线上，约在今景山绮望楼处。

"大室"（或为"过街塔"），位于青山北麓以北的中轴线上，即《析津志》记载的忽必烈的"籍田"之所的"西部有一大室"，约在今景山寿皇殿宫门以南，即考古发现的南北进深为 16 米，合 50 元营造尺的所谓的"元宫城厚载门基址"。[4]

翠殿，为大汗耕桑前后更衣、歇息的便殿，位于大内御苑中轴线以西，约在今景山西部办公区内。取名翠殿，其色彩、含义皆与农桑有关。

观花殿，为大汗赏花、植树、习射时歇息的便殿，位于大内御苑中轴线以东，约在今景山东部办公区内。

第四节　景山在明代的概况

景山在明代，曾经有过"煤山"、"福山"、"万岁山"等称谓。"煤山"的称谓，可能源于洪武元年（1368 年）冬守卫北平府的明军。当年八月，大将军徐达率明军攻取大都后，为了防止"北元"势力的反扑，特在大都北城以南的"古濠"南岸（北距大都北城 5 明里，约 2844 米），增筑了一道"北城墙"（即今安定门—德胜门东西一线）。此外，还进行了"战备"所需的"粮草冬

1　笔者注："八顷"，应为"半顷"，约 50 亩；如为八顷，则 800 亩，面积过大；"八"与"半"谐音，可能抄错，皇帝"籍田"，只是象征有几十亩足矣。如清代在北京颐和园昆明湖西岸有"耕织图"，即皇帝"籍田"之所，有地数十亩为证。

2　《析津志辑佚　古迹》，第 114 页。

3　笔者注：在景山寿皇殿宫门以南发现的建筑遗址，因在其东西两侧没有发现城墙遗址，所以笔者认为该遗址不是"元宫城厚载门遗址"，而应是一座"过街塔"的遗址。

4　笔者注："大室"基址是否就是"过街塔"基址还有待考证。

储"——将煤堆放在元大内御苑"青山"下。沈德符《万历野获编》之煤山条载："相传其下皆聚石炭，以备闭城为虞之用者……余初未信之，后见宋景濂手跋一画卷，载金台十二景，而万岁山居其一。"煤山条里的"万岁山"之名，为万历年间所更名的永乐朝大内禁苑之"福山"，而非洪武初年的元太液池之万岁山。"其下"，指"山下"；"皆聚"，指"堆积"、"堆集"的意思。

宋景濂，名濂，字景濂，号潜溪，又号玄真子，玄真道士、玄真遁叟。朱元璋立国，朝廷礼乐制度多为宋濂所制定，被誉为开国文臣之首。洪武元年，朱元璋命宋景濂为纂修《元史》总裁，官至翰林学士。宋景濂卒于明洪武十四年（1381年）。因主修《元史》之故，宋景濂对元大都的情况必须要有清楚的了解。再者，朱元璋为了在老家凤阳修建明中都，决定拆除元大都中轴线上的主要宫殿等建筑以用于明中都主要宫殿的修建。因此，特派画师将元大都中轴线上的主要宫殿等建筑真实地画录下来，其中就有"金台十二景"。宋景濂反复阅览该"画卷"，并为之作跋一卷。由此可知："煤山"确实是因明洪武初年徐达等明守军在山下堆放过煤而被画入"画卷"；而"煤山"的称谓，应该是出自守护北平的明军官兵的日常口语。

景山在明洪武初年，不仅"囤积"城防所需的"冬储煤炭"，而且还驻扎着军队，很可能大将军徐达的"帅帐"就设于此。刘崧曾于明洪武三年至洪武十三年（1370—1380年），任北平按察史，他在《早春燕城怀旧》诗中有："金水河枯禁苑荒，东风吹雨入宫墙。……宫楼粉暗女垣敧，禁苑尘飞辇路移"的诗句，[1] 客观地记录了当时的故元大内御苑，已沦为兵营、练兵、囤积煤炭粮草的场所的真实状况。由此也可得知："煤山"的称谓，确实由于洪武初年守城的明军囤积煤炭在山脚下而演变成"煤山"。所以，到崇祯年间，大京兆刘宗周也误认为"煤山"真有煤。[2]

"福山"的称谓，出自永乐年间为迁都北京而重建皇宫、大内禁苑及中轴线主要建筑之时。为了炫耀迁都后的新气象，永乐皇帝特命众朝臣吟诗作赋以歌功颂德。当时的大学士杨荣、金幼孜、李时勉等众大臣纷纷献上《皇都大一统赋》、《北京赋》等以歌颂永乐迁都之举。杨荣在《皇都大一统赋》中有："……又有福山后峙，秀出云烟。实为主星，圣寿万年。层嶂垒拥，奇峰相连。鼓钟有楼，其高接天。……至若太液之池，万岁之山，澄波潋滟，层岫巉岏。……"[3] 可知以往"煤山"的俗称，实在不雅，故改称"福山"以托吉祥之意。

黄佐在《北京赋》中对"福山"的空间有直接地描绘："盖自玄武门外，出北上中，山势蜿蜒而未穷。其下周回，百果茏葵，出其委翳，回眺天池翠岛，真蓬莱之在九重也。……"[4]

余光在《北京赋》中对"福山"的描绘则更加具体，似乎是他登临"福山"四望的感受："于后则阁道穹隆，披庭披璃。莹若朝霞之流槛，鬈若玄云之舒霓。栾栌叠旋而锦布，壶术幽闶而若迷。户万门千，永巷重闱。倚窈窕而渺然，抚珍树而猗猗。惟保真于温室，乃西南之户楣。若芷宫之璀璨，络珠玉而火齐。图云雾而变化，画仙灵而披离。又其西则太液涵玉波而荡漾，春云绕琼岛

1 《钦定日下旧闻考》卷七《形胜》。
2 刘若愚《明宫史》金集《宫殿规制》。
3 《钦定日下旧闻考》卷六《形胜》。
4 《钦定日下旧闻考》卷七《形胜》。

而幻奇。……"[1]

"万岁山"的称谓，出于万历年间。沈德符《万历野获编》之"煤山条"里有"万岁山"之名，非洪武初年的元太液池之万岁山，而是永乐朝大内禁苑之"福山"。

"煤山"、"福山"、"万岁山"等称谓，实际上都是大内禁苑的代名词。明永乐朝迁都北京后，除在元大内基址上，改建新皇宫外，也改建了元大内禁苑里的建筑，拆除元大内禁苑北、东、西三面夹垣和南内垣，改建后的明大内禁苑仍为五个门。万历朝将大内禁苑"福山"改称"万岁山"、将大内禁苑南门"山前门"改称"万岁门"；而东、西二门仍称"山左里门"和"山右里门"；北二门仍称"山后左门"和"山后右门"。

最迟在明代，景山已是"五峰逶迤"、"奇峰相连"的"山"了，并在五峰之巅规划修建了五亭。

因沿用元大内御苑为明大内禁苑，故明大内禁苑内有众多古树。原"忽必烈躬耕处"，因在洪武朝已改为练兵的"操演场"，直至万历、崇祯朝，皇帝还在禁苑观看"内操"，称"观德"，并有观德殿。永乐朝迁都北京后，又重新规划修建了大内禁苑，改"煤山"为"福山"；[2]嘉靖、万历两朝，又在大内禁苑规划修建了一些建筑。《明宫史》、《酌中志》等明代史料记载的大内禁苑北部、东北部的建筑有：寿皇殿（位于禁苑北中轴线以东）、观德殿、永寿殿、观花殿，寿皇殿左曰毓秀馆、右曰育芳亭、后曰万福阁，（万福阁）其上曰臻福堂、曰永禧阁，其下曰聚仙室、曰延宁阁、曰集仙室。万岁山上"树木葱郁，鹤鹿成群，有亭五：曰毓秀亭，曰寿春亭，曰集芳亭，曰长春亭，曰会景亭（应在今万春亭位置）。亭下有洞，曰寿明洞。"[3]

明大内禁苑万岁山上，建有东西五亭：南北三亭（楼），符合《河图》、《洛书》的"三五"之数，山巅之亭位于南北三殿（亭）和东西五亭之中。位于中轴线上的南北三殿（亭），山前殿在元大内御苑留连馆基址上改建，即今绮望楼处；万岁山主峰上的会景亭就在元大内御苑"青山"之巅的眺远阁基址上改建，亭下开有一洞，曰"寿明洞"。元大内御苑的山后殿为明代所拆除。今景山接近北麓的山坡上，有一亭式建筑基址平台，可能是明代规划修建的寿皇亭，以应对北面的寿皇殿。明末、清初诸多史料、笔记，如谷应泰《明史纪事本末》、夏燮《明通鉴》、谈迁《国榷》、彭孙贻《流寇志》、吴伟业《绥寇纪略·补遗》、张岱《石匮书集》等均记载：崇祯帝自缢于寿皇亭。清朝迁都北京后，拆除了寿皇亭。

明大内禁苑之万岁山，不仅见证了金、元两朝的覆亡，也经历了明王朝的终结。人们传说：今景山东麓道旁，有一棵槐树，为明崇祯帝自缢处。崇祯帝虽是明末比较有作为的皇帝，但一二百年来明王朝的腐朽统治和走向衰亡的大趋势，不是一个有作为的皇帝所能改变的。当李自成率领大顺农民起义军攻入北京外城后，崇祯帝见大势已去，决心以死殉国，遂入禁苑寿皇殿拜谒先帝之御容（遗像），觉得无颜以对先帝，乃出寿皇殿，至万岁山北麓中轴线上的寿皇亭自缢。笔者认为：寿皇亭即"红阁"，约在今景山北坡接近景山北麓的"平台"处。以崇祯帝的刚毅和

1 《钦定日下旧闻考》卷七《形胜》。

2 《钦定日下旧闻考》卷六《形胜》所引杨荣《皇都大一统赋》。

3 《光绪顺天府志》京师志三，宫禁下所引《酌中志》。

尊严，他不可能自缢于万岁山东麓道边的一棵槐树上，虽说无颜以对先帝，觉得不配死于寿皇殿，但作为"天子"，也应"殉国"于万岁山北麓中轴线上的寿皇亭。

明万岁山的高度，崇祯年间曾经丈量过。在崇祯朝历任六科给事中、都给事中等朝廷要职的孙承泽，在其所著的《春明梦余录》之《宫殿额名考》中记载："崇祯七年九月初奉旨：万岁山顶至山根斜量二十一丈，著折高多少？合每丈折高七尺，共折高一十四丈七尺。"如以每营造尺折 0.31905 米计，折合约 46.9 米，分别与元代"青山"按元尺度规划的高度（合 30 步，约 47.1 米）和隋代"镇山"按隋尺度规划的高度（合 20 丈，约 47.1 米）相吻合。

第五节　景山在清代的概况

1644 年，北京城发生了"三朝更替"的重大事件。3 月 19 日，李自成率领"大顺"农民起义军攻入北京城，明王朝最后一位皇帝崇祯帝见大势已去，遂入大内禁苑，自缢于寿皇亭，明王朝 277 年的统治被推翻了。然而，由于"大顺"政权的"中央"官吏目无法度，对明政权的官吏和财产，没有采取由"摧毁"到"怀柔"的政策，而是采取一味"摧毁"的政策，致使镇守山海关的明将吴三桂由观望转而投向清王朝。由于李自成不能懂得在"改朝换代"的非常时期，镇守当时已成为"边关"山海关的明将吴三桂这一"砝码"的重要作用，最终落得"兵败山海关"、"退出北京城"、走上覆亡的道路。尽管不得不"退出北京城"，但李自成还是在临走前，于匆忙中在故宫武英殿举行了"大顺"王朝"开国皇帝"的"登基"仪式，完成了"大顺"王朝与明王朝的"改朝换代"。随后，清王朝迁都北京，又完成了一次清王朝与"大顺"王朝的"改朝换代"。

清王朝迁都北京后沿用明皇宫和大内禁苑，但对明皇宫和大内禁苑的四至没有做任何改动。清王朝为了显示自身的"正统"统治地位，还为明末帝崇祯帝举行了"国葬"，并针对明大内禁苑和万岁山做了两件事：一是更名"万岁山"为"景山"、"万岁门"为"景山门"。景山之名，早在三千多年前的商代就已有之，当时的皇宫也是背靠"景山"而建。由此可知：早在商代，风水理论已经成熟并对"营国"产生了影响。二是为了招降纳叛、笼络人心、巩固其统治，除了为明崇祯皇帝举行"国葬"外，还编排了一出"政治戏"——拆除了明崇祯皇帝"自缢处"寿皇亭，并在景山东麓找了一棵槐树，作为明崇祯皇帝的"自缢处"，且"以铁链锁之"，封为"罪槐"；又立下规矩：满清皇族成员路过此处，都要下舆步行，以示敬重和警醒。随着时间的推移，明末诸多史料文献关于崇祯皇帝自缢于寿皇亭的记载，也就为人们所淡忘、不再被提及了；人们又以讹传讹，所谓的"罪槐"，就以假充真，成为"明思宗殉国处"了，而真正的殉国处——寿皇亭，也为清王朝统治者所拆毁（且在乾隆朝重建山亭时，成为唯一一个没有被重建的山亭），而不为人们所知了。

由于康熙、雍正两朝的"励精图治"，使得到乾隆朝时拥有了巨大的财富，为乾隆朝改建皇宫和大内禁苑的原有规划格局，以及建设其他离宫、园囿提供了充足的物质条件。我们今天看到的景山风貌，就是于清王朝乾隆十四年至十六年（1749—1751 年）形成的。

从乾隆十四年（1749 年）始，清廷对大内禁苑寿皇殿和景山诸亭进行了大规模的改建。《国

绮望楼（引自《旧京史照》）

朝宫史》载："山后为寿皇殿，殿旧为室三，居景山东北。乾隆十四年，上命所司重建，南临景山中峰。正中宝坊一……左右宝坊二……北为砖城，门三。门前石狮二，门内戟门五楹，大殿九室，规制仿太庙。左右山殿三楹，东西配殿五楹，碑、井亭各二，神厨、神库各五。"在大内禁苑北部中轴线上规划修建寿皇殿，比明寿皇殿的规制要高，但祭祀功能未变，为敬奉本朝列祖列宗皇帝的御容暨列后圣容的祭祀场所。

寿皇殿为重檐庑殿顶、九五开间的大殿，殿前有须弥座丹墀，为仿明太庙建筑，规格仅次于太和殿和太庙前殿。寿皇殿建筑群组规模宏大，殿前、戟门前、宫墙前，规划建有三重广场；宫墙前广场南、东、西三面各立有庑殿顶重檐三间牌楼（即：宝坊）一座；殿后，东北曰集祥阁，西北曰兴庆阁。改明寿皇殿为永思殿，作为清帝后停灵之处。

乾隆十六年（1751年），清廷又对景山诸亭进行改建。原明万岁山有七亭（殿），除清初拆毁的山北寿皇亭外，还余六亭（殿），即东西五亭和山前殿。这次改建将山前殿改建为绮望楼，将山上五亭分别改建为："踞其巅中曰万春，左曰观妙，又左曰周赏，右曰辑芳，中曰富览，"[1]并在五亭中各置大佛一尊，使北京的制高点上有佛，以传达乾隆帝的崇佛思想。

另外，还在北上门东、西垣北侧，各建有北向"朝房"50间，作为皇室子弟读书处，并在绮望楼设有孔子牌位。

清朝末年，"八国联军"侵入北京后，将景山五亭中四小亭里的大佛盗走。

在清朝统治的二百多年里，景山成为皇帝祭祀先帝和儒、释崇拜的"圣地"——大佛至高无上、孔子入主中轴。清统治者想以儒、释作为自己的护身符，以此保佑清统治的"长治久安"。但历

---

1 《日下旧闻考》卷十九《国朝宫室》。

史是无情的，无论是风水，还是儒、释"圣教"，都保佑不了"无道"、"反动"、"专制"、"腐朽"的清王朝的统治。

第六节　民国以降的景山

1928年，景山在稍加修葺后，作为公园对外开放，成为市民游览、歇息的场所。景山公园隶属于故宫博物院。

1930年3月，故宫博物院在景山东麓"罪槐"旁立一块纪念石碑，上书："明思宗殉国处"。

1944年3月19日，时值抗战后期，付增湘等人特在"罪槐"北侧树立了一块《明思宗殉国三百年纪念碑》并镌刻了碑文。

1950年代，改为景山公园，但北部寿皇殿建筑空间群组则作为北京市少年宫，观德殿则作为少年儿童图书馆。景山公园隶属于北京市园林局。

1957年，景山被列为北京市重点文物保护单位。

"文革"初，红卫兵将景山中峰万春亭中的大佛捣毁。遗憾的是：没有被"八国联军"侵略者盗走的北京城最高的大佛，却毁于红卫兵的"革命行动"中。

"文革"中后期，景山公园曾一度被关闭，成为"四人帮"的"御苑"。"文革"结束后，景山公园得以重新开放。

1981年4月11日，由于管理不善，致使有230多年历史的古建筑寿皇殿戟门因失火而被焚毁，后又重建。

1998年，原景山五亭中的五尊大佛被重塑归安，恢复了清乾隆朝重建景山五亭时的原貌，可谓"修旧如故"。

2002年，景山被列为全国重点文物保护单位。

目前，北京市西城区政府正在恢复景山西街的"容貌"，但愿能保护好景山西侧的红墙、金水河、御道和相关历史规划及遗迹，切勿将马路拓宽以再度毁坏历史规划及遗迹。

北京市少年宫的迁出问题，已到了亟待解决的时候了。广大中外游客急切地期盼着早日能够看到清乾隆朝重建的寿皇殿原貌和景山的全貌。

景山，是北京中轴线规划的"原点"，是元大都中轴线的"中心点"，也是北京古都全城的制高点；是历经隋、唐、辽、金、元、明、清等朝代至今，有着1400多年历史的皇宫之禁苑，是中华文明奉献给人类社会的文化遗产。

第七节　景山的成因

关于景山的成因，目前学术界的流行观点认为：是在明永乐朝迁都北京时，用开挖故宫护城河的土堆筑的"镇山"。笔者通过研究隋、金、元、明四代有关北京的文献、史料，以及里制和规划等问题，发现这种所谓"景山成因"的观点，既与元、明诸多史料的记载不符，又与明规划

万春亭北望中轴线（引自《清代北京皇城写真帖》）

尺度不合。因此，笔者认为：景山不是明永乐朝用开挖故宫护城河的土堆筑的用以镇压元朝王气的"镇山"[1]，而最迟是隋代规划临朔宫之时堆筑的"风水镇山"。笔者观点的依据是：

1. 中国古代礼仪文化和堪舆学说，是景山最迟形成于隋代的客观依据之一。古人从修筑城邑到安邦定国，从众部落盟誓到帝王登基、禅让，乃至拜将阅兵都要"筑坛"、"立社"以示庄重和崇拜。中国古代，社为土神，凡建邦立国，必立社以祀。甲骨文的"社"字乃封土之象形。《诗·大雅·绵》记述了周族先王古公亶父从豳迁到歧下，建邦作邑，"乃立冢土"。毛《传》："冢土，大社也。"[2]《周礼·地官·大司徒》："设其社稷之壝而树之田主，各以其野之所宜木，遂以名其社与其野。"[3]《周礼·地官·小司徒》："凡建邦国，立其社稷，正其畿疆之封。"[4]隋炀帝在涿郡郊野规划修建离宫临朔宫，也有"建邦立国"之意，故立社以祀。加之临朔宫位于永定河故道东岸形胜之地，故在宫城玄武位置上作丘以克水，使之成为宫城的屏障。

2. 景山的高度、东西南北的长度均呈隋代规划尺度特征，是景山最迟形成于隋代的客观依据之二。明崇祯年间曾丈量过景山的高度，其坡高约二十一丈折为七成约合十四点七丈，约 47 米（约合 20 隋丈）。景山东西长度几乎接近东西墙垣，约 403 米（约合 0.95 隋里）；景山南北长度约 212 米（约合 0.5 隋里）。

1 笔者注：明永乐朝用开挖故宫护城河的土填埋位于长安街南的"金口河"，即"挖河填河"。
2 冯时：《中国古代的天文与人文》，第 133 页，中国社会科学出版社，2006 年。
3 吕友仁：《周礼译注》，第 125 页，中州古籍出版社，2004 年。
4 吕友仁：《周礼译注》，第 139 页，中州古籍出版社，2004 年。

3. 隋临朔宫中轴线的空间规划，是景山最迟形成于隋代的客观依据之三。景山主峰南距故宫太和殿恰为 2 隋里，南距古永定河渡口 [1] 恰为 6.35 隋里；北距万宁桥 [2] 恰为 3 隋里，北距隋中心台 [3] 恰为 4.25 隋里，北距中轴线北起点恰为 5 隋里。

4. 临朔宫规划的风水需要，是景山最迟形成于隋代的客观依据之四。"山南作宫"是中国古代堪舆理论的精华所在。远在商代，皇宫就规划修建在"景山之南"。《诗经·商颂·殷武》有："商邑翼翼，四方之极"，"陟彼景山，松柏丸丸"的诗句，说的就是商代的王宫规划之风水依据。因此，在闫毗规划临朔宫时，也依据风水需要而规划堆筑了"镇山"，使临朔宫宫城得以"依山而建"。

5. 察看远征高丽的粮草与物资以及检阅军队的客观需要，是景山最迟形成于隋代的客观依据之五。隋炀帝为了远征高丽，诏修驰道和大运河至涿郡，并以涿郡为远征高丽的大本营，规划修建了具有"远征高丽司令部"性质的离宫"临朔宫"，在临朔宫北堆筑"景山"，既符合风水学说，又可满足隋炀帝登高观察漕运与仓储情况以及检阅远征军之需。

6. 刘秉忠规划元大都之时以景山作为大都中轴线的中心点，是景山最迟形成于隋代的客观依据之六。《马可波罗行记》记载了景山是用"中海"之土堆筑的。金代史料记载琼华岛是用"北海"之土堆筑的，与瑶光台同为太宁宫之"西园"。实乃隋代规划的临朔宫之"西园"，堆筑"海中三山"以象征神话中的"蓬莱"、"瀛洲"、"方丈"。后为辽代的"瑶屿离宫"和金代的太宁宫之"西园"。由此可知：金太宁宫西园的"海中三山"，非金代所堆筑，而应为隋代规划临朔宫时，依据堪舆学说所堆筑的。

附：景山怀古

一、五古

（一）

燕国金台筑，卢沟故道旁。

隋炀规御路，原点划怀荒。

永济通玄武，敌台瞭百仓。

中轴抵古渡，两翼储漕粮。

千载春风慕，几朝秋雨凉。

山巅南北瞰，宫阙玉朱黄。

1　笔者注：约在正阳门处。

2　笔者注：为隋大运河永济渠北端。

3　笔者注：后为元中心台，在鼓楼稍北考古勘探发现的古建筑基址。

(二)

大都青山巅，中轴中心点。

象负山植树，宫树绿浑然。

山丘宫北峙，相距地一箭。

山北有松林，林西有翠殿。

松林之东北，躬耕有"籍田"。

东有水碾所，磨盘和石杈。

北有粮仓阁，西有大室焉。

牡丹盈八尺，映红苍翠山。

(三)

"籍田"尘飞扬，御苑操演忙。

"青山"变"煤山"，元臣欲断肠。

"煤山"更"福山"，迁都意气昂。

盘桓蹬古道，五峰迤若梁。

山左帝观德，山后起寿皇。

山巅建五亭，会景极观光。

山间虬龙柏，嘉靖寄衷肠。

又更万岁山，风雨起苍黄。

朱明日已暮，夕照金台旁。

思宗殉国处，山北亭寿皇。

二、沁园春

(一)

千载神州，紫微宫阙，北依景山。

怅朝代更迭，古都无数，毁于战火，历尽暑寒。

远溯夏商，阳城西亳，回首仿佛弹指间。

越时空，览中轴华岳，唯今景山。

隋炀作宫原点，金世于此大宁寿安。

叹至元气魄，秉中智慧，堪舆中点，青山又还。

洪武永乐，煤山福山，紫禁蓬莱无尽看。

清顺治，五朝禁苑在，还名景山。

275

（二）

古道中轴，初奠离宫，临朔当关。

故湿水岸东，永济渠西，万宁桥南，相地观天。

南宫北苑，紫微四垣，西池太液环三山。

燕金台，中轴规原点，尺度焉然。

登山巅，四下看。粮仓鳞次，军营征鞍。

望海子泊船，漕运诸渠，运河千里，舳舻相连。

金继琼林，元明清然，五代禁苑有景山。

历千年，览风流人物，天上人间。

（三）

金台改筑，景山高耸，宫北五峰。

历五代御苑，琼林美树，婆娑白果，侧柏虬龙。

御苑苍翠，松柏青青，牡丹姹紫又嫣红。

元世祖，籍田东北隅，半箭躬耕。

主峰顶，有阁亭。遍览周边，缤纷美景。

瞰宫城金海，飞檐错落，雕栏玉砌，宫阙九重。

琼岛春阴，太液秋风，金台夕照夏和冬。

殉国处，游人尽凭吊，觅寿皇亭。

第十六章　北上门考

说起北上门，恐怕现在很少有人知道它。为查找有关北上门的档案资料，笔者几乎问遍了在北京的档案馆，最后得知北上门的档案资料在故宫。

北上门，是位于故宫北门与景山南门之间的一座门，1956 年因拓宽景山前街的马路而拆除。50 多年来，知道北上门的人已寥寥无几，甚至有些专业人员多次惊奇地问笔者："还有个北上门？""北上门在哪里？"

第一节　北上门的空间位置与"南向"之谜

笔者从历史照片中发现：北上门的具体位置，就在故宫北护城河北岸以北、景山南门以南，即在今景山前街南侧与南便道处。

朱偰先生曾于 20 世纪 30 年代，在"研究游览"故宫后做过文字记述，在其大作《昔日京华》一书中是这样描述的：

> "皇城旧制，北上门在神武门外，南北相向，为入景山之正门，内即景山，其门墙与景山围墙相连。故旧日东西交通，都沿北上门墙外，傍河而行。其北上东门、北上西门尚未拆也。二十年后，故宫博物院为便利交通，并筑宽马路计，拆北上东西二门。筑驰道于景山门、北上门之间。于是顿改旧观，向之北上门属于景山，名符其实；今则隶之故宫，为神武门外第一重门，非'北上'，而为'南下'矣……神武门之北，过桥为景山。山前为北上门，五楹南向，旧为景山第一重门，改建后成为故宫博物院外门，南属故宫，而非北上景山矣。"

对朱偰先生关于北上门"南向"的记述，笔者产生过怀疑："北上门，怎么会是南向呢？"笔者一直主张研究历史地理要有还原时空的本领，确定北上门是否"南向"，不仅要参考朱偰先生的文字记述，还应该参考有关北上门的史料记载，更应该用历史照片来验证。然而有关北上门的历史记载少之又少，有关 1956 年拆除北上门的档案资料又不方便查阅，但历史照片还是应该能够找到的。

我们知道古代人的方位感是极强的，尤其重视门户的朝向。大到国都，小到民宅，其门的门钉朝什么方向，就以方位来为该门命名——"方位＋门"，即方位代表朝向，如：东华门、东安门、东直门均门钉朝东，西华门、西安门、西直门均门钉朝西；玄武门、北安门、北中门、北上门均门钉朝北。朱偰先生为什么说"北上门南向"呢？难道它不是门钉朝北的吗？

笔者在看到北上门门钉朝北的历史照片之前，曾经依据在景山寿皇殿以南考古勘测到的所谓"元大都宫城厚载门基址"和所谓的"元宫城东、西华门在景山前街东、西两端"的观点，认为

北上门（南面）（引自《清代北京皇城写真帖》）

北上门（北面）（张富强提供）

278

考古发现的所谓"元宫城南北约 1000 米"[1]的空间与《辍耕录》记载的"元宫城南北六百十五步"不能吻合，应该是金太宁宫的空间。故"南向"的北上门，应该是金太宁宫宫城的紫宸门。但这一推测能否成立，取决于北上门的历史照片的验证，如果北上门确为"南向"，如果考古勘查的景山寿皇殿以南的古建筑基址真的是"宫城厚载门"的话，紫宸门的推测就能成立；如果北上门的历史照片是"北向"的，即"门钉朝北"，那么，紫宸门的推测就不能成立。

为了解决北上门"北门南向"的矛盾，笔者先后多次从不同角度看过多张北上门的照片，终于在《皇朝宫苑》一书的作者张富强先生处发现了一张北上门门钉朝北——即正对景山南门的历史照片。"门钉朝北"与北上门的名称完全一致。"门钉朝北"的北上门怎么会是景山的"第一重门"呢？

为什么朱偰先生说北上门"南向"呢？原来北上门的"南向"，是指在南面看有三门两窗，即"五间三门"，而在北面看则只有三门之故。

"门钉朝北"的北上门，到底是"神武门外第一重门"，还是"景山第一重门"呢？笔者通过"六重证据法"研究北京古都规划变迁后，终于弄清了北上门的性质与始建时间。

第二节　北上门的性质与始建时间

当从历史图片中看到故宫北面的北上门时，笔者发现北上门的屋脊坡度与北面的景山门和南面的神武门明显不同。笔者又将照片里北上门的高度与其大屋脊的弧线和大屋顶的坡度，以及大屋顶遮住门阙的尺度，分别与中轴线上的单檐歇山顶门阙乾清门、大明门做了对比，发现北上门与具有典型明代建筑风格的乾清门、大明门也不相同。北上门大屋脊的弧线和大屋顶的坡度，与梁思成先生《中国建筑史》中所载的宋元建筑风格完全相同。而神武门、景山门、乾清门、大明门，就大屋脊的弧线和大屋顶的坡度而言，为梁思成先生《中国建筑史》中所载的典型的明代建筑风格。从规制上讲，北上门不应高于大明门和乾清门，但北上门的高度与其大屋脊的弧线和大屋顶的坡度，以及屋顶遮住门阙的尺度，都不合明的规制。因此，笔者认为：北上门很可能不是明代修建的。

北上门如果不是明代修建的，那是哪个朝代修建的呢？笔者向看过 1956 年拆除北上门历史档案的故宫古建部负责人请教，得知北上门所用木料为楠木。结合元明两代宫城多用楠木修建宫殿、门阙的史实，笔者推断：1956 年拆除的北上门应该为元代所建。结合元代规划修建有宫城夹垣的历史记载和对实地空间的勘查，笔者发现："上门"，为元代宫城夹垣之门——东夹垣有东上门和东上南门、东上北门，西夹垣有西上门和西上南门、西上北门，北夹垣有北上门和北上东门、北上西门……由此可知：北上门隶属于宫城，实乃宫城夹垣（卫城）之北门，非因"北上"景山而命名，更非大内禁苑景山之"第一重门"。

笔者以为，探索北上门的始建时间，不妨以北京中轴线的规划沿革为切入点。如果北上门是

1　《元大都的勘查与发掘》，载《考古》1972 年 1 期。

明代以前的规划建筑，那么，北上门以南和北上门以北的规划也应早于明代。《明英宗实录》明确记载了明北京宫城沿用元大都宫城夹垣之阙左门、阙右门的史实："正统元年六月丁酉，修阙左右门和长安左右门，以年深瓴瓦损坏故也。"

笔者认为，历史地理和古都规划研究中所做出的结论，依据往往来自四个方面：一是依据史料记载；二是依据考古资料数据进行推论；三是依据"活化石"实地空间尺度和地名等做出推论；四是推测假说。

史料记载，往往来自当时的史家或当事人，可信度极高，但也不排除传抄中的误记，因此，在依据史料做结论论据时，要诸多史料互证才行。

依据考古资料数据做出推论，则要慎之又慎，切忌将不能与史料互证的考古资料数据作为得出结论的唯一依据。换言之，凡考古资料数据得不到史料验证和"活化石"实地空间规划尺度证实的，都不足以据此做出结论，不能仅凭对史料的错误理解而轻率地否定史料的记载。

对"活化石"的空间进行实地勘查并折算其规划尺度，以论证其规划的具体年代，是一种新的、可行的研究方法，为笔者所创的"六重证据法"中的一条重要方法。

推测假说如果能得到史料记载、考古资料数据、"活化石"实地空间规划尺度等多方证实，则可视为结论，否则观点不能成立。

笔者通过"六重证据法"论证了明北京在阙左门和阙右门以北的中轴线空间规划，基本是继承了元大都宫城和御苑旧有的规划格局；而元大都的宫城和御苑，又是继承了金太宁宫宫城和北苑旧有的规划格局；而金太宁宫宫城和北苑，又是继承了隋临朔宫宫城和北苑旧有的规划格局。所以，北上门的始规划和始建时间为隋代，恰为周长 9.95 隋里的隋临朔宫宫城夹垣之北上门。

就性质而言，北上门一直作为隋临朔宫宫城夹垣、金太宁宫宫城夹垣、元大都宫城夹垣、明

筒子河东眺景山、北上门、神武门（引自《旧京史照》）

北京宫城夹垣、清北京宫城夹垣的北门，即宫城北门的外门，而非禁苑南门的外门；换言之，北上门隶属于宫城，而不隶属于禁苑。北上东门、北上西门则是位于宫城北夹垣与禁苑南垣之间的宫城北驰道上的附属上门，二门隶属于宫城夹垣，而不隶属于禁苑。就如同东上南门、东上北门和西上南门、西上北门分别是位于宫城东、西夹垣与东、西禁垣之间的紫禁城东、西御道——东长街、西长街上的门一样，其门均隶属于宫城东、西夹垣，而不隶属于东、西禁垣。

第三节 复建北上门的意义与措施

北上门，作为宫城夹垣（卫城）的北门，笔者考证其规划始于隋代临朔宫，至今已有1400多年的历史。1956年因拓宽景山前街而拆除。如果复建北上门，将使故宫、景山、北海这一黄金旅游线路又增加一个著名的人文景观。从某种意义上说，复建北上门，是保护北京中轴线人类文化遗产和建设人文北京、发展北京旅游业的一项重要举措。

为了不使复建北上门而影响景山前街的道路交通，有学者建议：在故宫北护城河下面修一条

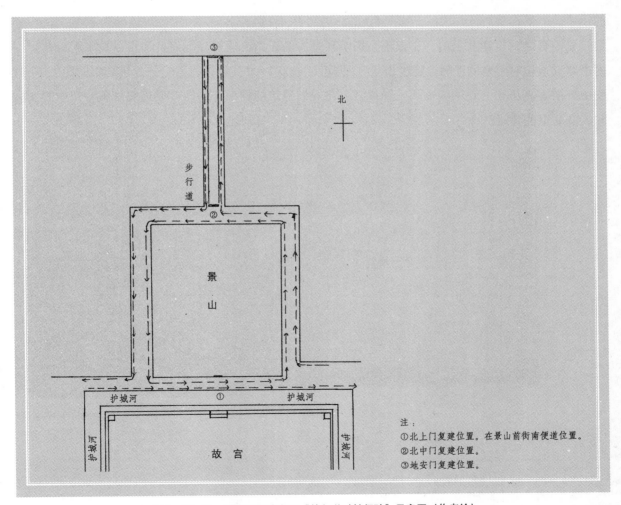

图1—16—01，环景山道路交通"单向逆时针行驶"示意图（作者绘）

281

地下隧道。笔者认为，此建议基本不具备可行性：一是在世界文化遗产故宫的护城河下面挖掘隧道是否允许？二是故宫、景山及其附近的景观是一个整体，不容人为的改变。笔者经过实地勘察认为，复建北上门，不但不会与景山前街的道路交通产生矛盾，而且还可以解决环景山的道路交通存在的矛盾。

为此，笔者提供一个解决环景山道路交通的办法供参考：将环景山道路交通的行车方向定为"单向逆时针行驶"。也就是将景山前街、景山东街、景山后街、景山西街均改为单行线，均为三车道，二直行一左转弯。即机动车在景山前街只能由西向东行驶，景山东街只能由南向北行驶，景山后街只能由东向西行驶，景山西街只能由北向南行驶。（图1—16—01）北中门至地安门步行道两侧均为二车道。

实行"单向逆时针行驶"的好处是：

1. 可以使环景山的行车道路"由窄变宽"；

2. 可以撤除景山前、后街交通路口的指示信号灯，减少因红灯停车而造成的交通堵塞现象；

3. 可以真正使直行与左转弯的机动车畅通无阻地各行其道；

4. 解决了与地安门南大街、北海文津街、沙滩五四大街来去车辆的"会车"和"停车等灯"的矛盾。

总而言之，复建北上门，不仅不会影响环景山的正常交通秩序，而且还可以真正解决环景山的道路交通相对阻塞的矛盾。复建北上门，既可以恢复1400多年前故宫——景山规划的历史原貌，使中外游客真正感受到中国古代中轴线宫、苑规划建筑的神韵，又能够促进北京旅游产业的发展和人文北京的建设。

规划纪事篇

第十七章　北京中轴线空间规划探秘

　　北京古都中轴线为世人称作是"伟大的中轴线"，在于它是唯一穿越北京时空的独特标志，在于它是中国古代最高规制的国都中轴线规划与建筑的"活化石"，其历史价值、文化价值、艺术价值，不仅在中国，而且在世界上都是独一无二的和无与伦比的，堪称是中国贡献给人类的历史文化遗产。笔者研究中轴线和北京古都中轴线规划变迁多年并主张北京中轴线应该申请世界文化遗产。北京市政府将中轴线申遗列入"十二五规划"，又专门成立申遗机构，这是一件值得欣喜的事情。北京古都中轴线从北起点钟楼北街丁字路口到南端点永定门，全长近 8000 米，由数十个空间区域和若干建筑所组成，每一个空间区域的南北长度和建筑的进深尺度的规划都是有依据的。有学者认为是明代开始规划的，有学者认为是元代开始规划的，有学者认为是元、明两代规划的。那么这些空间区域都是什么朝代规划的呢？北京古都中轴线"活化石"的实地空间长度，是由中国传统文化理论指导下的中国古代"规划以度"的规划原则规划的，因此其长度空间符合哪个朝代的规划尺度，就是哪个朝代规划的。

第一节　中国传统文化理论对中国古代"规划以度"规划原则的影响

　　中国古代城池、宫殿的选址和规划深受传统文化理论的影响，选址要依据天文、地理、风水等思想的指导，规划布局要依据阴阳、五行、河、洛、易、礼等思想的指导，特别是体现等级观念的"礼"的思想，始终贯穿在规划中，而"礼"的思想的最直接的表现形式就是"规划以度"。"规划以度"，即以一定的长度单位（尺、丈、步、里）来规划宫殿、城池、广场等空间和建筑，而象征皇权的建筑和空间，则用固定的长度数据（如：9.15.35.55.95）来规划。

　　在封建社会，等级制度也通过"度"来体现和维护。天子有天子专用的"度"，如：体现"九"、"九五"、"五五"、"十五"等数字的长度数据；诸侯、士、大夫、平民、庶人是不能用"九"、"九五"、"五五"、"十五"等数字的长度数据的。此外，周礼还规定有针对不同用途的"度"，如："室中度以几，堂上度以筵，宫中度以寻，野度以步，途度以轨……王宫门阿、宫隅、城隅度以雉。"（《周礼·冬官·考工记·匠人》）

　　几千年来，"规划以度"成为中国古代的规划原则。规划城池，以"里"、"步"为"度"，如：隋唐洛阳大城周回 69 里 210 步，元大都大城周回 60 里 240 步；规划宫城，以"步"或"丈"为"度"，如：元大都宫城南北空间 615 步、东西空间 480 步，明北京宫城南北空间 302.95 丈、东西空间 236.2 丈；规划宫殿等单体建筑，以"尺"为"度"，如：元大都宫城崇天门城楼进深 55 尺、宫城城墙高 35 尺、宫城角楼高 85.95 尺，明北京正阳门进深 98.55 尺。

　　"九五"，出自《周易》乾卦："九五：飞龙在天，利见大人。""飞龙在天"，乃位乎天德，上治也；乾元用九，乃见天则，天下治也。故天子"替天行道"治理万民，乃尚九五，故天子独享"九五之尊"，与天子相关的建筑和空间也多用九五尺度数据来规划。

"五五"，出自《周易·系辞上》："大衍之数，五十有五。""天数二十有五，地数三十。凡天地之数五十有五，此所以成变化而行鬼神也。"而大衍之数又源于《河图》、《洛书》。天数为五阳数：一、三、五、七、九，五阳数之和为二十五，乃天数二十有五；地数为五阴数：二、四、六、八、十，五阴数之和为三十，乃地数三十。大衍之数就是天地之数的和，故曰大衍之数五十有五。故"五五""大衍之数"亦为统治大地万物的天子所独享，被用于象征皇权建筑的规划上。

"十五"，出自《洛书》——《洛书》九宫图中的数字，横向、竖向、斜向之和均为十五。太阳数九，太阴数六，和为十五。一阴一阳为之道。十五是古人观察宇宙、连接天地的一个很特别的数字，故为古代皇家建筑规划时所采用的尺度依据之一。

通过研究中国古代都城和宫殿的规划得知：无论哪个朝代，凡筑城、作宫，无一例外，都是依据传统文化理论和本朝的尺度进行规划，即"规划以度"。因此，我们只要通过"验"（丈量其空间长度）和"算"（按不同朝代的尺度核算其规划时代），就可以获得古城墙、区域空间和宫殿的实际长度数据，再把这些数据与不同朝代的尺度数据进行对比的方法，就不难找出该古城、该宫殿的规划朝代。"验"和"算"的目的，就是要通过空间的规划尺度来判定空间的规划时间。

因天文、地理、风水等传统文化理念所致，中国的古都与宫殿，往往是累朝因用，或规划尺度不变，相继沿用前代的都城和宫殿的规划尺度；或规划尺度作局部改变，如对原有都城和宫殿按其朝代的尺度重新规划。

规划尺度不变最为典型的实例，如：东晋规划修建的国都健康（今南京）的宫城和大城相继为南朝宋、齐、梁、陈四朝所沿用；隋代规划修建的大兴（唐改称长安）、洛阳两京的宫城、皇城、大城为唐代全盘继承；隋代规划的临朔宫宫城、北苑和太液池西苑的空间相继为金、元、明、清四代所沿用；明代规划的北京皇城、内城、外城的空间为清代全盘继承。

规划尺度作局部改变最为典型的实例，如：唐幽州规划的大城、子城及中轴线衙署为辽燕京大城、皇城及中轴线宫殿所继承并改造；辽燕京的皇城及中轴线宫殿为金中都皇城及中轴线宫殿所继承并改造；元大都大城的东、西城墙的规划尺度为明北京大城东、西城墙所沿用而南、北城墙的空间则被明代所改造；元大都皇城的规划尺度为明北京继承并改造。

笔者对北京古都中轴线空间规划演变的探秘，正是通过北京古都中轴线"活化石"各空间区域的实际长度与隋、元、明三代的规划尺度相互验证，而隋、元、明三代皇家建筑和空间的规划尺度又必须符合中国古代传统文化理论指导下的"规划以度"的"九"、"九五"、"五五"、"十五"等数据。北京古都中轴线各空间区域的实际长度，或恰恰符合隋代规划尺度的"九"、"九五"、"五五"、"十五"等规划数据，或恰恰符合元代尺度的"九"、"九五"、"五五"、"十五"等规划数据，或恰恰符合明代尺度的"九"、"九五"、"五五"、"十五"等规划数据。至此，我们依据北京古都中轴线"活化石"各空间区域的实际长度符合哪个朝代的规划尺度就是哪个朝代的规划这一客观标准，探寻并揭开了北京古都中轴线各空间区域规划的演变秘密，为今人保护历史文化遗产提供了客观依据。

第二节　对隋、元、明三代尺度的考订和对北京古都中轴线"活化石"各空间区域的南北长度及其规划时代的验证

隋文帝统一中国后，颁布了新的度量衡制度。吴承洛在《中国度量衡史》一书中考订了隋代官尺的具体长度，即 1 隋官尺 ≈ 0.2355 米，1 隋步 = 6 隋尺 ≈ 1.413 米，1 隋里 = 300 步 ≈ 423.9 米。

元代官尺的具体长度，因没有实物依据，吴承洛在《中国度量衡史》一书中没能进行考订，只提出元官尺可能等同于宋官尺长度的观点，即 1 宋官尺 ≈ 0.3072 米，1 宋步 ≈ 1.536 米，1 宋里 = 360 步 ≈ 553 米。但有学者认为元官尺与唐大尺同，即 1 元官尺 ≈ 0.31 米，1 元步 ≈ 1.55 米，1 元里 = 240 步 ≈ 372 米。笔者在对元三都（元上都、元大都、元中都）"三重城"（大城、皇城、宫城），以及对元大都宫城夹垣周长和中轴线空间的长度进行实证研究后，撰写了《关于元代里制和元里长、元尺长、元步长的实证研究》，论证了：1 元官尺 ≈ 0.3145 米，1 元步 ≈ 1.5725 米，1 元里 = 300 步 ≈ 471.75 米，1 元营造尺 ≈ 0.32 米。

明代官尺的具体长度学术界也有不同观点，吴承洛认为明官尺等同于宋官尺，有学者认为明官尺等同于唐大尺。笔者通过对明北京和明中都的宫城、皇城周长的实证研究，对明北京新筑城墙长度的实证研究，对明北京和明中都若干建筑的规划尺度的实证研究，撰写了《关于明里长、明尺长、明步长的实证研究》，论证了：1 明官尺 ≈ 0.31638 米，1 明步 ≈ 1.5819 米，1 明里 = 360 步 ≈ 569.48 米，1 明营造尺 ≈ 0.319226 米。

通过考查北京古都中轴线"活化石"数十个空间区域的实际长度并通过隋、元、明三代规划尺度的验证，我们不难发现：宫城以南及皇城南北垣的空间区域呈现明代规划尺度特征，宫城以北的空间区域主要呈现隋代规划尺度特征，个别空间区域呈现元代规划尺度特征。因此，我们可以推知：北京古都中轴线诸空间区域的最初规划始于隋代临朔宫泛中轴线空间区域规划，后为金太宁宫中轴线空间区域规划所继承，后又为元大都中轴线空间区域规划所继承和改造——在中轴线北端规划钟楼和鼓楼空间区域、在宫城以南规划皇城棂星门和大城丽正门空间区域，后又为明北京中轴线空间区域规划所继承和改造——将皇城南北垣外扩、在宫城以南重新规划端门、承天门、大明门、正阳门、永定门诸空间区域。

一、北京中轴线景山主峰与南、北主要空间区域的长度符合隋代规划尺度特征，为隋代所规划。

1. 景山主峰南距景山公园南垣的南北长度约 145 米，合 61.5 隋丈；又合 92.25 元步，又合 45.4 明营造丈。

2. 景山主峰南距故宫北城墙的南北长度约 258 米，合 109.5 隋丈；又合 164.25 元步，又合 80.82 明营造丈。

3. 景山主峰南距太和殿的南北长度约 848 米，合 360 隋丈；又合 540 元步，又合 265.73 明

营造丈。

4. 景山主峰南距故宫午门南侧的南北长度约 1223 米，合 519.5 隋丈；又合 779.25 元步，又合 383.46 明营造丈。

5. 景山主峰北距地安门东西大街的南北长度约 954 米，合 405 隋丈；又合 607.5 元步，又合 298.94 明营造丈。

6. 景山主峰北距鼓楼东西大街的南北长度约 1766 米，合 750 隋丈；又合 1125 元步，又合 553.6 明营造丈。

7. 景山主峰北距中轴线北起点钟楼北街丁字路口的南北长度约 2120 米，合 900 隋丈；又合 1350 元步，又合 664.31 明营造丈。

二、北京中轴线故宫及其以北的中轴线各空间区域长度符合隋代规划尺度特征，为隋代所规划。

1. 临朔宫南、北宫垣及南北宫门分别在今天安门东西一线和地安门以南约 155 米，南北长度约为 2579 米，合 1095 隋丈；又合 1642.5 元步，又合 808.25 明营造丈。

2. 临朔宫宫城朱雀门（今故宫午门）南侧至北苑（今景山）北垣的南北长度约为 1600 米，合 679.5 隋丈；又合 1019.25 元步，又合 501.56 明营造丈。

3. 临朔宫泛中轴线北起点（今钟楼北街丁字路口），南距临朔宫宫城（今故宫）北城墙的南北长度约为 2377 米，合 1009.5 隋丈；又合 1514.25 元步，又合 745.14 明营造丈。

4. 临朔宫泛中轴线北起点，南距故宫午门南侧的南北长度约为 3343 米，合 1419.5 隋丈；又合 2129.25 元步，又合 1047.77 明营造丈。

5. 故宫北城墙北距临朔宫北苑（今景山后街）以北的北禁垣约为 695 米，合 295 隋丈；又合 442.5 元步，又合 217.75 明营造丈。

6. 故宫北城墙北距临朔宫北宫垣及北宫门约为 1059 米，合 449.5 隋丈；又合 674.25 元步，又合 331.79 明营造丈。

7. 故宫北城墙北距临朔宫泛中轴线之北纬路（鼓楼东西大街）约为 2024 米，合 859.5 隋丈；又合 1289.25 元步，又合 634.42 明营造丈。

三、故宫中轴线各区域空间的长度符合隋代规划尺度特征，为隋代所规划。

1. 临朔宫宫城宫城朱雀门（今北京故宫午门）进深约 35 米，合 15 隋丈；又合 22.55 元步，又合 11.07 明营造丈。

2. 朱雀门北侧至外朝怀荒门（今北京故宫外朝太和门）及南庑墙（今北京故宫外朝南庑墙）的南北空间长度约 145 米，合 61.5 隋丈；又合 92.25 元步，又合 45.4 明营造丈。

3. 临朔宫宫城外朝的南北长度约 365 米，合 155 隋丈；又合 232.5 元步，又合 114.41 明营造丈。

4. 临朔宫宫城外朝北庑墙至内廷南庑墙的长度约 55 米，合 23.55 隋丈；又合 35.25 元步，又合 17.35 明营造丈。

5. 临朔宫宫城（今故宫）内廷的南北长度约 212 米，合 90 隋丈；又合 135 元步，又合 66.43 明营造丈。

6. 内廷紫宸殿（今乾清宫）基座南、北沿分别至内廷前、后庑墙的南北长度约 69 米，合 29.5 隋丈；又合 44.25 元步，又合 21.77 明营造丈。

7. 紫宸殿（今乾清宫）进深约 28 米，合 12 隋丈；又合 18 元步，又合 8.86 明营造丈。

8. 紫宸殿南、北侧分别至紫宸殿基座的南、北沿的南北长度约 22 米，合 9.5 隋丈；又合 14.25 元步，又合 7.01 明营造丈。

9. 内廷北庑墙（今坤宁门）至宫城北萧墙（今北京故宫顺贞门东西一线的萧墙）的南北长度约 93 米，合 39.5 隋丈；又合 59.25 元步，又合 29.16 明营造丈。

10. 宫城北萧墙至宫城玄武门（今北京故宫神武门）南侧的南北长度约 32 米，合 13.55 隋丈；又合 20.38 元步，又合 10.03 明营造丈。

11. 宫城玄武门进深约 28 米，合 11.95 隋丈；又合 17.92 元步，又合 8.82 明营造丈。

四、故宫北城墙至景山以北的北禁垣之北中门中轴线各区域空间的长度符合隋代规划尺度特征，为隋代所规划。

1. 宫城北城墙北侧至宫城北夹垣及北上门的南北长度约 84 米，合 35.5 隋丈；又合 53.25 元步，又合 26.2 明营造丈。

2. 宫城北夹垣至北苑南夹垣（今景山南垣）的南北长度约 29 米，合 12.5 隋丈；又合 18.75 元步，又合 9.23 明营造丈。

3. 北苑南垣，至北苑山前殿基座南沿约 42 米，合 18 隋丈；又合 27 元步，又合 13.29 明营造丈。

4. 至景山主峰的南北长度约 145 米，合 61.5 隋丈；又合 92.25 元步，又合 45.4 明营造丈。

5. 至北苑北内垣（今景山北垣）的南北长度约 522 米，合 221.5 隋丈；又合 332.25 元步，又合 163.5 明营造丈。

6. 北苑北垣（今景山北垣）至北禁垣北中门约 60 米，合 25.5 隋丈；又合 38.25 元步，又合 18.82 明营造丈。

五、考查北京古都中轴线宫城以北的各空间区域的长度，发现只有两个半空间区域分别为元、明两代所规划。

1. 钟楼空间区域的长度符合隋代规划尺度特征，为元代所规划。

钟楼北距中轴线北起点——钟楼北街丁字路口约 157 米，合 100 元步，又合 66.67 隋丈，又合 49.2 明营造丈；南距中心台约 102 米，合 65 元步；又合 43.5 隋丈。显然，中心台为沿用隋代的中心台，而钟楼则为元代所规划，后为明清两代所沿用。

2. 鼓楼空间区域的长度符合"半个"元代规划尺度特征。

鼓楼位于钟楼前十字街（即中轴线与中纬线交汇点，元大德元年将鼓楼规划于此），北距中心台约 94 米，合 60 元步，又合 40 隋丈；又北距钟楼约 196 米，合 125 元步，又合 83.5 隋丈，又合 61.55 明营造丈；又北距中轴线北起点——钟楼北街丁字路口约约 353 米，合 225 元步，又合 150 隋丈，又合 110.72 明营造丈。由于元大都中纬线（今鼓楼东西大街）是沿用隋临朔宫泛中轴线之北纬路的规划，虽规划鼓楼于此，但只能算作半个元代的规划，后为明清两代所沿用。

3. 明北京皇城北垣的空间的长度符合明代规划尺度特征，为明代所规划。

明北京皇城北垣及北安门（清沿用并改称地安门）南距元大都皇城北垣及厚载红门约 161.8 米，合 50.69 明营造丈。考查明北京皇城南北长度约 2742 米（合 858.95 明营造丈），是在元大都皇城南北空间向南北外扩形成的。故北京古都中轴线宫城以北的各空间区域，只有皇城北垣及北门为明代所规划（后为清北京皇城北垣及地安门），其余各空间区域均为前代所规划。

六、考查北京古都中轴线宫城以南的各空间区域的长度，发现是后代改变前代的规划所为：即元代改变隋代的规划、明代又改变元代的规划。

1. 北京古都中轴线宫城以南的各空间区域的长度，初为隋代所规划。

①隋临朔宫宫城（今北京故宫）南城墙南距宫城南夹垣及南上门（后为金太宁宫宫城南夹垣、元大都宫城南夹垣、明清北京太庙和社稷坛北垣）约 141 米，合 60 隋丈。

②临朔宫宫城南夹垣南距宫城南禁垣及南中门（在元代皇城棂星门和周桥以北、今端门以北约 90 多米东西一线，为元代拆除）约 117 米，合 49.5 隋丈。

③临朔宫宫城南禁垣南距临朔宫南宫垣及南宫门（约在今天安门金水桥南侧红墙东西一线，为元代拆除）约 379 米，合 161 隋丈。

④临朔宫南宫垣南距古永定河渡口（今正阳门处）约 833 米，合 353.5 隋丈。

2. 北京古都中轴线宫城以南的各空间区域的长度，次为元代所规划。

①元大都宫城南城墙南距宫城南夹垣（沿用前代规划，但拆除了南上门）约 140 米，合 89.5 元步。

②元大都宫城南城墙南距皇城南垣（《析津志》记载位于缎匹库南垣外东西一线，即今端门东西一线，明代改建为端门）约 369 米，合 235 元步；周桥规划于其北（为明代拆除）。

③元大都皇城南垣南距大城南垣（在今古观象台东西一线与中轴线交汇点处，明代拆除）约 400 米，合 255 元步；此空间规划有长安街（后为明端门所覆压）和千步廊（为明代拆除）。

④元大都大城丽正门南距南郊坛（今天坛）约 3300 米，合 7 元里。

3. 北京古都中轴线宫城以南的各空间区域的长度，终为明尺度所规划。

①明北京宫城午门南侧南距端门南侧约 385 米，合 120.55 明营造丈；此空间区域后为清北京所沿用。

②端门南侧南距皇城承天门南侧约 175.57 米，合 55 明营造丈；此空间区域后为清北京所沿用。

③皇城承天门南侧南距皇城南外垣大明门南侧约 670 米，合 423.5 明营造丈；此空间区域规划有外金水桥、长安天街、千步廊（1915 年拆除）、大明门（清代改称大清门、中华民国改称中华门，1959 年拆除）；此空间区域后为清北京所沿用。

④大明门南距大城丽正门北侧约 199 米，合 126 明步；此空间区域规划有棋盘街市，后为清

北京所沿用。

⑤大城正阳门南侧南距外郭永定门南侧约 3100 米，合 1959.5 明步；此空间区域后为清北京所沿用。

第十八章 北京中轴线的空间规划与建筑群组

第一节 辽南京中轴线的空间规划与建筑群组

一、辽南京中轴线南北空间规划为四个区域

辽代以唐幽州子城中轴线为辽南京中轴线，因辽代在唐幽州大城之西南、即子城之南修筑外罗城而将中轴线往南延伸了二里，故将唐幽州子城中轴线南北三个区域空间的规划变为辽南京中轴线南北四个区域空间的规划。

1. 宫城区域

辽南京宫城区域，即唐幽州子城内的宫城区域，由南端门、元和门广场、元和门、元和殿广场、元和殿、弘政门广场、弘政门、弘政殿广场、弘政殿、紫宸门、紫宸殿、子北门等建筑空间所组成。

2. 皇城区域

辽南京皇城区域，即唐幽州子城内的宫城以南区域，由丹凤门、来宁馆、会同馆、诸衙署、宫城南端门广场等建筑空间所组成。

3. 宫城以北的大城区域

辽南京宫城以北的大城中轴线区域，即唐幽州子城以北至大城北城墙西门拱宸门内的空间区域，由拱宸门大街和"北市"所组成。

4. 外罗城区域

辽南京西南外罗城区域，位于辽南京皇城，即唐幽州子城以南，由外罗城南门、皇城丹凤门广场和御街组成。

二、辽南京中轴线南北空间规划有五个功能建筑群组

在辽南京南北四个空间区域里，规划有三个功能建筑群组。

1. 皇城丹凤门建筑群组。

辽南京皇城丹凤门建筑群组，由丹凤门及丹凤门内的来宁馆、会同馆、诸衙署等建筑所组成。功能是：防卫宫城、外交馆舍、行政机构等。

2. 宫城南端门与宫城外朝建筑群组。

辽南京宫城南端门与宫城外朝建筑群组，由宫城南端门、宫城外朝元和门和元和殿等建筑所组成。功能是：最高礼制建筑的"派出所在"——宫城正殿，皇帝在此举行重大礼仪活动。

3. 宫城内廷与宫城子北门建筑群组。

辽南京宫城内廷与宫城子北门建筑群组，由内廷弘政门、弘政殿、紫宸门、紫宸殿、子北门等建筑所组成。功能是：皇帝在宫城居住、处理日常朝政、宴会宾客。

第二节　金中都中轴线的空间规划与建筑群组

一、金中都中轴线南北空间规划为六个区域

金中都大城是在辽南京大城向西、南、北三面外扩而成的。因此，金中都中轴线南北空间规划为六个区域。

1. 宫城区域

金中都宫城区域，即继承和改建辽南京宫城区域而成，由宫城应天门、外朝大安门广场、大安门、大安殿广场、大安殿、大安殿北广场、内廷宣明门广场、宣明门、仁政门广场、仁政门、仁政殿广场、仁政殿、紫宸门、紫宸殿、玄武门等建筑空间所组成。

2. 南皇城中轴线区域

金中都南皇城区域，即继承和改造辽南京宫城以南的皇城区域而成，由皇城宣阳门、千步廊及左右的馆舍、太庙、社稷坛、诸衙署、宫城应天门广场等建筑空间所组成。

3. 宫城以北的北皇城中轴线区域

金中都宫城以北的北皇城区域，为金代迁都燕京时的新规划，由北苑、皇城北门拱辰门等建筑空间所组成。

4. 皇城以北的北内城中轴线区域

金中都皇城以北的北内城区域，即辽南京宫城以北至大城北城墙西门拱宸门内的空间区域的北部，由拱宸门大街和"北市"所组成。

5. 南大城中轴线区域

金中都南大城区域，即辽南京西南外罗城区域，位于金中都皇城（原辽南京皇城）以南，由金中都皇城宣阳门广场、御街、金中都大城"国门"丰宜门、丰宜门瓮城、丰宜门瓮城前门等建筑空间所组成。

6. 北大城中轴线区域

金中都北大城区域，位于金中都北内城拱宸门（即辽南京大城北城墙西门）外、金中都大城北城墙正门通玄门内，为金中都新规划的区域，由拱宸门外大街、通玄门、通玄门瓮城、通玄门瓮城北门等建筑空间所组成。

二、金中都中轴线南北空间规划有五个功能建筑群组

在金中都南北六个空间区域里，规划有七个功能建筑群组。

1. 大城"国门"建筑群组

金中都大城"国门"建筑群组，由皇城宣阳门广场、御街、大城丰宜门、丰宜门瓮城、丰宜门瓮城前门等建筑空间所组成。功能是：礼仪、防卫。

2. 皇城宣阳门前朝建筑群组

金中都皇城宣阳门前朝建筑群组，由宣阳门及宣阳门内的千步廊、太庙、社稷坛、外交馆舍、

诸衙署、宫城应天门广场等建筑空间所组成。功能是：礼仪、祭祀、外交、行政等。

3. 宫城外朝建筑群组

金中都宫城外朝建筑群组，由宫城应天门、宫城外朝大安门广场、大安门、大安殿广场、大安殿等建筑空间所组成。功能是：最高礼制建筑的宫城正殿，皇帝在此举行重大礼仪活动。

4. 宫城内廷建筑群组

金中都宫城内廷建筑群组，由内廷宣明门、宣明门广场、仁政门、仁政门广场、仁政殿广场、仁政殿、紫宸门、紫宸殿、玄武门等建筑空间所组成。功能是：皇帝在宫城居住、处理日常朝政、宴会宾客。

5. 皇城北苑建筑群组

金中都皇城北苑建筑群组，由宫城玄武门至皇城拱辰门之御街、北苑等建筑空间所组成。功能是：礼仪、休闲、赏景。

6. 内城"北市"建筑群组

金中都北内城之"北市"建筑群组，由皇城北门拱辰门外御街、北市、北内城之拱辰门等建筑空间所组成。功能是："国市"。

7. 大城玄武建筑群组

金中都大城玄武建筑群组，由北内城拱辰门外御街、大城通玄门、通玄门瓮城、通玄门瓮城北门等建筑空间所组成。功能是：礼仪、防卫。

第三节　隋临朔宫中轴线的空间规划与建筑群组

一、隋临朔宫中轴线南北空间规划为六个区域

临朔宫是隋炀帝在涿郡的离宫。离宫，一般都规划在靠近山水的都郡城外。根据地理环境和隋炀帝远征高丽的需要等客观因素分析，笔者推断隋临朔宫应该规划在涿郡东北郊古永定河左岸。因在城外的郊野筑城，加之皇城规制和防卫需要，结合北京故宫与景山及其四周的实地特征，故临朔宫应该是依山傍水的"四重城"建制的离宫，其南北空间规划有六个区域。

1. 南禁卫区域

隋临朔宫的南禁卫区域，在临朔宫南禁垣至南宫垣的南北空间里。在南禁卫区域的中部，即在中轴线上的第一道墙垣南宫垣和第二道墙垣南禁垣之间，有一广场空间，用以驻扎军队，起屏障宫城的作用。

2. 朱雀门区域

隋临朔宫的朱雀区域，在临朔宫南禁垣至宫城南垣的南北空间里。此区域为临朔宫的第二道防卫屏障，由南禁垣、南夹垣和宫城南城墙"三重城"所组成。

3. 外朝区域

隋临朔宫的外朝区域，在临朔宫宫城的南半部，即在怀荒殿——怀荒门——朱雀门的南北空

间里，为隋炀帝远征高丽的大本营之大朝堂，隋炀帝在此与群臣议政和接见外国使者、外族首领和宗教头领。

4. 内廷区域

隋临朔宫的内朝区域，在临朔宫宫城的北半部，即在紫宸门——紫宸殿——清宁殿的南北空间里，为隋炀帝远征高丽的大本营之日朝堂，隋炀帝居住于此殿并在此殿处理日常朝政。

5. 北苑区域

隋临朔宫的北苑区域，在临朔宫宫城以北，根据宫北为苑、山南作宫的传统规制，在临朔宫北苑，有一座人工堆筑的山丘，即临朔宫的相地、奠基之地。

6. 北禁卫区域

隋临朔宫的北禁卫区域，在北禁垣至北宫垣的南北空间里。在北禁卫区域的中部，即在中轴线上，有一"四门"广场空间，用以驻扎军队，起屏障北苑的作用。

二、隋临朔宫中轴线南北空间规划有五个功能建筑群组

在临朔宫南北六个空间区域里，规划有五个功能建筑群组。

1. 朱雀建筑群组

隋临朔宫朱雀建筑群组，由朱雀门、南上门、南中门等建筑所组成。功能是：防卫宫城、颁布诏令、班师献俘等。

2. 外朝建筑群组

隋临朔宫外朝建筑群组，由怀荒殿、怀荒门等建筑所组成。功能是：最高礼制建筑的"派出所在"——离宫正殿，皇帝在此议政、接见外国使者、外族首领和宗教头领。

3. 内廷建筑群组

隋临朔宫内廷建筑群组，由紫宸门、紫宸殿、清宁殿等建筑所组成。功能是：皇帝在离宫居住、处理日常朝政、宴会宾客的宫殿。

4. 玄武建筑群组

隋临朔宫玄武建筑群组，由玄武门、北上门等建筑所组成。功能是：防卫宫城、连通北苑、西园；皇帝居离宫时游幸北苑和西园的通道。

5. 北苑建筑群组

隋临朔宫北苑建筑群组，由北苑门、山前殿、山丘、山后殿等建筑所组成。功能是：皇帝在离宫游幸、休闲、观察宫外情景的设施。

第四节　金太宁宫中轴线的空间规划与建筑群组

一、金太宁宫中轴线南北空间规划为六个区域

1. 南禁卫区域

金太宁宫的南禁卫区域，在太宁宫南禁垣至南宫垣的南北空间里。在南禁卫区域的中部，即在中轴线上的第一道墙垣南宫垣和第二道墙垣南禁垣之间，有一广场空间，用以驻扎军队，起屏障宫城的作用。

2．朱雀区域

金太宁宫的朱雀区域，在太宁宫南禁垣至宫城南垣的南北空间里。此区域为临朔宫的第二道防卫屏障，由南禁垣、南夹垣和宫城南城墙"三重城"所组成。

3．外朝区域

金太宁宫的外朝区域，在太宁宫宫城的南半部，即在大宁殿——大宁门——端门的南北空间里，为金帝离宫之大朝堂即离宫的最高礼制建筑。

4．内廷区域

金太宁宫的内朝区域，在太宁宫宫城的北半部，即在紫宸门——紫宸殿——清宁殿的南北空间里，为金帝夏天避暑之日朝堂，金世宗、金章宗居住于此殿并在此殿处理日常朝政。

5．琼林苑区域

金太宁宫的琼林苑区域，在太宁宫宫城以北，金帝在琼林苑种植了奇花异木，成为可与中都宫城北苑相媲美的离宫琼林苑。

6．北禁卫区域

金太宁宫的北禁卫区域，在北禁垣至北宫垣的南北空间里。在北禁卫区域的中部，即在中轴线上，有一"四门"广场空间，用以驻扎军队，起屏障北苑的作用。

二、金太宁宫中轴线南北空间规划有五个功能建筑群组

在临朔宫南北六个空间区域里，规划有五个功能建筑群组。

1．朱雀建筑群组

金太宁宫朱雀建筑群组，由宫城端门门、南上门、南中门等建筑所组成。功能是：防卫宫城、颁布诏令、礼制所需。

2．外朝建筑群组

金太宁宫外朝建筑群组，由大宁殿、大宁门等建筑所组成。功能是：最高礼制建筑的象征——离宫正殿，金世宗、金章宗以此为离宫的最高礼制建筑。

3．内廷建筑群组

金太宁宫内廷建筑群组，由紫宸门、紫宸殿、清宁殿等建筑所组成。功能是：金帝夏日避暑在离宫居住、处理日常朝政、宴会宾客的宫殿。

4．玄武建筑群组

金太宁宫玄武建筑群组，由玄武门、北上门等建筑所组成。功能是：防卫宫城、连通北苑、西园；金帝夏日避暑居离宫时游幸北苑和西园的通道。

5．琼林苑建筑群组

金太宁宫琼林苑建筑群组，由琼林苑门、山前殿、山丘、山后殿、横翠殿等建筑所组成。功能是：金帝在离宫避暑、游幸、休闲、观察宫外情景的设施。

第五节　元大都中轴线的空间规划与建筑群组

一、元大都中轴线上约 8.8 元里的南北空间，规划为八个区域

1．大城中部"钟楼市"区域

规划有一组功能建筑群，由钟鼓楼、中心台（齐政楼即鼓楼）、万宁桥等建筑组成的市民生活商品交易区域。

2．北皇城区域

规划有一组功能建筑群，是由皇城北门厚载红门、北皇城广场、广场东门（今东黄华门）、广场西门（今西黄华门）、禁垣北门"北中门"等建筑组成的北皇城中轴线防卫区域。

3．禁苑区域

规划有两组功能建筑群。一组是由"大室"（金殿）、翠殿等建筑组成的皇帝耕作、休闲区域；一组是由青山、山顶亭阁、山前殿、山前门等建筑组成的皇帝观景、娱乐区域。

4．玄武区域

规划有一组功能建筑群，是由清宁宫后垣墙门、厚载门及城楼、大内夹垣北门等建筑组成的具有三重防卫功能的宫城防卫区域。

5．内廷区域

规划有一组功能建筑群，是由延春门、延春宫、延春后寝宫等建筑组成的专供帝后日常生活的区域。

6．外朝区域

规划有两组功能建筑群组成的国家最高政治统治区域。一组是由大明殿广场、大明殿、大明殿后寝宫、宝云殿等建筑组成的专供国家举行重大庆典仪式的区域；一组是由大明门、内金水桥、大明门广场等建筑组成的皇帝常朝区域。

7．朱雀区域

规划有一组功能建筑群，由崇天门及城楼、崇天门广场、外金水桥、灵星门及城楼等建筑组成的典礼、防卫区域。

8．南大城区域

规划有一组功能建筑群，由千步廊、丽正门及城楼、丽正门瓮城、丽正门瓮城门及箭楼、丽正桥等建筑组成的礼仪、防卫区域。

二、元大都中轴线上约 8.8 元里的南北空间，规划有九个功能建筑群组

1．钟鼓楼建筑群组

元大都钟鼓楼建筑群组，位于大城中部的钟楼市，由钟楼、鼓楼、中心台等建筑所组成。功能是：管理城市居民的日常生活起居，管理钟楼市的开市、闭市。

2．北皇城建筑群组

元大都北皇城建筑群组，由厚载红门、北中门、万宁桥等建筑所组成。功能是：防卫皇城、御苑，连通皇城与钟楼市。

3．皇帝休闲建筑群组

元大都皇帝休闲建筑群组，位于宫城以北"一箭之地"的大内御苑里，由山前殿、青山、山后殿、翠殿、"籍田"小殿等建筑所组成。功能是：皇帝休闲、观景、躬耕。

4．玄武建筑群组

元大都玄武建筑群组，位于大内御苑以南、宫城内廷以北的空间里，由北上门、厚载门、萧墙门等建筑所组成。功能是：防卫宫城，连通大内御苑、西园。

5．内廷建筑群组

元大都内廷建筑群组，位于宫城北半部，由延春门、延春阁、延春寝宫、清宁宫等建筑所组成。功能是：皇帝、皇后日常居住、生活场所。

6．外朝建筑群组

元大都外朝建筑群组，位于宫城南半部，由大明门、大明殿、大明寝宫、宝云殿等建筑所组成。功能是：皇帝朝会、日常居住、宴会场所。

7．朱雀建筑群组

元大都朱雀建筑群组，位于宫城南端，由内五龙桥、崇天门、星拱门、云从门等建筑所组成。功能是：防卫宫城、礼制之门。

8．南皇城建筑群组

元大都南皇城建筑群组，由棂星门、周桥、阙左门、阙右门等建筑所组成。功能是：皇城礼制之门、之桥，宫城防卫。

9．国门建筑群组

元大都国门建筑群组，由丽正门、丽正门瓮城及其三门（前门、左掖门、右掖门）、丽正桥、千步廊等建筑所组成。功能是：国都防卫、礼制、中央机构场所。

第六节　明北京中轴线的空间规划与建筑群组

一、明北京中轴线上的南北空间规划

明永乐朝迁都北京南拓大城，北京中轴线长约 8.7 明里，规划为十个区域。明嘉靖朝增筑北京外城，北京中轴线长约 14 明里，规划为十三个区域。

1．北内城区域

规划有一组功能建筑群，由钟楼、钟楼广场、鼓楼、万宁桥等建筑组成的市民生活商品交易

区域。

2. 北皇城区域

规划有一组功能建筑群，由北安门、北安门广场、北中门等组成的北皇城中轴线防卫区域。

3. 北禁城区域

规划有两组功能建筑群组成的帝后丧葬祭祀与皇帝休闲区域。一组是由寿皇殿、寿皇戟门、寿皇门、寿皇门广场、永思殿等建筑组成的皇帝、皇后葬前停灵及灵位祭祀的皇家祭祀建筑群；一组是由万岁山、会景亭、山前殿、山前殿广场、万岁门等建筑组成的专供皇帝耕作、观景、习射等休闲活动的建筑群。

4. 玄武区域

规划有两组功能建筑群组成的皇家道教祭祀与宫廷防卫区域。一组是由钦安殿、天一之门、承光门等建筑组成的皇家道教祭祀建筑群；一组是由顺贞门、玄武门及城楼、玄武门北广场、北上门等建筑组成的具有三重防卫功能的宫城防卫建筑群。

5. 内廷区域

规划有两组功能建筑群组成的帝后日常生活与后宫休闲区域。一组是由乾清门、乾清宫广场、乾清宫、交泰殿、坤宁宫、坤宁门等建筑组成的专供帝后日常生活建筑群；一组是由御花园的楼、殿、亭、榭、园等建筑组成的专供后宫日常休闲的建筑群。

6. 外朝区域

规划有两组功能建筑群组成的国家最高政治统治区域。一组是由奉天殿广场、奉天殿（皇极殿）、华盖殿（中极殿）、谨身殿（建极殿）、云台门等建筑组成的专供国家举行重大庆典仪式的建筑群；一组是由奉天门（皇极门）、内金水桥、奉天门（皇极门）广场等建筑组成的皇帝常朝建筑群。

7. 朱雀区域

规划有一组功能建筑群，由午门及城楼、午门广场、端门及城楼等组成的典礼、防卫区域。

8. 南禁城区域

规划有两组功能建筑群组成的皇家祭祀与防卫区域。一组是由太庙、社稷坛等建筑组成的皇家祭祀建筑群；一组是由端门南广场、承天门及城楼等建筑组成的防卫建筑群。

9. 南皇城区域

规划有一组功能建筑群，由外金水桥、承天门广场、御路、千步廊、大明门、大明门广场（棋盘街广场）等建筑组成的皇家庆典礼仪区域。

10. 南内城区域

规划有一组功能建筑群，由正阳门及城楼、正阳门瓮城、正阳门瓮城正门（御路）及箭楼、正阳桥、五牌楼等建筑组成的礼仪、防卫区域。

11. 商街区域

规划有东西两组民间商业店铺建筑群，由正阳门外大街南至十字路口的建筑空间组成的商街区域。

12. 天街区域

规划有一组功能建筑群，由天桥、天街、天坛、先农坛等建筑组成的皇帝祭祀区域。

13. 外城区域

规划有一组功能建筑群，由永定门及城楼、永定门瓮城、永定门瓮城门及箭楼、永定桥等建筑组成的国都外郭防卫区域。

二、明北京中轴线上南北空间规划的功能建筑群组

明永乐朝北京大城长约 8.7 明里的中轴线上规划有十五个功能建筑群组。明嘉靖朝增筑外城后，长约 14 明里的中轴线上规划有十八个功能建筑群组。

1. 钟鼓楼建筑群组

明北京钟鼓楼建筑群组，位于大城中部的钟楼市，由钟楼、鼓楼等建筑所组成。功能是：管理城市居民的日常生活起居，管理钟楼市的开市、闭市。

2. 北皇城建筑群组

明北京北皇城建筑群组，由北安门、北中门、万宁桥等建筑所组成。功能是：防卫皇城、御苑，连通皇城与钟楼市。

3. 北禁城皇家祭祀建筑群组

明北京北禁城皇家祭祀建筑群组，位于大内禁苑北部偏东，由寿皇殿、永思殿等建筑所组成。功能是：帝、后停灵与御像存放祭祀场所。

4. 北禁城皇帝休闲建筑群组

明北京北禁城皇帝休闲建筑群组，位于大内禁苑东北部、万岁山和山前，由山前殿、山上五亭和禁苑东北部的观德殿所组成。功能是：皇帝休闲、观景、娱乐、阅操。

5. 玄武防卫建筑群组

明北京玄武防卫建筑群组，由顺贞门、玄武门及城楼、玄武门北广场、北上门等建筑所组成。功能是：宫城防卫。

6. 玄武道教祭祀建筑群组

明北京玄武道教祭祀建筑群组，由钦安殿、天一门、承光门等建筑所组成。功能是：宫廷道教祭祀场所。

7. 内廷后宫休闲建筑群组

明北京内廷后宫休闲建筑群组，由御花园的楼、殿、亭、榭、园等建筑所组成。功能是：后宫日常室外休闲场所。

8. 内廷帝后起居建筑群组

明北京内廷帝后起居建筑群组，由乾清门、乾清宫广场、乾清宫、交泰殿、坤宁宫、坤宁门等建筑所组成。功能是：皇帝日常听政、帝后日常起居的场所。

9．外朝仪典建筑群组

明北京外朝仪典建筑群组，由奉天门（皇极门）、奉天殿广场、奉天殿（皇极殿）、华盖殿（中极殿）、谨身殿（建极殿）、云台门等建筑所组成。功能是：登基、朝会、祭祀、殿试等重大庆典仪式的场所。

10．前朝朱雀建筑群组

明北京朱雀建筑群组，由午门及城楼、午门广场、内金水桥、奉天门（皇极门）广场等建筑空间所组成。功能是：典礼、朝仪。

11．宫城防卫建筑群组

明北京宫城防卫建筑群组，由端门及城楼、端门北广场、阙左门、阙右门等建筑空间所组成。功能是：宫城防卫。

12．南禁城祭祀建筑群组

明北京南禁城祭祀建筑群组，由太庙、社稷坛等建筑空间所组成。功能是：皇帝祭祀祖先、祭祀社稷的场所。

13．南禁城防卫建筑群组

明北京南禁城防卫建筑群组，由端门南广场、承天门及城楼等建筑空间所组成。功能是：禁城防卫、仪典。

14．南皇城建筑群组

明北京南皇城建筑群组，由外金水桥、承天门广场、御路、千步廊、大明门、大明门广场（棋盘街广场）等建筑空间所组成。功能是：皇朝仪典礼、商市。

15．"国门"建筑群组

明北京"国门"建筑群组，由正阳门及城楼、正阳门瓮城、正阳门瓮城前门（御路）及箭楼、正阳桥、五牌楼等建筑空间所组成。功能是：京城防卫、礼仪。

16．外城商街建筑群组

明北京外城商街建筑群组，由正阳门外大街南至十字路口东西两侧的民间商业店铺建筑空间所组成。功能是：商市、"准国市"。

17．天街祭祀建筑群组

明北京天街祭祀建筑群组，由天桥、天街、天坛、先农坛等建筑空间所组成。功能是：皇帝祭祀天神、农神的场所。

18．外城防卫建筑群组

明北京外城防卫建筑群组，由永定门及城楼、永定门瓮城、永定门瓮城门及箭楼、永定桥等建筑空间所组成。功能是：京城外郭防卫。

第七节　清北京中轴线的空间规划与建筑群组

一、清北京中轴线上南北空间规划为十三个区域

1. 北内城区域

规划有一组功能建筑群，由钟楼、钟楼广场、鼓楼、万宁桥等建筑组成的市民生活商品交易区域。

2. 北皇城区域

规划有一组功能建筑群，由地安门、地安门广场、北中门等建筑组成的北皇城中轴线防卫区域。

3. 北禁城区域

规划有两组功能建筑群组成的帝后丧葬祭祀与皇帝休闲区域。一组是由寿皇殿、寿皇戟门、寿皇门、寿皇门广场、寿皇九举牌楼等建筑组成的皇帝、皇后葬前停灵及灵位祭祀的皇家祭祀建筑群；一组是由景山、万春亭、绮望楼、绮望楼广场、景山门等建筑组成的专供皇帝耕作、观景、习射等休闲活动的建筑群。

4. 玄武区域

规划有两组功能建筑群组成的皇家道教祭祀与宫廷防卫区域。一组是由钦安殿、天一门、承光门等建筑组成的皇家道教祭祀建筑群；一组是由顺贞门、玄武门及城楼、玄武门北广场、北上门等建筑组成的具有三重防卫功能的宫城防卫建筑群。

5. 内廷区域

规划有两组功能建筑群组成的帝后日常生活与后宫休闲区域。一组是由乾清门、乾清宫广场、乾清宫、交泰殿、坤宁宫、坤宁门等建筑组成的专供帝后日常生活建筑群；一组是由御花园的楼、殿、亭、榭、园等建筑组成的专供后宫日常休闲的建筑群。

6. 外朝区域

规划有两组功能建筑群组成的国家最高政治统治区域。一组是由奉天殿广场、奉天殿（皇极殿）、华盖殿（中极殿）、谨身殿（建极殿）、云台门等建筑组成的专供国家举行重大庆典仪式的建筑群；一组是由奉天门（皇极门）、内金水桥、奉天门（皇极门）广场等建筑组成的皇帝常朝建筑群。

7. 朱雀区域

规划有一组功能建筑群，由午门及城楼、午门广场、端门及城楼等建筑组成的典礼、防卫区域。

8. 南禁城区域

规划有两组功能建筑群组成的皇家祭祀与防卫区域。一组是由太庙、社稷坛等建筑组成的皇家祭祀建筑群；一组是由端门广场建筑组成的防卫建筑群。

9. 南皇城区域

规划有一组功能建筑群，由承天门及城楼、外金水桥、承天门广场、：御路、千步廊、大明门、大明门广场（棋盘街广场）等建筑组成的皇家庆典礼仪区域。

10. 南内城区域

规划有一组功能建筑群，由正阳门及城楼、正阳门瓮城、正阳门瓮城正门（御路）及箭楼、正阳桥、五牌楼等建筑组成的礼仪、防卫区域。

11. 商街区域

规划有东西两组民间商业店铺建筑群。

12. 天街区域

规划有一组功能建筑群，由天桥、天街、天坛、先农坛等建筑组成的皇帝祭祀区域。

13. 外城区域

规划有一组功能建筑群，由永定门及城楼、永定门瓮城、永定门瓮城门及箭楼、永定桥等建筑组成的国都外郭防卫区域。

二、清北京中轴线上南北空间规划有十八个功能建筑群组

1. 钟鼓楼建筑群组

清北京钟鼓楼建筑群组，由钟楼、钟楼广场、鼓楼、万宁桥等建筑空间所组成。功能是：服务满族市民生活。

2. 北皇城建筑群组

清北京北皇城建筑群组，由地安门、地安门南广场、北中门等建筑空间所组成。功能是：北皇城防卫。

3. 北禁城皇家祭祀建筑群组

清北京北禁城皇家祭祀建筑群组，由寿皇殿、寿皇殿广场、寿皇戟门、寿皇戟门广场、寿皇门、寿皇门广场、寿皇牌楼等建筑空间所组成。功能是：皇帝、皇后葬前停灵及灵位祭祀的场所。

4. 北禁城皇帝休闲建筑群组

清北京北禁城皇帝休闲建筑群组，由景山、万春亭、绮望楼、绮望楼广场、景山门等建筑空间所组成。功能是：皇帝休闲、观景、阅操的场所。

5. 玄武防卫建筑群组

清北京玄武宫城防卫建筑群组，由顺贞门、玄武门及城楼、玄武门北广场、北上门等建筑空间所组成。功能是：宫城防卫。

6. 玄武宫廷道教祭祀建筑群组

清北京玄武宫廷道教祭祀建筑群组，由钦安殿、天一门、承光门等建筑空间所组成。功能是：宫廷道教祭祀场所。

7. 内廷后宫休闲建筑群组

清北京内廷后宫休闲建筑群组，由御花园的楼、殿、亭、榭、园等建筑空间所组成。功能是：后宫日常室外休闲场所。

8. 内廷帝后起居建筑群组

清北京内廷帝后起居建筑群组，由乾清门、乾清宫广场、乾清宫、交泰殿、坤宁宫、坤宁门等建筑所组成。功能是：皇帝日常听政、帝后日常起居的场所。

9. 外朝仪典建筑群组

清北京外朝仪典建筑群组，由太和门、太和殿广场、太和殿、中和殿、保和殿等建筑空间所组成。功能是：登基、朝会、祭祀、殿试等重大庆典仪式的场所。

10. 前朝朱雀建筑群组

清北京前朝朱雀建筑群组，由午门及城楼、午门广场、内金水桥、太和门广场等建筑空间所组成。功能是：典礼、朝仪。

11. 宫城防卫建筑群组

清北京宫城防卫建筑群组，由端门及城楼、端门北广场、阙左门、阙右门等建筑空间所组成。功能是：宫城防卫。

12. 南禁城祭祀建筑群组

清北京南禁城祭祀建筑群组，由太庙、社稷坛等建筑空间所组成。功能是：皇帝祭祀祖先、祭祀社稷的场所。

13. 南禁城防卫建筑群组

清北京南禁城防卫建筑群组，由端门南广场、天安门及城楼等建筑空间所组成。功能是：禁城防卫、仪典。

14. 南皇城建筑群组

清北京南皇城建筑群组，由外金水桥、天安门广场、御路、千步廊、大清门、大清门广场（棋盘街广场）等建筑空间所组成。功能是：皇朝仪典礼。

15. 南大城建筑群组

清北京南大城建筑群组，由正阳门及城楼、正阳门瓮城、正阳门瓮城前门（御路）及箭楼、正阳桥、五牌楼等建筑空间所组成。功能是：京城防卫、礼仪。

16. 外城商街建筑群组

清北京外城商街建筑群组，由正阳门外大街南至十字路口东西两侧的民间商业店铺建筑空间所组成。功能是：国市。

17. 天街祭祀建筑群组

清北京天街祭祀建筑群组，由天桥、天街、天坛、先农坛等建筑空间所组成。功能是：皇帝祭祀天神、农神的场所。

18. 外城防卫建筑群组

清北京外城防卫建筑群组，由永定门及城楼、永定门瓮城、永定门瓮城门及箭楼、永定桥等建筑空间所组成。功能是：京城外郭防卫。

第八节　20世纪以来北京中轴线的空间规划与建筑群组

一、1950年代以前北京中轴线的空间规划与建筑

1. 正阳门瓮城的拆除和大前门的改饰

1915年，中华民国政府为解决首都交通枢纽地段正阳门的交通问题，在内务总长朱启钤的主持下拆除了正阳门瓮城，并请德国建筑师装饰了正阳前门箭楼。

2. 北中门的拆除

民国初年，为解决北皇城的交通问题，民国政府拆除了位于今地安门南大街南口稍北位置的宫苑北禁垣之门北中门。

3. 千步廊及外围红墙的拆除

1914年，民国政府拆除了千步廊，但保留了千步廊外围的红墙。

二、1950年代以后北京中轴线的空间规划与建筑

1. 中轴线上的门的拆除

1952年拆除皇城"天街"长安左门和长安右门；1954年底拆除位于北中轴线上的皇城北门地安门；1955年，为扩建天安门广场而拆除了原千步廊外围的红墙；1956年拆除位于故宫和景山之间的宫城夹垣北门北上门；1957年拆除位于南中轴线上的外城正门永定门和瓮城门；1959年拆除位于正阳门内的"国门"中华门。

2. 中轴线上的新建筑

1958年，在位于天安门与正阳门中间点的中轴线位置上，落成了人民英雄纪念碑；1977年，在中华门的基址上落成了毛主席纪念堂。

3. 中轴线的新规划

1980年代末，为在北京举办第十一届亚洲运动会，规划打通北二环至北四环的北中轴路。

《1991—2010北京总体发展规划》将北京中轴线规划为25公里。

三、21世纪北京中轴线的空间规划与建筑

1. 老城中轴线的再规划与建筑

2004年，重建永定门；复原前门商街；规划永定门内中轴线步行街。

2. 北中轴线奥运村的规划与建筑

中轴线在北四环路以北，规划了奥运景观大道和仰山。奥运景观大道向南可远望中轴线上的钟鼓楼，向北有一龙池，龙池后是人工堆筑的仰山，即仰山奥林匹克公园。仰山与中轴线上的另一座人工堆筑的景山，形成中轴线南北两个观景点。两山仿佛在穿越千年时空、相互对话。

在奥运景观大道中轴线的东西两侧，规划修建了圆形的建筑——国家体育场"鸟巢"和方形的建筑——跳水游泳馆"水立方"，分别象征阳和阴。

3. 南中轴线的规划

历史上永定门至南苑的中轴御道，将得以重新规划。

2006 年，北京市政府颁布了《北京历史文化名城保护规划》规定：新中轴概念是以传统中轴线为依托，双向延至南北五环的 25 公里首都南北干道。其沿线贯接奥林匹克公园、钟鼓楼、地安门、前门、天桥和永定门等北京重要地标。以中轴道路中心为基准，距道路两侧各 500 米为控制边界，形成约 1000 米宽的范围作为中轴线的保护和控制区域，将成为雄伟的城市景观。

第十九章　北京中轴线上的城与"三朝五门"制度

北京古都中轴线南北纵贯宫城、卫城、禁城、皇城、大城（内城）、南郭（外城）"六重城"，[1]成为中国古都规制最为完备的中轴线。从中轴线的历史沿革可知，中轴线与普通子午线最大的不同在于：中轴线是天人合一与统治秩序的象征。国都中轴线规划有宫城和"三朝五门"制度。

第一节　三朝制度

"三朝"制度，乃中国古代天子的宫城制度和诸侯的王城制度。郑玄注《周礼·秋官》曰："天子诸侯皆有三朝：外朝一、内朝二。"

"外朝"，是君王日常朝会治事、接受诸臣奏章、问策于臣、处理狱讼、公布法令的场所，或位于中轴线上。如郑玄注《周礼·秋官》所云："其天子外朝一者，在皋门之内、库门之外，大询众庶之朝也，朝士掌之。"又如《通典》所云："皋门之内曰外朝，朝有三槐，左右九棘，近库门有三府九寺。"或位于宫城（王城）"前朝"之东路，又称"东堂"或"东朝堂"。如魏晋之"外朝"乃位于东朝堂的"尚书朝堂"。

"治朝"，是君王举行"登基"、"元会"等大典的场所，位于宫城（王城）"前朝"之中路，称"太极殿"或"太极前殿"。如郑玄注《周礼·秋官》所云："内朝二者，正朝在路门外，司士掌之……内朝二者，亦在路寝门之外内，以正朝在应门内，故谓应门为朝门也。""治朝"位于中轴线上，故又称"中朝"。如《通典》所云："应门内曰中朝。中朝东有九卿之室，则九卿理事之处。"（九卿之室即"东堂"。）

"燕朝"（宴朝），是君王接见藩臣、与群臣议事及举行册命、宴饮活动的场所，或位于宫城中轴线的后部，如《礼记》所云："燕朝者，路寝之朝。群公以下，常日於此朝见君……"又如郑玄注《周礼·秋官》所云："燕朝在路门内，大仆掌之。"或位于宫城（王城）"前朝"之西路，又称"西堂"或"西朝堂"。

汉代以降的学者均认为"三朝"制度最迟源于三千年前的周朝，但对"三朝"的空间有不同认识：

郑玄认为"三朝"皆位于中轴线上——外朝：在皋门之内、库门之外；治朝，在应门之内、路寝门之外；燕朝，在路寝门之内。

东汉后期研究典章制度并著有《汉官仪》的学者应劭、曹魏时期任散骑侍郎的天文学家孟康、东晋史学家著有《晋纪》的散骑常侍干宝诸人，谓汉代"三朝"空间的定义，即以丞相府为外朝，大司马、前后左右将军、侍中、常侍散骑为内朝。认为"三朝"皆位于宫城"前朝"的东、中、

1　笔者注：北京六重城的规划建制形成于明嘉靖年间规划修建的外城。

西三路上，即"外朝"位于东路。"治朝"位于中路，"宴朝"位于西路。

东汉后期至东晋时期的学者认为"三朝"由"外朝"、"治朝"、"宴朝"组成，均在宫城的"前朝"区域，与"后寝"区域无关。"三朝"位于宫城"前朝"之东、中、西三条轴线上，类似于北京故宫"前朝"区域的文华殿、太和殿、武英殿。"外朝"——处理国家政务的常朝之所，在宫城东路前殿"东朝堂"，又称"尚书朝堂"，是皇帝日常听取群臣奏事议政的宫殿，位置同故宫"文华殿"。"治朝"——举行国家大典之所，在宫城中路前殿"太极殿"，位置同故宫"太和殿"。"宴朝"——举行国宴之所，在宫城西路前殿"西朝堂"，即皇帝举行国宴的宫殿，位置同故宫"武英殿"。

隋唐至明清的学者认为"三朝"位于中轴线上，前后顺序为"外朝"——颁告国家大事之所，"治朝"——举行国家大典之所，"内朝"——处理日常朝政之所。明清北京中轴线上的"三朝"规划就类似于这种解释，即外朝——颁告国家大事之所，在承天门（天安门）和午门；治朝——举行国家大典之所，在奉天殿（皇极殿、太和殿）；内朝——处理日常朝政之所，在乾清宫。

关于"三朝"空间所在，学术界可谓莫衷一是，历史学家与建筑学家持有不同的认识。前者认为"三朝"空间跨越宫城内外，均位于中轴线上。后者认为"三朝"空间均在宫城"前朝"区域，呈东、中、西三路分布。

著名建筑学家刘敦桢先生在《六朝时期之东西堂》（《刘敦桢文集》三，456—463页）一文中，论述了"三朝"制度自周代以降的演变：

> 周以来外庭配列之状，约可分为四期。
>
> 第一期：周之三朝，依其功能，似各为独立之建筑，惟记载残缺，区布之状，须待今后考古发掘之证实。
>
> 第二期：西汉以前殿为大朝，东西厢为常朝、日朝。
>
> 第三期：自曹魏迄陈，以太极殿为大朝，东西堂为常朝、日朝，疑由汉之东、西厢演变而成。
>
> 第四期：隋唐宋元明清之外庭，三殿重叠，号为周制复兴，然殿之用途，因时而异，不尽相同。

刘敦桢先生认为，汉代的"三朝"实乃"前殿"，即"前殿实兼大朝、常朝、日朝为一。"著名建筑学家张良皋先生在《匠学七说》中，对"六朝"时期的"三朝"制度也有考证：

> 但若史书上单言"东堂"，我以为就是由曹魏邺都"听政殿"直接继承而来的"尚书朝堂"。这个尚书朝堂，有时声称"朝堂"，建在太极殿之东，很容易被声称为"东堂"。太极殿中轴线与尚书朝堂轴线平行；太极殿外门为止车门，尚书朝堂外门为司马门；太极殿轴线南向正对宣阳门，尚书朝堂轴线可能正对平昌门。正如邺都文昌殿正对中阳门，听政殿正对广阳门。西晋全因用魏宫，晋的朝会制度可供参考。

《匠学七说》还转引了《艺文类聚》引晋人挚虞的《决疑要注》载：

> "晋制，大会于太极，小会于东堂。"

又转引了《艺文类聚》引《晋起居注》载：

> 武帝太康元年诏曰：江表初平，天下同其欢豫。王公卿士，各奉礼称庆，其于东堂小会，设乐，使加于常。五月庚寅，御临轩，大会于太极殿前。四方贺使，国子太学生、司徒吏、副将以上，及吴降将吏，皆与会。

又引《北史·郭祚转》载：

> 故事，令仆中丞，驺唱而入宫门，至于马道。及祚为仆射，以为非尽敬之宜，言于帝，纳之。下诏：御在太极，驺唱至止车门；御在朝堂，至司马门。驺唱不入宫，自此始也。

《匠学七说》认为，宫城在西晋以前的规划格局并无"西堂"，即只有中路和东路两条轴线；而"西堂"在《晋书》中的首次出现，是在东晋简文帝咸安元年（371年），即宫城才有中、东、西三条并列的轴线规划。又引《南史·良吏传》载："晋世诸帝，多处内房，朝宴所临，东西二堂而已。"

笔者以为"三朝"制度是伴随着王权与宫城规制而产生的。"三朝"或位于宫城中轴线上，或位于宫城"前朝"之中、东、西三路，这两种情况均有可能出现。原因有二：一是礼俗的沿袭。隋唐以前，中国古代社会一直是"东向坐为尊"和"南向坐为尊"并行。这种礼俗，反映在建筑上，即以"坐西朝东"和"坐北朝南"的建筑为尊。二是历史上相权与王权"争锋"的结果。

笔者根据对中轴线的研究，推断：在夏、商二代，王权至尊，"三朝"可能位于宫城中轴线上，"三朝"的空间可能呈南北一线分布——即外朝在宫城门外，治朝在宫城前殿，宴朝在宫城后殿；到周代初年，周、召二公共辅成王，可能始出现"三朝"位于宫城"前朝"之中、东、西三路上，"三朝"的空间可能呈东西一线分布——即王权在中殿（太极殿），相权在东堂（文华殿），将权在西堂（武英殿）。至迟在南北朝后期，"三朝"的空间又回归到中轴线上，所以隋唐以降，"三朝"的空间都在中轴线上，但东、西堂的规划建制也没有废除，只是其功能产生了变化，不再具有"外朝"和"宴朝"的性质了。到明清二代，东堂（文华殿）和西堂（武英殿）的性质最终异化为服务于皇权的文化类宫殿。

笔者以为东汉应劭、曹魏孟康、东晋干宝三位不同时期的大学者有关"三朝"空间的定义为"外朝"、"治朝"、"内朝"是有历史依据的，那就是古人有"东向坐"为尊的传统，直至南朝仍有"东向坐"的礼俗。由此可知：汉代宫城规制为中、东、西三路，因有"东向坐"之礼俗，所以史称的"外朝一"在东路，即丞相、众臣议事的"东堂"。"内朝二"在中路和西路，即"治朝"在中路前殿，为皇帝大朝的太极殿；"宴朝"在西路，即皇帝举行宴会及大司马、前后左右将军、侍中、常侍散骑议政的"西堂"。金元时期的宫城规制，虽有前后空间的变革，但中、东、西三路和"外朝"、"治朝"、"宴朝"的规制一直延用：金中都宫城东路有"外朝"——内省，西路有"宴朝"——泰和殿；元大都宫城的"宴朝"——宸庆殿也规划在西路。

明清北京故宫西路武英殿和西华门的规制高于东路文华殿和东华门的规制，也是远古"东向坐"为尊之礼俗的遗风所致——1. 西华门的门钉是九路，即九行 × 九列 = 81颗，而东华门的门钉则是八路，即八行 × 九列 = 72颗。2.（内朝）武英殿的规制高于（外朝）文华殿：A. 武英门和武英殿均建在汉白玉须弥座上，四周环绕汉白玉石栏板；而文华门和文华殿，则建在砖砌的基座上，且四周没有环绕栏板。B.武英门、武英殿、武英殿院落均大于文华门、文华殿、文华殿院落。C.武英殿前有金水桥，而文华殿前则没有金水桥。D.武英殿是皇帝的"宴殿"，而文华殿则是太子宫殿和百官常朝的宫殿。明末李自成在兵败山海关后，曾于退出北京前匆忙在武英殿举行"大顺朝"皇帝的登基典礼，可知武英殿乃皇帝独享的、具有"内朝"性质的另一宫殿。

为什么位于宫城西路的宫殿其规制要高于东路的宫殿规制呢？检索史籍和民俗，我们得知："东向坐"为尊的礼俗与"南向坐"为尊的礼俗，在中国历史上曾经并行了上千年之久。其历史渊源，大概是东南沿海地区与西北内陆地区的文化差异与交融所致，直至隋唐时期，"南向坐"为尊的礼俗才最终"战胜"了"东向坐"为尊的礼俗，即统治阶级的"朝"（面南称制）文化礼俗"战胜"了被统治阶级的"野"（面东拜日）文化礼俗。但"西尊于东"的千古礼俗却仍在沿袭着。这还可以从"正史"中找到依据——

《史记》中有多处"东向坐"为尊的记载。

①《项羽本纪》里描述了"鸿门宴"酒席的座次：

项王即日因留沛公与饮。项王、项伯东向坐；亚父南向坐——亚父者，范增也；沛公北向坐；张良西向侍……哙遂入。披帷西向立，瞋目视项王……

②《孝文本纪》里记述了周勃、陈平等朝廷重臣在铲除诸吕之后，迎立代王即帝位时——

代王西向让者三，南向让者再。"（西向祖宗三次谦让，南向群臣两次谦让。）

③《淮阴侯列传》里记载了韩信礼奉并问计于赵国俘虏——赵国谋臣广武君李左车的故事：

信乃令军中毋杀广武君，有能生得者购千金。于是有缚广武君而致戏下者，信乃解其缚，东向坐，西向对，师事之。

（韩信让李左车"东向坐"，自己"西向对"，以李为师，向李求教攻燕、伐齐之策。）

《汉书》中也有"东向坐"为尊的记载。《霍光传》记载了权臣霍光在汉昭帝死后两个月废昌邑王帝位的经过：

（霍光）乃即持其手，解脱其玺绶，奉上太后，扶王下殿，出金马门，群臣随送，王西面拜，曰：'愚戆不任汉事'，起就乘舆副车……

《晋书》中也有"东向坐"为尊的记载。《帝纪第九》记载了权臣桓温立简文帝的礼仪程序：

于是大司马桓温率百官进太极前殿，具乘舆法驾，奉迎帝于会稽邸，于朝堂变服，帻平巾著单衣，东向拜受玺绶。

《隋书》中也有"东向坐"为尊的记载。《隋书·礼仪志》记载了南朝梁武帝时"元会"——元旦朝会之礼仪：

顷代以来，元日朝毕，次会群臣，则移就西壁下东向坐。求之古义，王者宴万国，唯应南面，何更居东面？

"于是御座南向，以西方为上。"

《金史·礼制》记载了朝日礼仪，由南向拜日，改为遵从古制——东向拜日：

309

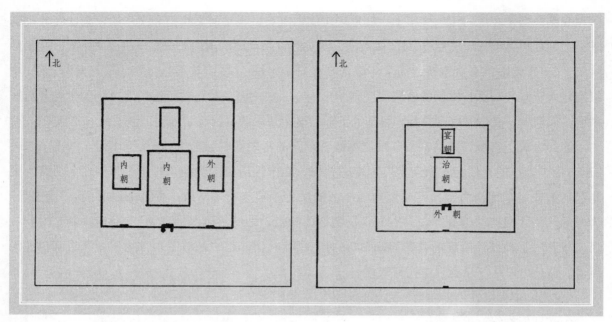

图 2—19—01，"二重城"的"三朝制度"平面示意图（作者绘）　　图 2—19—02，"三重城"、"四重城"、"五重城"的"三朝制度"平面示意图（作者绘）

天眷二年，定朔望朝日仪……皆向日，皇帝至位，南向拜……大定十五年有司上言：宜遵古制，殿前东向拜。……大定十八年，上拜日于仁政殿，始行东向之礼。

史籍记载南朝梁武帝曾改太极殿双开间 12 间为单开间 13 间、将东向坐为至尊改为南向坐为至尊的实例，说明到南朝梁武帝统治时期，"三朝五门"制度中的"三朝"的空间位置，由位于中、东、西三路的"三朝"演变为位于中轴线一路的"三朝"。（图 2—19—01）（图 2—19—02）

我们从《史记》到《金史》的记载得知：秦汉时期，"东向坐"为尊位、"南向坐"为次尊位、"北向坐"为客位、"西向侍立"为卑位，是古代"礼"的传统的延续。到南北朝时期的梁朝时，虽然"面南为尊"的观念已为皇帝所接受，但仍以西方为上，此礼仪规制一直延续到明清两代。所以，北京故宫的"西堂"（宴朝）——武英殿的规制高于"东堂"（外朝）——文华殿的规制；西华门的规制高于东华门的规制也就不足为怪了。

第二节　五门制度

天子五门制度源于何时呢？笔者以为，五门制度应该是源于王权统治秩序的确立时代。从考古发现的属于龙山文化时期的江苏连云港藤花落古城遗址 [1]、属于夏文化时期的河南偃师二里头王城遗址、属于商文化时期的河南偃师尸乡沟商城遗址和郑州二里岗商城遗址等古城遗址均为"二重城"的规划，结合史籍记载的"鲧作城郭"（《世本》）、"鲧筑城以卫君，造郭以守民"（《吴越春秋》）以及《周礼·考工记》所附的"王城图"分析，"五门"都应该位于中轴线上，即皋、应、路、庙、闱——皋门（郭门）、应门（宫城门）、路门（殿门）、庙门（即夏后氏世室、殷人重屋、

1　参见张驭寰《中国城池史》第一章第 1—3 页。

周人明堂之门)、闺门(寝宫之门)。

至于后世"五门"称呼为皋、库、雉、应、路,至少在西周还没有完全形成。《诗经·大雅·绵》中只提到了皋门和应门:"乃立皋门,皋门有伉。乃立应门,应门将将。"皋,乃高、远之义。皋门,乃国都之南向正门也。应门:为宫城的南向正门,以应朝臣也。《周礼·考工记·匠人》中只提到了宫城内的四座门:庙门、闺门、路门、应门:"庙门容大扃七个,闺门容小扃三个,路门不容乘车之五个,应门二彻三个。"而从《礼记·明堂位》关于:"大庙,天子明堂;库门,天子皋门;雉门,天子应门"的记载看,似乎皋门就是库门、应门就是雉门。皋、应、路、庙、闺五门的排序显然是国都"二重城"规划的结果。

"五门"名称和空间位置的变化,很可能是在春秋、战国时期。东汉郑玄注《周礼·秋官》曰:"王五门:皋、库、雉、应、路也。"而皋、库、雉、应、路五门排序变化的原因则是国都为"三重城"、"四重城"、"五重城"规划的结果所致。

南宋王应麟编纂的《玉海》之《宫室》篇引南朝梁代崔灵恩《三礼义宗》的"天子宫门有五,法五行,曰皋门,曰库门,曰雉门,曰应门,曰路门"的记载,与考古勘查的六朝时期的南京为"三重城"[1]规划不无关系。目前虽未发现春秋时期乃至秦汉时期国都的"三重城"规划建制,但六朝时期的国都南京的"三重城"规划建制则应是有宗可寻的。

"五门",作为天子的宫城制度,有一个发展、演变过程。笔者以为,"五门"制度中的"五门"的空间位置,是根据"明堂"的空间位置变化和国都规划由"二重城"向"三重城"、"四重城"、"五重城"发展变化而变化的——"五门",是由周代以前位于中轴线上的皋门(国门)、应门(宫门)、路门(朝门)、庙门(明堂门)、闺门(后宫门),演变为春秋战国时期位于中轴线上的皋门(国都门)、库门(禁城门)、雉门(宫城门)、应门(大朝门)、路门(燕朝门)。

《通典》曰:"天子路寝门有五焉:其最外曰皋门,二曰库门,三曰雉门,四曰应门,五曰路门。路门之内则路寝也。皋门之内曰外朝,朝有三槐,左右九棘,近库门有三府九寺。库门之内有宗庙、社稷。雉门之外有两观、连门。观外有询事之朝,在宗庙、社稷之间。雉门内有百官宿卫之廨。应门内曰中朝。中朝东有九卿之室,则九卿理事之处。"

明北京中轴线的规划,几乎完全与《通典》所说的"五门"相应。皋门,为大明门或承天门,为"三省"、"六部"之"外朝"所在。库门,为端门,"内有宗庙、社稷"。雉门,为宫城午门,"雉门之外有两观、连门。观外有询事之朝,在宗庙、社稷之间。"午门阙台有两观,连阙左右门;东西廊庑,称"六科",为"询事之朝,在宗庙、社稷之间。"应门,为宫城"外朝"门,即"应门内曰中朝。中朝东有九卿之室,则九卿理事之处。"路门,为宫城"内廷"——"燕朝"门。

"五门"与"三朝"的形成并成为天子的宫城规制,可能与《河》、《洛》强调的"三五之数"有关。即由原始的"二重城"和"五重门",发展演变为"三重城"和"五重门",以及"四重城"和"五重门"。

最早的国都为"二重城",即内城和外郭。故中轴线上有"五重门",即皋门(国门或称城门)、

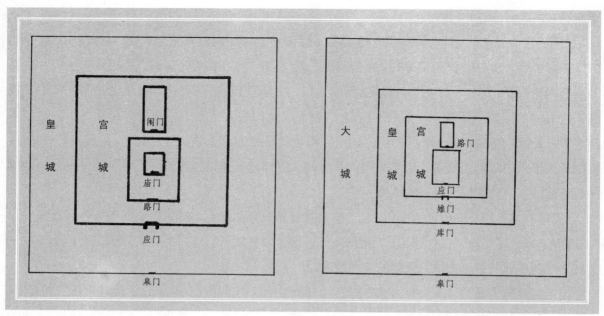

图2—19—03，"二重城"的"五门制度"平面示意图
（作者绘）

图2—19—04，"三重城"、"四重城"、"五重城"的"五门制度"平面示意图（作者绘）

应门（又称宫门）、路门（朝门又称殿门）、庙门（明堂门又称闶门）、闸门（后宫门）。（图2—19—03）

随着国都由"二重城"发展为"三重城"、"四重城"，乃至"五重城"。"五门"的空间就产生了变化——应门，由宫城南门，演变为"治朝"门；宫城南门也因此由"应门"演变为"雉门"；随着内城（即王城、宫城）与外郭之间"禁垣"（皇城、卫城）的出现，在"皋门"与"雉门"之间又增加了一道防卫之门——"库门"。于是，最终形成了"皋"、"库"、"雉"、"应"、"路"五门。即皋门（大城门或皇城门或禁城门）、库门（皇城门或禁城门或卫城门）、雉门（宫城门）、应门（前朝门）、路门（后廷门）。（图2—19—04）

第三节　北京中轴线上历朝的"三朝五门"制度

一、辽南京（燕京）中轴线上"三重城"与"三朝五门"制度

辽南京（燕京）虽为辽"五京"之一的"陪都"，但其"三重城"（宫城、皇城、大城）的"帝都"规制，使其一度行使着国都的职能。（图2—19—05）辽南京（燕京）中轴线上的"三朝"为"前朝"（朱雀区域）、"大朝"（外朝区域）、"治朝"（内廷区域）；"五门"为"皋门"（丹凤外门）、"库门"（丹凤门）、"雉门"（南端门）、"应门"（元和门）、"路门"（弘政门）。

二、金中都中轴线上"三重城"与"三朝五门"制度

金中都是按宋汴京的国都规制，在辽南京（燕京）"三重城"的基址上营建的，故为"准四

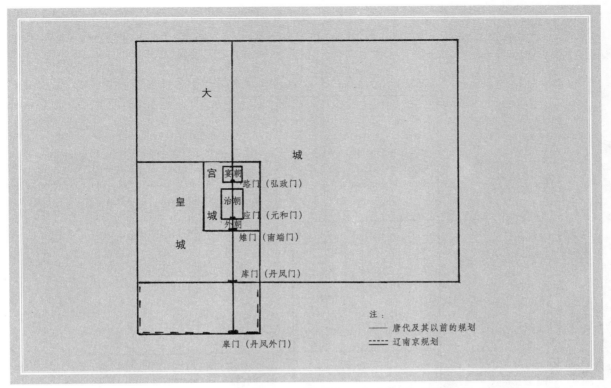

图 2—19—05. 辽南京（燕京）中轴线上的"三重城"和"三朝五门"规划示意图（作者绘）

"重城"建制，而宫城以南则为"三重城"建制。（图 2—19—06）金中都中轴线上的"三朝"为"前朝"（朱雀区域）、"大朝"（外朝区域）、"治朝"（内廷区域）；"五门"为"皋门"（丰宜门）、"库门"（宣阳门）、"雉门"（应天门）、"应门"（大安门）、"路门"（宣政门）。

三、隋临朔宫中轴线上"四重城"与"三朝五门"制度

笔者通过"六重证据法"互证的研究，特别是对北京中轴线及宫、苑空间的实地勘查和对隋、元、明三代规划尺度的实证研究，发现在天安门至地安门南的南北空间里，仍保留着隋代临朔宫"四重城"规划的明显遗迹——即以宫城为核心，其外规划有宫城夹垣（卫城），又其外规划有禁垣（禁城，环宫城夹垣和北苑），最外规划有临朔宫外垣。[1]（图 2—19—07）

隋临朔宫"四重城"的规划，使"天子营国"的"三朝五门"制度得以完美地体现。隋临朔宫中轴线上的"三朝"：宫城朱雀门外为外朝、外朝门内为治朝、内廷门内为燕朝。以宫城朱雀门城楼象征"外朝"，用来检阅军队和举行班师献俘仪式；以外朝怀荒门内象征"治朝"，用来举行重大仪式；以内廷紫宸门内象征"燕朝"，用来与百官议事和处理日常政务。"五门"：禁垣南中门为皋门、宫城夹垣南上门为库门、宫城朱雀门为雉门、外朝怀荒门为应门、内廷紫宸门为路门。

临朔宫虽为隋炀帝的行宫，但作为远征高丽的大本营，兼有临时"皇宫"的性质，故按照宫城和"三朝五门"的规制进行了规划。1400 多年前隋代规划的临朔宫中轴线上的"四重城"和"三

---

1 参见本书第四章《隋临朔宫空间位置考辨》。

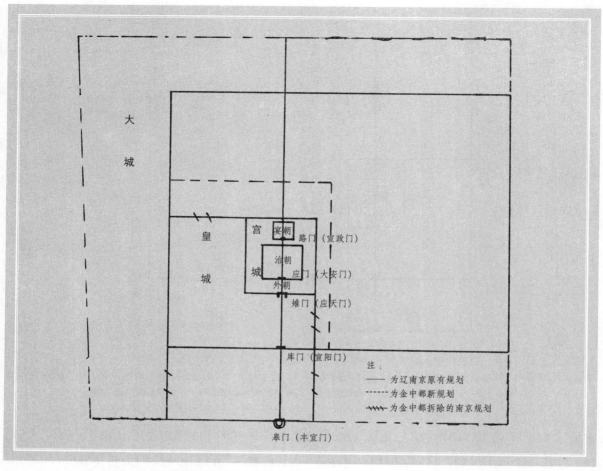

图 2—19—06. 金中都中轴线上的"三重城"和"三朝五门"规划示意图（作者绘）

朝五门"空间，为金太宁宫所继承，也为元大都和明清北京继承、改造并沿用。

四、金太宁宫中轴线上"四重城"与"三朝五门"制度

金太宁宫沿用隋临朔宫的规划，故"四重城"规划建制和"三朝五门"制度也同隋临朔宫。金太宁宫中轴线上的"三朝"：为宫城端门外为外朝、大宁门内为治朝、紫宸门内为燕朝。"五门"：禁垣南中门为皋门、宫城夹垣南上门为库门、宫城端门为雉门、外朝大宁门为应门、内廷紫宸门为路门。（图 2—19—08）

五、元大都中轴线上"准四重城"与"三朝五门"制度

刘秉忠在金太宁宫"四重城"基址上规划了元大都，故元大都为"准四重城"规划建制。元大都中轴线上"三朝五门"的规划与金太宁宫有所不同。"三朝"：以崇天门外为外朝，用来检阅军队和举行班师献俘仪式；以大明门内为治朝，用来举行重大仪式；以延春门内为燕朝，用来与百官议事和处理日常政务。"五门"：以大城丽正门为皋门，以皇城棂星门为库门，以宫城崇天门为雉门，以外朝大明门为应门，以内廷延春门为路门。（图 2—19—09）

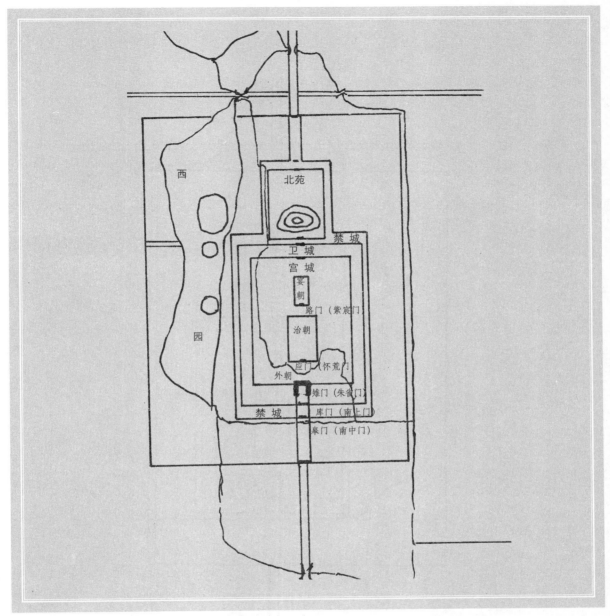

图 2—19—07，隋临朔宫中轴线上的"四重城"和"三朝五门"规划示意图（作者绘）

六、明（1417—1553）北京中轴线上"五重城"与"三朝五门"制度

明北京中轴线上"三朝五门"制度，可以说是中国古都"三朝五门"制度中最为完善的一个实例。明北京继承了元大都宫城夹垣以北的规划。"三朝"：午门外为外朝、奉天门内为治朝、乾清门内为燕朝。由于明北京在宫城夹垣以南规划了禁城南垣、皇城南垣和大城南垣，真正使中轴线上出现了宫城、卫城、禁城、皇城、大城"五重城"的规划建制。因此，宫城以南，较元大都有了明显变化：由元宫城以南的"三重门"（崇天门、棂星门、丽正门）改为明宫城以南的"五重门"（午门、端门、承天门、大明门、正阳门），所以最外一重的"皋门"，就由国都正门改为禁城正

315

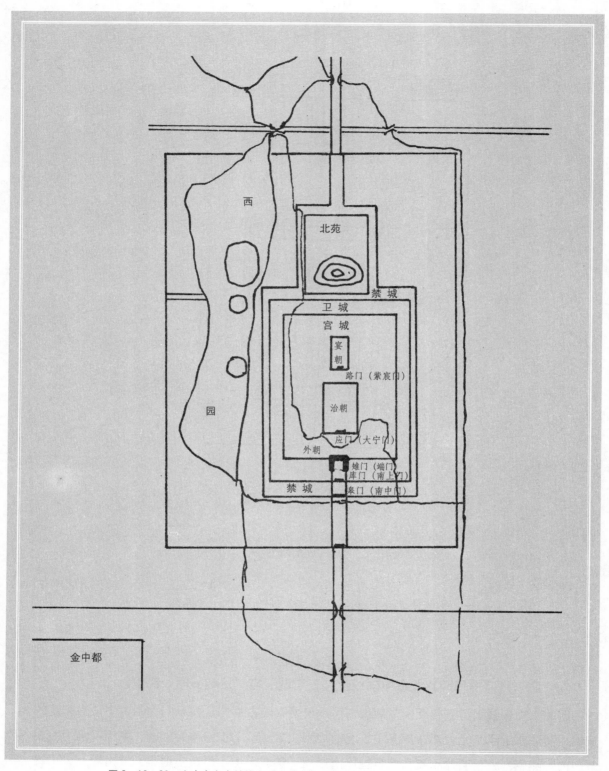

图 2—19—08，金太宁宫中轴线上"四重城"和"三朝五门"规划示意图（作者绘）

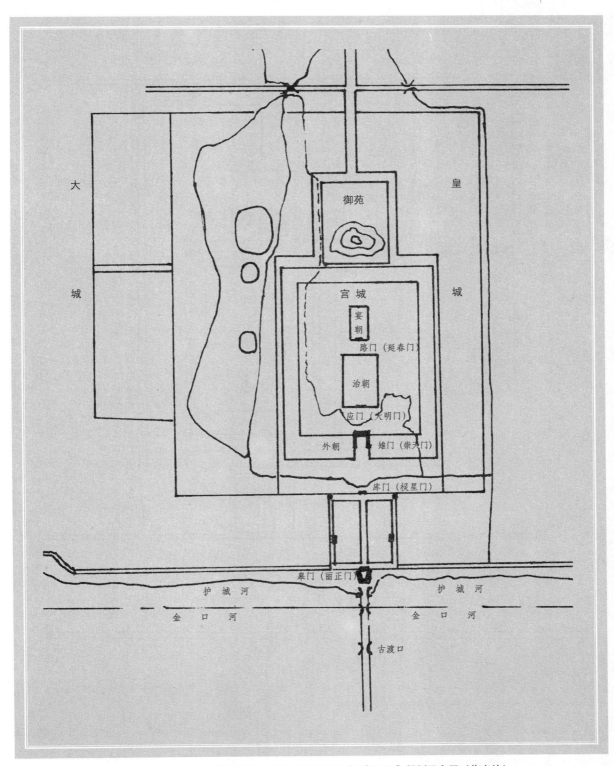

大城

皇城

御苑

宫城

宴朝

路门（延春门）

治朝

应门（大明门）

外朝　　雉门（崇天门）

库门（棂星门）

皋门（丽正门）

护城河　　　　　　　　护城河

金口河　　　　　　　　金口河

古渡口

图 2—19—09，元大都中轴线上"准四重城"和"三朝五门"规划示意图（作者绘）

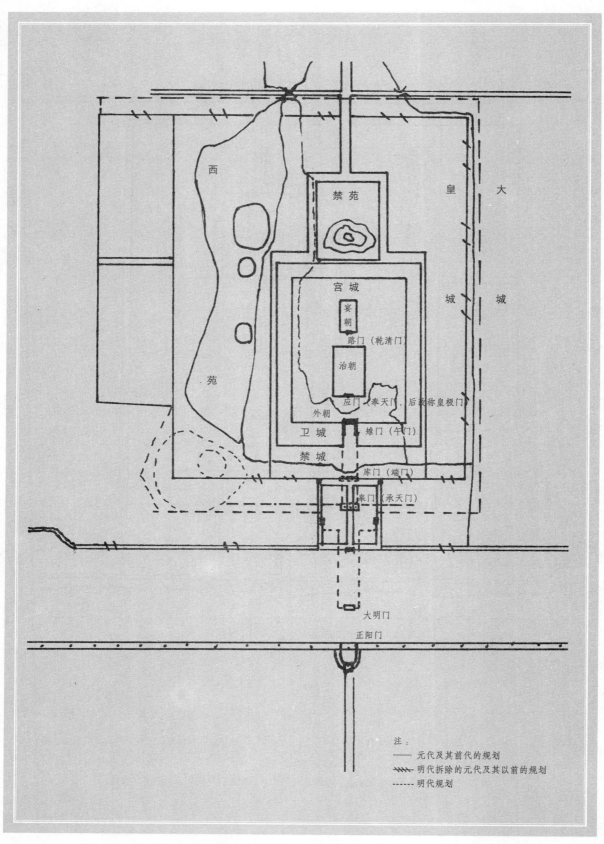

图 2—19—10，1420—1553 年明北京中轴线上"五重城"和"三朝五门"规划示意图（作者绘）

门了。"五门"：禁城承天门为皋门、卫城端门为库门、宫城午门为雉门、外朝奉天门为应门、内廷乾清门为路门。也有学者认为明北京的"五门"：皇城大明门为皋门、承天门为应门、端门为库门、宫城午门为雉门、外朝奉天门为路门。（图 2—19—10）

七、明清（1553—1912）北京中轴线上"六重城"与"三朝五门"制度

清北京中轴线上"三朝五门"制度与明北京相同。从北京中轴线"三朝五门"制度的沿革来看，"五门"，还是以皋、库、雉、应、路的表述最为准确。（图 2—19—11）

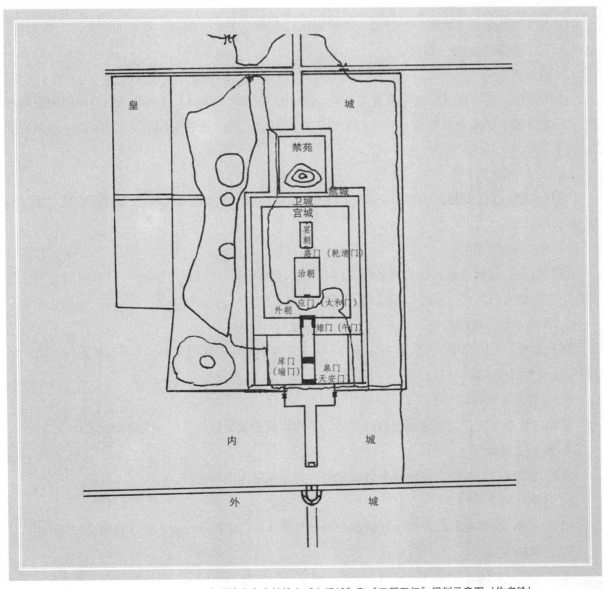

图 2—19—11　1553—1911 年明清北京中轴线上"六重城"和"三朝五门"规划示意图（作者绘）

第二十章　北京中轴线上的门与"国门"变迁

第一节　辽南京中轴线上的门

一、辽南京中轴线上门的数量

辽南京中轴线上从南向北规划有9座门。（图2—20—01）

1. 西南外罗城南门

契丹皇朝以燕京为南京后，以位于唐幽州大城西南隅的子城为皇城，为保证皇城的安全，在大城西南，即子城之南修筑了外罗城；西南外罗城南门位于凉水河北岸，即辽南京中轴线之南端点；西南外罗城起着"大城"的性质，外罗城南门起着辽南京"国门"的作用，为"三朝五门"之"皋门"，规制为城墙一门。

2. 皇城丹凤门

前代所建，辽南京以唐幽州子城为皇城，以子城南门即唐幽州大城南垣西门丹凤门为皇城南门，丹凤门位于辽南京中轴线与右安门东西一线交汇处，为"三朝五门"之"库门"，规制为城墙一门。

3. 宫城南端门

前代所建，辽代改建，为宫城正门，位于丹凤门以北约1.5唐里处，为"三朝五门"之"雉门"，规制为城墙三门。

4. 宫城外朝元和门

前代所建，辽代改建，为宫城外朝正门，位于宫城南端门以北、中轴线与白纸坊街交汇处南侧，为"三朝五门"之"应门"；规制为宫殿式五间三门。

5. 宫城内廷弘政门

前代所建，辽代改建，为宫城内廷正门，位于宫城中轴线中部稍北处，为"三朝五门"之"路门"；规制为宫殿式五间三门。

6. 宫城内廷紫宸门

宫城内廷紫宸门，位于宫城中轴线北部，为内廷后殿紫宸殿门，规制为宫殿式五间三门。

7. 宫城北萧墙门

宫城北萧墙门，位于宫城内廷与宫城北门之间，规制为墙垣三门。

8. 宫城北门子北门

前代所建，为宫城北门，位于辽南京中轴线与枣林前街东西一线交汇处，规制为城墙一门。

9. 大城拱宸门

前代所建，大城北垣西门拱宸门，位于辽南京中轴线与小马厂——槐柏树街东西一线交汇处，

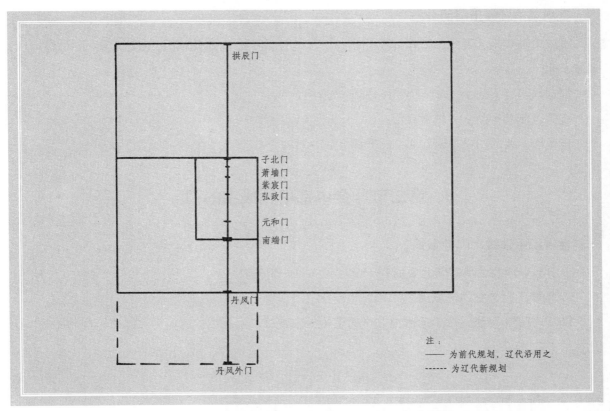

图 2—20—01，辽南京中轴线上的门及其位置示意图（作者绘）

为辽南京中轴线之北端点，规制为城墙一门。

二、辽南京中轴线上门的建筑形式

一是有城楼的城门四座：大城南垣西门丹凤门、宫城正门朱雀门、宫城北门子北门、大城北垣西门拱宸门。

二是无城楼的城门四座：西南外罗城南门、宫城外朝元和门、宫城内廷弘政门、宫城内廷紫宸门。

三是垣墙门一座：宫城内廷后萧墙门。

三、辽南京中轴线上门的规格

有城楼的城门：最高规格的是宫城正门，城楼为重檐庑殿顶、有九开间大殿；次高规格的是宫城北门，城楼为重檐庑殿顶、有五开间大殿；第三规格的是大城南垣西门丹凤门；第四规格的是大城北垣西门拱宸门。

无城楼的城门：规格基本一致，为宫殿式单檐歇山顶、五间三门。

垣墙之门：规格是墙垣三门。

四、辽南京中轴线上门的分布

宫城中轴线南北有六门分布：宫城南端门、外朝元和门、内廷弘政门、内廷紫宸门、后萧墙门、宫城子北门。

宫城以南有二门：皇城丹凤门、外郭城南门。

宫城以北有一门：大城拱宸门。

宫城南、北的门，呈南二、北一分布状。

第二节　金中都中轴线上的门

一、金中都中轴线上门的数量

金中都中轴线上从南向北规划有 15 座门。（图—20—02）

1. 大城正门丰宜门瓮城前门

1151—1153 年建，位于凉水河北岸的金中都中轴线之南端点位置，为"国门"规制的瓮城前

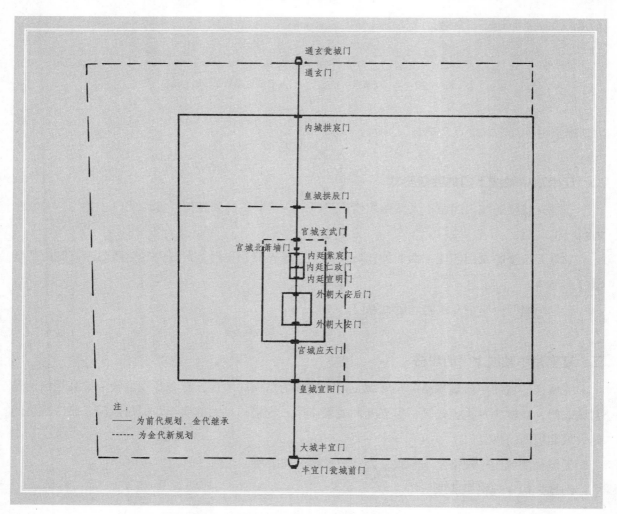

图2—20—02. 金中都中轴线上的门及其位置示意图（作者绘）

322

门，为皇帝祭天的礼制之门，规制为城墙一门。

2．"国门"丰宜门

1151—1153年建，位于凉水河北岸的金中都中轴线之南端点位置，为金中都大城正门即"国门"，为"三朝五门"之"皋门"，规制为城墙一门。

3．皇城正门宣阳门

1151—1153年改建，位于金中都中轴线与右安门东西一线交汇处，为金中都皇城正门，为"三朝五门"之"库门"，规制为城墙三门。

4．宫城正门应天门

1151—1153年改建，位于宣阳门以北约600多米处，为金中都宫城正门，为"三朝五门"之"雉门"，规制为城墙三门。

5．宫城外朝门大安门

1151—1153年改建，位于宫城应天门北、外朝大安殿南，即金中都中轴线与白纸坊街东西一线交汇处南侧，为"三朝五门"之"应门"，规制为宫殿式七间三门。

6．宫城外朝后门

1151—1153年建，位于金中都宫城中轴线中部，即位于外朝大安殿后，为宫城外朝北门，规制为宫殿式五间三门。

7．宫城内廷宣明门

1151—1153年改建，位于金中都宫城中轴线中部稍北，为宫城内廷正门，为"三朝五门"之"路门"，规制为宫殿式五间三门。

8．宫城内廷仁政门

1151—1153年改建，位于金中都宫城中轴线中部稍北，为宫城内廷正门里门，规制为宫殿式五间三门。

9．宫城内廷紫宸门

1151—1153年改建，位于金中都宫城中轴线北部，为宫城内廷后殿之门，规制为宫殿式五间三门。

10．宫城北萧墙门

1151—1153年建，位于金中都宫城内廷之北、宫城北门之南，规制为墙垣三门。

11．宫城北门玄武门

1151—1153年建，位于金中都中轴线与枣林前街以北东西一线交汇处，为宫城北门，规制为城墙一门。

12．皇城北门拱辰门

1151—1153年建，位于金中都中轴线与宣武体育场北侧东西一线交汇处，为皇城北门，规制为城墙一门。

13．内城北门拱宸门

为前代所建,位于金中都中轴线与小马厂——槐柏树街东西一线交汇处,为内城北城墙西门,规制为城墙一门。

14. 大城正北门通玄门

1151—1153 年建,位于金中都中轴线与头发胡同东西一线交汇处,为金中都北城墙正门,规制为城墙一门。

15. 大城正北门通玄门瓮城门

1151—1153 年建,位于金中都通玄门以北,为通玄门瓮城北门,规制为城墙一门。

二、金中都中轴线上门的建筑形式

一是有城楼的城门九座:大城丰宜门瓮城前门、大城丰宜门、皇城宣阳门、宫城应天门、宫城玄武门、皇城拱辰门、内城拱宸门、大城通玄门、大城通玄门瓮城门。

二是无城楼的城门五座:宫城外朝大安门、宫城外朝大安北门、宫城内廷宣明门、宫城内廷仁政门、宫城内廷紫宸门。

三是垣墙之门一座:宫城内廷后萧墙门。

三、金中都中轴线上门的规格

有城楼的城门:规格最高的是宫城正门应天门,城楼为重檐庑殿顶、有九开间大殿;规格次高的是皇城正门宣阳门,城楼为重檐歇山顶、有九开间大殿;规格第三的是国门丰宜门,城楼为重檐歇山顶、有七开间大殿;规格第四的是宫城玄武门,城楼为重檐庑殿顶、有五开间大殿;规格第五的是皇城北门拱辰门,城楼为重檐歇山顶、有五开间大殿;规格第六的是国门瓮城前门,城楼为重檐歇山顶、有五开间大殿;规格第七的是大城北门通玄门,城楼为重檐歇山顶、有五开间大殿;规格第八的是内城拱宸门,城楼为重檐歇山顶、有五开间大殿,规格第九的是大城北门通玄门瓮城门,城楼为重檐歇山顶、有五开间大殿。

无城楼的城门:规格最高的是宫城外朝正门大安门,为宫殿式重檐歇山顶、五间三门;规格次高的是单檐歇山顶、五间三门宫城外朝北门和宫城内廷宣明门、弘政门、紫宸门。

垣墙之门:规格是墙垣三门。

四、金中都中轴线上门的分布

宫城中轴线南北有八门分布:宫城正门应天门、外朝正门大安门、外朝北门、内廷正门宣明门、内廷弘政门、内廷紫宸门、内廷后萧墙门、宫城北门玄武门。

宫城以南有三门:大城正门"国门"丰宜门之瓮城前门、大城正门"国门"丰宜门、皇城正门宣阳门。

宫城以北有四门:皇城北门拱辰门、内城北门拱宸门、大城北门通玄门、大城北门通玄门瓮城门。

宫城南、北的门，呈南三、北四分布状。

第三节　隋临朔宫中轴线上的门

一、隋临朔宫中轴线上门的数量

隋临朔宫中轴线上从南向北规划有 15 座门。（图 2—20—03）

1. 外宫垣南宫门

约隋大业四年至六年（608—610 年）建，约位于临朔宫宫城以南 1.5 隋里处。临朔宫属于皇帝的离宫，根据封建礼制，其门应为单檐宫殿式五间三门。

2. 宫苑禁垣南中门

约隋大业四年至六年（608—610 年）建，约位于临朔宫宫城以南 109.5 隋丈处。属于皇帝离宫宫苑的第一道防卫屏障——禁垣南门，根据封建礼制属于禁地，其门应为单檐宫殿式五间三门。

3. 宫城夹垣南上门

约隋大业四年至六年（608—610 年）建，约位于临朔宫宫城以南 59.5 隋丈处。属于皇帝离宫宫城的第二道防卫屏障——夹垣，根据封建礼制，其门应为单檐宫殿式五间三门。

4. 宫城朱雀门

约隋大业四年至六年（608—610 年）建，位于明清北京故宫午门处。为皇帝离宫宫城正门。根据封建礼制，其门应为城墙三门，其上建有重檐城楼。

5. 宫城外朝正门

约隋大业四年至六年（608—610 年）建，位于明清北京故宫太和门处。为皇帝离宫宫城外朝正门。根据封建礼制，其门应为重檐宫殿式七间三门。

6. 宫城外朝后门

约隋大业四年至六年（608—610 年）建，约位于明清北京故宫保和殿北门处。为皇帝离宫宫城外朝后门。根据封建礼制，其门应为单檐宫殿式五间三门。

7. 宫城内廷正门

约隋大业四年至六年（608—610 年）建，位于明清北京故宫乾清门处。为皇帝离宫宫城内廷正门。根据封建礼制，其门应为单檐宫殿式五间三门。

8. 宫城内廷后门

约隋大业四年至六年（608—610 年）建，位于明清北京故宫坤宁门处。为皇帝离宫宫城内廷后门。根据封建礼制，其门应为单檐宫殿式五间三门。

9. 宫城北萧墙门

约隋大业四年至六年（608—610 年）建，位于明清北京故宫顺贞门处。为皇帝离宫宫城内廷北萧墙门。根据封建礼制，其门应为墙垣三门。

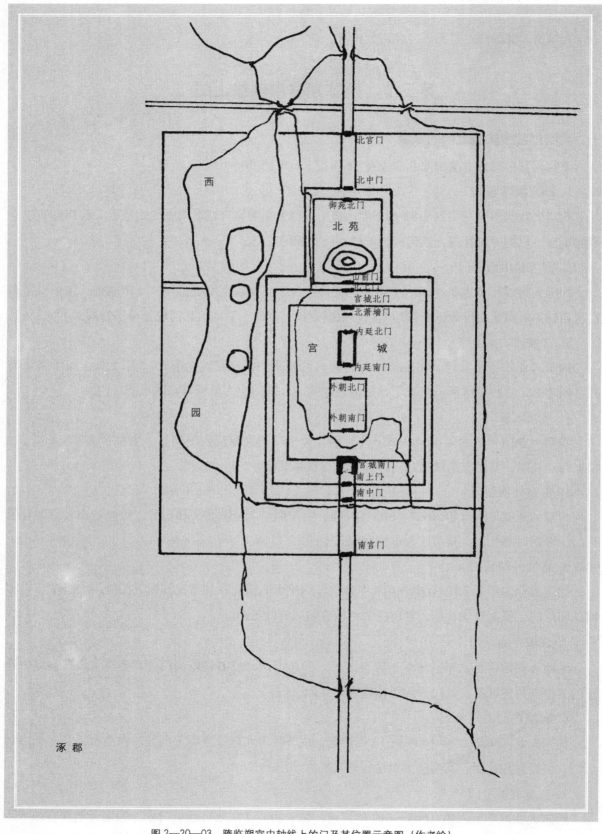

北宫门

北中门

御苑北门

北苑

西

山前门
北上门
宫城北门
北萧墙门

内廷北门

宫　城

内廷南门

园

外朝北门

外朝南门

宫城南门
南上门
南中门

南宫门

涿郡

图 2—20—03，隋临朔宫中轴线上的门及其位置示意图（作者绘）

10. 宫城玄武门

约隋大业四年至六年（608—610 年）建，位于明清北京故宫玄武门处。为皇帝离宫宫城北门。根据封建礼制，其门应为城墙三门，其上建有重檐城楼。

11. 宫城夹垣北上门

约隋大业四年至六年（608—610 年）建，约位于临朔宫宫城以北约 36 隋丈处。属于皇帝离宫宫城的第二道防卫屏障——夹垣，根据封建礼制，其门应为单檐宫殿式五间三门。

12. 北苑南门

约隋大业四年至六年（608—610 年）建，约位于临朔宫宫城以北约 48 隋丈处。为皇帝离宫宫城北苑正门，根据封建礼制，其门应为单檐宫殿式五间三门。

13. 北苑北门

约隋大业四年至六年（608—610 年）建，约位于临朔宫宫城以北约 269.5 隋丈处。为皇帝离宫宫城北苑北门，根据封建礼制，其门应为单檐宫殿式五间三门。

14. 宫苑禁垣北中门

约隋大业四年至六年（608—610 年）建，约位于临朔宫宫城以北 295 隋丈处。属于皇帝离宫宫苑的第一道防卫屏障——禁垣之北门，根据封建礼制属于禁地，其门应为单檐宫殿式五间三门。

15. 外宫垣北宫门

约隋大业四年至六年（608—610 年）建，约位于临朔宫宫城北苑以北 1 隋里处。临朔宫属于皇帝的离宫，根据封建礼制，其门应为单檐宫殿式五间三门。

二、隋临朔宫中轴线上门的建筑形式

一是有城楼的城门二座：宫城正门朱雀门、宫城北门玄武门。

二是无城楼的城门六座：南宫门、北宫门、南中门、北中门、南上门、北上门。

三是垣墙之门七座：外朝正门、外朝北门、内廷正门、内廷北门、内廷后萧墙门、北苑正门、北苑北门。

三、隋临朔宫中轴线上门的规格

有城楼的城门：最高规格的是宫城正门，城楼为重檐庑殿顶、有九开间大殿；次高规格的是宫城北门，城楼为重檐庑殿顶、有五开间大殿。

无城楼的城门：规格基本一致，为单檐歇山顶、五间三门。

垣墙之门：最高规格的是外朝正门，为重檐歇山顶、七间三门；次最高规格的是，单檐歇山顶、五间、三门；第三规格的是墙垣三门。

四、隋临朔宫中轴线上门的分布

宫城中轴线南北有七门分布：朱雀门、外朝正门、外朝北门、内廷正门、内廷北门、后萧墙门、玄武门。

宫城以南有三门：宫城夹垣南上门、宫苑禁垣南中门、南宫门。

宫城以北有五门：宫城夹垣北上门、宫城北苑正门、宫城北苑北门、宫苑禁垣门北中门、北宫门。

宫城南、北的门，呈南三、北五分布状。

第四节　金太宁宫中轴线上的门

一、金太宁宫中轴线上门的数量

金太宁宫中轴线上从南向北规划有 15 座门。（图 2—20—04）

1. 外宫垣南宫门

约金正隆四年（1159 年）至大定十九年（1179 年）建，位置同隋临朔宫南宫门。太宁宫属于皇帝的离宫，根据封建礼制，其门应为单檐宫殿式五间三门。

2. 宫苑禁垣南中门

约金正隆四年（1159 年）至大定十九年（1179 年）建，位置同隋临朔宫南中门。属于皇帝离宫宫苑的第一道防卫屏障——禁垣之南门，根据封建礼制属于禁地，其门应为单檐宫殿式五间三门。

3. 宫城夹垣南上门

约金正隆四年（1159 年）至大定十九年（1179 年）建，位置同隋临朔宫南上门。属于皇帝离宫宫城的第二道防卫屏障——夹垣，根据封建礼制，其门应为单檐宫殿式五间三门。

4. 宫城朱雀门

约金正隆四年（1159 年）至大定十九年（1179 年）建，位置同隋临朔宫宫城朱雀门，位于明清北京故宫午门处。为皇帝离宫宫城正门。根据封建礼制，其门应为城墙三门，其上建有重檐城楼。

5. 宫城外朝正门

约金正隆四年（1159 年）至大定十九年（1179 年）建，位置同隋临朔宫宫城外朝正门，位于明清北京故宫太和门处。为皇帝离宫宫城外朝正门。根据封建礼制，其门应为重檐宫殿式七间三门。

6. 宫城外朝后门

约金正隆四年（1159 年）至大定十九年（1179 年）建，位置同隋临朔宫宫城外朝后门，位于明清北京故宫保和殿处。为皇帝离宫宫城外朝后门。根据封建礼制，其门应为单檐宫殿式五间三门。

7. 宫城内廷正门

约金正隆四年（1159 年）至大定十九年（1179 年）建，位置同隋临朔宫宫城内廷正门，位

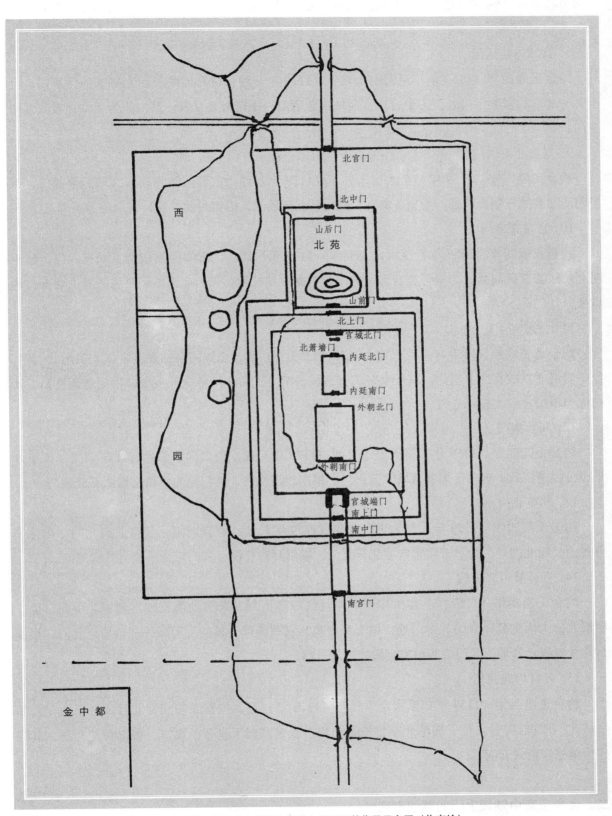

北宫门
北中门
山后门
北苑
西
山前门
北上门
宫城北门
北萧墙门
内廷北门
园
内廷南门
外朝北门
外朝南门
宫城端门
南上门
南中门
南宫门
金中都

图 2—20—04，金太宁宫中轴线上的门及其位置示意图（作者绘）

于明清北京故宫乾清门处。为皇帝离宫宫城内廷正门。根据封建礼制，其门应为单檐宫殿式五间三门。

8. 宫城内廷后门

约金正隆四年（1159 年）至大定十九年（1179 年）建，位置同隋临朔宫宫城内廷后门，位于明清北京故宫坤宁门处。为皇帝离宫宫城内廷后门。根据封建礼制，其门应为单檐宫殿式五间三门。

9. 宫城北萧墙门

约金正隆四年（1159 年）至大定十九年（1179 年）建，位置同隋临朔宫宫城后萧墙门，位于明清北京故宫顺贞门处。为皇帝离宫宫城内廷北萧墙门。根据封建礼制，其门应为墙垣三门。

10. 宫城玄武门

约金正隆四年（1159 年）至大定十九年（1179 年）建，位置同隋临朔宫宫城玄武门，位于明北京故宫玄武门处。为皇帝离宫宫城北门。根据封建礼制，其门应为城墙三门，其上建有重檐城楼。

11. 宫城夹垣北上门

约金正隆四年（1159 年）至大定十九年（1179 年）建，位置同隋临朔宫宫城北夹垣北上门，位于明清北京故宫北上门处。属于皇帝离宫宫城的第二道防卫屏障——夹垣，根据封建礼制，其门应为单檐宫殿式五间三门。

12. 北苑南门

约金正隆四年（1159 年）至大定十九年（1179 年）建，位置同隋临朔宫北苑南门，位于今景山公园南门处。为皇帝离宫宫城北苑正门，根据封建礼制，其门应为单檐宫殿式五间三门。

13. 北苑北门

约金正隆四年（1159 年）至大定十九年（1179 年）建，位置同隋临朔宫北苑北门，约位于今景山公园北门处。为皇帝离宫宫城北苑北门，根据封建礼制，其门应为单檐宫殿式五间三门。

14. 宫苑禁垣北中门

约金正隆四年（1159 年）至大定十九年（1179 年）建，位置同隋临朔宫禁垣北中门，位于明清北京大内御苑以北的北中门处。属于皇帝离宫宫苑的第一道防卫屏障——禁垣之北门，根据封建礼制属于禁地，其门应为单檐宫殿式五间三门。

15. 外宫垣北宫门

约金正隆四年（1159 年）至大定十九年（1179 年）建，位置同临朔宫北宫门（后为元大都皇城北门厚载红门），位于明清北京皇城北门南。太宁宫属于皇帝的离宫，根据封建礼制，其门应为单檐宫殿式五间三门。

二、金太宁宫中轴线上门的建筑形式

一是有城楼的城门二座：宫城正门端门、宫城北门玄武门。

二是无城楼的城门六座：南宫门、北宫门、南中门、北中门、南上门、北上门。

三是垣墙之门七座：外朝正门、外朝北门、内廷正门、内廷北门、内廷后萧墙门、北苑正门、北苑北门。

三、金太宁宫轴线上门的规格

有城楼的城门：最高规格的是宫城正门，城楼为重檐庑殿顶、有九开间大殿；次高规格的是宫城北门，城楼为重檐庑殿顶、有五开间大殿。

无城楼的城门：规格基本一致，为单檐歇山顶、五间三门。

垣墙之门：最高规格的是外朝正门，为重檐歇山顶、七间三门；次最高规格的是，单檐歇山顶、五间、三门；第三规格的是墙垣三门。

四、金太宁宫中轴线上门的分布

宫城中轴线南北有七门分布：端门、外朝正门、外朝北门、内廷正门、内廷北门、后萧墙门、玄武门。

宫城以南有三门：宫城夹垣南上门、宫苑禁垣南中门、南宫门。

宫城以北有五门：宫城夹垣北上门、宫城北苑正门、宫城北苑北门、宫苑禁垣门北中门、北宫门。

宫城南、北的门，呈南三、北五分布状。

第五节　元大都中轴线上的门

一、元大都中轴线上门的数量

元大都中轴线上从南向北规划有 15 座门。（图 2—20—05）

1. 大城正门"国门"丽正门之瓮城前门

至元四年——至元九年（1267 年—1272 年）修建，形制仿金中都"国门"丰宜门瓮城规制，设三券式门，中门为皇帝祭天之礼制之门，左右两门为百姓、官吏等日常出入之门。

2. 大城正门"国门"丽正门

至元四年——至元九年（1267 年—1272 年）修建，形制仿金中都"国门"丰宜门规制，设一券式门，外接瓮城，内接千步廊。

3. 皇城正门灵星门

至元四年——至元九年（1267 年—1272 年）修建，形制仿金中都皇城宣阳门规制，设三券式门，中门为御路礼制之门，左右两门为百姓、官吏等日常出入之门；城楼为九五开间，重檐，歇山顶。

4. 宫城正门崇天门

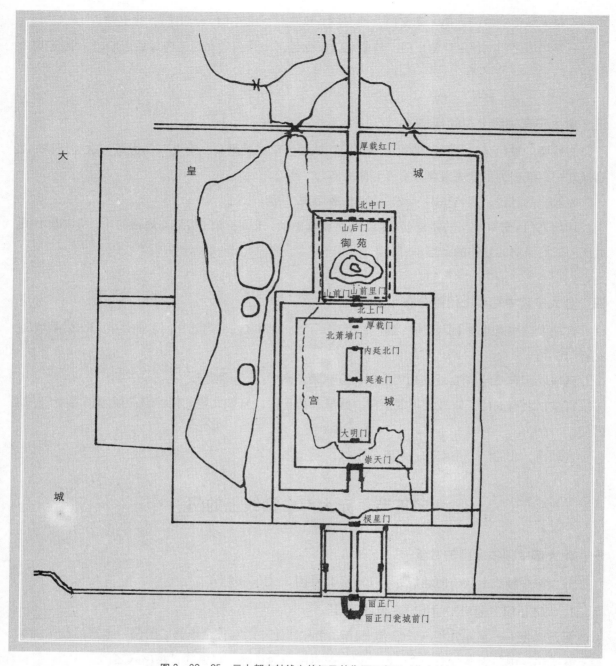

图 2—20—05，元大都中轴线上的门及其位置示意图（作者绘）

《辍耕录》记载的元大都宫城于"至元八年（1271 年）八月十七日申时动土，明年三月十五日即工。分六门。正南曰崇天，十二间，五门。重檐，庑殿顶，琉璃瓦饰脊。（城楼）东西一百八十七尺（约合 59.84 米），深五十五尺（约 17.6 米），高八十五尺（约 27.2 米）。位置同隋临朔宫宫城朱雀门和金太宁宫宫城端门。

5. 外朝正门大明门

大明门，元大都宫城外朝正门。建于至元八至九年（1271—1272 年），七间三门，重檐，歇山顶，琉璃瓦饰脊。东西一百二十尺（约 38.4 米），深四十四尺（约 14.08 米）。位置同隋临朔宫宫城外朝正门和金太宁宫宫城外朝正门。

6. 内廷门延春门

延春门，在外朝后庑宝云殿后，延春阁之正门，五间三门，单檐，歇山顶。东西七十七尺（约24.64米）。位置同隋临朔宫宫城内廷正门和金太宁宫宫城紫宸门。

7. 内廷北门

内廷北门，在内廷延春寝殿后，三门，单檐，歇山顶。位置同隋临朔宫宫城内廷后门、金太宁宫宫内廷后门。

8. 内廷后萧墙门

在清宁宫后，萧墙三门。位置同隋临朔宫宫城后萧墙门、金太宁宫京城后萧墙门。

9. 宫城北门厚载门

建成于至元九年（1272年），五间，一门。重檐，庑殿顶，琉璃瓦饰脊。东西八十七尺（约27.84米），深四十五尺（约14.4米），高八十尺（约25.6米）。位置同隋临朔宫宫城玄武门、金太宁宫宫城玄武门。

10. 大内夹垣北门北上门

北上门，单檐，歇山顶，五间三门；始规划为隋临朔宫宫城夹垣北门，称"北上门"。后为金太宁宫宫城夹垣北上门、元大都宫城夹垣北上门、明北京宫城夹垣北上门、清北京宫城夹垣北上门，名称未变；民国时，作为故宫博物院北门；1956年为疏通交通而拆除。

11. 御苑南门"山前门"

山前门，单檐，歇山顶，五间三门；始规划为隋临朔宫北苑南门。后为金太宁宫琼林苑南门、元大都大内御苑之"山前门"、明北京大内御苑之"万岁门"、清北京大内御苑之"景山门"。

12. 御苑南内门"山前里门"

山前里门，为元代按其规制，将金太宁宫琼林苑规划为双重墙垣，故在御苑南门内规划修建了"山前里门"。

13. 御苑北门"山后门"

山后门，元大都大内御苑之北夹垣之门。

14. 宫苑北禁垣门北中门

北中门，单檐，歇山顶，五间三门；始规划为隋临朔宫北禁垣之北门。后为金太宁宫北禁垣之北门、元大都北禁垣之北门、明北京北禁垣之北门、清北京北禁垣之北门。

15. 皇城北门"厚载红门"

厚载红门，单檐，歇山顶，五间三门；始规划为隋临朔宫北宫门。后为金太宁宫北宫门、元大都皇城北门；明北京北移皇城北垣而拆除之。

二、元大都中轴线上门的建筑形式

一是有城楼的城门五座：丽正门瓮城前门、丽正门、灵星门、崇天门、厚载门。

333

二是无城楼的城门三座：皇城北门厚载红门、大内夹垣北门北上门、宫苑禁垣北门北中门。

三是垣墙之门七座：外朝大明门、内廷延春门、内廷北门、内廷后萧墙门、山前门、山前里门、山后门。

三、元大都中轴线上门的规格

有城楼的城门：最高规格的是，城楼为重檐庑殿金顶、有十二开间大殿、墙基有须弥座、设有御榻和御路的、有"外朝"之称的崇天门（五券过梁门）；次高规格的是，城楼为重檐歇山绿琉璃顶、由五三开间改为九五开间大殿、墙基有须弥座、设有御路的"国门"丽正门（单券门）；第三高规格的是，城楼为重檐庑殿金顶、有三开间大殿、设有御路的厚载门（单券过梁门）；第四高规格的是，城楼为重檐歇山顶、设有御路的皇城正门灵星门（单券门）；第五高规格的是，城楼为重檐歇山顶、有箭楼的丽正门瓮城前门（单券门）。

无城楼的城门：最高规格的是，歇山顶、七开间、三开门的厚载红门；次高规格的是，歇山顶、五开间、三开门的大内夹垣北门北上门和宫苑禁垣北门北中门。

垣墙之门：最高规格的是，歇山顶、七开间、三开门的大明门；次最高规格的是，歇山顶、五开间、三开门的延春门；第三高规格的是，歇山顶、五开间、三开门的宫城内廷北门和大内禁苑之山前门、山后门；第四高规格的是，歇山顶、三开门的内廷后萧墙门和大内禁苑之山前里门。

四、元大都中轴线上门的分布

宫城中轴线南北有六门分布：崇天门、外朝大明门、内廷延春门、内廷北门、后萧墙门、厚载门。

宫城以南有三门：皇城正门棂星门、大城正门"国门"丽正门、丽正门瓮城之前门。

宫城以北有六门：宫城北夹垣门北上门、大内禁苑南门山前门、大内禁苑南内门山前里门、大内禁苑北门山后门、宫苑北禁垣门北中门、皇城北门厚载红门。

宫城南、北的门，呈南三、北六分布状。

第六节　明北京中轴线上的门

一、明北京中轴线上门的数量

明北京中轴线上从南向北规划有 20 座门。（图 2—20—06）

1. 永定门瓮城箭楼门

建于明嘉靖三十二年（1553 年），清乾隆三十一年（1766 年）改建重修，提高城楼规制。1957 年拆除城楼。

2. 永定门（外城正门）

建于明嘉靖三十二年（1553 年），清乾隆三十一年（1766 年）改建重修，提高城楼规制。

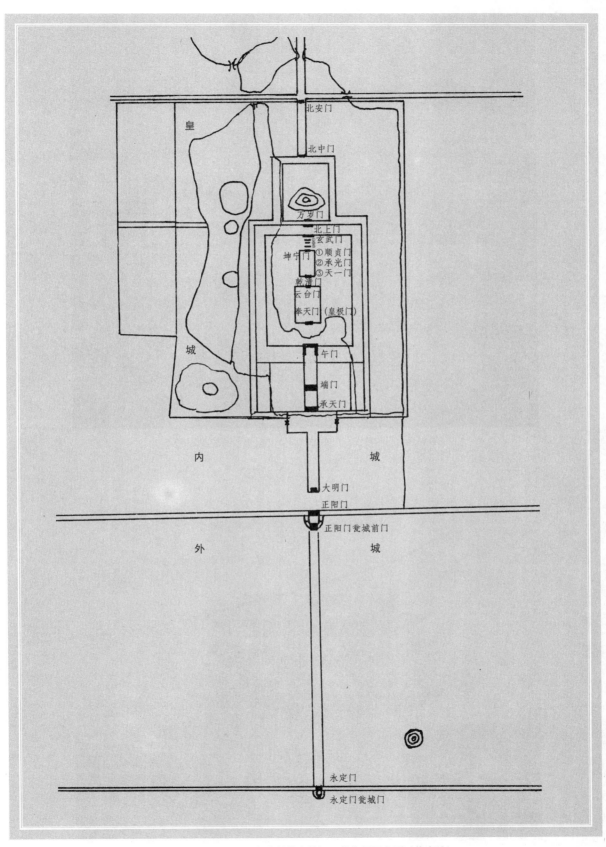

皇城

内　　　　城

外　　　　城

北安门
北中门
万岁门
北上门
玄武门
坤宁门　　①顺贞门
　　　　　②承光门
　　　　　③天一门
乾清门
云台门
奉天门（皇极门）
午门
端门
承天门
大明门
正阳门
正阳门瓮城前门
永定门
永定门瓮城门

图 2—20—06，明北京中轴线上的门及其位置示意图（作者绘）

335

中轴线（正阳前门——景山，1945 年航拍，张富强提供）

正阳门（作者摄）

1957 年拆除城楼。2004 年复建。

3. 正阳门瓮城箭楼门（京城前门）

明永乐十七年至十九年（1419—1421 年）建，命名丽正门；正统元年至四年（1436—1439 年）重建城楼，增建箭楼，更名正阳门。箭楼曾于 1610 年、1780 年、1849 年、1900 年几次被火焚毁，后均修复，1915 年改造，1976—1978 年大修、1989 年修缮。

4. 正阳门（京城正门）

明永乐十七年至十九年（1419—1421 年）建，命名丽正门；正统元年至四年（1436—1439 年）重建城楼，增建箭楼，更名正阳门。城楼于 1901 年八国联军焚毁，1906 年修复；1952 年加固、1976—1978 年、1991 年先后两次大修。

5. 大明门（皇城正门、国门）

明永乐十五年（1417 年）始建，命名为大明门，南向，歇山顶三券门，为国门，即"三朝五门"制度的最外一重门，称"皋门"；清改名为大清门；中华民国元年（1912 年）改名为中华。1959 年拆除。

6. 承天门（禁城正门、诏门）

明永乐十五年（1417 年）始建，南向，重檐歇山顶，九间五门，为明北京"五重城"中的"禁城"正门，亦为紫禁城"三重门"的第一重门，又称"诏门"，也是"三朝五门"制度的最外第二重门，称"雉门"；清顺治朝迁都北京后改称天安门，作"内皇城"正门。

7. 端门（卫城正门）

天一门（作者摄）

明永乐十五年（1417年）始建，南向，重檐歇山顶，九间五门，为明北京"五重城"中的"卫城"正门，亦为紫禁城"三重门"的第二重门，也是"三朝五门"制度的第三重门，又称"库门"；清顺治朝迁都北京后沿用，名称未改。

8. 午门（宫城正门）

金大定十九年建成，为太宁宫"南郭"之端门，南向，重檐歇山顶，九间三门；元至元朝改建为十二间五门的宫城正门，并在东西两阙"初建左、右掖门"，改称"崇天门"，重檐歇山顶；明永乐朝迁都北京改建为九间五门，重檐庑殿顶，改称"午门"，亦为紫禁城"三重门"的第三重门，也是"三朝五门"制度的第四重门，又称"应门"；清顺治朝迁都北京后沿用，未作任何改动。

9. 奉天门（大朝正门）

元至元朝始建，南向，重檐歇山顶，七间三门，称"大明门"；明永乐十五年（1417年）改建为九开间的宫殿式"御朝门"，改称"奉天门"，为"三朝五门"制度的第五重门，又称"路门"；清顺治朝迁都北京后沿用其规制，改称"太和门"。

10. 云台门（大朝北门）

明永乐十五年（1417年）始建，北向，位于谨身殿（即保和殿）后的墀陛上，重檐歇山顶，三门，为外朝之后门；为明末李自成在败离北京时放火烧毁；清康熙朝重建外朝三大殿时未再建。

11. 乾清门（内廷正门）

元至元朝始建，南向，重檐歇山顶，七间三门，称"延春门"；明永乐十五年（1417年）改建为五间三门，改称"乾清门"；清顺治朝迁都北京后沿用其规制，未更名。

12. 坤宁门（内廷北门）

明永乐十五年（1417年）始建，北向，重檐歇山顶，五间三门，初称"广顺门"，为内廷北门，后更名为"坤宁门"；清顺治朝迁都北京后沿用其规制，未更名。

13. 天一之门（钦安殿正门）

明永乐十五年（1417年）始建，南向，歇山顶，单券门，为钦安殿正门，因钦安殿为供奉道教真武大帝的宫殿，故命名其门为"天一之门"，有"天一生水，地六承之"之寓意。

14. 承光门（钦安殿北门）

明永乐十五年（1417年）始建，北向，重檐歇山顶，三门，为钦安殿北门，有"承接天光"之寓意。

15. 顺贞门（宫墙北门）

元至元朝始建，北向，为重檐歇山顶宫墙门，三门，称"后宫垣门"；明永乐十五年（1417年）改建，称"坤宁门"；嘉靖朝改称"顺贞门"，为"萧墙北门"；清顺治朝迁都北京后沿用其规制，未更名。

16. 玄武门（宫城北门）

元至元年间始建，北向，重檐庑殿顶，五间一门，称"厚载门"；明永乐朝迁都北京后改建，

338

1909 年的地安门（引自《旧京史照》）

为五间三门，改称"玄武门"；清顺治朝迁都北京后沿用，康熙朝因避康熙之讳改称"神武门"。

17. 北上门（卫城北门）

金大定十九年建成，为太宁宫内廷紫宸门，"南向"，歇山顶，五阙三门；元至元年间改为大内夹垣（卫城）北门，称"北上门"；明永乐十五年（1417 年）继为卫城北门，名称未变；清迁都北京继续沿用，名称依旧；民国时，作为故宫博物院北门；1956 年拆除。

18. 万岁门（禁苑正门）

元至元年间建，为大内禁苑正门，称"山前门"，"南向"，歇山顶，五阙三门；明永乐朝迁都北京后，继作禁苑正门，因"青山"改称为"万岁山"而更为"万岁门"；清顺治朝于迁都北京后，更"万岁山"为"景山"、更"万岁门"为"景山门"。

19. 北中门（禁城北门）

元至元年间建，为禁苑外夹垣北门，称"北中门"；明永乐十五年（1417 年）继作禁城北门，名称未变；清末民初拆除。

20. 北安门（皇城北门）

明永乐十八年（1420 年）始建，称北安门，弘治十六年（1503 年）重修，隆庆五年（1571 年）

339

修葺；清顺治九年（1652 年）重建，改称地安门，光绪二十七年（1901 年）修葺；1954 年拆除。

二、明北京中轴线上门的建筑形式

一是有城楼的城门八座：午门、玄武门、端门、承天门、正阳门、正阳门瓮城正门、永定门、永定门瓮城门；

二是无城楼的城门四座：大明门、北上门、北中门、北安门；

三是垣墙之门九座：太和门、云台门、乾清门、坤宁门、天一门、承光门、顺贞门、万岁门。

三、明北京中轴线上门的规格

有城楼的城门：最高规格的是，城楼为重檐庑殿金顶、有九五开间大殿、墙基有须弥坐、设有御榻和御路的、有"外朝"之称的午门；次高规格的是，城楼为重檐歇山金顶、由五三开间改为九五开间大殿、墙基有须弥坐、设有御路的承天门和端门；第三高规格的是，城楼为重檐庑殿金顶、有五三开间大殿、设有御路的神武门；第四高规格的是，城楼为重檐歇山顶、设有御路的正阳门瓮城正门；第五高规格的是，城楼为重檐歇山顶、有七三开间大殿的正阳门；第六高规格的是，城楼为重檐歇山顶、有五三开间大殿的永定门；第七高规格的是永定门瓮城门。

无城楼的城门：最高规格的是，歇山金顶、三券门、墙基有须弥坐、设有御路的大明门；次高规格的是，歇山金顶、七开间、三开门的北安门；第三高规格的是，歇山金顶、五开间、三开门的北上门和北中门。[1]

垣墙之门：最高规格的是，重檐歇山金顶、有九五开间大殿、基坐为须弥坐的"御朝门"——奉天门；次高规格的是，重檐歇山金顶、五开间、墙基有须弥坐的乾清门；第三高规格的是，歇山金顶、五开间、三开门的万岁门；第四高规格的是，歇山金顶、三开间、三开门的坤宁门；第五高规格的是，歇山金顶、三开门的云台门；第六高规格的是，歇山金顶、三开门的承光门；第七高规格的是，红墙琉璃檐三开门的顺贞门；第八高规格的是，歇山金顶、一券门的天一之门。

四、明北京中轴线上门的分布

宫城中轴线南北有九门分布：午门、外朝奉天门（皇极门）、外朝北门云台门、内廷乾清门、内廷北门、天一之门、承光门、后萧墙门、玄武门。

宫城以南有五（七）门：卫城端门、禁城承天门、皇城大明门、大城正门"国门"正阳门、正阳门之瓮城前门；（外城永定门、永定门之瓮城门）。

宫城以北有四门：宫城北夹垣门北上门、大内禁苑南门万岁门、宫苑北禁垣门北中门、皇城北门北安门。

宫城以南、以北的门，呈南五（七）、北四分布状。

1　笔者注：比照禁城正门承天门与卫城正门端门的规格相同，禁城北门北中门也应与卫城北门北上门规格相同。

正阳门箭楼（引自《旧京史照》）

永定门（引自《旧京史照》）

第七节　清北京中轴线上的门

一、清北京中轴线上门的数量

清北京中轴线上从南向北规划有 21 座门。（图 2—20—06）

1. 永定门瓮城箭楼门

建于明嘉靖三十二年（1553 年），清乾隆三十一年（1766 年）改建重修，提高城楼规制。1957 年拆除城楼。

2. 永定门（外城正门）

建于明嘉靖三十二年（1553 年），清乾隆三十一年（1766 年）改建重修，提高城楼规制。1957 年拆除城楼。2004 年复建。

3. 正阳门瓮城箭楼门（京城前门）

明永乐十七年至十九年（1419—1421 年）建，命名丽正门；正统元年至四年（1436—1439 年）重建城楼，增建箭楼，更名正阳门。箭楼曾于 1610 年、1780 年、1849 年、1900 年几次被火焚毁，后均修复，1915 年改造，1976—1978 年大修、1989 年修缮。

4. 正阳门（京城正门）

明永乐十七年至十九年（1419—1421 年）建，命名丽正门；正统元年至四年（1436—1439 年）重建城楼，增建箭楼，更名正阳门。城楼于 1901 年八国联军焚毁，1906 年修复；1952 年加固、1976—1978 年、1991 年先后两次大修。

5. 大清门（皇城正门、国门）

明永乐十五年（1417 年）始建，命名为大明门，南向，庑殿顶三券门，为国门；清顺治元年（1644 年）改名为大清门；中华民国元年（1912 年）改名为中华门。1959 年拆除。1976 年在此位置上修建了毛主席纪念堂。

6. 天安门（禁城正门、诏门）

明永乐十五年（1417 年）始建，南向，重檐歇山顶，九间五门，为明北京"五重城"中的"禁城"正门，亦为紫禁城"三重门"的第一重门，又称"诏门"；清顺治朝迁都北京后改称天安门，

341

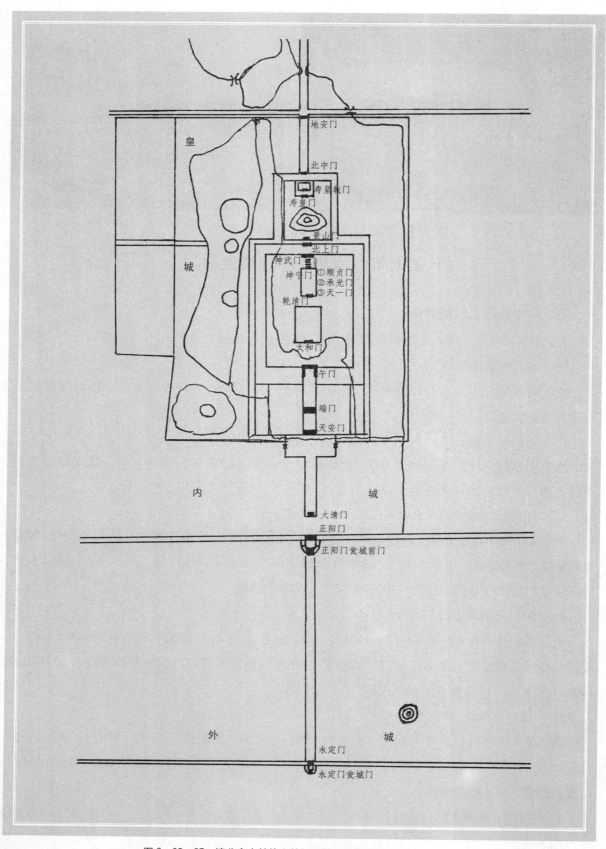

地安门

北中门

寿皇殿门

寿皇门

景山

北上门

神武门 ①顺贞门
坤宁门 ②承光门
乾清门 ③天一门

太和门

午门

端门

天安门

皇

城

内 城

大清门
正阳门

正阳门瓮城前门

外 城

永定门

永定门瓮城门

图 2—20—07. 清北京中轴线上的门及其空间位置示意图（作者绘）

正阳门内（1901 年）（引自《清代北京皇城写真帖》）

作"内皇城"正门。

7. 端门（卫城正门）

明永乐十五年（1417 年）始建，南向，重檐歇山顶，九间五门，为明北京"五重城"中的"卫城"正门，亦为紫禁城"三重门"的第二重门，又称"库门"；清顺治朝迁都北京后沿用，名称未改。

8. 午门（宫城正门）

金大定十九年建成，为太宁宫"南郭"之端门，南向，重檐歇山顶，九间三门；元至元朝改建为十二间五门的宫城正门，并在东西两阙"初建左、右掖门"，改称"崇天门"，重檐歇山顶；明永乐朝迁都北京改建为九间五门，改称"午门"，重檐庑殿顶；清顺治朝迁都北京后沿用，未作任何改动。

9. 太和门（大朝正门）

元至元朝始建，南向，重檐歇山顶，七间三门，称"大明门"；明永乐十五年（1417 年）改建为九开间的宫殿式"御朝门"，改称"奉天门"；清顺治朝迁都北京后沿用其规制，改称"太和门"。

10. 乾清门（内廷正门）

元至元朝始建，南向，重檐歇山顶，七间三门，称"延春门"；明永乐十五年（1417 年）改建为五间三门，改称"乾清门"；清顺治朝迁都北京后沿用其规制，未更名。

11. 坤宁门（内廷北门）

明永乐十五年（1417年）始建，北向，重檐歇山顶，五间三门，初称"广顺门"，为内廷北门，后更名为"坤宁门"；清顺治朝迁都北京后沿用其规制，未更名。

12. 天一之门（钦安殿正门）

明永乐十五年（1417年）始建，南向，歇山顶，单券门，为钦安殿正门，因钦安殿为供奉道教真武大帝的宫殿，故命名其门为"天一之门"，有"天一生水，地六承之"之寓意。

13. 承光门（钦安殿北门）

明永乐十五年（1417年）始建，北向，重檐歇山顶，三门，为钦安殿北门，有"承接天光"之寓意。

14. 顺贞门（宫墙北门）

元至元朝始建，北向，为重檐歇山顶宫墙门，三门，称"后宫垣门"；明永乐十五年（1417年）改建，称"坤宁门"；嘉靖朝改称"顺贞门"，为"萧墙北门"；清顺治朝迁都北京后沿用其规制，未更名。

15. 神武门（宫城北门）

元至元年间始建，北向，重檐庑殿顶，五间一门，称"厚载门"；明永乐朝迁都北京后改建，为五间三门，改称"玄武门"；清顺治朝迁都北京后沿用，康熙朝因避康熙之讳改称"神武门"。

16. 北上门（卫城北门）

金大定十九年建成，为太宁宫内廷紫宸门，"南向"，歇山顶，五阙三门；元至元年间改为大内夹垣（卫城）北门，称"北上门"；明永乐十五年（1417年）继为卫城北门，名称未变；清迁都北京继续沿用，名称依旧；民国时，作为故宫博物院北门；1956年拆除。

17. 景山门（禁苑正门）

元至元年间建，为大内禁苑正门，称"山前门"，"南向"，歇山顶，五阙三门；明永乐朝迁都北京后，继作禁苑正门，因"青山"改称为"万岁山"而更为"万岁门"；清顺治朝于迁都北京后，更"万岁山"为"景山"、更"万岁门"为"景山门"。

18. 寿皇殿宫门

清乾隆十四年（1749年）建，南向，三门，为歇山顶宫墙门。

19. 寿皇殿戟门

清乾隆十四年（1749年）建，南向，五开间，单檐，庑殿顶，为宫殿式门。

20. 北中门（禁城北门）

元至元年间建，为禁苑外夹垣北门，称"北中门"；明永乐十五年（1417年）继作禁城北门，名称未变；清末民初拆除。

21. 地安门（皇城北门）

明永乐十八年（1420年）始建，称北安门，弘治十六年（1503年）重修，隆庆五年（1571年）修葺；清顺治九年（1652年）重建，改称地安门，光绪二十七年（1901年）修葺；1954年拆除。

承光门（北面）（引自《清代北京皇城写真帖》）

神武门（北面）（引自《清代北京皇城写真帖》）

午门（南面）（引自《清代北京皇城写真帖》）

午门（北面）（引自《清代北京皇城写真帖》）

景山寿皇殿（张富强提供）

二、清北京中轴线上门的建筑形式

一是有城楼的城门八座：午门、神武门、端门、天安门、正阳门、正阳门瓮城正门、永定门、永定门瓮城门。

二是无城楼的城门四座：大清门、北上门、北中门、地安门。

三是垣墙之门八座：太和门、乾清门、坤宁门、天一门、承光门、顺贞门、景山门、寿皇门。

四是戟门一座：寿皇殿戟门，为祭祀宫庙正殿前最高规格的门。

三、清北京中轴线上门的规格

有城楼的城门：最高规格的是，城楼为重檐庑殿金顶、有九五开间大殿、墙基有须弥坐、设有御榻和御路的、有"外朝"之称的午门；次高规格的是，城楼为重檐歇山金顶、由五三开间改为九五开间大殿、墙基有须弥坐、设有御路的承天门和端门；第三高规格的是，城楼为重檐庑殿金顶、有五三开间大殿、设有御路的神武门；第四高规格的是，城楼为重檐歇山顶、设有御路的正阳门瓮城正门；第五高规格的是，城楼为重檐歇山顶、有七三开间大殿的正阳门；第六高规格的是，城楼为重檐歇山顶、有五三开间大殿的永定门；第七高规格的是永定门瓮城门。

无城楼的城门：最高规格的是，歇山金顶、三券门、墙基有须弥坐、设有御路的大明门；次高规格的是，歇山金顶、七开间、三开门的北安门；第三高规格的是，歇山金顶、五开间、三开门的北上门和北中门。垣墙之门：最高规格的是，重檐歇山金顶、有九五开间大殿、基坐为须弥坐的"御朝门"——奉天门；次高规格的是，重檐歇山金顶、五开间、墙基有须弥坐的乾清门；

347

太和门（北面）

太和门（南面）

第三高规格的是，歇山金顶、五开间、三开门的万岁门；第四高规格的是，歇山金顶、三开间、三开门的坤宁门；第五高规格的是，歇山金顶、三开门的云台门；第六高规格的是，歇山金顶、三开门的承光门；第七高规格的是，红墙琉璃檐三开门的顺贞门；第八高规格的是，红墙琉璃檐三开门的寿皇门；第九高规格的是，歇山金顶、一券门的天一之门。

宫殿戟门：寿皇殿戟门。

四、清北京中轴线上门的分布

宫城中轴线南北有八门分布：午门、外朝太和门、内廷乾清门、内廷坤宁门、天一之门、承光门、后萧墙门顺贞门、神武门。

宫城以南有七门：卫城端门、禁城天安门、皇城大清门、大城正门"国门"正阳门、正阳门之瓮城前门、外城永定门、永定门之瓮城门。

宫城以北有六门：宫城北夹垣门北上门、大内禁苑南门景山门、寿皇殿宫门、寿皇殿戟门、宫苑北禁垣门北中门、皇城北门地安门。

宫城南、北的门，呈南七、北六分布状。

第八节　北京中轴线上"国门"的变迁

"国门"，本为国都之正门。元大都的"国门"为大城正门丽正门。永乐朝至嘉靖朝中期，明北京的"国门"为大城正门正阳门。嘉靖朝中期以后，因筑有外城，明北京的"国门"为皇城正门大明门。　顺治朝至乾隆朝前期，清北京的"国门"为皇城正门大清门；乾隆朝前期以后，将皇城正门由大清门改为天安门，所以天安门就成为了"国门"。

一、丽正门与正阳门

1. 元大都国门：丽正门

元大都大城的周长为"六十里二百四十步，"[1] 约 28600 米，南北长约 7600 米，东西长约 6700 余米，面积约为 51 平方公里，面积仅次于隋唐洛阳大城、隋大兴暨唐长安大城、北魏洛阳大城、明南京大城和明中都大城，在中国古代都城建设史上，为第六大国都，其"五重城"的规划建制，达到了中国古都规划建设的最高峰。

丽正门为元大都大城正门，称"国门"，是大都中轴线上最南端的宏伟建筑。丽正门的具体位置就在今天安门以南约 200 米的长安街上，建于 1272 年，南有瓮城和丽正桥，北有千步廊和通往皇城正门棂星门的三条大街（中间为御路）。丽正门为元大都"三朝五门"制度的第一重门。由于元大都宫城沿用了金太宁宫旧址，位于元大都大城的南部，以致"宫门"与"国门"之间的距离很近（只有约 500 元步，约 785 米），即"大内南临丽正门。"[2]

2. 明北京国门：正阳门——大明门

明永乐朝迁都北京，将大城南城及"国门"丽正门南拓至今正阳门东西一线，仍称"丽正门"，正统朝改称"正阳门"。作为"国门"，正阳门在京城九门中规格最高，建有"九五开间"、"三重檐"的歇山顶城楼。但与元大都的"国门"丽正门不同的是，明北京的"国门"正阳门只设有一个门。两者相比，明朝统治者较元朝统治者显得封闭和保守。

明北京虽然周长只有 40 明里（约 22500 米），较元大都小了五分之一，但她却继承和发展了元大都"五重城"的规划建制，特别是在中轴线上增筑了卫城正门端门和禁城正门承天门，丰富了"三朝五门"制度，使"国门"与"宫门"之间的距离大大增加（达 909.5 明步，约 1437 米）。从"国门"正阳门到宫城午门的中轴御路上，规划有皇城广场（俗称"棋盘街"广场）、千步廊、禁城成门"天街"（"T"形）广场、卫城端门广场、宫城午门广场"五重"空间布局，御路深邃、广场开阔、门阙重重而高远，使皇权威严达到了无以附加的效果。此时的"国门"，论其规制，堪称中国古代国都之"第一国门"。可以说是永乐大帝开疆拓土、屡渡西洋的雄心壮志的"第一写照"。

然而，从 15 世纪中叶到 16 世纪中叶，明北京一直受到蒙古瓦剌部和鞑靼部的侵扰，进行过"明北京保卫战"；到嘉靖朝后期，不得不修筑外郭城以加强京师的防卫能力。南郭城的修筑，使"第六重城"——外城出现、中轴线向南延伸、国都面积增大，正阳门也由大城之门"国门"，变成为"内城"之门，在中轴线皇极殿以南形成了"九重门阙"，而"九重门阙"的中阙——第五重门正是以明王朝的"明"字命名的皇城之正门大明门。"九五之尊"，"五"在"正中"。因此，"国都"之"国门"也就由正阳门转为"国朝"之"国门"大明门了。

1　陶宗仪《南村辍耕录》。

2　陶宗仪《辍耕录》卷二十一《宫阙制度》。

二、大明门——大清门——中华门

1. 永乐朝以降的"国门"

大明门，建于明永乐十八年（1420年），为明北京皇朝之皇城正门，建在须弥座之上，单檐歇山顶，三券门。大明门，南距正阳门约199米，又北距承天门（天安门）约670米。

2. 清王朝的"国门"

清朝迁都北京后，改大明门为大清门，仍为"国朝"之"国门"。清朝基本继承了明朝

大明门（引自《清代北京皇城写真帖》）

的礼仪制度，一些与皇朝命运相关的重大礼仪庆典，都在"国门"外开始进行，如继承大统、皇帝大婚等。但随着乾隆朝将禁城正门"诏门"天安门改为皇城正门后，似乎颁布皇帝圣旨的"诏门"天安门有取代大清门而成为"国门"的趋向。从清朝更改北京皇城正门一事，可以看出，清（后金）统治者与他们600年前的"祖先"金朝的统治者对中华文化的理解与继承相比，要逊色不少。

3. 中华民国国都之国门象征

1912年，中华民国定都北京，将"大清门"改名为"中华门"，仍有"国门"的象征意义，但不再举行重大礼仪庆典活动。

1958年，因扩建天安门广场，拆除了有530多年历史，作为"国门"也有400多年历史的"中华门"。

三、天安门

天安门，原名承天门，明永乐十五年（1417年）始建，南向，重檐歇山顶，城楼九五开间，五券门，为明北京"五重城"中的"禁城"正门[1]，亦为紫禁城"三重门"的第一重门，又称"诏门"，也是"三朝五门"制度的最外第二重门，称"应门"；清顺治朝迁都北京后改称天安门，作"皇城"正门。

天安门前建有金水桥五座，东西还有公生桥各一座，金水桥前规划有"天街"，亦称"T"形广场。由于颁布诏书和秋审等仪式都在天安门及其广场举行，所以在民国时期，天安门广场就成为最有影响的集会场所。

1949年10月1日，在天安门及其广场举行了中华人民共和国开国典礼仪式。随着天安门成为国徽图案组成部分，天安门就成为中华人民共和国的"国门"。

---

1 笔者注：明永乐朝为皇城正门，宣德朝为禁城正门。

第二十一章　北京中轴线上的宫殿

第一节　辽南京中轴线上的宫殿

一、外朝宫殿

1. 御门殿：为辽南京大内外朝正门元和门。

2. 元和殿：为辽南京大内外朝正殿，即朝会、册封、朝仪大典之宫殿。

二、内廷宫殿

1. 弘政殿：为辽南京大内内廷前殿，即皇帝常朝宫殿。

2. 紫宸殿：为辽南京大内内廷后殿，即皇后起居宫殿。

第二节　金中都中轴线上的宫殿

一、前朝宫殿

应天门殿：为金中都宫城正门，南向五门，城台上建有大宫殿，东西十一间，高八丈。

二、外朝宫殿

1. 御门殿：为金中都宫城外朝正门大安门。

2. 大安殿：为金中都宫城外朝正殿，即朝会、册封、朝仪大典之宫殿。

三、内廷宫殿

1. 仁政殿：为金中都宫城内廷前殿，即皇帝常朝宫殿。

2. 紫宸殿：为金中都宫城内廷后殿，即皇后起居宫殿。

第三节　隋临朔宫中轴线上的宫殿

一、前朝宫殿

朱雀门殿：为隋临朔宫宫城正门，南向三门，城台上建有大宫殿。

二、外朝宫殿

1. 御门殿：为隋临朔宫宫城外朝正门怀荒门。

2. 怀荒殿：为隋临朔宫宫城外朝正殿，为皇帝在离宫朝会、册封、朝仪大典之宫殿。

三、内廷宫殿

　　1. 紫宸殿：为隋临朔宫宫城内廷前殿，为皇帝在离宫常朝和起居宫殿。

　　2. 清宁殿：为隋临朔宫宫城内廷后殿，为皇帝后妃在离宫起居宫殿。

四、北苑宫殿

　　1. 山前殿：为隋临朔宫宫城北苑前殿，为皇帝在离宫的便殿。

　　2. 山后殿：为隋临朔宫宫城北苑后殿，为皇帝在离宫的便殿。

第四节　　金太宁宫中轴线上的宫殿

一、前朝宫殿

　　端门殿：为金太宁宫宫城正门，南向三门，城台上建有大宫殿。

二、外朝宫殿

　　1. 御门殿：为金太宁宫宫城外朝正门大宁门。

　　2. 大宁殿：为金太宁宫宫城外朝正殿，为皇帝在离宫朝会、册封、朝仪大典之宫殿。

三、内廷宫殿

　　1. 紫宸殿：为金太宁宫宫城内廷前殿，为皇帝在离宫常朝和起居宫殿。

　　2. 清宁殿：为金太宁宫宫城内廷后殿，为皇帝后妃在离宫起居宫殿。

四、北苑宫殿

　　1. 山前殿：为金太宁宫宫城琼林苑前殿，为皇帝在离宫的便殿。

　　2. 山后殿：为金太宁宫宫城琼林苑后殿，为皇帝在离宫的便殿。

第五节　　元大都中轴线上的宫殿

一、前朝宫殿

　　崇天门殿：为元大都宫城正门，南向五门，城台上建有大宫殿，东西十二间，阔一百八十七尺（约 59.84 米），南北三间，深五十五尺（约 17.6 米），高八十五尺（约 27.2 米）。

二、外朝宫殿

　　1. 御门殿（大明门）：建于元至元九年（1272 年），在崇天门内，大明殿之正门也，重檐歇山顶，七间三门，东西一百二十尺（约 38.4 米），深四十四尺（约 14.08 米）。

　　2. 大明殿：建于元至元九年（1272 年），为外朝之正殿，重檐庑殿顶，十一间，东西二百尺（约 64 米），深一百二十尺（约 38.4 米），高九十尺（约 28.8 米）。后柱廊十二间连接寝殿，深二百四十尺（约 76.8 米），广四十四尺（约 14.08 米），高五十尺（16 米）。

钦安殿（引自《清代北京皇城写真帖》）

3．大明寝殿：建于元至元九年（1272 年），重檐庑殿顶，五间，东西夹六间，后连香阁三间，东西一百四十尺（约 44.8 米），深五十尺（约 16 米），高七十尺（约 22.4 米）。

4．宝云殿：建于元至元九年（1272 年），在大明寝殿后，重檐歇山顶，五间，东西五十六尺（约 17.92 米），深六十三尺（约 20.16 米），高三十尺（约 9.6 米）。

三、内廷宫殿

1．延春宫：建于元至元十二年（1275 年），为内廷正殿，三重檐庑殿顶，上为延春阁，东西一百五十尺（约 48 米），深九十尺（约 28.8 米），高一百尺（约 32 米），后有柱廊七间连接延春寝殿，深一百四十尺（约 44.8 米），广四十五尺（约 14.4 米），高五十尺（约 16 米）。

2．延春寝殿：建于元至元十二年（1275 年），重檐庑殿顶，七间，东西夹四间，后香阁一间，东西一百四十尺（约 44.8 米），深七十五尺（约 24 米），高七十五尺。

3．清宁宫：建于元至元十二年（1275 年），在延春寝殿后，盝顶，五间，规制大略如宝云殿。

四、大内御苑宫殿

1．山前殿：为大内御苑山前便殿，单檐歇山顶，面阔五间，为皇帝宴乐之便殿。

2. 山后殿：进深五十元营造尺（约合 16 米），为《析津志》所载的元世祖忽必烈"籍田"之所西侧的"大室",[1] 为大内御苑主要宫殿，重檐歇山顶，面阔五间，为皇帝休闲宴乐之宫殿。

第六节　明北京中轴线上的宫殿

一、前朝宫殿

1. 承天门大殿：明永乐十八年（1420 年）建，为禁城正门城楼大殿，重檐歇山顶，面阔九间，进深五间，为明帝颁布诏书等活动举行重大仪式的宫殿。

2. 端门大殿：为宫城卫城正门城楼大殿，重檐歇山顶，面阔九间，进深五间，规格同承天门大殿。

3. 午门大殿：为宫城正门城楼大殿，重檐庑殿顶，面阔九间，进深五间，殿中设有御座，为明帝接受献俘等活动举行重大仪式的宫殿。

二、外朝宫殿

1. 御门殿（奉天门，嘉靖朝改称皇极门）：为宫城外朝正门大殿，重檐歇山顶，面阔九间，进深五间，规格同承天门大殿。

2. 奉天殿（嘉靖朝改称皇极殿）：为宫城外朝前殿，重檐庑殿顶，面阔十一间，进深五间，为规格等级最高的宫殿。

3. 华盖殿（嘉靖朝改称中极殿）：为宫城外朝中殿，重檐圆盖顶，面阔五间，进深五间，为前殿配殿。

4. 谨身殿（嘉靖朝改称建极殿）：为宫城外朝后殿，重檐歇山顶，面阔九间，进深五间，为殿试、宴会等功能的宫殿。

三、内廷宫殿

1. 乾清宫：为宫城内廷前殿，重檐庑殿顶，面阔九间，进深五间，为皇帝常朝宫殿。

2. 交泰殿：为宫城内廷中殿，单檐庑殿顶，面阔三间，进深三间，为帝后礼制宫殿。

3. 坤宁宫：为宫城内廷后殿，重檐庑殿顶，面阔九间，进深五间，为皇后宫殿。

四、玄寿宫殿

1. 钦安殿：元代所建，为内廷后殿，盝顶，面阔五间，进深三间，为明北京宫廷道教祭祀宫殿。

1　《析津志》记载的元世祖忽必烈的"籍田"之所在"松林之东北，柳巷御道之南，东有水碾所，西有大室在焉。"笔者注：结合地理特征和景山公园的考古发现，忽必烈"籍田"之所，就在景山公园松林的东北部，在景山东花房的施工中，发现有元代的石磨盘、大小石权等元代遗物，地理方位与《析津志》所载的忽必烈籍田之所相吻合。而考古发现的所谓的元宫城厚载门遗址，因未发现城墙基址，所以该建筑遗址很可能就是忽必烈籍田之所西侧的大室遗址。

2．玄武门大殿：为宫城北门城楼大殿，重檐庑殿顶，面阔五间，进深三间。

3．山前殿：为大内御苑山前便殿，单檐歇山顶，面阔五间，为皇帝宴乐之便殿。

第七节　清北京中轴线上的宫殿

一、前朝宫殿

1．天安门大殿：清顺治八年（1651年）重建，原为明朝初建的承天门，清朝沿用之，为皇城正门城楼大殿，重檐歇山顶，面阔九间，进深五间，为清帝颁布诏书等活动举行重大仪式的宫殿。

2．端门大殿：明朝建，清朝沿用之，为宫城卫城正门城楼大殿，重檐歇山顶，面阔九间，进深五间，规格同承天门大殿。

3．午门大殿：清顺治四年（1647年）重建，原为明北京宫城午门，清朝沿用之，为宫城正门城楼大殿，重檐庑殿顶，面阔九间，进深五间，殿中设有御座，为清帝接受献俘等活动举行重大仪式的宫殿。

二、外朝宫殿

1．御门殿（太和门）：清朝重建，原为明北京宫城奉天门又称皇极门，清朝沿用之并改名，为宫城外朝正门大殿，重檐歇山顶，面阔九间，进深五间，规格同承天门大殿。

2．太和殿：康熙八年（1669年）重建、三十四年（1695年）再建，原为明北京宫城奉天殿又称皇极殿，清朝沿用并改名，为宫城外朝前殿，重檐庑殿顶，面阔十一间，进深五间，为规格等级最高的宫殿。殿内御座上方有一匾额，题曰："建极绥猷"。

3．中和殿：清朝改建并更名，原为明北京宫城华盖殿又称中极殿，为宫城外朝中殿，单檐庑殿顶，面阔三间，进深三间，为前殿配殿。殿内御座上方有一匾额，题曰："允执厥中"。

4．保和殿：清朝改建并更名，原为明北京宫城谨身殿又称建极殿，为宫城外朝后殿，重檐歇山顶，面阔九间，进深五间，为殿试、宴会等功能的宫殿。殿内御座上方有一匾额，题曰："皇建有极"。

三、内廷宫殿

1．乾清宫：顺治十二年（1655年）重建，康熙八年（1669年）再建。原为明北京宫城乾清宫，清朝沿用未改名，为宫城内廷前殿，重檐庑殿顶，面阔九间，进深五间，为皇帝常朝宫殿。殿内御座上方有一匾额，题曰："正大光明"。

2．交泰殿：明朝建，清朝沿用之，为宫城内廷中殿，单檐庑殿顶，面阔三间，进深三间，为帝后礼制宫殿。殿内御座上方有一匾额，题曰："无为"。

保和殿（南面）（引自《清代北京皇城写真帖》）

保和殿（北面）（引自《清代北京皇城写真帖》）

太和殿（南面）（引自《清代北京皇城写真帖》）

乾清宫（引自《清代北京皇城写真帖》）

坤宁宫（南面）（引自《清代北京皇城写真帖》）

交泰殿（侧面）（引自《清代北京皇城写真帖》）

3. 坤宁宫：顺治十二年（1655 年）重建，原为明北京宫城坤宁宫，清朝沿用未改名，为宫城内廷后殿，重檐庑殿顶，面阔九间，进深五间，为皇后宫殿。

四、玄寿宫殿

1. 钦安殿：元代所建，为内廷后殿，盝顶，面阔五间，进深三间。明清两代相继沿用之，为明清北京宫廷道教祭祀宫殿。殿内御座上方有一匾额，题曰："统握元枢"。

2. 神武门大殿：明朝建，清朝沿用之，为宫城北门城楼大殿，重檐庑殿顶，面阔五间，进深三间。

3. 寿皇殿戟门：清乾隆朝建，单檐庑殿顶，面阔五间。

4. 寿皇殿：清乾隆朝建，重檐庑殿顶，面阔九间，进深五间。

第二十二章　北京中轴线上的其他建筑

第一节　北京中轴线上的河与桥

一、中轴线上的12条河

1. 故永定河（高粱河）：流经正阳门西北—东南。

2. 内金水河：为隋临朔宫开挖修建的流经宫城外朝门北侧的金水河，源自太液池，从万岁山西侧南流，经宫城西北流入，南流至今武英殿西北，折向东流，从西向东流经临朔宫宫城外朝门（即元、明、清宫城外朝门）北，（亦即今故宫武英殿北、太和门北、文华殿北，自宫城东南出，经筒子河流入通惠河。内金水河宽7米，深2米，石砌河床；像玉带般环绕外朝。

3. 通惠河：通惠河在金代以前就有，应为隋代开挖的大运河永济渠北段的永定河故道。为隋炀帝远征高丽运输粮草的河道，其北端流入海子，即在万宁桥处。

通惠河是元代京杭大运河北京段的称谓。它东自通州，西至北京城内的海子，为元代南方粮食和其他物资运往大都的主要通道。通惠河由通州往西，一直到元大都城南丽正门与文明门之间，为东西走向；在城南两门之间，折向北，呈南北走向；在皇城东北角又折向西，然后呈东南—西北走向至万宁桥东，并在万宁桥下穿过中轴线，流入海子。通惠河城内段的宽度约为28米，城外段的宽度约在40—50米左右。

4. 外金水河：为隋代开挖修建的流经端门以北的外金水河，源自太液池，从西向东流经隋临朔宫禁垣南门（即垣皇城正门灵星门即今端门以北约30多米处）外，出皇城东南流入通惠河。

5. 金沟河：金代开挖的永定河引水漕运河道，约在今绒线胡同东西一线，位于金中都和元大都两城之间。

6. 内金水河：为元代开挖修建的流经宫城崇天门北侧的金水河，源自太液池，从万岁山西侧南流，经宫城西北流入，南流至今武英殿西南，折向东北流，从西向东流经宫城崇天门（即明、清故宫午门）北，（亦即今故宫武英殿南、太和门南、文华殿北，自宫城东南出，经筒子河流入通惠河。内金水河宽7米，深2米，石砌河床；像玉带般环绕外朝。

7. 元大都南护城河：在元大都南城外，在金沟河以北。

8. 龙须沟：源自莲花池，从西向东流经外城中部，并在天桥下穿过"天街"中轴线，流经天坛北、东，流入龙潭湖。

9. 外金水河：明永乐十六至十八年，将元大都外金水河改道南引至禁城南垣外和皇城南垣内，然后折而东向，流经承天门前，东入菖蒲河，再东注入通惠河。

10. 宫城护城河：为明永乐十六至十八年开挖修建的，宽52米，深4米，石砌河床；有源自太液池的金水河自西北乾位流入，从东南巽位流出，注入通惠河。

11. 内城护城河：为明永乐十六至十八年开挖修建的大城护城河，源自西北高梁河，在东南流入通惠河。

12. 外城护城河：为明嘉靖三十二年开挖修建的外郭护城河，其西北于西便门外，东与大城之西护城河相通，东北于东便门外，东与通惠河相通。

二、中轴线上的 11 座桥

1. 古渡桥：位于正阳门古永定河渡口处。刘秉忠曾在此桥南以一树为标测量过大都中轴线。此桥为北京中轴线上第一桥。

2. 龙津桥：位于隋临朔宫宫城外朝门（后世分别为金太宁宫宫城外朝门、元大都宫城外朝门、明清北京宫城外朝门）内，为内金水河桥，单孔、五座汉白玉石桥。

3. 万宁桥：隋大运河北京段之永济渠桥，初为木桥；元世祖至元中改建为单座汉白玉石桥至今仍存，为北京中轴线上现存最古老的石桥。

4. 周桥：位于隋临朔宫南禁垣外、元大都皇城棂星门内，为外金水河桥，单孔、三座汉白玉石桥。

5. 金沟桥：位于丽正桥南。

6. 五龙桥：位于元宫城崇天门（明清故宫午门）内，为元代改道的内金水河桥。单孔、五座汉白玉石桥。

7. 丽正桥：元大都丽正门外石桥。元至元初建。单孔、三座汉白玉石桥。

万宁桥（作者摄）

363

8. 天桥：外城中部龙须沟桥，位于天坛西北"天街"，元世祖至元中建。单孔、单座汉白玉石桥。

9. 诏门桥：为明代改道的外金水河石桥。位于承天门南、"T"形广场北，明永乐十六至十八年建。单孔、五座汉白玉石桥。

10. 正阳桥：为内城南护城河石桥。位于正阳前门南，明永乐十六至十八年建。三孔、三座汉白玉石桥。

11. 永定桥：为外城南护城河石桥。位于永定箭楼门南，明嘉靖三十二至四十三年建。单孔、单座汉白玉石桥。

第二节　北京中轴线上的山林、亭阁、墀陛

一、中轴线上的林

1. 元代青山山林与北麓松林：《马可波罗行记》载："皇宫北方一箭之地，有一丘陵，人力所筑，高百步。"元世祖忽必烈喜爱名贵的树木，经常把其他地方的名贵树木移植到大内御苑的青山上，树大，则用大象把树运到山上。并在山顶修建了一座眺远阁，用来赏景，阁内外皆绿，与山树浑然一色。在青山的北麓，有大片的松林。

2. 明万岁山山林与北麓松林：明洪武元年，大将军徐达率明军攻克元大都，曾在大内御苑忽必烈的籍田之所操演军队，使得"禁苑尘飞辇路移"；又在青山下堆储过冬的煤炭，始有"煤山"的称呼。永乐迁都北京改称"福山"，山上树木葱郁。嘉靖朝、万历朝规划大内御苑，改"福山"为"万岁山"，除继续在山上植树外，还建有五个山亭。在万岁山的北麓，有大片的松林。

3. 清景山山林与北麓松林：清朝迁都北京，沿用大内御苑，改"万岁山"为"景山"，除继续在山上植树外，乾隆朝还改建了五个山亭。在景山的北麓，有大片的松林。

北京中轴线上的林，主要在景山御苑，共有各种树木 18864 株，其中，一、二级古树 1005 株，主要是桧柏、侧柏和白皮松，还有少量的油松和国槐。古柏多为金、元、明三代所植。还有不少四五百年的国槐及其他珍贵树种，为明代所植。其中，有北京稀有的蝴蝶槐、黄菠萝、银杏等。

明代的史料还记载：在寿皇殿西面，门内有一株大树，树上挂着一块铸铁的云板，由于年代长久，大树成长，云板被长粗的大树给衔在树干之内，只露十分之三，此古树被认为是唐代古树。

二、中轴线上的山巅亭阁

1. 元"眺远阁"：坐落在元大都中轴线中心点青山主峰之上。元代所建，绿色亭阁。

2. 明"会景亭"：坐落在北京中轴线上的制高点景山主峰之上。明代所建，亭下有山洞。

3. 清"万春亭"：坐落在北京中轴线上的制高点景山主峰之上。清乾隆年间建造。四阿攒尖顶，三重檐，黄琉璃瓦，五阙。高 17.4 米，32 根红柱。亭里供奉着一尊毗卢舍那铜佛，在"文革"中被捣毁，1998 年又重塑归安。

修复后的万春亭（作者摄）

三、中轴线上的墀陛

1. 太和殿丹墀：故宫太和殿丹墀，是北京所有宫殿里最大的丹墀，东西宽约 67 米，南北深约 30.4 米。应为元代规划的大都宫城大明殿丹墀，因为丹墀的东西宽度恰合 209.5 元营造尺，南北深恰合 95 元营造尺。

2. 保和殿丹陛：在故宫保和殿北的三台中轴线上，有一块最大的石雕丹陛，通长 16.57 米，合 51.95 明营造尺。

3. 乾清宫丹陛桥：在故宫内廷乾清门内，有一座长约 50 米的丹陛桥与乾清宫丹墀相连接，基本使乾清门和乾清宫丹墀在同一个高度的平面上，高于两边的院落地平面约 1.5 米。

第三节　北京中轴线上的御路与千步廊

一、中轴线上的御路

北京的中轴线，从元大都时开始成为国都中轴线。元大都中轴线自端点，即中心台正北的钟楼北街丁字路口，南至大城丽正门，全长约 4090 米。明永乐朝迁都北京南拓大城南城墙，使北京大城中轴线向南延长至大城正阳门，全长约 4802 米；明嘉靖朝筑外郭城，又使北京中轴线向

365

太和殿丹陛墁（引自《清代北京皇城写真帖》）

保和殿丹陛墁（引自《清代北京皇城写真帖》）

千步廊

南延长至外郭城永定门，全长约 7902 米。

如果算上通往"南苑"的"御路"，其长度可有 20 余公里。

二、中轴线上的千步廊

1. 金中都千步廊：位于宫城应天门外、皇城宣阳门内。

2. 元大都千步廊：因地理空间所限，一改金中都千步廊规划在宫城外、皇城内的空间格局为元大都千步廊规划在皇城外、大城内的空间格局。

3. 明北京千步廊：仿元大都千步廊规划在皇城外、大城内的空间格局。因位于元大都千步廊的南部，故称"外千步廊"。

第四节　北京中轴线上的楼台与牌楼

一、中轴线上的楼

1. 钟楼

元大都钟楼，元世祖至元九年（1272 年）建于元大都中轴线上中心台正北（即今钟楼处），"位于大城中央，"（《马可波罗行记》）"前有十字街，"（《析津志》）"阁四阿，檐三重"，（《析津志》）

367

钟楼（引自《旧京史照》）

鼓楼（引自《旧京史照》）

在城台上建有八面体砖木结构的阁楼式建筑，高约 30 步（约 47 米）。钟楼前后为元大都最著名、也是最大的"钟楼市"区：钟楼前有珠宝市等市，"钟楼北有穷汉市。"（《元一统志》） 今钟楼以北至豆腐池胡同为"钟楼后街"，阔 30 步，长 90 步；钟楼以南至鼓楼为"钟楼前街"，阔 30 步，长 120 步，均为元朝里制所规划。元大都钟楼，为元大都 8.8 元里中轴线最北端的建筑。元大都钟楼毁于明初。

明北京钟楼，于明永乐十八年（1420 年）在元大都钟楼基址上重建，重檐歇山顶，城楼式砖木结构建筑，为明北京约 8.45 明里（嘉靖朝约 13.9 明里）中轴线最北端的建筑。后毁于火灾。

清北京钟楼，清乾隆十至十二年（1745—1747 年），于明北京钟楼基址上重建的。为防火灾，改为全砖石无梁拱券式结构，重檐歇山顶，顶覆黑琉璃瓦、绿琉璃瓦剪边。为北京约 7900 米中轴线（北起今钟楼北豆腐池胡同，南至永定门）最北端的建筑。

钟楼通高 47.9 米，分上下两层，建在边长 35.68 米的正方形台基上，台基高 3.72 米。一层为城台式建筑，高 15.74 米；底边为 31.4 米见方；上边为 30.4 米见方，四周建有高 1.84 米的雉堞；四面各有一个券洞，券洞中心相交汇处为一 6 米见方的天井，天井上面为二层悬挂的大钟。在一层的城台上，有一边长 26.73 米、高 3.3 米的正方形须弥座；须弥座外沿四周为高 1.6 米的汉白玉护栏；须弥座上为二层建筑，即面阔三间、进深三间、四面开券门。

钟楼建筑一、二层为灰色，顶为黑色，整体呈现出凝重而庄严的风格。一层天井与二层半圆球形屋顶及拱券式"声道"的结构设计，使钟声有了一个"共鸣"的腔体，从而能向四面八方传出浑厚而绵长的钟声。钟楼的建筑结构，充分展现了中国古代建筑家的科学技术水平。

钟楼是北京中轴线上最高的建筑，也是唯一的全砖石结构建筑。钟楼还是帝都和皇权统治的标志。钟楼二层悬挂的大钟为明永乐年间铸造的铜锡合金的"永乐大钟"，钟体通高 5.55 米，口径 3.40 米，钟壁厚 0.120—0.245 米，重 63 吨，为"中国古钟之最"。钟楼和"永乐大钟"，位于北京中轴线上，它不仅有报时功能，而且还有"定鼎"之意义，标志着永乐大帝的新都北京的建成，象征着永乐大帝皇权的稳固和神圣，也象征着明王朝统治的尊严和威严。

清乾隆十二年（1747 年），在重建钟楼竣工后，特立"御制重建钟楼碑"一座。

1924 年钟楼报时功能废止。次年三月，京兆尹薛笃弼请示内务部将钟楼改为民众文化教育之场所。1926 年，在钟楼开设"民众电影院"，附属于"京兆通俗教育馆"，至 1949 年。

钟楼，于 1957 年 10 月 28 日成为第一批北京市文物保护单位，又于 1996 年 11 月 20 日成为全国重点文物保护单位。钟楼现为古都北京中轴线北端的重要旅游景点。

2. 鼓楼

元大都鼓楼，建于元世祖至元九年（1272 年），位于元大都中心台以西路北（约在今旧鼓楼大街南口"丁字街"东北侧），在钟楼正南一百余步又偏西约 30 步，与钟楼形成犄角拱立布局，时人有诗赞曰："层楼拱立夹通衢，鼓奏钟鸣壮帝畿。"元大都鼓楼为歇山顶，檐三重的高大建筑，与钟楼一并矗立在大都城的中央，后毁于雷火。元成宗大德元年（1296 年）将鼓楼移至中心台以南的"钟楼前十字街"路口处（今鼓楼处）重建，称"齐政楼"，"都城之丽谯也，南澄清闸海子桥。"

钟楼鼓楼鸟瞰（引自《旧京史照》）

（《析津志》）元大都鼓楼毁于明初。

明北京鼓楼，于明永乐十八年（1420 年）在元大都鼓楼基址上重建，三重檐，歇山顶，上覆灰筒瓦绿琉璃剪边，亦为砖木结构，通高 46.7 米，建在高 4 米、四面呈坡道形的砖石台基上。

鼓楼为上下两层，下层为城台，东西面宽约 48.9 米，南北进深约 29.3 米；南北各辟三个券洞，东西各辟一个券洞；东北隅设有一个小券门和蹬楼石阶梯道。上层为砖木结构，面阔五间，进深三间；四周有 16 根金柱和 24 根檐柱；外绕以回廊；四角飞檐由四根擎檐柱支撑。

鼓楼二层，在元朝时，设置有一座铜壶滴漏（高 61 厘米、上口为 59.7 厘米见方、下口为 40 厘米见方）和二十五面定更之鼓，即一面主鼓，高 2.22 米，腰径 1.71 米，面径 1.4 米；二十四面群鼓（以象征二十四节令）高 1.6 米，面径 1.12 米。现陈列的二十五面鼓，是依据清朝嘉庆年间的有关记载仿制的，主鼓高 2.4 米、面径 1.6 米），群鼓高 1.6 米、面径 1.12 米。

鼓楼从民国十四年（1925 年）被辟为"京兆通俗教育馆"起，虽多次易名，但一直为民众教育的场所。1949—1983 年，鼓楼先后成为"北平市第一人民教育馆"、"北京市第一人民文化馆"、"东四区文化馆"、"东城区文化馆"。

鼓楼，于 1957 年 10 月 28 日成为第一批北京市文物保护单位，又于 1996 年 11 月 20 日成为全国重点文物保护单位。鼓楼现为古都北京中轴线北端的重要旅游景点。

3.绮望楼

景山山前的绮望楼,建于清乾隆十五年(1750年),当时拆除了前代的山前殿,改建为单檐歇山顶二滴水二层楼式建筑,面阔三间,面宽20米,进深8米。

二、中轴线上的中心台

元大都中轴线上有一座中心台,位于今日鼓楼稍北处。考古发现在此处有古代建筑基址,有学者认为此处曾是元大都鼓楼基址。笔者通过对中轴线变迁、隋元明三代规划尺度和元代史料的研究,认为此处建筑基址应该就是元大都中心台基址,因为元代史料记载在钟楼前有十字街、钟楼前后街道最为宽广,而中心台在钟楼正南的十字街北侧,方幅一亩;后因鼓楼移至"钟楼前十字街"即中轴线与中纬线交汇处,正北为钟楼,而不再提及中心台了。此处基址恰南距景山主峰为4.25隋里,而不合元代规划的整数,应为史料所记载的隋临朔宫北中轴线上的中心台基址。

三、中轴线上的牌楼

1.正阳桥"五牌楼",建于明正统年间,位于正阳桥南,为正阳桥牌楼,歇山顶,重檐,绿琉璃瓦,五阙。

2.寿皇门"三牌楼",建于清乾隆年间,位于寿皇宫门外广场南、东、西三面。庑殿顶,重檐,黄琉璃瓦,三阙。

清末正阳桥牌楼(引自《旧京史照》)

寿皇殿牌楼（作者摄）

第五节　北京中轴线上的禁苑与御花园

一、中轴线上的大内禁苑

1. 元大都大内御苑（青山）

元代皇宫以北即北皇城为御苑。《辍耕录》记载："厚载北为御苑。外周垣红门十有五，内苑红门五，御苑红门四，此两垣之内也。"笔者认为，御苑即后来明之万岁山（清之景山），内苑即明万岁山之东、西、北"御道"及"红墙"外，西接海子、北接厚载红门、东接皇城东墙的苑囿空间。

2. 明北京大内禁苑（万岁山）

明代沿用元代皇宫以北的御苑，更名为"万岁山"，红门、墙、御道等均未改变，但取消了"万岁山"东、西、北三面的元内苑。

3. 清北京大内禁苑（景山）

清代又沿用明代的"万岁山"御苑，但更名为"景山"。

二、中轴线上的御花园

1. 明后宫御花园

明代沿用元代皇宫的基址，改建宫城，在内廷后规划建设了"御花园"。园中建有亭台楼榭，还有假山、流水和树木衬托，显得别具一格。

2. 清后宫御花园

清代沿用明后宫御花园。

三、中轴线上的灵囿、草原

元代南皇城与宫城之间，有一个生活着"种种兽类"的"美丽的草原"。"第二、第三两墙之间，有树木草原甚丽。内有种种兽类，若鹿、麝、獐、山羊、松鼠等兽，繁殖其中，两墙之间皆满。此种草原，草甚茂盛，盖经行之道路铺石，高出平地至少有二肘（三尺）也。所以雨后泥水不留于道，皆下注草中，草原因是肥沃茂盛。"（参见《马可波罗行记》）"

第六节　北京中轴线上的广场

一、辽南京中轴线上的广场

辽南京中轴线上从北至南的广场有：弘政殿广场、弘政门广场、元和殿广场、元和门广场、南端门广场（宫城南广场）。

二、金中都中轴线上的广场

金中都中轴线上从北至南的广场有：仁政殿广场、仁政门广场、宣教门广场、大安殿广场、大安门广场、应天门广场（宫城南广场）。

三、隋临朔宫中轴线上的广场

隋临朔宫中轴线上从北至南的广场有：北宫门南广场、北苑山北广场、北苑山南广场、紫宸殿广场、紫宸门广场、怀荒殿广场、怀荒门广场、朱雀门广场、南上门北广场、南中门北广场、南宫门北广场。

四、金太宁宫中轴线上的广场

金太宁宫中轴线上从北至南的广场有：北宫门南广场、琼林苑山北广场、琼林苑山南广场、紫宸殿广场、紫宸门广场、大宁殿广场、大宁门广场、宫城端门广场、南上门北广场、南中门北广场、南宫门北广场。

五、元大都中轴线的广场

元大都中轴线上从北至南的广场有：钟楼广场、厚载红门广场（北皇城南广场）、御苑山前广场、延春殿广场（内廷广场）、延春门广场（内廷门广场）、大明殿广场（外朝广场）、大明门广场（御门广场）、崇天门广场（宫城南广场）、棂星门北广场（南皇城北广场）、棂星门广场（南皇城南广场）。

六、明北京中轴线上的广场

明北京中轴线上从北至南的广场有：钟楼广场、北安门广场（北皇城广场）、山前广场、北上门广场、乾清宫广场、乾清门广场、奉天殿广场（皇极殿广场）、奉天门广场（皇极门广场）、午门广场、端门北广场、端门南广场、承天门广场、大明门广场（俗称"棋盘街"）。

七、清北京中轴线上的广场

清北京中轴线上从北至南的广场有：钟楼广场、地安门广场、寿皇殿广场、寿皇殿戟门广场、寿皇殿宫门广场、绮望楼广场、北上门广场、乾清宫广场、乾清门广场、太和殿广场、太和门广场、午门广场、端门北广场、端门南广场、天安门广场、大清门广场（俗称"棋盘街"）。

第二十三章　北京中轴线的规划师与建筑师

北京中轴线规划变迁历经隋、唐、辽、金、元、明、清七个朝代，穿越了 1400 多年的历史时空，为中国古都中轴线规划的"活化石"。北京中轴线的空间规划与历史建筑，为中国古代最高规制的规划与建筑，体现了中国古代 3000 多年来的规划思想，以及隋、唐、辽、金、元、明、清七个朝代规划尺度的演变和建筑形式的变迁。这些规划和历史建筑体现了中国人民的智慧，其中先后出现过许多规划者和建筑设计者，笔者仅将部分规划师与建筑师介绍如下。

第一节　北京中轴线的规划师

一、隋临朔宫及中轴线的规划师阎毗

阎毗者，隋代著名规划师、建筑师，总领修建长城之事，负责洛口至涿郡的大运河工程，规划营建临朔宫。其官至殿内少监，领将作少监事。其子阎立德继承其业，为唐初著名的规划师、建筑师、雕塑家、画家，官拜将作大匠、工部尚书，规划设计督建的工程有唐太宗昭陵、昭陵六骏浮雕、《封禅图》等；其子阎立本为唐代著名的大画家、规划师、建筑师，官拜将作大匠、工部尚书、右相，著名画作有《历代帝王图》、《步辇图》、《萧翼赚兰亭图》等。

《隋书》卷六十八，列传第三十三对阎毗的生平有较详细的记载：

阎毗，榆林盛乐人也。祖进，魏本郡太守。父庆，周上柱国、宁州总管。毗七岁，袭爵石保县公，邑千户。及长，仪貌矜严，颇好经史。受汉书于肖该，略通大旨。能篆书，工草隶，尤善画，为当时之妙。周武帝见而悦之，命尚清都公主。宣帝即位，拜仪同三司，授千牛左右。高祖受禅，以技艺侍东宫，数以珦丽之物取悦于皇太子，由是甚见亲待，每称之于上。寻拜车骑，宿卫东宫。上尝遣高颎大阅于龙台泽，诸军部伍多不齐整，唯毗一军，法制肃然。颎言之于上，特蒙赐帛。俄兼宗卫率长史，寻加上仪同。太子服玩之物，多毗所为。及太子废，毗坐杖一百，与妻子俱配为官奴婢。后二岁，放免为民。炀帝嗣位，盛修军器，以毗性巧，谙练旧事，诏典其职。寻授朝请郎。毗立议，辇辂车舆，多所增损，语在舆服志。擢拜起步郎。

帝尝大备法驾，嫌属车太多，顾谓毗曰："开皇之日，属车十有二乘，于事亦得。今八十一乘，以牛驾车，不足以益久物。朕欲减之，从何为可？"毗对曰："臣初定数，共宇文恺参详故实，据汉胡伯始，蔡邕等议，属车八十一乘，此起于秦，遂为后式。故张衡赋云：属车九九是也。次及法驾，三分减一，为三十六乘。此汉制也。又据宋孝建时，有司奏议，晋迁江左，唯设五乘，俭不中礼。但帝王文物，旂旒之数，爰及冕玉，皆同十二。今宜准此，设十二乘。开皇平陈，因以为法。今宪章往右，大驾依秦，法驾依汉，

小驾依宋，以为差等。"帝曰："何用秦法乎？大驾宜三十六，法驾宜用十二，小驾除之。"毗研精故事，皆此类也。长城之役，毗总其事。及帝有事恒岳，诏毗营立坛场。寻转殿内丞，从幸张掖郡。高昌王朝于行所，诏毗持节迎劳，遂将护入东都。寻以母忧去职。未期，起令视事。将兴辽东之役，自洛口开渠，达于涿郡，以通运漕。毗督其役。明年，兼领右翊卫长史，营建临朔宫。及征辽东，以本官领武贲郎将，典宿卫。时众军围辽东城，帝令毗诣城下宣谕，贼弓弩乱发，所乘马中流矢，毗颜色不变，辞气抑扬，卒事而去。寻拜朝请大夫，迁殿内少监，又领将作少监事。后复从帝征辽东，会杨玄感作逆，帝班师，兵部侍郎斛斯政奔辽东，帝令毗率骑二千追之，不及。政据高丽柏崖城，毗攻之二日，有诏征还。从至高阳，暴卒，时年五十。帝甚悼惜之，赠殿内监。

二、元大都中轴线及宫苑的规划师刘秉忠

刘秉忠者，精通儒、释、道、天文、地理、律历、卜筮、风水等各门学问，系元世祖忽必烈的高级幕僚，是元上都、元大都的规划师，为元代年号、国号、国都的命名者及各项制度的创立者，官至光禄大夫、太保、参领中书省事（丞相）、同知枢密院事。

1256年，忽必烈命刘秉忠在金莲川规划修建新城，1258年建成，初名"开平"，忽必烈继承汗位后，采纳刘秉忠的建议，立年号"中统"，改"开平"为"上都"。忽必烈欲成霸业，决定以燕京为中都，又采纳刘秉忠建议，取《易经》"至哉坤元"之意，改"中统"年号为"至元"。因金中都星象不吉，遂命刘秉忠勘查设计新都城址。刘秉忠在金中都东北郊前代规划的宫苑及中轴线的基础上，规划新都，从至元四年（1267年）始建，到至元十三年（1276年）建成。至元九年（1272年），忽必烈采纳刘秉忠的建议，取《易经》"大哉乾元"之意，改蒙古国号为"大元"，改"中都"为"大都"。从刘秉忠曾在丽正门外第三桥南西侧立杆测影大都中轴线的记载得知：刘秉忠沿用了前代规划的略偏东南的中轴线。至元十一年（1274年）正月，大都宫阙建成。同年八月，刘秉忠去世。

第二节　　北京中轴线的建筑师

一、营建隋临朔宫的督臣与诸建筑师

《隋书》卷六十八《阎毗传》记载：阎毗"兼领右翊卫长史，营建临朔宫。"

二、营建金太宁宫的督臣与建筑师

《金史》卷一百三十三《张觉传附张仅言传》载："（世宗）六年，提举修内役事，……迁少府监，提控宫籍监、祗应司如故。护作太宁宫，引宫左流泉溉田，岁获稻万斛。十七年，复提点内藏，典领昭德皇后山陵，迁劝农史，领诸职如故。"

三、营建元大都宫室的督臣与建筑师

在元大都的建设中，同行工部事，即负责督建"五重城"工程的官员有张柔、张弘略、段天祐、也黑迭儿，诸工匠以中国石雕家杨琼和西域诸石雕家最为著名。

张柔、张弘略父子二人，为元至元朝营建大都及宫殿的主要官员。《元史》（卷一百四十七）《张柔传及张弘略附传》载："张柔，字德刚，易州定兴人……中统二年……封安肃公，命第八子弘略袭职。至元三年，加荣禄大夫，判行工部事，城大都。四年，进封蔡国公。五年六月卒，年七十九。弘略，字仲杰……至元三年，城大都佐其父为筑宫城总管。八年，授朝列大夫、同行工部事，兼领宿卫亲军、仪鸾等局。十三年，城成……"

也黑迭儿，元至元朝营建大都及宫殿的官员之一。陈垣先生在《元西域人华化考》一文中，详细论证了西域人也黑迭儿为元大都修建的工程学者——"元时西域人中国建筑有极伟大，而为吾人所未经注意者，无过于今北京之宫殿及都城。虽以朱彝尊之该博，而《日下旧闻》略之；虽以孙承泽之熟谙掌故，而《春明梦余录》亦略之。非有所讳言，即从来轻视工程学者之故也。予近从欧阳玄《圭斋文集》（卷九）马合马沙碑发见，元时燕京都城及宫殿为大食国人也黑迭儿所建。也黑迭儿为马合马沙之父，父子世缵元工部事，以大食国人而为中国如许工程，实可惊也。"

《哲匠录》引《圭斋文集》马合马沙碑：也黑迭儿系出西域，唐为大食国人。……至元三年定都于燕，八月授嘉议大夫，佩已赐虎符，领茶迭儿（蒙古语，意为"庐帐"）局，诸色人匠总管府达鲁花赤（蒙古语，意为"长官"），兼领监宫殿。……方张宫室城邑，非巨丽宏深，无以雄视八表。也黑迭儿受任，劳勚夙夜不遑，心讲目算，指授肱麾，咸有成画。……魏阙端门，正朝路寝，便殿掖庭，承明之署，受釐之祠，宿卫之舍，衣食器御，百执事臣之居，及池塘苑囿游观之所，崇楼阿阁，缦庑飞檐等，具以法。

刘若愚《明宫史》载："……飞虹桥，桥以白石为之，凿狮、龙、龟、鳖、鱼、虾、海售，水波汹涌，活跃如生，云是三宝太监郑和自西域得之，非中国石工所能制者。桥之前，右边一块缺损，云是中国补造，屡易屡泐，亦古迹也。"

笔者认为，《明宫史》中的"古迹"——"飞虹桥"，确出自西域石工之手，但不是"三宝太监郑和自西域得之"，而是元至元年间出自也黑迭儿管领的西域石工之手，早于郑和下西洋约一个半世纪（约150年），确为古迹也。

杨琼，元至元朝营建大都及宫殿的石雕大师，也是主管石匠的官员之一。《哲匠录》载：石雕大师杨琼，保定路曲阳县人，石雕世家，幼年时在石雕的选石、设计、雕凿上，每每自出新意，天巧层出，人莫能及。中统初元，为世祖忽必烈所召，命管领燕南诸路石匠。中统、至元间，营造两都宫殿城郭，累迁领大都等处山场石局总管。至元九年，督造朝阁大殿；十三年，建周桥，有人向世祖进献桥图，多不合世祖意，独与杨琼商议，命杨琼督造周桥；十四年，任少府少监；翌年卒，赠宏农郡伯。平生所为两都察罕脑儿宫殿，凉亭，石洞门，石浴室，北岳神尖顶炉，山西三清神像，独树山、涿州等寺宇。

四、营建明北京宫室的督臣与建筑师

陈珪，是明成祖朱棣营建北京宫殿的主要官员。《明史》（卷一百四十六）《陈珪传》载："陈珪，泰州人。……封泰宁侯……永乐四年，董建北京宫殿，经划有条理，甚见奖重。"

陆祥，无锡人，明朝初年石匠。洪武初朝廷鼎建宫殿，与其兄陆贤应召入都。祥授郑府工副，食营缮郎俸，历事五朝，至带衔太仆少卿，累加工部侍郎。

吴中，是明成祖朱棣营建北京宫殿、皇陵的主要官员之一。《明史》（卷一百五十一）《吴中传》载："吴中，字思正，武城人。……永乐五年，改工部尚书。中勤敏多计算，先后在工部二十余年。北京宫殿，长献景三陵，皆中所营造。"

杨青，是明成祖朱棣营建北京宫阙的主要泥匠。《哲匠录》引《康熙松江府志·艺术传》载：杨青，金山卫人。幼名阿孙。永乐初，以圬者执技京师，会内府新墙壁垩成，有蜗牛遗迹若异采，成祖顾视而问之，阿孙以实对。成祖嘉之，问其名。曰："阿孙。"成祖曰："幼所名，未改乎？方今杨柳青青，可名青矣。"授冠带，营缮所官。一日，便殿成，上以金银颁赏，撒地四流，令自取。众争拾，青独后，上愈益重之。后营建宫阙使为都知。青善心计，凡制度崇广，材用大小，悉称旨。事峻，迁工部左侍郎。

阮安，是明成祖朱棣营建北京宫主要官员之一。《明史》（卷三百四）《宦官列传》载："阮安有巧思，奉成祖命营北京城池宫殿及百司府廨，目量意营，悉中规制，工部奉行而已。正统时，重建三殿，治杨村河，并有功。"

《哲匠录》引《水东日记》（卷十一）载：太监阮安，一名阿留，交趾人。为人清苦介洁，善谋划，尤长于工作之事。其修营北京城池九门、两宫、三殿、五府、六部诸司公宇。

蒯祥，明永乐朝营建北京的木工大师兼工部官员。《哲匠录》引《康熙吴县志·人物志艺术》载：明蒯祥，吴县，香山木工也。能主大营缮。永乐十五年，建北京宫殿。正统中，重作三殿及文武诸司。天顺末，作裕陵，皆其营度。能以两手握笔画双龙，合之如一。每宫中有所修缮，中使导以入，祥略用尺准度，若不经意。既造成，以置原所，不差毫厘。……至宪宗时，年八十余，仍执技供奉，上每以蒯鲁班呼之。

《哲匠录》又引《光绪苏州府志》之《杂记》（三）引《皇明季略》载：京师有蒯侍郎胡同，为吴香山人，斲工也。永乐间，召建大内，凡殿阁楼榭，以至回廊曲宇，随手图之，无不中上意者。位至工部侍郎，子孙犹世其业。

蔡信，明永乐朝营建北京的建筑工艺师兼工部官员。《哲匠录》引《光绪武进阳湖县志·人物志艺术》载：蔡信有巧思，少习工艺，授营缮所正，升工部主事。永乐间，营建北京，凡天下绝艺皆征至京，悉遵信绳墨，信累官至工部侍郎。

雷礼，明嘉靖朝负责督修北京皇宫三大殿之官员。《哲匠录》载：雷礼，明丰城人。官至工部尚书，以勤敏为世宗所重，尝督修北京奉天、华盖、谨身三殿。

徐杲，明嘉靖朝负责督修北京皇宫三大殿之木工大师兼官员。《哲匠录》载：徐杲，本明世宗时匠役。巧思绝人，每有营建，辄独自拮据经营，操斤指示。而其相度时，第四顾筹算，俄顷

378

即出而斲材，长短大小，不爽錙铢。《哲匠录》引《世庙识余录》载：三殿规制，自宣德间再建后，诸将作皆莫省其旧，而匠官徐杲能以意料量比，落成竟不失尺寸。《哲匠录》又引《野获编》（卷二列朝类工匠）：比三殿落成，徐杲已称尚书。

郭文英，明嘉靖朝修建北京之工匠兼官员。《哲匠录》引《乾隆韩城县志·人物志·方技》载：明，郭文英，韩城人也。少为人牧羊，以户匠乏人，至京抵役，朝夕肄规矩黾黾绳绳。久之，以巧力闻，为作头。自是见知世庙，每一工峻，则序劳秩累，阶至工部右侍郎。

冯巧，明万历、崇祯间京师工师，董造宫殿。《哲匠录》引清王士祯著《梁九传》载：明之季，京师有工师冯巧者，董造宫殿。自万历至崇祯末老矣。九往执役门下，数载终不得其传。而服事左右不懈益恭。一日，九独侍，巧顾曰：子可教矣。于是盖传其奥。巧死，九遂隶冬官，代执营造之事。

王顺、胡良，明永乐年间画工。《哲匠录》引《雍正山西通志》（卷六十八人物志艺术）载：明，王顺、胡良，保德州人，善绘事。永乐时，建太庙，征天下绘士至京师。良、顺偕往，绘毕，成祖往视，以手抚顺肩，称赏不置，乃命绡御手于肩焉。

秦梁，明嘉靖朝进士，督建北京外城的官员。

谭继统，明万历朝举人，官工部主事，督修京城，省费巨万，而坚固逾于往昔。

贺盛瑞，明万历朝进士，为负责修缮乾清、坤宁二宫的官员。

五、营建清北京宫室的督臣与建筑师

梁九，明末、清初修建大内宫殿之工程师。《哲匠录》引清王士祯著《梁九传》载：康熙三十四年，重建太和殿，有老工师梁九者，董匠作，年七十余矣。自前代及本朝初年，大内兴造，皆梁董其事。一日，手制木殿一区，献于尚书所。以寸准尺，以尺准丈，不逾数尺许，而四阿重室规模悉具。殆绝技也。

雷发达，为清初"样式雷"家发祥之始。朱启钤《样式雷考》载：雷发达，字明所，江西南康府建昌县人。……（清初）以艺应募，赴北京。……康熙中叶，营建三殿，大工发达，以南匠供役其间。故老传闻云：时太和殿缺大木，仓促拆取明陵楠木梁柱充用。上梁之日，圣祖亲临行礼，金梁举起，卯榫悬而不下。工部从官相顾愕然，惶恐失措。所司私畀发达冠服袖斧，猱升斧落，榫合礼成。上大悦，面敕授工部营造所长班。时人为之语曰：上有鲁班，下有长班，紫薇照命，金殿封官。

马鸣萧，清顺治朝监修乾清宫之官员。《哲匠录》引大清《畿辅书征》卷二十一天津府一：马鸣萧，字和銮，号子乾，青县人。顺治四年进士，历官浙江湖州府推官，内授工部主事。监修乾清宫，暴身烈日中，上见悯之，赐以御用雨盖。

张衡，清康熙朝监修内殿门观之官员。《哲匠录》引《大清畿辅·先哲传》卷十九文学：张衡，字友石，又字义文，号晴峰，景州人。……康熙朝曾任工部郎中，以才能荐督窑厂。时造筑陵工、瀛台、内殿门观约百余所，衡亲勘督建，费少而功倍。

　　陈璧，清光绪朝修复正阳门之官员。《哲匠录》引陈宗蕃所撰《陈公玉苍年谱》载：……光绪二十八年……十二月奉派估修正阳门工程。二十九年，闰五月初七日正阳门工程开工，所有大楼闸楼，一切工作共估价银四十二万九千九百余两，较从前工程估价约减三分之二……（三十三年）六月十九日正阳门工程告竣。

结 语　穿越北京时空的独特标志——伟大的中轴线

有没有穿越北京时空的独特标志？

有人说是天安门，有人说是天坛，有人说是长城，有人说是故宫……这些说法都不准确，因为它们都不是与今北京同生的，不具备贯穿北京时空的功能。

天安门（明朝称承天门），是北京禁城的正门，[1] 是明清两朝皇帝颁布诏书的场所，即诏告天下的"诏门"，它在中轴线各门的等级中不是最高的。天坛，是元明清三朝"天子"——皇帝祭天的场所。长城，绵延几万里，不单属于北京。故宫，是封建时代皇帝生活与工作的主要场所，不仅北京有，沈阳也有，其他国家也有。

那么，穿越北京时空的独特标志是什么呢？

笔者认为有三个：

第一个是北京中轴线。中轴线是中国古代"营国"规划的最高形式。北京城中轴线是明代在元大都建设时规划的国都中轴线的基础上向南延伸发展形成的。北京城的总体规划布局，是以中轴线为中心主轴，向东西两侧平衡、对称展开的——北京城的主要建筑空间和主要建筑群组都围绕着中轴线的规划而布局。要么建在中轴线上，要么建在中轴线的两侧。坐落在中轴线上的城门告诉我们：中轴线是纵贯北京的宫城、卫城、禁城、皇城、内城、外城六重城，且"直至"天边的"本初子午线"。尽管世界上许多古都和大都市，如巴黎、柏林等都有中轴线，但北京中轴线的长度、规模以及文化内涵之深厚、建筑布局之严谨，堪称世界第一。北京中轴线的部分建筑虽被人为拆毁，但绝大部分建筑至今仍保存完好，700多年来一直作为国都的独特标志，不能不说是天意。

第二个是北京六重城的城墙、城门和城楼。元大都和明、清北京城是由六重城（准六重城）组成的中华古都。最内的是宫城，其外依次是卫城、禁城、皇城、内城、外城。其中，宫城、内城、外城由高大、宽厚的城墙和护城河组成"城池"，而卫城、禁城、皇城则只有约2米宽厚的城墙。各城都有规模不等的城门和城楼，六重城共计有城门60座、城楼60座。北京内外城的城墙长达38公里多，尤其是内城巍峨的城墙和城楼，500多年来一直为世人所赞叹。可惜北京内、外城的大部分城墙、城门、城楼（含角楼、碉楼）在20世纪五六十年代给拆除了。以至于今天人们想要了解老北京城的城墙、城门、城楼和角楼，不得不看瑞典人奥斯伍尔德·喜仁龙写于20世纪20年代的著作《北京的城墙和城门》。可见外国人把当时的北京城当作"世界第一古城"来看待。

第三个是由遍布于北京内、外城的街道、胡同与四合院组成的古都规划。[2] 北京的街道、胡同与四合院，整体规划于元大都和明北京时期，至今已有500—700多年的历史了。几百年来，青砖、

1　笔者注：禁城是北京六重城中的第三重。

2　胡同与四合院，其他城市也有，但北京的历史久、规模大、规格高，遗憾的是至今已残破许多了。

灰瓦几乎成了北京城的颜色标志。然而，近十多年来，北京老城的许多胡同与四合院已被马路与高楼所取代。古都规划的整体已经变样了，只是在局部区域还保留着古都规划的格局。

穿越北京时空的三个独特标志，目前仅存中轴线及其建筑群还算完整，可以说基本保持了740多年前元大都规划和500多年前明北京城规划的历史原貌，是北京城最具震撼力的历史建筑群——它使我们今天仍然能看出北京古都六重城的建制，它代表了中国古代最高规格的"国都"建筑形式，它最能彰显出中国历史文化的内涵。所以我们说北京的独特标志是中轴线。

著名建筑大师、北京城保护的首倡者梁思成先生曾赞美北京中轴线是"伟大的中轴线"。

众多国内外著名建筑师，在不同的时间、不同的地点，用不同的语言，以不同的方式赞美过北京中轴线。

当你有幸看到不同时代的北京地图时，不管它是什么时间绘制或印制的，首先突入你眼帘的都是一个共同的、不变的空间——北京中轴线。

当你从空中看北京，或是通过航拍图像看北京，最明显的标志和最辉煌的存在，就是北京中轴线。

无论是在桌前平视地图，还是在空中俯视北京，无论是北京城的沙盘模型，还是北京城的三维影像，最完整的、最和谐的、最壮观的、最突出的标志，就是北京中轴线。

北京中轴线北起钟楼北街与豆腐池胡同交汇的"丁字街"路口，南达永定门，纵贯六重城，全长约8公里。[1]

中轴线象征"一"，"一生二，二生三，三生万物。"

中轴线象征"太极"，"太极生两仪，两仪生四象，四象生八卦"，乃衍至64卦。

中轴线南通天、北通地，纵贯乾坤，为万物之本。

中轴线是人与天对话的时空隧道，象征着中华文明、乃至人类文明的核心价值——"天人合一"、"天人和谐"。

北京城的主要建筑空间和主要建筑群组，都与中轴线有关。可以说中轴线是北京城规划的脊梁和魂魄，没有中轴线就没有北京城。

明清北京中轴线规划建筑了宫、殿、陛、墀、桥、门、楼、阙、亭、廊、广场、御道、御苑、万岁山、御花园等各类建筑空间形式64个。其中，建筑空间区域12个，建筑群组15个，门22座，建筑物共44座，可谓"中国古代建筑艺术博物馆"。北京中轴线的规划与建筑，堪称人类规划与建筑史上的奇迹。

从隋代到清代，北京中轴线自北向南的规划及建筑空间有88个之多。它犹如一部气势磅礴的交响乐曲：它布局严密，结构完整；它高低起伏，错落有序；它节奏分明，开合有致。如果说建筑是凝固的音乐的话，那么，北京中轴线无疑称得上是人类音乐史上最为经典、最为辉煌、最

1　笔者注：元大都中轴线北起中心台北面的钟楼以北的"丁字街"路口，南到丽正门，全长约8.8元里，约4144米；到丽正门瓮城前门，全长约9.1元里（即九里三十步），约4286米。明永乐朝南拓大城，中轴线起点未变，向南延伸至正阳门，全长约8.46明里，约4813米；向南延伸至正阳门瓮城前门，全长约8.7明里，约4953米；嘉靖朝筑外城，中轴线又向南延伸至永定门，全长约13.91明里，约7913米；向南延伸至永定门瓮城门，全长约13.99明里，约7958米。

为壮美的交响乐曲。

说中轴线是北京的独特标志，是因为它不仅是北京城规划建设的起点，还因为它以不同的形式把各类经典建筑群组和建筑空间有机地组合成一个整体，从而体现出几千年中国历史文化的内涵——"致中"、"平衡"、"和谐"、"天人合一"。

说中轴线是北京的独特标志，是因为它不仅在中国是，而且在世界上也是独一无二的。北京中轴线的建筑组合无比辉煌，充分体现出了中华文化的悠久历史和崇高壮丽，充分体现出了人与自然相和谐的理念达到了"天人合一"的极至。

说中轴线是北京的独特标志，相信每一位生活在北京的"市民"或"世界公民"都会肯定的；每一位了解北京人文价值的炎黄子孙也会赞同的；而渴望了解中国历史文化的外国人更是会认同的。而这种肯定、赞同和认同是对中国历史文化遗产的由衷赞叹。

从某种意义上说，中轴线是北京这位历史巨人身上的脊梁。是它连接着北京城的大脑、血脉和经络。没有中轴线，北京就不能称其为北京；没有中轴线，北京就失去了它主要的人文价值；没有中轴线，北京就难以在国际上显现其独特的文化支点而翘楚。

从某种意义上说，北京中轴线是中国献给世界的人类文化遗产。它追求的是"致中"、"平衡"、"和谐"、"天人合一"的精神境界，它是人类文明的骄傲。迄今为止，世界其他国家还没有哪种规划与建筑能够达到北京中轴线的精神境界。

故宫已成为世界文化遗产了。皇城也要申报世界文化遗产。然而，皇城的六个城门和绝大部分城垣都已拆掉了，皇城内为皇帝生活服务的机构遗址也大多不存在了。总之，皇城已不完整了。

但中轴线却保护得相对完整。中轴线完全能够申报世界文化遗产。特别是永定门复建后，中轴线近八公里的长度依旧；沿中轴线保存清北京城原有各类形式的主要建筑仍有 33 座，由南至北只缺少了永定桥、永定门瓮城门及箭楼、永定门瓮城、天桥、正阳桥、正阳门瓮城、中华门（清朝称大清门，明朝称大明门）、千步廊、北上门、北中门和地安门（明朝称北安门）等 11 座非主要建筑。目前，除中华门无法在原址复建或以地标方式在原址标示外，其他 10 座建筑，如不便在原址复建的话，均可以在原址以地标方式标示出来。（其他已拆掉的建筑，如皇城、禁城、卫城、内城、外城的城门、城墙，均可以在原址以地标的方式标示出来。）

当你漫步在中轴线上时，你可曾联想到：你正在与历史对话呢。当你站在有 700 多年历史的万宁石桥上，西望什刹海、遥想元大都的海子里那千舟穿梭、万橹击水的漕运盛况和海子岸边那市肆毗邻、"钟楼市"商贾云集的历史风貌时，你可曾想道，历史的记忆是无法掩埋的——一条历经元、明、清、民国至今仍完整的国都中轴线，始终活在北京城和中国人的心中。它一直在向世界呼唤着：从这里开始了解中国的古都——进而了解中国的历史文化。

当你为北京城失去了它那壮丽的城墙、城门和城楼而惋惜时，你可曾意识到北京还有中轴线大部分保存完好呢？

当你为北京城内日益减少的胡同和四合院而叹息时，你可曾警醒——保护中轴线已刻不容缓。

当你与同学、朋友或是家人谈及北京城的历史风貌时，是否涉及中轴线保护的话题？

383

当你在一些公共场合宣传人文北京时，是否提到过中轴线保护的重要性？

作为中国人，要责无旁贷地保护好祖国的历史文化遗产，决不能再让后人为21世纪的北京中轴线保护留下遗憾。

北京中轴线它不单独属于北京，它还属于全中国，属于全世界，为全人类共同享有。从某种意义上说，保护好北京中轴线，就是保护了北京的人文价值，就是保护了中国几千年来的历史文化遗产，就是保护了世界文化遗产。所以，北京中轴线应该列为全国重点文物保护单位，应该列为中国申报世界遗产的第一位。

因此，北京的城市规划，凡涉及到中轴线的方案，应该向社会、向全国公开且较长时间地广泛征集，切记几个人说了算，以免酿成新的历史遗憾。这样做，才能无愧于历史，无愧于未来，无愧于祖先，无愧于后代，无愧于有着悠久历史和灿烂文化的中华民族，无愧于世界。

人们痛恨战争，是因为战争不仅杀戮无辜，还破坏人类文明的重要标志之一——历史建筑。中外历史上，因战争破坏历史建筑的例子数不胜数。最典型的有：秦末农民战争，项羽火烧秦宫室，大火三个月不灭；西汉末年农民战争，焚毁都城长安的宫殿；东汉末年农民战争，烧毁都城洛阳的主要宫殿；唐末黄巢农民起义，焚毁当时世界上最著名的、也是中国历史上最大的都城长安的宫殿等建筑群；明末农民战争，李自成起义军先后焚毁了明中都的宫殿、皇陵和都城北京皇宫的三大殿、午门、承天门和西苑诸宫殿以及明十三陵的定陵宫殿建筑群；英法联军和八国联军先后两次焚毁了世界上最著名的皇家园林——圆明园。此外，古埃及、古巴比伦、古希腊、古罗马的许多著名历史建筑也多为战争所毁坏。

然而，世界各国在和平时期，毁坏历史建筑的情况极少发生，且都能给予相当程度的保护。如元朝定都北京，修建大都城时，其南城墙东西走向刚好被原有的历史建筑大庆寿寺双塔所中断，元世祖忽必烈下令："远三十步许环而筑之"，城墙被迫拐弯修建。明永乐朝沿用元大都大城中南部修建北京城，并沿用元大都城的宫城和中轴线。清朝对前朝留下的京城历史建筑，采取保护、修缮的政策，对被毁坏的历史建筑则采取复建、重建的政策。

然而，令世人遗憾的是，从民国初年开始至20世纪60年代——北京皇城的6座城门：中华门、长安左门、长安右门、[1] 东安门、西安门和地安门连同皇城大部分城墙都给拆除了。

北京禁城的8座门拆了7座：即北中门，御马监西门、北中东门、东中门，北中西门、乾明门、西中门等城门连同禁城大部分城墙都给拆除了。

北京卫城的6座门拆了3座：北上门、东上门、西上门，6座附门：北上东门、北上西门、东上南门、东上北门、西上南门、西上北门连同卫城大部分城墙都给拆除了。

北京内城的9座城门城楼，除正阳门及城楼未拆除外，崇文门、宣武门、德胜门、朝阳门、东直门、安定门、阜成门、西直门等8座城门及城楼都给拆除了。9座箭楼，除正阳门箭楼和德胜门箭楼未拆除外，另7座箭楼都给拆除了。四座角楼，除东南角楼未拆除外，另三座都给拆除了。9座瓮城及10座闸楼、二座碉楼连同绝大部分内城城墙都给拆除了。

1　笔者注：清乾隆朝在长安左门和长安右门外，分别修建了东、西长安门。

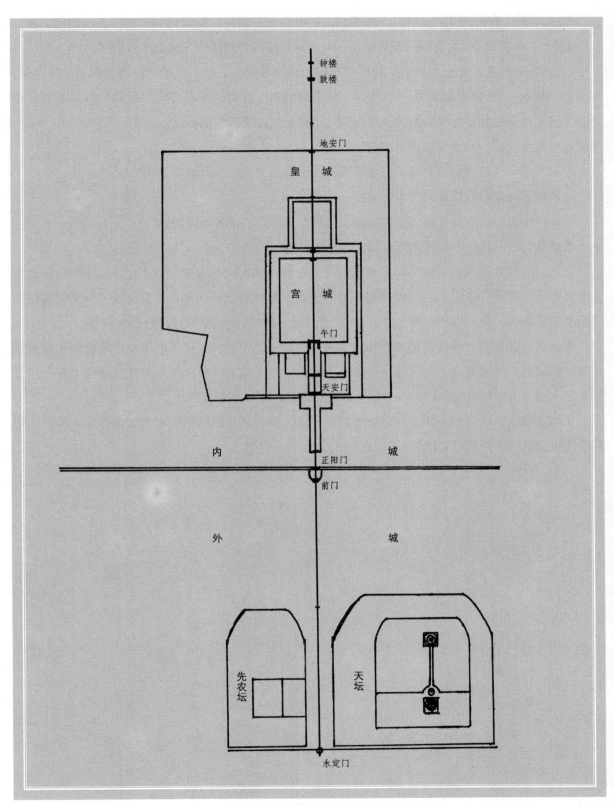

图 2—结语—01，北京中轴线空间建筑平面示意图（作者绘）

385

北京外城的 7 座城门：永定门、广安门、广渠门、左安门、右安门、东便门、西便门，连同 7 座城楼、7 座瓮城、7 座瓮城门及箭楼，连同外城城墙和外城 4 个角楼都给拆除了。

短短的 50 几年，却把 500 多年前明朝建设的巍峨壮丽的北京六重城，拆得只剩下一座宫城，即故宫。然而，在 20 世纪五六十年代拆除北京内城和外城时，竟还有人"建议"拆除故宫。可见历史虚无主义的危害有多么的深。虚无到凡是历史的都要否定的程度。

难道建设新的，就必须毁掉旧的吗？

难道一条新马路的价值要高于古建筑和古建筑群历史文化遗产的价值吗？

难道继承与创新真的是水火不容吗？

难道否定祖国的历史文化、毁坏历史文化遗产就能建成世界强国吗？

难道我们的胸襟还不如古人开阔吗？

今天，全世界都在谴责破坏历史建筑的恶劣行经，国人也普遍意识到历史建筑是中国历史文化的重要组成部分。新北京的城市规划，依然强调中轴线的作用，并在尽量恢复与保护中轴线历史原貌的基础上，将中轴线向南北延伸。笔者相信：对中轴线的保护一定会载入史册。

北京之所以还能展现其古都风貌和人文价值，皆因以中轴线为代表的历史建筑群组和建筑空间的存在使然。无论是从时间上看，还是从空间上看，无论是从整体规划与建筑格局上看，还是从文化内涵与美学价值上看，北京中轴线都是空前绝后的和不可复制的。

北京中轴线，不仅是穿越北京时空的独特标志，而且还是祖国的历史文化遗产和人类的文化遗产。我们要保护好北京中轴线。

附 录

附录一 北京中轴线若干问题解答

一、北京中轴线形成于何时？

今北京中轴线是对明北京中轴线的继承与改造，而明北京中轴线又是对元大都中轴线的继承与改造，而元大都中轴线又是对金太宁宫中轴线的继承与改造，而金太宁宫中轴线又是对隋临朔宫中轴线的继承与改造，而隋临朔宫中轴线又是对原古永定河渡口北侧南北向道路的继承与改造。因此，今北京中轴线，作为道路大概形成于3—4千年前，作为离宫中轴线形成于1400多年前的隋临朔宫始建之时，而作为国都中轴线形成于740多年前的元大都始建之时。

二、隋临朔宫、金太宁宫中轴线的起点和终点在哪里？长度是多少？

隋临朔宫中轴线的起点在临朔宫北门，约位于今地安门以南约160米处。今地安门南大街东、西两侧的红墙，为隋临朔宫的规划建制。该红墙的北端东西一线，即隋临朔宫北垣，后为金太宁宫北垣。隋临朔宫中轴线从起点临朔宫北门往南，穿过"禁垣"北中门、临朔宫北苑（位置同今景山）、临朔宫宫城（位置同今故宫），达南端终点临朔宫南宫门（位置约在今天安门处），全长约6.08隋里，合1095隋丈，约2579米。金太宁宫中轴线的起点、终点和长度同隋临朔宫。

隋临朔宫"泛"中轴线的起点，在今钟楼北街丁字路口处（后世分别为元大都和明清北京中轴线的起点），南端点在古永定河渡口（今正阳门），全长约11.35隋里，约4811米。

三、隋临朔宫泛中轴线的规划是怎样进行的？

北京古都中轴线在正阳门以北的空间规划，至今还遗存着隋临朔宫泛中轴线规划的痕迹：即以"金台"中心点（今景山主峰）为原始坐标点进行的规划——

往北：900隋丈（合5隋里，约2120米）划定中轴线的北起点（即今钟楼北街北端与豆腐池胡同相交汇的丁字路口）；往北765隋丈（合4.25隋里，约1802米）划定中心台（后为元大都中心台）；往北750隋丈（约1766米），划定临朔宫北宫垣外之转运漕粮的"北纬路"（今鼓楼东、西大街）；往北545隋丈（约1283米），划定万宁桥（为隋大运河之永济渠北端与永定河故道之积水潭的连接口，后为元大运河之通惠河与海子的连接口）；往北405隋丈（合2.25隋里，约954米）划定临朔宫北宫垣外之转运漕粮的"南纬路"（今地安门东、西大街）；往北约340隋丈（约801米），划定临朔宫北宫垣（后为金太宁宫北宫垣和元大都皇城北垣）；往北约160隋丈（约377米）划定临朔宫北苑之北垣（在今景山公园北垣）；

往南：59.5隋丈（约140米），划定临朔宫北苑之南垣（在今景山公园南垣）；往南360隋丈（合2隋里，约848米）划定临朔宫宫城之前殿怀荒殿（后世分别为金太宁宫宫城前殿大宁殿、元宫城前殿大明殿、明宫城前殿奉天殿及皇极殿、清宫城前殿太和殿）；往南519.5隋丈（约1223米），划定临朔宫宫城正门朱雀门（后世分别为金太宁宫宫城端门、元大都宫城崇天门、明清北京宫城午门）；往南758隋丈（约1785米），划定临朔宫南宫垣（约在今天安门东西一线）；往南1143隋丈（合6.35隋里，约2692米）划定临朔宫泛中轴线的南端点（为古永定河渡口，在今正阳门处）。

隋临朔宫泛中轴线北起点，南距中心台为135隋丈（合0.75隋里，约318米）；南距中轴线与北纬路（即今鼓楼东西大街）交汇点为150隋丈（约353米）；南距万宁桥为355隋丈（约836米）；南距南纬路（即今地安门东西大街）为495隋丈（合2.75隋里，约1166米）；南距临朔宫北外垣560隋丈（约1319米）；南距北苑北垣740隋丈（约1743米）；南距北苑南垣961.5隋丈（约2264米）；南距宫城北城墙（今北京故宫北城墙）为1009.5隋丈（约2377米）；南距宫城朱雀门（今北京故宫午门）南侧为1419.5隋丈（约3343米）；南距临朔宫南外垣为1655隋丈（约3898米）。

隋临朔宫南北外垣相距为1095隋丈（约2579米）；临朔宫北外垣南距宫城北垣为446.5隋丈（约1051.5米）；怀荒殿（今太和殿位置）南距宫城朱雀门（今午门位置）为159.5隋丈（约376米）；临朔宫宫城南垣（今故宫南垣）南距宫城南夹垣（即明太庙和社稷坛北垣）为59.5隋丈（约140米）。

金太宁宫及其泛中轴线的规划，是对隋临朔宫及其泛中轴线规划的全盘继承。

四、元大都中轴线的起点和终点在哪里？长度是多少？

元大都中轴线的起点在钟楼北"丁字街"，即今豆腐池胡同和马厂胡同东西一线。元大都中轴线从起点往南，经钟楼（今钟楼处）、中心台（今鼓楼稍北处）、鼓楼（今鼓楼处）、万宁桥（今万宁桥）、皇城北门厚载红门（位于今地安门以南约161.8米处）、北中门（位于今景山北门以北约56米处）、大内禁苑（今景山公园）、皇宫（同今故宫位置）、周桥（位于今端门以北约30多米处）、皇城正门棂星门（位于今午门以南约346—370米处），南至大城南门丽正门（约位于今故宫午门以南约725—749米处），全长约8.65元里（合2595元步，约4081米）；南至丽正桥，全长约9.1元里（即九里三十步，与大内"周回"等长，合2730元步，约4293米）。

五、元大都中轴线的规划是怎样进行的？

元大都中轴线的规划，是对金太宁宫（原为隋临朔宫）泛中轴线规划的继承和改造——

1. 在宫城南夹垣以北，基本继承了隋代的规划：(1)以隋临朔宫宫城为元宫城；(2)以隋临朔宫宫城北苑为元大内御苑；(3)以隋临朔宫北宫垣为元皇城北垣；(4)以隋中心台为元大都中心台；(5)在隋中心台西侧的隋鼓楼基址上建元大都鼓楼（又称"齐政楼"）；(6)在隋中心台东侧的隋钟楼基址上建元大都中心阁；(7)在隋中心台北侧的隋敌楼基址上建元大都钟楼；(8)在钟楼南北和西侧规划"钟楼市"；(9)后又将鼓楼修建在中轴线与中纬线交汇点上。

2. 在宫城以南，对隋代规划进行了改造：(1)拆除了宫城南夹垣之南上门；(2)拆除了宫城南禁垣及南中门；(3)拆除了南宫垣及南宫门；(4)在距离宫城崇天门约220—235元步处，规划修建皇城正门棂星门；(5)在棂星门内引金水河并规划修建周桥；(6)在棂星门以南约226.5—241.5元步的位置规划修建"国门"丽正门；(7)在丽正门南规划修建瓮城及前门；(8)在丽正门内、棂星门外的约 249 元步空间里，规划"天街"（南北宽 24 元步）和千步廊（南北长 202.5 元步。元大都千步廊总共长 700 元步，左右各长 350 元步，其中南北各长 202.5 元步、东西各长 125 元步）。

六、明北京中轴线的起点和终点在哪里？长度是多少？

明北京中轴线的起点在钟楼北"丁字街"，即今豆腐池胡同和马厂胡同东西一线。明北京中轴线从起点往南，经钟楼、鼓楼、万宁桥、皇城北门北安门、北中门（位于今景山北门以北约 56 米处）、大内禁苑（即今景山）、故宫、端门、承天门，永乐朝迁都北京至嘉靖朝中期，南至大城国门丽正门（正统朝改称正阳门），全长约 8.43 明里（约合 3035.5 明步，约 4802 米）。嘉靖三十二年（1553 年）筑外城后，中轴线向南延伸了约 1959.5 明步（合 5.443 明里，约 3100 米）至外城正门永定门；明北京内外城中轴线全长约 13.875 明里（合 4995 明步，约 7902 米）。

七、明北京中轴线的规划是怎样进行的？

明北京中轴线的规划，是对元大都中轴线规划的继承和改造——

1. 在宫城阙左门、阙右门以北：(1)继承并改建了元大都宫城城门、城楼；(2)继承并改建了元大内御苑；(3)据明里制，将皇城北垣北移至南距大内禁苑北夹垣 1 明里东西一线（笔者注：即地安门东西一线）；(4)在元大都鼓楼基址上重建鼓楼；(5)在元大都钟楼基址上重建钟楼；(6)在宫城与宫城夹垣之间开挖宫城护城河；(7)拆除宫城夹垣；(8)拆除大内禁苑夹垣；(9)拆除元皇城北垣.

2. 在宫城以南：(1)拆除元大都皇城南垣；(2)拆除周桥并填埋位于元大都宫城崇天门等南三门外和皇城棂星门内的金水河；(3)拆除元大都南城墙和"国门"丽正门及其瓮城前门；(4)拆除大城护城河丽正桥、金口河桥并填埋二河；(5)拆除元大都千步廊；(6)在宫城以南约 175.55 明营造丈明步（约 560.4 米）处规划修建明北京皇城正门承天门和皇城南上垣；(7)改建元大都皇城棂星门为明北京宫城端门，使之位于宫城午门至皇城承天门中轴线的"黄金分割点"位置；(8)在皇城承天门南规划外金水河并修建外金水桥；(9)在外金水桥南规划"天街"和千步廊；(10)在千步廊外围规划修建皇城南外垣；(11)在千步廊南端规划修建皇城外门大明门；(12)在距中轴线北起点约 8.46 明里（约 4813 米）东西一线，规划修建明北京大城南城墙和"国门"丽正门（正统朝改称"正阳门"）及其瓮城前门、正阳桥；(13)嘉靖朝扩建外郭，在正阳门以南约 5.443 明里（约 3100 米）东西一线，规划修建外郭南城墙和永定门及其瓮城门、永定桥。

八、北京中轴线有中心点吗？

北京中轴线是有中心点的。

隋临朔宫与金太宁宫中轴线，北起北宫垣（今地安门南），南至南宫垣（今天安门金水桥南），全长约 1095 隋丈，其中心点，约在内廷紫宸殿（今乾清宫）处。

元大都中轴线，北起钟楼北"丁字街"路口，南至丽正门，全长约 8.65 元里，其中心点，在"镇山"（今景山）主峰上，南北各约 4.33 元里（其中，钟楼至丽正门约 2499 元步，钟楼与丽正门均距"镇山"约 1249.5 元步）。

明北京中轴线，永乐朝至嘉靖朝中期，北起钟楼北"丁字街"路口，南至正阳门，全长约 8.43 明里，其中心点，在钦安殿处，南北各约 4.215 明里（约 2400 米）。其中，钟楼至正阳门为 8.165 明里（合 2939.5 明步，约 4650 米），钟楼与正阳门距钦安殿约 4.1 明里。嘉靖朝中期以后，明北京中轴线南端点延伸至永定门瓮城门，全长约 13.875 明里，其中心点，是在承天门外金水桥南端。

九、北京中轴线有黄金分割点吗？

"黄金分割点"，约等于 0.618 比 1，为一条直线的"黄金分割点"，作为中国古代的数学成就，早已被运用在古都和宫城的规划中。从北京中轴线形成和发展的历史看，隋临朔宫、金太宁宫、元大都、1553 年前后的明北京中轴线都是有"黄金分割点"的，且是按传统规制，由北向南计算的。如：

隋临朔宫之"外垣"和"宫城"的"黄金分割点"均在宫城外朝的"怀荒殿"（即今故宫太和殿），宫城夹垣的"黄金分割点"在宫城外朝"怀荒殿"丹陛（即今故宫太和殿），"禁垣"的"黄金分割点"在宫城外朝的"怀荒殿"寝殿（即今故宫保和殿）。

金太宁宫因沿用隋临朔宫"四重城"的规划，其"黄金分割点"与隋临朔宫"四重城"相同。

元大都"五重城"中轴线的"黄金分割点"：宫城在外朝大明殿（即今故宫太和殿），卫城在大明殿丹陛（即今故宫太和殿丹陛），禁城在外朝大明殿后寝殿（即今故宫保和殿），皇城在内廷延春门，大城在内廷延春宫（即今故宫乾清宫）。再者，"镇山"（今景山）南至中轴线的"终点"丽正门和北至中轴线的"起点"钟楼北街之"丁字路口"的"黄金分割点"，分别在宫城正门崇天门（即今故宫午门）和皇城北门厚载红门（今地安门南）。

明北京"六重城"中轴线的"黄金分割点"：宫城在外朝太和殿，卫城在太和门，禁城在太和殿广场，皇城在中极殿（即今中和殿，以承天门为皇城南门）或在内金水桥（以大明门为皇城南门），内城在故宫太和殿，内外城在正阳门之前门。

十、北京中轴线上"中"字与"凸"字出现过几次？

北京中轴线上"中"字与"凸"字，隋、金、元、明四代都出现过。

"中"字，出现过十三次。隋临朔宫中轴线南北穿过隋临朔宫宫城和禁垣，"组成"两个中字；金太宁宫中轴线，也是南北穿过金太宁宫宫城和禁垣，"组合"成两个"中"字；元大都中轴线，南北穿过皇城、禁城、卫城、宫城，"组合"成四个"中"字；明北京中轴线，南北穿过皇城、禁城、卫城、宫城，也"组合"成四个"中"字；禁城自身即为一个"中"字。

"凸"字，出现过九次。隋临朔宫宫城和北苑、隋临朔宫"禁垣"自身均呈"凸"字型格局；金太宁宫宫城和"琼林苑"、金太宁宫"禁垣"自身均呈"凸"字型格局；元宫城和禁苑、元大都禁城自身均呈"凸"字型格局；明北京宫城和禁苑、皇城自身、内城和外城均呈"凸"字型格局。

十一、北京中轴线是指向南方的山吗？

北京中轴线，是帝王承接"天命"的"黄道"，是帝王颁布"天意"的"天衢"，是帝王"敬天法祖"的"中轴"。因此，北京中轴线作为国都中轴线，是指向"南天"的。因东岳泰山是祭天的"神岳"，恰好与北京中轴线在同一条"子午线"上，所以有人认为北京中轴线是指向南方的山。

十二、北京中轴线是最初的本初子午线吗？

自元朝定鼎大都以来，北京中轴线实际上就成为大元帝国的中央经线——本初子午线，并一直为明、清两朝所沿用，要比1884年国际地理学会确定的本初子午线（即通过伦敦格林尼治天文台旧址的子午线）早620年。尽管元世祖忽必烈有"统极八荒"的雄伟气魄，并积极吸收欧洲文明，但时代还未认识到地球的形状和确定本初子午线的价值，所以，北京中轴线和中国其他古都的中轴线，都不能看作是本初子午线。

十三、北京中轴线是接天的黄道吗？

黄道，是中国古人对天体运行的轨道的认知。"天不变，道亦不变。"这句话，实际上是古人对天体运行规律，对地与天、人与自然关系以及"天人合一"理念的最好阐释。黄道既然是天体运行的轨道，那么，它与地、他与人是怎么连接的呢？古人想象一定有一条通往天体黄道的通道，帝王更认为有一条通往天体黄道和承接天意的通道，犹如今天飞机上天前的跑道——"准黄道"，那就是国都的中轴线。

十四、中轴线与古人"天南地北"、"南上北下"的观念有关系吗？

北京中轴线与中国历代的古都中轴线一样，都是帝王承接"天意"、通向"天"的御路。因太阳的关系，古人形成了"天南地北"、"南上北下"的观念。从某种意义上说，中轴线就是"勾通"天与地的"天梯"。"天梯"立足于地，而升于天，为"天子"承接"天意"，合法统治其臣民的政治"工具"。因此，中轴线是"御路"，是"天衢"，是连接天与地的"中轴"，是帝王尊严及其统治的象征；帝王要坐镇中轴，"面南而王"——承接天意、统治天下。

十五、北京中轴线往哪个方向倾斜？是东南？还是西北？是指向元上都吗？

北京中轴线的方向与地球经线（子午线）不是平行的，与地球经线正南正北的方向相比，略呈西北东南方向。有人说北京中轴线是向西北倾斜，依据是：北京中轴线的北端钟楼与南端永定门不在南北垂直线上，并把南端永定门作为北京中轴线的起点，说是越往北延伸越向西倾斜。这是不了解传统中轴线的规划思想所致，传统中轴线的起点都是在北端点而向南延伸直至天边的。永定门建于1553年，比建于1420年的正阳门晚了130多年，比元大都中轴线晚了280多年，比金太宁宫中轴线晚了380多年，比隋临朔宫中轴线晚了900多年。永定门怎么能是北京中轴线的起点呢？

北京中轴线的起点同样也是在北端点钟楼北而向南延伸的，并在向南延伸中略向东南倾斜，这是因为北京中轴线的起点就是元大都中轴线的起点。元代，元大都中轴线北起钟楼北，南至丽正门。明代永乐朝迁都北京时南拓大城，将中轴线往南延伸至正阳门；嘉靖朝修筑外城，又将中轴线往南延伸至永定门。因此，北京中轴线虽略呈西北东南走向，但一直是向南延伸，并继续向东南倾斜的。

关于北京中轴线是指向元上都的说法很难成立。原因是：北京中轴线原为元大都中轴线，而元大都中轴线是对金太宁宫中轴线的继承和改造并向南延伸而成的，而金太宁宫中轴线又是继承了隋临朔宫中轴线而成的。且不说隋代临朔宫的规划建设距今已经1400多年了，就是金代太宁宫的规划建设，也要比元上都的规划建设早了将近100年。怎么能说"北京中轴线是指向元上都"呢？如果说有指向的话，也得有个时间顺序吧？应该是后者指向前者。再说中轴线是由北指向南的。

十六、石鼠、石马、燕墩是北京中轴线的标志吗？

石鼠、石马、燕墩均在北京中轴线的西侧南北经线上被发现，因此，有人认为：石鼠、石马、燕墩代表着"子午线"，是北京中轴线所在的标志，进而认为北京中轴线曾经东移过，即在今北京中轴线的西侧还有一条中轴线。但中轴线是一条以表现精神文化"中心"的子午轴线，而非"通衢"性质的子午轴线；中轴线，寄托着人对天的崇拜和信仰，是人承接"天意"和帝王承接"天命"的"本初子午线"。中轴线的定义和实地空间状况都证明隋临朔宫、金太宁宫、元大都、明清北京为同一条中轴线。石鼠、石马、燕墩是与中轴线平行的经线的标志，而非中轴线的标志。

十七、北京中轴线上有几座城？

今北京中轴线，历史上共有过二十二座城——

隋临朔宫有四座城：宫城、卫城、禁城、外城。

金太宁宫有四座城：宫城、卫城、禁城、外城。

元大都有六座城：宫城、卫城、禁城、皇城、大城、丽正门瓮城。

明清北京有八座城：宫城、卫城、禁城、皇城、大城（内城）、大城（内城）正阳门瓮城、外城、外城永定门瓮城。

十八、北京中轴线上曾经有过多少座门？

北京中轴线上曾经有过86座门。

其中，隋临朔宫中轴线上有门15座：宫城有朱雀门、外朝门、外朝后门、内廷门、内廷后门、北萧墙门、厚载门7座，夹垣有门2座，北苑有门2座，禁垣有门2座，南、北宫垣有门2座。

金太宁宫中轴线上有门 15 座：宫城有端门（应天门）、外朝大宁门、外朝后门、内廷紫宸门、内廷后门、北萧墙门、厚载门 7 座，夹垣有门 2 座，北苑有门 2 座，禁垣有门 2 座，南、北宫垣有门 2 座。

元大都中轴线上有门 15 座：宫城有崇天门、外朝大明门、内廷延春门、内廷北门、北萧墙门、厚载门 6 座，宫城夹垣有北门北上门 1 座，禁苑有南、北门 3 座，禁垣有北门北中门 1 座，皇城有棂星门、厚载红门 2 座，大城有丽正门、丽正门瓮城前门 2 座。

明北京中轴线上有门 20 座：宫城有午门、外朝奉天门和云台门、内廷乾清门和坤宁门、内苑天一之门和承光门、北萧墙门顺贞门、玄武门 9 座，卫城有端门和北上门 2 座，禁苑有南门 1 座，禁城有承天门和北中门 2 座，皇城有大明门和北安门 2 座，大城有正阳门和瓮城箭楼前门 2 座，外城有永定门和瓮城箭楼门 2 座。

清北京中轴线上有门 21 座：分别继承了明宫城 8 座门，卫城、禁城、皇城、内城、外城各 2 座门，禁苑 1 座门；在禁苑新建寿皇殿宫门和戟门；将外朝奉天门、宫城玄武门、禁城承天门、皇城大明门、北安门分别更名为太和门、神武门、天安门、大清门、地安门。

十九、北京中轴线上曾经有过多少座建筑？

北京中轴线上曾经有过各类建筑约 166 座。

其中，隋临朔宫中轴线上约有建筑 28 座：宫城有朱雀门、龙津桥、外朝前门、外朝怀荒殿、外朝后殿、外朝后门、内廷前门、内廷前殿、内廷后殿、内廷后门、后苑殿、北萧墙门、厚载门等 13 座；宫城以南有南夹垣南上门、南禁垣南中门、南御河桥、南外垣南宫门等 4 座；宫城以北有北夹垣北上门、北苑南门山前门、北苑南内门山前里门、北苑南便殿、山丘、北苑北便殿、北苑北门山后门、北禁垣北中门、北外垣北宫门、万宁桥、中心台等 11 座。

金太宁宫中轴线上约有建筑 28 座：宫城有端门（应天门）、龙津桥、外朝大宁门、大宁殿、大宁寝殿、外朝后门、内廷紫宸门、紫宸殿、紫宸寝殿、内廷后门、后苑殿、北萧墙门、宫城北门（拱宸门）等 13 座；宫城以南有南夹垣门、南禁垣南中门、南御河桥、南外垣南宫门等 4 座；宫城以北有北夹垣北上门、北苑南门山前门、北苑南内门山前里门、、北苑南便殿、山丘、北苑北便殿、北苑北门山后门、北禁垣北中门、北外垣北宫门、万宁桥、中心台等 11 座。

元大都中轴线上约有建筑 32 座：宫城有崇天门、内金水桥、外朝大明门、大明殿、大明殿后寝殿、宝云殿、内廷延春门、延春阁、延春宫后寝殿、内廷北门、清宁宫、北萧墙门、厚载门 13 座；宫城以南有周桥、棂星门、千步廊、丽正门、丽正门瓮城门、丽正桥 6 座；宫城以北有夹垣北门北上门、禁苑南门山前门、禁苑南内门山前里门、山前殿、山上殿、山后殿、禁苑北门山后门、禁垣北门北中门、皇城北门厚载红门、万宁桥、鼓楼、中心台、钟楼等 13 座。

明北京中轴线上有建筑 40 座：宫城有午门、内金水桥、外朝奉天门（皇极门）、奉天殿（皇极殿）、华盖殿（中极殿）、谨身殿（建极殿）、云台门、内廷乾清门、乾清宫、交泰殿、坤宁宫、广运门（坤宁门）、内苑天一之门、钦安殿、承光门、坤宁门（顺贞门）、玄武门 17 座；宫城以南有卫城端门、禁城承天门、外金水桥、千步廊、皇城大明门、正阳门、瓮城箭楼前门、正阳桥、五牌楼、天桥、永定门、瓮城箭楼门、永定桥等 13 座；宫城以北有卫城北上门、禁苑万岁门、山前殿、山顶亭、山后亭、禁城北中门、皇城北安门、万宁桥、鼓楼、钟楼等 10 座。

清北京中轴线上有建筑 42 座：分别继承了明宫城 16 座建筑、宫城以南 13 座建筑、宫城以北 9 座建筑，在禁苑新建寿皇殿广场牌楼、宫门、戟门、寿皇殿四座建筑；将外朝奉天门、奉天殿、华盖殿、谨身殿、宫城玄武门、禁苑万岁门、山前殿、会景亭，禁城承天门、皇城大明门、北安门分别更名为太和门、太和殿、中和殿、保和殿、神武门、景山门、绮望楼、万春亭、天安门、大清门、地安门。

二十、北京中轴线上曾经有过多少个建筑空间？

北京中轴线上曾经有过 64 个建筑空间。

其中，隋临朔宫中轴线上有九个建筑空间：南宫门"禁卫"广场、临朔宫端门广场、外朝门广场、外朝怀荒殿广场、外朝怀荒殿、内廷宫殿广场、内廷宫殿、北苑、北宫门"禁卫"广场。

金太宁宫中轴线上有九个建筑空间：南宫门"禁卫"广场、太宁宫端门广场、大宁门广场、外朝大宁殿广场、外朝大宁殿、内廷紫宸殿广场、内廷紫宸殿、琼林苑、北宫门"禁卫"广场。

元大都中轴线上有十三个建筑空间：钟楼、鼓楼，北皇城广场、禁苑山后、禁苑山前广场、内廷、内廷门广场、外朝、外朝门广场、崇天门广场、棂星门广场、千步廊、丽正门。

明北京中轴线上永乐朝有十五（嘉靖朝有十八）个建筑空间：钟楼、鼓楼，北皇城广场、禁苑山后、禁苑山前广场、内廷、内廷门广场、外朝、外朝门广场、午门广场、端门广场、承天门广场、千步廊、大明门广场、正阳门；"前门外商街"、"天街"、永定门。

清北京中轴线上有十八个建筑空间：钟楼、鼓楼，北皇城广场、禁苑山后寿皇殿、禁苑山前广场、内廷、内廷门广场、外朝、外朝门广场、午门广场、端门广场、天安门广场、千步廊、大清门广场、正阳门；"前门外商街"、"天街"、永定门。

二十一、北京中轴线上的建筑形式有多少种？

北京中轴线上的建筑形式有门阙、宫殿、墠陛、楼阁、亭、桥、廊、城、山、水、林、苑、园、牌楼、广场等 15 种。

二十二、北京中轴线上的宫、阙建筑等级有多少种？

北京中轴线上的建筑等级有多种，其中仅门的等级就有 20 种之多：有庑殿顶重檐九五开间须弥座五阙城楼门、有庑殿顶重檐五三开间须弥座三阙城楼门、有庑殿顶五三开间须弥座戟门、有歇山顶重檐九五开间须弥座五券城楼门、有歇山顶三重檐七三开间城楼门、有歇山顶三重檐五三开间城楼门、有歇山顶重檐七三开间箭楼门、有歇山顶单檐三一开间箭楼门、有歇山顶九五开间须弥座宫殿门、有歇山顶七三开间宫殿门、有歇山顶五三开间宫殿门、有歇山顶须弥座三券门，有庑殿顶宫墙三阙门，有歇山顶宫墙三阙门，有宫墙歇山顶三券门，有宫墙歇山顶三阙门，有歇山顶宫墙单券门……

宫殿的等级有 5 种：有庑殿顶重檐十一五开间须弥座宫殿、有庑殿顶重檐九五开间须弥座宫殿、有歇山顶重檐九五开间须弥座宫殿、有攒尖顶三三开间的宫殿、有盝顶五三开间的宫殿……

二十三、北京中轴线上"三朝五门"与"国门"有过怎样的变化？

"三朝五门"与"国门"，都是中国古都中轴线上，象征帝王"承接天命"的建筑。隋临朔宫中轴线上的"三朝"：为宫城门前朝、外朝门治朝、内廷门燕朝；"五门"：为临朔宫南外垣门、宫城外夹垣端门、宫城门、外朝门、内廷门。金太宁宫中轴线上的"三朝"：为承天门前朝、大宁门治朝、紫宸门燕朝；"五门"：为太宁宫南外垣门、宫城外夹垣端门、宫城承天门、外朝大宁门、内廷紫宸门。 元大都中轴线上的"三朝"：为崇天门前朝、大明门治朝、延春门燕朝；"五门"：为大城丽正门、皇城棂星门、宫城崇天门、外朝大明门、内廷延春门。 明北京中轴线上的"三朝"：为午门前朝、奉天门治朝、乾清门燕朝；"五门"：一为大城正阳门、皇城大明门、禁城承天门、卫城端门、宫城午门，二为皇城大明门、禁城承天门、卫城端门、宫城午门、外朝奉天门，三为禁城承天门、卫城端门、宫城午门、外朝奉天门、内廷乾清门。

元大都的"国门"为大城正门丽正门。 永乐朝至嘉靖朝中期，明北京的"国门"为大城正门正阳门；嘉靖朝中期以后，因筑有外城，明北京的"国门"为皇城正门大明门。 顺治朝至乾隆朝前期，清北京的"国门"为皇城正门大清门；乾隆朝前期以后，将皇城正门由大清门改为天安门，所以天安门就成为了"国门"。

二十四、北京中轴线上千步廊的长度是怎样计算的？

北京中轴线上，元、明两代均规划建有千步廊。千步廊的长度是怎样计算的呢？根据史料记载和勘察实际空间地况可知：元、明两代千步廊的长度，均是东、西向千步廊的长度＋北向千步廊的长度，而不是只计算东西向千步廊的南北长度。元大都千步廊总长约 700 步，即左右两边的千步廊各约 350 步（东西向的南北长度各约 202.5 步＋折而北向的东西长度各约 125 步）。明北京千步廊总长约 1000 步，即左右两边的千步廊及延伸的红墙各约 500 步（东西向的南北长度＋折而北向的东西长度＋长安左、右门南北的红墙长度）。

二十五、元大都崇天门、棂星门、周桥、丽正门的具体位置在哪里？

元大都宫城正门崇天门的具体位置是在今故宫太和殿处吗？元大都皇城正门棂星门的具体位置是在今故宫午门处吗？答案是否定的。笔者依据"六重证据法"的研究，论证了元大都宫城正门崇天门的具体位置就在今故宫午门处，元皇城皇城正门棂星门的具体位置就在今故宫端门处。元大都周桥的具体位置约在今故宫端门以北约 20—35 元步（约 31.4—55 米）处。元大都丽正门的具体位置约在宫城崇天门（今故宫午门）以南约 461.5—476.5 元步（约 725—749 米）处。

二十六、元大都中心台、中心阁、鼓楼、钟楼的具体位置在哪里？

元大都中心台的具体位置在今鼓楼稍北处。元代史料《析津志》记载："中心台，在大城正中，方幅一亩"，实乃位于中轴线上南、北城墙的中间点。元大都中心阁在中心台以东十五步（约23.59米）。元大都鼓楼，元世祖至元年间建在中心台以西十五步，约在今旧鼓楼大街南口以东的"中纬路"北侧，又称"齐政楼"，后遭雷击焚毁；元成宗大德元年改建鼓楼于中心台以南的中轴线与中纬线交汇点。《析津志》载："齐政楼，都城之丽谯也。东，中心阁。大街东去即都府治所。南，海子桥、澄清闸。西，斜街过凤池坊。北，钟楼。此楼正居都城之中。"元大都钟楼的具体位置，据《析津志》载："钟楼，京师北省东，鼓楼北。至元中建，阁四阿，檐三重……"即位于今钟楼处。

二十七、北京中轴线距东、西城垣的距离为什么不相等？

北京中轴线距大城东、西城墙的距离不相等的原因是：元大都在规划时，确定大城城方为60元里，南北长16元里，东西长14元里。规划中的大城东、西城墙内距中轴线应为7元里。但在实际筑城中，采取了因地制宜的原则，将西城墙修筑在积水潭（即北太平湖）西岸以西南北一线，将东城墙修筑在隋大运河永济渠支渠西岸南北一线，并以该古渠道作为大都东城墙的护城河。所以，元大都大城中部的西城墙与东城墙距中轴线的距离分别为7.34元里（合2202元步，约3463米）和6.9元里（合2070元步，约3255米），相差约0.44元里（合132元步，约207.57米）。

二十八、为什么故宫东、西城墙与中轴线是不平行的？为什么故宫中轴线在故宫南城墙中线偏西，而在故宫北城墙中线偏东呢？

笔者通过实地勘测并结合《清乾隆北京城图》，发现故宫东、西城墙与中轴线不平行。在故宫南城墙，中轴线偏西——故宫中轴线至南城墙东端约381.51米（约合119.58明营造丈，合243元步，又合159.5+2.5 = 162隋丈）、至南城墙西端约372.09米（约合116.62明营造丈，合237元步，又合155.5+2.5 = 158隋丈），二者总长约753.6米（约236.2明营造丈，合480元步，又合315+2.5×2 = 320隋丈），二者相差约9.42米（约合2.95明营造丈，合6元步，又合4隋丈），即中轴线在南城墙中线偏西了约4.71米（约合1.476明营造丈，合3元步，又合2隋丈）。

在故宫北城墙，中轴线偏东——故宫中轴线至北城墙东端约375.57米（约合1176.5明营造尺）、至北城墙西端约378.44米（约合1185.5明营造尺），二者总长约754.01米（约236.2明营造丈），二者相差约2.87米（约合9明营造尺，合9元营造尺，又合1.22隋丈），即中轴线在北城墙中线偏东了约1.43米（约合4.5明营造尺，合4.5元营造尺，又合0.61隋丈）。

故宫东、西城墙与中轴线不平行的原因，是由于故宫东、西城墙与故宫中轴线不是同一个时代形成的——故宫中轴线最迟约为3000多年前形成的通往蓟城东北郊古永定河渡口（今正阳门处）的南北向古道，而故宫东、西城墙最迟则为隋代规划的临朔宫宫城之东、西城墙。笔者考证：今故宫东、西城墙的南北经线与中轴线的南北经线相比，略呈西北——东南方向，夹角约2度，恰与隋涿郡（后为唐幽州）的东、西城墙相平行。（注：据科学测量，今北京故宫中轴线与南北经线相比，略呈西北——东南方向，约有 2 度的夹角。）

二十九、为什么景山东、西垣与中轴线不平行？为什么景山中轴线在景山南垣中线偏西，而在北垣中线又偏东呢？

笔者通过实地勘测，发现景山东、西垣与中轴线不平行。景山东、西垣在景山东、西门中线外侧约 3.5 米南北一线上。在景山南垣，中轴线偏西——景山中轴线至南垣东端约 215.48 米（约合 67.54 明营造丈，合 137.25 元步，又合 91.5 隋丈）、至南垣西端约 209.48 米（约合 65.66 明营造丈，合 133.425 元步，又合 88.95 隋丈），二者总长约 424.96 米（约 133.195 明营造丈，约合 270.675 元步，又合 180.45 隋丈），二者相差约 6 米（约合 1.88 明营造丈，约合 3.825 元步，又合 2.55 隋丈），即中轴线在南垣偏西了约 3 米（约合 0.94 明营造丈，约合 1.9 元步，又合 1.275 隋丈）。

在景山北垣，中轴线偏东——景山中轴线至北垣东端约 214.62 米（约合 67.27 明营造丈，约合 136.7 元步，又合 91.135 隋丈）、至北垣西端约 216.34 米（约合 67.81 明营造丈，约合 137.8 元步，又合 91.865 隋丈），二者总长约 430.97 米（约 135.08 明营造丈，约合 274.5 元步，又合 183 隋丈），二者相差约 1.72 米（约合 0.54 明营造丈，约合 1.1 元步，又合 0.73 隋丈），即中轴线在北垣偏东了约 0.86 米（约合 0.27 明营造丈，约合 0.55 元步，又合 0.365 隋丈）。

景山东、西垣与中轴线不平行的原因，是由于景山东、西垣与景山中轴线不是同一个时代形成的——景山中轴线最迟约为 3000 多年前形成的通往蓟城东北郊古永定河渡口的南北向古道，而景山东、西垣最迟则为隋代规划的临朔宫北苑之东、西垣。景山中轴线与故宫中轴线为同一条南北向古道，景山东、西垣与故宫东、西城墙是平行的。

三十、景山四垣为什么呈一不规则的四方形？

景山东、西垣与中轴线不平行，景山东、西垣也不平行；景山南垣基本与故宫北城墙平行，但景山北垣与景山南垣不平行——即景山西垣比东垣长、北垣比南垣长——呈现出南端"小"、北端"大"、西北角为锐角、东北角为钝角的一个棺材形。景山东北角的墙垣非为一个完整的墙角，而留有明显的改建痕迹：即北垣东端压在东垣北端，整个北垣东端的断面露在外面。从景山东垣短于西垣的现象分析，可能是将原东垣北端向南缩进，将原北垣东端南移所致。这种棺材形可能与明清两代在景山北部规划的寿皇殿有关，寿皇殿为明清两代帝、后死后停灵和供奉圣容的祭祀庙堂，故规划成一个不规则的四方形——棺材形。

三十一、北京中轴线上的主要建筑是否应该得到恢复？

北京中轴线，不仅是古都北京的独特标志，也是上万年以来中国文化"天人合一"精神内涵的象征，是中国古典建筑艺术博物馆，而且也是世界上独一无二的人类文化遗产。因此，笔者主张：北京中轴线上的主要建筑，凡是能够按原址、原状恢复的，都应该得到恢复；凡是无法恢复的，也要以"地标"（原始图形或标志模型）的形式展示出来。

三十二、北京中轴线是否应该得到整体保护？

北京中轴线，作为世界上唯一沿用至今已有1400多年历史、承传着近万年来的灿烂文明，其建筑数量之多、建筑种类之丰富、建筑水平之高超、建筑艺术之独特，无论是其跨越空间的长度，还是其穿越时间的厚度，都是世界仅有的。是世界上独一无二的人类文化遗产。是值得中国骄傲的伟大的中轴线。因此，我们要整体地保护它，而不要人为地割裂它。

三十三、北京中轴线是否应该申报人类文化遗产？

北京城中轴线，全长约7.9公里，它承载着中国古都的历史和中华文化"天人合一"的精神内涵，彰显着中华民族丰富的艺术想象力，成为勾通历史与未来的"桥梁"；北京中轴线，蕴涵着巨大的科学文化价值，它包含了古人对天文学、地理学、人类学、环境学、宗教、哲学、建筑美学的理解；北京中轴线，是19世纪以来，最受中外建筑家、科学史家、人文学者所推崇和赞誉的，保存相对完好的、最为壮丽的中国古代建筑群组；北京中轴线，从它的空间长度、历史厚度、艺术角度、文化维度上看，堪称世界唯一。笔者以为：拥有世界上独一无二的古都建筑群组的北京中轴线，应该尽快申报人类文化遗产，而且应该先于其他古代建筑或古代建筑群组申报人类文化遗产。

附录二　北京中轴线规划与主要建筑

　　从隋代到清代，北京中轴线自北向南的规划及建筑空间有：

　　1．元大都钟楼北广场（后为明清北京钟楼北广场），在元大都钟楼市东北部；

　　2．元大都钟楼（后为明清北京钟楼）；

　　3．元大都钟楼南广场（后为明清北京钟楼北广场），在元大都钟楼市东南部；

　　4．隋临朔宫中轴线北端中心台（后为元大都中心台）；

　　5．隋临朔宫北中轴线之北纬路（元代为崇仁门内大街，今鼓楼东大街）；

　　6．元大都鼓楼（后为明清北京鼓楼）；

　　7．万宁桥（隋代为木桥，元代改建为石桥，明清两代沿用之，至今仍在使用）；

　　8．隋临朔宫北中轴线之南纬路（今地安门东西大街）；

　　9．明北京皇城北安门（后为清北京皇城地安门，1954 年拆除）；

　　10．隋临朔宫北宫门（后为金太宁宫北宫门、元大都皇城厚载红门，明代迁都北京时拆除）；

　　11．北皇城中轴广场（初为隋临朔宫北中轴广场，后为金太宁宫北中轴广场、元大都北皇城中轴广场，明代迁都北京时北扩至北安门，清北京北皇城中轴广场）；

　　12．北中门（初为隋临朔宫宫苑禁垣北门，后为金太宁宫宫苑禁垣北门、元大都宫苑禁垣北门、明清北京宫苑禁垣北门，民国时期拆除）；

　　13．元大都大内御苑北夹垣山后门（明代拆除）；

　　14．隋临朔宫北苑北门（后为金太宁宫琼林苑北门，今景山公园中轴线北门位置）；

　　15．清北京寿皇殿；

　　16．清北京寿皇殿广场；

　　17．隋临朔宫北苑山后殿（后为金太宁宫琼林苑山后殿、元大都大内御苑山后殿——即元世祖忽必烈"籍田"之所西侧的"大室"，明代拆除）；

　　18．清北京寿皇殿戟门；

　　19．清北京寿皇殿戟门广场；

　　20．清北京寿皇殿宫门；

　　21．清北京寿皇殿宫门广场；

　　22．清北京寿皇殿宫门广场牌楼；

　　23．景山（为元大都"金台十二景"之一，称"青山"；明代称"煤山"、"福山"、"万岁山"；清代称"景山"）；

　　24．明北京万岁山寿皇亭（崇祯皇帝殉国处，在景山北麓中轴线上，清初拆除，今有遗址平台）；

25. 元大都大内御苑青山山巅眺远阁（后为明北京大内禁苑万岁山山巅会景亭、清北京大内禁苑景山山巅万春亭）；

26. 隋临朔宫北苑山前殿（后为金太宁宫琼林苑山前殿、元大都大内御苑山前殿、明北京大内禁苑山前殿、清北京大内禁苑山前绮望楼）；

27. 隋临朔宫北苑山前殿广场（后为金太宁宫琼林苑山前殿广场、元大都大内御苑山前殿广场、明北京大内禁苑山前殿广场、清北京大内禁苑山前绮望楼广场）；

28. 元大都大内御苑山前里门（后为明代拆除）；

29. 隋临朔宫北苑山前门（后为金太宁宫琼林苑山前门、元大都大内御苑山前门、明北京大内禁苑万岁门、清北京大内禁苑景山门）；

30. 北上门（初为隋临朔宫宫城夹垣北门，后为金太宁宫宫城夹垣北门、元大都宫城夹垣北门、明清北京宫城夹垣北门，1956年拆除）；

31. 北上门广场；

32. 隋临朔宫宫城玄武门（后为金太宁宫宫城拱宸门、元大都宫城厚载门、明北京宫城玄武门、清北京宫城神武门）；

33. 隋临朔宫宫城北萧墙门（后为金太宁宫宫城北萧墙门、元大都宫城北萧墙门、明清北京宫城北萧墙门）；

34. 明清北京宫城钦安殿后门承光门；

35. 隋临朔宫宫城清宁殿（后为金太宁宫宫城清宁殿、元大都宫城清宁殿、明清北京宫城钦安殿）；

36. 明清北京宫城钦安殿前门天一门；

37. 隋临朔宫宫城清宁殿广场（后为金太宁宫宫城清宁殿广场、元大都宫城清宁殿广场、明清北京宫城内廷御花园）；

38. 隋临朔宫宫城内廷后庑墙门（后为金太宁宫宫城内廷后庑墙门、元大都宫城内廷后庑墙门、明清北京宫城内廷后庑墙门，今坤宁门）；

39. 元大都宫城内廷延春宫寝殿（后为明清北京宫城内廷坤宁宫）；

40. 明清北京宫城内廷交泰殿；

41. 隋临朔宫宫城内廷紫宸殿（后为金太宁宫宫城内廷紫宸殿、元大都宫城内廷延春阁、明清北京宫城内廷乾清宫）；

42. 隋临朔宫宫城内廷紫宸殿广场（后为金太宁宫宫城内廷紫宸殿广场、元大都宫城内廷延春宫广场、明清北京宫城内廷乾清宫广场）；

43. 隋临朔宫宫城内廷前庑墙紫宸门（后为金太宁宫宫城内廷前庑墙紫宸门、元大都宫城内廷前庑墙延春门、明清北京宫城内廷前庑墙乾清门）；

44. 隋临朔宫宫城内廷紫宸门广场（后为金太宁宫宫城内廷紫宸门广场、元大都宫城内廷延春门广场、明清北京宫城内廷乾清门广场）；

45．隋临朔宫宫城外朝后庑墙门（后为金太宁宫宫城外朝后庑墙门、元代拆除）；

46．明北京宫城外朝后庑墙云台门（明代拆除）；

47．元大都宫城外朝后庑宝云殿（明代拆除）；

48．元大都宫城外朝大明寝殿（后为明北京宫城外朝谨身殿、建极殿，清北京宫城外朝保和殿）；

49．明北京宫城外朝华盖殿、中极殿（后为清北京宫城外朝中和殿）；

50．隋临朔宫宫城外朝怀荒殿（后为金太宁宫宫城外朝大宁殿，元大都宫城外朝大明殿，明北京宫城外朝奉天殿、皇极殿，清北京宫城外朝太和殿）；

51．隋临朔宫宫城外朝怀荒殿广场（后为金太宁宫宫城外朝大宁殿广场，元大都宫城外朝大明殿广场，明北京宫城外朝奉天殿广场、皇极殿广场，清北京宫城外朝太和殿广场）；

52．隋临朔宫宫城内五龙桥（后为金太宁宫宫城内五龙桥，元代改道内金水河而拆除）；

53．隋临朔宫宫城外朝怀荒门（后为金太宁宫宫城外朝大宁门，元大都宫城外朝大明门，明北京宫城外朝奉天门、皇极门，清北京宫城外朝太和门）；

54．隋临朔宫宫城外朝怀荒门广场（后为金太宁宫宫城外朝大宁门广场，元大都宫城外朝大明门广场，明北京宫城外朝奉天门广场、皇极门广场，清北京宫城外朝太和门广场）；

55．元大都宫城内金水桥（后为明清北京宫城内金水桥）；

56．隋临朔宫宫城朱雀门（后为金太宁宫宫城端门、元大都宫城崇天门、明清北京宫城午门）；

57．隋临朔宫宫城朱雀门广场（后为金太宁宫宫城端门广场、元大都宫城崇天门广场、明清北京宫城午门广场）；

58．南上门（初为隋临朔宫宫城南夹垣正门，后为金太宁宫宫城南夹垣正门，元代拆除）；

59．南中门（初为隋临朔宫宫城南禁垣正门，后为金太宁宫宫城南禁垣正门，元代拆除）；

60．周桥（初为隋临朔宫周桥，后为金太宁宫周桥、元大都周桥、明朝迁都北京时改道外金水河而拆除）；

61．元大都皇城棂星门（后为明朝迁都北京时改建为端门）；

62．明清北京宫城端门北广场；

63．明清北京宫城端门；

64．明清北京宫城端门南广场（原为元大都皇城棂星门天街广场、千步廊，明朝迁都北京时拆除）；

65．明北京皇城承天门（后为清北京皇城天安门）；

66．明清北京皇城外金水桥；

67．隋临朔宫南宫门（后为金太宁宫南宫门，元代拆除）；

68．明北京承天门天街广场（后为清北京天安门天街广场）；

69．元大都大城丽正门（后为明朝迁都北京时拆除）；

70．丽正门瓮城（后为明朝迁都北京时拆除）；

71. 丽正门瓮城前门及箭楼（后为明朝迁都北京时拆除）；

72. 丽正桥（后为明朝迁都北京时拆除）；

73. 金口河桥（后为明朝迁都北京时拆除）；

74. 明北京千步廊（后为清北京千步廊，民国时拆除）；

75. 明北京皇城大明门（后为清北京皇城大清门，中华民国北京中华门，1959 年拆除）；

76. 大明门广场（后为大清门广场，中华门广场，又称"棋盘街广场"）；

77. 丽正门外第三桥（后为明朝迁都北京时拆除）；

78. 明清北京正阳门；

79. 明清北京正阳门瓮城（1915 年拆除）；

80. 明清北京正阳门瓮城前门及箭楼；

81. 明清北京正阳桥；

82. 明清北京正阳门五牌楼；

83. 元大都天桥（后为明清北京天桥）；

84. 明清北京永定门（1957 年拆除，2004 年复建）；

85. 明清北京永定门瓮城（1950 年拆除）；

86. 明清北京永定门瓮城门及箭楼（1957 年拆除）；

87. 明清北京永定桥；

88. 元大都、明清北京中轴线御路（纵贯中轴线南北并延至城外南苑）。

附录三 北京中轴线规划与主要建筑变迁纪事表

表一（总）北京中轴之门纪事表（隋、金、元、明、清）

名 称	始建时间（公元 年）	空间位置	重建时间（公元年）	样式／门数	规 划 沿 革				
					隋	金	元	明	清
南宫门	610	天安门处	1179	宫殿式门／三	南宫门	南宫门	拆除	—	—
南中门	610	端门北	1179	宫殿式门／三	南中门	南中门	拆除	—	—
南上门	610	午门南	1179	宫殿式门／三	南上门	南上门	拆除	—	—
朱雀门	610	午门	1179/1267/1420	城台过梁门／三	朱雀门	端门	景天门	午门	午门
怀荒门	610	太和门	1179/1267/1420	宫殿式门／三	怀荒门	大宁门	大明门	奉天（皇极）门	太和门
怀荒后门	610	保和殿基座下	1179	宫殿式门／三	怀荒后门	大宁后门	拆除	—	—
紫宸门	610	乾清门	1179/1275/1420	宫殿式门／三	紫宸门	紫宸门	延春门	乾清门	乾清门
紫宸后门	610	坤宁门	1179/1275/1420	宫殿式门／三	紫宸后门	紫宸后门	延春后门	坤宁门	坤宁门
后萧墙门	610	顺贞门	1179/1275/1420	墙垣过梁门／三	后萧墙门	后萧墙门	后萧墙门	后萧墙门	后萧墙门
玄武门	610	神武门	1179/1272/1420	城台过梁门／一、三	玄武门	拱宸门	厚载门	玄武门	神武门
北上门	610	神武门北	1179/1272/1420	宫殿式门／三	北上门	北上门	北上门	北上门	北上门
山前门	610	景山南门	1179/1272/1420	宫殿式门／三	山前门	山前门	山前门	万岁门	景山门
山后门	610	景山北垣北	1179	宫殿式门／三	山后门	山后门	山后门	拆除	—
北中门	610	景山北垣北	1179/420	宫殿式门／三	北中门	北中门	北中门	北中门	北中门

404

续表一（总）

北宫门	610	地安门南	1179/1275	宫殿式门	北宫门	北宫门	厚载红门	拆除	—
棂星门	1272	端门北	—	城台券门／三	—	—	棂星门	改建为端门	端门
丽正门	1272	天安门南	—	城台券门／一	—	—	丽正门	拆除	—
丽正前门	1281	天安门南	—	城台券门／一	—	—	丽正前门	拆除	—
山前里门	1272	景山南门北	—	墙垣过梁门／三	—	—	山前里门	拆除	—
端门	1420	端门	—	城台券门／五	—	—	—	端门	端门
承天门	1420	天安门	—	城台券门／五	—	—	—	承天门	天安门
大明门	1420	中华门	—	屋脊式券门／三	—	—	—	大明门	大清门
北安门	1420	地安门	—	宫殿式门／三	—	—	—	北安门	地安门
正阳门	1420	正阳门	—	城台券门／一	—	—	—	正阳门	正阳门
正阳前门	1420	正阳前门	—	城台券门／一	—	—	—	正阳前门	正阳前门
云台门	1420	保和殿后	—	墙垣过梁门／三	—	—	—	拆除	—
天一门	1560	钦安殿前	—	墙垣券门／一	—	—	—	天一门	天一门
承光门	1560	钦安殿后	—	墙垣过梁门／一	—	—	—	承光门	承光门
永定门	1553	永定门	2004	城台券门／一	—	—	—	永定门	永定门
永定瓮城门	1553	永定门南	—	城台券门／一	—	—	—	永定瓮城门	永定瓮城门
寿皇殿宫门	1750	寿皇宫门	—	墙垣券门／三	—	—	—	—	寿皇宫门
寿皇殿戟门	1750	寿皇戟门	1985	宫殿式门／三	—	—	—	—	寿皇戟门

表一（1—1）隋临朔宫中轴之门纪事表

序号	名称	始建时间（公元 年）	基址空间	样式／门数	重建时间（公元 年）	毁拆时间（公元 年）	规 划 沿 革
1	南宫门	610	今天安门处	宫殿式／5间3门	1179	隋末／1215	后为金太宁宫南宫门
2	南中门	610	今端门北	宫殿式／5间3门	1179	隋末／1215	后为金太宁宫南中门
3	南上门	610	今午门南	宫殿式／5间3门	1179	隋末／1215	后为金太宁宫南上门
4	朱雀门	610	今午门	内券外过梁式／城台3门	1179	隋末／1215	后为金太宁宫城端门
5	怀荒门	610	今太和门	宫殿式／7间3门	1179	隋末／1215	后为金太宁宫城外朝大宁门
6	外朝后庑门	610	今保和殿基座下	宫殿式／5间3门	1179	隋末／1215	后为金太宁宫城外朝后门
7	紫宸门	610	今乾清门	宫殿式／5间3门	1179	隋末／1215	后为金太宁宫城内廷紫宸门
8	内廷后庑门	610	今坤宁门	宫殿式／3间3门	1179	隋末／1215	后为金太宁宫城内廷后门
9	后萧墙门	610	今顺贞门	墙垣过梁式／3门	1179	隋末／1215	后为金太宁宫城后萧墙门
10	玄武门	610	今神武门	内券外过梁式／城台1门	1179	隋末／1215	后为金太宁宫城拱宸门
11	北上门	610	今神武门北	宫殿式／5间3门	1179	隋末／1215	后为金太宁宫城夹垣北门
12	山前门	610	今景山南门	宫殿式／5间3门	1179	隋末／1215	后为金太宁宫北苑前门
13	山后门	610	今景山垣北	宫殿式／5间3门	1179	隋末／1215	后为金太宁宫北苑后门
14	北中门	610	今景山垣北	宫殿式／5间3门	1179	隋末／1215	后为金太宁宫北中门
15	北宫门	610	今地安门南	宫殿式／5间3门	1179	隋末／1215	后为金太宁宫北宫门

表一（1—2）金大宁宫中轴之门纪事表

序号	名称	始建时间（公元年）	基址空间	样式/门数	重建时间（公元年）	毁拆时间（公元年）	规 划 沿 革	
							前	后
1	南宫门	610	天安门处	宫殿式/5间3门	1179	1215/1267	隋临朔宫南宫门	修建元大都时拆除
2	南中门	610	端门北	宫殿式/5间3门	1179	1215/1267	隋临朔宫南中门	修建元大都时拆除
3	南上门	610	午门南	宫殿式/5间3门	1179	1215/1267	隋临朔宫南上门	修建元大都时拆除
4	端门	610	午门	内券外过梁式/城台3门	1179/1267	1215/1267	隋临朔宫宫城朱雀门	元大都宫城崇天门
5	大宁门	610	太和门	宫殿式/7间3门	1179/1267	1215/1267	隋临朔宫宫城外朝外朝怀元门	元大都宫城外朝大明门
6	外朝后宸门	610	保和殿基座下	宫殿式/5间3门	1179/1267	1215/1267	隋临朔宫宫城外朝后宸门	元大都宫城外朝大朝宝云殿
7	紫宸门	610	乾清门	宫殿式/5间3门	1179/1267	1215/1267	隋临朔宫宫城内廷紫宸门	元大都宫城内廷延春门
8	内廷后宸门	610	坤宁门	宫殿式/3间3门	1179/1267	1215/1267	隋临朔宫宫城内廷后宸门	元大都宫城内廷后宸门
9	后萧墙门	610	顺贞门	墙垣过梁式/3门	1179/1267	1215/1267	隋临朔宫宫城后萧墙门	元大都宫城后萧墙门
10	拱宸门	610	神武门	内券外过梁式/城台1门	1179/1267	1215/1267	隋临朔宫宫城玄武门	元大都宫城厚载门
11	北上门	610	神武门北	宫殿式/5间3门	1179/1267	1215/1267	隋临朔宫宫城夹垣北门	元大都宫城夹垣北门
12	山前门	610	景山南门	宫殿式/5间3门	1179/1267	1215/1267	隋临朔宫北苑山前门	元大都大内御苑山前门
13	山后门	610	景山北垣北	宫殿式/5间3门	1179/1267	1215/1267	隋临朔宫北苑山后门	元大都大内御苑山后门
14	北中门	610	景山北垣北	宫殿式/5间3门	1179/1267	1215/1267	隋临朔宫北苑禁垣北中门	元大都宫苑禁垣北中门
15	北宫门	610	地安门南	宫殿式/5间3门	1179/1267	1215/1267	隋临朔宫北宫门	元大都皇城厚载红门

表一（1—3）元大都中轴之门纪事表

序号	名称	始建时间（公元年）	基址空间	样式/门数	重建时间（公元年）	毁拆时间（公元年）	规划沿革 前	规划沿革 后
1	丽正前门	1272	天安门南	券式/城台1门	—	1417	—	明迁都北京时拆除
2	丽正门	1272	天安门南	券式/城台1门	—	1417	—	明迁都北京时拆除
3	棂星门	1272	端门处	券式/城台3门	—	—	—	明迁都北京时改建为端门
4	崇天门	610	午门	内券外过梁式/城台5门	1272	改建	金太宁宫宫城端门	明北京宫城午门
5	大明门	610	大和门	宫殿式/7间3门	1272	1417	金太宁宫宫城外朝大宁门	明北京宫城外朝奉天门
6	延春门	610	乾清门	宫殿式/5间3门	1275	1417	金太宁宫宫城内朝紫宸门	明北京宫城内廷乾清门
7	内廷后库门	610	坤宁门	宫殿式/3间3门	1275	沿用	金太宁宫宫城内廷后门	明北京宫城内廷坤宁门
8	后萧墙门	610	顺贞门	墙垣过梁式/3门	1275	沿用	金太宁宫宫城后萧墙门	明北京宫城后萧墙门
9	厚载门	610	神武门	内券外过梁式/城台1门	—	改建	金太宁宫宫城拱辰门	明北京宫城玄武门
10	北上门	610	神武门北	宫殿式/5间3门	1272	沿用	金太宁宫宫城夹垣北上门	明北京宫城卫城北上门
11	山前门	610	景山南门	宫殿式/5间3门	1272	沿用	金太宁宫北苑山前门	明北京大内禁苑万岁门
12	山前里门	610	景山南门北	墙垣过梁式/3门	1272	1417	金太宁宫北苑山前里门	明迁都北京时拆除
13	山后门	610	景山北垣北	宫殿式/5间3门	1272	1417	金太宁宫北苑山后门	明迁都北京时拆除
14	北中门	610	景山北垣北	宫殿式/5间3门	1272	沿用	金太宁宫北苑禁垣北中门	明北京宫苑禁垣北中门
15	厚载红门	610	地安门南	宫殿式/5间3门	1272	1417	金太宁宫北宫门	明迁都北京时拆除

408

表一 (1—4) 明北京中轴之门纪事表

序号	名称	始建时间(公元年)	基址空间	样式/门数	重建时间(公元年)	毁拆时间(公元年)	规划沿革 前	规划沿革 后
1	永定前门	1553	永定门南	券式/城台1门	—	1957	—	清北京外城永定门瓮城门
2	永定门	1553	永定门	券式/城台1门	2004	1957	—	清北京外城永定门
3	正阳前门	1420	正阳前门	券式/城台1门	—	—	—	清北京内城正阳门瓮城前门
4	正阳门	1420	正阳门	券式/城台1门	—	—	—	清北京内城正阳门
5	大明门	1420	纪念堂	券式/墙垣3门	—	1959	—	清北京皇城大清门
6	承天门	1420	天安门	券式/城台5门	—	—	—	清北京皇城天安门
7	端门	1272	端门	券式/城台5门	1420	改建	元大都皇城棂星门	清北京宫城端门
8	午门	610	午门	内券外过梁式/城台3门	—	—	元大都宫城崇天门	清北京宫城午门
9	奉天门	610	太和门	内券外过梁式/城台3门	—	—	元大都宫城外朝大明门	清北京宫城外朝太和门
10	云合门	1420	三合后部	墙垣过梁式/3门	—	1560	—	—
11	乾清门	610	乾清门	宫殿式/5间3门	—	—	元大都宫城内廷延春门	清北京宫城内廷乾清门
12	坤宁门	610	坤宁门	宫殿式/3间3门	—	—	元大都宫城内廷厚庑门	清北京宫城内廷坤宁门
13	天一门	1560	天一门	券式/墙垣1门	—	—	—	清北京宫城天一门
14	承光门	1560	承光门	过梁式/墙垣3门	—	—	—	清北京宫城承光门
15	顺贞门	610	顺贞门	过梁式/墙垣3门	—	—	元大都宫城后萧墙门	清北京宫城顺贞门
16	玄武门	610	神武门	内券外过梁式/城台3门	—	—	元大都宫城厚载门	清北京宫城神武门
17	北上门	610	神武门北	宫殿式/5间3门	—	—	元大都宫城夹垣北上门	清北京宫城夹垣北上门
18	万岁门	610	景山南门	宫殿式/5间3门	—	—	元大都大内御苑山前门	清北京大内禁苑景山门
19	北中门	610	景山北垣北	宫殿式/5间3门	—	—	元大都宫苑禁垣北中门	清北京宫苑禁垣北中门
20	北安门	1420	地安门南	宫殿式/7间3门	—	—	—	清北京皇城地安门

表一 (1—5) 清北京中轴之门纪事表

序号	名称	始建时间（公元 年）	基址空间	样式／门数	重建时间（公元 年）	毁拆时间（公元 年）	规划沿革 前	规划沿革 后
1	永定前门	1553	永定门南	券式／城台1门	—	1957	明北京外城永定门瓮城门	立交桥
2	永定门	1553	永定门	券式／城台1门	2004	1957	明北京外城永定门	永定门
3	正阳前门	1420	正阳前门	券式／城台1门	—	—	明北京内城正阳门瓮城前门	正阳前门
4	正阳门	1420	正阳门	券式／城台1门	—	—	明北京内城正阳门	正阳门
5	大清门	1420	纪念堂	券式／墙垣3门	—	1959	明北京皇城大明门	中华门／纪念堂
6	天安门	1420	天安门	券式／城台5门	—	—	明北京皇城承天门	天安门
7	端门	1272	端门	券式／城台5门	1420	改建	明北京宫城端门	端门
8	午门	610	午门	内券外过梁式／城台3门	1420	—	明北京宫城午门	午门
9	太和门	610	太和门	宫殿式／7间3门	明清	—	明北京宫城外朝（奉天）皇极门	太和门
10	乾清门	610	乾清门	宫殿式／5间3门	明清	—	明北京宫城内廷乾清门	乾清门
11	坤宁门	610	坤宁门	宫殿式／3间3门	明清	—	明北京宫城内廷坤宁门	坤宁门
12	天一门	1560	天一门	券式／墙垣1门	—	—	明北京宫城天一之门	天一门
13	承光门	1560	承光门	过梁式／墙垣3门	—	—	明北京宫城承光门	承光门
14	顺贞门	610	顺贞门	过梁式／墙垣3门	—	—	明北京宫城顺贞门	顺贞门
15	神武门	610	神武门	内券外过梁式／城台3门	—	—	明北京宫城玄武门	神武门
16	北上门	610	神武门北	宫殿式／5间3门	金元	1956	明北京宫城夹垣北上门	北上门
17	景山门	610	景山北麓	宫殿式／5间3门	明清	—	明北京大内禁苑万岁门	景山门
18	寿皇殿宫门	1750	寿皇殿南	券式／墙垣3门	—	—		寿皇殿宫门
19	寿皇殿戟门	1750	寿皇殿南	宫殿式／5间3门	—	—		寿皇殿戟门
20	北中门	610	景山北垣北	宫殿式／5间3门	—	民国	明北京宫苑禁垣北中门	北中门
21	地安门	1420	地安门南	宫殿式／7间3门	明清	1954	明北京皇城北安门	地安门

北京中轴线基址年表

410

表二（总）北京中轴之宫殿纪事表（隋、金、元、明、清）

名称	始建时间（公元 年）	空间位置	重建时间	样式/开间	规 划 沿 革				
					隋	金	元	明	清
朱雀门殿	610	午门殿	1179/1267/1420	重檐庑殿顶九五、十二五	朱雀门殿	端门殿	崇天门殿	午门殿	午门殿
怀荒门殿	610	大和门殿	1179/1267/1420	重檐歇山顶/七三	怀荒门殿	大宁门殿	大明门殿	奉天（皇极）门殿	太和门殿
怀荒殿	610	大和殿	1179/1267/1420/1560	重檐庑殿顶九五、十一五	怀荒殿	大宁殿	大明殿	奉天（皇极）殿	太和殿
紫宸门殿	610	乾清门殿	1179/1275/1420	重檐歇山顶/五五	紫宸门殿	紫宸门殿	延春门殿	乾清门殿	乾清门殿
紫宸殿	610	乾清宫	1179/1275/1420	重檐庑殿顶/九五	紫宸殿	紫宸殿	延春殿	乾清宫	乾清宫
清宁宫	610	钦安殿	1179/1275	重檐盝顶/五三	清宁宫	清宁宫	清宁宫	钦安殿	钦安殿
玄武门殿	610	神武门殿	1179/1267	重檐庑殿顶/五五	玄武门殿	拱宸门殿	厚载门殿	玄武门殿	神武门殿
山前殿	610	绮望楼	1179/1750	重檐歇山顶/五三	山前殿	山前殿	山前殿	山前殿	绮望楼
山后殿	610	寿皇殿南	1179/1275	重檐歇山顶/五三	山后殿	山后殿	山后殿	拆除	—
大明寝殿	1272	保和殿	1420	重檐歇山顶/九五	—	—	大明寝殿	谨身（建极）殿	保和殿
宝云殿	1272	保和殿	—	重檐歇山顶/五三	—	—	宝云殿	拆除	—
延春寝殿	1275	坤宁宫	1420	重檐庑殿顶/九五	—	—	延春寝殿	坤宁宫	坤宁宫
棂星门殿	1272	端门	——	重檐歇山顶/五五/九五	—	—	棂星门殿	改建为端门殿	端门殿
丽正门殿	1272	天安门南	——	重檐歇山顶/七三	—	—	丽正门殿	拆除	—

续表二

建筑	年代	建筑	年代	形制			建筑	建筑	建筑
鼓楼殿	1296	鼓楼殿	1420	重檐歇山顶/五三	—	—	鼓楼殿	鼓楼殿	鼓楼殿
华盖（皇极）殿	1420	中和殿	—	重檐圆盖顶/五五 单檐攒尖顶/五五	—	—	大明殿后柱廊	华盖（皇极）殿	中和殿
承天门殿	1420	天安门殿	—	重檐歇山顶/九五	—	—	—	承天门殿	天安门殿
正阳门殿	1420	正阳门殿	—	重檐歇山顶/七三	—	—	—	正阳门殿（二层）	正阳门殿
文泰殿	1560	文泰殿	—	单檐攒尖顶/三三	—	—	延春宫后柱廊	文泰殿	文泰殿
永定门殿	1564	永定门殿	2004	重檐歇山顶/五三	—	—	—	永定门殿	永定门殿
寿皇载门殿	1750	寿皇载门殿		单檐庑殿顶/五五	—	—	—	—	寿皇载门殿
寿皇殿	1750	寿皇殿		重檐庑殿顶/九五	—	—	—	—	寿皇殿

412

表二（2—1）隋临朔宫中轴之宫殿纪事表

序号	名称	始建时间（公元 年）	基址	样式	开间	重建更名时间（公元 年）	毁拆时间（公元 年）	规划沿革
1	朱雀门殿	610	今午门	重檐庑殿顶	十一·五	1179	1215	后为金大宁宫城端门殿
2	怀荒门殿	610	今太和门	重檐歇山顶	七·三	1179	1215	后为金大宁宫城外朝大宁门殿
3	怀荒殿	610	今太和殿	重檐庑殿顶	十一·五	1179	1215	后为金大宁宫城外朝大宁殿
4	紫宸门殿	610	今乾清门	重檐歇山顶	五·三	1179	1215	后为金大宁宫城内廷紫宸门殿
5	紫宸殿	610	今乾清宫	重檐庑殿顶	九·五	1179	1215	后为金大宁宫城内廷紫宸殿
6	清宁殿	610	今钦安殿	重檐盝顶	五·三	1179	1215	后为金大宁宫城内廷后园殿
7	玄武门殿	610	今神武门	重檐庑殿顶	五·三	1179	1215	后为金大宁宫城拱宸门殿
8	北苑山前殿	610	今绮望楼处	重檐歇山顶	五·三	1179	1215	后为金大宁宫北禁苑山前殿
9	北苑山后殿	610	今寿皇殿南	重檐歇山顶	五·三	1179	1215	后为金大宁宫北禁苑山后殿

表二 (2—2) 金大宁宫中轴之宫殿纪事表

序号	名称	始建时间 (公元年)	基址	样式	开间	毁拆时间 (公元年)	重建时间 (公元年)	规划沿革 前	规划沿革 后
1	端门殿	610	今午门	重檐歇山顶	十一·五	1215	1179	原为隋临朔宫宫城朱雀门殿	后为元大都宫城崇天门殿
2	大宁门殿	610	今太和门	重檐歇山顶	七·三	1215	1179	原为隋临朔宫宫城外朝怀荒殿	后为元大都宫城外朝大明门
3	大宁殿	610	今太和殿	重檐歇山顶	十一·五	1215	1179	原为隋临朔宫宫城外朝怀荒殿	后为元大都宫城外朝大明殿
4	紫宸门殿	610	今乾清宫	重檐庑殿顶	五·三	1215	1179	原为隋临朔宫宫城内廷紫宸门殿	后为元大都宫城内廷大明门殿
5	紫宸殿	610	今乾清宫	重檐庑殿顶	九·五	1215	1179	原为隋临朔宫宫城内廷紫宸殿	后为元大都宫城内廷延春宫
6	清宁殿	610	今钦安殿	重檐盝顶	五·三	1215	1179	原为隋临朔宫宫城清宁殿	后为元大都宫城清宁殿
7	拱宸门殿	610	今神武门	重檐歇山顶	五·三	1215	1179	原为隋临朔宫宫城玄武门殿	后为元大都宫城厚载门殿
8	山前殿	610	今绮望楼处	重檐歇山顶	五·三	1215	1179	原为隋临朔宫宫城北苑山前殿	后为元大都大内御苑山前殿
9	山后殿	610	今寿皇殿南	重檐歇山顶	五·三	1215	1179	原为隋临朔宫宫城北苑山后殿	后为元大都大内御苑山后殿

表二（2—3） 元大都中轴之宫殿纪事表

序号	名称	始建时间(公元年)	基址	样式	开间	毁拆时间(公元年)	重建时间(公元年)	规划沿革 前	规划沿革 后
1	崇天门殿	610	今午门	重檐庑殿顶	十二·五	1370	1272	金太宁宫宫城端门殿	明北京宫城午门殿
2	大明门殿	610	今太和门	重檐庑殿顶	七·三	1370	1272	金太宁宫宫城外朝大宁门殿	明北京宫城外朝奉天(皇极)门殿
3	大明殿	610	今太和殿	重檐庑殿顶	十一·五	1370	1272	金太宁宫宫城外朝大宁殿	明北京宫城外朝奉天(皇极)殿
4	大明寝殿	1272	今保和殿中前部	重檐庑殿顶	九·五	1370	—	—	明北京宫城外朝谨身(建极)殿
5	宝云殿	1272	今保和殿后部	重檐庑殿顶	三·三	1370	—	—	明永乐朝改建北京宫城时拆除
6	延春殿阁	610	今乾清宫	重檐庑殿顶	九·五	1370	1275	金太宁宫宫城内廷宸殿	明北京宫城内廷乾清宫
7	延春寝殿	1275	今坤宁宫	重檐庑殿顶	九·五	1370	—	—	明北京宫城内廷坤宁宫
8	清宁殿	610	今钦安殿	重檐盝顶	五·三	1370	1275	金太宁宫宫城清宁殿	明北京宫城钦安殿
9	厚载门殿	610	今神武门	重檐庑殿顶	五·三	1370	1275	金太宁宫宫城拱宸门殿	明北京宫城玄武门殿
10	山前殿	610	今绮望楼处	重檐歇山顶	五·三	1370	1275	金太宁宫北苑山前殿	明北京大内禁苑山前殿
11	山上殿阁	1275	今万春亭处	重檐圆盖顶	三·三	1370	—	有何建筑情况不详	明北京大内禁苑万岁山主峰会景亭
12	山后殿	610	今寿皇殿南	重檐歇山顶	五·三	1370	1275	金太宁宫北苑山后殿	明北京改建大内禁苑时拆除
13	根星门殿	1272	今端门处	重檐歇山顶	五·三	1370	—	—	明代改建为端门殿
14	丽正门殿	1272	今天安门南	重檐歇山顶	九·五	1417	—	金太宁宫南垣南	明代拆除
15	齐政楼殿	1296	今鼓楼	重檐歇山顶	五·三	1370	—	中轴线与中纬线交汇点	明北京鼓楼殿

表二（2—4）明北京中轴之宫殿纪事表

序号	名称	始建时间（公元 年）	今基址	样式	开间	改建重建时间（公元 年）	规划沿革	
							前	后
1	午门殿	610	今午门	重檐庑殿顶	九·三	1420	元大都宫城崇天门殿	清北京宫城午门殿
2	奉天门殿	610	今太和门	重檐歇山顶	七·三	1420	元大都宫城外朝大明门殿	清北京宫城外朝太和门殿
3	奉天殿	610	今太和殿	重檐庑殿顶	十一·五	1420	元大都宫城外朝大明殿	清北京宫城外朝太和殿
4	华盖殿	1420	今中和殿	重檐圆盖顶	五·五	1420	元大都宫城外朝大明殿后柱廊	清北京宫城外朝中和殿
5	谨身殿	1272	今保和殿	重檐庑殿顶	九·五	—	元大都宫城外朝宝云殿	清北京宫城外朝保和殿
6	乾清宫	610	今乾清宫	重檐庑殿顶	九·五	1420	元大都宫城内廷延春宫	清北京宫城内廷乾清宫
7	交泰殿	1560	今交泰殿	单檐攒尖顶	三·三	—	元大都宫城内廷延春宫	清北京宫城内廷交泰殿
8	坤宁宫	1275	今坤宁宫	重檐庑殿顶	九·五	1420	元大都宫城内廷延春宫后柱廊	清北京宫城内廷坤宁宫
9	钦安殿	610	今钦安殿	重檐盝顶	五·三	1275	元大都宫城清宁殿	清北京宫城钦安殿
10	玄武门殿	610	今神武门	重檐庑殿顶	五·三	1420	元大都宫城厚载门殿	清北京宫城神武门殿
11	山前殿	610	今绮望楼处	重檐歇山顶	五·三	1750	元大都大内御苑山前殿	清北京大内禁苑绮望楼
12	鼓楼殿	1296	今鼓楼	重檐歇山顶	五·三	1420	元大都齐政楼	清北京鼓楼
13	端门殿	1272	今端门	重檐歇山顶	九·五	1420	元大都皇城棂星门殿	清北京端门殿
14	承天门殿	1420	今天安门	重檐歇山顶	九·五	—	—	清北京天安门
15	正阳门殿	1420	今正阳门	重檐歇山顶	七·三	—	—	清北京正阳门殿
16	永定门殿	1553	今永定门	重檐歇山顶	五·三	2004	—	清北京永定门殿

表二（2—5）清北京中轴之宫殿纪事表

序号	名称	始建时间（公元年）	基址	样式	开间	改建重建时间（公元年）	规划沿革 前	规划沿革 后
1	永定门殿	1553	今永定门	重檐歇山顶	五·三	2004	明北京外城正门殿	1957年拆除
2	正阳门殿	1420	今正阳门	重檐歇山顶	七·三	—	明北京内城正门殿	今存
3	天安门殿	1420	今天安门	重檐歇山顶	九·五	—	明北京禁城正门殿	今存
5	端门殿	1272	今端门	重檐歇山顶	九·五		明北京卫城正门殿	今存
5	午门殿	610	今午门	重檐庑殿顶	九·五	1420	明北京宫城午门殿	今存
6	太和门殿	610	今太和门	重檐歇山顶	七·三	1420	明北京宫城外朝奉天（皇极）门殿	今存
7	太和殿	610	今太和殿	重檐庑殿顶	十一·五	1420	明北京宫城外朝奉天（皇极）殿	今存
8	中和殿	1420	今中和殿	单檐攒尖顶	五·五	1420	明北京宫城外朝华盖（中极）殿	今存
9	保和殿	1272	今保和殿	重檐歇山顶	九·五	1420	明北京宫城外朝谨身（建极）殿	今存
10	乾清宫	610	今乾清宫	重檐庑殿顶	九·五	1420	明北京宫城内廷乾清宫	今存
11	交泰殿	1560	今交泰殿	单檐攒尖顶	三·三	—	明北京宫城内廷交泰殿	今存
12	坤宁宫	1275	今坤宁宫	重檐庑殿顶	九·五	1420	明北京宫城内廷坤宁宫	今存
13	钦安殿	610	今钦安殿	重檐盝顶	五·三	1275	明北京宫城钦安殿	今存
14	神武门殿	610	今神武门	重檐庑殿顶	五·三	1420	明北京宫城玄武门殿	今存
15	鼓楼殿	1296	今鼓楼殿	重檐歇山顶	五·三	1420	明北京鼓楼殿	今存
16	寿皇载门殿	1750	今寿皇门殿	单檐庑殿顶	五·三	—	——	今存
17	寿皇殿	1750	今寿皇殿	重檐庑殿顶	九·五	—	——	今存

417

表三（总）北京中轴之广场纪事表（隋、金、元、明、清）

名称	始建时间（公元年）	空间位置	规划沿革				
			隋	金	元	明	清
南中门广场	610	天安门北	南中门广场	南中门广场	棂星门广场	端门广场	端门广场
南上门广场	610	端门北	南上门广场	南上门广场	棂星门北广场	端门北广场	端门北广场
朱雀门广场	610	午门广场	朱雀门广场	端门广场	崇天门广场	午门广场	午门广场
怀荒门广场	610	太和门广场	怀荒门广场	大宁门广场	大明门广场	奉天（皇极）门广场	太和门广场
怀荒殿广场	610	太和殿广场	怀荒殿广场	大宁殿广场	大明殿广场	奉天（皇极）殿广场	太和殿广场
紫宸门广场	610	乾清门广场	紫宸门广场	紫宸门广场	延春门广场	乾清门广场	乾清门广场
紫宸殿广场	610	乾清宫广场	紫宸殿广场	紫宸殿广场	延春宫广场	乾清宫广场	乾清宫广场
北上门广场	610	神武门北	北上门广场	北上门广场	北上门广场	北上门广场	北上门广场
山前殿广场	610	绮望楼广场	山前殿广场	山前殿广场	山前殿广场	山前殿广场	绮望楼广场
山后殿广场	610	寿皇殿南	山后殿广场	山后殿广场	山后殿广场	寿皇殿区	寿皇殿区
北中门广场	610	景山北垣北	北中门广场	北中门广场	北中门广场	北中门广场	北中门广场
北宫门广场	610	地安门南	北宫门广场	北宫门广场	北皇城广场	北皇城广场	北皇城广场
钟楼广场	1272	钟楼南	—	—	钟楼广场	钟楼广场	钟楼广场
棂星门广场	1272	天安门北	—	—	棂星门广场	—	—
承天门广场	1420	天安门南	—	—	—	承天门广场	天安门广场
棋盘街广场	1420	正阳门北	—	—	—	棋盘街广场	棋盘街广场
寿皇门广场	1750	寿皇宫门南	—	—	—	—	寿皇门广场
寿皇载门广场	1750	寿皇载门南	—	—	—	—	寿皇载门广场
寿皇殿广场	1750	寿皇殿广场	—	—	—	—	寿皇殿广场

418

表四（总）北京中轴之山、亭、楼、台、阁、廊、桥纪事表（战国、隋、金、元、明、清）

名称	始建时间（公元年）	空间位置	重建时间（公元年）	样式	规划沿革					备注
					隋	金	元	明	清	
景山	战国晚期	今景山主峰		金台/丘台	临朔宫北苑山丘	太宁宫北苑山丘	大内御苑青山	煤山、万岁山	大内禁苑景山	燕国始筑金台 隋改筑殿为丘台
绮望楼	608—610	今景山南麓	1179/1750	重檐歇山顶	山前殿	山前殿	山前殿	山前殿	绮望楼	清改殿为楼
眺远阁	1267—1276	今景山山巅	1267—1276	方形楼阁			眺远阁			元代始建
寿皇亭	1571—1616	今景山北坡	1267—1276	单檐歇山顶				称"红阁"	万春亭	明崇祯帝殉国处 考古发现有基址
中心台	608—610	今鼓楼北			中心台		中心台	拆除	拆除	
钟楼	1267—1273	与今钟楼同	1417—1420	重檐歇山顶	—	—	钟楼	钟楼	钟楼	明、清重建
鼓楼	1296	今鼓楼	1417—1420	重檐歇山顶	—	—	鼓楼	鼓楼	鼓楼	明、清重建
元千步廊	1267—1273	丽正门内		"T"形/东西向转北向	—	—	千步廊	—	—	1417年拆除
明千步廊	1417—1420	大明门内		"T"形/东西向转北向	—	—	—	千步廊	千步廊	1915年拆除
永济桥	608—610	今万宁桥	1296	单孔木桥/单孔石桥	永济桥	永济桥	万宁桥	万宁桥	万宁桥	元代建石桥
内金水桥（一）	608—610	怀荒门内	—	单孔石桥五座	五龙桥	五龙桥	拆除			元代改河道拆除
内金水桥（二）	1272	午门内	1417—1420	单孔石桥五座			五龙桥	五龙桥	五龙桥	元代始建
周桥	608—610	在今端门北	1267—1272	单孔石桥三座	周桥	周桥	周桥	拆除		明代改河道拆除
古渡口桥	?	今正阳门	?	单孔石桥	古渡口桥	古渡口桥	天桥			1417年拆除
金口河桥	1166—1179	丽正桥南		单孔石桥		金口河桥	金口河桥			1417年拆除
丽正门桥	1267—1273	丽正门外		单孔石桥			丽正桥			1417年拆除
天桥	1267—1273	今天桥		单孔石桥			天桥	天桥	天桥	20世纪50年代拆除
外金水桥	1417—1420	天安门外		单孔石桥五（七）座				金水桥	金水桥	明代始建
正阳桥	1417—1420	正阳门外		单孔石桥三座				正阳桥	正阳桥	20世纪50年代拆除
永定桥	1553—1564	永定门外		单孔石桥单座				永定桥	永定桥	20世纪50年代拆除

419

表五 北京中轴线空间规划变迁纪事表

空间规划		规划尺度			
起点	止点	长度(米)	隋文	元步	明营造尺
中轴线北起点(钟楼北街丁字路口)	隋临朔宫中轴线之中心台(元大都中心台)	260	109.5	165	—
中轴线北起点(钟楼北街丁字路口)	钟楼	157	66.66	100	约492
中轴线北起点(钟楼北街丁字路口)	鼓楼(中轴线与中纬线交汇点,隋临朔宫北之北纬路,今鼓楼东西大街))	353	150	225	约1107.19
中轴线北起点(钟楼北街丁字路口)	万宁桥	836	355	532.5	约2620.36
中轴线北起点(钟楼北街丁字路口)	明北京皇城北安门	1164	—	—	约3648.33
中轴线北起点(钟楼北街丁字路口)	隋临朔宫北之南纬路(今地安门东大街)	1166	495	742.5	约3653.74
中轴线北起点(钟楼北街丁字路口)	临朔宫(金太宁宫,元大都皇城)北垣(今地安门南)	1319	560	840	约4133.52
中轴线北起点(钟楼北街丁字路口)	临朔宫北禁垣之北中门	1683	714.5	1071.75	约5273.94
中轴线北起点(钟楼北街丁字路口)	景山北垣	1743	740	1110	约5462.15
中轴线北起点(钟楼北街丁字路口)	景山主峰	2119.5	900	1350	约6643.16
中轴线北起点(钟楼北街丁字路口)	景山南垣	2264	961.5	1442.25	约7097.11
中轴线北起点(钟楼北街丁字路口)	临朔宫城(元明清宫城)北夹垣之北上门	2293	973.5	1460.25	约7185.68
中轴线北起点(钟楼北街丁字路口)	临朔宫城(今故宫)北城墙	2377	1009.5	1514.25	约7451.41
中轴线北起点(钟楼北街丁字路口)	临朔宫外朝怀荒殿(今故宫外朝太和殿)	2967	1260	1890	约9300.42
中轴线北起点(钟楼北街丁字路口)	临朔宫城朱雀门(今故宫午门)南侧	3343	1419.5	2129.25	约10477.74
中轴线北起点(钟楼北街丁字路口)	临朔宫城南夹垣(明北京太庙和社稷坛之北垣)	3478	1477	2215.5	约10902.16
中轴线北起点(钟楼北街丁字路口)	临朔宫城南禁垣(今端门北)	3593	1525.5	—	—
中轴线北起点(钟楼北街丁字路口)	元大都皇城棂星门南侧(今端门)	3721	—	2370	约11662.75
中轴线北起点(钟楼北街丁字路口)	元大都大城丽正门南侧(今天安门南)	4145	—	2640	约12992.1
中轴线北起点(钟楼北街丁字路口)	明北京皇城承天门(今天安门)南侧	3911	—	—	约12258.05
中轴线北起点(钟楼北街丁字路口)	明北京皇城大明门南侧(今纪念堂)	4579	—	—	约14353.05
中轴线北起点(钟楼北街丁字路口)	明北京大城正阳门南侧	4806	—	—	约15064.55
中轴线北起点(钟楼北街丁字路口)	明北京外城永定门南侧	7906	—	—	约24780.95

备注:黑体字的数字,符合中国传统文化的"一五"、"三五"、"五五"、"九五"之数和"规划以度"的京城规划原则。

420

表六 北京中轴线景山主峰至南北各空间规划变迁纪事表

空间规划		长度(米)	规划尺度		
	坐标点（今钟楼北北字路口）		隋丈	元步	明营造尺
景山主峰北至	中轴线北起点（今钟楼北北字路口）	2119.5	**900**	**1350**	6643.16
	中心台（初为隋规划，后为元大都中心台，位于今钟楼北）	1802	765	1147.5	5646.69
	鼓楼［位于隋临朔宫泛中轴线与隋临朔宫之北纬路（今鼓楼东西大街）交汇点，后为元大都中轴线与中纬线交汇点（今北京鼓楼）］	1766	750	1125	5535.97
	万宁桥	1283	545	817.5	4022.8
	隋临朔宫北之南纬路（今地安门东西大街）	954	405	607.5	2989.42
	临朔宫北宫垣（后为金大宁宫北宫垣，元大都皇城北垣，今地安门南）	801	340	510	2509.64
	临朔宫北禁垣（后为金大宁宫北禁垣，元明清宫苑北禁垣，今景山后街北）	437	**185.5**	278.25	1369.23
	临朔宫北苑北夹垣（后为金大宁宫北苑北夹垣，元大都大内御苑北夹垣，今景山街南）	390	**165.5**	248.25	1221.6
	临朔宫北苑北苑内垣（后为金大宁宫北苑北苑内垣，元大都大内御苑北苑内垣，今景山北垣）	377	160	240	1181
景山主峰南至	临朔宫北苑南苑内垣（后为金大宁宫北苑南苑内垣，元大都大内御苑南苑内垣，今景山南垣北）	126	**53.55**	80	395.25
	临朔宫北苑南夹垣（后为金大宁宫北苑南夹垣，元大都大内御苑南夹垣，今景山南垣）	140	**59.5**	89.25	439.2
	临朔宫宫城北夹垣（后为金大宁宫宫城北夹垣，元大都宫城北夹垣，明清北京宫城北垣）	173	**73.5**	110.25	542.52
	临朔宫宫城北城墙（后为金大宁宫宫城北城墙，元大都宫城北城墙，明清北京宫城北城墙）	258	**109.5**	164.25	808.25
	临朔宫宫城清宁殿（后为金大宁宫宫城清宁殿，元大都宫城清宁殿，明清北京宫城钦安殿）	328.52	**139.5**	209.25	1029.69
	临朔宫宫城内廷北门（后为金大宁宫宫城内廷北门，元大都宫城内廷北门，明清北京宫城内廷内廷坤宁门）	411	**174.55**	261.825	1288.4
	临朔宫宫城内廷延春殿（后为金大宁宫宫城内廷延春殿，元大都宫城内廷延春阁，明清北京宫城内廷乾清宫）	517	**219.5**	329.25	1620.19
	临朔宫宫城外朝奉天殿（后为金大宁宫宫城外朝大宁殿，元大都宫城外朝大明殿，明北京宫城外朝奉天殿，清北京宫城外朝太和殿）	847	**359.5**	539.25	2653.57
	临朔宫宫城朱雀门内侧（后为金大宁宫宫城端门内侧，元大都宫城景天门内侧，明清北京宫城午门内侧）	1223	**519.5**	779.25	3834.58
	临朔宫南宫垣（后为金大宁宫南宫垣，元代拆除，约位于长安街北侧的明清北京皇城南垣东西一线）	1859	**789.5**	1184.25	5827.53

备注：黑体字的数字，符合中国传统文化的"一五"、"三五"、"五五"、"九五"之数和"规划以度"的京城规划原则。

表七　北京中轴线宫城以北空间规划变迁纪事表

空间规划（北京中轴线南北每一空间）	长度（米）	隋丈	元步	明营造尺
中轴线北起点（今钟楼北街丁字路口）——钟楼	157	66.67	100	492
中轴线北起点——中心台	318	**135**	202.5	996.47
钟楼——中心台	161	68.33	102.5	504.39
钟楼——鼓楼（隋临朔宫北之北纬路，后为元大都中纬路，鼓楼东西大街）	196	83.33	125	615.1
中心台——鼓楼	35	**15**	22.5	110.72
中心台——万宁桥	518	220	330	1623.88
中心台——隋临朔宫北之南纬路（后为地安门东西大街）	848	360	540	2657.26
鼓楼——万宁桥	483	205	307.5	1513.16
鼓楼（隋临朔宫北之北纬路）——隋临朔宫北之南纬路（后为地安门东西大街）	812	345	517.5	2546.54
鼓楼——隋临朔宫北宫垣（后为太宁宫北宫垣，元大都皇城北垣，明代迁都北京时拆除）	965.55	410	**615**	3026.33
万宁桥——隋临朔宫北之南纬路（后为地安门东西大街）	330	140	210	1033.38
万宁桥——隋临朔宫北宫垣	483	205	307.5	1513.16
隋临朔宫北宫垣——隋临朔宫北禁垣（后为金太宁宫北禁垣，元明清官苑之北禁垣，位于景山后街北）	364	154.5	231.75	1140.41
临朔宫北宫垣——临朔宫北苑北夹垣（后为金太宁宫北苑北夹垣，元大都大内御苑北夹垣，明代拆除）	411	174.5	261.75	1288.03
临朔宫北宫垣——临朔宫北苑北内垣（后为金太宁宫北苑北内垣，元明清大内御苑北内垣）	424	180	270	1328.63
临朔宫北禁垣——临朔宫北苑北禁垣	47	20	30	147.63
临朔宫北苑北禁垣——临朔宫北苑北内垣	60	**25.5**	38.25	188.22
临朔宫北苑北禁垣——临朔宫北苑北五台（景山）主峰	437	**185.5**	278.25	1369.22
临朔宫北苑北五台（景山）主峰——临朔宫北苑北内垣	13	**5.5**	8.25	40.6
临朔宫北苑北五台（景山）主峰——临朔宫北苑南夹垣	390	**165.5**	248.25	1221.6
临朔宫北苑北内垣——临朔宫北苑南夹垣	520	221	331.5	1631.26
临朔宫北苑北内垣——临朔宫北苑南内垣	535	227	340.5	1675.55
临朔宫北苑北内垣——临朔宫北城垣	507.5	**215.5**	323.25	1590.67
临朔宫北苑南夹垣——临朔宫北城垣	522	**221.5**	332.25	1634.96
临朔宫北苑南内垣——临朔宫北城垣	550	**233.5**	350.25	1723.53
临朔宫北苑南夹垣——南岸	14	6	9	44.29
明北京宫城北护城河北岸——南岸	42	18	27	132.86
明北京宫城北护城河南岸——宫城北城墙	127	54	81	398.59
明北京宫城北护城河北岸——南岸	28	12	18	88.58
明北京宫城北护城河南岸——宫城北城墙	112	48	72	354.3
明北京宫城北护城河北岸——南岸	52	22.08	33.11	**162.95**
明北京宫城北护城河南岸——宫城北城墙	19	8.06	12.09	**59.5**

备注：黑体字的数字，符合中国传统文化的"一五"、"三五"、"五五"、"九五"之数和"规划以度"的京城规划原则。

表八 北京中轴线宫城、禁苑空间规划变迁纪事表

空 间 规 划	长度(米)	规 划 尺 度		
北京中轴线宫城、禁苑南北每一空间		隋 丈	元 步	明营造尺
宫城南门外侧至大内禁苑北垣	1600	**679.5**	1019.25	5015.59
隋临朔宫宫城(金太宁宫宫城、元大都宫城、明清北京宫城)南北城墙外侧相距	961	408	612	301.1.57
临朔宫宫城南北城门外侧相距	965.55	410	**615**	3026.33
宫城朱雀门(金太宁宫宫城端门、元大都宫城崇天门、明清北京宫城午门)进深	35	**15**	22.5	110.72
宫城朱雀门北侧至宫城外朝前庑墙	145	**61.5**	92.25	453.95
宫城外朝前庑墙至三合底座南沿	140	**59.5**	89.25	439.19
宫城外朝前庑墙至宫内廷前庑墙	421.545	179	268.5	1321.25
宫城内廷前庑墙至廷后庑墙	212	**90**	**135**	664.32
宫城内廷后庑墙至后萧墙	96	**40.95**	61.425	302.26
宫城后萧墙至宫城北城墙外侧	55	**23.55**	35.325	173.83
宫城南夹垣至宫城大内禁苑北夹垣	1748.59	742.5	1113.75	5480.61
宫城南夹垣至宫城北夹垣	1186	**503.5**	755.25	3716.48
宫城南夹垣至宫城南城墙	140	**59.5**	89.25	439.19
宫城北城墙至宫城北夹垣	85	**35.5**	54	265.73
宫城北城墙至大内禁苑南夹垣(今景山南垣)	112	48	72	354.3
宫城北城墙至大内禁苑南内垣(今景山南垣北,明代拆除)	127	54	81	398.59
宫城北夹垣至景山主峰	258	**109.5**	164.25	808.25
宫城北夹垣至大内禁苑南夹垣	28	12	18	88.58
宫城北夹垣至大内禁苑南内垣	42	18	27	132.86
宫城北夹垣至景山主峰	173	**73.5**	110.25	5425.25
大内禁苑南夹垣至大内禁苑南垣	14	6	9	44.29
大内禁苑南夹垣至景山主峰	145	**61.5**	92.25	453.95
大内禁苑南垣至景山主峰	130	**55.5**	83.25	409.66
大内禁苑南北垣空间相距	507.5	**215.5**	323.25	1590.67
大内禁苑南北夹垣相距	535	227	340.5	1675.55

备注:黑体字的数字,符合中国传统文化的"一五"、"三五"、"五五"、"九五"之数和"规划以度"的京城规划原则。

表九 北京中轴线宫城南北空间规划变迁纪事表

空间规划	规划尺度			
北京中轴线宫城南北每一空间	长度（米）	隋尺	元营造尺	明营造尺
隋临朔宫宫城朱雀门（金大宁宫宫城端门、元大都宫城崇天门、明清北京宫城午门）进深	35	150	110.39	110.72
宫城朱雀门北侧至外朝前庑墙	145	615	452.6	453.95
宫城外朝前庑墙三合基座底层南沿	140	595	437.88	439.19
宫城外朝怀荒殿三合基座底层南沿至顶层南沿	13	55	40.48	40.6
外朝怀荒殿三合基座顶层南北（今大和殿三合基座顶层北沿至南沿）相距	93	395	290.7	291.56
怀荒殿北侧三合基座底层北沿至顶层北沿（后为元大都宫城外朝宫殿工字型基座所覆盖）	13	55	40.48	40.6
怀荒殿北侧三合基座底层北沿至外朝后庑墙（后为元大都宫城外朝宫懷殿基座所覆盖）	93	395	290.7	291.56
外朝前庑墙至后庑墙	352	1495	1100.23	1103.5
宫城外朝后庑墙至内廷前庑墙	69	295	217.1	217.75
宫城内廷前庑墙至紫宸殿（金大宁宫宫城内廷紫宸殿、元大都宫城内廷延春阁、明清北京宫城内廷乾清宫）前丹墀南沿	69	295	217.1	217.75
紫宸殿基座进深	60	255	187.66	188.22
紫宸殿基座北沿至内廷后庑墙	82	350	257.58	258.35
内廷前庑墙至后庑墙	212	900	288	288.86
内廷后庑墙至后萧墙（金大宁宫宫城后萧墙、元大都宫城后萧墙、明清北京宫城后萧墙）	96	409.5	301.37	302.26
后萧墙至宫城玄武门南侧	28	120	88.31	88.58
宫城玄武门（金大宁宫宫城拱宸门、元大都宫城厚载门、明清北京宫城玄武门、神武门）	27	115.5	85	85.25
隆宗门至景运门	211	895	658.66	660.63

备注：①黑体字的数字，符合中国传统文化的"一五"、"三五"、"五五"、"九五"之数和"规划以度"的京城规划原则。
②外朝与内廷之间的东西御道为隆崇门和景运门所封闭。
③因元代规制宫殿北沿东西之间为一线，故在前代宫城外朝和内廷宫殿基座后部增筑的"工字型"基座的三合顶层北沿东西之间为一线，故将前代外朝后庑墙向南移至新增筑的"工字型"基座后墙一线，明代修建北京宫城时，为合明规划尺度，又将元大都宫城后朝后庑墙略向南移至隆宗门身殿（嘉靖朝改称建极殿，清代改称保和殿）东西一线。

插图目录

图　号	图　名	出　处
	历史地理篇	
	第一章　中轴线概说	
图 1—1—01	仰韶文化古墓葬"中轴线"与方位示意图	冯时：《中国古代的天文与人文》第 114 页
图 1—1—02	大溪文化城头山古城中轴线示意图	曲英杰：《古代城市》第 29 页
图 1—1—03	红山文化祭祀坛场中轴线示意图	冯时：《中国古代的天文与人文》第 14 页
图 1—1—04	中国古都中轴线示意图	作者绘
图 1—1—05	中国古都中轴线"三朝五门"示意图	作者绘
图 1—1—06	辽燕京大城与中轴线示意图	作者绘
图 1—1—07	金中都大城与中轴线示意图	作者绘
图 1—1—08	明南京大城与中轴线示意图	张轸：《话说古都群》第 386 页
图 1—1—09	北京天坛及其中轴线示意图	王贵祥：《北京天坛》第 5 页
图 1—1—10	北京颐和园及其中轴线示意图	赵兴华：《北京园林史话》第 204 页
图 1—1—11	北京中轴线及其延伸线示意图	作者绘
图 1—1—12	北京中轴线"中心点"示意图	作者绘
图 1—1—13	北京中轴线"黄金分割点"示意图	作者绘
图 1—1—14	偃师商都大城与中轴线平面示意图	张轸：《话说古都群》第 31 页
图 1—1—15	郑州商都大城与中轴线示意图	张轸：《话说古都群》第 37 页
图 1—1—16	安阳商都大城与中轴线示意图	张轸：《话说古都群》第 93 页，据《中国遗产》2006.3 修改
图 1—1—17	朝歌商都大城与中轴线示意图	张轸：《话说古都群》第 99 页
图 1—1—18	西周鲁国国都曲阜大城与中轴线示意图	张轸：《话说古都群》第 243 页，引山东文物考古所等《曲阜鲁国故城》
图 1—1—19	东周赵国国都邯郸大城与中轴线示意图	张轸：《话说古都群》第 206 页
图 1—1—20	东周燕国易都大城与中轴线示意图	曲英杰：《古代城市》第 77 页
图 1—1—21	西汉长安大城与中轴线示意图	曲英杰：《古代城市》第 121 页
图 1—1—22	汉魏洛阳大城与中轴线示意图	张轸：《话说古都群》第 67 页，引冯天瑜等《从殷墟到紫禁城》
图 1—1—23	曹魏北朝邺城大城与中轴线示意图	曲英杰：《古代城市》第 151 页
图 1—1—24	北魏平城大城与中轴线示意图	张轸：《话说古都群》第 808 页
图 1—1—25	六朝南京大城与中轴线示意图	杨国庆、王志高著《南京城墙志》第 37 页
图 1—1—26	隋大兴、唐长安大城与中轴线示意图	杨宽：《中国古代都城制度史研究》第 158 页
图 1—1—27	隋唐东都洛阳大城与中轴线示意图	杨宽：《中国古代都城制度史研究》第 166 页
图 1—1—28	渤海国都城上京大城与中轴线示意图	张轸：《话说古都群》第 764 页
图 1—1—29	宋汴京大城与中轴线示意图	杨宽：《中国古代都城制度史研究》第 302 页
图 1—1—30	辽中京大城与中轴线示意图	杨宽：《中国古代都城制度史研究》第 439 页
图 1—1—31	金上京大城与中轴线示意图	张轸：《话说古都群》第 769 页
图 1—1—32	北宋北京大名府大城与中轴线示意图	张轸：《话说古都群》第 214 页
图 1—1—33	南宋国都临安大城与中轴线示意图	张轸：《话说古都群》第 408 页
图 1—1—34	元大都大城与中轴线示意图	作者绘
图 1—1—35	明中都大城与中轴线示意图	王剑英：《明中都研究》第 155 页

第二章　中轴线的文化内涵与功能		
图1—2—01	鹿台岗遗址1号遗址平、剖面图	冯时：《中国古代的天文与人文》第　页
第三章　北京中轴线的千年变迁		
图1—3—01	辽燕京中轴线平面示意图	作者绘
图1—3—02	金中都大城与中轴线平面示意图	作者绘
图1—3—03	隋临朔宫泛中轴线平面示意图	作者绘
图1—3—04	金太宁宫泛中轴线平面示意图	作者绘
图1—3—05	元大都中轴线平面示意图	作者绘
图1—3—06	1420–1553年明北京中轴线平面示意图	作者绘
图1—3—07	1553–1911年北京中轴线平面示意图	作者绘
第四章　隋临朔宫空间位置考辨		
图1—4—01	东汉中后期改道前的古永定河河道、渡口、道路与蓟城之空间位置示意图	作者绘
图1—4—02	东汉中后期改道后的永定河河道、渡口、道路与蓟城之空间位置示意图	作者绘
图1—4—03	积水潭和永济渠及漕运支渠两岸的粮仓、草场、库房、兵营、馆舍等与涿郡、临朔宫、中心台相对空间位置置示意图	作者绘
图1—4—04	唐火德真君观与积水潭、隋临朔宫、万宁桥相对空间位置示意图	作者绘
图1—4—05	隋代大运河永济渠与辽代萧太后运粮河及金代金口河空间位置示意图	作者绘
图1—4—06	隋临朔宫"四重城"与泛中轴线平面示意图	作者绘
第五章　金太宁宫空间位置考辨		
图1—5—01	金太宁宫规划及其与金中都相对空间位置示意图	作者绘
图1—5—02	金帝从太宁宫登琼华岛路线示意图	作者绘
第七章　元大都宫城空间位置考		
图1—7—01	元大都城平面示意图	作者绘
第八章　元大都中轴线规划		
图1—8—01	元大都中轴线"面朝后市"规划示意图	作者绘
图1—8—02	元大都中轴线中心点、黄金分割点、准"五重城"规划示意图	作者绘
图1—8—03	元大都宫城崇天门、周桥、皇城棂星门与明北京宫城午门、端门规划演变示意图	作者绘
图1—8—04	元大都中心台、中心阁、钟楼、新旧鼓楼相对位置平面示意图	作者绘
图1—8—05	元大都"钟楼市"平面示意图	作者绘
图1—8—06	错误观点的元大都鼓楼、钟楼、"钟楼市"平面示意图	参见《北京地图集》（测绘出版社1994年8月第一版）中的《元大都城图》至正年间（1341—1368年）
图1—8—07	元大都大城丽正门、千步廊、皇城棂星门"三街"、皇城南垣及棂星门、周桥、宫城南夹垣、宫城崇天门、大内御苑、皇城北垣相对平面位置示意图	作者绘
图1—8—08	错误观点的元大都大城丽正门、千步廊、皇城棂星门"三街"、皇城南垣及棂星门、周桥、宫城南夹垣、宫城崇天门、大内御苑、皇城北垣相对位置示意图	参见《北京地图集》（测绘出版社1994年8月第一版）中的《元大都城图》至正年间（1341—1368年）

图 2—19—05	辽南京（燕京）中轴线上"三重城"和"三朝五门"规划示意图	作者绘
图 2—19—06	金中都中轴线上的"三重城"和"三朝五门"规划示意图	作者绘
图 2—19—07	隋临朔宫中轴线上"四重城"和"三朝五门"规划示意图	作者绘
图 2—19—08	金太宁宫中轴线上"四重城"和"三朝五门"规划示意图	作者绘
图 2—19—09	元大都中轴线上"准四重城"和"三朝五门"规划示意图	作者绘
图 2—19—10	1420—1553 年明北京中轴线上"五重城"和"三朝五门"规划示意图	作者绘
图 2—19—11	1553—1911 年明清北京中轴线上"六重城"和"三朝五门"平面示意图	作者绘
第二十章　北京中轴线上的门与"国门"的变迁		
图 2—20—01	辽南京中轴线上的门及其位置示意图	作者绘
图 2—20—02	金中都中轴线上的门及其位置示意图	作者绘
图 2—20—03	隋临朔宫中轴线上的门及其位置示意图	作者绘
图 2—20—04	金太宁宫中轴线上的门及其位置示意图	作者绘
图 2—20—05	元大都中轴线上的门及其位置示意图	作者绘
图 2—20—06	明北京中轴线上的门及其位置示意图	作者绘
图 2—20—07	清北京中轴线上的门及其位置示意图	作者绘
结　语　伟大的中轴线		
图 2—结—01	北京中轴线空间建筑平面示意图	作者绘

参考文献

[1]〔西汉〕司马迁著，《史记》，中华书局点校本，1959年。

[2]〔东汉〕班固著，《汉书》，中华书局点校本，1962年。

[3]〔南朝（宋）〕范晔著，《后汉书》，中华书局点校本，1965年。

[4]〔西晋〕陈寿著，《三国志》，中华书局点校本，1959年。

[5]〔南朝（梁）〕沈约著，《宋书》，中华书局点校本，1974年。

[6]〔南朝（梁）〕肖子显著，《南齐书》，中华书局点校本，1972年。

[7]〔后晋〕刘昫等纂，《旧唐书》，中华书局点校本，1975年。

[8]〔北齐〕魏收著，《魏书》，中华书局点校本，1974年。

[9]〔北魏〕郦道元著，《水经注》，上海古籍出版社，1990年。

[10]〔唐〕房玄龄等撰，《晋书》，中华书局点校本，1974年。

[11]〔唐〕李百药著，《北齐书》，中华书局点校本，1972年。

[12]〔唐〕李吉甫撰，《元和郡县图志》，中华书局，1983年。

[13]〔唐〕李延寿著，《北史》，中华书局点校本，1974年。

[14]〔唐〕李延寿著，《南史》，中华书局点校本，1975年。

[15]〔唐〕令狐德棻著，《周书》，中华书局点校本，1971年。

[16]〔唐〕魏征等纂，《隋书》，中华书局点校本，1973年。

[17]〔唐〕姚思廉著，《陈书》，中华书局点校本，1972年。

[18]〔唐〕姚思廉著，《梁书》，中华书局点校本，1973年。

[19]〔宋〕薛居正等纂，《旧五代史》，中华书局点校本，1976年。

[20]〔宋〕欧阳修、宋祁等纂，《新唐书》，中华书局点校本，1975年。

[21]〔宋〕欧阳修等纂，《新五代史》，中华书局点校本，1974年。

[22]〔宋〕司马光编纂，《资治通鉴》，中华书局点校本，1956年。

[23]〔宋〕徐梦莘编，《三朝北盟汇编》，上海古籍出版社，1987年。

[24]〔宋〕宇文懋昭撰 崔文印校证，《大金国志校证》，中华书局 1986年。

[25]〔元〕柯九思编，《辽金元宫词》，北京古籍出版社，1988年。

[26]〔元〕陶宗仪著，《辍耕录》，中华书局，1997年。

[27]〔元〕脱脱等纂，《金史》，中华书局点校本，1975年。

[28]〔元〕脱脱等纂，《辽史》，中华书局点校本，1974年。

[29]〔元〕脱脱等纂，《宋史》，中华书局点校本，1977年。

[30]〔元〕熊梦祥著，《析津志辑佚》，北京古籍出版社，1983年。

[31]〔明〕陈邦瞻撰，《宋史纪事本末》，中华书局，1977年。

[32]〔明〕陈邦瞻撰，《元史纪事本末》，中华书局，1979年。

[33]〔明〕蒋一葵著，《长安客话》，北京古籍出版社，1994年。

[34]〔明〕李贤编著，《大明一统志》，三秦出版社影印，1990年。

[35]〔明〕刘侗著，《帝京景物略》，北京古籍出版社，1992年。

[36]〔明〕刘若愚著，《明宫史》，北京古籍出版社，1980年。

[37]〔明〕刘若愚著，《酌中志》，北京古籍出版社，1994年。

[38]〔明〕史玄著，《旧京遗事·旧京琐记·燕京杂记》，北京古籍出版社，1980年。

[39]〔明〕宋濂等纂，《元史》，中华书局点校本，1976年。

[40]〔明〕佚名、萧洵著，《北平考·故宫遗录》，北京古籍出版社，1982年。

[41]〔明〕张爵著，《京师五城坊巷胡同集》，北京古籍出版社，1982年。

[42]〔清〕鄂尔泰、张廷玉等编纂，《国朝宫史》，北京古籍出版社，1994年。

[43]〔清〕高士奇著，《金鳌退食笔记》，北京古籍出版社，1982年。

[44]〔清〕顾炎武编，《历代宅京记》，中华书局，1984年。

[45]〔清〕计六奇撰，《明季北略》，中华书局，1984年。

[46]〔清〕江慎修著，《河洛精蕴》，学苑出版社，1989年。

[47]〔清〕李有棠撰，《金史纪事本末》，中华书局，1980年。

[48]〔清〕李有棠撰，《辽史纪事本末》，上海古籍出版社，1994年。

[49]〔清〕缪荃孙总纂，《光绪顺天府志》，北京古籍出版社，1987年。

[50]〔清〕孙承泽纂，《春明梦余录》，北京古籍出版社，1983年。

[51]〔清〕孙承泽纂，《天府广记》，北京古籍出版社，1983年。

[52]〔清〕吴长元辑，《宸垣识略》，北京古籍出版社，1981年。

[53]〔清〕徐松撰，李健超增订，《增订唐两京城坊考》，三秦出版社，1996年。

[54]〔清〕于敏中总纂，《钦定日下旧闻考》，北京古籍出版社，1981年。

[55]〔清〕张廷玉等纂，《明史》，中华书局点校本，1974年。

[56]〔清〕朱彝尊撰，《日下旧闻》，北京古籍出版社，1988年。

[57]〔民国〕陈宗藩著，《燕都丛考》，北京古籍出版社，1991年。

[58]〔瑞典〕奥斯伍尔德·喜仁龙著，《北京的城墙和城门》，北京燕山出版社，1985年。

[59]《明实录》，南京江苏国学图书馆藏传抄本，民国二十九年影印。

[60] 北京市文物研究所，《北京考古四十年》，北京燕山出版社，1990年。

[61] 北京市正阳门管理处编，《旧京史照》，北京出版社，1996年。

[62] 陈垣著，《元西域人华化考》（励耘书屋丛刻上），北京师范大学出版社，1982年。

[63] 程国政编注，路秉杰主审，《中国古代建筑文献精选》，同济大学出版社，2008 年。

[64] 单士元著，《故宫史话》，新世界出版社，2004 年。

[65] 单士元著，《故宫札记》，紫禁城出版社，1990 年。

[66] 单士元著，《我在故宫七十年》，北京师范大学出版社，1998 年。

[67] 冯承钧译，《马可波罗行记》，中华书局，1954 年。

[68] 冯时著，《中国古代的天文与人文》，中国社会科学出版社，2006 年。

[69] 冯时著，《中国天文考古学》，中国社会科学出版社，2007 年。

[70] 何清谷校注，《三辅黄图校注》，三秦出版社，2006 年。

[71] 侯仁之主编，《北京城市历史地理》，北京燕山出版社，2000 年。

[72] 雷从云、陈绍棣、林秀贞著，《中国宫殿史》，2008 年。

[73] 李燮平著，《明代北京都城营建丛考》，紫禁城出版社，2006 年。

[74] 刘畅著，《北京紫禁城》，清华大学出版社，2009 年。

[75] 苏天均主编，《北京考古集成》，北京出版社，2000 年。

[76] 王剑英著，《明中都研究》，中国青年出版社，2005 年。

[77] 吴承洛著，《中国度量衡史》，商务印书馆，1937 年。

[78] 杨宽著，《中国古代都城制度史》，上海人民出版社，2006 年。

[79] 杨宽著，《中国古代都城制度史研究》，上海人民出版社，2003 年。

[80] 杨宽著，《中国历代尺度考》，商务印书馆，1938 年。

[81] 张良皋著，《匠学七说》，中国建筑工业出版社，2002 年。

[82] 张先得编著，《明清北京城垣和城门》，河北教育出版社，2003 年。

[83] 张驭寰著，《中国城池史》，百花文艺出版社，2003 年。

[84] 张轸著，《话说古都群：寻找失落的古都文明》，吉林文史出版社，2009 年。

[85] 赵万里辑，《元一统志》，中华书局，1966 年。

[86] 朱偰著，《昔日京华》，百花文艺出版社，2005 年。

[87] （日）小川一真摄影，《清代北京皇城写真帖》，学苑出版社，2009 年。

后 记

我对探寻中国文明起源和北京城的起源与变迁产生浓厚兴趣是在 1980 年代中，当时随著名考古学家、北京史专家、首都博物馆馆长赵其昌先生参观琉璃河西周燕国都城遗址，发现有商代的文化遗存，遂提出"琉璃河遗址是否应该不晚于商代始规划"的疑问。后因兴趣两度欲报考著名历史地理学家的研究生未成。特别是"纪念北京建城 3040 年"的提法对我触动极大，琉璃河燕都遗址能否算作北京建城之始？北京城的前身——蓟城又始建于何时呢？带着这些疑问，我开始搜集有关史料并关注古代北京的自然地理状况。2000 年，北京市提出了申办 2008 年奥运会的三大理念："人文奥运、科技奥运、绿色奥运"，并加快了"人文北京"的建设。

什么是"人文北京"？我以为"人文北京"的主要内容应该是北京的历史文化和现代文明，从中轴线是中国文化的根源的角度看，北京历史文化的魂魄和脊梁无疑是唯一跨越北京历史时空的中轴线。所以，中轴线是"人文北京"最为重要和不可或缺的组成部分。而国内外对北京中轴线的历史变迁尚未进行深入研究，于是我下决心研究北京中轴线。

北京中轴线已经有很多学者论述过了，我为什么还要"知难而进"研究它呢？之所以下决心要把北京古都中轴线规划变迁搞清楚，是由三个因素决定的：一是我发现以往主流学者对北京中轴线的论述及其观点和推论有值得商榷之处。二是有诸多前辈学者对北京古都做过的研究和考证可以借鉴。三是我认为自己有发现问题之所在和解决问题的能力，系统地、历史地、客观地、全面地、逻辑地分析问题是我的长处。我深知在学术领域，一个问题的发现和解决，可能要牵涉到许多学科的知识，往往涉及到对一些观点、结论的再认识或者质疑。"我爱我师，我更爱真理。"一个新观点的提出，需要对传统观点的质疑和多方面的论证才行，我对北京中轴线规划变迁的考辨，牵涉到隋唐辽宋金元明清八个朝代、1300 年的历史，可谓"牵一发而动全身"，任何一个观点都不是孤立的，往往一个观点的论证要牵涉到几个朝代以及多学科的知识。

发现问题、解决问题、质疑传统观点、提出新观点，都应该依靠客观标准。对古都及中轴线规划变迁的研究，切忌用今人的思想、尺度去生搬硬套，而应该知道古人规划所依据的思想、尺度是什么才行。"规划以度"是中国古代沿用至今的规划原则。因此，要理清北京城的起源与变迁，以及中轴线规划变迁，就需要知道或破解中国古代各个时期的尺度与规制。我对北京中轴线规划变迁的研究，正是这样，既尊重前辈学者的研究成果，又发现前辈学者囿于客观条件而得出的观点和推论需要商榷。因此，解决北京中轴线变迁的问题和一些观点能否成立，往往须待与之相关的所有问题都得到解决时才行。我对北京中轴线规划变迁的研究和一些新观点的提出，就是待十几篇相关考辨文章都撰写完毕后，才真正解决了北京中轴线变迁存疑的一些问题。

我在对北京城及中轴线变迁的研究中，从对若干幅明代、清代、民国时期乃至 20 世纪 50 年代—80 年代的北京城地图的分析、测量，到对故宫北城墙和景山周边空间的实地丈量；从无数次的不分昼夜的对元明两代若干古建筑的规划尺度的验算，到对元明两代里制与尺度的破解，所花费的时间之长、难度之大，远胜于对史料文献的付出。我对北京古都城池与中轴线规划变迁的研究几乎到了痴迷的程度：多少次废寝忘食，多少次从睡梦中醒来，多少张不同时代、不同时期的北京城地图在手中渐渐破损，多少张白纸绘成了北京城池变迁的草图……

在学术研究上，发现问题相对容易，发现问题之所在和解决问题相对较难，而运用新方法论证新、旧观点能否成立，可谓难上之难。我发现：研究北京古都城池与中轴线规划变迁，仅仅依靠一两门学科的知识是无法完成的；必须是运用古典哲学、历史学、历史地理学、历史文献学、考古学、文学、天文学、气象学、测量学、植物学以及相关的自然学科等多学科知识进行综合研究才能完成。因此，我在对北京城池变迁与中轴线变迁的研究中，摸索出一种新的研究方法——"六重证据法"。"六重证据法"是将中国传统文化理论与实证研究相结合的一种研究方法，是研究历史地理和古都规划较为有效的一种研究方法。依据"六重证据法"的客观因素，可以在历史地理和古都规划的研究中，相对准确地"还原"城池、宫殿、街道等不同朝代所规划的"时空"，避免人们主观、片面和错误地推测与推断，确保所得出的观点、结论经得起历史的检验。

我对北京中轴线的研究，可谓是"十年磨一剑"。在研究中不仅涉及到元大都与明北京两个朝代国都中轴线规划的传承问题，而且还往上追溯到金太宁宫中轴线和隋临朔宫中轴线的规划问题。特别是首次提出和运用"六重证据法"并结合对实地空间的勘查、丈量，从多个方面论证了以前学术界有关北京中轴线规划的一些观点和结论难以成立的原因。我能在北京中轴线规划变迁研究中，运用新的研究方法，提出一些新的观点和结论，实乃得益于著名历史学家赵光贤先生与何兹全先生的教诲、得益于著名历史地理学家侯仁之先生的著作指引。赵光贤先生严谨的治学精神，何兹全先生融会贯通的治学方法，侯仁之先生深入浅出的北京历史地理研究，无时无刻不在鞭策着我，使我在研究中始终抱着一种不追求功名、但求解决问题、豁达而超然的心态——但求"还原历史时空"，而不求与名家商榷。今年是三位先生的百年诞辰纪念年，我作为学生和晚辈，谨将拙作敬献给三位先生！

我能够完成对北京中轴线变迁的研究，与许多专家、学者的关注和支持是分不开的。故宫博物院郑欣淼院长不仅给我以鼓励，还支持我查阅有关史料，介绍我加入紫禁城学会；中国文物学会原会长罗哲文先生和中国文物学会副会长张晓雨先生就研究角度、研究方法提出指导性意见；著名建筑史学家、中国社科院考古所研究员、中国建筑学会建筑史学分会理事长、联合国教科文组织顾问、俄罗斯国家建筑遗产科学院院士杨鸿勋先生审看书稿后，对书中提出的新观点和论证过程给予了充分肯定并欣然作序，著名历史学家、中国社科院学部委员、中国社科院历史所原所长陈高华先生对我能够根据中国古代"规划以度"的原则，提出"用空间来判断时间，即运用规划尺度来剖析空间与建筑的时代规划属性"的研究方法给予肯定；考古学家、中国社科院考古所徐苹芳先生、安家瑶先生、朱岩石先生，天文考古学家、中国社科院考古所冯时先生，天文史学家、北京古观象台王玉民先生，考古学家、北京文物研究所齐心先生、于璞先生、南京博物馆王志高先生，古建筑学家、清华大学建筑学院王贵祥先生、刘畅先生，古建专家、故宫博物院石志敏先生、李燮平先生，明史学家、中国社科院历史所张宪博先生，历史文献学家、北京师范大学古籍所邓瑞全先生、北京皇朝宫苑研究专家张富强先生等诸位先生为我的研究提供资料和线索，在此深表感谢！

我要特别感谢以出版学术著作而蜚声中外的学苑出版社决定出版拙作《北京中轴线变迁研究》一书，感谢学苑出版社社长兼总编辑孟白先生对书稿提出许多中肯意见和严格要求，感谢责任编辑、该社文化遗产编辑部主任洪文雄先生对拙作提出的若干修改意见和所付出的辛勤劳动。感谢国家图书馆、首都图书馆地方文献室、海淀图书馆地方文献室、中国社科院历史所图书馆、故宫文献资料中心、清华大学建筑学院图书馆、北京市档案馆的大力支持。

由于作者水平所限，一些新观点的提出，实乃一家之言，旨在抛砖引玉，故错误之处难免，真诚欢迎专家和读者批评指正，敬请赐教惠至 qythww@163.com，作者将不胜感激。

作　者

2011 年 12 月 25 日于北京